칼 짐머(Carl Zimmer)

칼 짐머는『기생충 제국』,『영혼의 해부』,『마이크로코즘』,『바이러스 행성』,『그녀는 엄마의 미소를 닮았네』 등 10권이 넘는 교양 과학책을 썼으며, 진화학 교과서인『진화: 생명의 이해』(더글러스 엠렌 공저)도 집필했다. 《뉴욕 타임스》,《사이언티픽 아메리칸》,《디스커버》,《타임》,《사이언스》, 《내셔널 지오그래픽》 등 유명 저널에 수많은 과학 관련 글을 기고했으며, 그중 일부는『미국 최고의 과학 저술(The Best American Science and Nature Writing)』같은 과학 에세이 선집에 실리고 있다.

《뉴욕 타임스》는 그를 일컬어 "우리가 알고 있는 가장 명민한 과학 저술가"라고 극찬한 바 있다. 그는 미국과학진흥협회(AAAS)에서 주는 '과학 저널리즘 상'을 세 차례(2004년, 2009년, 2012년) 받았고, 2007년에는 과학 저술가로서 최고 영예인 '내셔널 아카데미 커뮤니케이션 상'을, 2016년에는 '스티븐 제이 굴드 상'을 수상했다. 2017년에는 미국 온라인뉴스협회에서 주관하는 온라인 저널리즘 어워즈(online journalism awards) 해설 보도 부문에서 우승했다.

이 책『진화』 역시 《디스커버》와 《뉴 사이언티스트》에서 '2001년 최고의 과학책'으로 선정되었다. 현재 예일대학 조교수로 재직 중이며 꾸준한 기고 활동과 과학과 환경 분야의 글쓰기 강의를 이어가고 있다.

디자인 김은정

진화

모든 것을 설명하는
생명의 언어

EVOLUTION

EVOLUTION: THE TRIUMPH OF AN IDEA

Copyright © 2001 by WGBH Educational Foundation and
Clear Blue Sky Productions.
All rights reserved.

Korean translation copyright © 2018 by Woongjin Think Big Co., Ltd.
Published by arrangement with HarperCollins Publishers
through EYA (Eric Yang Agency).

진화

모든 것을 설명하는 생명의 언어

EVOLUTION

칼 짐머 지음 | **이창희** 옮김

웅진 지식하우스

그레이스에게

서문

스티븐 제이 굴드

진화론 초기에 나온 유명한 이야기(사실일지도 모른다.)는 진화가 과학과
인간 생활에서 얼마나 중요하고 핵심적인지 이해하는 데 도움을 준다.
영국의 상류사회 여성이 있었다. 아마도 귀족이나 주교의 아내(영국 국교
회인 성공회에서는 성직자도 결혼을 한다.)였던 모양인데 진화론이라는 새로운
이론을 알게 되자 남편에게 이렇게 외쳤다고 한다. "여보, 다윈이라는
사람 얘기가 틀렸기를 바랍시다. 하지만 옳다면 널리 알려져서는 안 돼
요!"
　과학자들은 낡은 생각의 고루함과 끈질김을 비웃기 위해 이 이야기를
자주 인용한다. 특히 혁명적인 사실을 상류사회가 판도라의 상자 안에
가둬놓으려는 모습은 웃음거리가 된다. 그래서 이 이야기의 여성은 고루
한 어리석음의 표본으로 역사에 남게 되었다. 그러나 여기서 나는 이 서
문의 윤곽을 제시하기 위한 목적으로 그를 예언자라고 부르려 한다. 다
윈의 이야기는 분명히 옳지만 널리 받아들여지지는 않았다.(적어도 미국에

서는 그렇다. 다른 서구 세계에서는 일반적으로 인정되고 있는데도 말이다.) 이런 기이한 상황이 왜 발생했는지를 알아야 한다.

사실로서의 진화

과학의 임무는 두 가지다. 실험을 통해 자연계의 특성을 밝히는 데 최선을 다하는 것과 세상이 왜 지금처럼 돌아가는가를 알아보는 것이다. 다른 방법도 많이 상상할 수 있는데 왜 하필이면 지금 우리가 보고 겪는 것 같은 방법으로 돌아가는가? 이 두 가지를 달리 말하면 사실을 집어내고 이론을 확인하는 것이다. 전문가들이 자주 이야기하는 것처럼 과학은 절대적 진리를 밝혀낼 수는 없다. 그러므로 과학자의 결론은 항상 잠정적일 수밖에 없다. 그러나 이렇게 건강한 회의주의가 반드시 허무주의의 영역까지 확장될 필요는 없다. 어떤 사실은 충분히 입증됐기 때문에 우리는 확신을 갖고 그것을 진리라고 말한다.(나는 지구가 납작하지 않고 둥글다고 절대적으로 확신하지는 못한다. 그러나 지구는 거의 완전한 공 모양으로 되어 있고 이 사실은 충분히 잘 증명됐기 때문에 나는 과학 강의를 하면서 평평한 지구에 시간을 별로 할애하지 않거나 전혀 하지 않아도 된다.) 모든 생물학의 기본 개념인 진화론도 마찬가지 수준으로 확인됐기 때문에 진리라고 부를 수 있다.

진화가 사실임을 논의함에 있어서 우리는 다윈이 그랬던 것처럼 구분을 할 필요가 있다. 여기서 구분이란 진화의 단순한 '사실(지구상의 모든 생물은 혈통을 갖고 있고, 공통의 조상으로부터 나왔으며, 어떤 계통의 역사란 곧 세대가 바뀌면서 유전적 변화가 일어나는 과정이라는 등의 사실)'과 '이론' 사이의 구분이다. 여기서 '이론'이란 다윈의 자연선택 이론처럼 진화론적 변화의 이유를 설명하기 위해 제시된 것들을 말한다.

진화가 사실임을 뒷받침하는 가장 강력한 증거는 크게 세 범주로 나뉜다. 첫째, 사람이 직접 관찰한 결과이다. 물론 1859년 『종의 기원』이 출간된 이후 이 이론에 따른 관찰도 이뤄졌지만 인간은 그전부터 교배를 통해 곡물과 가축을 개량해왔고, 그 결과 지질학적으로는 짧은 기간에 일어난 소규모의 유전적 변화에 대해 정밀하고도 방대한 자료를 축적할 수 있었다. 이를테면 공장에서 뿜어낸 검댕에 노출된 나방의 날개가 환경에 적응하기 위해 색이 변하는 것, 갈라파고스에 사는 핀치의 부리 모양이 기후와 먹이의 변화에 따라 달라지는 것, 항생제에 대해 내성을 갖는 수많은 세균 변종 등 우리에게 친숙한 예는 많이 있다. 이렇게 작은 변화가 일어난다는 사실은 심지어 창조론자들도 인정한다. 그러나 우리에게는 이런 작은 변화가 지질학적 시간에 걸쳐 축적되어 새로운 종의 탄생으로 이어졌다는 증거가 필요하다.

그러므로 화석의 기록을 통해 큰 변화와 변화 사이의 중간 단계에 대한 직접적인 증거, 그러니까 두 번째 범주의 증거를 찾아야 한다. 그런데 어떤 사람들은 이런 중간 단계의 생물종은 없으며 고생물학자들이 그저 진화론의 독단에 빠져 이 사실을 대중에게 알리지 않거나 '화석의 기록이 불완전해서 과거에 틀림없이 존재했을 중간 단계의 종들이 보존되지 않았다.'는 식으로 변명한다고 지적한다. 물론 화석의 기록은 불완전하지만(역사적 기록 치고 완전한 것은 거의 없다.) 고생물학자들은 끈질긴 노력 끝에 중간 단계의 종들(단순한 중간 형태의 개체들이 아니라)에 해당하는 훌륭한 예를 많이 찾아냈다. 이들은 적절한 시대 순에 따라 그들의 조상과 그들과는 아주 달라진 후손들을 연결해줬다. 이런 예는 육상 포유동물로부터 암불로케투스(Ambulocetus, '걸어 다니는 고래'라는 뜻) 등 몇 가지의 중간 단계를 거쳐 진화한 고래, 뛰어다니는 조그만 공룡으로부터 진화한 조류, 파충류를 조상으로 둔 포유류, 지난 400만 년 동안 뇌의 용적이 3배가 된 인간 등에서 찾아볼 수 있다.

마지막으로 좀 간접적이지만 어디서나 볼 수 있는 증거가 있다. 오늘날 모든 생물은 이상한 부분과 불완전한 부분을 갖고 있는데, 이는 조상들이 갖고 있던 어떤 상태로부터 다른 부분들은 변화(즉 진화)했는데 이것만 그대로 남은 것이라고 밖에는 설명할 길이 없는 부분이다. 이런 현상은 생물학적 진화에만 국한되지 않는다.

예를 들어 더 이상 이용되지 않는 철도가 있다고 하자. 여기서 우리는 이 철도가 과거에 여러 개의 도시를 연결했다는 사실을 추론할 수 있다. 그렇지 않다면 철도가 존재할 이유가 없다. 농경사회에 어원을 둔 많은 단어들이 오늘날의 산업사회에서는 매우 다른 의미로 쓰이기도 한다. 예를 들어 '방송하다'라는 뜻의 'broadcast'는 씨를 한 줌씩 집어서 뿌리는 것을 의미한다. 'pecuniary'는 '금전상의'라는 뜻인데 원래는 가축(즉 재산)을 의미하는 단어로, 소를 가리키는 라틴어 단어인 'pecus'에서 왔다. 마찬가지로 모든 생명체는 과거에는 어떤 기능을 했지만 오늘날에는 쓸모없는 유물들을 갖고 있는데, 과거에는 모습이 달랐던 조상들로부터 물려받은 것이라고 밖에는 생각할 수 없는 것들이다. 예를 들면 어떤 종류의 고래는 피부 밑에 다리뼈의 흔적을 감추고 있고, 어떤 뱀은 아무 기능이 없는 골반뼈 조각을 갖고 있다. 이것들은 모두 그들의 조상이 갖고 있던 다리의 흔적이다.

진화론을 받아들이기가 힘겨운 이유

확신 속에서 안락하게 살던 인류를 뒤흔든 과학적 발견은 많지만 다윈의 진화론만큼 심하게 흔든 것은 없다. 이에 도전할 만한 것이라곤 코페르니쿠스와 갈릴레오의 발견 정도라고 할까. 이들은 지구를 우주의 중심에서 떼어내 태양의 주위를 도는 변두리 행성이라는 지위로 끌어내렸다. 그러나 이들의 발견은 우리가 사는 곳에 대한 개념을 바꿔놓았을 뿐이지만 다윈의 이론은 인간 자신의 의미와 본질에 대한 시각에 혁명을 일으켰다. 우리는 누구인가? 어떻게 해서 이곳에 나타났는가? 우리와 다른 생물들과의 관계는 어떠한가?

진화론은 어떤 자비로운 신이 인간을 자신의 모습에 따라 창조해서 지구와 모든 피조물을 지배하게 했고, 지구의 역사 중 인간이 지배자가 아닌 기간은 첫 5일뿐이었다는 믿음을 냉혹한 과학적 설명으로 대체했다. 진화라는 측면에서 보면 인간은 가지가 무성하게 뻗고 크기가 거대한 생물계라는 나무에 달린 작은 가지에 불과하다. 자연의 법칙에 따라 계속 자라고 있는 이 나무의 가지들은 조상-후손 관계로 모두 서로 얽혀 있다. 게다가 호모 사피엔스(Homo sapiens)라는 특이하고 조그마한 가지는 지질학적으로 보면 바로 어제 뻗어 나온 것이나 다름없고, 유구한 생명의 역사와 비교하면 인간이 존재해온 기간은 눈 깜짝할 사이에 불과하다.(호모 사피엔스는 10만 년 전쯤에 출현했고, 살아 있는 종 중 인간에게 가장 가까운 침팬지로부터 갈라져 나온 것도 600~800만 년 전에 불과하다. 반면 이제까지 발견된 세균bacteria 화석 중 가장 오래된 것은 36억 년 전의 것이다.)

인간은 필연적으로 출현했어야 하며 다른 생물들보다 우월하다는 과거의 믿음을 뒷받침하는 진화 이론을 찾아낼 수 있다면 방금 말한 것 같은 엄청난 사실을 감당하기가 좀 쉬울지도 모른다. 과거의 잘못된 믿음이란, 진화는 예견할 수 있는 과정을 따라 전진하는 것이며 따라서 인간의 출현은 불가피하고 진화의 정점을 이루는 사건이라는 믿음이다. 그러나 진화의 메커니즘에 관해 우리가 가장 선호하는 이론(앞에서 말한 진화의 단순한 사실 말고)을 동원해도 과거의 믿음 속에 안주할 방법은 없다. 우리가 가장 좋아하는 다윈의 자연선택 이론도 인간의 필연성이나 중요성에 대한 믿음을 뒷받침해주지는 못한다.

그러므로 과학적으로 옳다는 확신을 가질 수 있는 진화론은 발표된 지 150년이 지났는데도 세계에서 가장 기술적으로 앞선 미국에서 널리 알려지지도, 받아들여지지도 않고 있다. 미국에서는 다윈이 제대로 이해되지 못하고 있고, 특히 그의 주장이 우리의 영신적 희망과 필요에 역행하는 암울한 것(사실은 윤리적으로 중립적이고 지적으로는 탁월한데도)이라는 오해를 받고 있어서 일반 대중이 이 생물학적 일반론을 받아들이지 못하고 있기 때문이다. 따라서 다윈의 진화론, 그러니까 진화에 관한 단순한 사실이 아니라 진화론이 함축하는 의미가 왜 널리 알려지지 못했는가를 설명해볼까 한다.

사람들이 다윈의 자연선택 이론을 잘 이해하지 못하는 것은 개념이 복잡하기 때문이 아니다. 위대한 이론이 이처럼 단순한 구조로 되어 있는 예는 드물다. 이 이론은 세 가지의 명백한 사실과 이에 기초한 논리적 추론으로 이뤄져 있다. 그래서 다음과 같은 유명한 실화가 생겼다. 토머스 헨리 헉슬리(Thomas Henry Huxley, 영국의 동물학자로 그의 손자가 『멋진 신세계』로 유명한 소설가 올더스 헉슬리다.—옮긴이)는 『종의 기원』을 읽고 나서 "내가 자연선택을 생각해내지 못했다니 참 어리석군!"이라고 했다고 한다. 세 가지 사실은 이렇다.

첫째, 모든 생명체는 실제로 살아남을 수 있는 것보다 더 많은 수의 자손을 낳는다.

둘째, 같은 종에 속하는 개체들이라도 저마다 다른 형질을 갖는다.

셋째, 이런 형질 중 적어도 일부는 자손에게 전달된다.

자연선택의 원리는 이 세 가지 원리만으로도 바로 추론될 수 있다. 일부 자손만 살아남는다는 것은 평균적으로 보아 운 좋게도 주변 환경에 잘 적응하는 형질을 이어받은 개체들이 살아남는다는 뜻이다. 이렇게 좋은 형질을 가진 개체가 살아남아 자손을 얻으면 그 자손은 평균적으로 보아 환경에 더 잘 적응하는 형질을 가진다는 얘기다.

그러므로 문제는 이 간단한 메커니즘의 이해 여부가 아니라 광범위하고도 근본적인 철학적 충격파에 있다. 이것은 다윈 자신도 잘 알고 있었다. 즉 진화론은 자연이란 조화롭게 진보하는 것이며 여기에는 본질적인 목적이 들어 있다는 편안한 생각으로부터 사람들을 끌어내서 인과율과 마주 세웠다. 다윈이 제시한 메커니즘은 시간의 흐름에 따라 아무 방향성 없이 변화하는 환경에 대한 국지적 적응만을 가능하게 해주므로, 생명의 역사에 진보의 개념이나 방향을 제시해주지 않는다.(다윈의 이론 체계에 따르면 해부학적으로 너무 퇴화해서 숙주의 조직 일부로 전락해버렸다고 할 수 있는 기생생물도 훌륭히 적응한 사례가 되며, 미래의 성공 가능성이 열려 있다는 점에서 초원을 자유로이 뛰노는 민첩한 야생동물에 뒤떨어지지 않는다.) 게다가 어떤 생물이 좋은 형질을 갖고 있을 수도 있고 환경도 호의적일 수 있지만, 생명 현상의 핵심적 부분은 각 개체가 번식을 위해 벌이는 무의식적인 투쟁에 의해 전적으로 지배되지 더욱 고차원적인 선(善)을 향해 작용하는 명백한 자연법칙의 지배를 받는 것이 아니다.

다윈의 메커니즘은 처음에는 음울하게 보이지만, 깊이 들어가면 두 가지 기본적 이유 때문에 자연선택(그리고 단속적인 평형으로부터 대량 멸종에 이르는 다양한 진화의 메커니즘)을 받아들이게 된다. 자연의 진정한 메커니즘을 알면 우리는 질병의 치료법을 알아낼 수 있다. 예를 들어 세균 등 질병을 일으키는 미생물이 어떻게 진화하는지 알면 우리는 이들이 항생제에 대한 내성을 어떻게 개발하는지 이해하고 이를 무력화시킬 수단을 찾아낼 수 있다. 에이즈를 일으키는 HIV(인체면역결핍바이러스)의 변이에 대해서도 마찬가지이다. 그리고 아프리카의 공통 조상으로부터 인종들이 나오기 시작한 것이 극히 최근의 일이라는 것을 이해한다면, 그리하여 인종을 갈라놓는 유전자의 차이가 아주 미미함을 안다면, 수세기에 걸쳐 인류를 괴롭혀온 인종차별주의는 아무 근거가 없는 것임을 우리는 곧 알 수 있다.

둘째, 정신이 번쩍 나는 다윈의 진화론을 받아들이고 현실을 직시하면 드디어 해묵은 헛된 희망을 버릴 수 있게 된다. 즉 현실의 자연이 인간의 우월성을 확인해주고 삶의 의미를 부여해줄 것이라거나, 인간이 생명 현상의 궁극적 정점임을 증명해주리라는 희망 말이다. 기본적으로 자연은 어떤 방법으로든 "우리는 어떻게 살아야 하는가, 우리 삶의 의미는 무엇이어야 하는가?"를 가르쳐줄 수 없다. 왜냐하면 가치와 의미에 관한 이런 윤리적 의문은 종교, 철학, 인문학 등 인간 생활의 다른 분야에 속하기 때문이다. 일단 우리가 다른 분야를 통해 어떤 결정을 내리면 자연은 우리의 목표가 무엇인지를 알 수 있게 해준다. 이는 모든 사람에게 생명과 자유와 행복을 추구할 천부의 인권이 있음을 인정하고 나면 인종 사이의 사소한 유전적 차이를 아는 것이 오히려 인류 공동체의 통일성을 이해하는 데 도움을 주는 것과도 같다. 아무리 그럴싸해 보여도, 아무리 아름다워도, 그리고 가끔 불가피해도(예를 들어 노화나 죽음) 사실은 사실일 뿐이고, 윤리적 정당함이나 영신적 의미 같은 것은 사실과는 다른 영역에 속해 있다.

자연 속에 우리의 희망이나 위안이 간직돼 있다는 생각을 하는 동안에는 인간에게 모든 것은 밝고 아름다웠으며 모든 것이 우월한 인간을 위해 존재한다고 믿을 수 있었다. 그러나 우리는 '실제로 그런 것'과 '그래야 하는 것'을 혼동하는 오류에 빠졌다. 그러나 진화를 사실의 측면에서 보고, 생명의 놀라운 다양성과 그 변화 과정을 자연의 시각에서 보고, 호모 사피엔스가 무성한 생명의 나무에서 조그만 가지 하나에 불과함을 이해한다면, 드디어 인간은 자연 속의 사실과 메커니즘을 이해하려는 과학적 탐구를 통해 도덕적 진리와 영신적 의미를 찾으려는 노력을 그만둘 수 있을 것이다. 다윈은 사실에 입각한 생명관의 장엄함(『종의 기원』의 마지막 문구를 인용하자면)을 이야기하면서 자연에게 너무 많이 요구하는 상태에서 인간을 해방시켰고, 그 결과 과학 탐구 과정에서 놀랍고도 무서운 사실을 알아낸다 해도 이런 무서운 일이 도덕과 의미의 추구를 위협할 수 없고, 도덕과 의미는 우리 자신의 윤리 의식에서 나온다는 사실에 대해 자신감을 갖고 자유로이 탐구에 뛰어들 수 있도록 해줬던 것이다.

차 례

들어가며

생명의 역사에서 5년은 눈 깜짝할 새다. 그러나 인간의 삶에서는 5년 동안 많은 일이 일어날 수 있다. 2001년에 이 책이 처음 출간됐을 때 우리의 삶은 오늘과는 크게 달랐다. 오늘날 사람들은 블로그나 알카에다를 비롯하여 별별 개념을 말하며 살지만 5년 전에 어떤 사람이 이런 단어를 들었으면 상대방을 그저 멍하니 바라보았을 것이다. 지난 5년간 과학도 눈부시게 발달했다. 인류는 이제 줄기세포에서 외계 항성 주변을 도는 행성에 이르기까지 자연계에 대해 훨씬 더 많은 것을 알게 되었다. 2001년 이후 발행된 수만 편의 과학 논문 덕분에 인간은 또한 생명이 어떻게 진화해왔는가에 대해서도 과거보다 훨씬 더 많은 지식을 얻었다.

진화에 관해 가장 흥미로운 연구 성과는 생명 진화의 초기부터 대량 멸종의 원인에 이르기까지, 그리고 양성의 공진화와 숙주-기생충 간 군비경쟁에 이르기까지 이 책에서 다룬 바 있는 다양한 연구 내용에 기반을 두고 있다. 그러나 그중에서 가장 놀라운 것은 책의 마지막에 등장하는 인간 진화에 대한 분야이다. 우리 자신의 가장 핵심적인 문제를 다루기 때문에 더욱 흥미로울 수 밖에 없다.

2001년이 되자 현존하는 생물종 중에서 인간에 가장 가까운 종은 침팬지와 보노보(피그미침팬지)임이 명백해졌다. 1990년대에 인간을 비롯한 몇몇 동물 종의 DNA 조각을 분석한 결과 과학자들은 이러한 결론에 도달했다. 각 종별로 그 조각들을 비교해본 결과 과학자들은 진화의 계통도를 그릴 수 있었고 이를 바탕으로 인류에게 가장 가까운 종이 무엇인지를 판별해냈다. 또한 과학자들은 인류의 조상이 다른 유인원의 조상들로부터 언제 갈라져 나왔는지도 추측할 수 있게 되었다. 돌연변이는 수백만 년에 걸쳐 어떤 종의 DNA에 상당히 일정한 속도로 축적된다. 그 결과 과학자들은 공통의 조상에서 갈라져 나온 서로 다른 종들에 축적된 돌연변이를 비교해서 '분자 시계'를 만들어낼 수 있다. 인간과 침팬지의 경우 과학자들은 약 700만~500만 년 전에 공통의 조상에서 갈라져 나왔다고 추정한다.

그러나 분자 시계가 옳다면 고인류학자들에게는 할 일이 갑자기 많아진다. 2001년 현재 진화의 나무에서 인간이 속해 있는 아주 작은 가지, 그러니까 호미닌 중에서 가장 오래된 종은 아르디피테쿠스 라미두스(Ardipithecus ramidus)였다. 에티오피아에서 발견된 이들의 화석은 440만 년 된 것이었다. 그러나 분자 시계가 옳다면 이 숫자는 정확하지 않을 수도 있다. 그보다 250만 년 정도 더 일찍 등장했을 수도 있다는 얘기다.

이 책이 처음 출간되었을 때만 해도 방금 말한 250만 년이라는 시간 속에는 아무것도 없었다. 그러나 그로부터 5년이 지나자 호미닌의 세 가지 종이 이 시간에 들어섰다. 아르디피테쿠스 라미두스를 발견한 연구팀은 2004년에 에티오피아의 같은 지역에서 더 오래된 종을 발견했다고 보고했다. 이 팀이 아르디피테쿠스 카다바(Ardipithecus kadabba)라고 명명한 이 종은 570만 년 전에 출현했다. 케냐에서는 또 다른 고생물학 연구팀이 600만 년 된 화석을 발견해서 오로린 투게넨시스(Orrorin tugenensis)라는 이름을 붙여주었다. 또 다른 팀은 황량한 사하라사막에서 700만 ~600만 년 전에 살았던 다른 종의 해골을 발견했다. 보존 상태가 아주 좋았던 이 해골이 속한 종은 사헬란트로푸스 차덴시스(Sahelanthropus tchadensis)로 명명되었다.

방금 말한 일련의 발견은 진화생물학자들이 어떻게 가설을 세우고 이를 실험하는가를 생생히 보여주는 사례들이다. 5년 전에 발견된 DNA 증거로 미루어 볼 때 고인류학자들이 700만~500만 년 전에 살았던 호미닌의 화석을 발견하리라는 예측을 내놓을 수 있었다. 게다가 이러한 화석이 아프리카에서 발견되리라는 것도 예측할 수 있었다. 우선 200만 년이 넘은 호미닌 화석뿐만 아니라 현존하는 생물종 중 인간에게 가장 가까운 침팬지와 보노보의 화석도 아프리카에서 발견되었다. 오늘날 두 가지 예측은 모두 옳은 것으로 나타났다.

과학적 발견은 기존의 가설을 확인하는 데서 멈추지 않는다. 이러한 발견으로부터 새로운 논쟁이 시작된다. 일부 과학자들은 이렇게 새로운 호미닌 화석이 발견되는 것으로 보아 초기 호미닌 종은 매우 다양했을 것이라고 주장한다. 이들은 진화의 나무에서 호미닌에 해당하는 가지가 뻗어 나오는 부분이 덤불처럼 복잡하며, 이 덤불 속의 수많은 잔가지는 멸종으로 인해 끝이 잘려 있을 것으로 보고 있다. 그러나 일부 과학자들은 생각이 완전히 다르다. 이들은 호미닌의 진화가 이토록 요란한 것이 아니었으며 위에서 말한 아르디피테쿠스, 오로린, 사헬란트로푸스가 모두 같은 속(屬)에 속한다고 생각한다. 이들은 호미닌의 가지가 뻗어 나오는 부분이 거의 직선일 것으로 추정한다.

이러한 화석의 발견으로부터 나오는 또 하나의 의문은 초기 호미닌의 모습이다. 초기 호미닌은 아마 키가 침팬지만 했을 것이고 뇌의 크기도 침팬지만 했을 것(현생 인류의 뇌 크기의 3분의 1 정도)이다. 그러나 이들은 침팬지를 비롯한 여러 유인원과 아주 중요한 측면 한 가지가 달랐을 것이다. 직립보행을 했으리라는 얘기다. 오로린의 대퇴골은 매우 튼튼했던 것으로 보아 상체의 체중을 감당할 수 있었을 것이다. 사헬란트로푸스는 두개골 화석을 남겼을 뿐이지만 이것만으로도 이들이 두 발로 걸었으리라고 추정할 수 있다. 이러한 추정의 근거는 대후두공인데, 대후두공은 척수가 두개골에서 빠져나가는 구멍이다. 현존하는 유인원의 경우 이 대후두공의 위치에 따라 각 종의 걸음걸이가 달라진다. 주먹을 쥐고 걷는 침팬지는 등을 앞쪽으로 굽히고 걷기 때문에 대후두공이 두개골의 뒤쪽에 있다. 인류는 등을 곧바로 펴서 머리 바로 밑에 두고 걷기 때문에 대후두공이 두개골 아래쪽에 나 있다. 사헬란트로푸스의 대후두공 위치도 인간과 비슷하므로 직립보행을 했으리라고 추정할 수 있다. 달리 말해 화석으로 남은 수백만 년 전의 호미닌들이 이미 직립보행을 했을 수도 있다는 뜻이다. 그러므로 직립보행이라는 진화상의 큰 변화로 인해 호미닌들이 다른 유인원으로부터 갈라져 나왔다는 주장도 가능해진다.

고생물학자들이 화석에 새겨진 진화의 증거를 찾아 아프리카를 돌아다닌 반면 일부 과학자들은 인간의 DNA를 분석했다. 2001년에 인간 유전체(genome, 게놈) 지도가 공개되자 이들의 연구에는 크게 가속도가 붙었다. 그전까지는 DNA의 조각 몇 개밖에 볼 수 없었던 과학자들이 이제는 30억 개의 문자로 된 DNA 암호 전체를 분석할 수 있게 되었다. 그

뿐만 아니라 인간의 유전체를 쥐, 닭, 제브라피시, 침팬지 등의 유전체와 비교할 길도 열렸다. 이들 각 종은 생명의 나무에서 저마다 차지하는 가지가 있었으므로 과학자들은 인간의 유전체를 이들의 유전체와 비교해 인간 유전자의 역사를 더듬어볼 열쇠를 찾을 수 있었다.

유전체 연구 결과 현존하는 인류의 친척 중 침팬지가 우리와 가장 가깝다는 사실이 과거 어느 때보다도 명백해졌다. 인간 유전체의 띠와 침팬지 유전체의 띠에서 사실상 동일한 구역도 여기저기서 길게 이어졌다. 어떤 경우 이러한 구역은 단백질 생산을 지령하는 암호를 지닌 유전자로 이루어져 있었다. 인간과 침팬지가 공동으로 갖고 있는 유전자 조각들이 존재한다는 사실도 놀랍다.

이런 공통의 유전자 조각에서 가장 놀라운 예는 후각에서 찾아볼 수 있다. 포유류는 모두 코의 신경 말단부 수용체를 만들어내는 수백 개의 유전자를 갖고 있다. 이 유전자들은 우연한 복제를 통해 진화해왔다. 복제를 통해 하나의 유전자가 둘이 되면, 두 유전자는 모두 같은 수용체를 만들라는 지령을 내린다. 그러나 이들 중 하나에 돌연변이가 생기면 수용체가 냄새를 포착하는 능력에 변화가 생긴다. 돌연변이의 결과 수용체의 포착 능력이 떨어지면 이를 관장하는 유전자는 자연선택에 의해 소멸한다. 그러나 돌연변이의 결과 수용체가 새로운 냄새 분자를 포착하는 능력이 생겨 해당 포유류의 후각을 더 강화하기도 한다. 수백만 년 동안 이런 과정을 거쳐 매우 다양한 냄새 수용체 유전자가 탄생했다. 쥐나 개를 비롯해서 후각에 크게 의존하는 포유류의 여러 종들을 보면 이 유전자가 거의 모두 제대로 작동한다. 그러나 침팬지와 인간의 경우 냄새 수용체 유전자들은 대부분 결함을 갖고 있다. 이들은 수용체를 아예 만들지 못한다. 옛날의 유인원이 코보다는 눈에 더 의존하는 쪽으로 진화함에 따라 이러한 돌연변이 유전자가 인간과 침팬지의 유전체에 축적됐으리라는 점에서 과학자들은 대부분 의견이 일치한다. 이렇게 코의 역할이 줄어든 결과 침팬지와 인간은 공통의 조상으로부터 "손상된 유전자"라는 기이한 특징을 물려받았다.

화석에서 유전자에 이르기까지 지난 5년간 인간이 원숭이와 공통의 조상으로부터 내려왔다는 사실을 뒷받침하는 증거가 홍수처럼 쏟아져 나왔다. 이러한 증거들은 인간도 지구상의 다른 모든 생명체처럼 진화의 산물임을 보여준다. 그러나 미국 유타주의 상원 의원인 크리스 버타스(D. Chris Buttars)는 이러한 변화를 몰랐던 모양이다. 2005년에 버타스는 《USA 투데이》에 기고한 글에서 이렇게 말했다. "인간이 어떤 다른 종으로부터 진화했다고 주장하는 진화론은 망사만큼이나 구멍이 숭숭 뚫려 있다."

지난 5년간 과학자들이 발견한 새로운 호미닌의 화석(그전 수십 년간 발견된 수천 건의 호미닌 화석 발견은 말할 것도 없고)에도 불구하고 버타스는 "인간을 원숭이와 이어주는 과학적 화석 증거는 이제까지 없었다."라고 잘라 말했다. 그는 DNA에 저장되어 있는 인간 진화의 모든 증거에 대해서는 언급조차 하지 않았다. 반박할 필요조차 없다고 생각한 모양이다.

2005년에 유타주 공립학교에서 생물을 가르치는 방식을 바꾸려는 캠페인을 시작하면서 버타스는 전 미국의 시선을 끌기 시작했다. 그는 오늘날 생물종의 다양성을 설명하는 데 있어 진화론을 유일한 과학적인 방법이라고 가르치는 것을 원치 않았다. 그는 학생들이 "신의 설계"라고 명명한 개념도 함께 학습하기를 원했다.

버타스는 "신의 설계"가 무슨 뜻인지에 대해 명확한 설명을 내놓지 않았다. 《솔트레이크 트리뷴》에 의하면 버타스는 "신이 창조자이지만, 신의 피조물들은 각 종별로 진화해왔다고 생각한다."

버타스는 《솔트레이크 트리뷴》에 "개도 고양이도 다양하지만 그렇다고 개(dog)와 고양이(cat)가 합쳐진 'dat'는 없다."라고 말했다.

그가 말한 'dat'이 무엇이든 버타스가 무슨 생각을 하는지를 파악하기는 어렵지 않다. 이 책에서 나는 1980년대에 버타스와 같은 창조론자들이 법정에서 연이어 패배한 데 대해 설명했다. 판사들은 '창조과학(creation science)'이 사실상 종교이며 따라서 교육과정에 집어넣을 수 없다고 판단했다. 일부 창조론자들은 기존의 주장을 이리저리 재배열해서 종교에 대한 분명한 언급을 제거한 뒤 여기에 '지적설계(intelligent design)'라는 새로운 이름을 붙였다. 1989년에 지적설계론자들은 『판다와 인간(Of Pandas and People)』이라는 제목의 책을 출판해서 중학교 3학년 교재로 쓸 것을 추진했다. 시애틀에 자리 잡은 디스커버리연구소 같은 기관은 지적설계가 진화론의 올바른 대안이 될 수 있다고 주장하기 시작했다. 1999년에 캔자스주의 일부 보수적인 교육위원회 위원들은 지적설계론을 진지하게 받아들여 캔자스주 교육 지침에 대한 시정안을 작성하기에 이르렀다. 수정안은 진화론의 불확실성에 대한 의심을 담고 있었다. 어떤 대목에서는 아예 지구의 나이와 대폭발(빅뱅)에 대한 부분과 함께 진화론을 교육 지침에서 제거해버리기도 했다. 이들의 수정안은 세계의 이목을 끌었고, 2000년에는 창조론 지지 세력의 구성원 여러 명이 토론에서 패배하기도 했다.

그러나 여기서 끝이 아니었다. 다음 교육위원회 위원 선거에서 균형이 다시 뒤집히는 바람에 창조론이 다시 힘을 얻기 시작했다. 2005년 10월에 캔자스주 교육위원회는 결국 새로운 교육 지침을 통과시켰다. 이 지침은 진화론을 훨씬 뛰어넘어 과학 자체를 재정의하는 것이었다. 그전까지 캔자스주의 교육 지침은 이러했다. "과학은 우리를 둘러싼 세상에서 관찰되는 현상에 대한 자연적 설명을 모색하는 인간의 활동이다." 이는 과학자로 이루어진 주요 기관이 모두 동의하는 정의이다. 그러나 새로운 지침은 과학을 자연의 테두리 안에만 놓아두지 않는다. 이 지침은 과학을 "자연현상을 더욱 적절하게 설명할 목적으로 관찰, 가설의 시험, 측정, 실험, 논리적 추론, 이론 정립 등의 방법을 활용하는 체계적이고도 지속적인 조사 방법"으로 재정의했다. 이렇게 되면 (적어도 캔자스에서는) 과학에 초자연적 설명을 도입할 여지가 생긴다.

지난 5년간 미국의 다른 주에서도 공립학교에서 진화론을 가르치는 것을 중단시키거나 적어도 방해하려는 시도를 하는 사람들이 계속 등장했다. 2004년 10월에는 펜실베이니아주의 농촌 지역에 자리잡은 도버시의 교육위원회가 한 걸음 더 나아가 지적설계론을 교육과정에 도입할 것을 추진하기 시작했다. 도버시 교육위원회는 과학 교육 지침에 다음과 같은 내용을 추가했다. "다윈 이론의 결함과 문제점뿐만 아니라 지적설계를 비롯한 다른 진화 관련 이론도 학생들에게 가르쳐야 한다."

교육위원회는 또한 도버시의 모든 생물 수업 시간에 교사들이 창조론의 입장을 밝히는 선언문을 학생들에게 낭독할 것을 요구했다. 그러니까 진화론은 이론이지 사실이 아니라고 말하라는 얘긴데, 이렇게 되면 사실과 이론의 본질이 모두 혼란스러워진다. 교사가 낭독해야 할 글에는 이런 내용도 담겨있다. "지적설계는 다윈의 견해와는 다른 방향에서 생명의 기원을 설명한다. 학생들은 지적설계가 무엇인지를 제대로 알고 싶으면 『판다와 인간』이라는 참고서를 읽으면 된다. 모든 이론이 다 마찬가지지만, 학생들은 열린 마음을 유지할 필요가 있다."

도버의 과학 교사들은 경악했고 낭독을 거부했다. 이어서 교장이 나섰다. 지적설계의 배후에 있는 설계자가 어떤 존재냐고 학생들이 물으면 교장은 집에 가서 부모에게 물어보라고 대답했다.

두 달 뒤에 도버시 학부형 11명이 법원에 소송을 제기해 이 선언문이 수정헌법 제1조 위반이라고 주장했다. 교육에 종교가 개입하는 것을 허용할 수 없다는 이유였다. 그러자 교육위원회는 그럴 의도가 전혀 없었다고 반박했다. 교육위원회의 수석 변호사인 리처드 톰슨은 이렇게 말했다. "도버시 교육위원회가 한 일은 현재 과학계에서 들끓고 있는 논쟁의 윤곽을 학생들에게 보여주려 한 것 외에는 아무 것도 아니다."

그로부터 몇 주가 지나면서 몇몇 불편한 진실들이 밝혀졌다. 알고 보니 톰슨은 스스로를 "기독교인의 종교적 자유, 가족의 가치라는 전통, 인간 생명의 신성함을 방어하고 장려하는 데 헌신하는"이라고 일컫는 미시건 소재 토머스 모어 법률센터의 소장이었다. 일찍이 2000년에 이 센터 소속 변호사들은 전 미국의 학교를 돌며 과학 시간에 『판다와 인간』을 가르칠 의향이 있는 학교가 있는지를 알아보았다. 2005년 11월에 《뉴욕 타임스》가 보도한 것처럼 이 변호사들은 창조론과 관련하여 어떤 지역의 교육위원회가 제소당하면 무료로 변론해줄 것을 약속했다. 웨스트버지니아, 미네소타, 미시건 등의 교육위원회는 이들의 제안을 거절했다. 그러나 도버는 좀 달랐다. 도버 관련 재판에서 증인들은 도버 교육위원회 위원들이 "기독교 신앙과 기도를 학교에서 부활시키는 방법"으로 지적설계론을 어떻게 도입할지를 의논했다고 증언했다.

이 재판으로 인해 사우스이스턴루이지애나대학의 바버라 포레스트라는 과학철학 교수가 증언을 제공함에 따라 지적설계의 근원에 대한 모든 의심이 사라졌다. 교수는 『판다와 인간』의 초고와 최종본을 비교했다. 그리고 초고에서 150번이나 등장한 창조론과 창조과학을 이 책의 저자들이 최종본에서는 모두 지적설계론으로 바꿔놓았다는 사실을 지적했다.

이 재판은 창조론자들에게 치명타를 안겨주었다. 재판이 끝난 얼마 후, 그리고 존 존스 3세 판사가 최종 판결을 내리기 전, 도버 시민들은 투표를 통하여 지적설계론 옹호론자들을 교육위원회에서 축출했다. 이들의 자리는 창조론을 학교에서 몰아내겠다고 약속한 후보자들이 채웠다. 7주 후인 2005년 12월 20일 존스 판사는 지적설계론 운동 전체에 참담한 패배를 안겨주었다. "우리는 지적설계론이 종교적 성격을 띠었다는 사실을 어른이든 어린이든 객관적인 관찰자라면 명백히 알 수 있다는 결론에 도달했다."라고 밝힌 판사는 이어서 모든 차원에서 지적설계론은 과학으로 실패했다고 판결했다.

리처드 톰슨은 학생들에게 "과학계에서 들끓고 있는 논쟁"을 학생들에게 알려야 한다고 주장했을지 모르지만 그러한 논쟁은 사실상 존재하지도 않았다. 기본적으로 과학적 논쟁에서는 양쪽이 동료 심사가 끝난 일련의 논문을 과학 전문지에 기고하고 이 논문에서 과학과 관찰에 바탕을 둔 새로운 증거를 제시한다. 그리고 제대로 된 과학 논쟁에서라면 과학자들은 주요 학회에 참석하여 연구 성과를 동료들에게 발표하고, 이 동료들은 발표자의 데이터를 정면으로 반박할 수 있다. 사고의 체계부터 암 발병의 원인에 대한 논쟁에 이르기까지 이러한 기준을 충족하는 과학적 논쟁은 얼마든지 있다.

반면에 지적설계론은 이런 논쟁의 근처에도 가지 못한다. 지적설계론에 의해 자연이 어떻게 작동할 수 있게 되었는가에 관한 새롭고도 중요한 발견을 다루는 논문을 찾으려면 아마 과학 전문지를 오래 열심히 검색해 보아야 할 것이다. 2004년에 디스커버리연구소는 스티븐 마이어라는 연구원이 지적설계에 대해 동료 심사를 마친 논문이 최초로 과학 전문지에 실렸다고 자랑스럽게 발표했다. 《워싱턴 생물학회 회보》에 실린 이 논문에서 마이어는 캄브리아기의 대폭발(다수의 주요 생물군이 처음으로 나타난 시기)이 진화의 결과가 아닐 수도 있다고 주장했다. 그러나 이들의 승리는 오래가지 못했다. 워싱턴 생물학회 운영위원회는 성명을 발표하여 마이어의 논문을 처리한 이 학회지의 전 편집자가 동료 심사에 관한 학회지의 규정을 위반했다고 지적했다. 성명서에서 이들은 다음과 같이 말했다. "지적설계론이 생물종 다양성의 기원을 설명하는 실험 가능한 가설임을 지지하는 믿을 만한 과학적 증거는 없다. 따라서 마이어의 논문은 본 학회지의 과학적 기준을 충족하지 않는다."

앞서도 설명했듯이 인류의 기원은 진화 연구에서도 가장 흥미진진한 분야 중 하나이다. 과학자들이 지적설계를 왜 그렇게 무용지물로 취급하는지를 알려면 지적설계가 인류의 근원에 대해 주장하는 바를 기존의 학설과 비교해보면 된다. 『판다와 인간』에서 지적설계론 옹호자들은 호미닌을 이렇게 설명한다. "인간이 원숭이와 구분되는 문화와 행동 패턴이 갑작스럽게 등장했다고 판단되는 집단." 그러나 여기서 이들은 이제는 멸종해버린 적어도 20가지의 인간과 유사한 유인원을 창조했다는 지적설계자가 어떤 지능을 갖고 있었는지에 대해서는 설명하지 않는다. 그리고 더 오래된 유인원들은 좀 더 원숭이와 비슷해서 뇌도 작고 팔도 길었다는 사실도 설명하지 못한다. 이들은 또한 오늘날의 인류와 더 가까운 시대에 살던 종류들이 더 큰 키, 더 큰 뇌, 더욱 정교한 도구 등 인간과 유사한 특징을 점차로 갖추게 되었는지도 설명하지 못한다. 침팬지와 인간은 유전적으로 왜 그토록 유사한지에 대해서도 알려주는 것이 없으며, 둘 사이의 차이는 어떻게 발생했는지도 설명하지 못한다. 그리고 호모 사피엔스가 언제 어디서 어떻게 처음 발생했는지에 대해서도 아무런 가설을 내놓지 못한다.

사실 위 단락의 따옴표 안에 들어 있는 문장은 1993년에 발행된 『판다와 인간』의 최신판에서 인용한 것이다. 이제까지 인류의 기원에 대해 새로운 사실이 속속 발견되었는데 그사이에 지적설계론 옹호자들도 인간의 기원에 대해 뭔가 확실한 근거를 찾아냈을까? 그런 것은 거의 없다. 남부 침례교 신학대학의 신학자인 윌리엄 뎀스키는 2004년에 쓴 글에서 모호한 입장을 내비치고 있다. "원숭이를 재설계한 결과 인간이 태어났다고 생각할 만한 이유는 충분하다. 그렇다고 해서 지적설계의 입장에서 볼 때 새로운 설계가 반드시 기존의 설계를 수정해야만 나온다고 볼 수는 없다. 그러므로 인간이 꼭 재설계 과정에서 탄생한 게 아니라 애당초 신규 설계로 탄생했다고 봐야 할 이유도 충분하다. 지적설계 이론가들은 이 분야에서 의견의 일치를 이룰 필요가 있다."

인간을 무에서 새로 설계한 것인가 아니면 원숭이를 재설계한 것인가 사이에는 큰 차이가 있다. 이들이 언제 의견의 일치를 이룰 것인지는 알 수 없다.

인간의 기원처럼 진화생물학과 지적설계론이 선명한 대조를 이루는 분야도 없다. 지적설계론자들이 위에서 말한 모호함 속에서 헤매는 사이에 진화 생물학자들은 새로운 화석을 발굴했고 인간과 다른 유인원들이 연결되어 있다는 DNA 상의 증거도 속속 찾아냈다. 2001년 이래 과학자들은 인간의 독특한 특성을 만들어내는 데 기여한 유전적 변화를 알아내는 과정에서 눈부신 성과를 일궈냈다.

자연선택의 흔적을 찾아내는 통계적 기법을 이용해서 과학자들은 이러한 발전을 이뤄냈다. 흔히 돌연변이는 하나의 뉴클레오티드(nucleotide), 즉 유전암호의 '알파벳' 하나를 바꿔놓는다. 이러한 식의 돌연변이는 다음 두 가지 중 하나의 결과를 낳는다. 하나는 세포가 유전자의 암호를 단백질로 번역하는 방식을 바꿔놓는다. 그리고 다른 하나는 이런 변화를 일으키지 않는다. 과학자들은 이러한 변이를 각각 '발현 변이'와 '잠재 변이'라고 부른다.

발현 변이로 인해 새로운 종류의 단백질이 탄생한다. 이러한 단백질은 심하게 변형되어 있어서 치명적인 질병을 일으킨다. 그러나 생존에 도움을 주는 변이도 있을 수 있다. 자연선택은 이렇게 도움이 되는 발현 변이를 선호할 것이고, 이에 따라 이 변이는 해당 종의 모든 개체가 이 유전자를 갖출 때까지 퍼져나갈 것이다. 반면 잠재 변이는 단백질의 구조에 영향을 미치지 않는다. 그러니까 자연선택은 이들이 퍼져나가는 데도 멸종하는 데도 도움을 주지 못한다. 달리 말해 이들의 운명은 순전히 우연에 달려 있다는 얘기다.

자연선택의 흔적을 찾아내는 방법 중 하나는 인간 유전자 속의 잠재 변이 및 발현 변이를 모두 집계해보는 것이다. 어떤 유전자가 자연선택의 압력을 지속적으로 받으면 결국 일련의 변이가 축적되어 이 유전자가 만드는 단백질의 모습이 달라진다. 발현 변이는 잠재 변이보다 해당 유전자 내의 변화에서 차지하는 비중이 높다.

2001년 이래 과학자들은 지난 600만 년간 호미닌의 진화 과정에서 강한 자연선택의 압력에 노출되었던 수천 개의 유전자들을 위의 방법을 이용해서 찾아냈다. 과학자들은 이들 유전자에 작용한 자연선택적 압력의 강도까지도 측정할 수 있다. 독자들은 아마 뇌의 크기라거나 직립보행 능력 등 인간을 다른 동물과 구별하는 특징을 지배하는 것들이 이런 유전자 목록의 맨 윗자리를 차지하리라고 생각하겠지만 그렇지 않다. 인간의 DNA에 가장 강한 영향을 미친 힘은 성(性)과 질병이다.

이 책의 9장과 10장에서 설명한 것처럼 이 두 가지 힘은 자연계 전체에 걸쳐 진화에 대단한 영향을 미친다. 그러므로 인간도 같은 법칙을 따르는 것이 놀랄 일은 아니다. 바이러스, 세균을 비롯한 여러 병원체는 수백만 년에 걸쳐 인간의 몸에 적응해왔다. 질병에 대해 새로운 방어 시스템을 진화시키는 일은 인간의 조상들에게는 문자 그대로 생사가 걸린 일이었다. 그러나 새로운 방어 시스템을 선보이자마자 미생물도 이를 피해가는 방법을 진화시켰다. 이 영원한 군비경쟁 속에 갇힌 질병 관련 유전자들은 지난 600만 년간 인간의 진화 과정을 크게 바꾸어놓았다.

인간의 난자와 정자 생성에 관여하는 유전자들도 강한 자연선택의 압력을 받았다. 동물을 관찰한 결과 과학자들은 양성 간의 파트너 선택이 어떻게 군비경쟁으로 확장되는지 알아냈다. 예를 들어 초파리 수컷은 교미 후 암컷의 몸에 화학물질을 주입하여 다른 수컷과 교미를 해도 수정이 어렵게 만든다. 그러나 암컷들은 이 화학물질을 중화시키는 방법을 개발했고, 그 결과 수컷들은 더욱 강력한 화학물질을 진화시켰다. 양성 간의 이런 싸움은 아마 인간 유전자 일부에 강력한 자연선택이 작용하는 원인이 되었을 수도 있다.

정자들은 자기들끼리 경쟁하기도 한다. 정자가 빨리 성숙하는 한편 분열을 중단할 것을 지시하는 신호를 무시할 수 있도록 해주는 유전자가 있다면, 이 유전자를 가진 정자가 더 많이 생성될 것이다. 과학자들은 이렇게 고속으로 진화하는 유전자가 암세포에서도 활성화되는 것이 아닌가 생각한다. 신속하게 분열하는 정자세포에 이로운 것은 종양세포에도 이로울 수 있다.

좀 더 미묘한(그렇다고 덜 중요하지도 않은) 현상은 자연선택이 인간의 뇌에 미치는 영향이다. 600만 년 전 인류의 조상은 뇌의 크기가 오늘날의

3분의 1 정도였다. 그들의 지능은 다른 유인원들과 비슷했을 것이다. 이들은 으르렁거리는 소리와 몸짓으로 의사소통을 했다. 그리고 불을 쓸 줄도 몰랐고 정교한 석기도 만들지 못했다. 다른 개체가 무슨 생각을 하거나 무엇을 느끼는지도 제대로 이해하지 못했다. 2001년까지 과학자들은 인간의 뇌에서 활동하는 유전자 중 자연선택의 흔적이 남아 있는 것을 하나도 찾아내지 못했다. 그러나 그 후 저자가 지금 이 글을 쓰는 순간까지 과학자들이 발견한 이런 종류의 유전자는 수백 개가 넘는다.

새로운 연구 성과를 취합하여 인간의 뇌가 어떻게 다른 유인원들의 뇌로부터 갈라져 나왔는가를 분명히 이해하려면 긴 시간이 필요할 것이다. 현재 유전자가 뇌를 어떻게 만들어내는가에 대해서는 알려진 것이 많지 않다. 그러나 실마리는 이미 보이기 시작했다. ASPM이라는 유전자가 가장 희망적인 단서 하나를 갖고 있는 것으로 짐작된다. 이 유전자는 돌연변이가 일어나면 매우 파괴적으로 작용하는데, 이로 인해 과학자들의 주목을 끌기 시작했다. 이 유전자에 변이가 일어난 어린이의 뇌에는 가장 바깥 부분인 대뇌 피질이 거의 없다시피 해서 크기가 매우 작으며, 소두(小頭)라고 불린다. 이 ASPM이 뇌의 성장 과정에서 일종의 핵심적인 역할을 한다는 것은 분명하다. 그리고 인류의 조상이 다른 유인원들로부터 갈라져 나온 이래 강한 자연선택의 압력을 받은 것으로 보인다. 인류의 뇌가 이렇게 커지는 과정에서 ASPM이 어떤 역할을 했을 가능성이 있다. ASPM의 진화는 또한 추상적 사고의 거의 대부분을 담당하는 대뇌 피질이 커지는 데 특히 기여했을 것으로 추측된다.

그러나 크기가 전부는 아니다. 자연선택은 특정 분야의 사고를 조절한다고 생각되는 일부 유전자의 형성에 관여했다. 언어를 예로 들어보자. 2001년에 이 책을 썼을 때 이미 과학자들은 인간의 언어 학습 능력이 뇌에 아로새겨진 일종의 본능이라는 점은 알고 있었다. 그렇다면 유전자가 언어 형성에 관여했다는 뜻인데, 그때까지만 해도 언어 관련 유전자는 단 하나도 발견되지 않았다. 그런데 런던에서 선천적 음성언어 및 문법 장애를 겪는 가족을 연구한 결과, 유전자 하나가 발견되었다. 2002년에 영국 과학자들은 이 가족 중 언어장애를 겪는 구성원들은 모두 FOXP2라고 명명된 유전자에 돌연변이를 갖고 있음을 발표했다. 나중에 뇌 스캔을 해본 결과, 이러한 변이를 갖고 있는 사람의 뇌는 언어를 담당하는 브로카 영역의 활성이 떨어진다는 사실이 밝혀졌다.

이어서 과학자들은 인간의 FOXP2 유전자와 다른 포유류에서 이에 해당하는 유전자를 비교해봤다. 다른 종의 동물에서는 FOXP2가 언어 능력을 만들어내지 않음은 분명하다. 그러나 2005년 쥐를 대상으로 한 실험 결과 과학자들은 이 유전자가 동물의 의사소통에 영향을 미친다는 사실을 발견했다. 이 유전자의 사본이 하나밖에 없는 새끼 쥐는 울음소리로 어미 쥐와 소통하는 경우가 훨씬 적었고, 하나도 없는 쥐는 전혀 울음소리를 내지 않았다.

발현 변이와 잠재 변이를 비교해본 결과, 과학자들은 인간의 FOXP2가 자연선택의 압박을 강하게 받았음을 알아냈고, 나아가 이 자연선택이 언제쯤 발생했는지도 추정했다. 그 시점은 지금으로부터 20만 년이 채 되지 않은 때였다. 호모 사피엔스가 출현한 것과 대략 비슷한 시점이다. 이러한 결과는 언어가 늦게 개발된 능력이며 호미닌 계보에서 최근에야 진화하기 시작했음을 시사한다.

그러나 자연선택은 거기서 멈추지 않았다. 새로운 연구로 과학자들은 지난 5만 년간 진화한 유전자들을 찾아냈다. 이러한 연구 중 2006년 3월 시카고대학의 과학자들이 발표한 논문은 특히 흥미로운 내용을 담고 있다. 이 연구팀은 지난 수천 년 동안의 자연선택의 흔적에만 집중했다. 이들의 연구는 세대가 바뀌면서 유전자가 분리되는 방식에 바탕을 두고 있다. 인간은 누구나 두 벌의 염색체를 갖고 있다. 난자와 정자가 형성되는 과정에서 각각의 염색체는 자신의 쌍에 해당하는 염색체와 유전자 뭉치를 교환한다. 이렇게 교환된 염색체를 물려받은 아이는 번식에 크게 유리한 유전자를 갖고 있을 수 있다. 세대가 거듭됨에 따라 이 유전자는 방금 말한 '뭉치'에 같이 들어 있던 유전자들과 함께 집단 내에 신속하게 확산될 것이다.

이 연구팀은 주변의 DNA와 같은 뭉치에 속하는 모습을 일관되게 보여주는 유전자들을 탐색했다. 그 결과 이들은 이렇게 신속하게 확산되는 유전자들을 인간 유전체 중 700군데에서 찾아냈다. 이 유전자들은 피부색부터 소화에 이르기까지 다양한 분야에 작용하고 있었다.

맛과 냄새 관련 유전자들도 빠르게 변화해왔다. 지난 6,000~1만 년 사이에 진화한 것으로 추정되는 이 유전자들 중 상당수는 인간이 경작된 식물의 열매와 가축화된 동물의 고기를 먹기 시작할 때쯤 퍼져나갔을 것이다. 여전히 진화를 계속하고 있는 유전자 중 일부는 뇌에서 활동 중이다. 문명의 발생과 풍부한 인간의 문화가 이런 유전자의 진화를 추진했을까? 현재의 발전 속도를 감안하면 앞으로 5년 안에 과학자들이 어떤 답을 찾아낼지도 모른다.

지난 5년간 진화생물학은 눈부시게 진보했지만, 이 분야 최고의 학자들이 이 기간 중 세상을 떠나기도 했다. 2004년에는 영국의 생물학자 존 메이너드 스미스(John Maynard Smith)가 84세로 타계했다. 메이너드 스미스는 진화 연구에 수학과 경제학의 개념을 도입했다. 이런 개념 중 가장 성과가 컸던 것은 게임이론으로, 이 이론은 어떻게 서로 다른 전략이 참여자들을 승리 또는 패배로 이끄는가를 연구하는 분야이다. 메이너드 스미스는 생명체를 참여자로, 이들의 행동을 전략으로 설정했다. 그 결과 다양한 전략이 어떻게 자연선택으로 인해 성공하는지 아니면 종을 멸종으로 이끄는지를 분석할 수 있게 되었다.

과학자들은 상이한 행동 양식이 공존하는 사례를 다수 발견했다. 수컷 바다코끼리는 암컷을 여럿 거느린 우두머리 수컷에게 싸움을 걸거나 아니면 암컷 무리 주변을 맴돌다가 몇 마리와 몰래 교미해서 자손을 퍼뜨린다. 이러한 이른바 진화적으로 안정된 전략의 사례를 과학자들은 다수 발견했다. 이 전략은 인간의 행동 연구에도 큰 빛을 던져준다. 유전자는 어떤 사람의 성격, 지적 능력, 행동 등 여러 측면에 관여하는데, 이 모든 요소 내에는 큰 편차가 존재하는 것이 분명하다. 수백만 년의 세월이 흐르는 동안 이 유전자들이 상호 간 진화적으로 안정된 상태에 도달했을 가능성도 있다. 그리고 이들이 펼치는 게임은 인간에게서 찾아볼 수 있는 협력이라는 독특한 특징이 어떻게 진화해왔는지 연구하는 모델이 될 수 있다.

이 책에서 나는 에른스트 마이어(Ernst Mayr)라는 조류학자가 1920년대에 태평양의 섬들을 탐사하면서 생물종의 현대적 개념과 그 탄생 과정을 연구하는 기초를 어떻게 마련했는가를 설명한 적이 있다. 마이어는 2005년에 100세를 일기로 세상을 떠났다. 생애의 마지막 수십 년간 마이어는 자신의 연구 성과로 용기를 얻는 모습을 지켜보았고, 나아가 이들이 자신의 성과를 뛰어넘는 과정을 즐기기도 했다. 죽기 얼마 전에 마이어는 이렇게 썼다. "새로운 연구 성과에는 진화생물학자에게 용기를 불어넣는 측면이 있다. 이러한 성과로 인해 학자들은 이 분야에서 미지의 세계가 끝없이 드러나며 따라서 발견할 대상이 넘친다는 사실을 깨닫는다. 내가 오래 살아서 이러한 발전을 즐길 수 없음이 안타까울 뿐이다."

유감스럽게도 스티븐 제이 굴드(Stephen Jay Gould)는 메이너드 스미스나 마이어처럼 장수의 축복을 누리지 못한 채 2002년에 60세를 일기로 생을 마감했다. 바로 그 전해에 그가 이 책의 서문을 써주는 영광을 누릴 때만 해도 나는 그가 우리 곁을 이렇게 빨리 떠나리라고는 상상도 하지 못했다. 그때도 영광이었지만 이 책이 영원히 그와 연결되어 있으리라는 점은 더욱 영광스럽다. 굴드는 과학자로뿐만 아니라 저술가로도 위대한 인물이었다. 굴드는 생물학자들이 화석을 들여다보고 있든 태아를 연구하고 있든 항상 진화를 새로운 각도에서 들여다보라고 격려했다. 또한 지난 150년간 진화생물학의 눈부신 연구 성과를 일반 대중에게 널리 알리는 데 있어 굴드와 견줄 만한 저술가는 거의 없다. 이 책을 이 세 사람의 위대한 학자와 앞으로 나올 진화생물학자들에게 다시 한 번 바친다.

1부

오래 걸려 얻은 승리

1장

다윈과 비글호

1831년 10월 하순, 비글(Beagle)호라는 27미터짜리 배가 영국의 플리머스 항에 정박해 있었다. 이 배의 선원들은 마치 흰개미들처럼 부지런히 움직이면서 5년으로 예정된 세계일주 항해에 대비해 짐을 배에 빼곡히 쌓고 있었다. 밀가루와 럼주가 든 나무통은 굴려서 선창으로 운반했고, 톱밥을 채워 실험용 시계를 담은 나무 상자는 갑판에 쌓아 두었다. 비글호의 임무는 과학적인 것으로, 영국 해군의 요청에 따라 시계의 정확성을 시험하는 것이었다. 해군은 항해를 위해 정확한 시계에 의존한다. 항해 기간 중 매우 정교한 해도도 작성할 예정이어서 해도로 가득 찬 마호가니 궤짝을 선미 선실에 배치하기도 했다. 또한 배에 장착돼 있던 10문의 강철 대포를 놋쇠 대포로 바꿔 비글호의 나침반이 아무런 영향을 받지 않도록 했다.

바삐 움직이는 선원들 사이를 22세 된 청년이 어슬렁거리고 있었다.

청년은 좁은 선실에 걸맞지 않게 180센티미터가 넘는 장신인 데다가 이 배에 전혀 어울리지 않아보였다. 그는 이 배 안에서 정식 직함도 없었고 그저 항해 중 선장의 말동무를 해주고 비공식적인 자연사학자의 역할을 해달라는 부탁을 받았을 뿐이다. 보통은 배에 탑승한 의사가 항해 중 자연사학자의 역할을 했는데 이 어색한 젊은이는 의술도 갖추지 못했다. 그는 의대를 중도 포기했고 그럴싸한 직업도 찾을 수 없었기 때문에 항해가 끝나면 시골 교구 사제의 길을 걸을까 생각 중이었다. 표본을 담을 유리병과 현미경, 기타 개인 짐을 선미 선실에 부리고 나니 청년은 할 일이 없어졌다. 그는 측량 담당관이 시계를 정확히 맞추는 것을 도와주려고 했지만 기본적인 계산을 하는 데 필요한 수학 실력도 갖추고 있지 못했다.

이 어색한 젊은이의 이름은 찰스 다윈(Charles Darwin)이었다. 5년 후 비글호가 영국에 돌아갈 때쯤 그는 영국에서 가장 장래가 촉망되는 젊은 과학자가 되어 있을 터였다. 그리고 항해 중의 경험을 바탕으로 생물학에서 가장 중요한 생각 하나를 떠올리게 되는데, 이 생각이야말로 자연 질서 속에서 인간이 차지하는 위치에 대한 인식을 영원히 바꿔놓을 아이디어였다. 다윈은 항해 중 수집한 자료를 기초로 자연이 오늘날과 똑같은 모습으로 창조되지 않았다는 사실을 보여줄 터였다. 생명은 진화한다. 생명은 신이 직접 개입할 필요 없이 유전의 법칙에 따라 일어나는 변화에 이끌려 조금씩, 그리고 영원히 달라져간다. 그리고 인간은 신의 창조의 정점에 서 있는 존재가 아니라 진화의 산물인 수많은 종들 중 하나에 불과하다.

자신의 연구 결과로 다윈은 빅토리아 시대의 영국을 위기로 몰아넣게 되지만 동시에 그는 생명에 대한 새로운 시각, 나름대로 웅장함을 갖춘 시각도 제공했다. 진화로 인해 우리는 지구의 초기, 혜성이 마구 충돌하고 태양과 별에서 유해한 방사선이 쏟아져 들어오던 시절과 오늘날의 우리가 서로 연관돼 있다는 사실을 분명히 깨달았다. 진화로 인해 우리가 먹는 곡식이 생겼고, 이것을 갉아먹는 벌레도 생겼다. 또한 진화는 하찮은 세균이 어떻게 해서 뛰어난 과학자들도 생각하지 못하는 일을 해내는지 보여줌으로써 의학의 신비를 벗겨내는 데 도움을 주기도 한다. 그리고 진화는 무한정으로 지구에서 뭔가를 얻어내려는 사람들에게 경종을 울리기도 하고, 원숭이 무리 가운데서 어떻게 인간의 마음이 형성됐는가를 보여주기도 한다. 우리는 아직도 진화가 우주 속에서 인간의 위치를 어떻게 규정하고 있는가를 알려고 몸부림치지만 이 우주는 그렇기 때문에 더욱 놀라운 곳이다.

오늘날 비글호는 다윈과 관련해서만 기억되고 다루어진다. 그러나 분주히 배에 짐을 싣고 있던 선원들에게 이런 이야기를 했다면 이들은 어색한 태도의 젊은이에게 눈길도 한 번 주지 않고 마구 웃어댔을 것이다.

플리머스에서 다윈은 가족들에게 이렇게 썼다. "내가 해야 할 일은 가능하면 선원처럼 보이는 일입니다."

딱정벌레 잡기

다윈은 슈롭셔에 있는 세번 강둑에서 조약돌과 새를 수집하며 자랐다. 당시에 그는 자신의 삶을 안락하게 해줄 재산에 대해서는 전혀 알지 못했다. 어머니인 수재나는 웨지우드 도자기로 유명한 부유한 웨지우드 가문 출신이었다. 아버지인 로버트의 집안은 좀 덜 부유했지만 그는 의사로 일하면서 환자들에게 돈을 빌려주어 재산을 불렸다. 충분한 돈을 모은 그는 세번강을 굽어보는 언덕에 '마운트'라고 명명한 큰 집을 지어 가족과 함께 살았다.

찰스와 형 에라스무스는 거의 텔레파시가 통할 정도로 가까웠다. 십대에 이들은 집 안에 실험실을 만들어 이런저런 화학물질을 갖고 놀기도 했다. 찰스가 16세가 되던 해 에라스무스는 의학을 공부하러 에든버러로 갔다. 아버지 로버트는 형의 말벗도 되고, 결국에는 형처럼 의학을 공부하라는 뜻에서 찰스를 딸려 보냈다. 찰스는 새로운 도시에 가게 된 것과 형을 따라가게 된 것이 기뻤다.

에든버러에 도착한 형제는 그 도시의 지저분한 모습에 경악했다. 제인 오스틴의 소설 배경인 조용한 시골에서 자란 두 소년이 생전 처음으로 빈민굴과 마주친 것이다. 당시에 에든버러에는 스코틀랜드 민족주의자, 스튜어트 왕가 지지파, 캘빈주의자가 격론을 벌이고 있었다. 에든버러대학에서는 극단적인 학생들이 수업시간에 소리를 지르거나 권총을 쏘는 모습까지 볼 수 있었다. 찰스와 에라스무스는 다른 사람들과는 담을 쌓고 둘이 꼭 붙어서 이야기를 하거나, 강가를 걷거나, 신문을 보거나, 극장에 가곤 했다.

얼마 지나지 않아 찰스는 자신이 의학 공부에 전혀 관심이 없음을 깨달았다. 강의는 지겨웠고 해부한 시체를 보면 몸서리가 쳐졌으며 수술 (보통 마취를 하지 않은 절단 수술)은 끔찍했다. 그는 자연사 공부에 몰두했다. 찰스는 의사가 될 수 없음을 스스로 알고 있었지만 그렇다고 아버지에게 대항할 배짱도 없었다. 여름이 되어 집으로 내려왔을 때도 그는 진로에 관한 화제를 피하면서 새 사냥과 박제 만들기로 소일했다. 이런 식으로 그는 평생 대결을 피하며 살았다.

그해 여름에 로버트는 에라스무스를 런던으로 보내 의학 공부를 계속

시키기로 마음먹었다. 찰스는 1826년 10월 혼자서 에든버러로 돌아갔고 진절머리 나는 의학 공부를 피해 자연사에 몰두했다. 그는 에든버러의 자연사학자들과 친해졌는데 그중에는 찰스를 문하생으로 받아준 로버트 그랜트(Robert Grant)라는 동물학자가 있었다. 그랜트는 의학 교육을 받았지만 의업을 포기하고 동물학을 택해 결국 당시 영국 최고의 동물학자 반열에 올랐다. 그는 동시대 과학자들이 거의 아무것도 몰랐던 바다 조름, 해면 등을 연구 대상으로 삼았다. 그랜트는 훌륭한 스승이었다. 다윈은 나중에 이렇게 썼다. "그랜트는 겉으로는 메마르고 공식적이었으나 마음속에는 열정이 가득했다."

그랜트는 해양 생물을 현미경으로 들여다보며 해부하는 기술 등 다윈에게 동물학 연구에 필요한 기술을 가르쳤다. 그리고 다윈도 훌륭한 제자라는 사실이 곧 드러났다. 다윈은 해초의 암수 성세포가 어울려 움직이는 모습을 처음으로 관찰한 사람이 되었다.

에든버러에서 두 해째를 보내던 1828년 다윈은 마운트로 돌아갔다. 그는 더 이상 아버지를 피할 길이 없음을 깨닫고 결국 의사가 될 수 없다는 사실을 고백했다. 로버트 다윈은 격노해서 아들에게 이렇게 말했다. "넌 사냥질, 개, 쥐잡기에나 관심이 있지. 넌 가족과 네 자신에게 부끄러운 존재가 될 거다."

로버트는 아들의 맘을 귀신같이 알아채는 그런 아버지는 아니었다. 찰스는 부자가 될 것이었지만, 그의 아버지는 아들이 할 일 없는 부자가 되기를 원치 않았다. 의사가 아니라면 로버트의 머리에 떠오르는 존경받을 만한 직업은 딱 한 가지뿐이었는데, 그것은 성직자였다. 다윈 일가는 특별히 신앙심이 두터운 사람들이 아니었다. 오히려 로버트 다윈은 속으로는 신의 존재를 의심하고 있었다. 그러나 당시 영국에서 성직자가 되

진화

면 안정과 존경이 따라왔다. 다윈은 교회에 대해 관심을 가진 적이 전혀 없었지만 아버지의 말을 따르기로 했고, 이듬해에 신학 학위를 얻기 위해 케임브리지로 갔다.

다윈은 열심히 공부하는 신학생이 아니었다. 성서를 공부하기보다는 딱정벌레 잡이에 더 열심이었다. 그는 관목 덤불과 숲을 돌아다니며 곤충을 찾았다. 희귀한 종을 찾기 위해 그는 일꾼을 고용해서 나무에 낀 이끼를 긁어내게 하거나 갈대로 뒤덮인 바지선 바닥을 청소시키기도 했다. 그리고 자신의 미래에 관해 다윈은 성직자가 되는 일은 꿈도 꾸지 않았고, 영국을 아예 떠나버릴 궁리를 하고 있었다.

알렉산더 폰 훔볼트(Alexander von Humboldt, 19세기 초 독일의 유명한 자연과학자, 지리학자—옮긴이)가 브라질의 열대우림과 안데스산맥을 여행한 이야기를 읽은 다윈은 자신도 자연이 어떻게 움직이는가를 알기 위해 여행을 떠나고 싶었다. 훔볼트가 저지대는 정글로 뒤덮이고 산자락에는 용암이 굳어 울퉁불퉁한 바위가 있는 카나리아제도를 예찬하는 걸 보고, 다윈은 이곳에 가볼 계획을 세웠다. 케임브리지에서 만난 마마듀크 램지라는 사람이 기꺼이 동행을 자처했다. 다윈은 몇 주에 걸쳐 웨일스에 머물며 애덤 세즈윅(Adam Sedgwick)이라는 케임브리지대학의 지질학자 아래서 조수 노릇을 하며 지질학에 대한 지식을 넓혀갔다. 웨일스에서 돌아온 그는 카나리아제도로 떠나기 위해 본격적으로 준비를 시작했는데, 마침 그때 램지가 죽었다는 소식이 날아들었다.

다윈은 매우 실망해서 어찌할 바를 모른 채 케임브리지를 떠나 집으로 향했다. 집에 도착해 보니 케임브리지대학 교수 중 한 사람인 존 스티븐스 헨슬로(John Stevens Henslow)에게서 편지가 와 있었다. 편지에서 헨슬로는 다윈에게 세계 일주 여행에 관심이 있는지 물었다.

외로운 선장

이 제안을 한 사람은 비글호의 선장인 로버트 피츠로이(Robert FitzRoy)였다. 피츠로이에게는 두 가지 임무가 있었다. 한 가지는 정밀한 신형 시계를 이용해서 세계 일주 항해를 하는 것이고, 또 하나는 남아메리카의 해안선 지도를 만드는 것이었다. 아르헨티나와 그 인접국들은 에스파냐에서 막 독립했고, 따라서 영국은 이들과의 무역로를 확보하기 위해 이 지역을 답사할 필요가 있었다.

이번 항해가 피츠로이로서는 비글호를 지휘하는 두 번째 항해였지만 당시 그는 27세에 불과했다. 그는 영국과 아일랜드에 광대한 영지를 가진 귀족 집안 출신이고 해군사관학교 시절에는 수학과 과학에 탁월한 재능을 보였다. 그는 지중해와 부에노스아이레스에서 근무했고 23세 되던 1828년 비글호의 선장이 되었다. 그의 전임자는 선원들이 괴혈병을 일으키고 잘못된 지도 때문에 엉뚱한 곳을 헤매는 와중에 파도 높은 티에라델푸에고제도의 섬들을 조사하다가 미쳐버렸다. 선장은 항해 일지에 "사람의 영혼은 그와 함께 죽는다."라고 적어놓고는 권총으로 자살했다.

피츠로이는 절제와 열정, 귀족적 전통과 현대 과학, 사명감과 고독한 절망감 등이 뒤섞여 있는 사람이었다. 비글호의 선장으로 첫 번째 항해 중 티에라델푸에고를 조사하는 과정에서 원주민들이 비글호의 보트 하나를 훔쳐갔다. 피츠로이는 인질을 잡아서 보복했지만 대부분은 탈출했다. 두 명의 남자와 소녀 하나가 뒤에 남았는데 이들은 비글호에 있는 것이 행복해 보였다. 갑자기 피츠로이는 이들을 영국으로 데려가 가르쳐서 다시 데려와 원주민들을 개종시켜야겠다는 결심을 했다. 돌아오는 길에 그는 자개 단추 하나를 주고 원주민을 또 한 명 샀다. 영국에서 원주민

중 하나가 천연두로 죽었지만 피츠로이는 나머지 세 사람을 문명인으로 만들어 두 번째 항해에서 티에라델푸에고로 돌려보내고 선교사도 한 명 딸려 보내 원주민들을 개화시키려 했다.

피츠로이는 두 번째 항해에 동반자를 하나 데려가야겠다고 결정했다. 원래 선장은 선원과 어울려서는 안 되었기 때문에 본의 아닌 고독으로 미칠 지경이 되는 사람이 많았다. 게다가 자살한 전임자의 원혼이 배 안을 떠도는 것 같기도 했다. 피츠로이에게는 걱정거리가 또 하나 있었다. 정치 무대에서 밀려난 정객인 삼촌이 칼로 목을 찔러 자살했기 때문이다. 아마 피츠로이는 이런 식으로 우울증에 빠지기 쉬운 사람이었던 모양이다.(그의 예감은 틀리지 않았다. 30년 후 해군으로서 성공하지 못한 것에 좌절한 피츠로이는 자신의 목을 찔렀다.)

피츠로이는 이번 항해를 주선한 프랜시스 보퍼트에게 동반자를 구해 달라고 부탁했다. 이들은 또한 동반자가 자연사학자여야 할 것, 그래서 항해 중 비글호와 마주치는 동식물을 기록할 수 있어야 한다는 데 합의했다. 피츠로이는 이 동반자가 어느 정도의 신분이 있어야 하며 세련된 대화를 나눌 수 있어야 하고 고독을 이길 수 있도록 도와줄 수 있는 사람이어야 한다고 요구했다.

보퍼트는 케임브리지에 있는 친구 헨슬로에게 연락을 했다. 이 자리가 탐나기는 했지만 헨슬로는 아내와 아이를 그렇게 오래 버려둘 수는 없었다. 헨슬로는 케임브리지 졸업생인 레너드 제닌스에게 연락했고 제닌스는 짐까지 쌌다가 나중에 마음을 바꿨다. 그는 방금 교구 사제로 임명된 터라 갑자기 사직하고 싶지 않았다. 그래서 헨슬로는 다윈에게 눈을 돌렸다. 이번 항해는 다윈이 꿈꾸던 카나리아제도를 훨씬 뛰어넘는 것이었고 가족이나 직장에 매인 몸도 아니라 그는 이 제안을 흔쾌히 수락했다.

그의 아버지는 별로 탐탁지 않아 했다. 아버지 로버트는 잔인하고도 불결한 선상 생활을 걱정했다. 바다에 빠지면 어쩌나 하는 걱정도 들었다. 게다가 해군은 자기 가문 정도 되는 신분의 젊은이가 갈 곳이 못 되며, 앞으로 성직자의 길을 걸을 사람이 미개지로 떠난다는 것도 좋을 것이 없다고 생각했다. 일단 떠나면 제대로 안정적인 삶을 살 수 없을 것이었다. 찰스는 실의에 빠져 헨슬로에게 아버지의 결정을 알렸다.

하지만 로버트 다윈은 완전히 결심한 것이 아니었다. 찰스가 외가인 웨지우드의 영지에서 사냥으로 마음을 달래고 있을 때 로버트는 찰스의 외삼촌 조지프 웨지우드에게 편지를 보냈다. 그는 항해에 대한 자신의 의견을 털어놓은 뒤 "처남의 생각이 내 생각과 다르다면 찰스에게 처남의 충고를 따르도록 하겠네."라고 썼다. 찰스는 웨지우드에게 상황을 설명했고 외삼촌은 조카의 용기를 북돋워줬다. 그는 로버트에게 편지를 써서 자연사를 연구하는 것이 성직자에게 매우 어울리는 일이며, 이런 항해를 통해 다른 인간과 사물을 만나는 것은 좀처럼 잡기 어려운 기회라고 말했다. 아침 일찍 편지를 하인에게 들려 보낸 웨지우드는 찰스와 사냥을 하며 로버트의 반응에 신경을 쓰지 않으려고 했지만 10시가 되자 삼촌과 조카는 직접 그를 설득하기 위해 마운트를 향해 떠났다. 도착해 보니 로버트 다윈은 이미 편지를 읽고 마음을 돌린 상태였다. 로버트는 아들에게 여비를, 다윈의 여동생들은 새 셔츠를 마련해줬다.

다윈은 프랜시스 보퍼트에게 비글호를 타기로 했다는 편지를 쓰면서 헨슬로에게 먼저 보냈던 편지는 잊어달라고 부탁했다. 그리고 아직 피츠로이를 만난 적도 없지만 항해를 준비하기 시작했다. 얼마 후 다윈은 선장이 생각을 바꿀지도 모른다는 생각이 들었다. 특유의 변덕으로 피츠로

진화

이는 사람들에게 말벗 자리를 친구에게 줬다고 이야기하기 시작했고 이것이 다윈의 귀에까지 들어갔다.

다윈은 당혹스러웠으나, 소문에도 불구하고 런던에서 피츠로이를 만나기로 한 약속을 지켰다. 약속 장소로 가는 마차 안에서 밖을 내다보던 다윈에게 이번 항해도 지난번처럼 물거품이 되는 것은 아닐까 하는 걱정이 밀려왔다.

다윈과 마주앉자마자 피츠로이는 이번 항해가 끔찍할 것이라고 말했다. 불편하고 돈이 많이 드는 데다가 세계를 완전히 일주하지 못할지도 모른다는 식으로 말이다. 그러나 다윈은 물러서지 않았다. 오히려 그는 시골 교구 사제 같은 친절한 태도, 풍부한 과학 지식, 교양 있는 케임브리지 억양, 정중함 등으로 피츠로이의 마음을 사로잡았다. 자리에서 일어설 때쯤 피츠로이는 다윈에게 완전히 매료됐다. 둘은 같이 배를 타기로 했다.

다윈은 이렇게 중얼거렸다. "남미 딱정벌레들아 조심해라, 내가 간다."

지구의 나이는 몇 살인가

1831년 10월 플리머스 항에 도착한 다윈의 트렁크 속에는 책과 과학 장비 들이 가득했고, 머릿속에는 지구와 생명에 관한 그 시대의 생각이 들어 있었다. 케임브리지에서 그의 교수들은 세상에 관해서 알면 신의 의지를 알 수 있을 것이라고 가르쳤다. 그러나 영국의 과학자들은 새로운 사실을 발견할수록 성서를 전혀 오류가 없는 진리로 의지하기가 점점 어려워진다는 사실을 깨달아가고 있었다.

예를 들어 영국의 지질학자들은 지구의 나이가 수천 년밖에 되지 않는다는 사실을 더 이상 인정하지 않았다. 과거에는 인류가 창조의 일곱 번째 날에 탄생했다는 성서의 이야기를 그대로 믿으면 되었다. 한 사례로, 1658년 아마주(Armagh, 영국 북아일랜드의 옛 주 이름—옮긴이)의 제임스 어셔(James Ussher) 대주교는 역사적 자료와 성서의 기록을 결합해 지구의 날수를 정확히 계산해냈다. 그는 신이 세상을 기원전 4004년 10월 22일에 창조했다고 주장했다. 그러나 이 이야기가 나온 지 얼마 되지 않아 지구는 창조된 이래 계속 변해왔다는 것이 분명해졌다. 지질학자들은 육지의 절벽에서 조개 등 해양 생물의 화석을 찾아냈다. 신이 지구를 창조하던 날 이 조개들을 절벽에 박아 넣지는 않았을 것이다. 초기의 지질학자들은 화석을 노아의 홍수 때 죽은 동물의 유해라고 생각했다. 지구가 바닷물로 뒤덮였을 때 이들은 진흙 속에 파묻혔고, 퇴적물이 바다 바닥에 암석층을 만들어냈다. 물이 빠져나가자 이 암석층 일부가 무너져 내렸고 그 과정에서 화석이 점점이 박힌 절벽과 산이 만들어졌다는 얘기다.

1700년대 말이 되자 대부분의 지질학자들은 변화라고 해야 대홍수 한 번밖에 없었던 수천 년의 시간 안에 지구의 역사를 밀어 넣으려는 노력을 포기했다. 어떤 사람은 지구가 형성될 때 바다로 뒤덮여 있었으며, 여기서 화강암을 비롯한 여러 종류의 암석이 한 층씩 차곡차곡 쌓였다고 주장했다. 바다가 물러나자 암석층이 일부 드러났고 그 후 비바람에 침식돼 새로운 모습이 되었다는 얘기다.

어떤 지질학자들은 지구의 표면을 만들어내는 힘이 땅속에서 나온다고 주장했다. 스코틀랜드의 제임스 허턴(James Hutton)은 뜨거운 지구의 핵이 밑으로부터 화강암을 밀어 올려 어떤 곳에서는 화산이 생겼고 어떤 곳에서는 광대한 지역이 융기했다고 믿었다. 비바람이 이렇게 융기한 부분과 산의 지표를 쓸어 내렸고, 그 퇴적물이 바닷물로 흘러들어가 새로운 암석층을 만들어내고 나중에 이 암석층이 다시 융기하는 식의 영원한 순환이 계속된다는 주장이었다. 허턴은 지구가 하나의 영구기관이며 항상 사람이 살 수 있는 상태를 유지한다고 믿었다.

허턴은 스코틀랜드의 암석층에서 자신의 주장을 뒷받침할 증거를 찾아냈다. 그는 화강암맥이 퇴적암층 사이로 파고든 것을 보았다. 어떤 곳에서는 맨 위의 퇴적암층은 얌전히 수평으로 포개져 있으나 바로 밑의 층들은 기울어져 거의 수직으로 되어 있기도 했다. 이것을 보고 허턴은 이렇게 주장했다. 가장 밑의 층은 까마득한 옛날에 바닷속에 있다가 기울어진 후 땅속에서 미는 힘으로 인해 물위로 나왔고 그 후 비바람에 조금씩 침식됐다. 나중에 기울어진 층이 다시 물에 덮였고 그 위에 새로운 층이 수평으로 퇴적됐다. 그리고 마지막으로 이 모든 층들이 수면으로 나와 당시의 허턴이 보는 지형이 만들어졌다는 것이다.

이런 주장을 발표하면서 허턴은 이렇게 말했다. "여기서 자연스레 이런 의문이 생긴다. 이 엄청난 과정이 진행되는 데 얼마나 시간이 걸렸을까?"

허턴은 이에 대해 "무척 긴 시간"이라고 스스로 답했다. 사실 그는 "무한한 시간"이라고 생각했다.

허턴은 지구의 변화에 관한 기본 원칙 한 가지를 발견했다. 알아채지 못할 정도로 느린 힘이 작용해서 지구의 역사 전체에 걸쳐 세상의 모습을 바꿔왔다는 사실 말이다. 이 때문에 그는 오늘날 많은 지질학자들의 추앙을 받고 있다. 그러나 동시대인들은 그를 정면으로 반박했다. 어떤 사람은 그의 주장이 성서의 창세기에 어긋난다고 지적하기도 했다. 또한 대부분의 지질학자들은 지구의 역사가 일정한 방향 없이 진행됐으며, 시작도 끝도 없이 그저 무질서한 창조와 파괴의 순환 과정이라는 그의 주장에 반대했다. 그러나 지질학적 기록을 좀 더 자세히 들여다본 학자들은 지구의 모습이 항상 똑같지 않았다는 사실을 발견했다.

최고의 증거는 암석에서 나온 것이 아니라, 암석 속에 들어 있는 화석에서 나왔다. 예를 들어 프랑스에서는 조르주 퀴비에(Georges Cuvier, 19세기 초 프랑스의 고생물학자이자 비교해부학의 창시자로 진화론에 반대해 천재지변설을 주장했다.―옮긴이)라는 젊은 고생물학자가 살아 있는 코끼리의 두개골과 시베리아, 유럽, 북아메리카 등 오늘날은 코끼리가 살고 있지 않은 지역에서 발견된 코끼리 화석을 비교했다. 퀴비에는 코끼리 화석의 거대한 턱과 이빨, 그리고 이빨에 연결된 입속의 물결 모양의 판을 스케치했다. 그는 화석 코끼리(매머드)가 오늘날의 코끼리와 근본적으로 다르다는 사실을 밝혀냈다. 여기에 대해 퀴비에는 "둘 사이의 차이는 개와 하이에나 사이의 차이만큼이나 크며 혹은 더 클 수도 있다."라고 썼다. 이렇게 거대한 동물이 오늘날 지상을 어슬렁거리고 있다면 틀림없이 누군가가 보았을 것이다. 이를 통해 퀴비에는 과거에 멸종한 동물이 있었다는 사실을 밝혀낸 최초의 자연사학자가 되었다.

퀴비에는 다른 많은 포유류도 멸종했음을 발견했다. 이 사실은 "우리가 사는 세상 이전에 딴 세상이 있었고, 그것이 어떤 대재앙으로 파괴됐음을 증명하는 것으로 보인다."라고 퀴비에는 주장했다. 이어서 그는 "그러면 옛날의 지구는 어떤 모습이었을까? 인간이 지배하지 않던 세상은 어떠했을까? 어떤 일로 옛날의 세상은 반쯤 썩은 뼈밖에는 아무런 흔적도 남기지 못할 정도로 철저히 파괴됐을까?" 등의 의문을 제기했다.

퀴비에는 여기서 한 걸음 더 나아갔다. 매머드와 기타 포유류를 멸종시킨 사건은 한 번만 일어난 것이 아니라 여러 번 일어났다. 화석은 각

진화

시대마다 워낙 서로 달라서 퀴비에는 이를 이용해 화석이 들어 있는 암석층이 언제 생겼는지 알 수 있을 정도였다. 다만 그런 사건의 이유가 정확히 무엇인지 알 수 없을 뿐이었다. 그는 해수면이 갑자기 상승하거나 한파가 몰아닥쳤을 것으로 추측했다. 이런 사건이 일어난 뒤 새로운 동식물이 다른 곳에서 들어오거나 이런저런 식으로 창조되어 폐허를 채웠다는 얘기다. 하지만 퀴비에는 한 가지 확신이 있었다. 지구의 역사에서 이런 대사건은 흔히 발생했다는 사실이다. 노아의 홍수가 사실이었다면 이는 무수한 천재지변 중 가장 최근의 것일 뿐이다. 그전의 천재지변도 매번 수많은 종을 멸종시켰으며, 이런 사건은 인간이 태어나기 훨씬 이전부터 진행되고 있었다.

생명의 역사가 진행되는 속도를 정확히 알아내기 위해 애덤 세즈윅 같은 영국의 지질학자들은 지구 전체의 지질학적 기록을 한 층 한 층 그려내는 작업에 착수했다. 이들이 붙인 이름, 이를테면 데본기나 캄브리아기 같은 이름은 아직도 쓰이고 있다. 그러나 1800년대 초의 지질학자들은 성서를 문자 그대로 해석하는 데 더 이상 매여 있지 않았지만, 자신들의 작업을 어떤 종교적 사명으로 여기기도 했다. 이들은 연구를 통해 신의 작업 과정, 그리고 신의 의도도 알 수 있을 것이라고 생각했다. 세즈윅 자신도 자연을 가리켜 "신의 힘, 지혜, 선을 비추는 거울"이라고 말했다.

자연에 나타난 신의 섭리

세즈윅 같은 영국 학자들은 지구를 창조한 방식에서뿐만 아니라 생명체를 만들어낸 방식에서도 신의 선함을 엿볼 수 있다고 믿었다. 각각의 종은 저마다 따로 창조됐고 창조된 이래 변하지 않았다. 그러나 여러 가지 종들은 몇 개의 집단으로 분류할 수 있다. 예를 들어 생물은 동물과 식물로 나눌 수 있고 동물은 더 작은 집단인 어류와 포유류 등으로 나뉜다. 영국의 자연사학자들은 이런 패턴이 세상을 창조한 신의 선의를 반영한다고 보았다. 그러니까 신은 무생물로부터 하등생물을 거쳐 점점 더 높은 단계의 생물을 창조한 것이다. 여기서 '더 높다'는 것은 말할 것도 없이 인간과 비슷하다는 뜻이다. 이런 '존재의 거대한 사슬'에서는 고리 하나도 변하지 않았을 것이다. 그랬다면 그것은 신의 창조가 불완전했다는 뜻일 테니까 말이다. 영국의 시인 알렉산더 포프(Alexander Pope)는 "자연의 사슬 어디든, 열 번째든 일만 번째든, 하나라도 깨지면 전체가 무너지리라."라고 썼다.

신의 선의 어린 솜씨를 드러내는 것은 존재의 거대한 사슬만이 아니다. 인간의 눈, 새의 날개 등 각 피조물의 정교한 모습에서도 신의 숨결을 느낄 수 있다. 영국의 교구 사제인 윌리엄 페일리(William Paley)는 이런 주장을 책으로 펴냈으며, 그 책은 케임브리지를 다니던 다윈을 비롯한 자연사학자들과 신학자들의 필독서가 되었다.

페일리의 주장은 그럴싸한 비유로 시작된다. "들판을 걷다가 돌부리가 발에 걸려 어떻게 이 돌이 여기 있게 되었나를 생각해본다고 하자. 내가 아는 한 이 돌은 태초부터 여기에 있었다. 하지만 땅바닥에 떨어진 시계를 발견했다고 하자. 그러면 누가 이것을 떨어뜨렸을까를 생각하게 된다." 시계의 경우에는 완전히 다른 결론에 도달한다고 페일리는 주장했다. 돌과는 달리 시계는 시간을 알려준다는 목적을 이루기 위해 여러 개의 부품이 함께 움직이는 물건이다. 그리고 이 부품들은 함께 움직일 때만 제 기능을 한다. 절반만 있어서는 시간을 알려줄 수가 없다.

그러므로 시계는 누군가가 설계한 물건이다. 시계를 만들 수 없는 사람도 이 사실은 안다. 발견된 시계가 망가져 있어도 답은 마찬가지이다. 망가졌다고 해서 그것이 단순한 금속 조각의 모음이라고 주장하는 것은 어리석다.

이어서 페일리는 자연을 보면 시계보다 훨씬 정교한 피조물들이 무수히 존재한다고 지적했다. 망원경과 눈은 빛을 굴절시켜 영상을 만든다는 같은 원리로 만들어졌다. 그런데 물속에서 빛을 굴절시키려면 공기 중에서보다 더 둥근 렌즈를 써야 한다. 물고기의 눈을 보라. 지상의 동물보다 더 둥글지 않은가? 페일리는 이렇게 묻는다. "이 눈의 차이보다 더 뚜렷하게 신의 손길을 보여주는 것이 어디 있겠는가?"

굴, 노랑부리저어새, 콩팥 등 페일리가 관찰한 것은 모두 자연이 어떤 섭리를 따름을 보여준다. 1700년대 말 행성의 궤도를 연구하기 위해 천문학자들이 적용한 물리 법칙은 신의 영광을 조금은 퇴색시켰는지도 모른다.("천문학은 창조자의 손길이 존재함을 증명하는 데 최선의 수단은 아님"을 페일리도 시인했다.) 그러나 생명은 아직도 신학의 기름진 토양이었다.

페일리는 자연으로부터 섭리자로서의 신의 존재를 끌어냈을 뿐만 아니라 신의 선의도 도출했다. 거의 대부분의 경우 신이 창조한 것은 이롭다고 페일리는 주장했다. 약간의 피해는 그저 바람직하지 못한 부작용일 뿐이다. 예를 들어 어떤 사람이 다른 사람을 이로 물어뜯을 수도 있지만 원래 이는 먹기 위해 설계된 것이다. 우리가 서로에게 해를 끼칠 것을 신이 원했다면 우리 입안에는 좀 더 강력한 무기가 장착돼 있을 것이다. 약간의 그늘이 있지만 생명에는 빛이 가득하다고 페일리는 믿었다. "결국 세상은 행복한 곳이다. 공기, 땅, 물속은 기쁨에 가득 찬 생명체로 넘친다."

왜 기린은 목이 길어졌을까

다윈은 페일리의 이야기가 그럴듯하다고 생각했지만 마음 한구석에서는 생명이 어떻게 오늘날의 모습을 갖추었는가에 대해 희미하게나마 다른 생각을 갖고 있었다. 이런 생각의 일부는 대물림된 것이기도 했다. 그의 할아버지인 에라스무스 다윈(Erasmus Darwin)은 찰스가 태어나기 7년 전에 죽었지만 죽은 후까지 영향력을 끼쳤다. 의사가 직업이었던 그는 동시에 자연사학자, 발명가, 식물학자, 인기 있는 시인이기도 했다. 「자연의 신전」이라는 제목의 시에서 그는 오늘날 살아 있는 모든 동식물이 태초에 미생물로부터 진화했다고 말했다.

> 끝없는 바닷속을 헤엄치는 생물
> 그것은 깊은 바다 조개동굴에서 태어나 자랐으니,
> 처음엔 돋보기로도 안 보일 작은 것들이
> 진흙으로 들어가거나 물 가운데로 나왔도다.
> 몇 세대에 걸쳐 번성한 이들이
> 새로운 힘을 얻어 더 큰 팔다리를 붙였구나.

에라스무스 다윈의 사생활은 그의 과학적 시각만큼이나 특이했다. 첫 번째 부인이 죽자 그는 자연스러운 사랑을 외치며 사생아를 둘이나 낳았다. "육체적 사랑의 신에게 경배하라!"라고 외치며 그는 "세상은 기꺼이 남녀를 엮어준다."라고 주장했다. 그의 아들 로버트는 항상 아버지를 창피하게 생각했고, 따라서 고요하고 깔끔한 시골집에서 자란 찰스는 할아버지 이야기를 들을 기회가 별로 없었다.

그러나 급진적인 생각을 하는 사람들로 넘치는 에든버러에서 다윈은 할아버지를 존경하는 사람이 많다는 사실을 알았다. 그중 한 사람이 나중에 찰스의 스승이 된 동물학자 로버트 그랜트이다. 그랜트는 단순한 호기심에서 해면이나 바다조름을 연구한 것이 아니라, 이런 것들이 동물계의 바닥을 차지하고 있다고 생각했기 때문이다. 그러니까 이런 동물로부터 다른 모든 동물이 진화해 나왔으리라는 생각이었다. 그랜트와 다윈은 썰물 때 생긴 바닷물 웅덩이에서 표본을 채집하러 다녔고, 그런 자리에서 그랜트는 젊은 찰스에게 에라스무스 다윈과 그의 이론, 즉 하나의 종이 다른 것으로 변화해간다는 생각에 대해 자신이 품고 있는 존경심을 이야기해줬다. 그랜트는 또 존경하는 인물의 손자에게 생명은 고정된 것이 아니라 변화해간다는 가능성을 과감히 제시한 프랑스 자연사학자들도 있음을 알려줬다.

그랜트는 또한 퀴비에의 동료로 파리 국립박물관에 있는 장바티스트 피에르 앙투안 드 모네(Jean-Baptiste Pierre Antoine de Monet, 이 사람이 라마르크Lamarck이다.)에 대해서도 말해줬다. 1800년 라마르크는 종이 변하지 않는다는 생각은 환상이라고 주장해서 퀴비에를 비롯한 전 유럽의 학계에 충격을 줬다. 태초에 여러 종들이 오늘날과 똑같은 모습으로 창조된 것이 아니라고 라마르크는 말했다. 지구의 역사 전체에 걸쳐 새로운 종이 저절로 생겨났다. 각각의 종은 '신경액'이라는 액체를 갖고 태어나며 수세대를 지나면서 이 신경액이 종을 새로운 형태로 바꿔간다. 종은 진화해감에 따라 점점 더 복잡한 신체 조직을 갖게 된다. 이렇게 새로운 종이 계속 태어나고 이들이 발전을 계속한 결과가 바로 존재의 거대한 사슬인 것이다. 그러니까 사슬 아래쪽에 있는 존재들은 위에 있는 것들보다 나중에 사다리를 오르기 시작했을 뿐이다.

라마르크는 또한 생명이 다른 방향으로도 변해간다고 주장했다. 즉 종은 자신이 사는 환경에 적응한다는 얘기다.(이것을 용불용설Lamarckism이라고 한다.―옮긴이) 예를 들어 기린은 잎이 높은 곳에 주로 달려 있는 그런 지대에 산다. 어느 날 기린의 조상은 지금의 기린보다 목이 짧아서 높은 곳의 잎을 먹기 위해 목을 계속 위로 늘렸을 것이다. 열심히 잡아 늘일수록 더 많은 신경액이 목으로 흘러든다. 그 결과 그 기린 개체의 목이 길어지고, 그로부터 태어난 새끼 기린은 목이 더 긴 특징을 물려받는다. 라마르크는 나무에서 내려와 똑바로 서서 들판을 걷기 시작한 원숭이로부터 인간이 태어났다고 추측했다. 두 발로 걸으려는 노력 때문에 결국 신체의 모습이 조금씩 바뀌어 오늘날의 인간에 이르렀다는 얘기다.

프랑스와 유럽의 거의 모든 자연사학자들은 라마르크의 생각에 크게 놀랐다. 반격의 선두에 선 퀴비에는 라마르크에게 증거를 내놓으라고 했다. 진화의 길을 열어준 신경액은 순전한 추측이며 화석을 아무리 뒤져도 라마르크의 주장을 뒷받침할 증거는 없었다. 라마르크가 옳다면 가장 오래된 화석은 오늘날의 종보다 전체적으로 덜 복잡해야 한다. 왜냐하면 생명의 사슬을 기어오를 시간이 적었기 때문이다. 그러나 1800년대에 알려져 있던 가장 오래된 암석에는 오늘날의 어떤 동물 못지않게 복잡한 동물의 화석이 들어 있었다. 나폴레옹의 군대가 이집트로 쳐들어가 파라오의 무덤 속에서 동물의 미라를 발굴하자 퀴비에에게는 좋은 무기가 생겼다. 퀴비에는 당시 이집트에서 성스러운 새로 알려졌던 아프리카흑백따오기의 골격이 수천 년이 지난 오늘날 이집트에 살고 있는 아프리카흑백따오기의 골격과 다르지 않음을 지적했다.

페일리의 자연신학에 경도된 영국의 자연사학자들은 대부분 라마르크의 생각에 대해 퀴비에보다 더 심한 반발을 보였다. 그들은 생각하기를, 라마르크는 인간을 비롯한 자연 전체를 맹목적인 지상의 힘의 산물로 격하시키고 있다고 보았다. 그랜트 같은 소수의 이단자만이 라마르크의 생각에 찬사를 보냈고, 이단이라는 사실 때문에 영국의 과학계에서 소외돼 있었다.

그랜트가 라마르크를 칭찬하는 것을 듣고 다윈은 놀랐다. 다윈은 나중에 자서전에서 이렇게 썼다. "어느 날 나와 나란히 걷고 있던 그랜트는 갑자기 흥분하면서 라마르크와 진화에 대한 그의 생각을 크게 칭찬했다. 놀라서 나는 가만히 듣고 있었으나, 별로 감명을 받지는 않았다고 기억된다."

4년 후 비글호를 탈 때쯤 다윈의 머리에서 진화에 대한 생각은 깊은 곳에 가라앉아 있었다. 항해를 마치고 돌아온 뒤에야 이 생각은 완전히 다른 형태로 다시 떠올랐다.

지질학자가 된 다윈

비글호는 출항 전부터 애를 먹었다. 다윈은 1831년 10월에 플리머스에 도착했는데 비글호는 그로부터 몇 주간 수리와 출항 연기를 거듭하다가 12월 7일에야 닻을 올렸다. 배가 항구를 떠나자마자 다윈은 끔찍한 멀미를 시작했고 먹은 것을 모두 토해냈다. 다윈은 5년이나 비글호를 탔지만 흔들리는 배 위에서 걸어 다니는 기술을 끝끝내 터득하지 못했다.

피츠로이 선장의 말동무를 하는 것도 쉬운 일이 아니었다. 선장의 성격은 날카롭고 변덕스러웠으며, 그가 적용하는 해군의 규율은 충격적이었다. 크리스마스에 선원 몇 명이 술에 취하자 피츠로이는 다음날 그들을 태형에 처했다. 매일 아침 다윈이 피츠로이와 아침 식사를 마치고 나오면 젊은 사관들은 이렇게 묻곤 했다. "오늘 아침에도 커피 많이 엎질 렀어요?" 이는 선장의 기분을 묻는 암호였다. 그러나 다윈은 피츠로이의 강한 추진력, 과학에 대한 신념, 독실한 신앙심 등을 존경했다. 매주 일 요일마다 다윈은 선장의 예배에 참석했다.

다윈은 목을 빼고 육지를 기다렸으나 몇 주가 지나도록 육지는 나타 나지 않았다. 마데이라에서는 조류가 워낙 나빠 선장은 닻을 내리지 않 기로 결정했고, 그다음 항구인 카나리아제도에서는 콜레라가 유행하고 있었다. 선장은 검역으로 시간을 끄는 것보다는 계속 항해하는 쪽을 택 했다.

드디어 비글호는 첫 기항지인 카보베르데제도에 도착했다. 배가 세인 트야고 항에 닿자 다윈은 나는 듯이 배에서 내렸다. 그는 코코넛나무 밑 을 뛰어다니기도 하고 바위나 동식물을 관찰하기도 했다. 또한 자주색에 서 회색으로 색을 바꾸는 문어도 발견했다. 이 문어를 잡아 유리병에 넣 어 배로 가져갔더니 어둠 속에서 빛을 냈다.

그러나 다윈이 가장 보고 싶었던 것은 이 섬의 지질이었다. 항해 중 다윈은 영국의 변호사인 찰스 라이엘(Charles Lyell)이 쓴 『지질학 원리 (Principles of Geology)』라는 새 책에 심취해 있었다. 이 책은 다윈의 세계 관을 바꿔놓았고 결국 그를 진화론으로 이끄는 계기가 되었다. 라이엘은 당시 유행하던 천재지변설을 비판하면서 50년 전에 허턴이 내놓은 동일 과정설을 되살렸다.

『지질학 원리』는 허턴의 생각을 재탕한 책이 아니었다. 라이엘은 어떻 게 점진적인 변화가 지구의 모습을 오랜 세월에 걸쳐 바꿔놓는가에 대 해 좀 더 풍부하고 과학적으로 치밀한 견해를 내놓았다. 그는 화산 폭발 로 인해 섬이 생기거나 지진으로 인해 지반이 융기한 것 등의 증거를 제

진화

시하고 나서, 이들이 어떻게 비바람으로 침식돼 결국은 평평해지는가도 설명했다. 지질학적인 변화는 천천히 일어나며 인류 전체의 역사에 걸칠 정도로 긴 시간 동안 눈에 띄지 않게 진행된다고 라이엘은 주장했다. 『지질학 원리』의 속표지에는 고대 로마의 세라피스 신전이 실려 있다. 이 신전의 기둥 꼭대기에는 검은 띠가 보이는데 이는 어느 시기엔가 연체동물이 파놓은 자국이다. 신전은 건립된 후 한동안 완전히 물에 잠겼다가 수면 위로 떠오른 것이다. 허턴과 달리 라이엘은 지질학적 변화가 전 세계적인 치원에서 창조와 파괴를 반복하며 순환한다고 생각하지 않았다. 오히려 그는 변화가 국지적으로 일어나며, 한쪽에서는 침식되고 다른 한쪽에서는 융기하거나 폭발하면서 까마득한 옛날부터 영원하고도 방향 없는 변화가 계속된다고 믿었다.

다윈은 『지질학 원리』에 매료됐다. 그는 이 책이 지구의 역사에 대해 설득력 있는 시각을 보여줄 뿐만 아니라 이런 시각을 현실 세계에 대해 실험해볼 수 있는 방법도 제공한다는 사실을 발견했다. 세인트야고에 내린 다윈은 바로 그 기회를 잡았다. 그는 섬의 화산암을 기어올라가 당초의 화산이 바닷속에서 폭발해 퍼져나가면서 산호와 조개류를 태워 죽였음을 보여주는 흔적을 발견했다. 그러고 나서 땅속의 어떤 힘이 나중에 바닷속에 흐르는 용암을 해수면 위로 밀어 올렸고, 그 뒤에 다시 해수에 잠겼다가 또 한 번 나온 것이 틀림없었다. 이렇게 바닷속을 왕래하는 과정의 일부분은 아주 최근에 일어났음도 알 수 있었다. 왜냐하면 절벽의 암석층 일부에서 현재 섬 주변에 살고 있는 조개와 똑같은 조개의 화석을 발견했기 때문이다. 지구는 까마득한 옛날부터 그랬던 것처럼 1832년에도 변하고 있었다.

자서전에서 다윈은 이렇게 썼다. "항해 중 내가 제일 처음 관찰한 곳은 카보베르데제도의 세인트야고라는 섬이었는데 이곳에서 라이엘의 접근 방법이 놀랍도록 뛰어나다는 것을 알 수 있었다. 그의 방법은 내가 읽은 어떤 다른 저서에 나온 방법보다도 뛰어났다."

그는 라이엘의 방법을 실험해봤고 결과는 매우 성공적이었다. 다윈은 즉시 라이엘의 추종자가 되었다.

흔들리는 땅

1832년 2월 말에 비글호는 남아메리카에 도착했다. 피츠로이는 리우데자네이루에 배를 3개월 동안 정박시킨 뒤 남쪽을 향했다. 비글호는 그로부터 3년간 남아메리카의 해안을 항해했지만 다윈은 이 시기의 대부분을 육지에서 보냈다. 브라질에서 그는 생물학의 에덴동산이라고 할 만한 정글에 매료돼 숲속의 정글에 거처를 마련했다. 파타고니아에서는 말을 타고 몇 주씩 대륙을 돌아다니다가 배가 떠나려고 할 때에 맞춰 돌아오곤 했다. 그는 반딧불이, 산, 노예, 가우초(Gaucho, 남아메리카의 카우보이—옮긴이) 등 마주치는 모든 것을 기록했다. 그가 가져온 빈 유리병은 수백 가지의 신기한 생물 표본으로 가득 찼다.

아르헨티나 해안의 푼타알타 근처를 답사하면서 다윈은 나지막한 절벽에서 뼈를 발견했다. 자갈과 수정이 뒤섞인 돌밭에서 이것을 끄집어내보니 멸종된 대형 포유류의 거대한 이빨과 대퇴골이 나왔다. 며칠에 걸쳐 그는 계속 파나갔다. 당시 멸종한 포유류의 화석이라고는 영국 전체에 걸쳐 하나밖에 없었는데 푼타알타에서 다윈은 몇 톤의 뼈를 파냈다. 그는 이 뼈의 주인이 큰 코뿔소라고 짐작했지만 뼈를 어떻게 할지는 몰랐다. 당시까지 다윈은 수집가에 불과했다. 그래서 이 화석을 챙겨 영국

진화

으로 보냈다.

이 화석에는 한 가지 수수께끼가 있었는데 이는 다윈이 항해 중 마주칠 수많은 수수께끼 중 첫 번째에 불과했다. 퀴비에의 추종자이던 다윈은 대홍수 이전에 거대한 괴물들이 살았고 이들은 멸종됐다고 생각했다. 그런데 이들의 뼈는 오늘날 아르헨티나 해변에서 살고 있는 조개류와 거의 똑같은 조개의 화석과 섞여 있었다. 화석이 발견된 암석층을 살펴봐도 뼈의 주인공이 그렇게 오래된 것 같지는 않았다.

1832년 12월에 비글호는 티에라델푸에고를 통과했는데 이곳은 피츠로이에게는 항해에서 가장 중요한 장소였다. 왜냐하면 여기서 그가 영국식으로 가르친 원주민을 풀어줬기 때문이다. 물론 선교사들과 함께였다. 그러나 피츠로이는 여기서도 실패를 맛봤다. 선장은 울리아만에 세 채의 오두막집과 2개의 정원을 지어 선교 본부를 세우려 했다. 그는 친절하지만 건망증이 심한 런던의 숙녀들이 기부한 물건들로 선교 본부를 장식했다. 그중에는 와인잔, 차 쟁반, 수프 그릇, 하얀 식탁보 같은 것들이 있었다. 몇 주 후 비글호가 울리아만으로 돌아가 보니 선교사가 살려달라고 외치며 달려왔다. 원주민들은 물건을 모두 훔쳐가거나 부숴버렸고, 배가 돌아올 즈음엔 조개껍데기로 선교사의 수염을 뽑으며 장난을 하고 있었다.

피츠로이는 우울한 심정으로 혼곶을 돌아 남아메리카의 서해안으로 갔다. 이 기회에 다윈은 안데스산맥에 올랐다. 라이엘을 생각하며 그는 안데스의 높은 봉우리들을 그렸다. 다윈은 배로 돌아왔고 비글호는 북쪽의 발파라이소를 향했다. 동쪽에는 봉우리가 완벽한 원추형을 이룬 오소르노산이 이들을 내려다보고 있었다. 빗속에서 관측 장비를 다루던 선원들은 가끔 일을 멈추고 산꼭대기에서 연기가 솟아오르는 것을 보았다. 1월의 어느 날 밤 오소르노산이 폭발했고 큰 돌과 불꽃이 하늘로 솟아올랐다. 라이엘조차도 화산의 분화를 본 적은 없었다.

놀라운 일은 화산 폭발만이 아니었다. 몇 주 후인 1835년 2월 20일 비글호가 발디비아에 닻을 내렸을 때 땅이 발아래서 춤을 추었다. 다윈은 발디비아 근처의 숲을 걷다가 잠시 쉬기로 했다. 땅에 누우니 땅은 언제나처럼 견고하고 아무 움직임이 없었다. 그러더니 갑자기 떨기 시작했다.

다윈은 나중에 땅이 갑자기 흔들리기 시작했고 이것은 2분 정도 계속됐는데, 실제보다 훨씬 더 길게 느껴졌다고 기록했다. 지질학적으로 안정된 영국에서 살던 다윈은 지진을 한 번도 겪어본 적이 없었다. "똑바로 서 있는 것은 어렵지 않았지만 현기증이 났다. 조그만 파도가 지나갈 때 배 위에 서 있는 듯한 느낌이기도 했고 얇은 얼음 위를 지치다가 얼음이 깨질 때의 느낌 같기도 했다."

나뭇잎은 바람에 살랑거렸고 비는 멈췄다. 다윈은 이때를 잊을 수가 없었다. "지진이 심하면 오랫동안 한자리에 있던 것들도 파괴된다. 견고함의 상징이던 모든 것들이 물 위에 떠 있는 빵 껍질처럼 발밑에서 허물어진다. 지진을 1초만 겪으면 몇 시간을 생각해도 상상할 수 없는 엄청난 불안감을 맛본다."

지진이 끝난 뒤 다윈은 서둘러 발디비아 시내로 돌아왔는데 이곳은 별로 피해를 입지 않았다. 그러나 해안 북쪽에 자리 잡은 도시인 콘셉시온은 폐허가 되었다. 이곳은 지진에 얻어맞은 데다 지진으로 인해 발생한 해일 피해까지 입었다. 대성당의 정면은 정으로 쫀 듯이 쪼개졌다. 인간이 그토록 많은 시간과 노력을 들여 지은 건물이 1분 만에 무너지는 장면은 매우 비극적이었다고 다윈은 일기에 썼다. 땅에는 금이 갔으며 바위는 박살이 났다. 다윈이 보기에는 200년 동안의 정상적인 침식보다 2분간의 지진이 더 큰 피해를 준 것 같았다.

진화

해변에는 더 큰 일이 일어났다. 무너진 건물과 죽은 가축보다 더 이해하기 어려운 일이 벌어졌다. 바닷속에 있던 땅이 솟아올랐고 이로 인해 수많은 조개가 죽었다. 측량 장비를 이용해 피츠로이는 해안이 2.5미터 정도 융기했음을 알아냈다. 두 달 뒤 콘셉시온에 돌아와 보니 땅은 여전히 융기한 채로 있었다.

다윈은 라이엘의 책 속에 이런 현상에 관한 설명이 있다는데 생각이 미쳤다. 녹은 암석의 압력으로 오소르노산이 폭발했을 것이고, 이어서 남은 힘 때문에 지진이 일어난 것이다. 녹은 암석의 밀어 올리는 힘 때문에 바다로부터 땅이 솟아올랐다. 오랜 세월이 지나면 땅은 계속 하늘을 향해 솟아올라 산맥이 생길 것이다.

며칠 후 다윈은 남아메리카에서의 마지막 장기 여행이 될 안데스 답사를 떠났다. 우스파야타 고개를 둘러싼 산봉우리들 꼭대기에서 다윈은 남아메리카 동해안의 저지대 평야에 있는 것과 똑같은 암석의 층을 보았다. 이 암석층들은 모두 바다의 퇴적물로 만들어졌다. 산마루에는 규화목(나무의 탄소 성분이 규소로 치환돼 나무가 돌처럼 된 식물의 화석—옮긴이)들이 아직도 똑바로 선 채로 늘어서 있었는데 이것들은 파타고니아에서 본 화석과 비슷했다.

그는 여동생 수전에게 이렇게 썼다. "저 나무들은 사암층과 두께가 수백 미터나 되는 용암으로 덮여 있어. 사암층은 옛날에 바닷속에서 퇴적된 거야. 그런데 나무가 자란 곳은 과거에 해수면 위로 솟았던 것이 틀림없고 따라서 땅이 바닷속에서 형성된 퇴적암층의 두께와 맞먹는 정도인 수백 미터쯤 가라앉았다는 얘기지."

지진과 화산 폭발이 잦은 것으로 보아 안데스지역은 최근에 탄생했다고 다윈은 결론을 내렸다. 4,000미터가 넘는 안데스의 봉우리들은 옛날

에는 동쪽의 팜파스(평평한 초지—옮긴이)만큼이나 평평했을 것이다. 남아
메리카대륙 동부의 팜파스에서 화석으로 발견되는 거대한 포유류는 안
데스 지역이 평평했을 때 이곳에서도 어슬렁거렸을 것이다. 그런데 이
지역이 바다 밑으로 가라앉았다가 밑에서부터 밀어 올리는 압력으로 다
시 솟아올랐다. 다윈은 이 산들이 방금 말한 포유류보다 더 젊고 발밑에
서 아직도 솟아오르고 있는지도 모른다고 생각했다.

새 이야기

남아메리카 서해안 조사를 마친 비글호는 북쪽의 리마에 들른 뒤 방향을
서쪽으로 돌려 남아메리카대륙을 완전히 벗어났다. 티에라델푸에고의
강풍과 안데스의 추위에 시달린 다윈은 다가올 열대 기후에 기대를 걸고
있었다. 비글호의 첫 번째 기항지는 갈라파고스라는 특이한 제도였다.

갈라파고스제도는 다윈의 진화론이 태어난 곳으로 유명하지만 정작
다윈 자신은 이곳을 다녀간 지 2년이 넘어서야 갈라파고스의 중요성을
깨닫는다. 이곳에 발을 디뎠을 때만 해도 다윈은 생물학보다는 지질학에
더 관심이 있었으며, 라이엘이 주장한 것처럼 새로 만들어진 땅을 찾을
수 있으리라는 기대를 하고 있었다.

갈라파고스제도에서 다윈이 제일 먼저 내린 곳은 채텀섬(오늘날 산크리
스토발섬으로 알려져 있다.)이었다. 채텀섬은 아직 흙이나 생물에 덮이지 않
은 화산암이 그대로 드러난 곳이었다. 못생긴 이구아나들과 무수한 게들
이 다윈을 맞이했다. 나중에 다윈은 이렇게 썼다. "갈라파고스제도의 자
연사는 매우 특이하다. 마치 이곳 자체가 하나의 세계인 것 같다."

이 세계는 바깥의 큰 세계와는 달랐다. 이곳에는 등껍데기 직경이 2미

진화

터가 넘는 거대한 거북이 있었는데 이들은 선인장 같은 식물을 먹고 살았으며 다윈이 등에 올라타도 아무 관심이 없었다. 이곳에는 무섭게 생긴 두 종류의 이구아나도 있었는데 한 종류는 육지에서 살았고 다른 한 종류는 가끔 바다에 뛰어들어 해초를 먹으며 살았다. 갈라파고스섬의 새들은 어찌나 얌전한지 다윈이 가까이 가도 날아가지 않았다.

다윈은 새들도 수집했지만 이들에 대해서는 짤막한 기록만을 남겼다. 어떤 새들은 큰 씨앗을 깨뜨리기 쉽도록 큼직한 부리를 갖고 있었고 어떤 것들은 뾰족한 집게처럼 되어 있어서 작고 깊이 숨어 있는 씨를 끄집어내기에 좋은 부리를 갖고 있었다. 다윈은 그중 일부는 굴뚝새, 나머지는 핀치, 휘파람새, 검은지빠귀 등이라고 추측했다. 그러나 다윈은 갈라파고스제도의 여러 섬들 중 어느 섬에서 각각의 표본을 채집했는지를 기록하지 않았다. 단지 그는 이 새들이 남아메리카 원산으로 어느 시점부터 이 섬에서 서식하기 시작했다고 막연히 생각했다.

다윈은 새 수집을 마치고 나서야 작업을 좀 더 주의 깊게 해야 했음을 깨달았다. 비글호가 섬을 떠나기 직전 그는 찰스섬(산타마리아섬)의 범죄자 식민지 책임자인 니컬러스 로슨이라는 영국인을 만났다. 로슨은 거북 껍데기를 화분으로 쓰고 있었는데 그는 각 섬마다 거북의 모습이 워낙 서로 달라서 등껍데기 무늬만 보고도 어느 섬 거북인지 알 수 있다고 말했다. 달리 말해 각 섬의 거북은 저마다 독립된 종일 수도 있다는 얘기였다. 식물도 각 섬마다 다르다는 사실도 다윈은 알아냈다.

아마 새들도 마찬가지일 텐데 어디서 채집했는지를 기록해놓지 않았기 때문에 알 수가 없었다. 영국에서 돌아와서야 다윈은 새들을 분류했고, 그리고 나서야 생명체가 한 가지 형태에서 다른 형태로 변화해나가는 모습을 그려낼 수 있었다.

산호초의 형성과 성장

갈라파고스 방문을 마친 비글호는 유리처럼 평온한 태평양을 미끄러져 갔다. 항해는 순조로워서 3주 만에 타히티에 도착했고 그로부터 4주 후에는 뉴질랜드에, 2주 후에는 오스트레일리아에 도착했다. 인도양을 지나면서 비글호는 산호초 해도를 그리라는 임무를 받았다. 산호초는 살아 있는 지리학적 지표로, 조그마한 산호들이 외부 골격을 형성하면서 모여 이뤄진 것이다. 산호는 해수면 근처에서만 살 수 있다. 나중에 해양 생물학자들이 밝혀낸 일이지만 산호는 제 몸의 조직 안에 사는 해조류의 광합성에 의존한다. 비글호가 인도양의 산호초를 지나가는 과정에서 다윈은 산호들이 가끔은 섬 둘레에서 아니면 그냥 바닷속에서 어떻게 저렇게 완벽한 원을 그릴 수 있는 건지 궁금했다. 그리고 산호초는 왜 꼭 해수면 가까이에만 있을까?

『지질학 원리』에서 다윈은 라이엘이 산호초에 대해 내놓은 가설을 읽었다. 즉 산호초는 바닷속에 가라앉은 화산 분화구 꼭대기에서만 형성된다는 얘기다. 적어도 이것만은 라이엘이 틀렸다고 다윈은 생각했다. 이 가설은 부자연스럽다. 왜냐하면 이 가설에 따르면 산호초는 반드시 해수면 가까이에 화산 분화구가 있어야 형성된다는 얘기이기 때문이다. 이에 관해 다윈은 다른 주장을 폈다.

라이엘의 주장대로 안데스산맥이 융기하고 있다면 지구상의 다른 곳 어딘가는 가라앉고 있을 것이라고 다윈은 생각했다. 인도양에서 이런 일이 일어날 수도 있다. 산호초는 새로운 섬이나 대륙의 해변을 따라 형성된 후 바닷속으로 가라앉을 수도 있다. 대륙이 물 밑으로 가라앉음에 따라 산호초도 따라서 내려간다는 얘기다. 그러나 다윈은 이들이 사라지는 것은 아니라고 생각했다. 왜냐하면 대륙이 가라앉으면서 산호초도 물속으로 내려가지만 그 위에 새로운 산호초가 자랄 수 있기 때문이다. 오래된 산호초들은 바닷속 깊은 곳의 어둠속에서 죽지만 그 위에 새로운 산호가 자라기 때문에 산호초 자체는 계속 존재한다. 시간이 더 지나면 섬 자체는 완전히 침식돼 사라질 수 있지만 산호초는 수면 근처에서 계속 살아갈 수 있다는 뜻이다.

비글호가 탐사했던 산호초들은 모두 다윈의 생각과 들어맞았다. 킬링 제도에서 비글호의 선원들은 산호초의 바다 쪽 사면이 바다를 향해 절벽을 이루고 있음을 발견했다. 바다 근처의 산호초를 긁어보니 죽어 있었다. 다윈이 예견한 대로였다.

다윈은 이제 더 이상 라이엘의 단순한 추종자가 아니었고 성숙하고 독립된 사고를 하는 과학자였다. 다윈은 라이엘의 원칙들을 이용해서 산호초에 대해 라이엘의 것보다 더 나은 설명을 내놓았고 실험 방법까지 제시했다. 다윈은 생명의 역사를 과학적으로 연구하는 방법을 깨달아가고 있었다. 물론 수천 년의 세월을 살면서 산호가 자라는 것을 볼 수는 없지만 생명의 역사가 자신의 생각처럼 전개됐는지를 실험해볼 수는 있었다. 나중에 그는 이렇게 썼다. "땅의 표면이 갈라져 있는 모습을 척 보면 지구의 변화 과정을 완벽하지는 못하지만 대충 알 수는 있다. 이렇게 해서 알게 된 모습은 아마 어떤 지질학자가 1만 년을 살며 평생 동안 기록해 놓았을 변화와 크게 다르지 않을 것이다."

짧은 시간 동안 관찰하면 지구는 변하지 않는 것 같지만 다윈은 수백만 년 단위로 지구를 바라보는 눈을 갖기 시작했다. 이런 시각에서 보면 지구는 여기저기가 융기하고, 다른 곳은 무너져 내리고, 표면이 마구 갈라지고 터지는 곳이었다. 다윈은 또한 이렇게 수백만 년 단위로 생명이 어떻게 변화하는지를 깨달아가고 있었다. 시간만 충분하면 산호초는 그것들이 딛고 있는 바다 바닥이 물속으로 가라앉아도 위로 올라올 수 있다. 이렇게 해서 긴 시간이 지나면 산호는 조상들의 유골을 딛고 계속 자라 바닷속에 거대한 요새를 만들 것이다.

산호초 지대를 출발해 희망봉을 돌아 아조레스제도를 거쳐 영국으로 돌아오는 데는 6개월 정도가 걸렸지만 귀국도 하기 전에 다윈은 이미 유명해져 있었다. 케임브리지에서 그를 가르친 헨슬로가 다윈의 편지를 발췌해 논문 한 편을 작성하고 이를 팸플릿으로 만들어 배포했기 때문이다. 여행 중 그가 보낸 포유류 화석은 안전하게 도착해 있었고, 영국의 저명한 해부학자들은 이 화석 중 몇 가지에 대해 감탄했다. 다윈의 우상이던 라이엘조차 귀국하는 다윈을 만나기 위해 초조하게 기다리고 있었다.

플리머스 항을 떠난 지 5년 만에 비글호는 억수 같은 빗속에서 영국해협으로 들어섰다. 피츠로이 선장은 1836년 10월 2일 마지막 예배를 보았고 그날 오후 다윈은 배를 내려 집을 향했다. 그 후로 다윈은 영국을 떠난 적이 없었다. 사실 자신의 집도 떠난 적이 거의 없었다.

영국 땅에 발을 디딘 다윈은 자신이 크게 변했음을 깨달았다. 이제 교구 사제의 길을 걸을 가능성은 완전히 없어졌다. 그는 어엿한 자연사학자가 되어 있었고, 일생을 여기 바칠 계획이었다. 게다가 그는 대학에서 가르치는 것보다는 라이엘처럼 독립 연구자로 일하는 것이 더 편하리라는 사실을 알고 있었다. 그러나 라이엘과 같은 삶을 살려면 다윈이 자연사학자로 홀로 서게끔 아버지가 돈을 주어야 했다. 과거처럼 다윈은 이번에도 아버지가 어떻게 생각할까 걱정스러웠다.

다윈은 10월 4일 저녁 늦게 슈루즈베리에 도착해 마차에서 내렸다. 그는 빨리 가족을 만나고 싶었지만 한밤중에 깨우는 무례를 저지르지 않

영국
1831.12.7 플리머스 항 출발
1836.10.2 펠머스 항 도착

카보베르데제도
1832.1.16

갈라파고스제도
1835.9.5~10.20

타히티
1835.11.15~26

바이아(현 살바도르)
1822.2.29
1836.8.1~6

리우데자네이루
1832.4.5~6.25

킬링제도
1836.4.1~12

모리셔스
1836.4.24~5.9

시드니
1836.1.12~30

발파라이소
1834.7.23~11.10
1835.3.11~4.27

희망봉
1836.5.31~6.15

뉴질랜드
1835.12.21~30

남아메리카 서안
1834.6~1835.9

남아메리카 동안부
1832.7~1834.5

그림 1. 비글호의 항로.

기 위해 여관에서 밤을 보내고는 다음날 아침 아버지와 여동생들이 아침 식사를 하고 있을 때 아무 예고 없이 집에 들어섰다. 여동생들은 반가워서 소리를 질렀다. 아버지는 이렇게 말했다. "머리 모양이 많이 달라졌구나." 개는 마치 다윈이 하루 만에 돌아온 듯 아침 산책에 따라 나섰다.

아버지에 대한 걱정은 괜한 것이었음이 밝혀졌다. 다윈이 항해에 나가 있는 동안 형 에라스무스가 의학 공부를 포기하고 런던에서 독립 연구자 생활을 시작했기 때문이다. 에라스무스가 이미 길을 열어놓았기 때문에 아버지는 둘째 아들의 결정에도 반대하지 않았다. 오히려 찰스의 팸플릿을 읽고는 매우 자랑스러워했다. 그리고 아들이 자연사학자가 되면 토끼 사냥이나 하면서 허송세월하지는 않을 것임을 알았다. 그는 아들에게 주식을 줬고 연간 400파운드의 생활비를 지급하기도 했는데 이 정도면 얼마든지 자립할 수 있었다.

찰스 다윈은 그 후로 아버지를 두려워하지 않았다. 그러나 일생에 가능하면 누구하고든 마찰을 피하려고 했다. 그는 반항아가 아니었고 그렇게 되고 싶지도 않았다. 그러나 귀국하고 몇 달 뒤 다윈은 자신이 시작한 과학의 혁명에 스스로 전율하게 된다.

2장

살인을 자백하듯

『종의 기원』의 기원

런던으로 간 찰스는 형이 별로 열심히 공부하지 않는다는 사실을 알았다. 에라스무스는 실험실보다는 디너파티나 남성 사교 클럽에서 더 즐거운 시간을 보내고 있었다. 그는 찰스를 자신이 속한 사교계에 소개했고 찰스는 이들과 곧잘 어울렸다. 그러나 에라스무스와 달리 찰스는 연구광이었다. 그는 지질학에 관한 논문을 썼고 여행 기록을 묶어 책으로 냈으며 전문가들을 물색해서 화석, 식물, 새, 편형동물 등 자기가 가져온 표본의 분석을 의뢰했다.

몇 달 후, 다윈의 노고는 결실을 맺었다. 그는 런던에서 가장 장래가 촉망되는 지질학자로서 명성을 얻었다. 그러나 그에게는 한 가지 비밀이 있었다. 작은 노트에 지질학이 아닌 생물학 이야기를 적어나가기 시작한 것이다. 할아버지의 생각이 옳은지도 모른다는 강박관념 같은 것이 머리 한구석에 자리 잡고 있었다.

다윈이 항해 중이던 5년 동안 생물학은 많은 발전을 이뤘다. 새로운 종이 속속 발견돼 기존의 지식에 도전장을 던졌고, 과학자들은 현미경을 통해 난자가 어떻게 동물로 커가는지를 캐내고 있었다. 영국의 자연사학자들은 모든 것이 신의 설계라는 페일리의 주장에 더 이상 만족할 수 없었다. 페일리의 이야기는 생명에 대한 심오한 의문을 해결해주지 못했다. 신이 섭리를 통해 생명을 설계했다면 정확히 어떻게 한 것일까? 어째서 어떤 종들끼리는 서로 비슷하고 다른 종과는 다른가? 모든 생물종이 태초에 한꺼번에 생겨났는가 아니면 시간을 두고 하나하나 창조됐는가?

영국 자연사학자들이 보기에 신은 더 이상 세부까지 참견하는 관리자가 아니었다. 신은 자연의 법칙을 창조하고 시동을 걸어준 존재이다. 모든 일에 사사건건 참견해야 하는 신은 애당초 모든 것을 제대로, 그리고 융통성 있게 설계한 신보다 능력이 없다고 판단됐다. 영국 자연사학자들은 지구의 역사가 흐르는 동안 생명이 변화를 겪었음을 받아들였다. 단순한 동식물들은 멸종하고 좀 더 복잡한 것들이 등장했다. 그러나 이들은 이런 과정이 신의 인도로 이뤄졌다고 믿었지 1800년 라마르크가 말한 것처럼 지상의 진화에 의한 것이라고는 믿지 않았다. 그런데 1830년대에 파리 국립박물관의 또 다른 동물학자가 새로운 진화론으로 다시 한 번 파문을 일으켰다. 그는 에티엔 조프루아 생틸레르(Étienne Geoffroy Saint-Hilaire)였다.

원형과 조상

라마르크와 조프루아는 수십 년간 같은 박물관에 함께 근무해서 잘 아는 사이였지만 조프루아는 여러 가지 동물의 형태를 비교하는 자기 나름의 연구를 통해 생물이 진화했다는 결론에 도달했다. 당시까지만 해도 과학자들은 기능이 비슷한 동물들만이 비슷한 모습을 갖는다고 믿었다. 그러나 조프루아는 이렇게 널리 받아들여지는 법칙의 예외를 발견했다. 타조는 날아다니는 새들과 뼈 구조가 같지만 날지 못한다. 그리고 어떤 동물종이 다른 종과 구분되는 독특한 성질로 알려진 것들이 그렇게 독특하지만은 않다는 것도 알아냈다. 예를 들어 코뿔소의 뿔은 독특해 보이지만 사실은 각질화된 섬유 덩어리에 불과하다.

동물들 사이에 존재하는 숨겨진 관계를 찾아내려고 씨름하는 과정에서 조프루아는 독일 생물학자들로부터 많은 도움을 얻었다. 독일 학자들은 과학을 감춰진 생명의 통일성을 찾는 초월적 과제라고 생각했다. 시인이자 과학자였던 괴테는 꽃잎으로부터 가시에 이르는 식물의 여러 부분은 결국 잎이라는 기본 요소의 변형일 뿐이라고 주장했다. 독일 생물학자들은 생명의 복잡함 뒤에는 시간을 초월하는 모델이 숨어 있으며, 이런 모델을 그들은 '원형(archetype)'이라고 불렀다. 조프루아는 모든 척추동물의 원형을 찾아 나섰다.

모든 척추동물의 골격 속에 있는 뼈 하나하나는 어떤 원형 척추동물의 뼈에서 파생됐다고 조프루아는 생각했다. 한 걸음 더 나아가 그는 무척추동물도 결국 같은 원형 이론을 따른다고 주장했다. 그의 주장에 따르면 가재와 오리는 동일한 주제의 변주곡일 뿐이다. 가재는 곤충, 새우, 투구게 등과 마찬가지로 절지동물에 속한다. 절지동물은 척추동물과 희미하게나마 닮은 점이 있다. 몸의 긴 축을 따라 좌우대칭을 이루며 눈과 입이 달린 머리가 있다. 그러나 차이는 엄청나다. 절지동물은 골격이 단단한 갑각이라는 형태로 몸 밖에 있지만 척추동물은 그것이 몸 안에 있다. 척추동물의 척수는 등을 따라 달리며 소화기는 몸 안쪽에 있다. 가재를 비롯한 절지동물은 이것과 반대이다. 내장은 몸 뒤쪽에 있으며 신경 계는 앞쪽, 그러니까 배쪽에 있다.

이렇게 되면 절지동물과 척추동물의 비교는 불가능해 보이지만 조프 루아는 이에 굴하지 않았다. 그는 절지동물이 단일한 척추동물에게서 나왔다고 주장했다. 그리고 배와 등을 바꾸는 일은 간단하며 따라서 가재를 오리로 바꾸는 것도 간단하다고 말했다. 절지동물은 척추동물과 같은 구조로 되어 있으며 단지 앞뒤가 바뀌었을 뿐이라는 얘기다. "철학적으로 볼 때 단 한 가지 동물이 존재할 뿐이다."라고 조프루아는 말했다.

1830년대 조프루아는 그의 이론을 한 걸음 더 밀고 나갔다. 이런 변형은 단순한 기하학적 추상이 아니라 실제로 동물들이 오랫동안 여러 번 모양을 바꾼 것이라고 그는 주장했다. 그는 라마르크를 따르고 있는 것이 아니었다. 조프루아는 동물이 살아가면서 획득한 형질이 다음 세대로 전달된다는 라마르크의 가설을 받아들이지 않았다. 조프루아는 동물의 환경이 난자로부터의 발생 과정에 영향을 준다고 믿었다. 이로 인해 기형이 발생할 수 있고 이것이 결국은 새로운 종의 조상이 된다는 얘기다.

조프루아는 수정란의 발생 과정을 보면 진화의 역사를 알 수 있다고 주장했다. 독일 과학자들은 수정란이 며칠 사이에 이런저런 기이한 형태로 모습을 바꾸는 것을 관찰했는데 이런 모습들은 그 동물의 성숙한 개체와 전혀 닮지 않은 경우도 많았다. 학자들은 이런 변화 과정을 상세히 기록하기 시작했고 연구가 진행됨에 따라 더 큰 법칙성을 발견했다고 주장했다. 그들은 특히 수정란이 단순한 형태에서 복잡한 형태로 발전해 나가는 방법에 착안했다. 이들은 수정란의 모습이 한 단계 복잡해질 때마다 발생의 한 계단을 올라가는 것이라고 생각하기도 했다.

독일 과학자 로렌츠 오켄(Lorenz Oken)은 이 과정을 다음과 같이 설명했다. "발생 과정에서 동물의 개체는 동물계 전체의 발달 과정을 모두 거친다. 그러므로 태아는 시대를 초월해서 모든 형태의 동물을 압축한 상징이다." 처음에 수정란은 벌레처럼 길쭉한 형태이다. 그러고 나서 간과 순환기 계통이 생기고 연체동물이 된다. 심장과 성기가 갖춰지면서 달팽이로 발전한다. 다리가 생기면서 곤충이 된다. 뼈가 생기면 물고기가 되고 근육과 함께 파충류로 발전하며, 이런 과정이 계속되다가 결국 인간이 된다는 얘기다. "인간은 자연 발달의 정점에 서 있다."라고 오켄은 주장했다.

조프루아는 수정란이 자연의 발전 단계를 밟아 올라갈 뿐만 아니라 진화의 역사를 단축해서 반복한다고도 주장했다. 발생 초기에 우리가 아가미 자리를 갖고 있다는 사실은 인간의 조상이 물고기라는 증거이다.

조프루아가 새로운 진화론을 주장하는 동안, 유럽의 탐험가들은 그의 이론에 딱 맞아떨어지는 새로운 종들을 발견했다. 예를 들어 오리너구리는 포유류지만 오리 같은 주둥이를 갖고 있으며 알을 낳는다. 이 때문에 조프루아는 오리너구리가 포유류와 파충류의 중간 단계라고 보았다. 브라질에서는 탐험가들이 폐로 숨을 쉬는 물고기를 발견했는데, 이것은 해양 척추동물과 육상 척추동물 사이의 연결 고리로 간주됐다.

그러나 영국 과학자들은 라마르크를 깎아내린 것처럼 조프루아도 비난했다. 케임브리지의 지질학자 애덤 세즈윅은 라마르크와 조프루아의 연구 성과를 가리켜 "조잡한(감히 말하건대 지저분한) 생리학적 견해"라고 매도했다. 영국 과학자들은 대부분 진화론을 거부했지만 1830년대에 진화론에 대해 전면 공격을 가한 사람은 젊고 총명한 해부학자인 리처드 오언(Richard Owen)이었다.

오언은 폐어나 오리너구리 같은 새로운 종을 영국에서 처음으로 연구한 해부학자로 알려져 있으며 그 연구 성과를 이용해 조프루아의 주장을 반박했다. 그는 오리너구리가 실제로 젖을 분비한다는 사실을 지적하면서 이것이 포유류라는 증거라고 말했다. 그리고 폐어에게는 허파가 있지만 모든 육상 척추동물이 갖고 있는 콧구멍이 없다. 이것만 봐도 폐어가 물고기일 뿐이라는 것이 오언의 주장이었다.

그러나 오언 자신도 신이 생명을 창조했으며 생명체의 모습에 신의 자비가 반영돼 있다는 주장을 받아들일 수 없었다. 그는 창조의 메커니즘을 밝히고 싶었다. 그는 조프루아의 허황한 추측을 거부했지만 자연사학자로서 오언은 조프루아가 일부 옳다는 사실을 부인할 수 없었다. 생물종 사이의 유사성, 그리고 이들을 변화의 과정에 맞춰 한 줄로 정렬시킬 수 있다는 사실은 도저히 부인할 수 없었기 때문이다.

결국 오언은 조프루아가 증거를 지나치게 확대 해석했다는 결론에 도달했다. 예를 들어 오언은 조프루아의 주장을 반박할 새로운 연구 결과가 나왔음을 알았다. 카를 에른스트 폰 베어(Karl Ernst von Baer)라는 프러시아의 과학자는 생명은 단순한 사다리이며 수정란의 발생 과정이 종의 발전 과정을 재현한다는 주장이 잘못임을 밝혔다. 물론 척추동물들은 수정란의 초기 단계에서 비슷하게 보인다. 그러나 세포 몇 개의 단계일 때만 그렇다. 시간이 지나 세포 수가 늘어남에 따라 서로 다른 모양이 나타난다. 물고기, 새, 파충류, 포유류 등은 모두 팔다리가 있으며, 태아 때 팔다리가 나올 자리가 생긴다. 그런데 처음에는 비슷하게 생긴 자리에서 나온 팔다리들이 시간이 흐르면서 지느러미, 손발, 발굽, 날개 등 특정한 척추동물에게만 독특한 팔다리로 발달해나간다. 물고기에게 팔이 생기고 새에게 지느러미가 생기는 법은 없다. 그래서 폰 베어는 이렇게 결론을 내렸다. "완성된 정도에 따라 동물들을 한 줄로 늘어세우는 것은 불가능하다."

오언은 폰 베어, 조프루아 등을 비롯해 당대의 모든 위대한 생물학자들이 연구해놓은 결과를 통합해 하나의 거대한 생명 이론을 끌어내려는 야심을 갖고 있었다. 그는 생명이 진화한다는 주장과 맞서고 싶었고, 화석과 수정란에서 발견된 증거를 해석할 수 있는 자연의 법칙을 찾아내 이런 목적을 달성하고자 했다.

그는 비글호가 돌아온 지 3주 후에 처음으로 다윈을 만났다. 두 사람 다 라이엘의 집에서 열린 파티에 초대됐고 여기서 다윈은 참석자들에게 칠레의 지진 이야기를 흥미진진하게 해줬다. 저녁 식사 후 라이엘은 두 젊은이(오언은 다윈보다 겨우 다섯 살 위였다.)를 서로 소개했다. 그들은 금방 친해졌고 다윈은 오언 정도의 명성을 가진 사람이면 자신의 포유류 화석을 전국적인 관심의 표적으로 만들 수 있음을 알았다. 그날 밤 다윈은 오언에게 화석 조사를 의뢰했고 오언은 기꺼이 수락했다. 오언으로서는 아직 아무도 보지 못한 화석을 이용해 자신의 생각을 실험해볼 수 있는 기회였다.

당시 그는 다윈이 언젠가 그 자신마저도 화석으로 만들어버릴 줄은 꿈에도 몰랐다.

혼란과 이단

비글호가 돌아온 지 4개월쯤 지나서 다윈은 화석 조사를 의뢰한 전문가들로부터 답을 들을 수 있었다. 처음에 이들의 결과는 혼란스럽기만 했다. 포유류 화석을 들여다본 오언은 화석 생물들이 남아메리카에서 아직 살고 있는 동물의 덩치 큰 변종이라는 결론을 내렸다. 하마만 한 설치류,

말만 한 개미핥기가 있었다는 얘기다. 이 이야기를 듣고 다윈은 왜 멸종한 동물들과 같은 지역에서 오늘날 살고 있는 동물들 사이에 연속성이 있는지 궁금해졌다. 오늘날의 동물들은 결국 화석 동물들의 변형된 후손이 아닐까?

다윈은 갈라파고스에서 채집해온 새 표본을 당시 영국에서 가장 저명한 조류학자 중 하나였던 존 굴드(John Gould)에게 보냈다. 당시 표본을 채집할 때는 별로 신경을 쓰지 않았는데 굴드가 동물학회에서 이 새들에 대해 이야기하는 것을 들은 다윈은 채집 당시 상세한 기록을 남기지 않은 것을 후회했다. 다윈은 부리의 모양으로 보아 이 새들이 대부분 핀치, 굴뚝새, 검은지빠귀 들이라고 생각했다. 그러나 굴드는 이 새들이 모두 핀치이고, 단지 특정한 먹이를 먹기에 편리하도록 굴뚝새나 검은지빠귀 같은 부리를 갖고 있을 뿐이라고 말했다.

나중에 다윈이 굴드를 찾아갔을 때 굴드는 다윈의 큰 실수 또 한 가지를 지적했다. 다윈은 갈라파고스제도의 어느 섬에서 어느 새를 채집했는지 기록을 해두지 않았다. 당시에는 대수롭지 않게 여겼기 때문이다. 다윈은 세 군데의 각각 다른 섬에서 채집한 세 마리의 흉내지빠귀에 대한 기록을 우연히 남겼는데 굴드는 이 세 마리가 서로 다른 종에 속한다는 사실도 보여줬다.

다윈은 그렇게 서로 가까운 섬들에 사는 흉내지빠귀가 어떻게 세 가지의 독립된 종에 속하는지 알 수가 없었다. 그렇다면 저마다 다른 섬에 사는 핀치들도 각각 다른 종에 속한다는 말인가? 다윈은 피츠로이에게 연락해 비글호의 선원들이 수집한 새 표본을 굴드에게 보내줄 것을 부탁했다. 다행히도 선원들은 다윈보다 나아서 어느 새를 어느 섬에서 잡았는지를 기억하고 있었다. 흉내지빠귀처럼 핀치들도 섬마다 종이 달랐다.

진화

다윈은 뭔가가 크게 잘못됐다고 생각했다. 환경도 비슷하고 서로 인접한 섬들에 어떻게 이렇게 다양한 종들이 산단 말인가? 노트를 펼쳐 들고 다윈은 갈라파고스에 사는 핀치의 다양한 종에 대해 생각해보기 시작했다. 주변 사람들이 보기에 다윈은 전과 다름없이 산호초, 평원의 융기, 화산 분화구의 형성 등에 대해 저술하면서 지질학자의 길을 가고 있는 것 같았다. 그러나 그의 마음속에는 놀라운 생각이 자라고 있었다. 핀치들은 현재와 같은 모습으로 태어난 것이 아니고 진화했으리라는 생각 말이다.

여러 종들이 살고 있는 곳은 영원불변의 장소가 아니다. 예를 들어 갈라파고스제도는 까마득한 옛날 어느 땐가 바다에서 솟아올랐을 수도 있다. 섬이 생기자 남아메리카대륙의 핀치들이 날아와 살기 시작했고 시간이 지남에 따라 각 섬에 사는 이들의 후손들이 현재의 생활양식에 가장 적합한 신체 특성을 가진 독특한 종으로 변해간 것이다. 그러니까 남아메리카대륙에서 처음 날아온 새들은 각 섬마다 독특한 분파를 형성했다는 얘기다. 파타고니아의 포유류 사이에도 이런 식의 가지치기가 일어났을지도 모른다. 다윈이 발견한 거대한 화석을 남긴 옛날 동물들은 몸집이 좀 더 작은 오늘날 포유류의 조상일 수도 있다.

노트 위에 다윈은 한 종이 새로운 종으로 가지치기를 해나가는 계통도를 그리고 있었다.

다윈은 무서운 생각이 들기 시작했다. 가슴이 뛰고 복통에 시달리기도 했으며 한밤에 악몽에 시달리다 깨기도 했다. 그는 핀치나 개미핥기를 지배하는 법칙이 인간에도 적용되리라고 생각했다. 이제 다윈은 인간을 단지 지능이 뛰어난 동물의 한 종에 불과하다고 보기 시작했다. 노트에 그는 이렇게 썼다. "어떤 동물이 다른 동물보다 위에 있다고 생각하는 것은 우습다. 사람들은 지능을 가진 인간의 탄생이 얼마나 놀라운 일인가를 이야기하곤 한다. 그러나 지능 아닌 다른 감각을 지닌 곤충의 등장은 더욱 놀랍다. 아름다운 초원과 숲으로 덮인 지구 위에 사는 존재라면 어떻게 감히 지능이 세상의 유일한 목적이라고 말할 수 있는가?"

아마 인간은 핀치처럼 진화의 산물에 불과한지도 모른다. 다윈은 동물원에 가서 제니라는 이름의 새로 들어온 오랑우탄을 찾아갔다. 그는 아기들에게서 볼 수 있는 표정을 제니의 얼굴에서 읽을 수 있었다. 그는 노트에 이렇게 썼다. "인간은 원숭이에서 왔는가?"

아직 초보 단계인 이 생각이 위험하다는 것을 다윈은 알고 있었다. 인간이 창조된 것이 아니라 진화된 것이라는 주장을 공공연히 펼친다면 그는 라이엘을 비롯한 자연사학자들로부터 따돌림을 받을 것이다. 학자로서의 미래가 이들에게 달려 있는데 말이다. 그런데도 다윈은 자기의 주장을 뒷받침할 증거들을 계속 모으면서 노트에 자기 이론을 써나갔다.

다윈은 형질이 어떻게 한 세대에서 다음 세대로 전달되고, 그 과정에서 어떻게 변하는지를 알아내려고 했다. 그는 정원사, 동물원 관리인, 비둘기를 기르는 사람에게 물어봤다. 자신의 이발사에게는 개의 교배에 대해서 물어봤다. 물론 그는 생물종이 영원불변이 아니라는 증거를 찾을 수는 있었지만 어떻게 해서 한 종이 다른 형태로 변하는가는 알 길이 없었다. 라마르크는 어떤 개체가 살아가는 동안 변화할 수 있고 이렇게 해서 획득한 형질을 자손에게 전달할 수 있다고 주장했지만 이를 뒷받침할 증거는 거의 없어 보였다. 다윈은 진화가 어떻게 진행됐는지에 대한 다른 설명을 찾기 시작했다.

그는 인간이 겪을 피치 못할 고통을 이야기한 우울한 책에서 이것을 찾아냈다. 1798년에 교구 사제였던 토머스 맬서스(Thomas Malthus)가 『인구론(An Essay on the Principle of Population)』을 펴냈다. 이 글에서 그는 기근이나 질병으로 조절되지 않는 한 어떤 나라의 인구는 수년 내에 폭발적으로 늘어날 수 있다고 주장했다. 모든 부부가 4명의 아이를 키우면 인구는 25년 만에 2배가 되고 계속해서 이렇게 2배로 늘어난다. 그러니까 산술적으로 3, 4, 5배로 늘어나는 것이 아니라 기하급수적으로, 즉 4, 8, 16배로 늘어난다는 얘기다.

어떤 나라의 인구가 이런 식으로 폭발하면 식량 공급이 도저히 따라갈 수가 없다고 맬서스는 경고했다. 물론 불모지를 개간하거나 품종을 개량하면 수확량을 늘릴 수 있지만 이는 산술급수적으로 증가하지 기하급수적으로 증가하는 것이 아니다. 그러므로 인구가 통제되지 않으면 결국 기근과 비참함이 기다리고 있을 뿐이다. 인간이 항구적인 기근에 시달리지 않는 것은 역병, 영아 살해, 만혼 등으로 인구 증가가 끊임없이 억제돼왔기 때문일 뿐이다.

맬서스는 인간을 지배하는 이런 힘이 동식물에도 작용하고 있다고 지적했다. 파리의 알에서 나온 구더기가 다 산다면 지구는 구더기로 무릎 깊이까지 덮일 것이다. 그러니까 대부분의 파리(그리고 모든 종의 개체 대부분)는 후손 없이 죽어야 한다는 결론이다.

맬서스의 암울한 글에서 다윈은 진화론을 밀고 나갈 원동력을 발견했다. 후손을 낳은 개체들은 순전히 운이 좋아서 그렇게 된 것이 아닌지도 모른다. 어떤 개체들은 특정한 조건에서 더 잘 살아남을 수 있는 형질을 가졌을 수도 있다. 이를테면 몸집이 크거나, 길고 뾰족한 부리를 가졌거나, 털가죽이 두꺼울 수도 있다. 이런 특징을 타고난 개체들은 같은 종의 약한 개체들보다 후손을 낳을 가능성이 커진다. 그리고 후손들은 부모를 닮기 때문에 이런 식으로 승자의 형질이 후손에게 전달된다는 얘기다.

이런 사실은 한 세대에서 다음 세대로 내려오는 짧은 기간에는 검증하기가 어렵다. 그러나 다윈은 이미 산을 만들어내는 변화, 너무 느려서 느낄 수조차 없는 지질학적 변화를 알고 있었다. 이제 생물학의 산이 솟아오르려 하고 있었다. 새의 무리가 갈라파고스제도의 섬들 중 한군데에 둥지를 틀었다면 그곳의 환경에 가장 적합한 형질을 가진 새들이 후손을 낳았을 것이다. 시간만 충분하다면 이렇게 환경에 따른 변화는 새로운 종의 탄생으로 이어질 수 있다.

다윈은 농부들이 작물을 교배하는 과정에서 좋은 사례를 발견했다. 농부들은 줄기나 나무가 나오는 모습을 비교해서 이들을 교배한다. 그러고는 가장 좋은 데서 나온 씨만 골라 다음 세대의 작물을 키운다. 이런 교배를 반복하면 작물은 다른 종류와는 달라진다. 그러나 자연에는 농부가 없다. 오직 살아남으려고 빛, 물, 먹이 등을 놓고 경쟁하는 동식물의 개체가 있을 뿐이다. 이들도 선택의 과정을 거치지만 농부에 해당하는 선택자는 없다. 그러므로 다윈은 생명은 자연적으로 설계된 것이며, 어떤 창조자가 일련의 활동을 했어야 할 필요는 없다는 결론에 도달했다.

살인을 자백하는 심정으로

다윈은 이런 혁명적인 생각을 노트에 끄적거리는 것을 잠시 중단하고 신붓감을 찾기 시작했다. 항해를 떠나기 전 그는 페니 오언이라는 여성과 사랑에 빠졌는데 비글호가 출항한 지 얼마 되지 않아 그녀는 다른 남자와 결혼해버렸다. 집으로 돌아온 그는 결혼할 것인가 말 것인가를 고민하고 있었다. 논리적인 과학자인 그는 찬반 평가표를 만들었다. 왼쪽에는 '하느냐'라고 쓰고 오른쪽에는 '마느냐'라고 쓴 다음, 중간에는 '이것

진화

이 문제다'라고 썼다. 햄릿 같은 고민에 빠진 다윈은 독신으로 살면 연구도 많이 할 수도 있고 남성 사교 클럽에서 더 많은 대화도 즐길 수 있다고 생각했다. 자연사학자인 그는 아이들을 양육할 만한 돈을 벌지 못할 수도 있다. 반면 결혼을 하면 아내가 옆에서 끝없이 조잘거리며 노년까지 반려자 역할을 해줄 것이다. 그는 왼쪽 칸과 오른쪽 칸의 점수를 합산한 뒤 결론을 내렸다. 한다, 한다, 한다. 증명 끝.

다윈은 신붓감으로 사촌인 에마 웨지우드를 골랐다. 그는 런던에서 만난 세련된 여성들에게는 관심이 없었다. 대신 그는 어머니의 조카로 자신처럼 시골에서 자란 에마를 떠올렸다. 에마는 다윈이 웨지우드가를 가끔 찾아 갔을 때 이미 다윈에게 관심을 가졌다. 그의 구애 방법이 어색하고 서툴긴 했지만 그녀는 다윈이 다가오는 것을 기뻐했다. 그녀는 다윈이 어느 날 머뭇거리며 결혼하고 싶다고 말했을 때 다소 놀랐다. 그녀는 승낙했지만 부끄러워하며 주일학교 강의를 해야 한다는 핑계로 서둘러 자리를 떴다.

그러나 에마는 곧 흠잡을 데 없이 성격 좋은 사람이라고 생각해왔던 다윈과 결혼한다는 생각으로 행복해졌다. 반면에 다윈은 배를 너무 오래 타서 사회 적응력이 떨어져 결혼하기 힘들지도 모르겠다는 걱정이 들었다. 그러나 그는 에마와 결혼한다는 생각으로 다시 희망을 찾았다. 다윈은 그녀에게 이렇게 썼다. "당신이 나를 사람답게 만들 것이오. 골방에 틀어박혀 혼자 책이나 보고 연구를 하는 것보다 훨씬 좋은 세상이 있다는 것도 가르쳐주겠지요."

행복에 젖어 있던 에마는 찰스가 자연과 자연을 움직이는 법칙에 대한 자신의 견해를 들려주자 처음으로 걱정하기 시작했다. 독실한 영국 국교 신자였던 에마는 신랑감이 성서를 의심하고 있음을 알 수 있었다.

그녀는 다윈에게 편지로 부탁해 요한복음의 한 구절을 읽어볼 것을 권했다. "내가 너희에게 새 계명을 주노니, 너희는 서로 사랑하라. 내가 너희를 사랑하는 것처럼 너희도 서로 사랑하라." 사랑으로 그녀와의 관계를 시작한 것이라면 찰스는 훌륭한 신자가 될 수 있다고 에마는 생각했다.

그는 에마에게 이를 진지하게 받아들이겠다고 약속했다. 그러나 당시에 그가 쓴 노트를 보면 그녀에게 진실을 말하는 것이 아님을 알 수 있다. 그때 다윈은 종교가 본능의 문제인가 아니면 실재하는 신에 대한 사랑의 문제인가를 놓고 고민하고 있었다. 다윈은 에마를 사랑했기 때문에 자신의 생각을 털어놓지 않은 것이다.

결혼 후 찰스는 에마를 런던으로 데리고 갔고 이들은 안락하고 단조로운 생활을 시작했다. 에마는 남편의 생각에 대해 계속 걱정했고 찰스에게 편지도 썼다. 1839년에 쓴 어떤 편지에서 그는 남편이 자연의 진실을 파헤치는 데 너무 몰두해서 다른 모든 진실은 외면해버린다며 걱정했다. 다른 진실이란 종교만이 드러내 보여줄 수 있는 성질의 진실이라고 에마는 말했다. "증명될 수 있는 것만 믿는다면 우리는 증명될 수 없는 일이거나 우리의 이해력을 넘어서는 진실을 받아들일 수 없게 될 것"이라고 에마는 지적했다. 그녀는 남편에게 예수가 인류를 위해 한 일을 잊지 말라고 애원했다. 다윈은 그녀의 편지에 답장을 하지 않고 밀쳐 두었으나 편지의 내용은 평생 기억했다.

1839년에 다윈은 『영국 해군 피츠로이 선장의 지휘 하에 비글호가 세계 일주 항해를 하는 동안 방문한 국가들의 자연사와 지질 연구 기록 (Journal of Researches into the Natural History and Geology of the Countries Visited During the Voyage of HMS Beagle Round the World, Under the Command of Captn. FitzRoy, R. N.)』을 출판했다. 이 책은 영국에서 대성

공을 거두었고 과학자로서의 명성을 굳혀줬다. 그때 다윈 부부는 결혼한 지 3년째였고 아이가 둘 있었다. 그들은 이제 런던을 떠날 때가 되었다고 생각했다. 런던의 범죄, 옷을 더럽히는 석탄 먼지, 구두에 달라붙는 말똥이 지긋지긋했다. 부부는 자신들이 자란 시골에서 아이들을 키우고 싶었다. 그들은 런던에서 25킬로미터 정도 떨어진 켄트에 자리 잡은 22평짜리 농장을 선택했다. 이곳의 이름은 '다운하우스'였다. 다윈은 소일 삼아 꽃을 심고 말과 소를 기르고 농사를 지었다. 그는 과학자들과의 사교를 완전히 중단하고, 필요한 정보는 편지로 주고받거나 소수의 과학자들을 주말에 집으로 초대해서 해결했다.(에라스무스는 동생을 만나기 위해 런던을 떠나는 것을 싫어했다. 그는 다윈 부부의 집을 가리켜 '강어귀의 촌구석'이라고 불렀다.)

그는 비밀리에 진화론 연구를 계속했다. 그는 자연선택에 관한 주장을 글로 쓰기 시작했고 1844년 이 작업이 끝나자 이제 어떻게 해야 할지 알 수가 없었다. 이 이야기를 누군가에게 어떻게 꺼내야 할 것인지조차도 막막했다. 그는 10여 명의 사람들로부터 자료를 얻어 자신의 이론을 뒷받침하는 데 썼지만 그 자료가 왜 필요한지는 아무에게도 말하지 않았다. 의사가 되기 싫다고 아버지에게 말하기가 두렵던 소년은 이제 자신의 위험한 생각을 다른 사람들에게 말하기가 두려운 어른이 되었다.

그러나 결국 누군가에게는 이야기를 해야만 했다. 그에게는 자신의 이론에 대해 권위 있는 평가를 하고 그가 놓친 중요한 부분을 지적해줄 과학자가 필요했다. 그는 젊은 식물학자인 조지프 후커(Joseph D. Hooker)를 골랐다. 후커는 다윈이 비글호 항해 중 수집한 식물을 조사한 사람임과 동시에 자신을 불경스럽다고 비난하지 않을 만큼 마음이 열린 사람이라고 판단했다. 다윈은 후커에게 이런 편지를 썼다.

항해에서 돌아온 이래 나는 황당하다고 할 수 있는 작업에 매달려 왔습니다. 이걸 보면 누구나 참 어리석은 짓을 한다고 생각할 것입니다. 나는 갈라파고스제도에 널려 있는 동식물을 보고 워낙 놀라서 종의 변화에 대해 어떤 빛을 던져줄 수 있다고 생각되는 자료는 마구 긁어모았습니다. 농업과 원예에 대한 책도 매우 많이 읽었고 자료 수집을 잠시도 쉰 적이 없습니다. 그러자 한 줄기 빛이 비춰오는 것 같았고 이제 나는 (당초의 내 생각과는 달리) 종이 불변의 것은 아니라는 확신에 거의 도달했습니다. (마치 살인을 자백하는 것 같군요.) 나는 생물종이 다양한 방법으로 환경에 정교하게 적응해나가는 방법을 알아냈다고 생각합니다. (바로 이 점이 황당한 것입니다.) 당신은 한숨을 쉬며 이렇게 생각하겠죠. 이런 사람에게 여태 편지를 쓰고 시간을 내주고 있었다니, 참. 5년 전의 나도 같은 생각을 했을 것입니다.

후커는 다윈이 바란 만큼이나 마음이 열린 사람이었으며 다윈에게 이런 답장을 썼다.

생물종의 변화에 대한 당신의 생각을 들어보고 싶습니다. 오늘날 나와 있는 이론 중에는 마음에 드는 것이 하나도 없어서 말이죠.

후커의 답장에 용기를 얻은 다윈은 몇 달 후 에마에게 자신의 노트를 보여줬다. 그는 에마가 충격을 받으리라는 것을 알고 있었지만, 자기가 너무 일찍 죽기라도 하면 사후에라도 그녀가 자신의 글을 출판하기를 원했다. 에마는 남편의 글을 읽었고, 울지도 않고 기절하지도 않았다. 단지 그녀는 문장의 어색한 부분을 지적해줬다. 자연선택을 통해 눈(眼)처럼 복잡한 기관도 만들어질 수 있다는 대목에서 그녀는 훌륭한 생각이라는

진화

반응을 보이기까지 했다.

다시 은둔 생활로

아내와 후커에게 비밀을 털어놓은 다윈은 자신의 이론을 출판해도 괜찮겠다는 자신감을 조금씩 키워가고 있었다. 그러나 한 달 후 이 자신감은 물거품처럼 꺼져버렸다. 1844년 10월 『창조의 과정(Vestiges of the Natural History of Creation)』이라는 책이 출판됐다. 저자는 스코틀랜드의 언론인인 로버트 체임버스(Robert Chambers)라는 사람이었는데 익명으로 책을 냈다. 워낙 철저히 숨어서 출판업자가 인세를 지불한 흔적까지 감춰졌다. 현명하게도 그는 조심스러웠다.

이 책의 첫 머리는 별 문제가 없어 보인다. 그저 태양계와 주변의 별들을 설명하면서, 가스 덩어리로부터 지구가 탄생하는 데 작용한 물리법칙과 화학법칙을 살펴보고 있다. 체임버스는 당시의 지질학적 기록 등을 조사해서, 지구 역사의 시작부터 출현한 화석들을 연구했다. 그 결과 단순한 생명체가 먼저 생겨났고 복잡한 것들이 뒤를 이었다는 것을 알았다. 시간이 지나면서 더욱 고등한 생명체들이 출현했다는 것이다. 그리고 나서 체임버스는 폭탄을 터뜨렸다. 자연법칙에 따라 힘이 천체들을 질서 있게 배열했다고 믿는다면 "생물계가 창조된 것도 같은 방식으로 자연의 법칙에 따라 신의 의지가 표현된 것이라고 보지 못할 이유가 무엇인가?" 신이 새우나 도마뱀 같은 생물종을 하나하나 창조했다고 믿는 것보다는 이편이 더 합리적이라는 얘기다. "모든 생물종이 각각 신의 손을 거쳐 창조됐다는 생각은 너무도 우스꽝스럽다."

자연법칙이 작용하는 방법에 대해서 체임버스는 이런저런 과학 지식을 동원해서 엉성한 설명을 내놓고 있다. 그는 번개가 쳐서 무생물이 단순한 미생물로 변했을 거라고 생각했다. 그 후 생명체들은 발생 과정을 변화시켜서 진화했다. 여기서 체임버스는 독일 생물학자들의 낡은 주장에 의존했다. 그는 기형 동물이 태어나는 것은 발생의 모든 단계를 제대로 밟지 않았기 때문인 경우가 많다고 지적했다. 예를 들어 사람의 심장은 네 부분으로 나뉘어 있는데 물고기처럼 두 부분으로만 나뉜 심장을 갖고 태어나는 아기도 있다. 그 이유는 아마 "아기 어머니가 몸이 약하거나 해서 발생 과정을 제대로 밟지 못했기 때문"일 것이다. 그러나 그 반대의 경우 어떤 어미는 기존 발생 단계보다 한 단계 더 올라간 후손을 낳을 수도 있다. 그러니까 거위가 쥐의 몸을 한 새끼 거위를 낳을 수도 있다는 얘기다. 이렇게 해서 최초의 오리너구리가 태어났다고 체임버스는 주장했다. "그러므로 새로운 생명체의 탄생은 지질학적 기록에 나와 있는 것처럼 임신 중에 새로운 발생 과정이 추가된 것에 불과하다."

체임버스는 인간이 물고기의 후손이라는 것에 대해 독자들이 경악하지 않을 것이라고 생각했다. 그가 주장하는 진화의 추이는 "가장 경탄할 만한 일로, 진화의 각 단계마다 신의 의지를 찾아볼 수 있다. 신의 의지야 말로 생명이 살아갈 수 있는 외적 조건을 만들고 그 안에 생명체들을 조화롭게 배치한 힘이다." 이 책을 읽은 후에도 영국 중산층 독자들의 도덕적 가치관은 변하지 않았다. "그래서 우리는 자연이라는 매개체를 통해 드러난 신의 뜻을 겸허히 받아들이며, 이제까지 성스럽다고 여겨오던 모든 것에 대한 경외심도 달라질 것이 없다."

이 책은 수만 권이 팔리는 대성공을 거두었다. 영국의 대중이 처음으로 진화론을 접한 계기였다. 그러나 영국의 저명한 과학자들은 체임버스를 통렬히 비난했다. 애덤 세즈윅은 이렇게 썼다. "이 책은 여자가 쓴 것

진화

으로 보인다. 물리학적 논리에 대해 철저히 무지한 것을 보면 알 수 있다." 세즈윅은 또한 이런 견해가 너무도 추악하다며 경악을 금치 못했다. "이 책이 옳다면 종교는 거짓말이다. 인간을 지배하는 법칙은 모두 광기이며 역겨운 불의일 뿐이다. 도덕은 헛소리이다."

반응이 워낙 격렬해서 다윈은 자신의 책을 출판하려는 생각을 접었다. 그는 세즈윅을 비롯한 그의 스승들이 얼마나 심하게 진화론을 거부하는지 모르고 있었다. 그러나 그는 자신의 이론을 포기하지 않았고 체임버스와 같은 길을 걷지 않을 방법을 찾아냈다.

다윈은 체임버스의 책에 명백한 약점이 있는 것을 알았다. 체임버스는 다른 사람의 글을 읽고 이를 짜 맞춰 엉성한 논리를 폈을 뿐이다. 어떤 점에서 다윈도 비슷한 약점을 갖고 있었다. 사실 그의 생각은 라이엘, 맬서스 등의 글을 읽거나 심지어 이발사에게 이야기를 듣거나 하는 과정에서 형성됐기 때문이다. 그는 지질학계에서는 권위자로 인정받고 있었지만 생물학에 관해서는 아마추어 애호가 정도의 취급을 받는 게 아닐까 두려워하고 있었다. 생물학계에서 제대로 대접을 받으려면 자신이 최고의 자연사학자이며 자연의 복잡성을 잘 다룰 수 있음을 스스로 확신할 수 있어야 했다.

그는 항해 중 채집해서 영국으로 돌아온 지 8년이 되도록 아직 들여다보지 않은 표본에 눈을 돌렸다. 그중에 따개비가 든 병이 있었다. 사람들은 보통 따개비를 배 밑바닥에 들러붙는 성가신 존재로만 여기지만 사실 따개비는 바다에서 가장 특이한 생물 중 하나이다. 당초에 동물학자들은 따개비가 조개나 굴처럼 단단한 껍데기를 가진 연체동물이라고 생각했다. 그러나 이들은 가재나 새우 같은 갑각류이다. 따개비의 정체가 알려진 것은 1830년대이다. 영국군 군의관 한 명이 따개비의 애벌레를 관찰하고 이들이 어린 새우와 비슷함을 알아냈다. 따개비의 애벌레는 일단 바닷물로 나가면 배 바닥이건 다른 조개의 껍데기이건 들러붙을 곳을 찾는다. 그러고는 머리부터 표면에 가서 붙는다. 그 후 이들은 갑각류의 외관을 대부분 잃고 원추형의 껍데기를 만든 후 여기서 깃털 같은 발을 내밀어 먹이를 거른다.

1835년 칠레의 해변에서 다윈은 머리핀의 둥근 부분만 한 따개비가 소라 껍데기에 붙어 있는 것을 보고 이를 채집했다. 현미경으로 관찰해 본 결과 따개비 하나는 사실 두 마리가 한데 붙은 것으로 큰 암컷에 조그만 수컷이 부착된 모습이었다. 당시의 과학자들은 암컷과 수컷의 생식기를 모두 갖고 있는 암수한몸(자웅동체) 따개비만 알고 있었다. 새로운 따개비는 워낙 신기해서 다윈은 새로운 속(屬)이라고 확신했다.

다윈은 또 한 번 긴 여행을 떠났다. 처음에 그는 새로운 따개비를 설명하는 짧막한 논문을 쓸 계획이었다. 그러려면 수많은 따개비 종 중에서 이 따개비가 어디 속하는지를 가려내야 했다. 그는 오언에게 따개비를 좀 빌려줄 것과 이 작업에 대한 조언을 줄 것을 요청했다.

오언은 이 따개비가 아무리 갑각류와 다르게 생겼어도 일단 갑각류의 원형에 속하는 것으로 분류해야 한다고 다윈에게 말했다. 1840년대가 되자 오언은 '원형'이 동물학의 열쇠라고 확신했다. 그는 척추동물의 원형의 정립을 시도했다. 그가 보기에 척추동물의 원형은 척추 하나, 갈비뼈들, 입 하나 정도를 가진 것에 불과했다. 오언이 말하길, 이런 모습의 동물은 자연계에 존재하지 않으며 신이 더욱 복잡한 생명체를 창조해내기 위한 신의 마음속 청사진이라고 얘기했다. 서로 다른 척추동물들을 비교해보면 원형과의 관계를 알 수 있을 거라고도 했다.

예를 들어 박쥐, 매너티(방추형의 몸에 꼬리가 달려 인어를 연상시키는 수생

진화

포유류—옮긴이), 새를 보자. 매너티는 수영에 적합한 노 같은 앞발을 갖고 있다. 새는 날개가 있지만 손뼈들에 깃털이 붙어 있는 모습을 하고 있으며 이 뼈들은 한데 합쳐져 경첩이 달린 막대 모양을 하고 있다. 이들 각 동물은 저마다의 생활에 적합한 팔을 갖고 있지만 손뼈 하나하나가 서로 정확히 상응한다. 이들은 모두 구슬 같은 손목뼈에 연결된 손가락을 갖고 있는데, 손목뼈들은 2개의 긴 뼈에 연결돼 있고 이들은 팔꿈치에서 다시 하나의 긴 뼈와 만난다. 이렇게 상응하는 것을 생물학자들은 상동기관(相同器官)이라고 한다. 오언은 이를 연구해 원형을 찾아낸 것이다.

오언은 다윈에게 따개비와 다른 갑각류 사이에 존재하는 상동성(相同性, homology)을 찾아볼 것을 권했다. 그러나 다윈은 오언의 원형이 허튼소리라고 혼자 생각했다. 그는 척추동물 상호 간의 유사성은 공통의 조상으로부터 나왔다는 증거라고 믿었다. 그러나 따개비가 좀 더 일반적인 갑각류로부터 진화해온 과정을 추적하기 위해 다윈은 엄청난 수의 따개비를 관찰해야 했다.(오늘날 따개비는 1,200여 종이 알려져 있다.) 그는 다른 자연사학자의 표본들을 빌리기도 하고 따개비의 화석도 연구하고 심지어 대영박물관의 소장품도 뒤졌다. 결국 다윈은 8년을 따개비 연구로 보냈다. 그동안 코페르니쿠스의 지동설만큼이나 혁명적인 그의 진화론은 책장에서 잠자고 있었다.

왜 이렇게 늦어졌을까? 다윈은 그의 스승들과 어쩔 수 없이 충돌해야 할 날을 미루고 있었는지도 모른다. 다윈이 피곤했기 때문일 수도 있다. 그는 5년간이나 힘든 항해를 한 데다가 8년간 책과 논문을 쓰며 정신없이 지냈다. 항해를 마치고 돌아온 뒤부터 건강이 나빠지기 시작했는데, 이제는 정기적인 구토 발작에 시달렸다. 30대 중반이 된 다윈은 이제 휴식이 필요했다.

그러나 슬픔이 또 하나의 이유이기도 했다. 그가 아끼던 딸 앤이 10세가 되던 해인 1851년에 독감으로 숨졌다. 죄 없는 아이가 고통에 몸부림치는 것을 보면서 다윈은 천사에 대한 믿음을 버렸다. 앤이 죽은 후 다윈은 신앙심이 무너져 내리고 있음을 차마 에마에게 말할 수 없었다. 따개비 연구는 고통을 잊을 방편 역할을 해줬다.

두려움, 탈진, 슬픔에도 불구하고 다윈은 따개비에 매료됐다. 따개비는 진화가 어떻게 이뤄지는가를 연구하는 데 이상적인 동물임이 드러났다. 예를 들어 다윈은 칠레에서 채집한 따개비의 조상이 어떻게 암수한몸 생물로부터 시작해서 이런저런 중간 단계를 거쳐 암수딴몸(자웅이체)에 이르렀는가를 볼 수 있었다. 다윈은 따개비의 종이 매우 다양하다는 사실에 대해서도 매우 놀랐다. 해부학적 구조도 저마다 달랐다. 여기서 다윈은 자연선택 연구의 무궁무진한 재료를 찾아냈다. 당초에 그는 대륙이 가라앉거나 융기하는 등 지질학적 변화의 시기에만 자연선택이 작용한다고 생각했다. 그러나 무수한 종을 앞에 놓고 다윈은 자연선택이 항구적인 현상이라고 생각할 수밖에 없었다.

물론 다윈은 이런 생각을 따개비 관련 논문에 직접 쓰지는 않았다. 그는 따개비로 1,000쪽에 달하는 책을 썼고 이것으로 찬사도 듣고 상도 받았으며 자연사학자로서의 존경도 받았다. 1854년에 그는 다시 자연선택에 관한 생각에 몰두하기 시작했다.

모습을 드러낸 자연선택

다윈은 조지프 후커가 제기한 의문에 대답하는 것에서부터 시작했다. 다윈이 주장하는 것 중 하나는 섬의 동식물이 섬에서 태어난 것이 아니라 다른 데서 흘러온 이주민의 후예라는 것이었다. 이 주장이 옳다면 애당초 이들은 섬으로 갈 수단이 있어야 한다. 경험 많은 식물학자였던 후커는 씨가 바람이나 물을 타고 꽤 멀리 이동할 수 있음을 알고 있었지만 다윈이 주장하는 것만큼 그렇게 멀리 갈 수 있으리라고는 믿지 않았다.

여기에 대해 다윈은 소금물이 든 통속에 씨앗을 넣고 이들을 넉 달 동안 방치했다가 꺼내서 마른 땅에 심어 싹이 돋는 모습을 보여줬다. 그는 또한 새들이 씨를 발톱으로 쥐고 날아갈 수 있다는 것과 새가 삼킨 씨앗이 소화기를 통해 배설물과 함께 밖으로 나올 수도 있다는 것도 발견했다. 다윈의 이론은 하나의 가설을 제시했고 이 가설은 시험을 통과했다.

다윈은 또한 교배 연구에도 다시 눈을 돌렸다. 비둘기 교배 전문가들과 술까지 함께 마시면서 비둘기들이 약간의 변화를 일으켜 어떻게 완전히 새로운 새의 종을 만들어내는가를 배우기도 했다. 다윈은 스스로 비둘기를 키워 이들을 죽이고 물에 끓여 털을 완전히 뽑은 후 골격의 크기를 재서 각 종들 사이의 차이를 알아보기도 했다. 그는 교배로 얻은 각각의 종이 워낙 저마다 독특해서, 만약 이들이 야생 비둘기였다면 또 다른 종으로 분류됐으리라는 사실도 알아냈다. 각종의 해부학적 구조는 콧구멍으로부터 갈비뼈, 그리고 알의 크기와 모양에 이르기까지 저마다 달랐다. 그리고 알려진 바를 종합해 볼 때 비둘기의 종은 모두 어김없이 한 종류의 야생 양(洋)비둘기로부터 왔다.

1856년까지 다윈은 진화에 관한 증거를 많이 찾아냈고, 이에 따라 1844년에 쓰던 논문을 꺼집어내어 다시 쓰기 시작했다. 얼마 되지 않아 수십만 단어 길이의 방대한 작품이 만들어졌다. 이 책에 그는 이제까지 그가 알아낸 것들, 항해, 독서, 전문가들과의 대화, 따개비와 씨앗에 대한 연구로 얻은 것들을 모두 집어넣었다. 그는 반대자들을 증거의 홍수로 압도하려고 했다.

1844년 에마에게 원고를 보여준 날 이후 그는 자신의 이론에 대해 거의 말하는 일이 없었다. 그러나 이제 몇몇 사람 특히 새로운 가능성에 대해 열린 마음을 갖고 있는 젊은 사람들에게는 말할 수 있으리라는 자신감이 생겼다. 첫 번째 대상으로 그는 최근 알게 된 총명한 청년 동물학자를 골랐다. 그의 이름은 토머스 헉슬리였다.

헉슬리는 다윈처럼 좋은 집안 출신이 아니었다. 그는 푸줏간 위층에서 태어났다. 헉슬리의 아버지는 교사였으나 학교가 문을 닫았으며, 은행으로 옮긴 뒤에는 은행이 문을 닫았다. 그래서 헉슬리를 가르칠 돈이 없었다. 13세가 되던 해에 헉슬리는 어떤 의사의 문하에 들어갔고, 3년 후에는 그를 따라 런던으로 가서 장학금과 친척들에게서 빌린 적은 돈으로 근근이 생계를 이어가며 외과 의사로서의 수련을 쌓았다. 빚을 갚을 유일한 길은 뉴기니로 향하는 배인 래틀스네이크호에 선원으로 승선하는 것뿐이었다. 헉슬리는 동물학에 관심을 갖기 시작했고 항해 중 열대지방의 생물 표본을 마음껏 채집할 수 있었다.

4년 후인 1850년에 영국으로 돌아온 헉슬리는 다윈처럼 과학자로 변신해 있었고, 다윈처럼 그가 도착하기 전에 논문이 출판되어 이미 유명해진 다음 영국 땅을 밟았다. 그의 논문은 고깔해파리 같은 기이한 동물을 다뤘는데, 이 동물은 한 마리처럼 보이지만 사실은 여러 마리의 집합체이다. 헉슬리는 해군에 청원을 내어 3년간의 유급 휴가를 받아 연구를 계속했다. 26세 되던 해에 그는 학위도 없이 런던 왕립학회의 회원이 되었다.

해군은 헉슬리에게 임무로 복귀하라는 명령서를 세 차례나 보냈고, 헉슬리가 이에 불응하자 제대시켰다. 그는 런던에서 다른 직업을 찾으려 몸부림쳤고 결국 광산학회에서 시간제로 일할 수 있었다. 근무 중 틈틈

진화

이 칼럼과 평론을 써서 그는 가족을 간신히 부양할 수 있었다. 헉슬리는 경제적 여유가 있어 과학 연구를 하면서 과학계를 주름잡는 부유한 사람들을 역겨워했다. 그러나 그는 나름대로 명성을 쌓아가고 있었고 영국 식물학회의 최고봉인 리처드 오언도 서슴지 않고 공격했다.

당시 오언은 일종의 '신의 뜻에 따른 진화'라는 생각을 하고 있었다. 그러니까 신은 항상 자신의 기본 설계인 원형을 기초로 새로운 종을 만들어간다는 것이었다. 오언은 신의 계획에 따라 생명이 질서 있게 발전해나가는 모습을 그렸다. 그러니까 일반적인 것에서부터 특별한 것으로 변해간다는 얘기다. 그는 이것을 "신의 뜻에 따른 연속적 생성"이라고 불렀다. 자연신학과 종의 불변성에 안주하고 있던 그의 후원자들을 안심시키기 위해 오언은 생물학이 여전히 "가장 고매한 도덕적 사고와 연결돼 있다."라고 확언했다.

공개 강의와 평론에서 헉슬리는 오언이 신을 제도공으로 전락시키면서 마치 화석이 신이 그린 수정본인 것처럼 말하고 있다고 오언을 비판했다. 헉슬리는 신의 뜻이든 단순히 물질적인 것이든 어떤 형태로든 진화론을 받아들이지 않았다. 그는 지구 또는 생명의 역사가 진보한다고 생각하지 않았다. 그러나 1856년 어느 주말에 다윈의 초청을 받아 시골로 간 헉슬리는 생각을 바꿀 수밖에 없었다.

다윈은 그를 만난 자리에서 섭리 또는 절대자의 개입 없이 자연의 변화를 설명할 수 있는 자신의 진화론을 들려줬다. 그리고 비둘기와 씨앗도 보여줬다. 헉슬리는 설복됐고 다윈의 가장 믿음직한 동지가 되었다.

진화론의 공표를 향한 느리고도 신중한 작업은 순조롭게 진행되고 있었다. 그런데 1858년 6월 18일 다운하우스로 한 통의 편지가 날아들었다. 이 편지는 앨프리드 러셀 월리스(Alfred Russel Wallace)라는 자연사학자가 지구 반대편에서 보낸 것이었다. 월리스는 동남아를 탐험하면서 진화의 증거를 찾고 있었다. 21세에 그는 『창조의 과정』을 읽고 자연이 시간의 경과에 따라 진화해간다는 생각에 경탄했다. 그리고 다윈의 항해 이야기를 읽은 월리스는 자신도 배를 타야겠다고 결심했다.

먼저 그는 1848년에 아마존으로 갔다. 나중에는 오늘날의 인도네시아로 가서 오랑우탄을 관찰하고 결국 인간의 조상을 찾아낼 수 있으리라고 생각했다. 여행하면서 그는 딱정벌레, 새의 피부 등의 표본을 런던에 있는 거래상과 후원자들에게 보내 여비를 조달했다. 다윈은 그런 후원자 중 하나였고 연구를 위해 그로부터 새의 피부를 받았다. 그리고 두 사람은 편지 교환을 시작했다.

다윈은 월리스에게 진화에 대해 좀 더 넓고 이론적으로 생각해보라고 권하면서 자신도 진화에 관한 이론을 세워두었다고 밝혔다. 월리스는 다윈에게 편지를 보내 자신의 생각을 알려야겠다고 결심했다. 편지를 읽은 다윈은 가슴이 철렁했다. 월리스도 맬서스의 글을 읽었고 그도 인구 과잉이나 개체수 과밀이 어떤 결과를 가져올까 궁금해하고 있었다. 다윈처럼 월리스도 개체수 과다가 결국 종을 변화시키고 새로운 종을 탄생시킬 것이라고 결론지었다.

월리스의 편지를 받을 때쯤 다윈은 몇 년 더 글을 쓴 뒤에 자신의 이론을 공표할 생각이었다. 그런데 월리스의 편지를 보니 마치 자신의 이론을 다른 사람의 입을 빌려 듣는 듯한 기분이었다. 물론 그의 생각이 다윈의 생각과 똑같지는 않았다. 예를 들어 월리스는 같은 종에 속하는 개체 사이의 경쟁에는 별 관심이 없었다. 단지 그는 환경이 부적합한 개체를 제거한다고 생각했다. 그러나 다윈은 월리스의 생각을 훔치고 싶지 않았다. 자존심이 강한 그였기에 차라리 자기 책을 불태우지 남을 속였다는 말은 듣고 싶지 않았다.

그래서 다윈은 라이엘에게 영국 분류학회가 자신과 월리스의 논문을 동시에 들어줄 것을 부탁했다. 1858년 6월 30일 학회는 1844년 다윈이 쓴 논문의 발췌문과 1857년 후커에게 쓴 편지의 일부, 그리고 월리스의 논문을 청취했다. 20년에 걸친 주의 깊은 연구와 초조한 기다림이 갑자기 끝났다. 이제 세상이 판단할 일만 남은 것이다.

그러나 어떤 판단도 나오지 않았다. 학회는 두 사람의 논문을 듣고도 침묵을 지켰다. 아마 논문이 둘 다 너무 짤막하거나 너무 정중해서 청중들이 두 발표자의 주장을 잘 이해하지 못한 것인지도 모른다. 다윈은 이제 과학 전문지에 자신의 논문을 싣기로 결심했다.

그 후 몇 달 동안 다윈은 방대한 저술인 '자연선택(Natural Selection)'을 출판 가능한 분량으로 요약하는 데 매달렸다. 그러나 작업 과정에서 결국 요약본조차도 책 한 권 크기로 늘어났다. 그는 예상되는 공격을 맞받아칠 논점과 증거를 너무 많이 갖고 있었던 것이다. 다윈은 《연구 저널(Journal of Researches)》의 발행인인 존 머리에게 연락해서 저널의 2권을 낼 수 있느냐고 물었다. 이 저널은 인기가 있었기 때문에 머리는 저널과 함께 또 한 권의 책을 출판하기로 결정했는데 이 책의 제목이 바로 『자연선택에 의한 종의 기원(On the Origin of Species by Means of Natural Selection)』이었다.

이러는 동안 다윈의 건강은 더 한층 악화됐다. 1859년 11월 녹색 천으로 장정된 초판이 나왔을 때 그는 요크셔의 온천에서 회복 중이었다. 곧 저자 증정본이 도착했고 다윈은 그중 한 권을 인도네시아에 있는 월리스에게 보냈다. 책과 함께 보낸 편지에서 그는 "일반 대중이 어떻게 생각할지는 신만이 아신다."라고 썼다.

"이 세계관에는 뭔가 장엄한 것이 있다"

『종의 기원』에 실린 다윈의 견해는 1844년 무렵의 생각으로부터 많이 발전해 있었다. 그의 생각은 훨씬 넓어져 이제 지구상의 생명을 모두 포괄하는 이론이 된 것이다.

다윈은 멀리 있는 갈라파고스섬이나 바닷속 깊은 곳의 산호초가 아니라 보통의 안락한 영국인의 삶으로부터 이야기를 시작한다. 우선 그는 교배 전문가들의 손끝에서 다양한 종의 동식물이 태어날 수 있음을 지적한다. 비둘기 키우는 사람들은 교배를 통해 공작비둘기의 깃털을 2배로 늘리기도 하고, 자코뱅비둘기의 목 깃털을 풍성하게 해서 두건처럼 만들기도 한다. 이렇게 독립된 종이라고 할 수 있는 형질을 가진 비둘기를 만들어내는 데는 몇 세대밖에 걸리지 않는다.

그런데 이런 기적이 이뤄지는 과정에서 유전이 어떤 식으로 작용하는지 제대로 아는 사람이 아무도 없음을 다윈은 깨달았다. 교배자들은 그저 이런저런 성질이 다음 세대에 전달된다는 사실만을 알 뿐이다. 예를 들어 눈이 파란 고양이는 어김없이 귀머거리이다. 유전이 미스터리였을지는 몰라도 부모가 자기와 닮은 후손을 만들어낸다는 점은 분명했다. 물론 세대가 바뀌면서 조금씩 차이가 생기기는 하지만 말이다.

야생의 공작비둘기와 자코뱅비둘기를 보면 서로 다른 종임을 알 수 있는데 신기하게도 이들은 교미를 해서 새끼를 낳는다. 사실 야생동식물의 경우 종이 다른 건지 아니면 같은 종인데 형질만 좀 다른 건지를 구분하기란 매우 어렵다고 다윈은 지적한다. 심지어 생물학자들도 몇몇 참나무가 같은 종인지 아닌지에 대해 토론을 벌인다. 다윈은 단순히 형질이 좀 달라 보이는 것도 독립된 종으로서의 특징을 갖고 있기 때문에 이런

진화

혼란이 일어난다고 보았다. 이는 형질만 달라 보이는 것들도 사실은 독립된 종의 시발점인 경우가 많기 때문이다.

그러면 갓 생겨난 종이 어떻게 성숙하고 독립된 하나의 종으로 발전할까? 여기서 다윈은 맬서스를 끌어들인다. 세대교체 기간이 긴 인간이나 콘도르도 20년에서 30년이면 개체수가 배로 늘어 수천 년 만에 전 지구를 뒤덮을 수 있다. 그러나 엄청난 수의 동식물이 정기적으로 '청소'된다. 다윈은 어느 해 한파가 몰아닥치자 다운하우스 주변의 새 가운데 5분의 4가 죽은 사실을 떠올렸다. 겉보기에는 조용한 자연이 가공할 대량학살의 힘을 숨기고 있다는 얘기다.

어떤 종의 개체들은 운이 좋아서 재난 속에서 살아남기도 하고, 어떤 종들은 죽기 어려운 특징을 갖고 있기도 하다. 어쨌든 살아남은 것들은 번식하고 적응에 실패한 것들은 죽어간다. 달리 말해 자연 자체가 하나의 교배자이고, 교배 능력에 있어서 인간보다 훨씬 뛰어나다. 인간은 꼬리털 같은 한 가지 특징만을 갖고 비둘기를 교배하지만 자연은 무수한 형질에 대해 같은 작업을 수행한다. 피와 살 같은 외관뿐만 아니라 본능도 지배한다는 얘기다. 이에 대해 다윈은 이렇게 썼다. "자연은 내장 기관, 모든 외관상의 차이, 생명의 메커니즘 전체에 작용한다. 인간은 오직 자신의 이익만을 위해 교배하지만 자연은 자신이 돌보는 생명의 이익을 위해 교배한다."

교배자들이 몇 년, 기껏해야 몇십 년 동안만 교배를 할 수 있는 것과는 달리 자연은 엄청난 시간을 마음대로 요리할 수 있다. 다윈은 이렇게 썼다. "자연선택은 매일 매시간 전 세계에 걸쳐 가장 사소한 형질까지 모두 들여다보고 있다고 할 수 있다. 이렇게 해서 생기는 변화는 워낙 느려서 눈에 보이지 않고, 따라서 오랜 시간이 지나야만 흔적을 찾을 수 있다."

자연선택이 특정한 형질을 가진 집단에 대해 오래 작용하면 결국 그 집단은 독립된 종으로 탈바꿈할 것이다. 서로 다른 형질을 가진 두 집단으로 구성된 한 가지 종의 새들은 수천 세대가 지나면 결국 서로 다른 종으로 발전할 것이다. 어떤 종 안의 개체들이 서로 경쟁하는 것처럼, 어떤 종의 개체들은 다른 종의 개체들과 경쟁한다. 그리고 비슷한 종 사이의 경쟁이 가장 치열할 것이다. 결국 둘 중 하나는 밀려난다. 바로 이 때문에 화석에서 찾아볼 수 있는 동물들이 오늘날 더 이상 존재하지 않는 것이라고 다윈은 주장했다. 이들은 단순히 사라진 것이 아니라 다른 동물들에 의해 도태된 것이다.

　독자들의 이해를 돕기 위해 다윈은 책에 삽화를 그렸다. 바닥에는 원시 생물종들이 있어서 큰 나뭇가지처럼 뻗어나가고, 시간이 지남에 따라 작은 가지를 쳐나간다. 대부분의 가지는 조금 자라다가 성장을 멈춘다. 이들은 멸종한 종에 해당한다. 그러나 일부는 계속 가지를 쳐서 꼭대기까지 올라간다. 생명은 '거대한 존재의 사슬'이 아니라 나무와 비슷하다고 다윈은 말했다.

　『종의 기원』은 매우 방어적인 책이다. 무슨 뜻인가 하면, 다른 과학자들이 진화론을 비웃는 것을 오랫동안 조용히 듣고 있었고 이들이 자신을 비웃는 모습을 오랫동안 상상해오던 사람이 쓴 책이라는 얘기다. 따라서 다윈은 다른 과학자들의 반박에 하나하나 대응해나간다. 오래된 종이 조금씩 새로운 종으로 바뀐 것이라면 왜 동물들은 그렇게 서로 다른가? 여기에 대해 다윈은 이렇게 대답한다. 즉 두 가지의 유사한 종 사이의 경쟁으로 인해 하나가 멸종됐고, 따라서 오늘날 살아 있는 동물들은 과거에 살았던 모든 종에서 이런저런 식으로 선택된 종의 후예이다.

　그러면 당초의 개체들과 오늘날의 개체 사이의 중간에 위치한 동물들을 화석으로 만날 수 있어야 하지 않는가? 여기서 다윈은 화석이 본질상 생명의 역사의 단편만을 보여줄 수 있을 뿐이라고 지적한다. 화석이 되려면 동물의 시체는 퇴적층에 잘 파묻혀야 하고 이어서 단단한 암석층이 되어야 하며 화산, 지진, 침식 등으로 파괴되지 않아야 한다. 이 모든 조건을 갖출 확률은 불가능할 정도로 낮기 때문에 수백만 마리의 개체를 자랑하던 종도 화석 하나에 의존해서 알아볼 수밖에 없다. 그러므로 화석의 기록에서 연결 고리가 빠져 있는 것은 놀랄 일이 아니며 이것이 오히려 정상이다. 다윈은 이렇게 썼다. "지구의 표면은 거대한 박물관이다. 그러나 자연의 수집품들은 상호 간의 시간 간격이 너무 길다."

그러면 자연선택은 어떻게 해서 무수한 상호 의존적 부분으로 이뤄진 복잡한 기관 아니면 완전한 개체를 만들어냈을까? 어떻게 해서 박쥐나 눈(眼)이 생겨났을까? 화석만으로는 모든 것을 다 알 수 없다. 그래서 다윈은 이런 변화가 적어도 불가능하지는 않다는 것을 살아 있는 동물을 통해 보여줬다. 박쥐에 관해서는 다람쥐를 예로 들었다. 나무에 사는 보통의 다람쥐들은 다리가 넷이고 날씬한 꼬리를 갖고 있다. 그러나 꼬리가 납작하고 피부가 늘어진 종도 있다. 그런가 하면 다리 사이로 널찍한 막이 붙어 있는 종도 있는데 나무에서 뛰어내릴 때 그 막이 낙하산 역할을 한다. 이어서 다윈은 날원숭이로 알려진 활공 동물, 그러니까 손가락이 길고 뺨에서 꼬리에 이르기까지 막이 달려 있는 동물도 있음을 지적했다.

여기서 우리는 보통의 네 발 달린 포유류로부터 박쥐와 같은 신체 구조를 가진 동물에 이르는 과정에서 점진적 변화가 발생했음을 알 수 있다. 박쥐의 조상들은 이런 진화의 단계를 밟아왔을 수 있고, 한 걸음 더 나아가 제대로 비행하는 데 필요한 근육을 발달시켰을 수 있다.

마찬가지로 눈도 하루아침에 어떤 동물의 머리에서 튀어나온 것은 아니다. 편형동물 같은 무척추동물은 끝부분이 빛을 감지하는 색소로 착색된 신경에 불과한 것을 갖고 있을 뿐이다. 갑각류의 일부는 한 층의 색소를 막이 감싸고 있는 수준의 눈을 갖고 있다. 시간이 지나면서 이 막은 색소와 분리돼 원시적인 렌즈처럼 작용하기 시작했을 것이다. 약간의 변화를 통해 이런 식의 눈은 오늘날 조류와 포유류가 쓰는 정교한 망원경으로 발전했을 것이다. 시력이 없는 것보다는 조금이라도 있는 편이 나았을 것이므로, 세대가 교체되는 과정에서 자연선택은 시력이 있는 쪽을 선호했을 것이다.

자연선택 이론으로 무장한 다윈은 다른 과학자들의 생각으로 눈을 돌려, 이 생각들을 자신의 이론 일부로 집어넣으면 잘 맞아떨어진다는 것을 보여줬다. 젊은 다윈은 신의 섭리를 주장한 윌리엄 페일리를 존경했지만 이제 그는 자연계의 모습이 어떤 절대자의 직접적인 통제 없이도 드러날 수 있음을 보여줬다. 칼 폰 베어는 여러 가지 동물들이 태아 때는 서로 비슷하게 생겼다가 발생이 진행되는 과정에서 달라짐을 보여줬다. 다윈에게 있어서 이는 동물들이 공통의 조상을 갖고 있으며, 발생 과정에서의 차이는 조상들이 서로 갈라진 다음에 시작됐다는 생각을 뒷받침해주는 증거였다.

다윈은 심지어 오언의 원형 이론도 받아들였다. 어떤 학자에게 보낸 편지에서 다윈은 "오언의 원형은 척추동물의 조상을 일반화시켜 보여주는 탁월한 방법이며, 이는 단순히 이상적일 뿐만 아니라 현실적인 설명"이라고 썼다. 오언에게 있어서 박쥐의 날개와 매너티의 물갈퀴 사이의 관계는 신의 마음이 어떻게 작용하는가를 보여주는 예였다. 그러나 다윈에게 있어서 이런 상동성은 유전의 증거였다.

다윈은 자신의 이론이 인간에게 어떻게 적용되는가에 관해서는 조심스럽게 언급을 피했다. 단지 그는 이렇게 말했다. "먼 훗날 좀 더 중요한 연구가 이뤄질 수 있는 터전이 마련됐다. 심리학은 정신적 능력이 점진적으로 발달하는 필연적 과정이라는 새로운 기반을 얻을 것이다. 인간의 기원과 그 역사에 대해서도 새로운 빛이 비춰질 것이다."

그는 로버트 체임버스가 『창조의 과정』에서 저지른 실수를 되풀이하려 하지 않았다. 하고 싶은 말이 있었지만 감정적인 반응을 일으키기는 싫었던 것이다. 그러나 다윈은 자신의 이론으로 인해 사람들이 절망하지 않도록 책의 맨 끝에 다음과 같이 덧붙였다. "그러므로 자연 속에서 싸움, 기근, 죽음 등이 진행되는 과정에서 더 높은 단계의 동물이 만들어진다. 이 세계관에는 뭔가 장엄한 것이 있다. 이 세계관 속에서 생명의 힘은 당초에 몇몇 생물 또는 단 하나의 생물에 불어넣어졌을 것이다. 그리고 지구가 단순하고 불변인 중력의 법칙에 따라 지질학적 순환을 계속하는 동안 생명의 세계에서는 단순한 태초의 생명체로부터 아름답고 놀라운 생명체들이 무수히 진화했고 또 진화해가고 있다."

원숭이 대 주교

그해 겨울은 영국에 눈보라가 몰아쳤고 수천 명의 사람들이 따뜻한 불가에 앉아 다윈의 책을 읽었다. 초판 1,250부는 첫날 다 팔려서 1월에 3,000부를 더 찍었다. 헉슬리는 다윈에게 축하의 말을 하면서 닥쳐올 싸움에 대한 경고도 잊지 않았다. "나도 (싸움에 대비해서) 발톱과 부리를 갈고 있습니다."라고 헉슬리는 말했다. 신문은 다윈의 책을 짤막하게 다뤘으나 비평가들은 좀 더 깊이 파고들었다. 헉슬리를 비롯한 다윈의 친구들은 이 책을 칭찬했지만 많은 평론가들은 신성모독이라고 비판했다. 《쿼털리 리뷰》는 다윈의 이론을 "창조주와 피조물 사이의 이미 알려진 관계와 상충하는 것이며 신의 영광과 어긋나는 것"으로 깎아내렸다.

1860년 4월 《에든버러 리뷰》에 실린 글은 가장 불쾌한 것이었다. 익명의 글이었지만 오언의 이론을 잘 아는 사람이라면 그가 쓴 글임을 금방 알 수 있었다. 그의 평론은 놀랍도록 악의에 차 있었다. 오언은 다윈의 책을 "과학에 대한 모독"으로 규정했다. 그는 다윈과 그의 추종자들이 자연선택이 마치 유일한 창조의 법칙인 것처럼 말한다고 지적했다. 오언은 진화론 자체를 부정하는 것이 아니었다. 그는 다윈의 이론을 맹목적 유물론이라고 생각해 거부한 것뿐이었다.

그러나 다윈은 오언이 하지 못한 것을 해냈다. 오언은 생물학적인 발견들을 통합하려고 했지만 결국 원형과 연속적 창조라는 엉성한 이론에 도달했을 뿐이다. 반면 다윈은 모든 세대에 걸쳐 작용하는 메커니즘을 이용해서 종들 간의 유사성을 설명했다.

오언은 다윈과 헉슬리에 대한 분노에 차서 평론을 썼다. 그전부터 이미 헉슬리는 공개 강연에서 독설로 오언을 공격하곤 했다. 헉슬리는 오언이 귀족들의 비위나 맞추는 저질 과학자라며 멸시했다. 그는 오언의 연속적 창조 이론이 우스꽝스럽다고 조롱했다. 오언은 너무도 화가 나서 어떤 공개 강연 중 헉슬리를 노려보며 화석이 신의 뜻을 점진적으로 표현한 기록이 아니라고 주장하는 사람은 "아마 선천적으로 정신적 결함이 있는 사람일 것"이라고 내뱉었다.

오언은 인간이 다른 동물과 다르다는 사실을 증명하려 했고, 이 과정에서 『종의 기원』이 출판되기 바로 몇 년 전 두 사람의 관계는 악화될 대로 악화됐다. 1850년대에 유럽인들은 정글에서 살던 오랑우탄, 침팬지,

고릴라 등에 대해 알기 시작했고 오언은 이들을 해부해 골격을 연구했다. 그는 인간을 이들과 구별할 수 있는 어떤 증거를 찾으려 몸부림쳤다. 인간이 단순히 원숭이의 변종이라면 도덕성은 무엇인가?

오언은 인간과 동물의 가장 분명한 차이는 지적 능력, 즉 언어 구사력과 논리적 사고에 있다고 보았다. 그래서 오언은 원숭이의 뇌를 해부해 구조상의 증거를 찾으려고 했다. 1857년 그는 중요한 차이를 발견했다고 주장했다. 원숭이의 뇌와는 달리 인간의 뇌 반구들은 뒤쪽으로 워낙 잘 뻗어 있어서 제3의 뇌엽(lobe)을 형성할 정도라는 것이다. 이것을 오언은 소해마(hippocampus minor)라고 명명했다. 이런 특징이 인간에게 특별한 지위를 부여한다고 그는 주장했다. 침팬지의 뇌가 오리너구리의 뇌와 다른 것만큼이나 인간의 뇌도 침팬지의 뇌와 다르다는 얘기다.

헉슬리는 오언이 아마 보존 상태가 나쁜 뇌를 해부해서 그 결과 잘못된 결론에 도달한 것 아니냐는 의혹을 제기했다. 오언의 정교한 분류 방식은 근본적인 오류에 기초해 있다는 것이다.(헉슬리는 이와 관련해 "소똥 위에 서 있는 코린트식 기둥"이라는 비유를 즐겨 썼다.) 헉슬리는 인간의 뇌와 고릴라의 뇌는 고릴라의 뇌와 비비의 뇌가 차이가 없는 것처럼 차이가 없다고 주장했다. 헉슬리는 이렇게 썼다. "인간의 존엄성이 엄지발가락에서 나온다고 말하려는 것도 아니고, 원숭이에게 소해마가 있으면 우리도 별 것 아니라는 얘기를 하려는 것도 아니다. 다만 나는 인간의 오만함을 물리치기 위해 최선을 다하고 있을 뿐이다."

『종의 기원』에 대해 오언이 쓴 혹평은 헉슬리와 그의 관계를 더욱 악화시켰고 결국 몇 달 후인 1860년 6월 두 사람은 폭발했다. 영국 과학진흥협회는 수천 명의 회원이 참석한 가운데 옥스퍼드대학에서 연례 총회를 열었다. 회장인 오언은 6월 28일의 연설에서 인간의 뇌가 원숭이의 뇌와 어떻게 다른가를 다시 한 번 설명했다. 헉슬리는 기습 공격을 준비해두었다. 연설이 끝날 무렵 헉슬리는 일어서서 싱싱한 침팬지의 뇌를 해부한 스코틀랜드 해부학자의 편지를 방금 받았다고 말했다. 그리고 이 학자가 침팬지의 뇌가 완전한 소해마를 갖추고 있었고 인간의 뇌와 매우 비슷함을 발견했다고 그는 말했다. 회장을 가득 메운 청중 앞에서 오언은 반박할 길이 없었다. 헉슬리는 오언을 모욕하기에 가장 좋은 때, 가장 좋은 장소를 이용한 것이다.

뇌 싸움에서 이긴 헉슬리는 다음날 옥스퍼드의 회의장을 떠나려다가 로버트 체임버스와 부딪혔다. 그는 아직도 익명의 저자(『창조의 과정』)였다. 헉슬리가 가려고 하는 것을 알고 체임버스는 놀랐다. 아니, 다음날 회의 일정을 모른단 말인가?

옥스퍼드에는 새뮤얼 윌버포스(Samuel Wilberforce) 주교가 다윈을 비판하리라는 소문이 돌았다. 수년간 윌버포스 주교는 진화를 반대하는 종교계의 입장을 대변해왔다. 1844년 그는 『창조의 과정』을 역겨운 추측이라고 비난했으며 다윈의 책도 다를 바가 없다고 생각했다. 존 윌리엄 드레이퍼(John William Draper)라는 미국 과학자가 다음날 '다위니즘'과 그 사회적 의미에 대해 연설할 예정이었다. 윌버포스는 영국에서 가장 중요한 과학 모임인 이 자리에서 다윈을 공개적으로 비판하려고 했다. 오언은 회의 기간 중 윌버포스의 집에 머무르고 있었으며 말할 것도 없이 그를 코치하고 있었다. 체임버스는 드레이퍼의 연설도 듣고 다윈도 지켜주어야 하니까 헉슬리가 있어야 한다고 그를 설득했다.

다음날 오언은 첫 발표자로 등장했다. 1,000여 명의 회원이 강당을 메운 가운데 그는 이렇게 말했다. "진지한 자세로 과학적 의문의 제기라는 임무를 수행해나갑시다. 이것을 통해 우리는 우리의 지적 능력을 개선할 수 있고, 더 가치 있는 존재가 되며, 신에게 더 가까이 갈 수 있는 존재가 될 것입니다."

드레이퍼의 연설 제목은 '유기체의 진보는 법칙을 따른다는 다윈 등의 견해에 비춰본 유럽의 지적 발전에 대하여'였다. 어떤 측면에서 보든, 이 연설은 지루하고 긴 데다가 논리도 없었다. 청중 중 하나였던 조지프 후커는 드레이퍼의 연설을 "공허한 것"이라고 규정했다. 강당은 더워지기 시작하고 머리는 멍해졌지만 자리를 뜨는 사람은 없었다. 주교의 연설을 기다리고 있었기 때문이다.

드레이퍼의 연설이 끝나자 윌버포스가 연단에 올랐다. 최근에 그는 다윈의 책에 대한 논평을 쓴 일이 있고, 그의 연설은 사실 이 논평을 말의 형태로 바꾼 것이었다. 그는 성서가 과학적 주장의 진위를 가리는 기준이 되어야 한다고 억지를 부리지는 않았지만 논평에서 이렇게 썼다. "그렇다고 해서 과학적인 오류를 과학적인 근거에 입각해서 지적하는 일이 중요하지 않다는 뜻은 아니다. 이런 오류가 창조주의 영광을 가리는 것이라면 더욱 그렇다."

다윈이 그런 오류를 저질렀다고 주교는 주장했다. 다윈의 책은 허황한 가설에 입각해 있고 증거는 거의 찾아볼 수 없다. 그리고 모든 논리가 자연선택이라는 생각을 중심으로 돌아간다는 것이 주교의 비판이었다. 논평에서 윌버포스는 이렇게 썼다. "다윈이 주장하는 사례가 한 건이라도 발견됐는가? 우리는 분명히 아니라고 주장한다."

윌버포스는 페일리와 오언의 주장을 적당히 섞은 것을 대안으로 내놓았다. "모든 피조물은 신의 마음속에 영원히 존재하는 생각이 발현된 것으로, 피조물 사이의 완벽한 질서가 신의 창조 작업을 채우고 있다. 왜냐하면 모든 피조물은 신의 마음속에 들어 있기 때문이다."

연설을 마친 윌버포스는 헉슬리를 바라보며 반은 농담으로 이렇게 물었다. "헉슬리 씨 조상 중 원숭이는 할아버지 쪽입니까, 할머니 쪽입니까?"

나중에 헉슬리는 다윈을 비롯한 가까운 사람들에게 이렇게 말했다. "그 순간 나는 옆에 있는 친구를 돌아보며 두 손으로 무릎을 탁 친 후에 주께서 이 사람을 내 손아귀에 주셨다고 말했습니다." 헉슬리는 일어서서 주교의 이야기는 헉슬리의 조상에 대한 질문을 빼고는 하나도 새로울 것이 없다고 빈정거리며 말했다. "만일 미천한 원숭이를 조상으로 택하겠는가, 아니면 탁월한 능력과 영향력을 자연으로부터 받았으면서도 그 힘을 진지한 과학적 토론의 장에서 우스꽝스러운 얘기를 하는 데 쓰는 인간을 조상으로 택하겠는가 하는 질문을 받는다면 저는 추호도 주저하지 않고 원숭이를 택하겠습니다."

강당은 웃음바다가 되었지만 청중은 곧 웃음을 거두어야 했다. 왜냐하면 후커가 "코가 오뚝한 백발의 노신사"라고 표현한 사람이 분노에 떨며 청중석 한가운데서 일어섰기 때문이다. 그는 피츠로이 선장이었다.

피츠로이와 다윈의 관계는 최근 수년간 많이 소원해져 있었다. 선장은 비글호의 항해에 대한 다윈의 책이 이기적이며 피츠로이와 선원들의 도움을 완전히 무시한 저술이라고 생각했다. 피츠로이는 라이엘의 지질학에 한때 기울어진 적도 있지만 결국 성서의 가르침으로 돌아왔다. 항해에 관해 스스로 쓴 책에서 피츠로이는 자신이 다윈과 함께 본 것들을 모두 노아의 홍수로 돌리려 했다. 그는 다윈이 대홍수뿐만 아니라 신의 섭리 자체를 부정하며 이단으로 빠져드는 모습을 보고 경악했다.

피츠로이는 폭풍에 대한 연설을 하려고 옥스퍼드에 왔는데 드레이퍼로부터 주교의 강연 이야기를 들었다. 헉슬리의 이야기가 끝나자 피츠로이는 일어서서 성서와 상충하는 다윈의 견해에 자신이 얼마나 당황했는가를 이야기했다. 그는 『종의 기원』을 읽는 것이 최악의 고통이었다고 주장했다. 그는 성서를 움켜쥔 두 손을 머리 위로 쳐들고는 청중에게 인간이 아니라 신을 믿으라고 호소했다. 청중들은 그에게 앉으라고 소리쳤다.

마지막으로 조지프 후커의 차례가 왔다. 그는 연단으로 올라가 윌버포스를 공격했다. 나중에 그는 편지로 다윈에게 자신의 연설 이야기를 해줬다. "나는 주교가 당신의 책을 읽지 않았다는 것, 식물학의 기초조차 모르고 있다는 사실을 보여줬고, 당신이 이 분야의 권위자임을 증명하는 것으로 회의는 끝났습니다."

정작 권위자인 다윈은 그 자리에 없었다. 50세에 사실상 은둔자가 된 다윈은 옥스퍼드 회의에 가지 않았다. 후커와 헉슬리가 자신을 보호하는 동안 그는 리치먼드라는 조그만 마을에서 지병을 치료하며 몇 주를 보냈다. 거기서 그는 친구들의 편지로 연설 이야기를 듣고는 감탄했다. 그는 후커에게 이렇게 썼다. "나 같으면 그런 청중 앞에서 주교에게 대답도 제대로 못 하고 죽어버렸을 것입니다."

옥스퍼드에서의 회의는 곧 전설이 되었고, 다른 모든 전설과 마찬가지로 사실은 뒤로 밀려나고 미화된 이야기가 앞으로 나섰다. 참석했던 사람들은 저마다 자기 식으로 이야기를 전했지만 어쨌든 영웅은 다윈이었다. 윌버포스는 자기가 토론에서 이겼다고 생각했고, 헉슬리와 후커는 주교에게 치명타를 가했다고 생각했다. 오늘날까지도 진상은 불분명하고 다윈 자신도 6월의 그 더운 날 어떤 일이 있었는지 제대로 알지 못했다. 한 가지 분명한 것은 20년에 걸쳐 숨어 다니던 일을 이제 할 필요가 없어졌다는 것이다.

다윈은 생전에 과학의 최고 권위자로 인정받았다. 1870년대가 되자 영국의 거의 모든 과학자들이 진화론을 받아들였다. 물론 진화의 과정에 대해서는 다윈과 논쟁을 벌였지만 말이다. 오늘날 영국 자연사박물관 앞에 그의 동상이 서 있으며, 시신은 웨스트민스터 사원에 있는 뉴턴의 무덤 근처에 안장됐다.

그러나 『종의 기원』의 진정한 아이러니는 20세기가 되어서야 이 책의 진가가 제대로 알려졌다는 사실이다. 그리고 나서야 고생물학자들과 지질학자들은 지구의 연대기를 작성할 수 있었다. 그리고 나서야 생물학자들은 유전과 자연선택의 배후에 있는 분자들을 찾아내기 시작했다. 그리고 나서야 학자들은 감기 바이러스로부터 인간의 뇌에 이르기까지 지구상에 있는 모든 것이 형성되는 과정에서 진화가 얼마나 큰 힘을 발휘하는지 제대로 이해하기 시작했다.

3장

까마득한 옛날을 찾아서
생명의 역사책에 연대 매기기

지질학자들에게도 '메카(중심지)'라고 할 만한 곳이 있으니 바로 캐나다의 노스웨스트주 깊숙한 곳에 자리 잡은 아카스타강 유역이다. 이곳에 가려면 강을 거슬러 며칠씩 카누를 젓거나 아니면 옐로나이프에서 수상비행기를 타고 반은 땅, 반은 물인 지역 상공을 통해 북쪽으로 한참 날아야 한다. 이곳에는 수천 개의 호수와 연못이 있고, 그중 몇몇은 한데 합쳐져 빙하시대의 얼음이 쓸고 지나가며 만들어냈을 법한 모양의 강을 이루기도 한다. 수상 비행기는 강 한가운데 있는 좁고 긴 섬 근처에 착수(着水)한다. 강가는 가문비나무, 레인디어모스(순록의 먹이가 되는 이끼의 일종—옮긴이), 히스(상록 관목의 일종—옮긴이), 이끼류로 덮여 있다. 물떼새가 지저귀며 정적을 깨고, 진디등에와 모기가 달려든다.

물가에는 절벽이 드러나 있고, 큰 돌들 사이를 통과해 꼭대기에서 아래로 내려갈 수 있다. 이곳의 암석들은 화강암이며 어두운 회색 바탕에

장석이 점점이 박혀 있는, 어디서나 볼 수 있는 흔한 화강암 덩어리들이다. 그러나 이곳의 암석들은 한 가지 특징이 있다. 그중 일부는 40억 년 된 것으로, 이제까지 알려진 지구상의 암석들 중에 가장 오래됐다. 지구의 유아기에 생성된 이 암석들은 대륙이 서로 갈라졌다 다시 만나곤 하는 엄청난 변화의 와중에서 그대로 버텨왔다.

워낙 긴 시간이라 상상하기도 어렵다. 양팔을 쭉 편 길이가 1년에 해당한다고 하자. 이곳 암석의 나이만큼 되려면 양팔을 뻗은 사람들을 한 줄로 세워 지구를 200바퀴 돌아야 한다. 이런 일은 상상하기도 어렵지만 다윈 같으면 매우 좋아했을 것이다.

다윈이 처음으로 진화론을 내놓았을 때 그가 아카스타 암석의 엄청난 나이를 알았을 리가 없다. 왜냐하면 이 암석의 나이를 측정하는 기술은 그로부터 50년 후에나 개발됐기 때문이다. 다윈은 세상이 대단히 오래되지 않았을까 생각했고 이것은 세대가 바뀌면서 점진적 변화가 일어난다는 그의 이론과 잘 맞아떨어졌다. 그러나 지구의 역사라는 미지의 땅에서 고생물학자들과 지질학자들이 정확한 지도를 그릴 수 있게 된 것은 20세기에 들어선 다음이다. 이들은 지구상에 새로운 모습의 생명체가 나타난 순서를 확인하는 방법뿐만 아니라 이들이 언제 출현했는지를 알아내는 방법도 개발했다. 지구상에 가장 먼저 나타난 생명의 흔적은 38억 5,000만 년쯤 되었고 최초로 동물이 등장한 것은 6억 년 전쯤이며 최초의 현생 인류가 나타난 것은 15만 년 전쯤이다.

골치 아픈 지구의 나이

다윈을 향해 종교적, 생물학적, 지질학적 반론이 제기됐지만 다윈은 지구의 나이에 관한 반박을 가장 골치 아파했다. 이 반론을 제기한 사람은 주교도, 생물학자도, 지질학자도 아닌 엉뚱한 분야의 사람이었다. 그는 물리학자였다.

윌리엄 톰슨(William Thomson, 켈빈 경으로 더 잘 알려져 있다.)은 『종의 기원』이 처음 출판됐을 당시 세계적인 물리학자들 중 한 사람이었다. 켈빈에게 있어서 우주는 에너지, 전기, 열의 소용돌이였다. 그는 전기가 마치 물처럼 움직인다는 것을 증명했다. 그는 또한 엔트로피가 어떻게 우주를 지배하는가도 보여줬다. 모든 것은 외부에서의 에너지 투입이 없는 한 질서인 상태에서 무질서인 상태로 움직인다. 촛불이 타면 검댕, 가스, 열이 발생하는데 이들은 결코 저절로 한데 모여 도로 양초가 되지 않는다.

켈빈의 작업은 기이하게 보였지만 어쨌든 그는 이 원칙을 적용해 유럽과 북아메리카를 연결하는 대서양 해저 케이블을 설계했고 이것으로 부자가 되었다. 그리고 대서양 한가운데서 케이블 설치 작업을 하는 배에 타고 있던 켈빈은 지구의 나이에 대해서 생각해보곤 했다. 켈빈은 독실한 신자였지만 성서에 그렇게 적혀 있다고 해서 지구가 수천 년밖에 되지 않았다는 주장을 받아들일 수는 없었다. 그는 지구의 열을 연구해서 과학적으로 지구의 나이를 측정할 수 있으리라고 생각했다.

광산에서 땅을 파내려갈수록 더워진다는 사실을 켈빈은 알고 있었다. 땅속의 열을 이해하기 위해 켈빈은 지구는 조그만 행성들끼리의 충돌로 생겨났고 그 충돌 에너지로 녹은 암석들이 한 덩어리가 되었다는 가설을 내놓았다. 일단 충돌이 끝나자 새로 열을 얻을 수가 없었기 때문에 지구는 꺼져가는 불씨처럼 식어갔다. 표면이 빨리 식었지만 내부는 여전히 뜨겁다고 켈빈은 생각했다. 그러니까 까마득한 훗날, 언젠가 지구의 중심도 표면처럼 차가워지리라.

켈빈을 비롯한 물리학자들은 물체의 냉각을 설명하는 정확한 방정식을 만들어냈고 이를 지구 전체에 적용했다. 암석에서 열이 얼마나 빨리 빠져나가는가, 그리고 가장 깊은 광산 밑바닥은 얼마나 뜨거운가를 측정한 뒤 켈빈은 지구의 나이를 추정한 값을 내놓았다. 1862년에 켈빈은 지구의 나이가 1억 년은 넘지 않을 것이라고 결론지었다.

켈빈이 이런 작업을 한 원래의 이유는 물리학에 비해 지질학이 얼마나 엉성한가를 보여주기 위한 것이었다. 그러나 『종의 기원』을 읽고 난 뒤 켈빈은 자기의 연구 결과를 이용해 다윈을 공격했다. 라이엘의 고지질학에 빠져 있던 다윈은 자연선택에 의한 점진적 변화로 인해 생명체가 달라질 만큼 시간이 충분하다고 믿었다. 그러나 켈빈의 결론대로라면 다윈의 이론이 성립할 만한 시간이 주어지지 않는다. 켈빈은 광적으로 진화론을 반대하는 사람은 아니었다. 지구상의 생명은 미생물로부터 시작했을 수도 있다. 그러나 그는 오늘날의 생물계를 신의 완벽한 작업으로 보았다. 그는 자신이 계산한 지구의 나이를 이용해서 다윈의 이론을 한칼에 베어버렸다.

헉슬리는 타협을 통해 다윈을 변호하려고 했다. 헉슬리가 비판과 이렇게 타협하는 것은 처음 있는 일이었다. 그는 지질학자들과 물리학자들이 측정한 지구의 나이를 생물학자들은 일단 받아들여야 하며, 이 범위 안에서 진화가 어떻게 이뤄졌는지를 알아내야 한다고 주장했다. 지구의 나이가 1억 살밖에 되지 않았다면 진화는 고속으로 이뤄졌어야 한다. 월리스는 한 걸음 더 나아가 진화가 오늘날보다 훨씬 빨리 진행된 시기들이 있었을 것이라고 말했다. 자전축의 기울기가 달라짐에 따라 혹독한 기후가 찾아왔을 수도 있고, 이로 인해 진화 과정이 가속됐으리라는 얘기다.

다윈은 이에 만족하지 않았다. 켈빈 경이 제시한 지구의 나이가 너무 적은 것이 마음에 걸린다고 그는 편지에 썼다. 켈빈 경은 지구의 온도에 관한 자료를 계속 수집하며 추정치를 수정해나갔는데, 새로운 추정치가 나올 때마다 지구의 나이는 줄어들었다. 작업이 끝날 때쯤 지구의 역사는 2,000만 년으로 줄어 있었다. 이런 과정을 다윈은 이를 갈며 지켜볼 수밖에 없었다. 진화론을 완성해가는 과정에서 켈빈 경은 유령처럼 다윈을 따라다녔다.

원자 속의 시계

켈빈 경은 기본적인(그러나 나중에 오류로 드러난) 가설에 입각해 지구의 나이를 계산했다. 지구 자체에는 열의 원천이 없다는 것이 그 가설이다. 그러나 켈빈 경이 몰랐던 열원이 지구 속에 숨어 있었다. 다윈이 죽은 뒤 14년이 지난 1896년 앙리 베크렐(Henri Becquerel)이라는 프랑스 물리학자가 우라늄 화합물 한 조각을 사진 원판과 함께 싸둔 적이 있었다. 원판을 현상해보니 예리하고 밝은 점들이 나타났다. 우라늄이 에너지를 가진 선(線)을 방출한다는 사실이 발견된 것이다. 그로부터 7년 후 피에르 퀴리(Pierre Curie)와 마리 퀴리(Marie Curie)는 라듐 덩어리가 계속해서 열을 낸다는 사실을 발견했다.

　베크렐과 퀴리 부부는 원자의 기본 구조로부터 나오는 에너지를 발견한 것이었다. 원자는 양성자, 중성자, 전자라는 세 기본 요소로 구성돼 있다. 음(−)의 전기를 띤 전자는 원자의 가장자리를 돌며, 양(+)의 전기를 띤 양성자는 그 가운데에 위치한다. 각각의 원소는 일정한 수의 양성자를 갖고 있다. 수소는 양성자를 1개, 헬륨은 2개, 탄소는 6개를 갖고 있다. 양성자와 한데 모여 원자핵을 이루고 있는 중성자는 전기적으로 중성이다. 그런데 같은 원소의 원자들이 서로 다른 수의 중성자를 가질 수 있다. 지구상에서 가장 흔하게 볼 수 있는 탄소에는 6개의 양성자와 6개의 중성자가 있다. 이런 탄소를 '탄소-12'라고 부른다. 그리고 미량이지만 '탄소-13(중성자 7개)'과 '탄소-14(중성자 8개)'가 존재한다. 이런 원소들을 '동위원소'라고 부르는데, 이들을 이용해서 지질학적 시간을 알아낼 수 있다.

원자 속의 양성자와 중성자는 과일가게에 쌓아놓은 오렌지와 비슷하다. 어떻게 쌓아 놓으면 안정적이지만 또 다르게 쌓으면 결국 무너진다. 오렌지더미는 중력으로 인해 안정을 유지하지만 양성자와 중성자는 중력과는 다른 힘으로 묶여 있다. 오렌지더미가 무너지듯 불안정한 동위원소가 깨지면 에너지가 쏟아져 나오고, 이와 함께 하나 또는 그 이상의 입자(이것이 방사선이다.)가 방출된다. 이런 과정을 거쳐 한 원소는 다른 원소로 변한다. 예를 들어 우라늄-238은 양성자 2개와 중성자 2개를 내놓고 토륨-234로 변한다. 그런데 토륨-234도 불안정하기 때문에 붕괴해 프로트악티늄-234로 변하고, 프로트악티늄도 역시 붕괴한다. 결국 13개의 중간 단계를 거쳐 우라늄-238은 안정된 원소인 납-206이 된다.

특정한 원자 하나가 언제 붕괴할지는 정확히 예측할 수 없지만, 많은 수의 원자는 일정한 통계적 법칙을 따른다. 어떤 원자가 주어진 시간 중에 붕괴할 확률은 정해져 있다. 어떤 조약돌 속에 100만 개의 방사성 동위원소가 있고, 이 동위원소는 1년에 50퍼센트 붕괴할 확률이 있다고 하자. 그렇다면 1년이 지난 후 50만 개는 붕괴하고 50만 개는 여전히 방사성 동위원소로 남아 있을 것이다. 또 1년이 지나면 남은 50만 개 중 절반이 붕괴할 것이므로 25만 개가 남는다. 이런 식으로 1년이 지날 때마다 남은 동위원소의 반이 붕괴돼 사라지며 결국 약 20년이 지나면 조약돌 속의 모든 동위원소가 붕괴된다. 물리학자들은 이런 식으로 절반이 되는 기간을 반감기라고 부른다. 그러니까 어떤 특정한 방사성 원소가 붕괴해서 반으로 줄어드는 데 걸리는 시간이라는 뜻이다. 예를 들어 우라늄-238의 반감기는 44억 7,000만 년이다. 어떤 원소들은 반감기가 수백억 년씩 되기도 하고, 어떤 것들은 몇 초 또는 몇 분에 불과하기도 하다.

이렇게 원자를 지배하는 법칙은 얼른 이해가 가지 않지만 어쨌든 존재하고 작용한다. 그렇지 않다면 컴퓨터로 연산을 하는 일이 불가능할 것이고 핵폭탄은 폭발하지 않을 것이다. 그리고 컴퓨터나 핵폭탄이 발명되기 훨씬 전, 그러니까 베크렐과 퀴리 부부가 방사능을 발견한 지 몇 년 후, 물리학자들은 이 법칙으로 인해 켈빈 경의 지구 나이 계산법에 오류가 있음을 발견했다. 우라늄을 비롯한 방사성 원소, 이를테면 토륨이나 칼륨 등이 땅속에서 붕괴하면서 열을 낸다는 사실이 알려진 것이다. 지구가 태어났을 때에 비해 크게 식지 않았다고 생각했기 때문에 켈빈 경은 지구의 나이를 젊게 잡았다. 그러나 방사성 원소로 인해 지구는 훨씬 더 오래 열을 유지할 수 있음이 밝혀졌다.

어니스트 러더퍼드(Ernest Rutherford)라는 물리학자가 이 분야의 개척자였다. 러더퍼드는 방사성의 기본 원칙을 많이 발견했고, 이를 토대로 어떤 원소가 다른 원소로 변해가는 것은 자연적인 과정임을 밝혀냈다. 몬트리올의 맥길대학에서 강의하던 그는 1904년 영국을 방문해 자신의 발견을 알리는 강연을 했다.

약간 어두운 방에 들어서서 나는 청중석에 앉아 있는 켈빈 경을 발견했고, 연설 마지막 부분에서 갈등이 생길 것을 예감했다. 이 부분에서 나는 지구의 나이를 다룰 것이었고, 여기에 관한 내 견해는 켈빈 경의 생각과는 달랐다. 다행히도 이 늙은이는 잠이 들었는데 중요한 부분에 도달하자 눈을 번쩍 뜨더니 나를 노려보는 것이었다. 그 순간 한 가지 생각이 머리를 스쳤다. 나는 새로운 열원이 발견되지 않는 이상 지구의 나이는 한정돼 있다고 그가 이야기한 것을 지적했다. 이 말은 마치 예언과도 같은 것이었다. 라듐! 바로 그거다! 영감은 나를 보고 미소를 지었다.

러더퍼드는 그날의 일을 이렇게 기억하고 있었지만 켈빈 경은 결코 공식적으로 자신의 주장을 철회하지 않았다. 러더퍼드의 강연이 있은 지 2년 후 그는 《런던 타임스》에 기고한 글에서 지구의 내부를 고온으로 유지할 만큼 충분한 방사성 원소가 없다고 주장했다.

러더퍼드는 방사능을 이용해서 지구가 오래됐다는 사실을 알 수 있을 뿐만 아니라 얼마나 오래됐는가도 측정할 수 있음을 알아냈다. 암석 속에 갇혀 있는 우라늄은 어디 있든 간에 조금씩 붕괴해 결국 납이 된다. 물리학자들은 우라늄의 반감기를 정확히 알고 있었기 때문에, 암석 속에 남아 있는 납과 우라늄의 비율을 측정하면 암석이 얼마나 오래됐는지 계산할 수 있다.

이 방법으로 지질학자들은 수백만 년 된 암석뿐만 아니라 수십억 년 된 암석도 있음을 알아냈다. 이들은 러더퍼드가 발명한 시계를 더욱 정확하게 만드는 법도 찾아냈다. 암석 속의 납과 우라늄 비율을 한 번만 측정한 것이 아니라 같은 암석의 여러 군데에서 동시에 측정하는 것이다. 이를 통해 당초에 우라늄이 적었던 부분과 많았던 부분을 비교할 수 있었다. 암석 속의 우라늄이 균일한 비율로 붕괴했다면 각 부분의 계산 결과는 결국 같은 나이를 내놓을 것이다. 그리고 대부분의 경우 이들의 예

진화

측은 들어맞았다.

지질학자들은 또한 두 종류의 시계를 놓고 시간을 동시에 측정하는 방법도 개발했다. 우라늄-238이 들어 있는 암석에는 우라늄-235도 함께 들어 있다. 그런데 우라늄-235는 붕괴 과정을 통해 납의 또 다른 동위원소인 우라늄-207이 된다. 우라늄-235는 반감기도 짧아서 7억 400만 년밖에 되지 않는다. 이 두 시계를 비교해서 지질학자들은 오차 범위를 더욱 줄일 수 있다.

학자들은 또한 어떤 암석이 생성된 후 우라늄이나 납이 뚫고 들어왔을 경우를 알아내는 방법도 찾아냈다. 어떤 종류의 암석이 생성되는 과정에서 지르코늄 원자와 산소 원자가 합쳐져 지르콘이라는 결정을 형성한다. 지르콘은 미세한 감옥 역할을 한다. 지르콘 결정 속에 갇힌 우라늄이나 납 원자는 거의 빠져나갈 수가 없으며, 다른 원자가 그 안에 들어가는 것도 거의 불가능하다. 이렇게 지르콘 감옥에 갇힌 우라늄은 외부의 간섭 없이 서서히 붕괴해 납이 된다. 지구물리학자들은 지르콘 측정 방법을 통해 아카스타 암석이 40억 4,000만 년 되었다고 추정했다. 이들은 전하를 띤 입자들을 결정에 쏘아 미세한 동위원소의 구름을 만들어 이를 측정했다. 여러 가지 확인 절차를 걸쳐 오차 범위를 1,200만 년 이내로 줄일 수 있었다. 1,200만 년이면 인간에게는 상상할 수조차 없는 긴 시간이지만 아카스타 암석의 입장에서 보면 0.3퍼센트의 오차 범위에 해당하는 수치이다.

아카스타 암석은 이제까지 알려진 암석들 중 가장 오래됐지만 이것도 지구가 태어난 지 5억 년이 지난 후에야 만들어졌다. 지질학자들은 지구의 진정한 나이를 알기 위해 외계에서 온 선물에 의존해야 했다. 1940년대에 학자들은 운석 속에 들어 있는 납의 동위원소를 연구하기 시작했다. 대부분의 운석은 태양계가 형성되는 과정에서 남겨진 우주의 쓰레기 조각들이다. 1953년에 칼텍(캘리포니아공대) 지질학자인 클레어 패터슨(Claire Patterson)은 직경이 1.2킬로미터에 달하는 유명한 애리조나의 대운석공을 만들어낸 운석 속의 납과 우라늄을 측정했다. 이 속에 우라늄은 거의 없었고 거의 모든 원자가 납으로 변해 있었다. 그러니까 이 운석은 태양계가 생겨날 때 만들어져 계속 태양의 주위를 돌다가 지구에 끌려들어 왔다는 얘기다.

운석과 다른 행성들도 모두 같은 원료로부터 만들어졌지만 저마다 구성 원소의 비례가 달랐다. 이 원소 중에는 우라늄과 납도 포함돼 있다. 지구 암석 속의 우라늄과 납 동위원소의 양을 운석의 경우와 비교해 패터슨은 지구의 나이가 45억 5,000만 년이라는 추정을 제시했다.

그러면 지구가 태어난 시기와 아카스타 암석이 형성된 시기 사이에는 어떻게 해서 5억 년의 차이가 생겼을까? 방사성 연대 측정 기술을 비롯한 몇 가지 기술에 힘입어 지질학자들은 지구가 계속 지각을 파괴하고 새로운 지각을 만들어냄을 발견했다. 지각, 그러니까 지구의 껍질은 사실은 떠돌아다니는 판의 모임이다. 마그마가 땅속 깊은 곳으로부터 올라와 판의 한쪽에 새로운 암석층을 만들어내고, 같은 판의 반대쪽은 이웃한 판 밑으로 내려간다. 이렇게 가라앉는 부분은 지구 내부로 끌려들어가서 데워지고 결국 녹는다. 그리고 그 속에 든 화석은 모두 파괴된다.

대륙은 움직이는 판 위에 떠 있는 낮은 밀도의 암석으로 된 섬이라고 말할 수 있다. 그러므로 인접한 판 밑으로 들어가는 것은 밑에 있는 판이지 위에 있는 대륙이 아니다. 그러므로 어떤 암석이 운 좋게도 대륙 안에 있으면 이 무자비한 순환을 피할 수 있다. 이렇게 되면 화석을 비롯한 생명의 흔적이 보존될 수 있다. 따라서 아카스타 암석은 지질학적으로 운 좋은 예외에 속하는 것이다.

시계는 많지만 결론은 하나

우라늄으로 모든 암석의 나이를 알아낼 수는 없다. 정교한 시계 노릇을
하는 지르콘은 특정한 종류의 용암에서만 형성된다. 퇴적암의 경우 우
라늄과 납을 비교하는 방법은 거의 쓸모가 없다. 또 한 가지 문제는 우라
늄의 반감기가 너무 길기 때문에 암석의 나이가 수백만 년은 되어야 측
정 가능한 양의 납이 생성된다. 따라서 인간의 역사에 해당하는 수천 년
의 차원에서는 우라늄이 무용지물이다. 다행히도 우라늄 말고도 시계 역
할을 해주는 것들이 있다. 학자들은 연구의 종류에 따라 10여 가지 방사
성 원소를 활용할 수 있다. 예를 들어 인간의 역사에 관련된 연대 측정을
하려면 탄소의 동위원소인 탄소-14를 쓰면 된다. 탄소-14의 반감기는
5,700년밖에 되지 않으므로 4만 년 정도의 시간을 재는 데는 이상적이다.

탄소-14는 우주로부터 끊임없이 쏟아져 들어오는 하전입자인 우주
선(宇宙線)이 대기 중의 질소 원자와 충돌할 때 생겨난다. 그러나 탄
소-14의 수명은 짧아서 곧 붕괴해 다시 질소 원자가 되고, 이 과정에서
몇 개의 아원자입자를 생성해낸다. 식물은 살아서 광합성을 하는 한 이
산화탄소(CO_2)를 흡수하며 여기에는 항상 갓 만들어진 탄소-14가 들어
있다. 따라서 식물의 조직 속에는 항상 일정한 수준의 탄소-14가 유지
된다. 이런 식물을 먹는 동물도 마찬가지이다. 그러나 식물이든 동물이
든 죽는 순간부터 탄소-14를 더 이상 흡수할 수 없게 되며, 이미 있던 탄
소-14가 붕괴해 질소로 되돌아가버리기 때문에 체내의 양이 줄어든다.
죽은 동식물의 조직 속에 남아 있는 탄소-14의 양을 측정하면 나이를 계

산할 수 있다.

이런 동위원소들을 이용해서 고생물학자들은 생명의 연대기를 그릴 수 있었다. 다윈은 지구의 나이도 몰랐지만 화석이 몇 살인지도 몰랐다. 다윈을 비롯한 당시의 학자들이 알 수 있는 것이라곤 특정 화석이 특정 지질시대에 속한다는 것뿐이었다. 화석이 발견된 시대 중 가장 오래된 것은 캄브리아기라고 불렸고 그 이전의 것들은 모두 통틀어 선(先)캄브리아대로 불렸다. 아무런 조상도 없이 캄브리아기에 갑자기 나타난 화석을 다윈은 이해할 수가 없었다. 켈빈 경의 이론이 이해하기 힘든 것만큼 말이다.

자연선택에 의한 진화에 관해 다윈은 이렇게 썼다. "이 이론이 옳다면 캄브리아기의 맨 아래 지층이 퇴적되기 전에 아주 긴 시간이 흘렀음이 분명해진다. …… 이 엄청난 기간 동안에 이 세상은 생물로 뒤덮여 있었을 텐데……, 그러면 왜 캄브리아기 이전의 지층에서는 화석이 발견되지 않는가? 이에 대해서는 나도 제대로 답할 수가 없다. 현재로서는 설명할 길이 없고, 내 이론에 대해 유효한 반론이 될 수는 있을 것이다."

오늘날 고생물학자들은 선캄브리아대의 지구가 생물로 가득 차 있었음을 안다. 이미 38억 5,000만 년 전에 지구에는 생명체가 있었다. 최초 생명체의 흔적은 그린란드 남서쪽 해안에서 발견됐다. 물론 이곳에서 발견된 화석은 적어도 재래식 의미에서의 화석은 아니다. 생명체는 두개골, 껍데기, 꽃잎의 모양 같은 몸의 일부도 남기지만 특정한 화학물질도 남기는데, 과학자들은 이 물질을 탐지해내는 방법을 알고 있다.

보통의 탄소인 탄소-12와 그 동위원소인 탄소-13의 비율은 유기 탄소와 무기 탄소에서 서로 다르다. 유기 탄소의 경우 탄소-13의 비율이 더 낮다. 유기 탄소는 나무나 머리카락 같은 생명체에 들어 있는 탄소이고 무기 탄소는 이산화탄소의 형태로 화산에서 분출되는 탄소이다. 이를 통해 암석 속의 탄소가 생명체의 몸속에 들어 있던 것인지 아닌지를 판단할 수 있다. 예를 들어 느릅나무에서 자라는 잎을 생각해보자. 잎 속의 탄소는 유기 탄소이기 때문에 탄소-13의 비율이 낮다. 그 잎을 먹는 애벌레도 마찬가지로 탄소-13의 비율이 낮은 탄소를 몸에 저장할 것이고 애벌레를 잡아먹는 새의 경우도 마찬가지이다. 새, 애벌레, 잎은 모두 결국은 죽고 흙으로 돌아간다. 흙은 비에 씻겨 바다로 들어가 퇴적암이 된다. 그래서 생명의 대사 과정에서 생성된 탄소를 품고 있는 이 암석들조차도 탄소-13의 비율이 낮다. 따라서 지구상에 생명이 나타나기 전에 형성된 퇴적암이라면 모두 탄소-13의 비율이 높을 것이다.

1996년에 미국과 오스트레일리아의 과학자 연구팀은 그린란드 남서쪽의 들쭉날쭉한 피오르(협만)들과 섬들을 조사했다. 이곳에는 지구상에서 가장 오래된 퇴적암들이 자리 잡고 있다. 화산암층이 퇴적암층을 뚫고 들어와 있었는데, 과학자들은 우라늄-납 시계를 써서 화산암의 나이를 38억 5,000만 년으로 추정했다. 그러고 나서 주변의 퇴적암을 자세히 들여다봤다. 수십억 년을 보내면서 퇴적암층은 뜨거워지기도 하고 압축되기도 하는 등 심하게 시달려 거의 원형을 알아볼 수 없을 정도였다. 학자들은 퇴적암 속의 인회석이라는 광물에서 미세한 탄소 조각을 찾아냈다. 이들은 샘플을 실험실로 가져가 이온 광선을 쏘아 인회석 일부를 날려버린 후 그 속에 들어 있는 탄소 동위원소를 세어봤다. 그 결과 인회석 속의 탄소에는 오늘날의 생명체 속의 탄소처럼 탄소-13의 비율이 낮았다. 이 비율은 생명체로부터 올 수밖에 없는 비율이었다.

과학자들은 그린란드의 암석에 생명체가 흔적을 남길 때보다 얼마나 더 오래전에 지구상에 생명이 존재했는지 알지 못한다. 왜냐하면 40억 년 이상 된 암석이 없기 때문이다. 그러나 생명체가 태어났을 때의 환경은 지옥과 같았으리라고 본다. 태어나서 6억 년 동안 지구는 거대한 운석들과 조그만 행성들과의 끊임없는 충돌에 시달렸다. 어떤 충돌체들은 매우 커서 몇 미터 깊이의 바닷물을 몽땅 끓였을 것이며 이 안의 생명체는 모두 죽었을 것이다. 아마 생명체들은 바다 밑바닥의 해저화산 근처에 숨어 이 엄청난 재난을 피했을 것이다. 해저화산 근처에서는 오늘날에도 세균이 발견된다. 비가 와서 바다에 물이 다시 채워지자 이들은 은신처로부터 나올 수 있었을 것이다.

생명이 어떻게 시작됐든 이들이 그린란드의 암석에 흔적을 남길 때쯤엔 매우 번성했을 것으로 보인다. 당시 바다는 세균으로 들끓고 있었고 이들은 오늘날과 마찬가지로 햇빛 또는 해저화산 근처의 화학적 에너지를 이용해 스스로의 먹이를 생산하고 있었을 것이다. 이렇게 자급자족하는 미생물은 동물성 세균의 먹이가 되거나 바이러스의 숙주 역할을 했을 것이다.

세균 화석 중에는 35억 년 된 것도 있는데 이는 생명의 화학적 흔적이 발견된 지 3억 5,000만 년 후의 것이다. 이 화석들은 1970년대에 오스트레일리아 서부에서 발견됐으며 살아 있는 남세균(남조류 또는 시아노박테리아cyanobacteria라고도 한다.)과 똑같이 생긴 미생물의 사슬로 되어 있다. 수십억 년 동안 이 세균은 연안의 얕은 바닷물 속에서 광대한 카펫을 형성하고 있었다. 26억 년 전이 되자 이들은 육상에서도 얇은 층을 만들어냈다.

물론 생명은 세균에만 국한돼 있지는 않았다. 인간은 진핵생물이라고 불리는 생명체 집단에 속하는데 여기에는 동물, 식물, 곰팡이, 원생동물 등이 포함된다. 최초의 진핵생물의 흔적은 보통 볼 수 있는 화석의 형태

진화

로 남아 있지 않다. 우리가 보통 화석이라고 부르는 유물 중 가장 오래된 것도 12억 년밖에 되지 않는다. 이 진핵생물의 흔적도 '화학적' 화석에서 찾을 수밖에 없다. 진핵생물은 세균을 비롯한 다른 생명체와는 다른 점이 많이 있는데 그중 하나가 세포막의 구조이다. 진핵생물은 스테로이드라고 불리는 지방산을 이용해 세포막을 굳힌다.(콜레스테롤도 스테로이드에 속한다. 물론 혈액 속에 콜레스테롤이 너무 많으면 위험하지만 너무 없어도 살 수가 없다. 세포가 곧장 무너져 내릴 것이기 때문이다.)

1990년대 중반 오스트레일리아국립대학의 요헨 브록스가 이끄는 지질학자 연구팀이 오스트레일리아 북서부의 혈암층을 700미터나 파고 들어가 27억 년 된 층을 발견했다. 혈암층 안에서 학자들은 스테로이드가 포함된 극미량의 지방을 발견했다. 진핵생물이 스테로이드 분자를 생성할 수 있는 유일한 생명체이기 때문에 브록스의 팀은 이미 27억 년 전에 진핵생물이 단순한 아메바 같은 형태로나마 출현했을 것이라고 결론지었다.

점점 커지는 생명체

그로부터 10억 년이 지나도록 진핵생물은 세균 같은 미생물의 상태를 유지했다. 그러나 18억 년 전쯤에 최초의 다세포생물이 등장했는데 이 화석은 기이한 코일 모양을 하고 있었고 길이는 2센티미터가량이었다. 눈으로 볼 수 있는 다세포생물의 화석으로 가장 오래된 것은 12억 년 전의 적조류 화석이다. 인간의 직접 조상이라고 할 수 있는 동물의 화석은 가장 오래된 것이라야 5억 7,500만 년 정도이다. 사실 이런 초기 생물에게는 '동물'이라는 칭호도 과분하다. 이들은 세 갈래의 돌기가 붙어 있는 원판 모양을 하고 있어 마치 망해버린 제국의 동전 같기도 하다. 어떤 것들은 잎 모양에 가느다란 틈이 줄지어 있는 형태인데 마치 물속의 블라인드처럼 보인다. 오래된 바다 바닥에는 거대한 지문처럼 물결 같은 무늬가 남아 있는 곳도 있다.

이런 화석을 남긴 생물들은 에디아카라 동물군(Ediacaran fauna, 이들이 대량으로 발견된 오스트레일리아의 에디아카라 언덕에서 이름을 따왔다.)으로 알려져 있다. 과거에 고생물학자들은 이들을 식물, 지의류, 심지어 다세포생물이 되려다 실패한 종류 등으로 분류하려고 했다. 오늘날 많은 전문가들은 적어도 그중 일부는 오늘날 동물의 주요 그룹과 먼 친척이라고 보고 있다. 어떤 화석은 해파리의 조상으로 보인다. 거대한 지문은 지렁이, 거머리 등을 포함하는 환형동물의 친척으로 생각된다. 블라인드 무늬를 남긴 화석은 바다조름으로 보이는데 이들은 오늘날 산호초에 붙어 산다. 그러나 아직 조사되지 않은 에디아카라 동물도 많다. 예를 들어 동전 같은 생물은 아직 아무도 연구하지 않았다.

에디아카라 동물군의 화석 속에는 동물계의 미래를 더듬어볼 수 있는 열쇠가 들어 있다. 5억 5,000만 년이나 된 암석에는 근육을 가진 동물만이 만들어낼 수 있는 자국이 남아 있다. 땅을 파기도 하고 기어 다닐 수도 있는 복잡한 동물이 존재했다는 얘기다. 이렇게 자국만 남기고 화석은 없는 동물들은 이미 근육이나 내장 같은 복잡한 동물의 특징을 가졌을지도 모른다. 해파리처럼 원시적인 동물은 이런 구조가 없지만 곤충, 불가사리, 인간 같은 동물은 이것을 갖고 있다. 차이는 태아의 형성 방법에서 나온다. 해파리는 2개의 배엽으로 되어 있다. 생물학자들은 이들을 2배엽성이라고 부른다. 다른 동물들은 3개의 배엽을 갖고 있다. 외배엽은 결국 피부와 신경이 되고 중배엽은 근육과 뼈, 기타 많은 기관을 이루

진화

며 내배엽은 내장을 형성한다. 이런 특성은 3배엽성이라고 불린다. 5억 5,000만 년 전에 흙을 파고 지나간 자국을 남긴 동물은 3배엽성으로 추정되는데 이를 확인하려면 화석을 찾아내야 한다.

3배엽 동물을 찾던 고생물학자들은 1998년에 그럴듯한 것을 찾아냈다. 선캄브리아대의 수정란을 찾아낸 것이다. 미국과 중국의 합동 연구팀은 5억 7,000만 년 된 미세한 화석의 무리를 발견했다. 그중 일부는 단세포로 된 수정란이었다. 막 2개 세포로 분열한 것부터 4개, 8개, 16개로 분열된 것 등에 이르기까지 여러 가지가 발견됐다. 고생물학자들은 이들이 자라 무엇이 됐을지 전혀 알 수 없었지만 크기나 분열 패턴으로 보아 3배엽 동물일 가능성이 가장 컸다.

캄브리아기 초기인 5억 3,000만 년 전이 되자 에디아카라 동물군은 쇠퇴해 사라졌다. 동시에 3배엽 동물의 화석이 폭증했다. 이 시기의 화석 중에는 오늘날 살아 있는 동물들의 친척임이 분명한 것들도 있다. 인간이 속한 척삭동물(脊索動物)의 화석으로는 칠성장어나 먹장어처럼 보이는 것들이 있었다. 오언의 척추동물 원형이 현실이 된 것이다.

다른 종류들은 좀 더 요란스러운 모습이었다. 오늘날의 연체동물의 친척들은 화살촉이 점점이 박힌 바늘꽂이 같은 모습이었다. 오늘날의 등잔조개의 조상은 갑옷을 입은 민달팽이 같은 할키에리아(Halkieria)의 후손이다. 오파비니아(Opabinia)는 버섯 같은 눈 5개가 머리에서 튀어나와 있고 발톱에 달린 대롱으로 바다 바닥을 휘저으며 먹이를 잡아 입에 넣었다. 오파비니아는 오늘날의 절지동물의 초기 친척으로 보인다. 오늘날에는 잘 눈에 띄지도 않는 벨벳웜(velvet worm)이나 별벌레(peanut worm) 같은 것들은 캄브리아기에 생물종이 폭발적으로 증가할 때 다양한 종으로 번성했다. 이들은 이런 영광을 아마 다시는 누리지 못할 것이다.

캄브리아기에 대해 다윈이 걱정한 것은 기우로 밝혀졌다. 오늘날 과학자들은 동위원소 시계를 동원해서 생물의 화학적 흔적까지 찾아낼 수 있고, 이를 근거로 캄브리아기 이전 수십억 년 동안 다윈이 주장한 것처럼 지구는 생물로 뒤덮여 있었음을 밝혀냈다. 선캄브리아대는 신비에 싸여 있는 진화의 초창기가 아니라 생명의 역사에서 85퍼센트를 차지하는 기간이다. 오늘날 고생물학자들은 원생동물, 해조류, 에디아카라 동물, 흙에 자국을 남긴 동물, 동물 수정란 등 선캄브리아대 화석을 많이 찾아냈다. 하지만 캄브리아기 전체에 걸쳐 다양한 화석이 발견된 것을 보면 캄브리아기는 동물의 진화에서 가장 놀라운 시기였던 것이 분명하다. 그전에 동물이 얼마나 오랫동안 바다에 살았는지 모르지만 어쨌든 5억 3,500만 년 전 생물종은 폭발적으로 다양해졌다. 우라늄-납 연대 측정 기술이 워낙 정밀해진 덕분에 과학자들은 이 사건이 진행되는 데 1,000만 년밖에 걸리지 않았음을 알았다.

이런 폭발은 모두 바닷속에서 이뤄졌다. 물속에서 동물들이 번영을 구가하는 동안 대륙은 약간의 세균을 제외하면 헐벗은 상태였다. 그러나 지질학적 시간으로 보면 얼마 지나지 않아 다세포생물이 땅으로 올라왔다. 우선 식물이 상륙했다. 약 5억 년 전 녹조류의 일부가 조금씩 방수 코팅을 개발했고 이로 인해 점점 더 긴 시간 동안 공기에 노출되어도 살 수 있었다. 최초의 육상 식물은 아마 오늘날의 이끼나 우산이끼처럼 보였을 것이고 강가나 바닷가의 둑에 축축한 카펫처럼 깔려 있었을 것이다. 4억 5,000만 년 전이 되자 지네와 기타 무척추동물이 상륙을 시작했다. 똑바로 설 수 있는 새로운 종의 식물들이 진화하기 시작했고 3억 6,000만 년 전이 되자 높이가 18미터에 이르는 나무가 나타났다. 바닷가의 늪지대에서는 우리의 조상들이 미끄러지듯 움직이고 있었다. 육상에서 걸을 수

진화

있게 된 최초의 척추동물들이었다.

생물의 육상 진출은 생명의 역사에서 볼 때 짤막한 마지막 에피소드에 불과하다. 진화 과정의 90퍼센트는 완전히 물속에서 이뤄졌다. 그러나 인간의 시점에서 보면 생물이 육상에서 보낸 최근 수억 년은 진화의 역사에서 가장 흥미로운 부분이다. 초기의 육상 척추동물 화석을 보면 이들이 3억 2,000만 년 전쯤에 두 가지로 갈라졌음을 알 수 있다. 하나는 양서류로, 초기에는 거대한 종류도 있었으나 오늘날은 개구리, 도롱뇽 등 조그만 동물들이 남아 있을 뿐이다. 이들은 보통 몸이 젖어 있어야 하며, 말랑말랑하고 쉽게 마르는 알을 낳는다. 다른 가지는 유양막류(amniotes)로, 단단하고 방수가 되는 껍데기로 둘러싸인 알을 낳았다. 이들로부터 약 2억 5,000만 년 전에 공룡이 태어났다. 공룡은 곧 육상의 지배자로 군림했고 6,500만 년 전까지 왕좌를 유지하다가 대부분 멸종했다.(유일한 생존자는 조류로, 새들은 깃털이 달려 날아다니는 공룡일 뿐이다.) 최초의 포유류는 최초의 공룡과 비슷한 시기에 출현했지만 공룡이 멸망한 다음에야 지상의 지배자가 될 수 있었다. 우리 영장류의 조상도 그때쯤 태어났지만 호모 사피엔스는 60만 년 전쯤에야 출현한 것으로 보인다. 오늘날 살아 있는 모든 인간들의 계보는 공통의 조상으로 수렴하는데 그 조상은 겨우 15만 년 전에야 지상에 나타났다.

이렇게 몇 페이지만으로 생명의 엄청난 역사를 설명할 수는 없지만 한 가지는 분명하다. 인류의 역사는 우주의 역사와 비교해 볼 때 상상할 수 없을 정도로 짧다는 것이다. 인간의 역사는 자연의 역사에 적수가 되지 못한다. 40억 년에 걸친 지구 생명의 역사를 여름날 하루로 친다면, 지난 20만 년, 그러니까 신체 구조가 우리와 같은 현생 인류가 태어나고 복잡한 언어, 예술, 종교, 무역, 농업, 도시, 역사 등 모든 것이 만들어진

이 기간은 해가 지기 직전 반딧불이가 한 번 깜빡이는 정도의 시간에 해당한다.

결국 다윈은 그토록 원하던 긴 시간을 얻었다. 그러나 화석은 생명의 진화 과정이 어떤 패턴을 따라갔는가를 보여주기는 하지만 정확히 어떻게 진화했는가를 세부적으로 보여주지는 않는다. 이 점에 있어서 다윈은 결국 자신의 주장을 증명해내지 못했다. 왜냐하면 형질이 어떻게 전달되는지를 몰랐기 때문이다.

지질학자들과 고생물학자들이 생명의 연대기를 그리는 동안 20세기의 다른 과학자들은 형질 전달의 수수께끼를 풀었고 이를 자연선택과 연결했다. 최초 생명의 흔적을 화학적인 방법으로 찾아낸 것처럼 형질 전달의 비밀도 원자와 분자에서 찾을 수 있다. 그러나 형질을 전달하는 원자는 암석 속에 수십 년간 갇혀 있는 것이 아니었다. 그것은 바로 우리 세포 속에 자리 잡고 있었다.

4장

변화 들여다보기

유전자, 자연선택, 진화

두 남녀가 만나 이들의 형질을 모두 물려받은 아기를 탄생시키는 유전의 비밀을 밝히기 위해 19세기 사람들은 별의별 희한한 아이디어를 내놓았다. 오늘날의 시각에서 볼 때 가장 희한한 것들 중 하나는 범생설로 알려진 주장이다. 이에 따르면 형질은 사람의 몸 전체에 퍼져 있는 세포로부터 나오는 조그만 입자에 의해 다음 세대에 전달된다. '어린 싹(gemmule, 제뮬)'이라고 불리는 이 입자들은 마치 회유하는 연어 떼처럼 수십억씩 떼를 지어 생식기관으로 이동하고 정자 또는 난자 속에 축적된다. 정자가 난자를 수정시키면 부모의 '싹'이 한데 합쳐진다. 각각의 입자 하나하나는 한쪽 부모의 몸에서 왔기 때문에 이들이 결합해 부모 모두의 특징을 가진 새로운 인간이 만들어진다.

범생설은 잘못된 것으로 드러났으나 이를 주장한 과학자는 결코 과학사의 구석으로 밀려나지 않았다. 그가 제시한 다른 이론들은 옳다는 것이 증명됐고 따라서 그는 명성을 유지했다. 범생설은 찰스 다윈의 작품이다.

지구의 나이와 함께 유전도 다윈의 골칫거리 중 하나였다. 19세기 말이 되자 대부분의 과학자들은 『종의 기원』을 받아들였고 진화를 현실로 인정했지만 아직도 많은 사람들이 다윈이 제시한 변화의 메커니즘, 즉 자연선택에 대해서는 회의적이었다. 어떤 사람들은 라마르크의 낡은 생각을 끄집어내기도 했다. 진화에는 예정된 방향이 있을지도 모르고, 성숙한 후 얻은 형질이 자손에게 전달될 수도 있다는 것이 이들의 주장이었다. 유전의 사실이 이런 생각과는 배치되고 자연선택에만 합당하다는 사실을 증명할 수 있었다면 다윈은 이들의 입을 막을 수 있었을 것이다. 그러나 다윈의 시대에는 과학이 거기까지 발달하지 않았다.

다윈이 죽고 나서 몇 년이 지난 후 생물학자들은 유전이 어떤 식으로 작용하는지 이해하기 시작했다. 그때가 되어서야 과학자들은 신(新)라마르크주의자들이 틀렸음을 알았다. 그때가 되어서야 그들은 유전이 자연선택을 가능하게 해줄 뿐만 아니라 이를 불가피하게 만든다는 사실, 그리고 자연선택을 통해 새로운 종이 태어난다는 사실을 깨달았다. 이 사실이 알려지는 데는 유전학자들뿐만 아니라 동물학자들과 고생물학자들까지도 한몫해야 했다. 20세기 중반이 되자 학자들은 연구 결과를 하나로 결집해 이른바 "현대적 종합론"이라고 할 만한 것을 만들어냈다. 젊은 과학자들은 이 이론을 기반으로 연구를 진행했다. 학자들은 분자 수준에서 진화가 이뤄지는 과정을 알아내기 시작했다. 그 결과 자연선택은 다윈의 당초 생각처럼 불분명하고 미미한 힘이 아니었다. 과학자들은 오늘날 자연계에서 자연선택이 일어나는 것, 낡은 종에서 새로운 종이 가지를 쳐나가는 것 등을 관찰할 수 있다. 그러나 과학자들은 자연선택의 전개 과정을 알기 위해 동식물이나 미생물을 관찰할 필요조차 없다. 우리 몸 안을 들여다보거나 심지어 컴퓨터 속의 인공 생명체를 관찰해도 되니까 말이다.

유전을 연구한 수도사

역사가 다르게 전개되었다면 과학자들은 다윈이 살아 있을 때 이미 유전의 비밀을 밝혀냈을지도 모른다. 다윈이 『종의 기원』을 저술하고 있을 무렵 모라비아 지방의 한 수사(修士)가 자신의 정원에서 유전학의 기본 법칙을 깨달아가고 있었다.

그레고어 멘델(Gregor Mendel)은 1822년 오늘날의 체코 공화국에 해당하는 지역에서 가난한 농부로 태어나 방이 둘밖에 없는 집에서 자랐다. 선생들은 멘델의 명석한 두뇌를 알아봤고 당시 모라비아의 브르노에 있던 수도원에 수련사(수사 견습생—옮긴이)로 들어가게 해줬다. 이 수도원은 기도만큼이나 지질학, 기상학, 물리학에 관한 전문 서적들을 읽으며 과학 공부도 열심히 하는 수사들로 가득 차 있었다. 이들로부터 멘델은 더 나은 품종을 얻기 위해 식물을 인공 수분시키는 기술 같은 식물학의 최근 발전을 접하게 되었다. 수도원은 결국 멘델을 오스트리아의 빈대학으로 보냈고 여기서 그는 생물학 공부를 계속했다. 그러나 그가 과학자의 진면목을 갖춘 것은 여기서 배운 물리학과 수학 덕분이었다. 빈의 물리학자들은 멘델에게 실험을 통해 가설을 시험하는 방법을 가르쳐줬는데 당시 이렇게 하는 생물학자는 거의 없었다. 또 그는 겉보기에는 무질서한 자료 속에서 질서를 찾는 통계적 방법을 수학자들에게서 배우기도 했다.

1853년 멘델은 브르노로 돌아왔다. 30대가 된 그는 널찍한 어깨, 통통

한 몸매, 높이 솟은 이마를 갖고 있었고 금테 안경 뒤에서는 파란 눈이 깜빡이고 있었다. 그는 2학년과 3학년 학생들에게 자연사와 물리학을 가르치는 선생이 되었다. 학생 수가 100명이나 되었고 일주일에 엿새나 가르쳐야 했지만 그는 정기적으로 기상을 측정하고 과학 전문지를 읽는 등 과학자로서의 생활을 계속했다. 그리고 이때 그는 식물의 유전에 관한 실험 계획을 세웠다.

빈에서 멘델을 가르쳤던 교수 중 하나는 왜 종들이 서로 다른지, 그리고 왜 한 세대는 자신과 닮은 다음 세대를 만들어내는지를 연구하고 있었다. 그리고 이런 의문들은 한데 얽힌 것이었다. 교배 전문가들은 꽃, 과일, 기타 식물들의 변종을 개발하는 방법을 알고 있었고 변종끼리의 교배로 잡종을 만들 줄도 알았다. 이 교배종들은 대개 생식 능력이 없었지만 능력이 있어서 자손이 태어나면 이들은 조상의 옛 모습을 드러내기 일쑤였다. 그렇다면 종은 영원하거나 불변하는 것이 아니라는 얘기다. 18세기에 스웨덴 생물학자인 칼 폰 린네(Carl von Linné)는 같은 속(屬)에 속하는 식물의 종들은 교배를 통해 같은 조상으로부터 나왔다는 설을 내놓았다.

19세기의 거의 대부분에 걸쳐 과학자들은 부모의 형질이 자식에게 가서 섞이는 것이 유전이라고 생각했다. 그러나 멘델은 완전히 다른 아이디어를 제시했다. 부모는 자식에게 형질을 물려주지만 이들의 형질이 혼합되는 것은 아니라고 멘델은 생각했다. 이를 증명하기 위해 그는 다른 품종의 식물을 교배해 태어난 것들의 색, 크기, 모양 등을 조사하는 실험을 하기로 했다.

멘델은 완두콩을 선택했고 2년에 걸쳐 여러 가지 품종을 모아 실험을 실시했다. 그는 여러 품종 중 선택한 22종에 대해 일곱 가지 형질을 추적

진화

하기로 결정했다. 그가 고른 완두콩들은 둥글거나 주름져 있었고, 노랗거나 녹색이었다. 꼬투리도 노랗거나 녹색이었으며, 매끄럽거나 쭈글쭈글했고, 완두 줄기도 키가 크거나 작았으며, 꽃도 줄기 끝에서 피거나 중간에서 피었다. 멘델은 각 세대별로 이런 외관상의 특징을 기록했다.

어떤 완두콩 줄기의 꽃가루를 다른 줄기에 핀 꽃에 조심스럽게 옮기는 방법으로 멘델은 매끄러운 종류와 주름진 종류의 잡종 씨앗을 수천 개 만들어냈다. 그리고 나서 이 씨를 수도원 정원에 심고 싹이 나기를 기다렸다. 몇 달 후 여기서 열린 콩깍지를 까보니 잡종 완두콩은 모두 매끄러운 것이었다. 주름진 형질은 완전히 사라졌다. 멘델은 이 매끄러운 잡종끼리 교배해서 다음 세대를 탄생시켰다. 그랬더니 그중 일부는 할아버지 세대의 콩만큼이나 깊은 주름이 저 있었다. 그러니까 모두 매끄러운 콩이 나온 잡종 세대에서 주름진 콩의 형질은 파괴된 것이 아니라 숨어 있다가 나중에 나타났다는 얘기다.

주름진 콩의 숫자는 줄기마다 달랐으나 많은 수를 세어보니 매끄러운 콩 대 주름진 콩의 비율이 3 대 1이라는 결론이 나왔다. 그는 다른 형질은 어떤가 보려고 이런저런 품종들을 교배했고 결국 같은 패턴이 나왔다. 노란색 대 녹색의 비는 3 대 1이었고, 회색 씨껍질 대 흰색 씨껍질도 3 대 1이었으며, 보라색 꽃 3송이당 흰 꽃 1송이가 피었다.

멘델은 무질서해 보이던 유전 속에 숨어 있는 규칙성을 발견했음을 알았지만 당시의 식물학자들은 그의 연구 결과를 무시했다. 그는 1884년에 사람 좋은 느림보 수사 이상의 명성을 얻지 못하고 수도원에서 세상을 떠났다. 그러나 그는 사실 유전학의 선구자로서, 유전학은 그가 죽은 지 16년 후에나 시작되었다. 100여 년에 걸친 연구가 진행된 오늘날 멘델의 콩이 왜 위와 같은 결과를 만들어냈는지는 분명히 알려져 있다.

지구상의 다른 모든 생명체와 마찬가지로 완두콩도 세포 하나하나마다 콩 줄기 전체를 만들 수 있는 정보가 들어 있다. 이런 정보를 담고 있는 분자를 디옥시리보핵산(deoxyribonucleic acid)이라고 하는데 DNA로 더 잘 알려져 있다. DNA는 마치 비틀린 사다리처럼 생겼고, 정보는 사다리의 가로 막대에 새겨져 있다. 가로 막대는 염기라고 불리는 한 쌍의 화학물질로 만들어져 있다. 염기는 생명을 만들어내는 요리책 속의 글자 같은 것이다. 하지만 영어 알파벳이 26개인 것과 달리 DNA는 아데닌(adenine), 시토신(cytosine), 구아닌(guanine), 티민(thymine)이라는 4개의 염기로 구성돼 있다.

보통 수천 개의 염기쌍으로 구성된 DNA의 모임인 유전자는 단백질을 만들어내는 조리법이다. 단백질을 만들기 위해서 우리 세포는 한 줄짜리 버전(RNA라고 한다.)을 만들어내고, RNA는 단백질을 제조하는 세포 내 기관으로 이동한다. 단백질은 DNA나 RNA처럼 여러 개의 분자가 사슬 모양으로 늘어선 것이지만 염기로 되어 있지는 않다. 단백질은 염기가 아닌 아미노산이라고 하는 기본 요소의 결합으로 만들어진다. 우리의 세포는 RNA의 염기에 암호화된 정보를 이용해 적절한 아미노산을 끌어모아 사슬 구조물을 만든다. RNA 한 조각이 처음부터 끝까지 다 해독되면 새로운 단백질을 만드는 작업이 완료된다. 새로운 단백질 속의 원자들은 상호 간의 인력으로 인해 마치 저절로 접히는 종이접기처럼 한데 모인다. 단백질은 수천 가지의 접힘 구조를 가질 수 있어서 수천 가지의 역할, 이를테면 세포막의 구멍을 만들거나 손톱을 단단하게 하는 일부터 산소를 폐에서 혈류로 옮기는 일까지 다양한 작업을 수행한다.

멘델이 완두콩에서 찾아낸 3 대 1의 비율 뒤에는 DNA 조리법이 한 세대에서 다음 세대로 전달되는 방법이 숨어 있었다. 동물과 식물에서 유

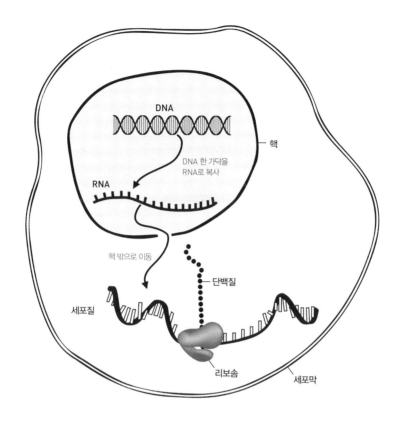

DNA

핵

DNA 한 가닥을
RNA로 복사

RNA

핵 밖으로 이동

단백질

세포질

리보솜

세포막

그림 2. 세포의 구조. 세포는 3단계에 걸쳐 단백질을 만든다. 우선 세포는 이중나선으로 되어 있는 DNA를 하나의 나선으로 된 RNA로 복제한다. 그리고 이 RNA를 단백질 공장에 해당하는 리보솜으로 보낸다. 여기서 리보솜이 RNA를 해독해 아미노산을 만들고 단백질 합성 작업을 관리한다.

전자로 된 조리법은 여러 권의 책으로 되어 있는데, 각 권을 우리는 '염색체'라고 부른다. 예를 들어 인간을 만드는 조리법 전체는 2만 5,000개의 유전자에 들어 있으며 이들은 23쌍의 염색체라는 책에 나뉘어 수록돼 있다. 한 쌍의 염색체에는 특정한 유전자의 같은 버전이 들어 있는데 다른 버전이 들어 있을 때도 있다. 보통의 세포가 둘로 분열할 때 새로 생긴 세포는 모두 완벽한 유전자 한 벌씩을 갖고 있다. 그러나 정자나 난자의 경우 각각의 성 세포는 한 쌍의 염색체 중 한쪽만을 물려받는다. 둘 중 어느 쪽의 것을 받는가는 확률의 문제인데, 정자와 난자를 수정시키면 두 벌의 염색체는 합쳐져 하나의 새로운 쌍을 만들고 이 쌍이 앞으로 성장할 새로운 개체의 유전정보를 이룬다.

멘델이 실험에 사용한 완두콩의 색, 표면의 모양, 기타 형질들은 저마다 다른 유전자에 의해 통제되는 특성이다. 겉모습에 관여하는 유전자는 두 가지로, 하나는 매끄럽고 다른 하나는 주름진 것이다. 순수하게 매끄러운 콩끼리만 교배된 품종은 매끄러운 유전자를 둘 갖는다. 마찬가지로 주름진 콩끼리만 교배하면 주름진 유전자 한 쌍이 나온다. 이들을 상호 교배하면 잡종이 생겨 매끄러운 유전자 하나와 주름진 유전자 하나를 가진 개체가 태어나지만 이 경우 모양은 매끄럽게 나온다. 이렇게 완두콩의 매끄러운 유전자처럼 다른 한쪽을 억누르는 유전자들이 있는데 왜 이런 일이 일어나는지 유전학자들도 아직 완전히 이해하지 못하고 있다.

잡종에서 주름진 유전자는 잠복하지만 그렇다고 사라지는 것은 아니다. 잡종의 암술과 꽃가루는 각각 한 가지 유전자만 물려받기 때문에 이들의 후손은 그들의 부모로부터 어떤 한 가지의 유전자만 물려받을 확률이 50 대 50이다. 이 때문에 후손의 4분의 1은 주름진 유전자 한 쌍을, 또 4분의 1은 매끄러운 유전자 한 쌍을, 나머지 절반은 각각 하나씩을 물려받는다. 두 가지를 다 물려받은 절반에서도 겉으로는 매끄러운 콩이 나오기 때문에 실제로 우리 눈에 보이는 비례는 3 대 1이 되는 것이다.

대부분의 형질이 유전되는 방식은 멘델이 완두콩을 기르며 알아낸 것보다 훨씬 복잡하다. 많은 경우 종들은 유전자를 두 가지 이상의 버전으로 갖고 있다. 그리고 어떤 형질이 단 하나의 유전자에 의해서만 지배되는 경우도 드물다. 대부분의 경우 한 형질에는 많은 유전자가 관여한다. 인간의 유전자는 키가 180센티미터에 이르게 하는 '큰 키 유전자'와 150센티미터밖에 안 되게 하는 '작은 키 유전자'로 나뉘어 있는 게 아니다. 사람의 키를 결정하는 데는 많은 유전자가 관여하므로 그중 하나를 바꿔봤자 효과는 미미하다. DNA가 조리법이라면 우리의 몸은 모둠 요리이다. 빵에다가 이스트 대신 소금을 넣어 구우면 아주 큰 차이가 생기겠지만 아주 매운 칠리소스를 만들 때는 거기 들어가는 향신료를 일부 바꿔도 큰 차이가 나지 않는다.

생명의 요리책을 다시 쓰다

다윈이 비둘기와 따개비에서 발견했던 다양한 변종(결코 설명할 수 없던)은 DNA 서열이 달라지면서 생겨난다. 세포는 DNA를 거의 완벽하게 복제해낼 수 있으나 가끔 실수를 한다. 조리법을 감수하는 단백질이 있어서 이런 실수를 집어내 고치지만 몇몇은 이 안전망도 빠져나간다. 이렇게 드물게 일어나는 변화를 돌연변이라고 하는데 이는 DNA 조리법에서 글자 한 자를 바꾸는 선에서 끝나기도 하지만 엄청나게 큰 변화를 가져오기도 한다. DNA 여러 조각이 원래 위치에서 떨어져 나와 다른 데 가서 붙어 자신이 들어 있는 유전자를 바꿔버리기도 한다. 세포분열 시 DNA가 복사되는 과정에서 어떤 유전자 일부가 복제되기도 하고 유전자 한 벌이 통째로 복제되기도 한다.

이미 1920년대에 과학자들은 돌연변이가 진화에 큰 영향을 미친다는 사실을 알아냈다. 그들 중에는 영국의 수학자이자 유전학자인 로널드 피셔(Ronald Fisher), 미국의 생물학자인 시월 라이트(Sewall Wright) 등이 있었는데 이들은 자연선택과 유전학을 결합해 다윈의 이론을 더욱 굳건한 토대 위에 올려놓았다.

DNA가 돌연변이를 일으키면 세포는 기능 이상을 일으키거나 죽기도 하고 마구 증식해 종양이 되기도 한다. 어느 쪽이든 돌연변이를 가진 개체가 죽음과 동시에 돌연변이도 사라진다. 그러나 돌연변이가 그 개체의 정자나 난자에 영향을 미치면 갑자기 불멸의 힘을 얻을 길이 열린다. 후손, 그리고 후손의 후손에 이르기까지 변이가 전해지는 것이다. 돌연변이의 효과는 그것이 좋은 것이든 나쁜 것이든 또는 어느 쪽도 아니든 간에 문제의 돌연변이가 세대를 거듭하면서 얼마나 널리 퍼지는가에 따라 달라진다. 많은 경우 돌연변이는 해로운 효과가 있어서 소유자가 태어나기도 전에 죽거나 생식 능력이 저해된다. 돌연변이가 생식 능력에 영향을 미치면 그 돌연변이는 점차 사라져갈 것이다.

그러나 가끔 돌연변이는 좋은 일도 한다. 예를 들어 단백질의 구조를 바꿔서 음식을 소화시키거나 독성물질을 분해하는 능력을 개선해준다. 어떤 돌연변이의 결과 해당 개체가 더 많은 후손을 낳을 수 있다면 이 돌연변이는 점점 흔해질 것이다. 이 경우 생물학자들은 이 돌연변이가 다른 것들보다 생존에 더 적절하다고 말한다.

이렇게 변이를 일으킨 개체의 후손이 번성함에 따라 이 변이는 더욱 흔해지며 결국 변이가 일어나기 전의 형질을 가진 개체들을 멸종으로 몰아넣을 수도 있다. 자연선택은 여러 가지 유전자들의 운명이 바뀌는 데 따라 좌우됨을 피셔와 라이트는 보여줬다.

특히 피셔는 자연선택이 소수의 대규모 변이보다는 여러 개의 작은 변이가 축적돼 일어나는 식으로 진행되는 경우가 많음을 보여주기도 했다. 피셔는 복잡한 수식으로 자신의 주장을 폈지만 단순한 가설 하나로도 그의 생각을 잘 설명할 수 있다. 잠자리의 날개를 보자. 어떤 잠자리의 날개가 특히 짧다면 공중에 뜰 수 있을 만큼 날갯짓을 힘차게 하지 못할 것이다. 반대로 날개가 너무 길면 무거워서 펄럭거리기가 힘들 것이다. 그렇기 때문에 짧은 날개와 긴 날개의 중간 어디엔가 가장 적절한 지점이 있다. 날개 길이와 생존 적합도 사이의 관계를 그래프로 그리면 언덕처럼 둥그스름한 모양이 될 것이고, 언덕 꼭대기가 바로 가장 적절한 날개 길이가 된다. 실제로 잠자리의 날개 길이를 측정해서 이 그래프 상에 표시하면 언덕 꼭대기 부분에 무수한 점이 모일 것이다.

이제 돌연변이가 일어나서 잠자리의 날개가 달라졌다고 생각해보자. 변이의 결과 잠자리의 적합도가 떨어졌다면 이들은 적합도가 높은 날개를 가진 개체들과의 경쟁에서 뒤떨어질 것이다. 그러나 변이의 결과 잠자리의 날개 길이가 언덕 꼭대기 근처로 이동했다면 자연선택은 이 잠자리의 손을 들어줄 것이다. 달리 말해 자연선택은 생명체들을 언덕 꼭대기로 밀어 올리는 경향이 있다는 얘기다.

상황이 그렇다면 대규모의 돌연변이가 신속한 진화의 지름길이 될 것이다. 자연선택이라는 거북이와는 달리 이런 돌연변이는 잠자리의 적합도를 단숨에 언덕 꼭대기로 올려놓을 것이다. 그러나 돌연변이에는 방향성이 없다. 무작위로 발생하기 때문에 잠자리들을 아무 방향으로 날려버린다. 그래서 언덕 꼭대기에 사뿐히 내려앉는 잠자리들도 있지만 날개가 너무 길거나 너무 짧아서 엉뚱한 데 떨어지는 잠자리들도 많다. 그러나 점진적인 돌연변이의 경우라면 잠자리를 좀 더 안정적으로 언덕 꼭대기로 향해 밀고 갈 수 있다. 후손을 몇 마리쯤 더 만들 수 있을 정도로 미미한 장점이라도 수십 세대가 지나면 집단 전체에 퍼질 수도 있다.

물론 이 이야기는 매우 단순한 비유이고, 현실은 이보다 더 복잡하다. 우선 진화의 현장은 고정돼 있지 않다. 기온이 오르거나 떨어지고, 경쟁하는 종이 밀려오거나 물러나고, 다른 유전자들이 진화하는 등 환경이 변함에 따라 언덕이 골짜기가 되기도 하고 골짜기가 언덕이 되기도 한다. 진화의 모습은 마치 천천히 물결치는 바다의 표면과도 같다.

그러나 진화는 항상 최선의 유전자 모음만을 만들어내는 것은 아니다. 예를 들어 유전자는 자연선택 등 그 무엇의 도움도 받지 않고 퍼져나가기도 한다. 유전은 룰렛 바퀴 위의 공과도 같다. 공을 아주 여러 번 굴리면 반은 빨간 곳에 떨어지고 반은 검은 곳에 떨어질 것이다. 그러나 몇 번만 굴린다면 매번 빨간 곳에 떨어질 수도 있다. 유전자의 경우도 마찬가지이다. 표면이 매끄러운 잡종 완두콩 두 줄기가 모여 네 줄기의 후손을 낳는다고 치자. 각 후손은 2개의 매끄러운 유전자를 물려받을 확률이 25퍼센트, 2개의 주름진 유전자를 물려받을 확률이 25퍼센트, 잡종이 될 확률이 50퍼센트다. 그러나 그렇다고 해서 하나는 매끄러운 품종이 되고 하나는 주름진 품종이 되고 둘은 잡종이 되는 것이 아니다. 모두 매끄럽거나 모두 주름진 결과가 나타날 수도 있다. 그렇기 때문에 모든 완두콩 줄기는 룰렛 바퀴 위의 공굴리기와도 같다.

개체수가 아주 많으면 확률의 법칙대로 결과가 나타나지만, 개체수가 적으면 멘델의 법칙이 성립하지 않는다. 산꼭대기에 사는 개구리 수십 마리가 자기들끼리만 번식하다 보면 언젠가 돌연변이 유전자가 나타나 자연선택의 도움을 전혀 받지 않고도 퍼져나갈 수 있다. 이 유전자를 도와주는 것은 확률뿐이다. 일단 돌연변이 유전자가 집단 전체로 퍼지면 다른 유전자는 영원히 몰려나버린다.

현대적 종합론

피셔, 라이트 등 유전이 어떻게 진화를 추진하는가를 보여준 과학자들은 현장의 생물학자들이 아니었다. 이들은 주로 실험실에 매달려 있으면서 수학 쪽으로 기울어진 이론가들이었다. 그러나 1930년대가 되자 다른 학자들이 이들의 이론을 현실에 적용하기 시작했다. 그러니까 현재 존재하는 종들에게서 볼 수 있는 다양성과 화석에 아로새겨진 증거에 눈을 돌렸다는 얘기다. 피셔와 라이트가 유전학과 진화론을 융합했듯 새로운 세대의 과학자들은 생태학, 동물학, 고생물학 등에서 새로운 요소를 따왔다. 1940년대가 되자 라마르크적 변화를 이끌어가는 내적인 힘이 있다거나 대규모의 돌연변이가 한 세대 만에 새로운 종을 만들어낸다는 등의 비(非)다윈 진화론은 설 자리를 완전히 잃었다.

1937년 당시 소련의 과학자였던 테오도시우스 도브잔스키(Theodosius Dobzhansky)가 『유전학과 종의 기원(Genetics and the Origin of Species)』이라는 책을 써서 현대의 종합 진화론을 크게 발전시켰다. 이 책이 나오기 9년 전 도브잔스키는 미국으로 건너가 컬럼비아대학의 토머스 헌트 모건(Thomas Hunt Morgan)이 운영하는 실험실에 합류했는데, 이곳에서는 생물학자들이 드로소필라 멜라노가스터(Drosophila melanogaster)라는 초파리를 관찰해서 돌연변이의 진정한 모습을 찾아내고 있었다. 도브잔스키는 실험실의 괴짜였다. 그 실험실의 다른 학자들에게 초파리는 여러 가지가 어지럽게 널려 있는 실험실의 우유병에서만 사는 생물이었다. 그러나 도브잔스키는 키예프에서 어린 시절을 보내면서 자연 속의 곤충을 끊임없이 관찰한 사람이었다. 십대 시절 그가 세운 인생의 목표는 키예프 지역에 있는 무당벌레의 모든 종을 수집하는 것이었다. 몇 년 후 도브잔스키는 이렇게 말했다. "무당벌레만 보면 아직도 가슴이 설렌다. 첫사랑은 쉽게 잊히지 않으니까."

도브잔스키는 자연 속에서 사는 무당벌레 집단 사이의 자연적 차이를 식별하는 눈을 길렀다. 모건이 돌연변이에 대해 쓴 글을 읽은 그는 이 이론이 무당벌레 종 사이에서 볼 수 있는 차이의 배경을 밝혀줄지도 모른다고 생각했다. 그러나 무당벌레의 유전학적 모양은 매우 복잡했기 때문에 도브잔스키는 이를 풀어낼 수 없었고 따라서 모건이 많이 연구해둔 초파리로 대상을 바꾸었다.

도브잔스키는 곧 탁월한 유전학도로 명성을 얻었고, 27세에 앞서 말한 모건의 실험실에 합류할 것을 요청받았다. 도브잔스키와 그의 아내가 뉴욕에 도착해서 컬럼비아대학에 가보니 실험실은 황량하고 바퀴벌레가 들끓었다. 그러나 1932년에 상황이 나아졌다. 모건이 연구실을 칼텍으로 옮겼기 때문이다. 도브잔스키는 그를 따라갔고 오렌지 과수원으로 둘러싸인 곳에서 행복하게 연구를 계속했다.

이곳에서 도브잔스키는 십대 시절 품었던 의문에 대한 답을 찾아가고 있었다. 어떤 종의 집단 사이에서 볼 수 있는 차이를 결정하는 유전학적 요인은 무엇인가? 당시 대부분의 동물학자들은 같은 종의 개체들은 모두 같은 유전자를 갖고 있다고 가정했다. 모건은 몇 년간의 연구 끝에 자연적인 돌연변이가 자신의 초파리에서 일어남을 발견했다. 그러나 이것은 실험실에서의 가정에 불과했다.

도브잔스키는 캐나다에서 멕시코까지 이곳저곳을 다니면서 드로소필라 프세우도옵스쿠라(Drosophila pseudoobscura)라는 종의 야생 초파리를 잡아 유전자를 연구했다. 오늘날 생물학자들은 어떤 종의 유전암호 속의 글자 한 자까지도 풀어낼 수 있지만 도브잔스키의 시대에 이 기술은 아

진화

직 엉성했다. 그는 단지 초파리의 염색체를 현미경으로 관찰해 차이를 판단할 수 있을 뿐이었다. 그러나 이렇게 단순한 방법만으로도 그는 드로소필라 프세우도옵스쿠라의 집단들이 서로 다른 유전자를 가짐을 알 수 있었다. 그가 연구한 각각의 집단은 다른 집단과 구별되는 분명한 표지를 염색체에 달고 있었다.

그로부터 수십 년 후 DNA를 비교하는 좀 더 정교한 기술이 개발되자 유전학자들은 도브잔스키가 초파리에서 발견한 다양성이 예외가 아니라 주류임을 알게 되었다. 예를 들어 과거에 생물학자들은 인종들 사이에 대단하고도 분명한 유전적 차이가 있다고 생각했다. 어떤 사람들은 인종의 차이란 생물종적인 차이라고까지 주장했다. 그러나 인간 유전자에 대한 연구를 통해 이런 생각이 틀렸음이 밝혀졌다. 스탠퍼드대학의 유전학자인 마커스 펠드먼(Marcus Feldman)은 이렇게 말한다. "인종에 대해 우리가 갖고 있던 생물학적 생각은 오늘날의 유전학적 연구 결과와 일치하지 않는다."

인간 유전체 속에 들어 있는 2만 5,000개 정도의 유전자 중 약 6,000개가 서로 다른 버전('대립유전자'라고 한다.)으로 존재한다. 우리가 보통 인종을 구분할 때 쓰는 기준, 이를테면 피부색, 머리칼, 얼굴형 등을 지배하는 유전자는 극소수이다. 변화가 가능한 유전자의 압도적 다수는 이른바 인종 장벽을 무시한다. 그렇기 때문에 어떤 인간 집단 내의 다양성이 집단 간의 차이보다 훨씬 크다. 그러므로 뉴기니 오지의 계곡에 사는 종족 하나만 남고 인류가 멸망한다 해도 이들은 전 인류의 유전적 다양성의 85퍼센트를 보존할 수 있다.

이렇게 도브잔스키가 같은 종 안에서 고도의 유전적 다양성을 찾아내자 한 가지 심오한 의문이 제기되었다. 어떤 종을 규정짓는 표준 유전자가 뚜렷이 존재하는 것이 아니라면, 종을 구별하는 기준은 무엇인가? 그 답은 도브잔스키가 적절히 지적한 것처럼 '성(性)'이다. 종이란 결국 주로 구성원들끼리 번식하는 동식물의 집단일 뿐이다. 서로 다른 종의 동물끼리는 교미하는 일이 드물고, 한다 해도 거기서 태어나는 잡종이 살아남는 경우는 드물다. 당시의 생물학자들은 이미 잡종이 태어나기도 전에 죽거나 아니면 생식 능력이 없다는 사실을 알고 있었다. 도브잔스키는 초파리에 대한 실험을 통해 어떤 종의 특정한 유전자가 다른 종의 유전자와 충돌하기 때문에 이런 일이 일어남을 보여줬다.

『유전학과 종의 기원』에서 도브잔스키는 종이 어떻게 생겨나는가를 대략적으로 설명했다. 자연 속에서 돌연변이는 끊임없이 일어난다. 어떤 변이는 특정한 환경에서 해롭게 작용하지만 대다수는 어느 쪽으로도 영향을 미치지 않는다. 이렇게 이롭지도 해롭지도 않은 변화가 여러 집단에서 일어나고 계속 머물면서 과거에 그 누구도 상상하지 못했던 수준의 다양성을 만들어내는 것이다. 그리고 이런 다양성은 진화론적 측면에서 좋은 일이다. 왜냐하면 환경이 바뀔 경우 이롭지도 해롭지도 않던 변화가 갑자기 이로운 것이 되고 자연선택에 따라 번성할 수 있기 때문이다.

다양성을 낳는 변종은 새로운 종의 원료 역할도 한다. 어떤 파리의 집단이 자기들끼리만 번식을 시작하면 이 집단의 유전적 특성은 같은 종에 속하는 다른 집단들과 눈에 띄게 달라진다. 이 고립된 집단 속에서 새로운 돌연변이가 일어나고 자연선택에 의해 이 변이는 결국 집단 내의 모든 개체에게로 퍼져나간다. 그러나 이 고립 집단은 자기들끼리만 번식하므로 그 변이가 같은 종의 다른 집단으로 퍼져나가지는 않는다. 시간이 흘러 고립 집단은 유전학적으로 더욱 독특해진다. 결국 이들이 가진 유전자의 일부는 다른 집단이 가진 유전자와 호환성이 없어진다.

이런 고립 상태가 충분히 오래 지속되면 이 집단의 파리들은 다른 집단의 개체들과 번식할 수 있는 능력을 상실할 수도 있다고 도브잔스키는 주장했다. 이들은 다른 집단의 파리와 교미할 능력 또는 흥미를 잃는다는 얘기다. 설령 그렇게 교미해 후손이 생긴다 해도 그 잡종은 생식 능력이 없을 수도 있다. 이제 이 파리들이 고립 상태를 벗어나 다른 집단과 섞인다 해도 이들은 자기들끼리 번식할 수밖에 없다. 새로운 종이 탄생했다는 얘기다.

1937년에 출간된 도브잔스키의 저서로 인해 생물학자들은 유전자 이상의 무엇이 있음을 알았다. 예를 들어 뉴기니의 사막지대에서 조류를 연구하고 있던 에른스트 마이어는 도브잔스키의 저서에서 많은 것을 깨달았다. 마이어는 새로운 종의 새를 찾아내서 그들의 활동 범위를 알아내는 것을 전문으로 하고 있었다. 이 일은 어려운 일이었고, 말라리아와 식인종들에게 시달려야 했다. 다른 조류학자들과 마찬가지로 마이어는 새의 무리가 진화해가는 과정에서 한 집단이 정확히 어느 시점에 정확히 하나의 종으로 독립하는 것인지 알기가 어려웠다. 어떤 종의 새들은 깃털의 색은 같았지만 그 밖의 특징들은 장소에 따라 크게 달랐다. 예를 들어 어떤 산에 사는 새들은 화려하고 긴 꼬리를 가진 반면 다른 산의 새들은 꼬리가 뭉툭하게 잘려 있었다.

보통 생물학자들은 이른바 '아종(亞種)'이라는 방법을 통해 이런 혼란을 해결하려고 했다. 아종은 특정 지역에 몰려 사는 어떤 종의 생물이 다른 지역에 사는 같은 종의 개체들과 확연히 구별돼 하나의 종의 자격을 얻을 수 있을 때 붙이는 이름이다. 그러나 마이어는 아종이 완벽한 해결책이 아님을 발견했다. 어떤 경우에 아종들은 서로 분명한 경계가 없었고 마치 무지개의 색처럼 경계 지점이 희미하기도 했다. 또 어떤 경우에는 아종이라고 생각했던 것이 완전히 별도의 종인 경우도 있었다.

도브잔스키의 저서를 읽고 마이어는 종과 아종의 수수께끼를 골칫거리로 봐서는 안 된다는 것을 깨달았다. 종과 아종이 존재한다는 사실은 도브잔스키가 책에 써놓은 진화의 과정에 대한 생생한 증거였다. 사는 곳이 다르면 같은 종이라도 이런저런 차이를 보였다. 어떤 곳에서는 꼬리가 길고 어떤 곳에서는 꼬리가 뭉툭했다. 그러나 이 두 집단은 상호 교미를 했으므로 각각은 하나의 고립된 종으로 독립되지 않았다.

이로 인해 어떤 현상이 일어날 수 있는가를 보여주는 생생한 예가 바로 '북반구 새들의 종의 고리' 현상이다. 예를 들어 대서양의 북해에 사는 새들 중 재갈매기(Herring gull)라는 새가 있다. 이들의 깃털은 회색이고 다리는 분홍색이다. 이들의 서식지를 따라 서쪽으로 이동하면 캐나다에 도착하고 여기에도 옅은재갈매기(American herring gull)들이 많이 있지만 기본적으로 북해의 재갈매기와 비슷하게 생겼다. 다만 깃털색이 조금 다를 뿐이다. 그런데 캐나다에서 서쪽으로 계속 갈수록 깃털색의 차이는 점점 커지고, 시베리아로 넘어가면 어두운 회색 깃털에다가 분홍색이라기보다는 노란색의 다리를 가진 줄무늬노랑발갈매기(Heuglin's gull)를 만나게 된다. 그러나 이런 차이에도 불구하고 이들은 여전히 과학적으로 재갈매기로 분류된다. 계속 서쪽으로 이동해 아시아를 완전히 통과한 후 유럽으로 들어가면 점점 더 깃털색이 짙어지고 더 다리가 노란 시베리아작은재갈매기(Siberian lesser black-backed gull)가 나타난다. 그리고 아까 우리가 여행을 시작한 북해 근처까지 계속해서 깃털색이 어둡고 다리가 노란 작은재갈매기(lesser black-backed gull)들을 만날 수 있다. 이곳 북해에서 작은재갈매기들은 맨 앞에서 이야기한 회색 깃털에 분홍색 다리를 가진 재갈매기들과 함께 살고 있다.

진화

이 두 종류의 새들은 같은 곳에 살지만 서로 다른 데다 교미하지도 않기 때문에 각각 다른 종으로 취급된다. 그러니까 작은재갈매기와 재갈매기는 하나로 연결된 고리의 양쪽 끝에서 서로 만나고 있고 이 고리 안에서는 모든 새들이 인접한 집단과 교미하고 있었다. 그렇기 때문에 '종의 고리(ring species)' 현상은 돌연변이가 어떻게 일어나서 퍼져나가는지를 보여주는 좋은 예이다.

새의 한 집단이 다른 집단과 차단돼 고립되면 하나의 독립된 종으로 진화할 수 있다. 마이어는 이렇게 한 집단을 고립시키는 가장 쉬운 방법은 지리적으로 떼어놓는 것이라고 생각했다. 예를 들어 빙하가 계곡으로 밀려들어와 양쪽 산에 사는 새들을 갈라놓을 수 있다. 또는 해수면이 상승해 과거에는 반도였던 것이 열도로 바뀌면 각 섬에는 새들의 집단이 고립될 수 있다. 이런 식의 고립은 영원히 계속될 것까지도 없다. 그저 이렇게 고립된 집단이 같은 종의 다른 개체들과 유전적으로 호환성이 없어질 때까지만 이 장벽이 존재하면 된다. 그러면 이후 빙하가 녹고 해수면이 내려가서 섬들이 다시 반도로 이어져도 새들은 상호 교배가 불가능해진다. 이들은 함께 살기는 해도 서로 다른 진화의 길을 걸을 수밖에 없다.

마이어와 도브잔스키 같은 생물학자들은 살아 있는 생물을 연구해서 한 차원 높은 종합론을 만드는 데 기여했다. 그러나 그들의 주장이 옳다면 같은 과정이 수십억 년 동안 계속되었을 것이고, 그렇다면 이런 흔적이 화석에 남아 있어야 한다. 그러나 1930년대에 들어서서도 고생물학자들은 화석에서 볼 수 있는 것들이 자연선택을 설명해줄 수 있을 것이라고 확신하지 못했다. 고생물학자들은 동물의 진화가 오랫동안 마치 예정된 수순을 밟는 것 같은 모습을 보았다. 예를 들어 말은 개만 한 크기에서 끊임없이 진화해 점점 커졌다. 동시에 발가락은 계속 줄어들어 결국 발이 발굽으로 변했다. 코끼리의 조상은 원래 돼지만 했는데 1,000만 년의 세월이 지나면서 그 후손들은 오늘날처럼 몸집이 거대해졌고, 그와 함께 이빨도 계속 커졌고 더욱 복잡해졌다. 그러니까 고생물학자들은 자연선택의 결과라고 할 수 있는 불규칙하고 결과가 확정되지 않은 현상의 흔적을 찾을 수가 없었던 것이다.

미국 자연사박물관 관장이었던 헨리 페어필드 오스본(Henry Fairfield Osborn)이 주장하기를, 이런 경향은 진화의 대부분이 자연선택에 의해 지배되지 않는다는 증거라고 했다. 말이나 코끼리의 진화 과정을 보면 결국 개 크기의 초기 말과 돼지 크기의 초기 코끼리 안에 이미 오늘날의 말과 코끼리로 변할 잠재적 힘이 숨어 있었다는 얘기다. 그러니까 오스본에 의하면 "시간이 지나면 어차피 일어날 일"이었다는 것이다. 그리고 이런 종들은 환경이나 다른 동물들과 싸우는 과정에서 그 잠재력을 발견해낸다. 1934년에 오스본은 "라마르크의 이론은 부정되었고 이제 우리는 우리가 알지 못하는 제3의 요소가 진화 속에 숨어 있다고 가정해야 한다."라고 말했다.

그런데 조지 게일로드 심슨(George Gaylord Simpson)이라는 고생물학자(그는 오스본의 제자였다.)는 이렇게 '부활한 용불용설'에 별 신경을 쓰지 않았다. 심슨은 오히려 유전과 자연선택을 연관 짓는 도브잔스키의 역량에 감탄했다. 도브잔스키의 저서를 읽고 난 심슨은 화석의 기록도 도브잔스키가 주장한 것과 같은 방법으로 설명할 수 있는지 확인해보기로 했다.

심슨은 오스본이 예정된 진화의 증거라고 주장한 화석 속에서 어떤 경향을 찾아보려고 했다. 화석을 상세히 관찰해본 결과, 이제까지 한 방향으로 일정하게 진행된 줄 알았던 진화의 경향은 사실 여러 갈래로 나뉘어 가지가 무성한 나무 같은 모습이었다. 예를 들어 말은 지난 5,000만 년 동안 다양한 몸집과 발굽을 가진 형태로 진화해갔다. 그 가지들 중 대다수는 오래전에 멸종했으며, 현존하는 말의 기원과는 아무런 상관이 없었다.

　과학자들이 실험실에서 연구하던 자연선택이 화석들의 변천 과정에 실제로 영향을 미쳤다면, 이 자연선택은 고생물학자들이 그 변화를 알 수 있을 만큼 상당히 빨리 진행되었어야 한다. 아까 말한 초파리 연구실의 학자들은 초파리에서 돌연변이가 얼마나 빨리 일어나는지, 그리고 자연선택의 도움으로 이들이 얼마나 빨리 퍼져나가는지를 신중히 측정해놓았다. 심슨은 화석에서 진화의 속도를 측정하는 자기 나름의 방법을 개발했다. 그는 지난 100년 동안 고생물학자들이 수집한 방대한 양의 화석을 조사해 그 크기를 재고, 그것들이 시간의 흐름에 따라 변화해온 과정을 도표로 만들었다. 심슨은 많은 계통에서 진화가 빨리 이뤄지기도 하고 천천히 이뤄지기도 하며, 심지어 단일한 계통에서도 진화의 속도가 시기에 따라 달라짐을 알아냈다. 그리고 심슨은 화석에서 가장 빠른 변화 속도를 기록한 것들로도 초파리의 진화 속도는 따라갈 수 없음을 밝혔다. 그러므로 심슨이 화석을 연구해서 알아낸 것은 라마르크의 부활이 아니라 도브잔스키의 주장이 옳다는 사실이었다.

　1940년대가 되자 현대적 종합론의 초석을 놓은 사람들은 유전학, 동물학, 고생물학 등이 결국 같은 이야기를 하고 있음을 보여줬다. 결국 진화의 기반은 돌연변이이다. 멘델의 법칙, 유전자의 세대 간 전달, 자연선택, 지리적 고립 등과 결합해 돌연변이는 새로운 종과 새로운 형태의 생물을 만들어낸다. 그리고 수백만 년에 걸쳐 이들이 일으킨 변화는 화석에 기록돼 있다. 이렇게 해서 현대적 종합론은 과거 50년간의 진화 연구를 진척시키는 원동력이 되었다.

새의 부리와 구피의 수명

다윈조차 자연선택을 누군가 실제로 목격하리라고는 상상하지 못했다. 그는 자신이 실험에 쓴 비둘기가 보여준 변종 정도가 그저 최선이라고 생각했다. 다윈은 야생에서는 진화의 과정이 워낙 느리고 완만해서 마치 비가 결국 산을 깎아서 없애는 것을 볼 수 없듯이 자연선택의 과정도 한 사람의 일생에서는 볼 수 없으리라고 생각했다. 그러나 현대적 종합론에 기초해 연구를 진행하는 오늘날의 생물학자들은 실제로 진화 과정의 한 장면이 눈앞에서 일어나는 것을 볼 수 있다.

캘리포니아주립대학 리버사이드 분교의 생물학자인 데이비드 레즈닉 (David Reznick)은 트리니다드의 숲에서 이런 진화 과정의 한 장면을 엿볼 수 있었다. 이곳에 사는 구피(guppy, 송사리과 열대어로 관상용으로 많이 기른다.—옮긴이) 중 낮은 지역에 서식하는 것들은 포식자들의 공격에 시달렸지만 지대가 높은 곳, 그러니까 상류 쪽에 사는 것들은 포식자들이 폭포나 좁은 바위틈을 거슬러 올라가기 어렵기 때문에 평화롭게 살고 있었다. 1980년대 말에 레즈닉은 구피를 실험 대상으로 삼았다.

다른 동물들처럼 구피에게도 '삶의 시간표'가 있다. 그러니까 성적으로 성숙하기까지 얼마나 걸리고, 그 기간 중 얼마나 빨리 성장하며, 다 자란 후 얼마나 사는지 등이 정해져 있다는 얘기다. 돌연변이로 인해 이 시간표가 바뀌고 이에 따라 후손을 좀 더 많이 확보할 수 있게 된 동물의 경우에는 삶의 시간표가 달라질 수 있다고 이론 생물학자들은 예측했다. 레즈닉은 이런 예측을 실험에 옮겼다.

포식자가 많은 호수에 사는 구피의 경우 삶의 시간표가 빨리 돌아가는 것이 늦게 돌아가는 것보다 후손 확보에 더 큰 성공을 거둘 수 있다.

항상 죽음의 위협에 시달리기 때문에 가능한 한 빨리 성장하고 빨리 교미해 가능한 한 많은 후손을 얻어야 한다. 물론 여기에는 큰 대가가 따른다. 이렇게 빨리 자라면 구피의 수명은 줄어들 수 있고 일찍 후손을 낳기 때문에 구피 암컷은 새끼들에게 많은 에너지를 줄 수가 없다. 이에 따라 새끼들은 어려서 죽을 위험을 감수해야 한다. 그러나 레즈닉은 일찍 죽을 수도 있다는 두려움 때문에 방금 말한 모든 위험이 상쇄될 수 있다고 추론했다.

이런 일이 실제로 일어나는지 보기 위해 레즈닉은 아래쪽 호수에서 공포에 떨며 사는 구피 몇 마리를 포식자가 적은 호수로 옮겨놓았다. 11년간 평화로운 환경이 계속되자 '느긋한' 구피들이 태어났다. 이들은 성숙하기까지의 시간이 조상들보다 10퍼센트 오래 걸렸고 다 자란 후의 몸무게는 조상들보다 10퍼센트 이상 더 나갔다. 이들은 한 배에 낳는 알의 수도 적었지만 여기서 태어난 새끼 구피는 모두 과거보다 컸다.

11년에 걸쳐 구피가 10퍼센트 정도 커지는 모습을 바라보는 것은 얼핏 보면 지루할 것 같지만, 생명의 역사에서 11년은 눈 깜짝할 새도 안 되는 시간이다. 레즈닉이 구피에게서 관찰한 진화의 속도는 심슨이 화석의 기록에서 본 진화의 속도보다 수천 배 빨랐다. 심슨이 처음에 화석을 이용해 진화를 관찰했을 때 비교 대상이라고는 실험실에서 진화하는 초파리뿐이었다. 그래서 이 초파리들의 진화가 자연적인 건지 아닌지 알 수 없었다. 그러나 이제 레즈닉과 같은 과학자들이 자연 상태에서도 동물이 매우 빨리 변화할 수 있다는 사실을 보여줬다.

가끔 자연은 인간의 도움을 전혀 받지 않고도 자기 나름의 진화 실험을 할 때가 있다. 이 경우에 생물학자들은 그냥 관찰만 하면 된다. 다윈이 갈라파고스제도를 떠난 뒤 과학자들은 수십 년마다 한 번씩 이곳을 찾아와 다윈의 핀치를 관찰하곤 했다. 현재 프린스턴대학에 있는 생물학자 부부인 피터 그랜트(Peter Grant)와 로즈메리 그랜트(Rosemary Grant)는 1973년 갈라파고스제도로 가서 자연선택이 핀치들에게 어떤 영향을 끼쳤는지 관찰했다.

갈라파고스의 기후는 보통 일정한 패턴을 따른다. 우선 1월부터 5월까지는 기온이 높고 비가 많이 내리며, 그 후에는 시원하고 건조한 기간이 이어진다. 그러나 1977년에는 우기가 전혀 오지 않았다. 태평양에서 라니냐 현상이 발생해 기후 패턴이 바뀌었고 끔찍한 한발이 갈라파고스를 덮쳤다.

그랜트 부부가 머물던 다프네섬에서도 한발은 맹위를 떨쳤다. 게오스피자 포르티스(Geospiza fortis)라는 종의 핀치 1,200마리 중 1,000마리 이상이 죽었다. 그런데 임의의 아무 개체나 죽은 게 아니었다. 이 핀치들은 힘센 부리로 식물의 씨를 깨뜨려 먹는다. 몸집이 작은 새들은 작은 씨만을 깰 수 있지만 큰 것들은 부리의 힘이 세서 큰 씨도 깨서 먹을 수 있다. 한발이 몇 달간 계속되자 작은 씨가 동이 나면서 작은 새들이 죽어나가기 시작했다. 그러나 큰 핀치들은 작은 새들이 깰 수 없는 큰 씨를 먹을 수 있었기 때문에 살아남았다.(특히 큰 새들은 칼트롭이라는 식물의 씨를 먹었는데, 칼트롭은 가시가 돋은 껍질 안에 씨를 보호하고 있다.)

1977년의 가뭄을 견뎌낸 개체들이 1778년에 교미했고, 그렇게 태어난 새끼들에게서 그랜트 부부는 진화의 발자취를 볼 수 있었다. 부부의 제자이던 피터 보그(Peter Boag)는 새로 태어난 세대의 평균 부리 길이가 앞 세대의 평균 길이보다 4퍼센트 크다는 사실을 발견했다. 그러니까 가뭄 속에서 더 유리했던 큰 부리의 핀치들이 자신들의 유전자를 후손에게 전달한 결과 집단 전체의 모습이 달라진 것이다.

진화

가뭄이 덮친 해로부터 핀치들은 계속해서 변화해갔다. 예를 들어 1983년에는 비가 많이 내렸고 씨가 풍부했기 때문에 부리가 작은 새들이 더 유리해졌고 이에 따라 1985년에 이들의 평균 부리 크기는 2.5퍼센트가 줄어들었다. 핀치의 부리는 크기가 빨리 변할 수 있고 이렇게 기후 조건에 따라 커졌다 작아졌다 하는 것으로 보인다. 1976년부터 1993년까지 다프네섬에서 4,300마리의 핀치를 관찰한 그랜트 부부는 부리 크기의 변화가 일정한 방향을 갖고 있지 않음을 발견했다. 어떤 조건에서든 핀치는 일단 태어난 후 첫 1년을 넘기면 그다음에는 계속 많은 자손을 만들어낸다. 그러나 살아남는 데 큰 부리나 작은 부리가 결정적으로 유리한 것은 아니고, 어떤 해에는 큰 부리가, 어떤 해에는 작은 부리가 유리했다.

단기적인 기후변화는 자연선택을 움직여서 어떤 동물의 집단을 주기적으로 변화시킬 수 있다. 그러나 어떤 경우에는 이렇게 왔다 갔다 하는 것이 아니고 일정한 방향으로 계속 변화해나가기도 한다. 예를 들어 한발과 우기가 교차하는 것이 아니라 어떤 섬의 기후가 수백 년에 걸쳐 더 습해질 수도 있다. 또한 어떤 특정한 씨앗만을 선호하는 핀치 집단이 있는 섬에 다른 핀치 집단이 이주해 올 수도 있다. 이 경우 다른 종류의 음식을 먹을 수 있는 손님 새들이 더 유리할 수 있다. 왜냐하면 기존의 새들과 같은 먹이를 두고 경쟁하지 않아도 되므로 멸종의 위험을 피할 수 있기 때문이다. 점진적인 기후변화든 외부 집단의 이주든 간에 오랜 시간이 지나면 새로운 종류의 핀치가 태어날 수 있다.

종은 어떻게 탄생하는가

그랜트 부부는 자신들이 갈라파고스제도에 도착한 이후 핀치들에게 장기적으로 어떤 진화의 힘이 작용하고 있는지는 정확히 몰랐지만, 적어도 이들은 진화가 항상 주기적인 변화를 일으키는 것은 아니라는 사실을 알고 있었다. 예를 들어 진화의 결과 공통의 조상을 가진 핀치들이 14개의 종으로 분화되었다. 이들은 저마다의 환경에 알맞은 적응을 갖고 있다. 이런 진화의 증거는 핀치들의 유전자에 새겨져 있다.

자연선택을 겪으면서 핀치 집단들이 서로 고립되자 각각의 DNA는 점점 더 독특해졌다. 그랜트 부부는 독일 유전학자들의 도움을 빌려서 14종 모두의 유전적인 차이를 관찰했고, 목도리참새(grassquit)라는 에콰도르 새의 DNA와 갈라파고스 핀치의 DNA를 비교해봤다. 조류학자들은 목도리참새가 갈라파고스 핀치와 가장 가까운 본토(남아메리카 지역) 친척일 것이라고 생각해왔다. 그러고 나서 연구팀은 DNA 서열을 비교해 계통도를 그렸다. 두 종이 다른 어떤 종보다도 서로 유사점이 많을 경우 두 가지를 결합했고, 그 결합 지점이 둘의 공통 조상이 된다. 이런 식으로 좀 더 먼 친척들을 결합해 결국 하나의 계통도가 완성됐다.

1999년에 발표된 이들의 연구 결과는 모든 핀치들이 하나의 공통 조상으로부터 나왔음을 보여줬다. 14종 모두 목도리참새보다는 자기들끼리 더욱 긴밀하게 연관돼 있었다. 수백만 년 전에 목도리참새와 비슷한 새 집단이 갈라파고스섬으로 날아와 네 가지의 서로 다른 핀치 계통의 조상이 되었다. 이 네 가지 중 공통 조상으로부터 가장 먼저 갈라진 것은 날씬한 부리로 곤충을 잡아먹는 워블러핀치였다. 두 번째로 갈라진 것은 채식핀치로 뭉툭한 부리를 이용해 꽃, 싹, 과일 등을 먹는다. 마지막으로

진화

두 가지의 계통이 갈라졌다. 우선 나무핀치들은 나무에서 곤충을 잡아먹기에 적합하도록 변화했다.(예를 들어 딱따구리핀치는 정처럼 생긴 부리로 나무의 갈라진 곳에 숨어 있는 벌레를 잡아먹는다.) 이와 함께 땅핀치가 나타났는데 여기에는 앞서 소개한 것처럼 기후에 따라 부리의 크기가 달라지는 종이 포함된다.

조류학자들은 이 계통들 중 땅핀치를 6종으로 분류했지만 그랜트 부부와 독일 유전학자들이 만든 계통도에 따르면 이 6종은 이제 막 형성되기 시작했을 뿐이다. 이들의 유전자는 갈라파고스제도에 서식하는 다른 핀치들과는 분명히 다르지만 땅핀치들 사이에서는 거의 구분이 불가능하다. 물론 땅핀치들은 집단에 따라 모양과 행동이 다르지만 아직도 서로 교미하고 잡종을 만들어낸다. 달리 말하면 이들은 6종으로 확립된 것이 아니라 6종으로 분화되는 중이다.

갈라파고스의 핀치들도 빠른 속도로 분화되고 있지만 아마 이런 현상이 지구상에서 가장 빨리, 그리고 폭발적으로 일어나고 있는 곳은 동아프리카의 빅토리아호수일 것이다. 빅토리아호수는 면적이 6만 9,000제곱미터에 이르며 바닥은 당구대처럼 거의 평평하다. 이곳에는 시클리드(cichlid)라는 물고기가 살고 있다. 빅토리아호수에는 몸집이 작고 색이 밝은 500여 종의 시클리드가 살고 있는데 이들은 빅토리아호수에서만 살며 지구상 다른 어느 곳에서도 발견되지 않는다. 이 시클리드의 각 종은 다른 종들과 구별되는 독특한 특징을 갖고 있다. 예를 들어 어떤 종은 이빨로 수초를 뜯어먹고 산다. 어떤 종은 조개를 깨뜨려서 먹으며, 또 어떤 종은 다른 종의 시클리드의 눈을 파먹는다. 어떤 종의 수컷은 암컷을 유혹하기 위해 물속에 모래성을 짓고 암컷에게 이를 자랑한다. 어떤 종은 새끼를 입에 넣고 다닌다.

1995년에 지질학자들은 빅토리아호수 바닥을 파보기로 했다. 여기서 수십만 년에 걸친 지질학적 자료를 찾아낼 수 있을 것이라고 생각했던 것이다. 빅토리아호수로 흘러들어오는 강물에는 꽃가루, 먼지 같은 것들이 섞여 있고 이들은 오랫동안 호수 바닥에 침전된다. 그래서 지질학자들은 호수 바닥에 구멍을 뚫어보면 수십만 년 동안 강들이 빅토리아호수에 실어온 물질의 기록을 볼 수 있을 것이고, 따라서 이 기간에 호수 주변의 숲이나 초원이 어떻게 변해왔는지를 알 수 있으리라고 생각했다. 그러나 9미터, 그러니까 1만 4,500년 전에 형성된 진흙층까지 내려가니 갑자기 호수의 모든 흔적이 사라져버렸다.

침전물 샘플을 분석한 결과 1만 4,500년 전 이전에는 빅토리아호수의 바닥이 풀로 덮여 있었다. 아마 빙하기 동안 춥고 건조한 기후가 계속되어 호수로 흘러들던 강이 말랐고, 호수에 남아 있던 물도 증발해버린 것으로 보인다. 지난 수백만 년 동안 빙하기는 부침을 계속했고 이에 따라 빅토리아호수도 생겨났다가 없어졌다가 하는 일을 반복했다. 마지막으로 빙하가 녹았을 때 강물이 다시 흐르기 시작했고, 그로부터 수백 년 만에 호수는 오늘날의 모습이 된 것으로 보인다.

말라붙은 호수에서는 물고기가 살 수 없다. 빅토리아호수의 시클리드들은 호수가 말라 있는 동안 근처 강에서 살다가 호수가 다시 생겨나자 그중 하나가 이곳으로 들어왔을 것이다. 빅토리아호수에 사는 시클리드들은 모두 서로 가까운 친척이며 다른 호수나 강에 사는 종들과는 먼 친척 관계를 유지하고 있을 뿐이다. 형제자매의 유전자가 비슷하듯 이들도 비슷한 유전자를 갖고 있다. 이들의 유전자를 살펴보면 빅토리아호수에 물이 다시 찬 뒤에 하나의 종이 여기 들어와서, 인간이 문명을 건설하는 것과 비슷한 시간 동안 500개의 종을 탄생시켰음을 알 수 있다. 진화를 알고 빅토리아호수를 들여다보면 이곳에서 생물학적 폭발이 일어났음을 알 수 있다.

시클리드는 아마 적절한 시기에 적절한 장소로 들어간 적절한 동물의 전형적인 예로 생각된다. 시클리드는 재빨리 분화하는 데 완벽한 조건을 갖추고 있다. 우선 이들은 입 뒤쪽에 턱이 하나 더 있어서 먹이를 부술 수 있으며, 따라서 앞쪽 턱은 물건을 잡는 도구로 자유로이 진화할 수 있었다. 동시에 이빨도 긴 막대 모양부터 못 모양, 넓적한 모양까지 놀랍도록 다양하게 진화했다. 그 결과 이들의 몸도 믿기 어려울 만큼 다양한 형태로 진화했다.

짝짓기 측면에서 봐도 시클리드는 생물학적 폭발을 일으킬 만하다. 수컷들은 복잡한 춤을 추거나 모래와 자갈로 성을 만들어 암컷을 유혹한다. 수컷이 마음에 들면 암컷은 알을 낳고 수컷은 이를 수정시킨다. 암컷이 수컷을 선택하는 데 유전자가 작용한다. 그 결과 어떤 암컷은 수컷의 특정한 빨간색, 모래성 벽의 각도, 특별한 춤을 선호한다. 이런 취향은 암컷들 전체에 퍼져나가서 결국 이들은 다른 수컷에게 관심을 보이지 않게 된다. 이렇게 오랜 세월이 지나면 특정 그룹이 고립되고 결국 새로운 종으로 발전한다.

1만 4,000년 전 빅토리아호수로 들어오면서 시클리드는 조상들이 지고 있던 제약의 멍에에서 벗어났다. 조상들이 살던 강은 환경이 매우 빨리 바뀌는 곳으로, 유로가 달라지기도 하고 홍수나 한발에 시달리기도 한다. 이런 조건에서 자연은 강의 특정 구역에서만 살도록 적응한 물고기에게 특혜를 주지 않는다. 모든 돌발 사태에서 살아남을 수 있는 조건을 갖춘 물고기들만이 번성한다. 그런데 빅토리아호수는 훨씬 안정된 장소이므로 시클리드는 바위가 깔린 호숫가, 모래로 된 바닥 근처의 깊은 물 등 변하지 않는 특정 환경에만 적응하면 된다. 그래서 이들은 아주 특별한 삶의 방식을 개발했고, 그래도 강에서처럼 희생되지 않았다.

생물학자들은 빅토리아호수에서 여러 가지 종이 어떻게 생겨났는가를 정확히 알기 위해 시클리드 종 사이의 유전적 차이를 연구하고 있다. 그러나 이들은 시간에 쫓기고 있다. 1950~1960년대에 새로운 물고기가 호수에 들어왔다. 동아프리카의 다른 호수들에 사는 나일농어를 사람들이 이곳에 푼 것이다. 나일농어는 시클리드 같은 고기를 잡아먹으면서 몸길이가 2미터까지 성장한다. 호숫가에 사는 사람들에게 식량을 충분히 공급하기 위해 나일농어가 등장했고, 그 결과 빅토리아호수의 어획량은 10배 증가했다. 그러나 나일농어는 사실 시클리드를 잡아먹으며 번성한 것이었다.

엎친 데 덮친 격으로 호숫가의 숲을 벌채하고 농업을 시작하면서 표토가 비에 쓸려 빅토리아호수에 들어갔고, 결국 맑았던 물이 흐려졌다. 앞서 말한 것처럼 시클리드는 수컷의 모양에 끌리는데 이제 물이 탁해져서 수컷의 모습을 구별할 수 없게 되자 다른 친척 종의 수컷들과도 교미를 시작했다. 시클리드가 수백 가지 종으로 발전할 수 있었던 것은 바로 이런 특정 수컷에 대한 선호 때문인데 이제 이것이 무너져가고 있다.

흙탕물과 나일농어는 30년 만에 시클리드 종의 절반 정도를 멸종시켰다. 인간은 빅토리아호수에서 생물학적 폭발을 발견하자마자 이것을 파괴하고 있는 셈이다.

자연선택으로 감기와 싸운다

자연선택이라는 개념은 금세기에 많은 발전을 이룩했다. 1900년대만 해도 과학자들은 이것이 무슨 의미가 있는지, 실제로 있기나 한 것인지를 의심했다. 하지만 2000년대가 되자 자연선택이 생명체의 모습을 바꾸고 새로운 종을 만들어내는 광경을 볼 수 있었다. 심지어 과학자들은 예측하지 못한 곳에서 자연선택이 작용하는 모습을 발견하기도 했다. 다윈의 세 가지 기본 개념, 그러니까 복제, 변화, 경쟁을 통한 보상이 작용하는 곳이면 어디서든 자연선택의 힘을 느낄 수 있다.

예를 들어 인간의 몸은 자연선택의 결과로 만들어진 면역계를 이용해 질병과 싸운다. 바이러스나 병원체가 침입하면 우리의 면역계는 공격을 시작한다. 그런데 침입자와 싸우려면 면역계는 먼저 적을 인식할 수 있어야 한다. 그렇지 못하면 면역계는 우리의 몸 자체를 포함해서 마주치는 모든 것을 공격해버린다. 면역계가 마구잡이 공격을 하지 않고 선택적으로 적만을 공격하는 것은 진화의 힘 덕분이다.

사람의 몸 안으로 들어온 이물질은 'B세포'라는 면역세포와 마주친다. B세포에는 수용체가 달려 있어서 이물질을 휘감는다. 여기서 이물질은 예를 들어 세균이 분비하는 독성물질이거나 바이러스의 단백질 코팅 일부이다. B세포가 이런 물질(항원이라고 한다.)을 잡으면 신호가 세포 내부로 전달되어 수백만 개의 새로운 B세포가 만들어진다.

새로 만들어진 B세포들은 항체를 뿜어대기 시작한다. 항체는 처음에 항원을 체포했던 수용체와 동일하지만 '자유로이 떠돌아다니는' 수용체라고 할 수 있다. 항체들은 온몸을 돌아다니며 만나는 항원을 붙잡는다. 항체의 한쪽 끝은 항원에 들러붙고 나머지 한쪽 끝은 이것을 제거하는 메커니즘을 발동시킨다. 이를테면 독성물질을 중화하거나 세균의 세포벽에 구멍을 뚫거나 면역계의 다른 큰 세포를 불러 침입자를 삼켜버리게 하는 것 등이 있다.

B세포는 바이러스로부터 곰팡이, 십이지장충에 이르는 침입자들이 만들어내는 수십억 가지 항원에 딱 들어맞는 항체를 만들어낼 수 있다. 이런 정밀성 덕분에 면역계는 침입자를 식별해 이들에게만 들러붙고 우리 자신의 세포에 들러붙어 이를 파괴하지 않는다. 그런데 우리의 DNA 속에는 B세포가 만날 수 있는 모든 항원에 대한 항체를 만들어낼 정보가 들어 있지 않다. 항원은 수십억 가지나 되지만 인간의 DNA에는 3만 개 정도의 유전자밖에 없다. 그래서 우리의 면역계는 더 효율적인 방법에 의존해서 항체를 만들어낸다. 그것은 B세포를 진화시키는 것이다.

이 진화의 과정은 B세포가 우리의 골수 깊은 곳에서 처음 형성될 때 시작된다. B세포가 분열하는 과정에서 항원 수용체를 만드는 유전자는 고속으로 돌연변이를 일으켜 여러 가지 다른 모양의 수용체를 무작위로 수십억 가지 만들어낸다. 그래서 B세포뿐만 아니라 모든 진화 과정에서 공통되는 첫 단계가 시작되는 것이다. 그 첫 단계는 바로 변종 만들기이다.

갓 태어난 B세포는 골수를 떠나 수많은 항원이 흘러 다니는 림프절로 간다. 모든 B세포가 특정한 항원에 들러붙지는 못한다 해도, 적어도 하나의 B세포는 문제의 침입자를 잡기에 적합한 수용체를 갖고 있을 수 있다. 이 수용체는 침입자와 완전히 들어맞지 않아도 된다. 어쨌든 B세포는 뭔가 붙잡기만 하면 이에 자극받아 마구 증식한다. 그리고 운 좋게 적의 덜미를 잡은 B세포가 있으면 림프절이 부어올라 알아차릴 수 있다.

이러한 B세포의 후손 중 일부는 항원을 붙잡은 수용체와 같은 구조의 항체를 즉시 만들어내기 시작하지만 다른 B세포들은 항체를 만들지 않고 평소와 같이 분열한다. 이런 B세포들은 보통의 인체 세포보다 100만 배 이상 빠른 속도로 변이를 일으키며 분열한다. 그리고 여기서 일어나는 변이는 항원 수용체와 항체를 만드는 데 작용하는 유전자에 한정된다. 이렇게 초고속으로 변이를 일으키는 B세포가 살아남으려면 항원을 포착해야 한다. 그렇지 못하면 B세포는 죽는다. 계속되는 변이와 경쟁의 결과 항원을 점점 더 정확하게 포착하는 B세포가 만들어지기 시작한다. 이 정도로 고도의 적응을 하지 못한 세포는 항원을 붙잡지 못하고 따라서 죽는다. 이런 진화의 과정을 통해 며칠만 지나면 B세포의 항원 포착 능력은 10~50배까지 강화된다.

신의 섭리를 얘기했던 페일리가 항체를 알았더라면 그는 특정한 질병과 아주 잘 싸우도록 설계된 항체에 감탄했을 것이다. 그리고 그는 항체가 어떤 절대자에 의해 설계되었다고 주장했을 것이다. 특정한 항원에 대해 그렇게 잘 들어맞도록 자기 자신을 스스로 변화시키는 세포는 신만이 만들어낼 수 있다고 하면서 말이다. 그러나 매번 병이 걸릴 때마다 그가 틀렸다는 사실이 증명된다.

실리콘칩 속의 진화

자연선택의 힘은 인체에서뿐만 아니라 컴퓨터 속에서도 찾아볼 수 있다. 우리가 일반적으로 알고 있는 생명은 단 한 가지의 언어, 즉 DNA와 RNA를 기반으로 한다. 그러나 어떤 과학자들은 컴퓨터 속에서 인공적인 생명체라고 스스로 주장하는 것들을 만들어내고 있다. 이들이 만든 인공 생명체는 어떤 생화학적인 과정도 필요로 하지 않는다. 그리고 DNA에 기초한 생명체처럼 이들도 진화할 수 있다. 이런 인공 생명체가 어느 정도나 '살아 있는' 것인가에는 의문의 여지가 있지만 어쨌든 이들은 돌연변이가 자연선택과 어떻게 결합해 무질서한 상태를 질서 있고 복잡한 시스템으로 만드는가를 보여준다. 심지어 이들을 통해 자연선택이 어떻게 해서 새로운 종류의 기술을 창조해내는가도 볼 수 있다.

이런 인공 생명체 중 가장 복잡한 형태에 속하는 것 하나가 칼텍의 컴퓨터 속에서 살고 있다. 이곳에서 크리스토프 아다미(Christoph Adami)와 찰스 오프리아(Charles Ofria)를 비롯한 과학자들은 아비다(Avida, 'artificial'의 머리글자 'a'와 에스파냐어로 생명이라는 뜻의 'vida'를 합쳤다.)라는 특별한 컴퓨터 속 환경을 만들었다. 아비다에 살고 있는 생명체들은 각각이 하나의 프로그램이며, 이 프로그램은 몇 개의 명령어로 구성돼 있다. 생명체가 살아 있는 동안 '지시기'라는 것이 프로그램의 명령어를 한 줄 한 줄 수행해나가고, 마지막 명령어까지 수행이 끝나면 다시 처음으로 돌아가 프로그램이 자동으로 반복된다.

디지털 생명체의 프로그램은 스스로를 복제할 수 있고, 이 복제품은 독립된 유기체로 살면서 계속 증식해 결국 아비다에게 주어진 모든 공간을 차지할 때까지 퍼져나갈 수 있다. 그리고 이렇게 복제되는 과정에서 디지털 유기체의 프로그램이 변이를 일으킬 수 있으므로 아다미는 이들을 진화로 이끌 수 있다. 드문 일이지만 디지털 유기체의 프로그램 명령어 중 한 줄이 저절로 다른 명령어로 바뀔 수도 있다. 어떤 유기체는 스스로를 복제하는 과정에서 스스로 어떤 명령어를 잘못 읽어 엉뚱한 명령어를 대신 집어넣을 수 있다. 아니면 무작위로 어떤 명령어를 추가하거나 지우기도 한다. 자연계의 생물에게 돌연변이가 보통 해로운 영향을 끼치는 것처럼 아비다 프로그램에서의 변화는 디지털 유기체의 활동을 느리게 하거나 죽이는 유해한 버그이다. 그러나 가끔 변이의 결과로 디지털 생명체가 더 빨리 복제되기도 한다.

아다미는 아비다를 이용해 실제 생명체의 진화를 흉내 내는 실험도 했다. 초기 실험에서 아다미는 자기 복제를 할 수 있지만 동시에 몇 개의 쓸모없는(해롭지도 않은) 명령어가 포함돼 있는 디지털 생명체를 만들어 냈다. 이 디지털 생명체는 수백만의 후손을 낳았고, 이들은 변이를 통해 다양한 변종으로 발전했다. 수천 세대가 지나자 변종들 중 일부가 매우 많아졌고 다른 것들보다 더 왕성하게 복제됐다. 이렇게 번성하는 디지털 생명체에는 짧은 프로그램 하나가 공통적으로 들어 있었다. 변이를 통해 이들은 복제에 필요한 가장 단순한 프로그램의 수준으로까지 간단해졌다. 이 프로그램은 약 11단계로 구성돼 있었다.

디지털 생명체들은 이 실험에서 진화했고, 진화의 방향은 단순한 유전체 쪽이었다. 왜냐하면 이들의 환경이 단순하기 때문이다. 최근의 실험에서 아다미는 디지털 생명체들이 먹어야만 살 수 있도록 프로그램을 변경해 아비다를 현실 세계와 더욱 가깝게 만들었다. 아비다에서는 숫자가 음식이다. 디지털 생명체는 0과 1의 무한한 결합체들을 소화시켜 새로운 형태로 바꾼다. 세균이 당분을 먹고 이를 생존에 필요한 단백질로 바꾸듯 디지털 생명체는 프로그램 속의 적절한 명령어를 이용해 아다미가 입력한 숫자를 읽고 이를 다양한 형태로 바꾼다.

현실 세계에서 진화는 음식을 먹고 이를 더 잘 번식하는 데 도움이 되는 단백질로 바꾸는 능력을 갖춘 생명체의 손을 들어준다. 아다미는 아비다 속의 디지털 생명체에 대해서도 비슷한 시스템을 적용했다. 그는 디지털 생명체들에게 수행할 과제를 줬다. 예를 들어 숫자를 읽고 이를 뒤집기, 그러니까 10101을 01010으로 바꾸는 일을 시킨 것이다. 어떤 생명체가 진화를 통해 이렇게 할 능력을 갖추면 그것의 프로그램을 빨리 돌아가게 해주는 보상을 제공했다. 프로그램이 빨리 돌아가는 생명체는 더 빨리 복제된다. 그리고 복잡한 과제를 수행했을 때의 보상은 단순한 과제를 수행했을 때보다 더 크다. 이런 보상 시스템으로 인해 아비다 속의 진화 방향은 크게 바뀌었다. 바이러스처럼 단순한 유기체 쪽이 아니라 복잡한 정보처리 시스템 쪽으로 완전히 방향 전환이 이뤄졌다는 얘기다.

아비다는 새로운 소프트웨어를 진화시키고 있다. 이 소프트웨어들은 인간이 작성한 어떤 프로그램과도 다르다. 이렇게 특이한 아비다의 프로그램은 마이크로소프트 사의 눈에 띄었고, 마이크로소프트는 아다미의 연구 자금 일부를 지원했다. 연구를 통해 이들은 인간의 DNA가 어떤 면에서는 매우 탁월한 컴퓨터 프로그램과 비슷하다는 걸 깨달았다. 하지만 DNA는 수십 조 세포로 이뤄진 인간의 몸이라는 컴퓨터를 70여 년이나 별 문제 없이 가동한다는 점에서 훨씬 더 뛰어나다. 이렇게 진화가 만들어낸 정보처리 시스템에는 인간이 만든 시스템보다 더 튼튼한 뭔가가 있어 보인다. 마이크로소프트는 언젠가 프로그램을 제작하기보다는 스스로 진화하게 만들 수 있기를 원하고 있다. 아비다 안에서 진화하는 프로그램은 스프레드시트를 운영하는 프로그램에 비하면 원시적일 정도로 단순하다. 이들은 세균과 고래만큼이나 서로 다르다. 그리고 아비다 같은 인공의 세계 속에서 언젠가 스프레드시트 정도의 프로그램이 태어나는 것도 상상할 수 있다. 앞으로의 과제는 인공 생명체의 진화 과정을 제대로 설계해서 스프레드시트의 디자인이 적자생존의 법칙에 따라 가장 적절한 것이 되도록 만드는 일이다.

아비다는 '진화 컴퓨팅(evolutionary computing)'이라는 갓 태어난 과학의 한부분이다. 이 분야의 학자들은 자연선택을 통해 소프트웨어의 모양뿐 아니라 하드웨어의 모양도 결정될 수 있음을 알아내기 시작했다. 컴퓨터에게 어떤 장치의 설계도 수천 가지를 만들어내는 과제를 줄 수 있고, 컴퓨터는 그 결과물을 시뮬레이션을 통해 실험할 수 있다. 가장 잘 돌아가는 프로그램이 선택될 것이고, 이어서 무작위로 이런저런 변화가 일어나 다음 세대의 설계가 탄생한다. 이 정도까지만 사람이 해주면 컴퓨터는 완전히 새로운 것을 발명해낼 수 있다.

예를 들어 1995년에 존 코자(John Koza)라는 엔지니어는 진화 컴퓨팅을 이용해 특정 주파수 이상의 소리를 차단하는 장치인 사운드 필터를 개발했다. 코자는 2,000사이클 이상의 소리를 차단하기로 결정했다. 10세대가 지나자 컴퓨터는 500사이클 이상의 소리는 줄이는 반면, 1만 사이클 이상의 소리는 완전히 없애는 회로를 설계해냈다. 49세대가 지나자 정확히 2,000사이클 이상의 소리를 모두 걸러내는 회로가 개발되었다. 컴퓨터 안에서의 자연선택을 통해 유도자와 콘덴서로 된 사다리 모양의 필터가 탄생한 것이다. 그런데 일찍이 1917년 미국의 통신 회사인 AT&T의 조지 캠벨이 같은 장치를 발명했다. 코자의 컴퓨터는 코자가 아무런 지시를 하지 않았는데도 특허를 침해해버린 것이다.

그때 이후 코자와 동료들은 같은 방법으로 온도계에서 시작해 우퍼와 트위터를 모두 갖춘 앰프, 로봇의 움직임을 제어하는 회로 등 수십 가지의 장치를 고안해냈는데 그중 상당수는 위대한 발명가의 발명을 그대로 재현한 것이었다. 머지않아 진화 컴퓨팅으로 탄생한 장치로 특허 출원을 할 수 있을 것으로 이들은 내다보고 있다.

현재까지는 이런 진화는 컴퓨터 안에서만 이뤄지며 인간 프로그래머와 엔지니어의 관리 아래서만 존재할 수 있다. 그러나 수십 년 후에는 로봇이 스스로 이런 프로그램을 진화시켜 인간이 상상할 수 없던 모습으로 변신할 수도 있을 것이다. 이런 일의 전조는 이미 보인다. 미국 매사추세츠주에 있는 브랜다이스대학의 호드 립슨(Hod Lipson)과 조던 폴락(Jordan Pollack)은 2000년 8월에 컴퓨터 프로그램을 발표했는데 이는 진화를 이용해 걷는 로봇을 설계하는 프로그램이다.

립슨과 폴락의 컴퓨터는 200개의 로봇 설계를 개발해냈다. 시뮬레이션 프로그램을 써서 립슨과 폴락은 각각의 로봇이 얼마나 빨리 움직일 수 있는가에 따라 점수를 매기고 부적합한 로봇의 설계를 더욱 적합한 것으로 대체한 후 모든 로봇의 설계에 변이를 일으켰다. 수백 세대가 지난 후 컴퓨터는 가장 뛰어난 플라스틱 로봇의 설계 몇 가지를 내놓았다. 이 로봇들은 자벌레, 게, 그 외 실제 동물처럼 걷지만 모양은 그들과 달랐다.

다윈은 이런 인공 진화의 길이 열리리라고는 상상도 하지 못했을 것이다. 40억 년 전 지구에 새로운 물질이 태어났다. 이 물질은 정보를 저장하고 스스로를 복제하며, 정보가 점차 변화함에 따라 살아남을 수 있었다. 인간은 이렇게 변화하는 물질로 만들어졌지만 이제 이 물질을 지배하는 법칙을 변화시켜 실리콘과 플라스틱, 그리고 2진법 에너지의 흐름에 불어넣을 수 있게 되었다.

2부

창조와 파괴

5장

생명의 나무의 뿌리를 찾아서

생명의 새벽에서 미생물의 시대까지

자연선택은 트리니다드에 사는 구피 같은 열대어나 갈라파고스제도에 사는 핀치에게만 일어나는 것은 아니다. 자연선택은 지구상의 모든 곳에 있는 모든 종에서 일어나고 있고 생명이 처음 출현했을 때부터 작용해왔다. 과학자들은 생명이 적어도 38억 5,000만 년 전에 태어났을 것이라고 보고 있으며, 오늘날의 화석 기록을 보면 그때 이래 수십억 년이 지나면서 새로운 형태의 생명, 그러니까 단세포 진핵생물, 동물, 식물, 어류, 파충류, 포유류 등이 나타난 과정을 담고 있다. 무수한 세대를 걸쳐 진화가 계속되면서 초기의 생명체들은 변화를 겪었고 그 결과 그들 이후에 나타난 새로운 생명체의 모습을 갖추게 된 것이다.

다윈은 어떻게 해서 이런 변화가 일어났는가를 알아내느라 고심하지 않았다. 그가 살던 시대에 진행되던 자연선택만 해도 그에게는 충분히 골치 아픈 일이었고, 유전을 이해하지 못했기 때문에 더욱 그랬다. 그러나 오늘날 충분한 증거가 나타나고 있다. 그 증거로는 유전자 서열, 화석, 옛날 지구(즉 흙의 화학적 조성의 흔적) 등이 있으며 이를 통해 과학자들은 생명의 진화라는 수수께끼를 풀기 시작했다. 이 과정에서 오늘날의 진화생물학자들은 현대적 종합론의 한계를 뛰어넘고 있으며, 진화의 과정이 과거에 생각했던 것보다 더 기이하고 놀라운 것임을 깨닫고 있다.

생명의 나무

생명의 역사는 간단히 하나의 직선으로 그려지는 것이 아니다. 다윈이 말한 것처럼 새로운 종이 기존의 종들로부터 가지를 쳐나가면서, 오랫동안 나무처럼 자라왔다고 봐야 한다. 이런 가지의 대부분은 멸종이라는 막다른 골목에 도달하기도 했지만 멸종하기 전에 이미 후손을 낳았고 이들이 오늘날 지상에서 볼 수 있는 생명체들로 진화했다.

과학자들은 수십 년에 걸쳐 생명의 나무를 그려보고, 또다시 고쳐 그리곤 했다. 처음에 과학자들은 해부학적 특징, 예를 들어 두개골을 이루는 몇 개의 뼈가 연결된 모습이나 자궁의 굴곡진 모양 등을 관찰해서 서로 다른 종을 비교할 수밖에 없었다. 그러나 한 발짝 물러서서 생명을 좀 더 큰 규모로 보니 이 방법은 통하지 않음을 과학자들은 알게 되었다. 느릅나무의 잎을 단풍나무나 소나무의 잎과 비교할 수는 있지만, 인간에게는 이렇게 비교할 만한 잎이 달려 있지 않다. 그런데 다행히도 느릅나무와 인간은 모두 DNA에 기초하고 있다. 지난 25년간 과학자들은 수백 종의 생물, 그러니까 개구리에서 효모, 남세균에 이르는 다양한 생물이 가진 유전자 서열을 풀어내 생명의 나무를 그렸다(그림 3 참조).

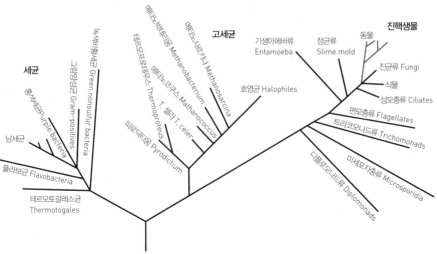

그림 3. 생명의 나무. 이 진화의 나무는 지구상의 모든 생물종을 포괄하고 있다. 공통의 조상(나무의 뿌리 부분)으로부터 세균, 고세균, 진핵생물(인간이 여기 포함된다.)이라는 큰 가지 3개가 뻗어 나왔다. 가지의 길이를 보면 각 계통이 공통의 조상으로부터 얼마나 떨어져 나왔는지 알 수 있다. 이 계통도는 살아 있는 생물종의 대부분이 미생물이라는 것도 알려준다. 동물계는 모두 합쳐봐야 이 계통도의 오른쪽 위에 있는 잔가지 몇 개에 불과하다.

이 나무는 완성된 것이 아니고 과학적 가설이며, 과학자들이 연구한 유전자 서열에 대한 가장 단순한 해석을 보여준다. 그러니까 유전자가 한 가지 형태에서 다른 형태로 어떻게 변이를 일으키는지 보여준다는 뜻이다. 새로운 종이 발견되고, 새로운 유전자 서열이 밝혀짐에 따라 과학자들은 몇 개의 가지를 다시 배열해야 함을 알았다. 그러나 새로운 데이터가 쏟아져 나옴에도 이 나무의 기본 구조는 변함이 없어서, 과학자들의 가설이 굳건한 기반 위에 서 있음을 보여준다.

이 나무는 매우 특이하다. 19세기 말에 진화생물학자들은 큰 둥치가 있고 그 둥치에서 가지가 뻗어 나오는 거대한 참나무 같은 생명의 나무를 그렸다. 세균처럼 가장 간단한 생물은 바닥 근처에서 가지를 쳤고, 인간은 수관부, 즉 진화의 정점에 서 있었다. 그러나 오늘날의 시각에서 진화는 수직으로 올라가는 나무가 아니라 가지가 무질서하게 뒤엉킨 관목 같은 모습이다.

진화

이 나무는 3개의 큰 가지로 나뉜다. 우리가 속한 가지는 진핵생물의 가지인데 식물, 곰팡이, 동물, 그리고 단세포 원생동물(예를 들어 아메바 같은 것)이 여기 포함된다. 이런 단세포생물에는 땅속이나 바닷속에 사는 것도 있고, 말라리아, 이질, 심장사상충증 같은 질병을 일으키는 기생충도 있다. 진핵생물은 저마다 독특한 세포를 갖고 있다. 이들은 대부분 핵이 있고, DNA는 핵 속에 들어 있다. 그리고 이들의 세포 안에는 새로운 단백질을 만들고 에너지를 생성하는 등의 일을 하는 많은 방, 그러니까 구획이 있다.

과거에 생물학자들은 진핵생물이 아닌 모든 종은 '무핵생물(원핵생물)'로 알려진 집단에 속한다고 생각했다. 겉보기에는 그래 보였다. 그러나 유전자를 살펴보면 그렇지 않았다. 이 생물들은 핵이 없고, DNA는 세포 안 여기저기에 흩어져 있다. 세균은 그 자체로 큰 가지 하나를 차지한다. 생명의 나무에서 마지막 세 번째의 가지는 세균보다 우리에게 더 가깝다. 1970년대에 일리노이대학의 생물학자인 칼 우즈(Carl Woese)가 처음 발견한 이 생명체는 세균처럼 보이지만 세포 구조가 세균과 완전 달랐다. 우즈는 이 미생물을 '고세균(archaea)'이라고 불렀는데 이 단어는 원래 '태고의'라는 뜻이다.

새로 그린 생명의 나무에서 또 한 가지 놀라운 일은 진화의 과정에서 우리 다세포 진핵생물이 차지하는 자리가 매우 작다는 점이다. 인간과 느릅나무 사이의 차이를 찾아내는 것은 거의 불가능하다. 그리고 세균, 고세균, 단세포 진핵생물 등은 놀라운 다양성을 보여준다. 미생물학자들은 새로운 종, 새로운 과, 심지어 새로운 계(界)에 속하는 미생물을 계속해서 찾아내고 있고, 이들은 지각의 가장 깊은 곳 아니면 온천의 뜨거운 물속 또는 강한 산(酸)에 절어 있는 인간의 내장 속 같은 곳에서도 산다.

미생물은 생물종의 대부분을 차지하고 있으며, 생물계의 물리적 무게도 대부분 이들이 차지하고 있다.

이 나무의 밑동 부분에는 오늘날 지구상에 퍼져 있는 모든 생명의 마지막 공통 조상이 자리 잡고 있다. 살아 있는 모든 종은 몇 가지를 공유하고 있다. 예를 들어 모든 종들은 유전정보를 DNA의 형태로 갖고 있고, RNA를 이용해 단백질을 합성한다. 이런 보편적인 특징에 대한 가장 간단한 설명은 '살아 있는 모든 종은 유전정보를 공통의 조상으로부터 물려받았다.'는 것이다. 그러므로 이 공통의 조상은 상당히 복잡한 생물이었을 것이 틀림없다. 그리고 이 생물도 까마득한 조상을 갖고 있을 것이다. 우리가 아는 한 보이지 않는 더 깊은 가지들이 있는 것이 틀림없다. 이들이 보이지 않는 것은 멸종했기 때문이다. 그리고 이렇게 사라져 간 조상들, 그 뒤에 생명의 기원이 숨어 있다.

생명의 기원을 찾아서

앞의 그림에서 본 생명의 나무가 생명의 기원까지 거슬러 올라가는 것은 아니지만 이 나무는 최초의 가장 중요한 생물학적 변화를 설명하는 데 도움을 준다. 곧 무생물로부터 생물로의 변화 말이다. 지질학적 기록과 함께 생명의 나무는 해결의 실마리를 제공하기도 하고, 연구에 한계를 긋기도 한다. 생명이 어떻게 시작되었는가를 설명하려면 옛날에 생명체들이 남겨놓은 증거를 설명할 수 있어야 한다.

생명의 초기에 진화가 어떻게 진행되었는가를 정확히 알아내는 것은 아직 먼 일이다. 그러나 과학자들은 더 후대의 생물학적 변화를 연구할 때와 같은 방법으로 옛날을 더듬어볼 수 있다. 6장에서 다루겠지만, 새로운 동물들은 단숨에 태어난 것이 아니다. 조그마한 변화가 단계적으로 쌓여 새 모습을 만들어내고, 마침내 오늘날 우리가 볼 수 있는 동물의 모습이 생겨난 것이다. 이와 마찬가지로 과학자들은 생명이 DNA를 기반으로 한 미생물로 진화한 것 역시 변화 과정이 쌓인 결과라는 강력한 증거를 찾아냈다.

생명 탄생의 첫 단계는 원료를 모으는 일이었다. 원료 중 상당 부분은 우주에서 왔을 수 있다. 생물학자들은 운석, 혜성, 행성 간 먼지 등에서 생명의 여러 가지 기본 요소를 발견했다. 이런 물체들이 원시 지구에 떨어져서 결국 세포를 구성하는 중요한 물질들을 지구로 가져왔을지도 모른다. 이 물질들은 DNA의 기초를 이루는 인산, 정보를 담는 염기, 그리고 단백질을 만드는 데 필요한 아미노산 등이다.

이런 물질은 서로 화학작용을 하면서 좀 더 생명체와 가까운 모습을 향해 변화해갔을 것이다. 많은 분자가 한군데 몰려 있어서 자기들끼리 자주 부딪칠 수 있게 되면 화학반응은 아주 활발해진다. 원시 지구에서 생명체를 이루는 물질의 '원조'라고 할 만한 것들은 빗방울이나 파도의 거품에 많이 몰려 있었을 것이다. 어떤 과학자들은 생명이 맨틀로부터 뜨거운 마그마가 솟아오르는 해령(海嶺, 산맥에 해당하는 해저의 융기부—옮긴이)에서 시작되었으리라고 보기도 한다. 생명의 나무에서 바닥에 가장 가까운 가지는 끓는 물이나 강한 산 같은 혹독한 환경에 사는 세균이나 고세균의 것이라는 주장도 있다. 아마 이들은 지구 초기 생태계의 잔재인지도 모른다.

과학자들은 생명이 생기기 전에 존재하던 분자들이 일련의 화학반응을 일으키고, 결국 이런 반응은 외부의 도움 없이 독립적으로 이어졌다고 보기도 한다. 달리 말해 몇몇 분자의 모임이 주변의 분자들을 끌어모아 자신과 똑같은 분자의 모임을 만들어냈다는 것이다. 원시 지구에서는 이런 화학반응들이 상호 연결 없이 여기저기서 일어나고 있었을 것이다. 그런데 이런 화학반응의 한 과정을 완성하기 위해 모두들 같은 재료를 썼다면, 이들은 서로 경쟁할 수밖에 없었을 것이다. 그리고 가장 효과적인 반응이 그렇지 못한 반응을 압도해버렸을 것이다. 즉 생물학적 진화 이전에 화학적 진화가 있었다는 얘기다.

결국 이 분자들로부터 DNA, RNA, 단백질 등이 생겨났다. 과학자들은 이 세 가지 중 어느 것이 제일 먼저 탄생했는가를 놓고 수십 년간 논쟁을 벌여왔다. DNA는 몸을 만드는 정보를 한 세대에서 다음 세대로 전달할 수 있지만 RNA와 단백질의 도움이 없으면 아무것도 하지 못한다. 예를 들어 DNA는 혼자 힘만으로는 효소들이 하는 것처럼 분자를 합치거나 갈라놓을 수 없다. 단백질은 반대의 문제를 갖고 있다. 단백질은 세포가 생명을 유지하는 데 필요한 일을 하지만 정보를 한 세대에서 다음 세대로 전달하는 일은 거의 하지 못한다. 오직 RNA만이 유전정보를 전달하고 생화학적 작업을 하는 등 두 가지를 병행할 수 있다. 이 두 가지 기능 때문에 학자들은 RNA가 생명의 구성 요소 중 가장 먼저 생겼을 가능성이 높다고 본다.

1960년대에 세포 속에서 RNA가 하는 일이 처음 밝혀졌을 때 이것이 생명의 기원이 되는 물질이라고 생각하는 사람은 거의 없었다. 유전자가 가진 정보를 세포의 단백질 공장인 리보솜(ribosome)으로 전달하는 RNA를 당시의 학자들은 그저 하잘것없는 심부름꾼 정도로 여겼다. 그러나 1982년 당시 콜로라도대학에 있던 토머스 체크(Thomas Cech)는 RNA가 복합적인 기능을 수행하는 물질임을 알아냈다. 그는 RNA가 정보를 실어 나르는 동시에 효소처럼 다른 분자를 변화시킬 수도 있음을 발견했다. 예를 들어 효소의 기능 중 하나는 DNA가 RNA로 복제되어 들어간 후 '편집'을 통해 쓸데없는 서열을 제거하는 일이다. 체크는 일부 RNA가 효소의 도움 없이 스스로의 유전정보를 편집한다는 사실을 발견했다.

1980년대 후반에 생물학자들은 두 가지 기능을 가진 RNA의 이런 특징을 이용해서 실험실에서 RNA를 진화시킬 수 있음을 알아냈다. 캘리포니아의 라호이아에 있는 스크립스연구소 소속 생물학자인 제럴드 조이스(Gerald Joyce)의 팀이 이 분야의 성공 사례 중 하나를 이뤄냈다. 조이스는 체크가 발견한 RNA 분자를 복제해 10조 개의 변종을 만들어냈는데, 각 변종은 구조가 조금씩 달랐다. 그리고 나서 연구팀은 이 변종들이 들어 있는 시험관에 DNA를 집어넣고, 그것들이 DNA의 일부를 잘라낼 수 있는지 살펴봤다. 체크의 RNA는 DNA가 아니라 RNA를 절단하는 데 적응돼 있었으므로 이 변종들이 DNA를 절단하지 못한 것은 당연한 일이었다. 변종들 중 100만분의 1 정도만 DNA를 포착해 절단했다. 그나마 이들도 워낙 서툴러 작업에 한 시간이나 걸렸다.

조이스는 이 서툰 RNA 분자들을 건져내서 각각에 대해 100만 개의 복제품을 만들었다. 새로운 세대의 RNA들에는 변이를 일으키는 것들이 많았고 그중 일부는 앞 세대보다 DNA를 더 빨리 절단할 수 있었다. 조이스는 이렇게 절단 능력이 조금 나은 RNA들을 모아 다시 한 번 복제했다. 27세대에 걸쳐 이런 작업을 반복한 결과(모두 2년 걸렸다.) RNA는 5분만에 DNA를 절단할 수 있었다. 간단히 말해 이들의 DNA 절단 능력은 당초 갖고 있던 RNA 절단 능력 수준에 도달했다.

이제 조이스 팀은 RNA를 더욱 빨리 진화하게 할 수 있다. 27세대에 걸쳐 RNA를 만들어내는 작업은 이제 2년이 아니라 3시간이면 충분하다. 그리고 환경만 적당히 갖춰지면 RNA들은 진화를 통해 자연 상태에서는 전혀 알려져 있지 않던 일도 할 수 있음이 밝혀졌다. 진화한 RNA 는 DNA뿐만 아니라 다른 여러 가지 분자를 절단할 수 있다. 그리고 원자 하나와도 결합할 수 있고 세포 전체와도 결합할 수 있다. 진화한 RNA 는 2개의 분자를 결합해 새로운 분자를 만들어내기도 한다. 충분히 진화 시키기만 하면 아미노산조차도 결합시킬 수 있는데, 이는 단백질 합성에 필수적인 단계이다. 이런 RNA는 염기를 인산기와 결합시킬 수도 있다. 달리 말하면 진화를 통해 여러 가지 기능을 갖춘 RNA는 DNA나 단백질 없이도 세포가 살게 해준다.

RNA는 워낙 진화를 잘하기 때문에 생명공학 회사들은 이를 이용해 혈액 응고 방지제와 같은 이런저런 약품을 만들려고 연구 중이다. 조이스의 팀을 비롯해 많은 학자들의 연구 결과를 보면 생명의 초기에 RNA 가 DNA와 단백질의 역할을 모두 수행했을지도 모른다는 생각이 든다. 그래서 다수의 생물학자들은 이런 생명의 초기 단계를 가리켜 "RNA 세계"라고 부른다.

RNA가 진화한 후 단백질이 뒤이어 나타났을 것이다. RNA 세계의 어느 시점에 아미노산 결합 능력이 있는 새로운 RNA가 등장했을 수도 있다. 이들이 만들어낸 단백질은 RNA가 더욱 빨리 스스로를 복제하도록 도와줬을지도 모른다. 하나의 끈으로 된 RNA가 나중에 이중나선으로 된 자신의 파트너인 DNA를 만들어냈을 수도 있다. RNA보다 변이를 덜 일으키는 DNA는 유전정보를 담아두기에 좀 더 안정적인 시스템으로 자리 잡았을 것이다. DNA와 단백질이 등장하자 RNA는 자신의 임무 중 상당 부분을 이들에게 넘겨줬을 수도 있다. 오늘날 RNA는 여전히 생명의 핵심 요소지만 과거의 능력 중 일부만 갖는데, 그중 하나가 바로 스스로를 편집하는 능력이다.

진화

여기까지 진행되자 우리가 오늘날 알고 있는 생명이 비로소 시작되었다. 그러나 RNA 입장에서 보면 모든 것이 달라졌다. RNA 세계는 대파국을 맞은 것이다.

진화의 최초 방식

현대적 종합론을 창시한 학자들은 대부분 동물학자거나 식물학자였고, 따라서 동식물에 대해 깊은 지식을 갖고 있었다. 보통 동식물은 교배를 통해 자신들의 DNA를 가진 2세를 만들어서 유전자를 전달한다. 그리고 몇 세대에 걸쳐 변이가 일어나고 그 결과가 종 전체에 퍼지면서 진화가 진행된다. 그러나 동물과 식물은 생명의 역사에서 볼 때 신참에 속한다. 진화의 주역은, 과거에도 그랬고 오늘날도 그렇지만, 미생물이다. 세균을 비롯해 단세포생물들은 유전자를 복제할 때 우리와 똑같은 법칙을 따르지 않는다. 진화생물학자들은 미생물들이 서로 얼마나 다른가를 발견하는 중이고, 이 과정에서 생명의 계통수를 다시 그리기도 한다.

세균을 비롯해 미생물들은 우리 몸의 체세포처럼 스스로를 2개의 똑같은 사본으로 복제해서 증식한다. 각각의 사본은 한 세트씩의 DNA를 갖고 있다. 그런데 어떤 세균 하나가 유전자 하나를 잘못 복제하면 자손 중 하나에 돌연변이가 일어나고 이렇게 돌연변이가 일어난 개체의 후손들은 모두 변이된 형질을 물려받는다. 그런데 미생물들은 태어난 다음에도 새로운 유전자를 얻을 수 있다.

많은 종류의 세균이 염색체와는 별개로 존재하는 고리 모양의 DNA로 유전자를 전달한다. 어떤 세균은 이것(플라스미드plasmid라고 부른다.)을 자기와 같은 종 아니면 완전히 다른 종의 세균에게 전달할 수 있다. 바이러스들도 세균에 기생하면서 어떤 세균의 유전물질을 끄집어내서 다른 세균에게 전달할 수 있다. 또한 어떤 세균의 염색체는 유전자의 일부를 절단해서 이를 다른 미생물에게 주입할 수도 있다. 그리고 어떤 세균이 죽어서 세포벽이 터져 속에 있던 DNA가 빠져나오면 가끔 다른 세균이 이것을 긁어모아 자기 유전체에 넣기도 한다.

일찍이 1950년대에 미생물학자들은 세균이 유전자를 교환하는 모습을 보기는 했지만, 당시 과학자들은 이런 유전자 주고받기가 생명의 역사에서 어떤 효과를 내는지 거의 알지 못했다. 당시에는 아마 세균들이 유전자를 교환하는 일이 거의 없었고, 했다 해도 별 흔적이 남지 않는다고 생각했다. 1990년대 후반에 들어서서 과학자들은 미생물 유전체 전체의 유전자 서열을 밝혀내고 나서야 놀라운 사실을 알아냈다. 세균 유전자의 상당 부분이 당초에는 먼 친척 관계에 있던 종에서 온 것이다. 예를 들어 지난 1억 년 동안 대장균은 다른 미생물로부터 새로운 DNA를 230번이나 얻어왔다.

미생물들이 유전자를 교환한다는 증거는 생명의 나무가 가장 깊게 가지를 친 곳에서도 발견된다. 아르카이오글로부스 풀기두스(Archaeoglobus fulgidus)는 해저의 기름이 스며 나오는 곳 언저리에 사는 고세균이다. 이 미생물은 고세균의 모든 특징을 갖추고 있으며, 특히 세포벽을 만들기 위해 쓰는 분자나 자신의 유전자에서 정보를 복제해 단백질을 생성하는 방법 등을 볼 때 전형적인 고세균에 속한다. 그러나 아르카이오글로부스 풀기두스는 다른 고세균에는 없고 세균에서만 찾아볼 수 있는 효소를 이용해 기름을 소화시킨다. 인간의 유전자는 두 가지를 모두 물려받았다. DNA를 복제하는 등 정보처리를 하는 부분은 고세균의 유전자와 밀접한 관련이 있다. 그러나 세포의 먹이를 처리하고 노폐물을 청소하는 등

진화

의 일상 업무를 돕는 단백질 조립은 세균의 유전자와 닮은 부분이 담당한다. 이렇게 외부에서 들어온 유전자가 발견됨에 따라 초기 생명의 진화는 더욱 복잡하고도 흥미로운 것이 되었다.

생명의 나무의 가지 3개를 처음 제시했던 칼 우즈는 이 결과를 보고 지구상 생명 전체의 공통 조상에 대한 새로운 비전을 내놓을 수 있었다. 생명은 RNA의 세계에서 DNA의 세계로 옮겨갔지만 아직도 스스로를 복제하는 방법이 매우 서툴렀다. 그때만 해도 세포가 DNA를 정확하게 복제하도록 감시하는 효소 등의 메커니즘이 없었다. 안전장치가 없는 상태에서 돌연변이가 활개를 쳤다. 몇 세대 이상 파괴되지 않고 살아남을 수 있었던 단백질은 단순한 것들뿐이었다. 복제 과정에서 유전자의 복잡한 지식을 필요로 하는 단백질들은 돌연변이의 공격에 취약했다.

이렇게 엉성한 복제 시스템 속에서 생명 초기의 유전자들은 한 세대에서 다음 세대로 전달되기보다는 한 미생물에서 다른 미생물로 옮겨가기가 더 쉬웠다. 초기에 미생물들은 워낙 단순했기 때문에 '떠돌이' 유전자들은 다른 미생물 안에서 쉽게 둥지를 틀 수 있었고 새 집에서 음식을 분해하거나 노폐물을 처리하는 등의 일상 업무를 도왔다. 기생하는 유전자들도 미생물에 침입해 다른 유전자들을 조작해서 자신을 복제한 뒤 이곳을 떠나 또 다른 미생물에 침입하곤 했을 것이다.

우즈는 초기 지구에 혈통 같은 것은 없었다고 주장한다. 생명은 아직 뚜렷한 계보로 분화되지 않았고 따라서 생명의 나무 맨 밑바닥에 단일한 종 같은 것은 존재하지 않는다는 얘기다. 그러니 초기 지구에 살던 모든 미생물이 우리의 공통 조상이다. 그것은 이런저런 유전자가 섞인 액체 물질로, 전 지구를 뒤덮고 있었다.

그러나 어느 정도 시간이 지나자 떠돌이 유전자들이 새로운 미생물에 들어가 둥지를 트는 일이 어려워졌다. 좀 더 복잡한 유전자의 시스템이 생겨나 진화했고, 이들은 과거의 단순한 유전자들이 모여서 하던 일보다 더 어려운 일을 할 수 있었다. 그러니까 과일을 따거나 건초더미를 묶거나 분뇨를 치우는 일을 할 줄 아는 떠돌이 청년이 어떤 농장에 가봤더니 거기서는 사람들이 컴퓨터로 기계를 다루고 있었다는 것과 비슷한 얘기다. 그에게는 끼어들 자리가 없다. 이런 유전자 시스템은 더욱 특화되어 갔고 따라서 DNA를 정확히 복제하는 일을 더 잘할 수 있었다. 유전자는 세대에서 세대로 전달되기 시작했고 분명한 계보가 탄생했다. 초기 지구의 잡탕으로부터 세 가지의 생명체가 뻗어 나왔다. 이들이 진핵생물, 세균, 고세균이었다. 이들은 서로 분명히 다른 계통을 형성했지만, 이들 각각에는 뒤죽박죽이었던 과거의 흔적이 남아 있다.

우즈의 말이 진실로 밝혀진다면 생명의 나무를 또다시 그려야 한다.

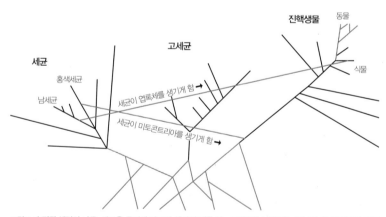

그림 4. 수정된 생명의 나무. 새로운 증거에 따르면 생명의 계통수는 그림 3에 나와 있는 것보다 좀 더 복잡할 것으로 보인다. 그림에 나와 있는 것처럼 초기의 생명은 종의 형태로 존재하지 않았을 수도 있다. 오히려 초기의 유기체들은 자유로이 유전자를 교환했을 수도 있다. 생명은 하나의 공통 조상이 아니라 어떤 거대하고 복잡한 집합체(계통수 바닥의 얼기설기한 회색 줄)로부터 태어났는지도 모른다. 수십억 년이 지난 후 세균, 고세균, 진핵생물 등 3개의 큰 가지가 갈라져 나온 후 인척 관계가 먼 종들끼리도 가끔 교배를 계속한 것으로 보인다. 다른 종류의 생명체가 세균을 삼켜버림에 따라 서로 관계가 먼 종들끼리 유전자를 교환하기도 했다. 이런 결합 관계에서 가장 중요한 것 두 가지, 즉 세균이 미토콘드리아와 엽록체를 만들어낸 것이 여기 나와 있다.

진화

이 새로운 나무는 관목의 모양이라기보다는 아래쪽에 뿌리가 뒤엉켜 초기 유전자의 모습을 보여주는 맹그로브 나무 같은 모습일 것이다. 3개의 큰 둥치가 뻗어 나왔지만 여기서 자라난 가지들은 복잡하게 서로 얽혀 있다.

가속되는 진화

유전자 몇 개를 가진 미생물에서 3,000개 이상의 유전자를 가진 남세균 같은 미생물에 이르는 데는 그리 오래 걸리지 않았을지도 모른다. 여기에 대해서는 별로 알려진 바가 없지만 생명의 초기에 진화가 매우 빨리 진행되었으리라고 짐작되는 증거는 많이 있다. 예를 들어 오스트레일리아에서는 35억 년 전에 남세균과 비슷한 미생물이 있었음을 분명히 보여주는 화석이 발견되었다. 그린란드에서 발견된 분자 화석은 오스트레일리아 화석보다 3억 5,000만 년 더 이른 38억 5,000만 년 전의 것인데, 당시에 일종의 생명체가 지구상에 존재했음을 보여준다. 과학자들은 아직 그린란드 화석이 어떤 생명체의 것인지 밝혀내지 못했지만, 이 화석의 주인공은 그때 벌써 온 지구의 바다와 대기의 화학조성을 바꿔놓고 있었다. 아마 남세균과 비슷한 미생물이었거나 아니면 RNA에 기초한 생명체, 혹은 양자의 중간쯤인 존재였는지도 모른다.

　이제 생명의 역사에 대해 알려진 사실을 지구의 역사에 관한 기존 지식과 비교해보자. 지구는 45억 5,000만 년 전쯤 태어났으며 최초 수억 년 동안은 정기적으로 거대한 운석이 충돌해서 엄청난 열을 뿜어냈다. 이 시기에는 생명체가 생겨났어도 곧 멸종했을 것이다. 지구가 오늘날의 크기를 갖추고 바다가 형성되기 시작한 후에도 100만 톤급 운석이 수백만 년마다 한 번씩 지구를 강타하곤 했다. 그 시기에 지구상에 생명체가 존재했다면 아마 해저화산 속 은신처에 숨어서 명맥을 유지했을 것이다. 그러나 이들도 멸종했을지도 모른다. 최후의 거대한 운석 폭격은 39억 년 전에 일어났다. 그로부터 5,000만 년 후 생명은 굳건하게 자리를 잡았고 3억 5,000만 년이 지나자 상당히 복잡한 미생물이 등장했다.

이렇게 복잡한 유전적 시스템이 어떻게 그처럼 빨리 진화할 수 있었을까? 진화의 현대적 종합론을 제창한 생물학자들은 조그마한 유전적 변화, 이를테면 어떤 유전자에서 A와 G가 자리를 바꾸는 것 같은 간단한 변화가 축적되어 큰 변화를 일으키는 데 주로 초점을 맞춰왔다. 그런데 진화에는 또 한 가지 중요한 요소가 있음이 밝혀졌으니 그것은 바로 유전자 '전체'가 우연히 복제되는 것이다.

유전자 복제는 단일 염기 변이와 대략 같은 속도로 진행된다. 새로 만들어진 유전자의 사본은 몇 가지 길 중 하나를 걷는다. 우선 당초의 유전자가 만들던 단백질보다 더 많은 단백질을 만들어내 생존 적합도를 높인다. 이 단백질은 예를 들어 음식을 소화시키는 데 꼭 필요한 것이어서, 이 단백질이 더 많이 복제될수록 유기체는 더 효율적으로 영양분을 섭취할 수 있다고 하자. 이 경우, 자연선택은 복제된 유전자에게 힘을 실어준다.

그러나 이렇게 새로 만들어진 유전자가 군더더기일 수도 있다. 이럴 때는 새로 만들어진 사본에 돌연변이가 생겨도 그 개체의 생존 적합도에는 변화가 생기지 않는다. 왜냐하면 당초의 유전자가 여전히 필요한 작업을 하고 있기 때문이다. 대부분의 경우 복제된 유전자에 일어난 돌연변이는 그 유전자를 무용하게 만들 뿐이다. 우리의 DNA는 이런 쓸모없는 유전자로 가득한데 이들을 '유사 유전자(pseudogene, 비발현 유전자)'라고 부른다. 그러나 가끔 복제된 유전자는 돌연변이로 인해 새로운 단백질을 생성해내고 이 단백질이 새로운 일을 하기도 한다.

세균, 고세균, 진핵생물의 유전체는 모두 수백 개의 복제된 유전자를 갖고 있는데 이들은 종을 분류하는 것과 비슷한 방법으로 몇 가지 그룹으로 분류할 수 있다. 종(種)이든 유전체든 각 그룹은 공통의 계보를 보여준다. 유전자의 계보들은 여러 차례에 걸친 유전자 복제의 산물이며 이를 더듬어 올라가보면 생명의 초기에 도달한다. 그러니까 초기 지구에서 유전자는 단순히 변이만 한 것이 아니었다. 이들은 번성했던 것이다.

가지 합치기

생명의 나무가 3개의 큰 가지로 갈라진 뒤에도 서로 멀리 떨어진 가지들끼리 합쳐지는 경우가 계속 있었다. 진화가 이런 방향으로 진행된 것을 우리는 감사해야 한다. 왜냐하면 우리는 이런 결합의 산물이기 때문이다. 식물과 조류(藻類)는 우리와 다른 곳에서 이뤄진 결합의 산물이다. 생명이 이런 식으로 서로 결합하지 않았다면 지구상에는 산소가 별로 없었을 것이고, 그나마 모자란 산소를 호흡할 우리도 없었을 것이다.

인간의 호흡을 관장하는 것은 세포 속에 있는 소시지 모양의 미토콘드리아(mitochondria)라는 기관이다. 미토콘드리아는 산소를 비롯한 몇 가지 화학물질로 세포를 움직이는 연료를 만드는 일을 담당하는데 거의 모든 진핵생물이 갖고 있다. 19세기 말에 미토콘드리아가 처음 발견되었을 때 과학자들은 이들이 너무나 세균과 비슷하다는 사실을 알고 놀랐다. 어떤 과학자들은 심지어 이들이야말로 진짜 세균이라고 주장했다. 우리 몸속의 세포 하나하나에 산소를 호흡하는 미생물이 침입해서 둥지를 틀고 그 대가로 연료를 만들어준다는 것이다.

과학자들은 동식물의 몸 안에 살면서도 병을 일으키지 않는 세균이 있음을 이미 알고 있었다. 많은 경우 이들은 서로에게 이익을 주면서 함께 사는데 이를 '공생(共生)'이라 한다. 예를 들어 소의 몸 안에 사는 세균은 소가 삼킨 풀의 질긴 조직을 분해시켜준다. 그러고 나면 소가 세균의 일부를 먹는다. 그러나 세균이 인간의 몸 안에 살았다는 것과 세포 속에 살았다는 것은 다르다. 그래서 많은 과학자들은 미토콘드리아가 침입한 세균이라는 주장에 대해 회의적이었다.

　그런데 세균 같은 것들이 세포 속에서 속속 발견되기 시작했다. 예를 들어 식물세포 안에는 광합성을 하는 엽록체(chloroplast)라는 기관이 있다. 이 기관은 햇빛의 에너지를 이용해 물과 이산화탄소를 결합시켜 유기물을 만든다. 엽록체도 미토콘드리아처럼 세균과 매우 닮았다. 그래서 일부 과학자들은 엽록체도 미토콘드리아처럼 공생 관계에 있는 세균이라는 확신을 갖게 되었다. 그리고 이들은 엽록체가 바다와 민물 속에서 살면서 빛을 처리하는 미생물인 남세균의 후손이라고 생각했다.

　1960년대 초까지 공생 이론은 과학계에서 꺼져가는 불꽃처럼 겨우 명맥만을 유지하고 있었다. 대부분의 과학자들은 핵 속의 DNA가 어떻게 유전정보를 저장하는가에만 정신이 팔려 있었기 때문에 세포가 여러 개의 유기체로 이뤄져 있다고 주장하는 공생 이론은 우스꽝스러워 보였다. 그러나 1960년대가 되자 과학자들은 미토콘드리아와 엽록체가 자체 유전자를 갖고 있음을 발견했다. 이들은 DNA를 이용해 스스로 단백질을 만들고, 복제할 때는 마치 세균처럼 자신의 DNA 사본을 만든다.

　그러나 1960년대만 해도 미토콘드리아와 엽록체가 어떤 DNA를 갖고 있는지 정확히 알아낼 수 있는 기술이 없었다. 일부 회의론자들은 이들의 유전자가 원래 핵 속에 있었는데 진화의 어떤 단계에서 핵 밖으로 나온 것이라고 추측하기도 했다. 1970년대 중반에 칼 우즈의 팀과 캐나다 노바스코샤에 있는 댈하우지대학의 포드 둘리틀(W. Ford Doolittle)의 연구팀이 이 추측이 틀렸음을 밝혀냈다. 해조류의 엽록체 속 유전자를 연구한 이들은 이 유전자가 해조류의 핵 속에 들어 있는 유전자와 거의 닮지 않았음을 알아냈다. 엽록체의 DNA는 남세균의 DNA였다.

미토콘드리아의 유전자에서는 더욱 놀라운 이야기가 나온다. 1970년대 말에 둘리틀의 팀은 미토콘드리아도 세균의 유전자를 갖고 있음을 밝혔고, 그 후로 많은 과학자들이 어떤 세균의 유전자인지 연구하는 데 매달렸다. 1998년 스웨덴에 있는 웁살라대학의 시브 안데르손(Siv Andersson)과 그의 동료들은 이제까지 알려진 것 중 미토콘드리아의 가장 가까운 친척 세균을 찾아냈다. 그것은 리케차 프로와제키(Rickettsia prowazekii)로, 티푸스를 일으키는 나쁜 세균이다.

리케차는 보통 쥐의 몸속에서 살며 이가 옮기지만 가끔 사람의 몸속에서 살기도 한다. 빈민굴이나 군 막사처럼 지저분하고 밀집된 환경에서 이와 쥐가 번성하면 티푸스가 창궐할 수 있다. 이가 사람을 물어 리케차가 몸 안으로 들어오면 세포에 침투해 스스로를 계속 복제해낸다. 그 사람은 고열과 끔찍한 고통에 시달리고 결국 죽을 수도 있다.

티푸스는 워낙 치명적이라 역사의 흐름을 바꾸기도 한다. 나폴레옹은 50만의 병력을 이끌고 러시아 원정길에 나섰다. 1812년의 나폴레옹의 군대는 폴란드를 지나 동쪽으로 전진했다. 러시아군은 싸우지 않고 계속 후퇴했고 나폴레옹은 리투아니아의 수도 빌뉴스를 총 한 방 쏘지 않고 점령했다. 그러나 이때는 이미 6만 명의 프랑스 병사가 티푸스로 목숨을 잃은 다음이었다.

러시아군은 농지를 계속 초토화시키며 후퇴를 거듭했다. 먹을 것이 없는 프랑스 병사들은 계속 몸이 약해졌으며 티푸스가 더욱 기승을 부렸다. 나폴레옹은 임시 야전병원을 만들어 환자들을 수용하고 계속 전진했다. 모스크바에 도착하니 온 도시는 텅 비어 있었고 러시아군이 이곳의 3분의 1을 이미 태워버린 다음이었다. 나폴레옹은 겨울이 오기 전에 철수하지 않으면 전멸하리라는 사실을 깨달았다.

프랑스군은 말고기와 눈 녹은 물로 연명하면서 올 때와 같은 길을 따라 후퇴했다. 임시 야전병원의 복도에는 시체들이 널려 있었다. 프랑스군은 병든 병사들을 이곳에 버리고 떠날 수밖에 없었고 이들도 결국 곧 죽었다. 폴란드와 프러시아를 통과하는 과정에서 프랑스군은 지리멸렬한 패잔병으로 전락했고 그들 자신이 살아 있는 이가 되어 지나가는 마을마다 티푸스를 전염시켰다. 어떤 프랑스 병사는 이렇게 썼다. "가는 곳마다 주민들은 공포에 떨면서 우리를 집에 재워주지 않으려 했다." 3만 명의 병사만이 고향으로 돌아갔다. 당초의 병사 20명 중 19명이 죽었다. 나폴레옹 자신도 티푸스에서 완전히 회복되지 못했고 그의 제국은 곧 무너졌다.

나폴레옹의 병사들을 죽인 세균은 이들의 세포 속에 있는 기관과 가장 가까운 친척이라는 사실이 오늘날 밝혀졌다.

까마득한 옛날 언젠가 산소를 호흡하는 세균(이제는 잊힌 지 오래된) 하나가 리케차와 미토콘드리아의 조상을 낳았다. 이 두 '가문'은 원래 주변의 영양소를 흡수하며 살아가는 독립 미생물이었다. 그런데 언젠가부터 이들은 다른 유기체 몸 안에서 살기 시작했다. 리케차는 숙주의 몸을 파고들어 이를 망가뜨릴 수 있는 무자비한 기생충으로 진화했다. 그러나 우리의 조상 몸에 쳐들어온 세균은 숙주와 더 좋은 관계를 만들어나갔다. 록펠러대학의 미클로스 뮐러(Miklós Müller)는 원시 미토콘드리아

진화

가 원시 진핵생물에 매달려 그 폐기물을 얻어먹고, 당시에 아직 산소를 대사에 이용할 능력이 없었던 진핵생물은 산소를 호흡하는 원시 미토콘드리아의 폐기물에 의지하게 되었다는 설을 내놓았다. 결국 둘은 하나로 합쳐졌고 이들 사이의 교환은 하나의 세포 안에서 이뤄졌다.

이런 결합에 의한 진화는 현대적 종합론의 일부가 아니었다. 독립된 두 개체의 결합은 DNA에 돌연변이가 점차 누적되지 않고도 어떤 종에서 변화가 일어나는 방법이다. 즉 둘을 하나로 섞으면 갑자기 새로운 유전체가 만들어진다는 얘기다. 이런 공생에 의한 진화는 기이해 보이지만 다윈의 기본 법칙을 어김없이 따르고 있다. 일단 세균이 숙주의 몸 안에 정착하면 자연선택이 계속해서 이 세균의 유전자를 형성해나간다. 미토콘드리아의 DNA는 돌연변이를 일으킬 수 있고, 어떤 돌연변이가 세포의 에너지 생산을 방해하면 그 돌연변이는 자연선택에 의해 도태된다. 반면 어떤 돌연변이가 미토콘드리아의 활동을 촉진해 개체의 생존력을 강화시키면 자연선택에 의해 그 유전자는 번성한다. 미토콘드리아는 과거에 독립적으로 살던 조상들이 바깥세상에서 살아남기 위해 갖고 있던 유전자를 많이 잃었다. 미토콘드리아가 일단 숙주에게 의지하기 시작하자 독립생활에 필요한 유전자는 불필요해졌기 때문이다. 결국 진화의 힘은 이렇게 불필요한 유전자를 모두 제거해버렸다.

생명이 탄생하고 나서 30억 년 동안 지구에 생명체라고는 미생물뿐이었다. 인간 중심적으로 생각하는 사람들이 뭐라 하든 이들은 성가신 존재가 결코 아니다. 생화학적으로 볼 때 미생물의 시대는 놀라운 변화의 시대로, 에너지를 생명으로 바꾸는 무수한 방법이 지구 도처에서 태어난 시기이다. 이렇게 미생물들이 온갖 진화의 과정을 거친 다음에야 다세포를 갖춘 우리의 조상, 그러니까 최초의 동물이 출현할 수 있었다.

6장

우연히 얻은 도구 상자

동물 진화의 기회 및 제약

우리 자신과 수십억 년 전에 지상에 출현한 아메바 같은 생물 사이의 여러 가지 차이 중 가장 두드러진 것은 우리에게 몸이 있다는 사실이다. 우리 몸은 하나가 아니라 수조 개의 세포로 이뤄진다. 그런데 이 거대한 집합체는 모두 똑같은 세포가 아니라 수십 종류의 세포로 구성되어 있다. 그 세포들은 위장부터 눈꺼풀에 이르기까지, 또 골격부터 뇌에 이르기까지 수백 가지 신체 기관을 만들어낸다. 그리고 가장 놀라운 것은 우리 인간 하나하나의 몸이 처음에는 하나의 세포로부터 만들어진다는 점이다. 이 하나의 세포가 분열하고 태아로 성장하는 과정에서 유전자들은 개체의 발달을 통제하는 여러 가지 단백질들을 만들어내기 시작한다.

어떤 단백질은 어떤 유전자를 켜거나 끈다. 어떤 단백질은 자신을 만든 세포를 떠나 옆에 있는 세포로 퍼져나가 신호를 전달하기도 하며 신호를 받은 세포들은 새로운 모습으로 변하기도 하고 태아의 몸속을 가로

진화

질러 다른 곳으로 가기도 한다. 어떤 세포는 미친 듯이 분열하는가 하면 어떤 세포는 자살해버린다. 이 모든 소동이 끝나고 나면 우리의 몸이 형태를 갖추기 시작한다.

지구상에는 수백만 가지의 동물들이 살고 있는데 여기에는 빨판이 달린 오징어부터 가시 돋친 고슴도치, 입이 없는 촌충 등 무수한 종류가 있다. 이들의 다양함은 정말이지 경이롭다. 그리고 그들의 기원을 이해한다는 것은 매우 벅찬 과제이다. 모든 동물은 공통의 단세포조상에서 나왔지만 과학자들은 이 단세포생물이 어떻게 해서 이토록 무수한 종으로 분화되었는가를 아직도 연구하고 있다. 그 답은 동물의 몸 안과 밖에 있고, 그들의 유전자의 역사와 그들이 살고 있는 환경에도 숨어 있다.

유전자가 어떻게 동물의 몸을 만들어내는가를 과학은 이제 막 밝히기 시작했다. 그러나 벌써 이 분야의 연구 성과는 가히 혁명적인 수준이다. 인간을 비롯한 동물은 대부분 몸을 만드는 유전자의 표준 도구 상자라고 할 만한 것을 갖고 있다. 이 상자에는 동물 몸의 형상, 이를테면 앞모습과 뒷모습, 좌우, 머리와 꼬리 등의 모습을 결정하는 도구들이 들어 있다. 그런가 하면 눈이나 사지처럼 신체 기관 전체의 발달을 관장하는 유전자 세트도 있다. 종이 달라도 이 도구 상자는 놀랍도록 유사하다. 쥐의 눈이 성장하는 것을 관장하는 유전자를 파리에게 주면 같은 일을 해낸다.

화석 기록으로 판단할 때 이 도구 상자는 캄브리아기 대폭발 이전 수백만 년에 걸쳐 점차 진화해온 것이 분명하다. 그래서 여러 종의 동물들에게 새로운 형태를 진화시킬 길을 폭넓게 열어두었다. 유전자가 활성화되는 시간을 바꾸거나 작용하는 위치를 변경하는 등 간단한 변화를 일으키는 것만으로도 이 도구 상자는 완전히 새로운 형태의 몸을 만들어낼 수 있다. 반면에 동물은 그토록 다양해지는 과정에서도 몇몇 규칙은 반드시 지켰다. 눈이 6개 달린 물고기나 다리가 7개인 말은 없다. 그렇다면 이 도구 상자는 진화의 어떤 통로는 차단한다는 뜻이다.

동물을 둘러싼 환경도 이토록 동물이 다양해지는 데 영향을 미쳤다. 새로운 종의 생물은 출현과 동시에 생존이 가능한 생태계를 찾아내야만 했다. 그렇지 않으면 사라져갔다. 새로운 종의 동물이 살아남을지의 여부를 예측하는 것은 거의 불가능하다. 왜냐하면 이것은 보통 우연의 작용이나 예기치 못한 행운에 좌우되는 때가 많기 때문이다. 육상 척추동물을 예로 들어보자. 이들은 모두 4개의 팔다리와 손가락, 발가락을 갖고 있다.(뱀의 경우 이런 조상으로부터 진화해왔다). 그렇다고 해서 육상에서 걷기에 가장 적합하기 때문에 이런 모습을 갖추었다고 단정할 수는 없다. 사실 사지와 발가락은 물고기가 물을 떠나기 수백만 년 전부터 진화해왔다. 훨씬 뒤에야 육상 척추동물이 이동하는 데 이들을 쓰게 된 것뿐이다. 이제까지 동물이 겪은 신체의 큰 변화는 모두 한 가지 교훈을 담고 있다. 진화는 생명의 역사가 이미 창조해놓은 것들을 이리저리 바꿀 수 있을 뿐이라는 사실이다.

진화의 괴물

동물의 진화 과정을 알기 위해 생물학자들은 괴물을 만들기도 한다. 머리에서 다리가 나온 파리, 온몸에 눈이 달린 파리, 발가락이 정상보다 많은 쥐, 척추가 배쪽에 있는 개구리 등을 만들어낸다는 얘기다.

그렇다고 생물학자들이 수술을 하는 것은 아니다. 괴물을 하나 만들려면 유전자 하나만 바꿔주면 된다. 방법은 유전자의 기능을 차단하거나 유전자가 단백질을 만드는 시간과 장소를 변경하는 것이다. 생물학자들은 이런 유전자들이 동물 신체의 형성 과정에 관여한다는 사실을 알아냈다.

이런 괴물을 만드는 연구는 일찍이 19세기 말에 시작되었다. 1890년 대에 윌리엄 베이트슨(William Bateson)이라는 영국의 생물학자가 당시까지 알려진 모든 유전적 변이의 목록을 작성했다. 베이트슨은 신체 기관이 엉뚱한 데 달린 상태로 태어난 동물들에게서 특히 큰 충격을 받았다. 눈이 달려 있어야 할 자리에서 더듬이가 빠져 나온 가재도 있었다. 어떤 나방은 다리가 달려 있어야 할 자리에서 날개가 나왔다. 더듬이 대신 다리가 달린 파리도 있었다. 이런 괴물 중에는 인간도 있었다. 드물긴 하지만 목에서 작은 갈비뼈가 튀어나온 사람도 있고 젖꼭지가 두 쌍인 사람도 있었다.

돌연변이의 결과, 신체의 일부가 엉뚱한 곳에 가서 만들어진 것이다. 베이트슨은 이렇게 해괴한 변종이 생겨나는 과정을 "호메오시스(homeosis)"라고 불렀다. 호메오시스 연구의 첫 번째 단서를 찾은 사람은 컬럼비아대학의 켈빈 브리지스(Calvin Bridges)였는데 그는 1915년에 어떤 돌연변이의 과정을 추적하다가 날개가 한 쌍 더 달린 돌연변이 초파리를 발견했다. 이 초파리의 자손들은 모두 날개가 한 쌍씩 더 있었다. 학자들은 그 후로도 이 돌연변이 파리의 후손을 계속 만들어오고 있다.

그런데 브리지스가 발견한 돌연변이에 관여하는 유전자가 정확히 어떤 것인지를 과학자들이 알아낸 것은 1980년대가 되어서였다. 학자들은 이것이 서로 관련된 많은 유전자 무리의 일원이라는 사실을 알아냈는데, 이 무리를 혹스(Hox) 유전자라고 한다. 학자들은 다른 혹스 유전자를 바꿔도 머리에서 다리가 나오거나 다리가 있을 자리에서 촉수가 뻗어 나오는 등 똑같이 기괴한 파리를 만들 수 있음을 알았다.

이런 종류의 돌연변이를 연구하는 과정에서 생물학자들은 보통의 혹스 유전자가 어떻게 작용하는지를 알 수 있었다. 혹스 유전자는 초파리의 유생이 발생을 시작할 때, 즉 파리의 모습과는 비슷하지도 않고 그저 축구공 같은 모습일 때부터 활동을 개시한다. 초파리의 유생은 몇 개의 부분으로 갈라지기 시작하는데 각 부분이 똑같은 것처럼 보이지만 저마다 갈 길이 이미 정해져 있어서 나중에는 파리 몸의 일정한 부분을 이룬다. 각 부분에 있는 세포들에게 '무엇이 되라'고 이야기해주는 것이 혹스 유전자의 임무이고, 세포들은 지시에 따라 배, 다리, 날개, 촉수가 된다.

혹스 유전자는 다른 유전자들을 끄고 켜는 메인 스위치 같은 역할을 한다. 하나의 혹스 유전자가 다른 많은 유전자(몸의 특정한 부분을 형성하는 데 관여한다.)의 연쇄반응을 일으킬 수 있다. 혹스 유전자가 돌연변이를 일으키면 다른 유전자들을 제대로 지휘할 수가 없게 된다. 이로 인해 결국 문제의 유전자가 관장하는 몸의 부분이 엉뚱한 모습이 된다. 이것이 바로 켈빈 브리지스의 날개가 두 쌍 달린 파리의 비밀이다.

혹스 유전자는 놀랍도록 아름답다. 특별한 처리를 하면 혹스 유전자는 빛을 내기 때문에 초파리 애벌레 몸속의 어떤 세포에 혹스 유전자가 있는지 알 수 있다. 실험에서는 혹스 유전자가 만들어낸 단백질과 결합하는 특수한 단백질을 주입하는데, 이 실험용 단백질은 빛을 내는 성질이 있다. 각 혹스 유전자가 내는 빛을 보면 그 유전자가 몸의 어느 부분을 관장하는지 알 수 있다. 어떤 혹스 유전자는 초파리 머리 근처에서 활동하고 어떤 것들은 꼬리 근처의 유전자들에게 시동을 걸어준다. 신기하게도 혹스 유전자 자신들도 염색체상에서 초파리 애벌레의 몸 모양을 따라 배열돼 있다. 즉 머리를 관장하는 유전자들은 앞쪽에, 꼬리를 통제하는 것들은 뒤쪽에 자리 잡고 있다.

1980년대에 초파리의 혹스 유전자가 처음 발견되었을 때만 해도 생물학자들은 유전자가 배아의 발달을 어떻게 통제하는지 거의 알지 못했다. 초파리라는 종 하나에서만 그 과정을 연구할 길이 열렸지만 그것만으로도 학자들은 열광했다. 그러나 학자들은 초파리를 만들어내는 유전자들이 곤충 및 기타 절지동물에만 고유한 것이라고 생각했다. 보통의 동물들은 절지동물처럼 몇 개의 부분으로 나누어진 체외 골격을 갖고 있지 않기 때문에 학자들은 다양한 동물들의 서로 다른 모습이 저마다 다른 유전자에 의해 지배된다고 가정했다.

그러나 학자들은 곧 개구리, 쥐, 인간, 따개비, 불가사리 등 모든 종류의 동물에게 혹스 유전자가 있는 것을 발견하고는 매우 놀랐다. 게다가 혹스 유전자의 일부는 동물의 종류에 관계없이 거의 똑같았다. 심지어 동물의 혹스 유전자들도 염색체 속에서 초파리의 경우와 마찬가지로 머리부터 꼬리를 향해 정렬돼 있었다.

생물학자들은 동물의 혹스 유전자도 초파리에서처럼 머리에서 꼬리로 내려가면서 특정한 부분의 발생을 지휘한다는 사실도 알아냈다. 종에 관계없이 혹스 유전자는 서로 너무 비슷해서 초파리의 결함 있는 혹스 유전자를 이에 상응하는 쥐의 혹스 유전자로 대치하면 제대로 된 신체 부위가 자라났다. 쥐와 초파리는 무려 6억 년 전쯤에 공통 조상으로부터 갈라져 나왔는데도 그 조상의 유전자는 아직 힘을 발휘하고 있다.

'마스터' 유전자

1980~1990년대 과학자들은 혹스 유전자만큼이나 강력한 마스터 유전자들을 동물의 유충에서 찾아냈다. 혹스 유전자는 머리부터 꼬리를 향해 중심선을 따라 작용하지만 1980~1990년대에 발견된 다른 유전자들은

몸의 왼쪽과 오른쪽을 관장하는 것도 있고 혹스 유전자처럼 머리와 꼬리를 통제하는 것들도 있었다. 초파리의 다리 모양을 전체적으로 만들어내는 것도 마스터 유전자이다. 이들은 또한 신체 기관을 만드는 데 관여하기도 한다. 예를 들어 팍스-6(Pax-6) 유전자가 없으면 초파리는 눈이 없는 상태로 태어난다. 틴맨(tinman) 유전자가 없으면 초파리의 심장이 만들어지지 못한다.

혹스 유전자처럼 이들도 인간의 유전자 속에 존재하며, 초파리가 갖고 있는 마스터 유전자와 비슷한 일을 하는 경우도 많다. 예를 들어 쥐의 팍스-6 유전자를 이용해서 초파리의 몸을 여러 개의 눈으로 덮어버릴 수도 있다. 별벌레아재비(acorn worm)나 성게, 오징어, 거미 등 다른 동물들의 유전자를 연구하는 과정에서 생물학자들은 이들도 마스터 유전자들을 서로 공유하고 있음을 발견했다.

마스터 유전자들은 똑같은 명령을 이용해서 서로 판이한 신체 부분을 만드는 능력을 갖고 있다. 게의 다리는 속이 빈 원통으로, 근육은 이 안에 들어 있다. 반면 인간의 다리는 뼈가 중심에 있고 근육이 뼈의 바깥쪽을 덮고 있다. 그런데도 게와 인간에게는 팔다리를 만드는 공통의 마스터 유전자가 많이 있다. 인간의 눈은 속에 투명한 젤리 모양의 액체가 들어 있는 하나의 공으로 되어 있고 두께를 조절할 수 있는 눈동자가 앞에 달린 구조인 반면 파리의 눈은 수백 개가 한데 모여 영상을 만들어내는 구조인데도 인간의 눈과 파리의 눈 사이에는 공통의 마스터 유전자가 많이 있다. 인간의 심장은 폐와 온몸에 혈액을 공급하는 몇 개의 방으로 구성돼 있는 반면 파리의 심장은 관 모양의 양방향 펌프이다. 그런데도 같은 마스터 유전자가 인간과 파리의 심장을 만드는 과정을 관리한다.

이런 시스템은 워낙 복잡해서, 혹스 유전자나 마스터 유전자가 동물

진화

의 각 계보마다 따로따로 진화했다고 생각할 수는 없다. 즉 여러 다른 동물의 공통 조상으로부터 진화해 나왔을 것이다. 공통의 조상으로부터 서로 다른 동물의 계보가 갈라져 나온 뒤에야 마스터 유전자가 이런저런 신체 부분을 관장하기 시작했다고 보는 것이 옳다. 그러나 동물들이 서로 크게 달라지는 과정에서도 이들의 모습을 만드는 기본 도구는 수억 년 동안 거의 변하지 않았다. 그렇기 때문에 쥐의 마스터 유전자가 초파리의 눈을 만들 수 있는 것이다.

캄브리아기 대폭발 배후의 유전자

위에서 이야기한 공통의 도구를 발견한 생물학자들은 이런 도구가 5억 3,500만 년 전 캄브리아기에 생물종이 폭발적으로 증가한 배경임을 발견했다. 화석 기록에 따르면 처음으로 등장한 동물로는 해파리나 해면 같은 원시적인 것들이 있었다. 이들은 배아가 2개의 층으로만 되어 있는 2배엽성 동물이다. 생물학자들은 이런 동물에게서도 마스터 유전자를 찾아봤지만 결과는 대부분 실망스러웠다. 2배엽성 동물에게는 마스터 유전자가 조금밖에 없으며, 이들이 3배엽성 동물에서처럼 엄밀한 질서에 따라 일하는 것 같지도 않다.

　해파리의 간단한 몸을 보면 놀랄 일도 아니다. 우선 해파리는 축을 중심으로 몸이 좌우로 나뉘어 있지 않다. 해파리의 몸은 공이나 종처럼 둥글게 균형을 이루고 있다. 입은 항문도 겸한다. 신경계도 고등동물처럼 중앙에 척수가 있어서 가지가 갈라져나간 형태가 아니라 분산된 그물 모양을 하고 있다. 해파리는 가재나 황새치처럼 구조가 복잡하지 않다.

　모든 동물의 공통 조상이 앞서 말한 공통의 도구를 갖게 된 것은 원시

적인 2배엽성 동물이 계통수에서 갈라져나간 다음의 일이다. 공통의 도
구로 인해 새로운 동물들은 더욱 복잡한 몸을 가질 수 있게 되었다. 그러
니까 배아를 더 세밀한 '모눈종이' 위에 그려서 몸을 더욱 정교하게 나누
고, 더 많은 감각기관, 음식을 소화시키거나 호르몬을 만드는 여러 가지
세포, 바닷속에서 움직이는 데 필요한 다양한 근육 등을 만들어냈다.

공통의 조상이 정확히 어떤 몸을 하고 있었는지는 알기가 어렵다. 그
러나 캄브리아기의 대폭발이 일어나기 얼마 전에 출현한 손가락 길이의
벌레 같은 동물 화석이 발견된다고 해도 고생물학자들은 놀라지 않을 것
이다. 이 동물에게는 입, 내장, 항문, 근육, 심장, 하나의 축에서 가지가
뻗어나간 형태로 된 신경계, 빛을 감지하는 기관 등이 있을 것이고, 이
밖에 다리, 촉수, 먹는 것을 도와주는 입 주변의 부수 기관 같은 것들이
붙어 있을 것이다. 에디아카라에 이름 없는 발자국을 남긴 생명체가 바
로 이 동물이었는지도 모른다.

고생물학자들은 공통의 도구가 완성된 다음에야 캄브리아기의 대폭
발이 가능했으리라고 생각한다. 그때가 되어서야 수십 가지 동물 몸의
'설계도'가 나올 수 있었기 때문이다. 몸 만들기를 통제하는 유전자 네트
워크가 하루아침에 생긴 것은 아니다. 자연은 아마 처음 만든 공통의 도
구 상자를 열어 이런저런 모양의 다리, 눈, 심장 등을 만드는 실험을 해
봤을 것이다. 그래서 동물들은 판이하게 다른 외모를 갖게 되었지만 몸
을 만드는 공통의 기본 프로그램은 계속 지니고 있었다.

공통의 도구가 얼마나 탄력적이었는가를 보여주는 가장 극적인 예는
우리 자신의 신경계에서 찾아볼 수 있다. 모든 척추동물의 신경계는 등
쪽에 배치돼 있는 반면 심장과 소화기관은 앞쪽에 자리 잡고 있다. 곤충
을 비롯한 절지동물들은 그 반대이다. 신경계가 배쪽에, 심장과 내장이

등쪽에 붙어 있다.

이렇게 서로 대칭되는 신체 구조로 인해 1830년대에 조르주 퀴비에와 조프루아 생틸레르는 치열한 논쟁을 벌였다. 퀴비에는 이들의 신체 구조가 워낙 근본적으로 다르다는 점을 들어 척추동물과 절지동물이 서로 완전히 다른 집단에 속한다고 주장했다. 그러나 조프루아는 절지동물의 설계도를 잘 바꾸기만 하면 척추동물의 설계도가 나올 수 있다고 반박했다. 결론부터 말하면 조프루아가 옳았지만 그는 자신의 이론이 유전자 연구를 통해 증명될 줄은 몰랐을 것이다. 척추동물과 절지동물의 신경계에는 천지 차이가 있다. 그러나 이들의 발달을 통제하는 유전자는 같다.

척추동물의 배아가 성장하는 과정에서 등쪽과 배쪽의 세포들은 모두 뉴런이 될 가능성을 갖고 있다. 그러나 사람의 척추는 배쪽에 있지 않다. 그 이유는 척추동물 배아의 배쪽에 있는 세포가 합성하는 Bmp-4라는 단백질이 세포가 뉴런이 되는 것을 방해하기 때문이다. Bmp-4는 점차 배쪽에서 등쪽으로 퍼져나가면서 뉴런의 형성을 차단한다.

Bmp-4가 몸의 반대쪽까지 모두 덮어버리면 뉴런이 생겨날 수 없다. 그러나 배아가 성장함에 따라 등쪽의 세포에서 Bmp-4를 차단하는 단백질이 분비된다. 코르딘(chordin)이라는 이 단백질은 배아의 등쪽을 Bmp-4로부터 보호해서 필요한 부분의 세포가 뉴런으로 바뀔 수 있게 해준다. 이렇게 해서 생긴 뉴런은 결국 척추동물의 등을 따라 달리는 척수를 만들어낸다.

이 과정을 초파리와 비교해보자. 초파리의 배아도 처음에는 등쪽과 배쪽 모두에서 뉴런을 만들어낼 수 있다. 그러나 뉴런 형성을 억제하는 Dpp라는 단백질이 등쪽에서 생겨난다. Dpp는 배쪽으로 퍼져나가지만 결국 소그(sog)라는 단백질에 의해 차단된다. 이렇게 해서 배쪽의 세포가 신경계를 형성할 길이 열린다.

이런 일을 관장하는 유전자들은 곤충과 척추동물 모두에서 비슷한 작업을 수행할 뿐만 아니라, 그 서열도 거의 똑같다. 둘 다 뉴런의 형성을 억제하는 유전자들인 Dpp와 Bmp-4는 소그와 코르딘처럼 서로 상응하는 것들이다. 이들은 너무 비슷해서 파리에서 추출한 소그 유전자를 개구리의 배아에 주입하면 개구리의 배쪽에 또 하나의 척수가 생겨난다. 그러니까 같은 유전자가 곤충과 개구리에서 같은 구조를 만들어내는데, 다만 위치가 반대일 뿐이다.

이렇게 비슷한 작업을 하는 비슷한 유전자들은 같은 조상에서 나왔을 것이 틀림없다. 캘리포니아대학 버클리 분교의 존 게하트(John Gerhart)는 여기에 대해 다음과 같은 가설을 내놓고 있다. 공통의 도구를 갖게 된 직후의 동물들은 오늘날처럼 하나의 굵은 신경 줄기가 아니라 여러 개의 작은 신경 줄기가 몸 양쪽을 달리는 구조로 되어 있었을 것이다. 이 동물은 코르딘과 소그의 조상인 유전자를 갖고 있었을 것이고 이 유전자는 배아의 이곳저곳에서 뉴런을 만들어냈을 것이다.

이 조상으로부터 캄브리아기의 대폭발 때 출연한 모든 계보의 동물이 생겨났다. 절지동물로 발전한 계보에서는 신경줄기가 하나로 뭉쳐 결국 배쪽으로 모였고 척추동물에서는 이것이 모두 등쪽으로 갔다. 그러나 신경을 형성하는 당초의 유전자는 사라지지 않았다. 다만 이들의 활동 위치가 달라졌을 뿐이다. 그리고 시간이 지남에 따라 이들은 거울 속에서 서로 마주보는 두 얼굴처럼 되었고 조프루아는 여기에 그토록 감탄했던 것이다.

진화

유전자의 복제와 척추동물의 탄생

캄브리아기의 대폭발 당시 척추동물들이 등을 따라 뻗는 척수만 만들어 낸 것은 아니다. 자연은 이들이 가진 공통의 도구 상자를 열어 이런저런 실험을 했고, 그 결과 눈, 복잡한 뇌, 골격 등이 생겨났다. 이 과정에서 척추동물들은 헤엄을 잘 치거나 사냥을 잘하거나 해서 바다와 육지의 지배적인 포식자로 군림하게 되었다.

이제까지 발견된 척추동물의 화석 중 가장 오래된 것은 중국에서 발견된 칠성장어 비슷한 생물로, 캄브리아기 대폭발의 한중간인 5억 3,000만 년 전에 살았으리라고 추정된다. 최초의 척추동물이 조상으로부터 어떻게 진화해 나왔는가를 알기 위해 생물학자들은 살아 있는 생물 중 이들과 가장 가까운 무척추동물을 연구했다. 활유어로 알려진 이 물고기는 마치 정어리 통조림에서 끄집어낸 머리 없는 정어리처럼 생겼다. 이 물고기는 조그마한 애벌레의 모습으로 삶을 시작해서 연안의 얕은 바닷물을 떠다니다가 주변을 흘러가는 작은 먹이를 삼키며 산다. 다 자라면 크기가 1센티미터쯤 되는데 이때부터는 모래를 파고 몸을 숨긴 후 머리만 물속으로 내놓고 유충 때와 마찬가지로 흘러가는 먹이를 삼켜서 생명을 이어간다.

활유어는 척추동물과 관계가 없어 보이지만, 척추동물과 중요한 요소 몇 가지를 공통으로 갖고 있다. 우선 몸 앞쪽에 홈이 패어 있는데 이는 물고기의 아가미에 해당한다. 등에는 신경 줄기가 뻗어 있는데 이것을 척삭(脊索)이라는 단단한 막대기가 보호하고 있다. 척추동물에게도 척삭이 있지만 이는 배아 때만 존재한다. 성장하면서 척추가 형성됨에 따라 척삭은 퇴화해 없어진다.

달리 말하면 척추동물의 설계도 중 일부는 활유어와 척추동물의 공통 조상에서 이미 만들어졌다는 얘기다. 그러나 활유어는 척추동물의 특징을 이루는 여러 가지 신체 기관이 없다. 우선 눈이 없고, 신경들은 조그마한 덩어리에서 갈라져 나온다. 반면 척추동물에게는 '뇌'라고 하는 거대한 뉴런 덩어리가 있다.

그러나 활유어에서 뇌와 눈의 조상을 찾아볼 수 있다. 활유어는 빛수용세포가 줄이어 배치된 홈을 이용해서 빛을 감지할 수 있다. 이 빛수용세포는 척추동물의 망막처럼 서로 이어져 있고 결국 신경 줄기의 전면으로 연결되는데, 이는 인간의 눈이 뇌와 연결된 것과 매우 흡사하다. 활유어의 신경 줄기 앞부분에 튀어나온 작은 돌기에는 세포가 수백 개밖에 들어 있지 않지만(인간의 뇌에는 1,000억 개가 있다), 숫자가 적으면 적은 대로 척추동물의 뇌와 비슷하게 여러 가지 부분으로 나뉘어 있다.

활유어의 신경 덩어리와 척추동물의 뇌 사이의 유사점은 이들을 만드는 유전자까지 거슬러 올라간다. 척추동물의 뇌와 척수를 관장하는 혹스 유전자와 그 밖의 마스터 유전자들은 활유어의 배아에서도 거의 똑같은 순서에 따라 같은 작업을 수행한다. 활유어 배아의 안점(眼點, 하등동물의 시각기관—옮긴이) 세포에 작용하는 유전자는 척추동물의 눈을 만드는 유전자와 똑같다. 활유어와 척추동물의 공통 조상이 기본적으로 같은 뇌를 만드는 데 같은 유전자를 이용했으리라고 보는 것도 타당하다.

척추동물과 활유어의 조상들이 각각 다른 가지로 갈라져나간 후 우리의 조상들은 매우 특별한 진화의 과정을 밟았다. 활유어는 13개의 혹스 유전자를 갖고 있지만 척추동물은 13개의 유전자로 구성된 세트 4개를 가지고 있고 각 세트는 똑같은 순서로 배열돼 있다. 아마 돌연변이로 인해 처음의 혹스 유전자 세트가 복제되었던 것이 틀림없다. 네 세트로까

진화

지 진화가 이뤄지자 각 세트는 다른 운명을 맞이했다. 일부는 당초의 혹스 유전자가 하던 일을 계속했겠지만 다른 세트들은 계속 진화해 새로운 방법으로 척추동물의 배아 모양을 형성해나갔다.

이렇게 폭발적으로 유전자의 복제가 이뤄지자 우리의 조상들은 좀 더 복잡한 몸을 발달시킬 수 있게 되었다. 이제 척추동물들은 눈, 코, 골격에다가 먹이를 삼키는 강한 근육까지 갖추게 되었다. 척추동물의 진화 초기에 혹스 유전자 중 일부가 지느러미를 만드는 일에 동원되었다. 지느러미가 생기자 척추를 가진 물고기들은 활유어처럼 생긴 조상들보다 헤엄을 잘 치게 되었고 물속에서의 자세 제어도 더 잘 할 수 있었다.

초기의 척추동물 물고기들은 그저 지나가는 먹이 조각을 앉아서 기다리는 대신 사냥을 시작했다. 조그마한 조각이 아니라 제법 큰 동물을 잡아먹을 수 있게 된 이 척추동물들은 몸이 더욱 커져갔다. 유전자 혁명 덕분에 초기의 척추동물들은 결국 상어, 아나콘다, 인간, 고래 등으로 발달해갔다. 캄브리아기에 이런 대사건이 없었다면 생명은 아직도 활유어 수준에 머물렀을 것이고 그저 뇌도 없는 조그만 머리가 물결을 따라 이리저리 흔들리고 있었을 것이다.

생물종 폭발의 도화선

도구 상자의 진화는 캄브리아기의 생물종 대폭발에서 핵심적인 역할을 했다. 그러나 생물종이 급증한 것은 도구 상자의 진화가 이뤄지고 나서 얼마 후의 일이다. 도구 상자를 갖고 있던 최초의 동물들은 5억 3,500만 년 전 캄브리아기의 대폭발이 일어나기 수천만 년 전부터 존재했을 것으로 보인다. 그런데 동물들이 이렇게 엄청난 힘을 갖고 있었는데도 대폭발까지 수천만 년이 걸렸다면 폭발을 가로막은 뭔가가 그사이에 작용했을 것이다.

초기 동물들의 도구 상자는 이를테면 불이 붙기를 기다리는 도화선 같은 것이었다. 대폭발 이전의 바다는 동물의 진화에 적합한 곳이 아니었다. 대폭발 기간 중에 출현했던 덩치 크고 많이 움직이는 동물들은 큰 에너지를 필요로 하며, 이런 에너지를 만들어내려면 산소가 필요하다. 그러나 선캄브리아대(캄브리아기 이전)에 바다 밑바닥에 퇴적된 암석층의 화학조성을 보면 당시의 바다에 산소가 많지 않았음을 알 수 있다. 광합성을 하는 해조류와 세균이 바다의 표면에서 풍부한 산소를 만들어내고는 있었지만 이 산소가 깊은 곳으로는 별로 내려가지 못했다. 산소를 호흡하는 청소부 세균이 죽은 광합성 세균을 먹으며 해수면에 살았기 때문에 바다는 전체적으로 산소가 적었다.

7억 년 전부터 바다의 산소량이 늘어나기 시작해서 대략 오늘날의 절반 정도 수준에 이르렀다. 당시 바다에서 산소량이 증가한 것은 여러 개의 대륙이 한데 뭉쳐 있던 것이 분리되기 시작한 것과 관계가 있다. 대륙들이 서로 멀어지면서 더 많은 양의 탄소가 바다 바닥으로 내려갔고 이에 따라 대기 중에는 더 많은 산소가 생겼다. 이렇게 추가로 발생한 산소는 바다의 산소 농도 증가에도 일익을 담당했다.

바다의 산소 농도가 높아진 후 지구 전체가 격렬한 변화의 시기를 겪은 것으로 보인다. 하버드대학의 지질학자인 폴 호프먼(Paul Hoffman)에 따르면 빙하기가 엄습해 빙하가 적도 근처까지 내려갔다고 한다. 이 빙하는 지구 여기저기서 화산이 폭발해 이산화탄소가 많이 생성된 결과 지구 대기가 따뜻해진 다음에야 녹아 없어졌다. 전 세계를 뒤덮은 빙하기에 생명체는 몇 군데의 고립된 피난처에 갇혀 있을 수밖에 없었고, 이 기

진화

간 중 진화의 속도는 더욱 빨랐을 것이다. 그리하여 새로운 환경에 적응한 새로운 종이 태어났을 것이다. 동물들은 이미 복잡한 유전 시스템을 갖추고 있었으므로 이런 혹독한 환경에 성공적으로 적응했고 결국 캄브리아기의 대폭발이라는 모습으로 크게 번성했다.

캄브리아기 대폭발에 시동을 건 것은 유전자와 신체적 조건이었겠지만 번성의 정도를 결정한 것은 아마 환경이었을 것이다. 캄브리아기 초기에 출현한 새로운 동물 중에는 생명의 역사상 처음으로 해조류를 먹을 수 있는 것들이 있었다. 이 무척추동물들은 털이 달린 촉수 같은 것을 뻗어 먹이를 잡았으며 크게 번성했다.(오늘날까지도 무갑류 새우, 물벼룩 등 해조류를 먹는 동물들은 번성하고 있다.) 이들의 수가 크게 불어나자 더 덩치가 크고 빠르게 헤엄치는 포식자들이 태어날 수 있었고, 이들을 잡아먹는 더욱 큰 포식자들이 뒤이어 출현했다. 그리하여 곧 바닷속에 복잡한 먹이 사슬이 생겨났다.

이렇게 해조류를 먹는 동물과 다른 동물을 잡아먹는 동물이 생겨나자 동물뿐 아니라 해조류도 더욱 다양해졌다. 화석에서 가장 흔하게 발견되는 해조류는 아크리타크(acritarch)라고 불리는 식물성 플랑크톤의 일종이었다. 캄브리아기 이전에 이들은 작고 평범했으나 대폭발 기간 중 갑자기 이런저런 돌기를 발달시켰고 크기도 커졌다. 아마 이는 일종의 방어 수단으로, 동물들이 삼키기 어렵게 하기 위한 것으로 보인다. 아크리타크를 먹고사는 작은 동물들은 이런 방어 체계를 극복하는 방법을 발달시켰고 자기들 나름대로 돌기, 갑각 등을 발달시켜 포식자들에게 대항했으며, 포식자들은 발톱, 강인한 턱과 이빨, 드릴, 예민한 감각 등을 개발해 이들을 공격했다. 이제 대폭발이 본궤도에 오른 것이다.

잔치가 끝나다

그러나 번영의 시기는 수백만 년 만에 끝났다. 대폭발 이후에는 한 가지의 문(門)만이 진화한 것으로 고생물학자들은 보고 있다. 이는 이끼벌레류의 동물로 바다 밑바닥에 깔린 카펫 같은 모습을 하고 있다. 그렇다고 해서 대폭발 이후 동물들이 전혀 변하지 않았다는 뜻은 아니다. 초기의 척추동물들은 모두 칠성장어 같은 모습이었지만 그 후 진화를 거듭해 눈부시게 다양한 모습으로 발전해 백로에서 나무타기캥거루까지, 귀상어부터 흡혈박쥐, 바다뱀에 이르기까지 온갖 종류의 동물로 진화해갔다. 그런데 이 모든 동물들은 눈이 2개이며 두개골이 뇌를 보호하고 있고 근육이 골격을 둘러싸고 있다. 진화는 창조적인 힘이었지만 끝없이 다양하지는 않았다는 얘기다. 사실 진화의 과정은 많은 제약 속에서 진행되며 따라서 함정도 많다.

생명이 진화 과정에서 여러 단계의 변화를 거친 뒤 태어난 새로운 종은 자신에게 가장 적합한 환경을 물색한다. 빅토리아호수에서 시클리드는 이런저런 진화의 과정을 거쳐 바위에 붙은 이끼를 뜯어먹는 종이 되기도 하고 곤충을 먹는 종이 되기도 하고 호수 속의 다른 먹이를 먹는 종이 되기도 했다. 수초를 먹는 종의 초기 조상들은 별로 솜씨가 좋지 못했지만 수초를 먹는 다른 경쟁자들이 없는 상태에서는 별 문제가 없었다. 진화가 진행됨에 따라 더욱 많은 종의 시클리드가 태어났다. 다른 시클리드를 통째로 삼키는 포식자 종, 비늘을 긁어내는 종, 알을 훔치는 종 등이 태어난 것이다. 그러나 이런 종의 수도 무한할 수는 없다. 결국 어느 시점에선가 여러 종들은 유리한 위치를 점하기 위해 경쟁하기 시작한다. 일부는 승리하고 일부는 패배한다. 빅토리아호수보다 더 오래된 말

진화

라위호수와 탕가니카호수의 시클리드는 빅토리아호수의 시클리드보다 수백만 년 더 먼저 진화하기 시작했지만 이들이 빅토리아호수의 시클리드보다 더 다양한 종을 갖고 있는 것은 아니다.

캄브리아기의 대폭발은 아마 빅토리아호수처럼 생태계가 갖고 있는 여러 가지 틈새가 완전히 포화되었기 때문에 멈춘 것으로 생각된다. 대폭발 기간 중 큰 포식자들이 지구상에 처음 출현했고 해조류를 먹는 종들과 굴을 파고 사는 동물들이 탄생했다. 아마 이들은 생태적으로 가능한 모든 틈새를 다 채워서 번성했기 때문에 새로운 종이 끼어들 틈이 없었는지도 모른다. 이렇게 되면 새로운 형태의 동물이 발을 붙일 수가 없다.

가끔 폭발적으로 진행되던 진화가 멈출 수 있는데 이는 진화 과정에서 생긴 유전적인 복잡성이 진화 자체의 걸림돌이 되기 때문이다. 초기의 동물들은 아주 단순했고 세포의 가짓수도 적었으며, 이 세포들은 비교적 단순한 유전자에 의해 통제되었다. 캄브리아기 대폭발이 끝날 때가 되자 동물은 다양한 세포를 갖게 되었고, 이런 동물의 몸을 만들기 위해 여러 유전자가 복잡하게 상호작용했다. 몸의 한 부분을 만드는 작업을 돕도록 설계된 유전자가 다른 부분들도 함께 만들어내는 경우가 흔했다. 예를 들어 혹스 유전자는 척추동물의 뇌와 척수뿐만 아니라 지느러미와 다리도 만들어낸다. 어떤 유전자가 몇 가지 작업을 동시에 담당하게 되면, 이 유전자에 변화를 일으키기가 어려워진다. 돌연변이가 일어나 이 유전자가 담당하는 몸의 한 부분을 개선해줄 수도 있지만 다른 부분을 완전히 파괴해버릴 수도 있기 때문이다. 캄브리아기 초와 말 각각의 진화 과정을 비교하는 것은 마치 1층짜리 주택의 리모델링과 마천루의 리모델링을 비교하는 것과도 같다.

진화는 이런저런 실험을 할 뿐이기 때문에 가능한 모양 중 최선의 것을 항상 이끌어내지는 못한다. 진화의 결과 엔지니어들이 경탄해 마지않는 여러 가지 신체 기관이 만들어졌지만 결함이 있는 경우도 많다. 예를 들어 인간의 눈은 매우 놀라운 비디오카메라이지만 몇 가지 점에서 근본적인 문제를 안고 있다.

포유류의 눈 속으로 들어간 빛은 젤리 모양의 투명한 액체 부분을 통과한 후 망막의 빛을 감지하는 세포에 도달한다. 그러나 망막의 뉴런은 뒤로 돌아앉아 뇌 쪽을 바라보고 있다. 그래서 빛은 몇 층의 뉴런과 복잡한 모세관의 그물을 통과한 후에야 빛수용세포 끝에 닿을 수 있다.

돌아앉은 빛수용세포에 빛이 일단 닿으면 이 세포는 빛 신호를 망막의 뉴런 층을 다시 거쳐 앞쪽으로 전달한다. 이 과정에서 뉴런이 신호를 처리해 영상을 더욱 또렷하게 만든다. 신경 신호는 망막 맨 안쪽에 있는 신경줄기를 따라 시신경으로 전달된다. 그리고 시신경은 무수한 뉴런과 모세관의 그물을 뚫고 지나서 망막 바깥의 뇌로 연결된다.

이런 구조는 진화생물학자 조지 윌리엄스(George Williams)가 간단히 이야기한 것처럼 "어리석은 설계"이다. 여러 층의 뉴런과 모세관은 방해 요소로 작용해 빛수용세포에 도달하는 빛을 약화시킨다. 이를 보상하기 위해 우리의 눈은 쉬지 않고 조금씩 움직이며 영상 주변의 음영 변화를 포착한다. 그러면 우리의 뇌가 이렇게 열악한 영상들을 결합해 음영을 제거하고 선명한 영상을 만들어낸다.

또 한 가지 결함은 망막의 뉴런과 시신경이 연결되는 방법이다. 시신경은 망막 뉴런보다 더 많은 빛을 가릴 뿐만 아니라 시신경이 망막 바깥으로 나가는 자리에 빛을 감지하지 못하는 맹점이 생긴다. 맹점이 있는데도 보는 데 별 지장이 없는 유일한 이유는 한 가지, 즉 뇌가 양쪽 눈에서 들어온 영상을 결합해 2개의 맹점을 지우고 온전한 그림을 만들어내기 때문이다.

눈의 구조에서 또 하나의 취약점은 망막이 자리 잡은 모습이다. 빛을 감지하는 세포는 미세하고 털이 나 있는 신경의 말단이기 때문에 한 자리에 꼭 붙어 있을 수가 없다. 이들은 눈의 벽을 형성하는 세포의 층, 그러니까 망막색소상피세포에 느슨하게 연결돼 있다. 망막색소상피세포는 눈에서 필수적이다. 이 세포는 여분의 빛을 흡수해 광자가 눈 속을 돌아다니며 감지 세포에 자꾸 걸려 영상이 흐릿해지는 것을 막아준다. 여기에는 혈관이 있어서 망막에 영양을 공급하며 망막이 오래된 빛수용세포를 떨궈내면 이를 치우는 일도 한다. 그런데 망막색소상피세포와 망막 간의 연결은 워낙 약해서 충격을 잘 견디지 못한다. 머리를 세게 때리면 망막이 이탈되어 눈 속을 둥둥 떠다닐 수도 있다.

눈은 이렇게 생기지 않아도 얼마든지 잘 볼 수 있다. 척추동물의 눈을 오징어의 눈과 비교해보자. 오징어의 눈은 거의 깜깜한 곳에서도 먹이의 움직임을 추적할 수 있을 만큼 강력하다. 오징어의 눈은 척추동물의 눈처럼 구형이며 수정체가 달려 있지만 빛이 오징어의 눈으로 들어와 안구 속의 벽에 도달한 뒤 복잡한 뉴런의 그물을 통과할 필요가 없다. 빛은 직접 시신경 끝의 빛수용세포 부분에 닿는다. 이렇게 해서 감지된 신호는 신경 말단으로부터 뇌로 직접 전달되며 중간에 이런저런 뉴런의 층을 거칠 필요가 없다.

포유류의 눈의 단점(장점도 마찬가지지만)을 연구하기 위해 진화생물학자들은 근원까지 거슬러 올라간다. 진화 초기에 척추동물의 눈을 연구하는 데 가장 좋은 단서는 척추동물에게 가장 가까운 친척인 활유어에서 나왔다. 활유어의 신경삭은 관 모양이고 이 속의 뉴런에는 털 같은 것(섬모)이 관 안쪽을 향해 뻗어 나와 있다. 신경관 맨 앞에 있는 뉴런 몇몇이 빛을 감지하는 눈 역할을 한다. 활유어가 갖고 있는 다른 뉴런들처럼 이들도 안쪽을 향해 있다. 그러니까 이들은 활유어의 투명한 몸 반대쪽에 와 닿는 빛만 감지할 수 있다는 얘기다.

신경관은 빛을 감지하는 뉴런 바로 앞에서 끝난다. 신경관 앞쪽에 자리 잡고 있는 세포들은 어두운 색소를 갖고 있는데, 과학자들은 이 세포들이 활유어의 앞쪽에서 들어오는 빛을 차단해주는 보호막 역할을 한다고 주장한다. 이 때문에 활유어의 안점은 모든 방향에서 오는 빛을 받아들일 수 없고 특정한 방향의 빛만을 감지하기 때문에 이를 이용해서 활유어는 물속에서 방향을 잡을 수 있다.

캐나다 서스캐처원대학의 생물학자인 서스턴 라칼리(Thurston Lacalli)는 활유어의 안점과 척추동물 배아의 눈의 구조에 매우 비슷한 부분이 있음을 알아냈다. 척추동물의 뇌는 활유어의 경우처럼 속이 빈 관 모양으로 만들어지기 시작하며 신경세포들은 안쪽을 향하고 있다. 눈은 신경관 앞쪽 끝에서 발달하기 시작하는데, 이때 관의 벽이 한 쌍의 뿔처럼 밖으로 뻗어 나오고 각 뿔의 끝이 다시 안쪽으로 접혀 들어가면서 컵 같은 모양이 형성된다. 이 컵의 안쪽 벽에는 망막 뉴런이 자리 잡으며, 이들의 신경 말단은 여전히 안쪽을 향하고 있다. 컵의 바깥쪽 표면에는 색소상피세포들이 형성된다.

이 컵 모양의 것을 잘라서 세포가 배열된 모습을 보면 활유어의 안점과 같은 구조임을 알 수 있다. 망막의 뉴런은 활유어의 빛수용세포처럼 신경관 안쪽을 향해 있다. 망막의 관상세포와 원추세포는 활유어의 빛수용세포 섬모가 고도로 진화한 모습이다. 척추동물에서 관의 모양이 변화함에 따라 이들은 결국 눈 벽을 향하게 되었다. 게다가 척추동물 배아가 가진 망막 뉴런은 활유어 머리에서와 마찬가지로 색소상피세포와 신경

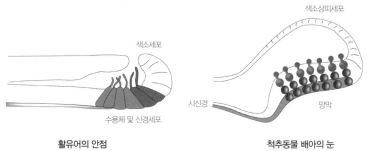

색소세포

색소상피세포

수용체 및 신경세포

시신경

망막

활유어의 안점

척추동물 배아의 눈

그림 5. 눈의 진화. 활유어의 안점과 척추동물 배아의 눈은 놀랄 정도로 비슷한 구조로 되어 있으며 거의 똑같은 유전자가 통제한다. 이것으로 보아 척추동물의 눈은 활유어의 안점 같은 것으로부터 진화되었다고 짐작할 수 있다.

세포 사이에 자리 잡고 있다.

이런 관계는 척추동물이 배아 초기일 때 가장 선명하게 드러나며, 배아가 성장함에 따라 유사성을 찾기는 힘들어진다. 컵의 벽은 아주 얇아져서 안쪽 가장자리의 세포와 바깥쪽 가장자리의 세포가 서로 만난다. 이 과정에서 망막과 색소 상피의 특이하고 정교한 결합이 이뤄진다.

척추동물 배아의 눈과 활유어 안점이 이렇게 비슷하다는 사실로부터 우리의 눈이 어떻게 오늘날의 기이한 모습을 갖추게 되었는가를 보여주는 단서가 나온다. 활유어 조상의 안점은 신경관으로부터 갈라져 나온 한 쌍의 컵 모양을 한 '빛 감지 장치'로 진화했다. 컵 모양이 되자 납작한 안점보다 빛을 더 많이 모을 수 있게 되었다. 컵은 계속 망막에 영상을 만들어낼 수 있는 구형의 눈으로 발전해갔다. 그러나 척추동물의 눈은 기본적으로 활유어의 눈과 같은 설계를 따르고 있기 때문에 망막의 뉴런이 눈으로 들어오는 빛에 등을 지고 있는 구조는 변하지 않았다.

척추동물 조상의 안점이 갖고 있던 구조적 특징에 따라 이들의 현재 모습이 결정되었다. 진화는 활유어의 눈 같은 구조와, 이를 만들어낸 법칙의 범위 내에서 최선을 이끌어낼 수 있을 뿐이다. 그렇기 때문에 안점을 진정한 눈으로 변화시키려면 맹점, 잘 붙어 있지 않은 망막, 빛의 양이 줄어드는 것 등을 감수해야 한다. 그러나 물체를 볼 수 있다는 능력이 가져다주는 이점은 눈 구조상의 불가피한 결점보다 압도적이다.

수정체, 유리체, 망막 등을 갖춘 척추동물의 눈이 진화되자 저마다의 환경에서 더 잘 활동하는 새로운 버전이 많이 나타났다. 예를 들어 수정체가 두 쌍인 눈을 갖게 된 세 가지의 물고기가 있다. 이들이 수면으로 떠오르면 눈 한 쌍은 위의 공중을 보고 나머지 한 쌍은 아래의 물속을 본다. 위를 향한 눈은 공기를 통과해서 들어오는 빛을 굴절시키기에 적합하고, 아래쪽 한 쌍은 물속에서 굴절하는 빛을 더 잘 다루도록 설계돼 있다.

반면 일부 육상 척추동물(특히 인간 같은 영장류 및 조류)은 특별히 뛰어난 눈을 발달시켰다. 이들의 망막에는 빛수용체가 밀집된 조그만 구역이 있는데 이를 포비아(fovea, 망막중심와)라고 한다. 빛의 통로를 막고 있는 뉴런들도 포비아에서는 주변으로 밀려나 있다. 그러나 이 모든 혁신에도 불구하고 망막이 빛을 등지는 구조는 변하지 않았다. 5억 3,000만 년을 버틴 진화 사이의 제약 때문에 우리의 후손들은 결코 오징어처럼 물체를 보지는 못할 것이다.

물고기의 손가락과 육상 생물

룰렛의 공을 굴리면 완전히 무작위의 결과가 나오지는 않는다. 예를 들어 회전판에서 튀어나와 천장에 가서 붙지는 않는다는 얘기다. 두 번호 사이에 걸쳐서 정지하는 법도 없다. 중력의 힘, 공을 굴리는 에너지, 바퀴 가장자리의 불안정함 등으로 인해 공은 꼭 하나의 번호에 가서 멈춘다. 그러니까 공의 운명은 예측이 불가능하기는 하지만 어느 정도 한계가 지어져 있다.

진화도 마찬가지이다. 진화에도 일정한 제약이 있지만 그렇다고 해서 연속적이고 예측 가능한 식으로 변화가 일어난다는 것은 아니다. 진화의 내적인 힘, 그러니까 유전자가 어떤 생명체를 만들기 위해 상호작용하는 방식은 기후, 지리, 생태 등 외부적인 힘의 영향을 받는다. 이 두 힘이 충돌하면 진화의 폭풍이 일어난다. 그렇기 때문에 진화의 과정을 재현하려는 과학자들은 직관에 어긋나는 현실이 존재한다는 사실에 항상 주의를 기울여야 하며, 이런 현실 위에 단순한 추론을 억지로 덧씌우지는 말아야 한다.

5억 3,000만 년 전 캄브리아기의 대폭발이라는 사건 속에서 척추동물이 출현했다. 그다음의 주요 사건은 3억 6,000만 년 전에 일어난 척추동물의 육상 진출이다. 두 사건 사이의 약 1억 8,000만 년 동안 척추동물들은 무한히 다양한 물고기로 진화했다. 그중에는 오늘날의 칠성장어, 상어, 철갑상어, 폐어 등의 조상뿐만 아니라 오늘날은 멸종한 갑주어 등이 있다. 그러나 이 기간을 통틀어 마른 땅 위를 걷는 척추동물은 단 한 가지도 태어나지 않았다. 3억 6,000만 년 전이 되어서야 척추동물은 물에서 빠져나왔다. 이들로부터 낙타, 이구아나, 큰부리새, 그리고 인간에 이르기까지 모든 육상 척추동물(사지四肢동물이라고 부른다.)이 탄생했다.

과거에 과학자들은 마치 서사시를 읊듯 육상 동물의 출현이 인간의 탄생을 향한 필연적인 단계라고 이야기했다. 이들의 이야기에 따르면 헤엄치는 물고기들로부터 몇몇 종이 육지로 올라서서 지느러미로 일어서 보려고 몸부림치다가 결국 다리와 폐를 진화시켜 육지를 정복했고, 몸집과 키도 커졌다고 한다. 1916년에 예일대학의 고생물학자인 리처드 럴

(Richard Lull)은 이렇게 썼다. "물속의 제약에서 벗어나 제약 없는 공기 속으로 나온 것은 이들의 진화에 절대적으로 필요했다."

사실 사지동물의 진화는 완전히 다른 이야기이지만 고생물학자들은 1980년대가 되어서야 이를 제대로 이해하기 시작했다. 그 이전까지는 최초의 사지동물이 어떻게 생겼는지에 관한 증거를 얻기가 어려웠다. 학자들은 물고기들 중에서 사지동물에 가장 가까운 종류는 엽상(葉狀) 지느러미를 가진 종류임을 알고 있었다. 살아 있는 엽상 지느러미 종으로는 브라질, 아프리카, 오스트레일리아 등지에서 사는 폐어가 있다. 이 민물고기는 연못이 마르거나 물속의 산소 농도가 위험할 정도로 떨어지면 공기를 호흡할 수 있다. 또 한 가지는 몸집이 우람하고 입이 큰 실러캔스(Coelacanth)라는 물고기로 남아프리카와 인도네시아 주변의 깊은 물속에서 산다.

이 물고기들의 골격은 사지동물과 비슷한 부분이 있다. 튼튼하고 근육질인 지느러미는 기본적으로 팔다리와 비슷하다. 몸통에 가장 가까운 곳에 뼈가 하나 있고 이 뼈는 한 쌍의 긴 뼈에 연결돼 있으며, 이는 다시 여러 개의 작은 뼈에 연결돼 있는 구조이다. 오늘날은 폐어와 실러캔스가 유일한 엽상 지느러미 물고기이지만 3억 7,000만 년 전에는 이들이 가장 다양한 종을 자랑하는 물고기에 속했다. 그리고 고생물학자들은 멸종한 엽상 지느러미 어류가 오늘날의 폐어나 실러캔스보다 더욱 사지동물에 가까웠다는 사실도 알아냈다.

가장 오래된 사지동물로 알려진 것은 한 가지 종뿐인데 3억 6,000만 년 전에 살았던 익티오스테가(Ichthyostega)라는 동물이다. 1920년대 그린란드의 산속에서 발견된 이 동물은 몸길이가 90센티미터 정도이고 4개의 다리가 달려 있어 사지동물이 분명하지만 두개골의 윗부분이 완전히 평평해서 나중에 출현한 사지동물보다는 엽상 지느러미 물고기와 더욱 닮아 있다.

고생물학자들은 익티오스테가가 마른 땅에 적응하려는 오랜 노력의 산물이라고 결론지었다. 미국의 고생물학자인 앨프리드 로머(Alfred Romer)는 사지동물의 기원에 대해 가장 자세한 시나리오를 내놓았다. 엽상 지느러미를 달고 있던 이들의 조상은 강이나 연못 같은 민물에서 살고 있었는데 기후가 변하면서 매년 가뭄이 찾아와 물이 마르는 일이 생기기 시작했다. 물이 있는 연못으로 이동할 수 있는 물고기는 살아남았고 그렇지 못한 것들은 죽었다. 그러니까 기동성이 있는 것들이 더 살아남기에 적합했고, 이에 따라 시간이 지나면서 지느러미가 다리로 진화했다. 결국 이 물고기들은 땅위에서 아주 잘 움직이게 되어 지상을 기어 다니는 곤충이나 무척추동물을 사냥할 수 있게 되었고, 이에 따라 수중 생활을 완전히 포기한 것이다.

로머의 시나리오는 매우 논리적인 것으로 보였다. 적어도 사지동물의 두 번째 화석이 그린란드에서 발견되기 전까지는 말이다. 1984년에 케임브리지대학의 고생물학자인 제니퍼 클랙(Jennifer Clack)은 1970년대에 케임브리지 지질학자들이 작성한 탐사 기록을 훑어보고 있었다. 이들은 익티오스테가와 비슷한 화석을 발견했고, 이 화석이 보존된 장소는 바로 클랙의 코앞에 있었다. 1987년에 클랙은 이들의 발굴 현장을 찾아가 역시 3억 6,000만 년 된 사지동물인 아칸토스테가(Acanthostega)라는 동물의 화석을 찾아냈다.

아칸토스테가는 다리와 발가락 등 사지동물이 갖춰야 할 모든 조건을 구비하고 있었지만 물속에서만 살 수 있었다. 예를 들어 클랙 발굴팀은 목에서 아가미를 지탱하고 있던 뼈를 발견했다. 게다가 아칸토스테가의 다리와 어깨, 엉덩이는 너무 약해서 육상에서 체중을 지탱할 수 없었다.

아칸토스테가는 로머의 시나리오에 전혀 들어맞지 않는 종이었으므로, 고생물학자들은 로머의 가설 일부가 틀렸다는 사실을 깨달았다. 아칸토스테가를 비롯한 초기의 사지동물들은 매년 한발이 찾아드는 혹독한 환경에서 사는 것이 아니었다. 이들은 식물이 무성한 해변의 습지대에서 살았다. 이런 지대가 지구상에 처음으로 생겨난 것은 큰 나무들이 해변이나 강가를 따라 자라기 시작했기 때문이다. 이곳에는 물고기를 사지동물로 변신시키는 가뭄 같은 것이 없었다.

클랙을 비롯한 고생물학자들은 물고기에게 다리와 발가락이 생긴 것은 지상에서 걷기 위해서가 아니라 물속에서 움직이기 위해서라고 주장하고 있다. 지느러미를 만드는 마스터 유전자의 작동 방법을 몇 군데 수정해 진화의 힘은 지느러미뼈를 발가락으로 바꿔놓았다. 이렇게 사지동물과 비슷해진 물고기들은 지느러미를 이용해서 갈대가 우거진 습지를 어기적어기적 돌아다니거나 쓰러진 나무 같은 물체를 넘어가기도 했을 것이다. 이들은 또한 바위를 붙잡고 숨어 있다가 지나가는 먹이를 덮치기도 했을 것이다. 이런 움직임이 기이하게 생각될지도 모르지만 오늘날 살아 있는 물고기들도 매우 비슷한 행동을 한다. 씬벵이(frogfish)라는 물고기는 지느러미 끝에 손가락 같은 돌기가 튀어나와 있어서 산호초 위를 천천히 걸어 다닐 수 있다.

당초의 용도가 무엇이었든 발과 발가락은 오늘날처럼 땅 위를 걸어야 할 필요 때문에 진화한 것은 아니라는 얘기다. 2000년까지 고생물학자들은 10여 종의 초기 사지동물 화석을 발견했는데 이들은 모두 물속에서 살았던 것으로 보인다.(클랙의 팀은 익티오스테가를 다시 한 번 연구한 결과 이 물고기가 땅 위에서 마치 물개처럼 몸을 질질 끌며 돌아다니기도 했으리라는 결론을 내렸다.) 필라델피아에 있는 자연과학아카데미의 테드 대슐러(Ted Daeschler)는 우리의 조상과는 관계없이 손가락 같은 뼈를 진화시킨 엽상 지느러미류의 독립된 계보 화석을 발견하기도 했다. 3억 7,000만~3억 6,000만 년 전에 엽상 지느러미류 물고기가 물속에서 '진화의 폭발'을 일으킨 것으로 보인다. 그러니까 마치 다리가 달린 시클리드가 나온 것 같다는 뜻이다. 그리고 한참 후에야 사지동물 중 한 종류가 육지로 나와 다리를 완전히 다른 목적으로 쓰기 시작했다.

진화 과정에서 동물은 한 가지의 기능에 적응된 부분으로 다른 역할을 수행하기도 한다.(이것을 선행적응preadaptation 또는 탈적응exaptation이라고 부른다.) 진화 연구에서 흔히 있는 일이지만, 이런 경향을 처음 발견한 것도 다윈이었다. 1862년에 다윈은 이렇게 썼다. "신체의 어떤 부분이 특별한 목적에 적응돼 있다고 해서 당초부터 그것이 오직 이 목적으로만 만들어졌다고 생각해서는 안 된다. 당초에 어떤 목적을 위해 만들어진 신체 부분도 완만한 변화를 통해 판이하게 다른 목적에 적응하기도 하는 것이 일반적인 현상으로 보인다."

거꾸로 가는 진화: 고래의 기원

진화는 지속적인 전진의 과정이라는 생각은 빅토리아 시대의 역사 관념과도 잘 일치했다. 19세기 말 유럽 사람들의 생활은 과학과 산업 덕분에 19세기 초보다 나아졌고, 20세기에 들어서서도 계속 나아졌다. '지속적인 개선'이라는 개념이 생명의 역사 자체에도 투영된 것으로 보인다.

그러나 빅토리아 시대의 생물학자들은 진보가 필연적인 것이라 해도 이를 무시하는 동물들이 많다는 사실을 알고 있었다. 예를 들어 따개비는 자유롭게 헤엄쳐 다니던 갑각류의 후손인데도 독립된 생활을 포기하고 게으르게 바위나 배에 붙어산다. 진화가 어떤 지속적인 행진이라면 어느 순간에든 후진할 수도 있을 것이다. 빅토리아 시대의 생물학자들은 진보의 개념을 버리지 못했다. 그래서 양방향의 통로를 생각해냈고, 한 방향은 진보, 한 방향은 퇴보라고 믿었다. 영국의 생물학자인 레이 랭케스터(Ray Lankester)는 인간도 조심하지 않으면 퇴보할 수 있다고 경고했다. 그는 이렇게 썼다. "인간은 모두 지성이 있는 따개비의 상태를 향해 흘러가고 있는 것 같다."

그러나 진화는 지속적인 진보의 과정은 아니지만 그렇다고 후진이라고 할 수도 없다. 진화는 그저 변화일 뿐이며 그 이상도 그 이하도 아니다. 사지동물은 약 3억 6,000만 년 전 용감하게 육상으로 진출했고 그 후손들은 10번 이상 바다로 돌아갔다. 물로 돌아간 이들은 활유어는커녕 엽상 지느러미류로도 퇴보하지 않았다. 이들은 완전히 새로운 종류의 동물이 되었는데, 그 좋은 예가 고래다.

고래는 일찍이 1735년 린네가 처음으로 현대적 분류학을 제창했을 당시부터 과학자들의 골칫거리였다. 린네는 분류학에 대해 이렇게 썼다. "겉보기에는 엄청난 혼란이 있는 것 같지만 생물계는 최고의 질서를 갖고 있다." 이런 린네도 고래와 마주쳤을 때는 혼란스러움이 더해가는 느낌이었다. 물고기인가 포유류인가? "이들은 물고기 같은 생활을 하고 있지만 포유류의 구조를 갖고 있다." 린네의 말이다. 린네가 지적했듯 고래는 육상 포유류처럼 심실과 심방으로 된 심장을 갖고 있으며 온혈동물이고 폐가 있으며 새끼에게 젖을 먹인다. 고래는 눈꺼풀도 있어 눈을 깜빡일 수 있다.

사람들은 린네의 분류를 받아들이지 않았다. 1806년에 자연사학자인

진화

존 빅랜드(John Bigland)는 린네가 어떻게 분류를 했든 고래가 포유동물이라기보다는 물고기라는 생각을 막지는 못할 것이라고 했다. 『모비딕』에서 주인공 이슈마엘은 다음과 같이 말하는데, 그의 이야기가 19세기 사람들의 생각을 대변한다고 해도 좋을 것이다. "고래가 물고기라는 옛날부터 전해 내려오는 생각을 믿는다. 요나(고래 뱃속에서 3일 밤낮을 지냈다는 성서 속 인물—옮긴이)가 내 생각을 뒷받침해줄 것이다."

다윈은 이 모순을 타개할 방법을 알아냈다. 린네가 고래를 포유류로 분류한 것은 무의미한 일이 아니었다. 린네가 발견한 둘 사이의 유사성은 고래와 돌고래가 땅 위에서 살던 포유류의 후손이라는 증거였다. 진화로 인해 오비디우스(로마의 시인으로 신화 속의 변신을 다룬 『변신 이야기』가 대표작이다.—옮긴이)가 좋아했을 만한 변신이 일어난 것이다. 다리는 지느러미가 되었고 꼬리는 양쪽으로 갈라진 꼬리지느러미가 되었으며 코는 머리 위로 가서 붙었다. 덩치는 엄청나게 커져서 가장 무거운 고래의 경우 사람 2,000명의 체중과 맞먹게 되었다. 이렇게 외모는 물고기와 비슷해졌지만 이 과정에서 포유류의 증거마저 제거된 것은 아니었다.

진화가 어떻게 해서 이런 일을 이뤄냈는지 다윈은 알지 못했다. 그는 고래와 육상 동물을 이어주는 중간 위치의 동물을 찾을 수 없었다. 그러나 모른다는 사실에 그는 크게 개의치 않았다. 왜냐하면 상상해볼 수 있었기 때문이다. 그는 곰이 입을 벌리고 몇 시간씩 헤엄치면서 곤충을 잡아먹는다는 사실을 지적했다. 『종의 기원』에서 그는 이렇게 썼다. "곤충을 계속해서 구할 수 있고, 이런 식으로 곤충을 잡는 데 곰보다 더 잘 적응된 경쟁자가 없다면 자연선택에 의해 곰이 점점 더 수중 생활을 오래하고 입은 점점 커져서 나중에 고래 같은 괴물 곰이 되지 못할 이유는 없다고 생각한다."

이 생각은 인기가 없었다. 어떤 신문은 이렇게 비난했다. "최근에 발간된 책에서 다윈은 난센스에 불과한 '이론', 이를테면 곰이 일정 기간 동안 헤엄을 치면 고래가 된다는 식의 주장을 하고 있다." 다윈은 개정판에서 이 부분을 삭제했다.

그 후 120년간 고생물학자들은 계속 고래의 화석을 발견했지만 가장 오래된 것, 심지어 4,000만 년 된 것도 오늘날의 고래와 근본적으로 다를 게 없었다. 등뼈는 길고 앞발은 물갈퀴 모양이며 뒷다리는 없었다. 그러나 이빨은 달랐다. 오늘날의 고래는 이빨이 없거나 입안에 작대기 모양의 것이 있을 뿐이다. 그러나 초기의 고래 이빨은 육상 포유류의 이빨처럼 울퉁불퉁했다. 이들의 이빨은 메조니키드(Mesonychid)라는 멸종한 포유류의 이빨과 특히 닮아 있다. 메조니키드는 유제류(有蹄類, 발굽 달린 동물—옮긴이)로 소나 말의 친척이지만 강한 이빨과 튼튼한 몸을 갖고 있어 사냥한 고기나 죽은 고기를 먹는 데 잘 적응돼 있었다.

1979년, 마침내 미시건대학의 고생물학자인 필립 진저리치(Philip Gingerich)가 땅 위에서 살던 고래의 화석을 발견했다.

진저리치 팀은 파키스탄에서 5,000만 년 된 포유류 화석을 찾고 있었다. 오늘날 파키스탄은 아시아의 일부지만 5,000만 년 전 화석의 주인공이 살고 있었을 때는 섬 몇 개가 모인 것에 불과했다. 당시 인도는 거대한 섬으로, 아시아대륙의 남단을 향해 북쪽으로 흘러가고 있었다. 진저리치 팀은 수많은 포유류의 화석 파편을 발견했고, 그 대부분은 금방 알아볼 수 있었다. 그러나 몇 개는 알아보기 어려웠는데, 특히 5,000만 년 된 두개골의 뒷부분 화석이 큰 수수께끼 중 하나였다. 두개골의 크기는 코요테의 것만 했고 머리 위로는 불쑥 솟은 부분이 산맥처럼 달리고 있었으며 이 돌출된 부분에 근육이 연결되어 엄청난 힘으로 물어뜯을 수 있게 생겼다. 두개골 밑쪽으로는 귀뼈가 보였다. 그리고 한 쌍의 포도알처럼 생긴 껍질이 S자로 생긴 뼈에 의해 두개골에 연결돼 있었다.

진저리치 같은 고생물학자에게 이 귀뼈는 충격적인 것이었다. 오직 고래의 귀뼈만이 이렇게 생겼다. 어떤 다른 척추동물도 이런 귀뼈를 갖고 있지 않다. 진저리치는 이 동물을 파키케투스(Pakicetus)라고 명명했는데 이는 '파키스탄의 고래'라는 뜻이다. 수년간 계속된 발굴의 결과 연구팀은 이 동물의 이빨과 턱뼈 일부를 찾아냈다. 파키케투스는 메조니키드와 나중에 출현한 고래의 중간에 놓인 동물로, 5,000만 년 된 고래라고 할 수 있으며, 발굴 당시까지 알려진 고래 화석 중 가장 오래된 것이었다. 그러나 파키케투스의 화석이 발견된 암석을 연구한 결과 이 코요테 같은 동물은 키가 작은 관목과 아주 얕은 개울이 있는 육상에서 살았던 것으로 보인다. 파키케투스는 육지의 고래였던 것이다.

15년 후인 1994년 진저리치의 학생이었던 한스 테비슨(Hans Thewissen)이 또 하나의 원시 고래 화석을 발견했다. 테비슨은 화석의 파편이나 조각을 발견한 것이 아니라 골격 전체를 찾아냈다. 4,500만 년 된 이 고래는 발이 아주 컸고 악어의 머리 같은 큰 두개골을 갖고 있었다. 그는 이 생물을 '암불로케투스'라고 명명했는데 이는 '걸어 다니는 고래'라는 뜻이다. 20세기가 끝날 무렵 테비슨과 진저리치를 비롯한 고생물학자들은 파키스탄, 인도, 미국 등지에서 다리가 달린 고래를 몇 종류 더 찾아냈다. 한때 불가능하다고 생각되었던 일이 흔한 것이 되어버렸다.

육상의 고래들이 어떻게 물고기 같은 생활을 하도록 진화했는가를 알기 위해 고생물학자들은 고래 화석과 살아 있는 고래, 메조니키드 등을 비교해서 진화의 계통도를 그렸다(그림 6 참조). 이것은 고래의 탄생 과정을 보여주는 그림으로, 완전한 것은 아니다. 그러니까 다윈은 곰을 생각할 것이 아니라 소나 하마를 생각했어야 한다. 이 발굽 달린 동물들은 오늘날 존재하는 동물 중 고래에게 가장 가까운 친척에 속한다. 멸종한 종으로는 메조니키드가 가장 가깝다. 메조니키드는 여러 가지 모습을 갖고 있는데 작은 것은 다람쥐만 한 반면 앤드루사쿠스(Andrewsarchus)처럼 몸길이가 3.6미터에 달하는 으스스한 괴물도 있었다. 앤드루사쿠스는 생명의 역사를 통틀어 가장 덩치가 큰 육식 포유동물로 기록돼 있다. 이들 사이에 낀 최초의 고래는 별로 눈에 띄지 않았을 것이다.

5,000만 년 전에 살았던 파키케투스는 최초의 고래와 크게 달랐다. 메조니키드와 고래는 모두 같은 조상에서 나왔다. 그러니 이 조상은 이제까지 알려진 가장 오래된 고래 그리고 메조니키드보다 훨씬 오래전에 살았음이 틀림없다. 고래의 화석 중 가장 오래된 것은 5,000만 년 정도 되었으며, 메조니키드의 화석 중에는 6,400만 년 전의 것도 있다. 그러므로 고래는 6,400만 년 전보다 더 전에 메조니키드로부터 갈라져 나왔다는 얘기인데 이는 파키케투스가 살았던 시기보다 1,400만 년 전이다.

초기의 고래는 여전히 앞다리는 어깨에, 뒷다리는 엉덩이에 붙어 있었고, 어깨와 엉덩이는 척추에 견고히 연결돼 있었다. 이들의 귀는 공기 중에서의 소리를 포착하는 데 적합하도록 설계된 육상 동물의 귀와 닮아 있었다. 이빨은 전체적으로 메조니키드의 이빨과 닮아 있었으나 이미 변화가 시작되었다. 뉴욕주립대학 스토니브룩 분교의 고생물학자인 모린 올리리(Maureen O'Leary)는 초기 고래의 이빨을 자세히 관찰한 결과 아래 어금니의 바깥쪽에 긴 홈이 패어 있는 것을 발견했다. 이 홈은 윗니와의 마찰로 인해 생긴 것이다. 이것으로 보아 당시의 고래는 이를 맷돌처럼 간 것이 아니라 수직으로만 씹은 것을 알 수 있다. 화석을 연구해보면 물고기를 잡아먹는 그 후손들의 어금니에도 같은 홈이 있음을 알 수 있다.

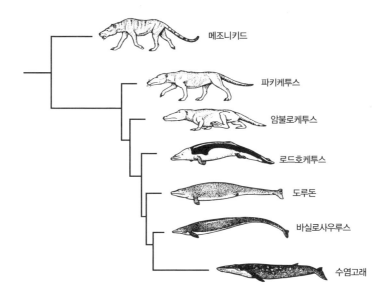

그림 6. 고래의 진화 계통도. 코요테 비슷한 포유동물이 어떻게 바다 생활에 점차 적응했는지 알 수 있다.

따라서 올리리는 파키케투스가 이미 물고기를 비롯한 수중 생물을 잡아먹기 시작했다는 가설을 내놓았다. 오늘날의 고래와 모양은 달랐어도 초기의 고래 역시 개헤엄일지언정 헤엄을 칠 수 있었을 것이다.

그러나 파키케투스가 등장하고 얼마 후 진화의 힘은 고래 몸의 여러 군데를 바꿔 수영에 더욱 적합한 동물로 만들었다. 한스 테비슨이 발견한 '걸어 다니는 고래'인 암불로케투스는 짧은 다리, 긴 주둥이, 큰 발, 강한 꼬리를 갖고 있었다. 이런 체격이면 아마 수달처럼 헤엄을 쳤을 것이다. 수달은 뒷발을 뒤로 밀어 추진력을 얻고 꼬리를 위아래로 흔들어 추진력을 더한다. 암불로케투스는 수달처럼 엉덩이가 척추에 연결돼 있었다. 달리 말하면 육상에서 걸을 수 있었다는 애기다. 아마 암불로케투스는 햇볕을 쬐고, 잠을 자고, 교미하고, 새끼를 키우기 위해 물 밖으로 나오곤 했을 것이다.

바다와 육지의 경계 지역에서 여러 종의 걷는 고래가 태어났다. 어떤 종은 얕은 물에서 헤엄치는 데 적당했고 어떤 종은 잠수에 적합했다. 이들은 알 수 없는 이유로 대부분 멸종했다. 그런데 한 가지 종류의 고래가 먼 바다에서의 삶에 적응했다. 여기서 로드호케투스(Rodhocetus) 같은 종이 태어났는데 진저리치가 파키스탄에서 발굴한 이들의 화석을 보면 다리가 짧고 엉덩이는 척추에 거의 연결되지 않은 모습이다. 물속에서 로드호케투스는 몸통과 꼬리를 함께 올렸다 내렸다 하면서 전진한 것으로 보이는데 오늘날의 고래가 바로 이렇게 헤엄을 친다. 오늘날의 고래는 꼬리 끝에 둘로 갈라진 물갈퀴를 갖고 있다. 이 물갈퀴는 결합조직으로 되어 있으며 수영 능력을 대폭 강화해준다. 결합조직 같은 살은 화석으로 남는 일이 거의 없으므로 로드호케투스가 이런 물갈퀴를 가졌는지는 알 길이 없다.

4,000만 년 전이 되자 진화가 많이 진행되어 완전히 바다 동물이 된 고래가 태어났다. 바실로사우루스(Basilosaurus)라는 고래는 길이가 15미터 정도로 뱀처럼 가늘고 긴 몸, 긴 주둥이, 뭉툭한 물갈퀴가 된 두 팔을 갖고 있었다. 바실로사우루스는 해안에서 멀리 떨어진 바다에서 살았으며 육지에 올라오는 것은 사형선고나 다름없었을 것이다. 바실로사우루스 화석에서 위가 있던 부분을 관찰한 고생물학자들은 가끔 상어의 뼈를 발견하기도 했다. 그러니까 이들은 오늘날의 고래와 매우 가까웠다. 그러나 바실로사우루스는 육상 동물의 흔적을 여전히 갖고 있던 물개 비슷한 고래, 반은 육지에서 살고 반은 물속에서 살던 종류의 고래 등과 수백만 년간 공존했다.

바실로사우루스도 자신만의 특성이 있었다. 오늘날의 고래는 콧구멍이 완전히 머리 위로 이동해 있는데 바실로사우루스의 콧구멍은 주둥이

앞과 오늘날의 고래 콧구멍의 중간쯤에 자리 잡고 있다. 1989년에 진저리치가 이집트에서 발견한 화석은 바실로사우루스가 육상 동물의 후손임을 더욱 분명히 보여줬다. 바실로사우루스의 긴 몸에서 진저리치는 엉덩이를 발견했고 거기에 뒷다리가 붙어 있었다. 다리의 길이는 10여 센티미터에 불과했지만 5개의 발가락이 달려 있었다.

다른 모든 계통수처럼 고래의 계통수도 하나의 가설이다. 다른 모든 가설처럼 이것들도 새로운 증거들이 나타남에 따라 수정되고 개선된다. 예를 들어 바실로사우루스는 오늘날의 고래에게 가장 가까운 친척이 아닐 수도 있고, 그 명예를 도루돈(Dorudon)이라는 종에게 넘겨주어야 할지도 모른다. 한편 어떤 과학자들은 고래의 유전자에서 놀라운 사실을 발견했다. 고래의 DNA는 고생물학자들이 얼마 전에 결론을 내렸던 것처럼 유제류의 후손임을 보여주고 있었다. 그걸 더 자세히 연구한 결과 고래에게 가장 가까운 친척은 하마일 거라는 가설이 나왔다.

고생물학자들은 여기에 대해 회의적이었다. 하마는 소목(Artiodactyla, 우제류)이라고 불리는 발굽 달린 포유류 집단에 속한다. 소목에 속하는 동물은 양끝이 둥근 독특한 형상의 발목뼈를 갖고 있다. 메조니키드의 발목뼈는 그렇지 않다. 고래는 메조니키드의 가까운 친척으로 알려져 있으므로 소목에 속할 수 없다고 여겨졌다. 그러므로 이 DNA 분석 결과는 말이 안 됐다. 그러나 2001년에 진저리치의 팀이 파키스탄에서 초기 고래의 화석을 발견했는데, 사상 처음으로 고래 화석에서 발목뼈가 발견됐다. 이 화석의 발목뼈는 하마처럼 독특한 모양새를 하고 있었다.

이런 작업은 중요하지만 그렇다고 해서 고래 계통수가 가르쳐준 기본적인 교훈이 달라지는 것은 아니다. 박쥐가 새가 아닌 것처럼 고래는 물고기가 아니다. 초기의 고래는 점진적인 단계를 거쳐 거의 물고기와 비숫한 외모를 갖추게 되었다. 그러나 지느러미 같은 고래의 물갈퀴 속에는 손목과 손가락이 갖춰진 완벽한 손이 숨어 있다. 참치가 꼬리를 좌우로 흔들어 헤엄을 치는 반면 고래는 꼬리를 위아래로 흔들어 추진력을 얻는다. 이것은 고래가 육상을 달리던 동물의 후손이기 때문이다. 초기의 고래들은 달리기의 자세를 변형해 수달 같은 수영 방법을 개발했다. 즉 발을 뒤로 뻗기 위해 등을 구부리는 것이다. 결국 진화의 힘은 새로운 고래의 종을 탄생시켜 등을 구부리는 대신 꼬리를 위아래로 흔들어서 헤엄을 더욱 잘 치게 만들었다.

고래는 독특한 진화의 과정을 겪었지만 그 진화의 역사 자체가 그들의 모습을 결정하는 데 어떤 한계가 되었다. 그리고 한계를 그은 것은 역사만이 아니었다. 고래를 비롯한 여러 가지 포유동물들은 당시 지구를 지배하던 척추동물, 그러니까 공룡들과 거대한 해양 파충류가 멸종한 다음에야 왕성하게 번영하기 시작했다. 최초의 포유류는 2억 2,500만 년 전쯤에 출현했지만 그로부터 1억 5,000만 년간 이들은 다람쥐 정도의 크기였고 종도 다양하지 않았다. 그러다가 6,500만 년 전 백악기가 끝난 다음에야 대부분의 포유동물이 출현했다고 화석 기록은 말해주고 있다. 그때가 되어서야 영장류가 나무 사이를 뛰어다니기 시작했고, 그때가 되어서야 고래가 유제류와 작별하고 바다로 돌아가기 시작했다. 그로부터 수백만 년 후 박쥐, 그리고 거대한 코뿔소와 코끼리의 조상이 태어났다. 일부는 사자 크기의 맹수가 되기도 했다. 포유류는 캄브리아기 대폭발과 빅토리아호수에서 일어난 시클리드의 번성의 중간쯤 되는 종의 폭발을 이뤄냈다. 그때 이후 포유류는 지상을 지배했고 바닷속에서도 번성했다. 그러나 포유류가 이런 폭발을 겪은 것은 육지와 바다 파충류 수백만 종이 갑자기 사라졌기 때문이다. 그러니까 포유류가 점진적으로 진화하면

진화

서 완벽한 모습을 갖추게 되어 결국 번영한 것이 아니라 거대한 운석이
지구에 충돌해 이미 있던 지배적인 종들을 쓸어버리고 새로운 종들에게
길을 열어준 것이다.

7장

멸종

생물은 어떻게 사라지고 다시 태어나는가

다윈은 멸종에 대해 그다지 깊이 생각하지 않았다. 물론 그는 퀴비에 같은 자연사학자의 업적을 알고는 있었다. 퀴비에는 생명의 역사 전체에 걸쳐 간헐적으로 대파국이 일어났으며 그때마다 기존의 생물군이 멸종하고 새로운 생물들이 빈자리를 차지했다고 주장했다. 그러나 다윈은 라이엘의 점진적 변화 이론에 심취해 있었으므로 퀴비에의 생각이 가망 없을 정도로 낡은 것이라고 믿었다. 『종의 기원』에서 다윈은 이렇게 썼다. "지구상의 모든 생물들이 간헐적인 대재앙으로 인해 한 번씩 전멸했다는 낡은 생각은 이제 설 자리를 잃었다."

다윈에게 있어 멸종은 진화의 싸움터에서 패한 자들이 무대를 떠나는 것일 뿐이었다. 패자들은 요란스럽게 무대를 뛰쳐나가지 않는다. 하나하나의 종이 경쟁에서 밀려나 망각의 세계로 떠나면서 조금씩 진행되는 것이다. 화석의 기록을 보면 단번에 멸종해버린 종도 있지만 발굴되지 않은 화석도 무수히 많을 것이기 때문에 알려진 화석만으로 판단하는 것은 옳지 않을 수 있다. 더 많은 화석이 발견됨에 따라 외견상 대재앙으로 보이는 사건이 상호 연결되어 연속적인 멸종의 역사를 더듬어볼 수 있을 것이라고 다윈은 생각했다.

다윈의 시대 이래 고생물학자들은 다윈이 생각한 대로 많은 화석을 찾아냈고 심지어 그 화석이 어느 시대의 것인지 정확히 알아내는 방법도 개발했다. 그러나 새로운 증거가 발견될수록 멸종에 관해서만은 다윈이 틀렸음이 분명해졌다. 대량 멸종은 현실이었다. 지질학적으로 보면 한순간에 해당하는 시간에 지구상 생물종의 90퍼센트가 파괴된 적도 있었다. 이런 파괴의 주범으로 지목되는 것들은 화산, 운석, 대양과 대기의 갑작스러운 변화 등이다. 이런 현상이 일어날 때마다 전 지구상의 생명은 고통을 겪었다. 현상의 강도가 일정 수준을 넘어서면 생명은 마치 골판지로 지은 집처럼 무너졌다. 일단 대량 멸종이 일어나면 당초의 다양성을 회복하는 데는 수백만 년이 걸렸다. 대량 멸종의 결과 큰 변화가 일어나, 다시는 옛날의 생태계로 돌아가지 못하기도 한다. 대재앙으로 지구를 지배하던 생물종이 완전히 사라지고 새로운 것들이 빈자리를 차지하기도 했다. 사실 인간이 지구를 지배하게 된 것도 과거에 있었던 대량 멸종 덕분인지 모른다.

이제 또 하나의 대량 멸종이 시작된 것 같기도 하다. 그런데 이번에는 지구의 역사상 처음으로 단 하나의 종, 그러니까 인류가 멸종의 주역을 맡고 있다. 이번 멸종의 서막이 오른 것은 수천 년 전 인류가 오스트레일리아를 비롯한 대륙에 처음 발을 디딘 후 현지의 큰 동물을 사냥하기 시작하면서부터였다. 그러나 지난 몇 세기 동안 인간은 열대우림을 파괴하고 토종 생물을 압도하는 침입자 생활을 퍼뜨리면서 지구를 지배하게 되었고 멸종은 더욱 가속되었다. 21세기에 인간은 지구의 기온을 상승시켜 그러지 않아도 멸종 위기에 있는 종들을 더욱 궁지로 몰아넣을지도 모른다. 일부 추측에 따르면 앞으로 100년 사이에 지구 생물종의 절반 이상이 사라질 것이라고 한다.

대량 멸종은 진화의 가장 큰 미스터리 중 하나로, 고생물학자들은 북이탈리아의 구릉지대에서 남아프리카의 사막에 이르기까지 전 세계를 돌아다니며 대량 멸종이 생물의 역사에서 어떤 역할을 했는가를 알아내려 하고 있다. 이들의 작업은 단순히 학문적인 것이 아니다. 이들의 연구 결과에 따라 인간이 진화의 과정을 어디로 끌고 가는가를 알 수 있을지도 모른다. 그리고 이들의 연구 결과로 인해 현대의 대량 멸종은 어떤 측면에서 과거의 멸종과는 달라질 것이다. 이번의 멸종은 특정한 종에 의해 야기되었을 뿐만 아니라 자신의 운명을 이해하고 이를 통제할 수 있는 종이 시작했다는 점이 다르다는 얘기다.

멸종과 부활의 그래프

1840년대가 되자 멸종의 역사는 대충이나마 그 윤곽이 드러났다. 지질학자들은 어떤 종의 화석이 특정한 암석층에서만 나타나는 경우가 많음을 알았다. 똑같은 양의 화석이 수백 킬로미터 떨어진 곳에 있는 같은 종류의 암석층에서 발견된다는 얘기다. 지질학자들은 전 세계의 암석층들을 이에 따라 연결하기 시작했다. 생명의 역사를 통일하는 거대한 작업이 시작된 것이다. 1840년대에 영국의 자연사학자인 존 필립스(John Phillips)는 화석이 고생대, 중생대, 신생대 등 3개의 큰 시대로 나뉘며 그 시대들 사이에 대량 멸종이 있었다고 생각했다. 그는 자신의 주장을 종이 위에 그렸다. 고생대 초기에 아무것도 없던 상태에서 생물종의 대폭발이 일어났고, 그 후 부침을 계속하다가 고생대 말에 가서 생물 종수가 뚝 떨어졌다. 중생대가 시작되면서 생명은 급속도로 번성하다가 신생대와의 경계 지점 근처에서 또다시 급격히 추락했다. 고생대와 중생대를 지배하던 생물종들은 멸종의 시기에 거의 사라졌고 새로운 종의 동물들이 출현했다.

필립스가 그린 곡선은 올바르긴 했지만 엉성해서 마치 안개에 싸인 먼 산의 윤곽 같았다. 이제 150년이 지난 지금 안개가 거의 걷혔다. 지질학자들은 세계의 암석층들을 하나의 기록으로 통일했다. 절벽이나 노출된 광맥에서 학자들은 어떤 시대의 암석층과 다른 시대의 암석층 간의 경계를 찾을 수 있었다. 이들은 이 절벽과 광맥에서 잠자고 있는 방사성 동위원소를 이용해서 이들의 나이를 정확히 계산했다. 그리고 이제까지 발견된 화석의 방대한 데이터베이스를 컴퓨터에 입력했다. 놀랍게도 이 연구 결과는 필립스의 곡선이 아직도 유효함을 보여줬다.

이 곡선은 여러 고생물학자가 공동으로 연구한 결과이지만, 특히 시카고대학의 존 셉코스키(John Sepkoski)의 공이 컸다. 그는 수십 년에 걸쳐 가장 상태가 양호한 화석 기록을 남기는 해양 생물의 존재 기간을 연구했다. 이 곡선은 약 6억 년 전인 캄브리아기 초부터 시작한다. 이 시기는 충분한 화석이 나타나서 신뢰할 만한 멸종의 그림을 그릴 수 있는 최초의 시기이다. 세로축에는 특정 시점에 존재했던 해양 동물의 종수가 나와 있다.

지난 6억 년의 기간 중 대부분의 기간에는 낮은 수준의 멸종만이 계속 일어났다. 이런 '배경' 멸종은 다윈이 이야기한 종의 지속적 퇴장과 일치한다. 대부분의 종은 100만 년에서 1,000만 년 정도 존재하며 오래된 종이 사라지는 것과 거의 같은 비율로 새로운 종이 등장한다. 그러니까 이를 여러 마리의 반딧불이가 모여 있는 곳에 비유할 수 있다. 어떤 특정 시점에 일정 수의 반딧불이가 빛을 낼 것이고 나머지는 꺼져 있을 것이다. 반딧불이는 저마다 다른 순간에 빛을 내지만 전체적으로 보면 어떤 시점에든 불이 켜져 있는 반딧불의 수는 대략 일정하다.

이제 이 자리에 있는 반딧불이의 절반 정도가 일제히 빛을 끈다고 생각해보자. 그리고 불이 꺼진 반딧불이가 한 시간 동안 빛을 내지 않는다고 생각해보자. 캄브리아기 이후 이런 일이 몇 번 일어났다. 배경 멸종이 갑자기 대량 멸종으로 바뀐 것이다. 이런 일은 수천만 년마다 바다와 육지에서 일어났으며, 그 가운데 5번은 규모가 매우 컸다. 그리고 그때마다 생물종의 절반 이상이 멸종되었다.

이런 멸종의 규모는 다윈의 상상보다 훨씬 큰 것이었다. 다윈이 전혀 생각하지 못한 방법으로 새로운 생명이 태어날 수 있듯이 이들의 사라지는 모양 또한 다윈을 놀라게 했을 것이다. 멸종은 진화가 갖는 창조력의 어두운 그림자이다. 지구의 환경이 워낙 갑자기 달라지기 때문에 자연선택이 어떤 종을 적응시켜 살려낼 시간적 여유가 전혀 없다. 일련의 멸종이 끝나고 나면 생명의 역사는 완전히 새로운 길을 갈 수 있다.

페름기와 트라이아스기 사이의 대량 멸종

죽음의 이유를 캐기는 어렵다. 그것이 어떤 개체의 죽음이든 종 전체의 죽음이든 말이다. 남아프리카의 카루사막에는 버려진 농장 속에 묘지가 하나 있다. 이곳 사람들은 1800년대 후반에 푸슈가(家) 사람들이 이 농장을 소유하고 있었음을 기억한다. 여기서 부모와 두 아들이 살았다. 이 가 죽은 1890년대에 모두 죽었는데 어떻게 죽었는지는 아무도 모른다. 겨우 100여 년이 지났을 뿐이지만 지금 푸슈가의 운명을 알 길은 전혀 없다.

1991년부터 워싱턴대학의 고생물학자인 피터 워드(Peter Ward)는 푸슈가의 농장 근처에 있는 산을 자주 방문했다. 이 산의 암석들 속에는 이제까지 기록된 것들 중 가장 규모가 큰 대량 멸종의 열쇠가 숨어 있다. 이 멸종은 고생대가 끝나고 중생대가 끝나는 시기인 2억 5,000만 년 전에 일어난 것으로, 존 필립스도 이를 언급하고 있다.(오늘날 고생물학자들은 이 사건을 고생대 페름기와 중생대 트라이아스기의 경계에서 일어난 멸종. 즉 'PT 경계 멸종'이라고도 부른다.) 생명체의 90퍼센트가 사라졌지만 이들의 죽음은 푸슈가 사람들의 죽음보다 훨씬 깊은 비밀에 싸여 있고, 이들의 실종에 대한 단서도 거의 남아 있지 않다. 워드는 이런 단서를 찾기 위해 매년 카루를 찾는다. 그는 이렇게 말한다. "어찌된 일인지 알아내야 한다. 왜냐하면 멸종에 적용된 진화의 법칙은 오늘날의 현상에도 적용될 수 있기 때문이다. 오늘날 우리는 대량 멸종을 겪고 있다. 과거의 멸종은 어떠했는가를 알면 이번 멸종으로 인해 지구의 생명이 어떤 영향을 받을지 예측할 수 있다."

오늘날 카루는 황량한 산악지대이지만 2억 5,000만 년 전 대량 멸종이 일어나기 직전에는 매우 다른 장소였을 것이다. 워드는 이렇게 말한다. "이곳은 크고 넓은 계곡이었을 것이다. 강은 미시시피처럼 컸을 것이고 강가의 숲은 오늘과는 다른 모습이었을 것이다. 당시에는 꽃도, 머리 위를 나는 새도 없었을 것이다. 오늘날의 지구와는 완전히 다른 생소한 모습이었을 거라는 얘기다."

당시의 카루를 지배했던 동물은 단궁류(synapsid)라는 파충류로, 오늘날의 모든 포유류가 단궁류에서 나왔다. 2억 5,000만 년 전에 단궁류는 하마 같은 모습의 초식동물이나 기묘한 형태의 육식동물로 진화했다. 육식동물의 어떤 것은 송곳니가 칼처럼 긴 거북이의 머리에 도롱뇽의 몸을 가진 것도 있었다. 그런데 이미 2억 5,000만 년 전에 단궁류는 포유류의 특징을 몇 가지 갖고 있었다. 이들은 턱과 이빨을 발달시켜 먹이를 통째로 삼키기보다는 씹어 먹었다. 그 결과 소화기관이 음식물을 좀 더 효율적으로 흡수해서 체력이 강해졌다. 다리도 몸 옆으로 벌어지는 것이 아니라 몸 아래쪽으로 딱 들어맞게 되었고, 이로 인해 더 빨리 달릴 수 있었다. 그리고 신진대사도 변온동물보다는 정온동물에 더 가까웠다.

당시의 카루에는 단궁류 말고도 양서류, 거북, 악어, 심지어 공룡의 조상도 살고 있었지만 지배자는 단궁류였다. 카루에서 발견되는 화석으로 미루어보아 단궁류는 이곳의 침엽수림과 양치식물로 뒤덮인 사바나를 뒤덮고 있었고 그 숫자는 오늘날 동아프리카에 사는 누(암소처럼 생긴 영양—옮긴이)나 영양에 견줄 만했다. 단궁류의 번영은 끝나지 않을 것처럼 보였다. 그러나 지질학적 시간으로는 한순간에 이 모든 것이 달라졌다.

워드는 이렇게 말한다. "카루는 놀라운 곳이다. 이곳은 그야말로 고생물학의 성지다. 지구상 어느 곳에도 여기처럼 포유류와 비슷하게 생긴 파충류가 이렇게 많고 이렇게 발굴하기 쉽고 이렇게 연구가 잘된 곳은 없다. 이곳은 페름기 말 대량 멸종 기간 중 어떤 일이 일어났는지 알아내는 데 가장 적절한 장소이다."

루츠버그 패스에 있는 협곡에서 워드의 팀은 페름기의 마지막을 볼 수 있었다. 녹색과 쑥색의 지층은 빨간색과 자주색으로 변해가는데 이는 카루가 덥고 건조해졌음을 시사한다. 오래된 암석에서는 쉽게 찾을 수 있는 사지동물의 화석이 페름기의 마지막이 되면 점점 희귀해진다. 결국 세 가지 종의 단궁류 화석만이 끝까지 살아남는데 그중 하나는 옛날부터

진화

존재하면서 환경의 변화를 버텨낸 종이고 나머지 둘은 신참이다. 하나는 모스코리누스(Moschorinus)라는 육식 파충류이고 하나는 리스트로사우루스(Lystrosaurus)라는 못생기고 하마와 비슷한 초식 파충류였다. 페름기의 맨 끝부분에 형성된 암석층은 녹색인데, 여기서는 어떤 생명의 흔적도 발견되지 않는다.

워드는 이렇게 말한다. "대량 멸종은 이 녹색 층에서 일어났다. 여기서는 어떤 화석도 발견되지 않는다. 바로 앞 층까지 나타나던 페름기의 생물은 모두 사라졌다. 몇몇 종은 살아남았다. 왜냐하면 한두 종이 이보다 더 나중의 층에서 발견되기 때문이다. 그러나 이 녹색 층에는 아무것도 없다. 화석 자체도 없을뿐더러 동물이 파놓은 굴 등 생물 활동의 흔적도 없다. 이 층은 동물이 전혀 없는 상태에서 형성되었다. 멸종의 범위가 워낙 넓어서 작은 생물까지 사라졌다. 강하고 힘센 것들뿐만 아니라 작고 약한 것들도 죽은 것이다. 이 층에는 생명이 없다."

이 암석층은 황폐함 그 자체를 그린 것 같은 모습이었다. 워드의 연구팀은 나무가 없어지는 바람에 카루의 강들이 좁은 계곡으로부터 어떻게 빠져나왔는지 보여주는 흔적을 이 층에서 발견할 수 있었다. 강들은 계곡을 빠져나와 평야지대에서 그물 같은 물길을 만들었지만 이들은 곧 침식토로 막혀버렸다. 리스트로사우루스는 끈질기게 살아남아 협곡의 가장 높은 곳에 있는 암석층에 다시 화석을 남기기도 했고, 단궁류 중 포유류에게 더 가까운 종류와 공룡의 선조들도 나타났다. 수백만 년 후에는 나무가 다시 뿌리를 내렸다.

육상 생물은 카루뿐만 아니라 전 세계에서 타격을 입었다. 지구상의 거의 모든 나무가 멸종했고, 작은 식물들도 사라졌다. 5억 년의 역사 속에서 다른 시기의 대량 멸종에 굴복한 일이 없는 곤충조차 이때는 다수가 멸망했다. 바다의 상황은 더욱 심각했다. 산호초가 떼죽음을 당했다. 3억 년 동안 바다에서 가장 흔한 생물이었던 삼엽충과 주름이 있는 절지동물도 이 시기에 희생되었다. 에우립테리드(Eurypterid)라고 불리는 거대한 바다전갈(3미터까지 성장하기도 한다.)은 5억 년 전쯤 출현해 2억 5,000만 년간 번성하다가 페름기의 끝에 가서 종말을 맞았다. 전체적으로 지구상의 생물종 중 90퍼센트가 사라졌다.

바다에서는 멸종이 더 빨리 진행되었다. 중국 남부의 메이산이라는 마을에는 버려진 석회석 광산이 있는데, 이곳에서는 페름기 말 해양 생물의 멸종 기록을 더듬어볼 수 있다. 이곳의 석회석에 들어 있는 탄소 원자들은 전 지구 차원의 재앙을 증언해준다. 석회석은 미생물의 골격으로 만들어진다. 이 미생물들은 바닷물 속의 칼슘과 이산화탄소를 결합해 탄산칼슘을 만들어 이것으로 골격을 형성한다. 이때 쓰이는 탄소(이산화탄소 속의 탄소)는 썩어가는 나뭇잎이나 죽은 세균 등 생물로부터 오기도 하고 폭발하는 화산에서 나오기도 한다. 광합성은 탄소-13을 대량으로 걸러내기 때문에 유기 탄소와 무기 탄소의 비율이 서로 다르다. 석회석 속에 들어 있는 탄소 동위원소의 양을 측정하면 이 미생물이 골격을 만들던 시기에 얼마나 많은 유기 탄소가 생성되었는지를 알 수 있다.

페름기 말 대량 멸종 시기에 생성된 메이산의 석회석 속에 들어 있는 탄소의 양은 크게 변화했다. 이 변화는 당시 바다의 생태계가 완전히 무너졌고 죽은 유기체가 바다를 뒤덮었음을 시사해준다. 지질학자들은 메이산과 비슷한 동위원소의 변화를 네팔, 아르메니아, 오스트리아, 그린란드 등지에서도 찾아냈다. 메이산 발굴지가 특이한 점은 여러 석회암층 사이사이에 화산재층이 끼어 있는 것이다. 이 층은 멸종을 전후하여 발생한 화산 폭발에서 나온 재가 만들어낸 것이다. 화산재층에는 시간을 알려주는 결정인 지르코늄이 들어 있다. 따라서 메이산 발굴지는 대량 멸종이 지속된 기간이 어느 정도인지를 보여준다.

1998년에 매사추세츠공대(MIT)의 새뮤얼 보링(Samuel Bowring)이 이끄는 팀은 화석이 발견되지 않는 죽음의 층 바로 위층과 아래층 속에 들어 있는 지르콘에 함유된 우라늄과 납의 농도를 측정함과 동시에 탄소 동위원소의 변화도 추적해봤다. 그리고 이들은 죽음의 층이 지속된 시간이 16만 5,000년 미만이며 아마 그보다도 훨씬 적을 수도 있다는 결론에 도달했다. 중국의 다른 지역에서 채집한 화산재에서도 같은 결과가 나왔다. 지질학적 시간으로 보면 페름기 말 대량 멸종은 한순간에 일어난 것이다.

그러니까 이 시기의 대량 멸종에 대한 가설은 위에서 말한 아주 좁은 시간대 안에 들어가야 한다. 한 가지 널리 알려진 가설은 페름기 말에 해수면이 천천히 그러나 대폭 떨어졌다는 것이다. 2억 8,000만 년 전에는 대륙과 그 주변 대륙붕의 40퍼센트가 물에 잠겨 있었지만 2억 5,000만 년 전 페름기 말에 그 비율이 10퍼센트 정도로 떨어졌다.

그러나 이렇게 해수면이 하강한 것이 대량 멸종의 원인이라면 그 기간은 보링 팀이 제시한 것처럼 짧은 시간이 아니라 수백만 년이어야 한다. 페름기 말에 전 세계의 생태계는 천천히 침식되는 언덕처럼 붕괴된 것이 아니라 마치 골판지로 지은 집처럼 순식간에 무너져 내렸다. 그래서 과학자들은 다른 용의자를 찾고 있다.

화산 폭발이라면 이렇게 짧은 시간에 많은 피해를 입힐 수 있다. 대량 멸종이 일어나기 수십만 년 전쯤 용암이 오늘날의 시베리아에 해당하는 지역에 있던 분화구로부터 쏟아져 나오기 시작했다. 약 100만 년에 걸쳐 이 분화구에서는 11번의 거대한 폭발이 일어났고 그로 인해 300만 세제곱킬로미터의 용암이 흘러나왔는데, 이 정도면 전 지구의 표면을 20미터 정도의 깊이로 덮을 수 있다. 시베리아의 화산들은 기후를 뒤바꾸고 생명 유지에 필요한 생태계의 화학조성을 변화시켜 대량 멸종을 일으켰을 수 있다. 용암과 함께 화산에서는 거대한 황산화물(SO_4)의 구름이 솟아나왔다. 대기 중으로 들어간 이 황산화물 분자들은 조그마한 입자로 둥둥 떠다니며 안개 같은 것을 형성해 햇빛을 반사하고 지구의 기온을 떨어뜨렸을 것이다. 그리고 이 입자들은 황산이 섞인 산성비가 되어 지상으로 떨어지면서 토양이 모두 오염되었을 것이다.

이 두 가지 방법으로 화산들은 지구상의 나무들을 거의 모두 죽였을 것이다. 나무에 의존해 살던 곤충들도 멸종했을 것이고 수많은 초식동물들도 같은 길을 걸었을 것이다. 햇빛을 막는 구름과 산성비가 몇 년 동안 계속되었을 것이다. 시간이 지나 구름과 산성비는 점차 약해졌지만 화산의 피해는 여기서 끝이 아니었다. 시베리아의 화산에서 수조 톤의 이산화탄소가 분출되어 지구온난화가 시작된 것이다. 전 세계의 기온은 짧은 시간, 그러니까 아마 수십 년 만에 급속히 상승했을 것이다. 그래서 화산재와 황산화물로 이미 심한 타격을 입은 생물계는 고온으로 인해 다시 한 번 혹독한 고통에 시달렸을 것이다.

하버드대학의 앤드루 놀(Andrew Knoll)의 연구팀에 따르면 화산 폭발로 인해 바다의 미묘한 화학적 균형이 깨졌고 이로 인해 해양 생물이 떼죽음을 당했을 수도 있다. 2억 5,000만 년 전에 깊은 바다에서는 위험할 정도로 이산화탄소의 농도가 높아졌다. 바다 바닥으로 가라앉은 유기물에서 이산화탄소가 나왔고 바닷물의 순환이 워낙 느린 관계로 이산화탄소는 깊은 곳에 그대로 묶여 있었다. 화산 폭발로 기후가 바뀌자 물속에 갇혀 있던 이산화탄소가 위로 올라오기 시작했고, 얕은 데까지 도달한

신화

이산화탄소로 인해 해양 생물의 혈액이 산성화되어 결국 대부분이 멸종되었다.

과학자들은 범인을 하나라고 보지 않으며, 페름기 말 대량 멸종에는 많은 요소가 관여했을 것으로 본다. 워드는 이렇게 말한다. "큰 가뭄이 있었고 기온도 상승했다. 강의 여러 가지 작용, 퇴적물이 바다 바닥에 쌓이는 방식, 해수면의 높이 등이 변하고 있었다. 그러니까 전 지구 차원의 변화가 급속히 그리고 여러 방향으로 진행되고 있었던 것이다. 여러 가지 재앙이 한꺼번에 매우 빨리 닥쳐 결국 대량 멸종으로 이어진 것으로 보인다."

부활

대량 멸종 직후 세상의 모습이 어떠했는지를 상상하는 것은 매우 어렵다. 우리가 아는 것 중에서 이와 비교할 만한 것이 없기 때문이다. 그러나 인류의 역사가 시작된 후 폭발한 화산들을 생각해보면 2억 5,000만 년 전 대량 멸종이 끝난 직후 생명의 모습이 어떠했는지를 어렴풋이나마 더듬어볼 수는 있다.

자바섬과 수마트라섬 사이의 순다해협에는 크라카타우섬이 있었다. 1883년 이전에 이곳을 항해한 사람들은 휴화산을 덮은 빽빽한 밀림을 올려다볼 수 있었다. 1600년대의 네덜란드 사람들은 크라카타우섬에 해군 기지를 설치했고 유황을 채굴했으며 벌목도 했다. 이 섬에서 인도네시아 사람들은 1800년대까지 마을을 몇 개 이루며 살고 있었고 쌀과 후추를 경작했다. 그러나 1883년이 되자 크라카타우는 무인도가 되었다.

그해 5월 화산이 꿈틀대기 시작했다. 네덜란드의 화산 연구가 몇 명이 이 섬으로 달려가 폭이 980미터나 되는 분화구로 기어 올라갔다. 여기서 이들은 수증기, 재, 야구공만 한 돌덩이가 분출되는 것을 보았다. 그로부터 3개월 동안 크라카타우는 잠잠해졌다. 마치 엄청난 폭발을 준비하는 듯했다.

8월 26일에 화산이 폭발하자 수백 킬로미터 떨어진 곳에서도 그 소리를 들을 수 있었다. 화산재 기둥이 30킬로미터 이상 치솟았고 진흙이 소나기처럼 검은 하늘에서 쏟아져 내렸다. 암석이 증발해서 만들어진 구름이 시속 500킬로미터 정도의 속력으로 순다해협을 가로질렀다. 육지에 도달한 이 구름은 경사면을 따라 올라가면서 수천 명의 사람을 태워 죽였다. 화산 폭발로 인한 해일이 해변 마을 수십 개를 쓸어버렸고 이어서 전 세계로 퍼져 나갔다. 그 여파로 심지어 영국해협의 물도 출렁거렸다. 이후 몇 달 동안 화산재가 하늘을 떠다녔고 그로 인해 세계 전 지역에서 핏빛의 저녁노을을 볼 수 있었다. 1883년 11월에 뉴욕주와 코네티컷주의 소방서들은 화재 신고에 시달렸는데, 이는 서쪽 하늘의 붉은 저녁노을 때문에 마치 온 마을이 불타는 것처럼 보였기 때문이다.

폭발이 끝난 다음날 크라카타우 옆을 지나던 배의 선원들은 섬의 3분의 2 정도가 사라졌다고 기록했다. 화산이 있던 자리에는 물속 수백 미터 깊이의 구멍이 생겼으며 그 주변을 타버리고 헐벗은 흙덩어리 섬들이 둘러싸고 있었다. 크라카타우에 살던 것은 하나도 남김없이 죽었으며 파리 한 마리도 살아남지 못했다. 9개월 후 이곳을 방문한 학자는 이렇게 썼다. "열심히 찾아봤지만 이 섬에서는 어떤 동식물의 흔적도 발견할 수 없었으며 아주 작은 거미 한 마리만을 만날 수 있었을 뿐이다. 생명 활동의 개척자라고나 할 이 거미는 거미줄을 엮고 있었다."

그로부터 몇 년 후 생명이 다시 이 섬을 덮기 시작했다. 우선 남세균이 화산재 위에 얇은 막을 형성했고 이어서 곰팡이와 이끼가 찾아왔으며 현화식물 몇 가지가 싹을 틔웠다. 1890년대가 되자 무화과와 코코넛나무가 여기저기 흩어진 사바나가 형성되었다. 거미와 함께 풍뎅이, 나비, 심지어 도롱뇽까지 살기 시작했다.

동식물은 바다 혹은 공중을 통해 본토에서 40킬로미터 떨어진 크라카타우섬까지 이동했다. 식물의 씨앗들은 순다해협의 해류를 타고 이곳에 들어왔을 것이고, 도롱뇽은 헤엄쳐 들어왔을 것이며, 다른 동물들은 아마 떠다니는 나무나 식물을 뗏목 삼아 이곳에 도착했을 것이다. 거미는 실로 공을 짜서 그 속에 들어가 바다를 건너 크라카타우에 들어왔다. 새들과 박쥐(날개를 펼친 길이가 1.5미터쯤 되는 말레이날여우박쥐를 포함해)들은 날아왔을 것이고, 그들의 배 속에는 아마 본토에서 먹은 과일의 씨가 들어 있었을 것이다.

그러나 생명은 무질서하게 이곳에 들어오지는 않았다. 처음으로 이곳을 찾은 생물종은 천재지변에 잘 적응된 풀 종류였다. 시간이 지나면서 다른 종들이 도착했고 연이어 생태계를 형성해 갔으며, 이렇게 해서 생긴 생태계는 그다음 종에게 길을 열어줬다. 우선 풀밭이 처음으로 생겼고, 이 시기에 도착한 동물은 어쨌든 풀을 먹고 살아남아야만 했다. 에메랄드비둘기와 사바나쏙독새들도 성공리에 정착했다. 비단뱀, 도마뱀붙이, 30센티미터 길이의 지네 등도 들어왔다. 그러나 다른 많은 종들은 풀밭이 점차 숲으로 바뀔 때까지 기다려야 했다.

어떤 나무의 경우는 타이밍이 아주 중요했다. 화산 폭발 이후 이곳에서 번성한 무화과나무는 한 가지 종의 말벌에 의존해서 꽃가루받이를 했다. 무화과나무 한 그루가 크라카타우에 도착했다면 이 섬에서 번성할 수 있는 유일한 길은 바로 그 말벌이 곧이어 이 섬에 정착하는 것이었다.

그런데 이 불가능해 보이는 일이 일어났고 무화과나무가 번성하기 시작했다. 동물들이 무화과나무 열매를 즐겨 따먹었다. 그리고 난처럼 그늘을 좋아하는 식물종도 정착했다. 그로부터 수년에 걸쳐 숲은 계속 성숙해갔다. 대나무도 이곳에 들어와 뿌리를 내렸고 뱀을 비롯해 대숲에 적응된 많은 종들이 이곳에 정착했다.

숲이 풀밭을 대신해가자 크라카타우에 처음 들어왔던 개척자 종들은 사라졌다. 1950년대가 되자 얼룩말무늬비둘기는 이 섬에서 자취를 감추었다. 다른 종들은 숲속에서 나무가 쓰러져서 하늘이 드러난 장소를 골라 삶을 이어갔다. 화산이 폭발한 지 120년쯤이 지난 오늘날 크라카타우를 향한 생물종의 발길은 뜸해지기 시작했다. 이제 이 섬은 평형상태를 향해 가고 있다.

1960년대에 두 명의 생태학자가 섬에서는 생물종 다양성의 균형이 이뤄진다는 이론을 내놓았다. 로버트 맥아더(Robert MacArthur)와 에드워드 윌슨(Edward O. Wilson)은 섬의 크기를 보면 그 섬에 있는 생물 종수를 짐작할 수 있다고 말했다. 처음으로 섬에 도착하는 종들은 널리 퍼질 수 있는 공간이 많다. 그러나 점점 많은 종이 들어오면서 그들은 먹이나 햇빛을 두고 경쟁해야만 하며, 따라서 수가 줄어든다. 그리고 포식자들이 들어옴에 따라 이들에게 잡아먹히는 생물의 수도 줄어든다. 섬에 있는 어떤 종의 개체수가 너무 적어진 상태에서 태풍이 불거나 질병이 퍼지면 그나마 남아 있는 개체도 멸종할 수 있다. 그러니까 새로운 종이 들어온다는 얘기는 기존의 모든 종들이 멸종할 수 있는 위험을 더 높이는 일이다.

그러므로 어떤 섬에는 생물 종수를 늘이는 힘과 줄이는 힘이 동시에 작용한다. 우선 새로운 종이 밖에서 들어오거나 섬에서 생겨나면 생물 종수가 늘어나고, 그것들이 경쟁으로 멸종하면 줄어든다. 결국 어느 시

진화

점에선가 섬 안의 생물종 다양성은 일정한 수준에 이르고 여기서 두 힘이 서로를 상쇄하며 균형을 이룬다.

이 균형점은 섬의 크기에 달려 있다. 작은 섬에서는 서식지나 공간이 부족하고, 따라서 경쟁이 더 치열하고, 멸종도 대규모로 자주 일어날 것이고, 종의 수도 적을 것이다. 그러나 큰 섬은 더 많은 종을 수용할 수 있다. 크라카타우가 폭발하기 전에는 하나의 큰 섬이었기 때문에 폭발 후에 생긴 조그마한 섬들보다 더 많은 종들을 품고 있었을 것이다.

크라카타우가 폭발하기 전에는 아무도 이곳의 생태계에 신경을 쓰지 않았다. 그러나 그나마 적은 정보를 갖고 판단할 때 폭발 전과 폭발 후는 같은 장소가 아니다. 폭발이 일어나기 훨씬 이전의 탐험가는 크라카타우의 해변에서 5종의 육지 홍합을 발견했다. 오늘날에는 19종이 서식하고 있는데 그중 어느 하나도 옛날의 종과 일치하지 않는다. 새로 생긴 숲도 옛날의 숲과는 다르다. 숲에 주로 서식하는 나무가 달라진 것이다.

생태계는 복원되는 과정에서 맥아더와 윌슨의 다양성의 법칙을 따를 수도 있지만 그렇다고 옛날의 것을 그대로 복사하지는 않는다. 다른 종의 생물들이 생태계를 채우는 것이다. 크라카타우의 생태계는 이곳에 제일 먼저 도착한 생물들이 무엇인가, 그리고 경쟁이 시작되기 전까지 이들에게 얼마나 긴 시간이 주어졌는가에 따라 그 모습이 결정되었다.

트라이아스기 초에 온 세상은 크라카타우를 누덕누덕 이어놓은 것 같은 모습이었다. 열악한 상황에서 살아남은 종들은 세상을 차지했고, 풀밭이 수천 킬로미터씩 계속되기도 했다. 세균이 얕은 연안의 물위에서 카펫을 이루고 있었고 이들을 잡아먹는 동물은 없었다. 몇 가지 강인한 동식물의 종이 번성하기도 했다. 클라라이아(Claraia)라는 이름의 이매패류(二枚貝類) 한 종이 미국 서해안의 얕은 바다를 모두 뒤덮고 있었다. 지금은 클라라이아 화석으로 포장된 길을 몇 킬로미터고 걸을 수 있다. 육지에서는 무성한 정글이 사라지고 물부추를 비롯한 몇몇 풀이 땅위를 뒤덮어 오늘날 아이오와주의 옥수수밭처럼 단조로운 경치가 끝없이 펼쳐졌다. 물부추는 진화의 측면에서 볼 때 원시적인 식물에 속하며, 2억 5,000만 년 전쯤에는 겉씨식물과의 경쟁에서 밀려나는 중이었다. 그러나 물부추는 대부분의 겉씨식물을 죽인 가혹한 환경에서도 살아남을 수 있었기 때문에 다른 식물이 멸종하자 부활했다.

700만 년 동안 지구상의 생명은 잡초 수준을 벗어나지 못했다. 학자들은 왜 이런 황량한 상태가 그렇게 오래 지속되었는지 알지 못한다. 기후와 바닷물의 화학조성이 아마 천재지변을 좋아하는 종들만 살아남을 수 있을 정도로 매우 혹독했는지도 모른다. 물리적 조건이 개선된 다음에도 전 세계의 생태계가 회복되는 데는 오랜 시간이 걸렸다. 먼저 생긴 식물들이 흙을 만들어낸 다음에야 숲이 성장할 수 있었다.

생태계는 천천히 회복되었으나 그 모습은 과거와 전혀 같지 않았다. 과거에 바닷속 암초는 해초와 해면으로 되어 있었으나 대량 멸종 이후에는 무리를 지어 사는 산호초에게 자리를 내줬고 오늘날까지도 지구상에 있는 암초의 대부분이 산호로 되어 있다. 대량 멸종 전까지 암초에 사는 동물은 느릿느릿 움직이는 동물들이거나 아니면 암초에 뿌리를 내리고 사는 것들, 즉 바다나리, 이끼벌레, 등잔조개 등이었다. 그중 오늘날까지 살아남은 것은 극소수다. 페름기 말 대량 멸종 이후로는 물고기, 갑각류, 성게 등이 암초를 차지했다.

육지에서는 물부추를 비롯한 여러 가지 잡초들이 토양을 회복시키자 침엽수를 비롯한 몇몇 식물들이 은신처에서 나왔다. 이들은 50만 년 만에 물부추를 몰아내고 숲과 관목지대를 재건했다. 그러나 육지에서도 상황은 완전히 달라져 있었다. 대량 멸종 이전에 육지를 지배하던 곤충들은 잠자리와 기타 날개를 펼치고 있는 곤충들이었다. 그러나 대량 멸종 이후 오늘날에 이르기까지 날개를 접는 곤충이 가장 흔해졌다.

대량 멸종 이전에 가장 다양하고 또 가장 지배적이었던 척추동물인 단궁류는 거의 모두 사라졌다. 그리고 생명이 다시 돌아온 뒤에도 그들은 결코 지배적인 위치를 회복하지 못했다. 파충류가 좀 더 흔해졌고 그들은 악어나 거북 같은 새로운 형태로 진화해갔다. 그리고 약 2억 3,000만 년 전 어떤 종류의 파충류가 공룡의 조상이 되었다. 곧이어 공룡은 지상을 지배하는 척추동물이 되었고 이런 지위를 1억 5,000만 년이나 유지했다.

페름기 말 대량 멸종은 퀴비에가 말한 천재지변 속에 뭔가가 있음을 보여줬다. 지질학적으로는 한순간에 불과한 시간에 수백만 개의 종이 사라질 수 있고, 그 뒤를 이어 나타나는 생물들은 앞의 것들과는 판이하게 다른 경우가 대부분이라는 것이다.

대량 멸종에는 통상적인 진화의 법칙이 적용되지 않는다. 페름기 말에 환경이 급격히 바뀌어 거의 대부분의 종들이 살기가 어려울 정도로 상황이 열악해졌다. 여러 종들이 사라지면서 이들이 참여하고 있던 생태계의 그물이 무너졌고 이에 따라 다른 종들도 멸종되었다. 살아남은 종들은 아마 멸종을 방지하는 어떤 강인한 특성을 가졌는지도 모른다. 이들의 활동 범위는 대륙 전체 혹은 대양 전체에 걸쳐 있어서 몇몇 개체가 극소수의 고립된 도피처에서 살아남았을 수도 있다. 이들은 산소 농도가 낮아진 바다, 갑자기 더워진 육지에서 생명을 유지할 수 있었던 것으로 보인다. 그러나 이런 적응 능력의 대부분은 지구가 생지옥이 되었던 상대적으로 짧은 기간에만 효력을 발휘했다.

대량 멸종의 시기가 끝나자 진화의 법칙이 제자리로 돌아왔다. 개체 사이의, 그리고 종 사이의 경쟁이 다시 시작되었고 자연선택으로 인해 새로운 특성이 생겨났다. 그러나 진화의 법칙에 아무리 잘 적응하는 종이라도 대량 멸종으로 사라져버렸으면 그 능력은 아무 소용이 없다.

대량 멸종은 또한 큰 변화를 가져온다. 정상적인 상태에서라면 어떤 다른 종의 도전도 격퇴했을 지배적인 종도 대량 멸종 앞에서는 사라질 수밖에 없다. 경쟁에서 절대 우위를 점하는 종이 사라지면 남은 종들은 자유로이 새로운 형태를 시험해볼 수 있다. 공룡은 아마 그전까지 세계를 지배했던 단궁류가 퇴장했기 때문에 무대 전면에 나설 수 있었을 것이다.

그러나 대량 멸종이 살아남은 자에게 자유를 가져다주는 데도 한계가 있다. 페름기 말 대량 멸종 이후 경쟁이라는 것이 거의 사라진 다음에도 진화의 힘은 어떤 새로운 동물의 문(門)도 만들지 못했다. 그러니까 다리가 9개 달린 척추동물 같은 것은 나오지 않았다. 캄브리아기의 대폭발 이후 동물의 구조가 너무 복잡해져서 진화의 힘이 이들을 근본적으로 다시 설계할 수 없어졌는지도 모른다. 그렇기 때문에 대량 멸종 이후 이뤄진 진화는 이미 있던 기본 설계도에 대한 변형일 뿐이다.

포유류: 미미한 시작

페름기 말 대량 멸종이 좀 더 치명적이었다면 포유류는 아예 존재하지 못했을지도 모른다. 단궁류 중에서도 몇 개의 종만이 살아남아 트라이아스기까지 넘어올 수 있었고 그나마 그들도 공룡이 번성함에 따라 점점 수가 줄어들었다. 그러나 단궁류의 한 종류는 계속해서 진화해 포유류로 살아가기에 적합한 신체 기관을 갖춰갔다.

수궁류(cynodont)라고 불리는 이 개와 비슷한 단궁류는 새로운 종류의 골격을 만들어냈다. 이들은 늑골로 보호되는 흉강을 발달시켰고 그 안에 횡격막이 들어앉아 숨을 더 깊이 들이쉴 수 있게 되어 체력이 강해졌다. 그리고 이 시기쯤 아마 털이 나기 시작했을 것이고 새끼에게 젖을 먹이기도 했을 것이다. 아마 이들은 피부에 있는 샘에서 액체를 분비해 새끼들이 먹을 수 있게 했을 것이다. 당초에 이 젖은 새끼들이 세균과 싸우는 것을 도와주는 액체로 된 면역강화제 정도의 역할만 했을 것이다. 그러나 시간이 가면서 진화의 힘은 여기에 단백질, 지방, 기타 물질을 집어넣어 포유류의 빠른 성장을 돕게 되었을 것이다.

이 모든 혁신으로 인해 포유류 조상들은 신진대사가 더 잘 이뤄졌고 일정한 체온을 유지할 수 있게 되었을 것이다. 그 결과 이들은 변온동물들이 차지할 수 없었던 환경의 틈새를 차지하게 되었다. 예를 들어 이들은 밤에 사냥을 할 수 있게 되었다. 그리고 신진대사의 속도가 빨라지면서 어떤 종은 몸의 크기가 더 작아지기도 했다.(작은 동물들은 체중에 비해 표면적이 넓어 열이 빨리 달아나기 때문에 체온을 유지하기가 더 힘들다.)

이 초기의 조그만 포유류는 조상들보다 감각이 더 예민했고, 이런 예민한 감각을 활용하기 위해 대뇌 표면에 새로운 부분을 발달시켰다. 신피질(새겉질)이라고 불리는 이 얇은 층은 소리, 영상, 냄새 등 들어오는 정보를 분류해 기억으로 바꿔줬기 때문에 이를 이용해 주변 환경에 대한 학습이 가능해졌다. 정온동물인 포유류는 신피질을 잘 활용할 수 있었는데 이는 신진대사가 빨라 먹이를 끊임없이 먹어야 했기 때문이다. 뱀은 쥐 한 마리를 잡아먹고 며칠을 버틸 수 있지만 포유류는 먹지 않고 오래 버티지 못한다. 신피질을 갖춘 큰 뇌를 활용해 포유류는 먹이가 있는 장소의 지도를 머릿속에 그리고 이를 기억할 수 있었다.

뇌를 무척이나 자랑스럽게 여기는 우리 인간들에게 있어서 이것은 진화의 과정을 한순간에 바꾼 이정표처럼 보인다. 그러나 단궁류가 융성했던 시절에는 이것이 별로 소용이 없었다. 단궁류는 페름기 말 대량 멸종 후에 잠깐 되살아났다가 결국 트라이아스기 말에는 멸종에 이르렀다.

워드는 이렇게 말한다. "사람들은 보통 포유류라는 사실 자체가 더 뛰어난 존재라는 증거라고 생각한다. 사실은 그렇지 않다. 공룡은 포유류와의 정면 대결에서 이겨서 세계를 지배했다. 보통 공룡 시대라는 이야기를 하는데 사실 공룡은 포유류로부터 패권을 빼앗아간 것이다."

1억 5,000만 년 동안 공룡은 육지에서 가장 다양한 척추동물이었다. 그리고 지구상을 걸어 다닌 동물 중 가장 큰 동물도 공룡이었다. 1999년에 학자들은 오클라호마주에서 사우로포세이돈(Sauroposeidon)이라는 이름을 가진 목이 긴 공룡의 등뼈 파편을 발견했다. 등뼈의 크기로 판단할 때 이 공룡은 키가 6층 건물 높이쯤 되었다. 사우로포세이돈은 중생대의 가장 큰 포유류라도 한 방에 가루로 만들어버렸을 것이다. 중생대의 포유류는 체중이 겨우 2킬로그램 정도밖에 되지 않았다. 중생대 포유류의 화석을 찾는 고생물학자들이 흙 1톤을 체로 걸러내봐야 바늘끝만 한 당시 포유류의 이빨 하나를 찾을 수 있을 정도이다.

미국 자연사박물관의 고생물학자인 마이클 노바체크(Michael Novacek)는 이렇게 말한다. "포유류의 역사는 아주 오래됐다. 공룡만큼이나 말이다. 그러나 공룡이 세상을 지배하던 1억 5,000만 년 전 포유류는 세상의 주역이 아니었다. 이들은 대부분 몸집이 작고 야행성인 동물로 그야말로 공룡의 그늘 속에서 살았다."

그러나 각광을 받지는 못했어도 포유류는 공룡의 시대에 진화를 계속했다. 이들은 여러 가지 계통으로 분화되었으며 일부는 아직도 살아 있고 일부는 옛날에 멸종되었다. 오리너구리는 오늘날까지 살아남은 포유류 중 가장 오래된 것으로 단공류(單孔類, 소화관, 요관, 생식관이 하나인 난생 포유류—옮긴이)에 속한다. 단공류는 1억 6,000만 년 전의 포유류의 조상이 갖고 있던 특징을 일부 보존하고 있다. 우선 이들은 더 나중에 진화한 포유류보다 체온 변화가 심하다. 단공류 암컷은 새끼를 낳지 않고, 껍데기가 말랑말랑한 완두콩 크기의 알을 낳아 이를 배에 있는 틈에 넣고 다닌다. 알이 부화되면 새끼는 젖샘에서 분비되는 젖을 먹고 자란다.(단공류가 하나의 가지로 분화되어 나와 독립했을 때는 젖꼭지가 아직 진화하기 전이었다.)

약 1억 4,000만 년 전에 포유류는 진화를 계속하면서 2개의 가지를 쳤는데 이들은 가장 성공적인 진화의 사례가 되었다. 하나는 유대류(有袋類, 주머니가 달린 포유류—옮긴이)로 캥거루, 오포섬, 코알라 등이 여기에 속한다. 유대류의 수컷은 성기가 두 갈래로 갈라져 있어서 암컷이 가진 한 쌍의 자궁을 동시에 수정시킬 수 있다. 유대류의 수정란은 자궁 속에 오래 머물지 않고 며칠 동안 성장한 후 쌀알 정도의 크기가 되면 자궁에서 기어 나온다. 그러고는 어미의 배에 달린 주머니로 들어가 젖꼭지를 물고 거기에 매달린다.

또 하나의 가지는 바로 인간이 속한 포유류로 발전했는데 이는 태반이 있는 종류이다. 유대류와는 달리 태반이 있는 포유류는 새끼가 상당히 클 때까지 자궁에서 키운다. 이렇게 할 수 있는 이유는 태아가 태반에 둘러싸여 있기 때문인데 태반은 모체로부터 영양을 끌어올 수 있는 특별한 조직으로 되어 있다. 이런 포유류는 유대류보다도 훨씬 더 성장한 다음에 태어난다. 물론 특정한 경우, 예컨대 토끼 같은 경우는 갓 낳은 새끼가 아직 앞을 보지 못하기 때문에 굴에 숨겨두기도 한다. 그러나 말이나 돌고래 같은 경우 새끼는 태어나자마자 마음대로 움직일 수 있다.

6,500만 년 이상 되고 자궁을 가진 포유류의 화석으로 오늘날까지 살아 있는 동물의 화석을 찾는 일은 매우 어렵다. 그러나 이 극소수의 화석으로 판단할 때 이들은 약 1억 년 전 생명의 나무로부터 가지를 쳐나간 것으로 보인다. 제일 먼저 가지를 쳐나간 종류는 나중에 개미핥기, 나무늘보, 아르마딜로 등으로 진화했다. 이들은 다른 태반동물이 갖고 있는 많은 특징들이 없다. 우선 예를 들어서 자궁경부가 없고 대사 속도는 오리너구리보다는 빠르지만 태반동물보다는 느리다. 그러나 이들이 제일 먼저 분화되어 나왔다고 해서 이들이 포유류 진화 과정의 잃어버린 고리라는 뜻은 아니다.(이는 원숭이가 인류 진화의 잃어버린 고리가 아닌 것과 같다.) 이 말은 우리가 개미핥기, 나무늘보, 아르마딜로로부터 진화한 것이 아니라는 뜻이다. 그리고 이는 인류의 조상들이 아르마딜로처럼 갑옷을 입고 있거나, 나무늘보처럼 나무에 거꾸로 매달리는 데 필요한 발톱을 갖고 있거나, 개미핥기처럼 긴 혀를 갖고 있었다는 뜻도 아니다. 다만 이들은 일단 가지를 치고 나온 후 나름대로 환경에 적응하며 독자적인 진화의 길을 걸었을 뿐이다.

고생물학자들은 오늘날 살아 있는 여러 가지 포유류의 조상들이 8,000만 년 전쯤에 출현한 것이 아닌가 생각하고 있다. 식충목은 두더지, 뾰족뒤쥐, 고슴도치 등으로 진화했다. 식육목은 개, 고양이, 곰, 물개가 되었다. 쥐목은 토끼와 설치류로 진화했다. 유제목은 말, 낙타, 고래, 코뿔소, 코끼리 등을 낳았다. 그리고 영장상목에는 박쥐, 나무두더지, 그리고 우리 자신이 속한 가지인 영장류가 포함된다. 그러나 위에 열거한 동물들로 분화되기까지는 수천만 년이 걸렸다. 오늘날 살아 있는 태반동물의 조상들은 사실상 서로 구별할 수가 없었다. 그리고 오늘날의 포유류가 나타나기 위해서는 또 한 번의 대량 멸종이 필요했다.

하늘에서 떨어진 불벼락

북이탈리아에서는 '스칼리아 로사'라는 아름다운 핑크색의 석회석이 나오는데 이탈리아 사람들은 이 돌로 빌라를 짓고 싶어한다. 구비오라는 도시 바로 북쪽에 있는 높이 360미터 정도의 보타치오네 계곡은 양쪽 사면이 모두 이 석회석으로 되어 있다. 지질학자들은 계곡 바닥에 있는 암석층이 1억 년쯤 되었음을 알아냈다. 이 시기에 태반동물은 여러 종류로 분화되기 시작했다. 그로부터 5,000만 년 동안 암석층은 계속 쌓였다. 6,500만 년 전인 백악기 말에도 퇴적은 계속되고 있었다. 백악기 말은 공룡을 비롯해 모든 생물종의 70퍼센트가 멸종한 시기이다. 석회암층은 그로부터 1,500만 년에 걸쳐 계속 퇴적되었고 이 기간 중 포유류는 진화를 거듭해 육지를 지배하는 척추동물이 되었다.

그런데 백악기에 형성된 암석층과 그다음 시기인 신생대 제3기에 형성된 암석층 사이에는 마치 샌드위치의 빵 사이에 바른 잼처럼 1센티미터 두께의 점토층이 자리 잡고 있다. 점토층 아래쪽의 암석층에는 플랑크톤의 탄산칼슘 골격이 들어 있다. 이 층의 석회암은 주로 플랑크톤의 몸으로 되어 있다. 점토층에는 플랑크톤이 없다. 점토층 위에서 다시 석회암층이 시작되지만 이 층에는 아래층에 있는 플랑크톤 종류들을 별로 찾아볼 수가 없다. 이 1센티미터의 띠와 함께 인간의 운명이 결정된 것으로 보인다. 이 점토층은 포유류의 조상은 살아남았지만 거대한 공룡은 멸종한 천재지변의 증거이다.

1970년대 중반에 미국의 지질학자 월터 앨버레즈(Walter Alvarez)가 이 점토 덩어리를 여럿 채취해 미국으로 가져갔다. 앨버레즈는 이 표본에서 백악기와 제3기 사이의 정확한 경계를 찾아내 연대를 측정하려고 했다. 모든 것이 잘되면 세계 다른 지역에 있는 지층에서도 같은 경계면을 찾을 수 있을 거라고 그는 생각했다. 지구의 자기장은 수백만 년마다 방향이 반대가 되므로 나침반도 북쪽이 아니라 남쪽을 가리키게 된다. 암석 속에 들어 있는 자기를 띤 결정은 지구장의 자력선을 따라 정렬하므로 지질학자들은 수백만 년이 지난 뒤에도 그 방향을 측정할 수 있다. 앨버레즈는 점토층의 위와 아래에서 지구의 자기장이 뒤집혔을 때의 층을 찾으려고 했다. 이것이 밝혀지면 다른 암석층을 조사해서 같은 식으로 자기장의 변화가 일어났는가를 확인할 수 있다.

앨버레즈는 암석 표본을 아버지인 루이스 앨버레즈(Luis Alvarez)에게 보여줬다. 루이스는 지질학자는 아니었지만 호기심 많은 과학자였다. 1968년에 그는 노벨물리학상을 받았다. 그는 원자보다 작은 입자를 발견하는 데 쓰인 거품 상자를 발명하는 일에 참여했고 피라미드에 엑스선을 투과시켜 숨겨진 무덤을 탐색하기도 했다. 아들이 들고 온 걸 보고 그는 호기심이 발동했다. 백악기 말에 무슨 일이 있었기에 석회석 형성이 중단되었다가 다시 시작됐을까?

옛날 지구의 자기장을 이용해 백악기와 제3기의 경계(백악기와 제3기의 독일어 머리글자를 따서 보통 'KT 경계'라고 부른다.)를 확정하려는 이들의 노력은 실패로 돌아갔다. 백악기 말에 자기장의 남극과 북극이 바뀐 시간이 너무 오래 걸려 연대 측정에 별 도움을 주지 못했다. 그런데 아버지가 아이디어를 하나 생각해냈다. 우주로부터 지구로 끊임없이 쏟아져 들어오는 먼지를 시계로 활용하는 것이다. 우주 공간을 떠돌아다니는 운석 같은 물질의 화학조성은 지구에 있는 암석의 화학조성과 크게 다르다. 예를 들어 이들은 희귀한 원소인 이리듐을 많이 갖고 있다.(45억 년 전 지구가 태어날 때 갖고 있던 이리듐의 대부분은 다른 금속 원소와 함께 지구의 핵 속으로 가라앉았다.) 매년 미세한 우주 먼지가 대량으로 지구의 대기 중으로 들어와 계속해서 육지에 내려앉거나 바다로 떨어져 밑으로 가라앉는다. 앨버레즈 부자는 구비오의 석회석 속에 있는 이리듐의 양을 측정해 이리듐이 지구에 떨어지는 속도를 측정하는 방법을 개발하기로 결정했다.

다른 과학자들도 같은 방법을 쓰려고 해봤지만 실패했다. 하지만 다행히도 앨버레즈 부자는 이 사실을 모르고 있었다. 이들은 백악기 말의 암석을 분석해봤는데, 이 속에 들어 있는 이리듐의 양은 아들 월터가 점토층 위와 아래에서 채취해온 석회석 속 이리듐 양의 30배나 되었다. 우주 공간에서 통상적으로 들어오는 이리듐의 양이 이렇게 많을 수는 없다. 그러나 이들이 측정을 잘못한 것이 아니었다. 코펜하겐 근처에서 채취된 백악기 말의 암석을 측정한 덴마크 과학자들은 앨버레즈 부자의 측정치보다 훨씬 더 높은 값을 얻기도 했다.

앨버레즈 부자는 백악기 말에 우주에서 엄청난 양의 이리듐이 지구로 떨어진 것 아닌가 하고 생각하기 시작했다. 이런 가설은 데일 러셀(Dale Russell)이라는 고생물학자의 주장을 뒷받침해주는 것이기도 했다. 러셀에 의하면 공룡, 그중에도 덩치가 큰 것들은 지구 생물종의 70퍼센트 정도를 쓸어버린 백악기 말의 대량 멸종에서 사라졌다. 사라진 것들 중에는 공룡뿐만 아니라 거대한 바닷속 파충류, 그리고 하늘을 날던 프테로사우루스라는 익룡도 있었다. 러셀은 태양 근처에서 폭발한 어떤 별이 이들의 종말을 불러왔다는 가설을 내놓았다. 초신성이 퍼뜨린 엄청난 양의 하전입자 일부가 지구의 대기에 들어와 동식물을 죽이거나 돌연변이를 일으켰다는 것이다.

앨버레즈 부자는 초신성이 폭발할 때 만들어지는 원소 중 이리듐도 끼어 있다는 사실을 알고 있었다. 그러니까 다른 수많은 하전입자와 함께 초신성은 지구에 이리듐 소나기를 퍼부었을 수 있다는 이야기다. 그러나 러셀의 생각에 따라 연구를 계속한 부자는 초신성이 원인일 수는 없다는 사실을 발견했다. 초신성은 폭발할 때 이리듐뿐만 아니라 플루토늄-244도 함께 내놓는데, 그렇다면 구비오의 점토층에서는 플루토늄도 발견되어야 했다. 그런데 부자는 이를 찾을 수 없었다.

그래서 이들은 거대한 혜성이나 운석이 지구와 충돌했을 가능성을 생각했다. 아버지 루이스는 크라카타우섬의 화산에 대해 읽은 것을 기억해냈다. 당시의 폭발로 인해 18세제곱킬로미터의 먼지가 대기 중으로 솟아올랐고 그중 4세제곱킬로미터 분량의 먼지는 성층권 위쪽까지 올라갔다. 높은 곳에서 부는 속도가 빠른 바람에 실려 먼지 입자들은 2년 동안 지구 주위를 돌아다녔는데, 이로 인해 햇빛이 가려졌고 불타는 듯한 저녁놀이 생기기도 했다. 루이스는 거대한 운석이 충돌하면 크라카타우의 분화를 크게 확대한 것과 같은 결과가 나올 것이라고 생각했다. 그는 운석이 지구에 충돌했을 때 운석 파편들뿐만 아니라 운석의 충돌로 인해 생긴 구덩이에서 튀어나온 지구의 흙과 암석 덩어리들도 하늘 높이 치솟았을 것이라고 생각했다. 그들이 합쳐져 두껍고 어두운 먼지 구름이 되어 지구 전체를 뒤덮었다. 이렇게 해서 햇빛이 차단됨에 따라 식물이 말라죽었고 광합성을 하는 식물성 플랑크톤도 죽었다. 먹을 것이 없어지자 초식동물이 굶어죽었고 얼마 지나지 않아 육식동물도 사라졌다.

앨버레즈 부자는 이 운석의 지름이 10킬로미터쯤 되었을 것으로 계산했다. 이것은 마치 에베레스트산이 총알처럼 날라와 지구에 박힌 것과 비슷하다. 이 정도 크기의 운석과 충돌한 것은 초기 지구에는 흔한 일이었지만 39억 년 전쯤에는 아니었다. 그때 이후 거대한 운석이나 혜성이 지구를 들이받는 사건은 그저 1억 년에 한 번쯤 일어났다. 그러니까 백악기 말에 일어난 사건은 드문 것이긴 하지만 전혀 있을 수 없는 것은 아니었다는 얘기다.

앨버레즈 부자는 이런 '충돌 가설'을 1980년에 발표했고, 그로부터 10년간 지질학자들은 백악기 말에 일어난 사건에 대한 단서를 찾아봤다. 조사가 진행됨에 따라 6,500만 년 전 뭔가 거대한 것이 지구와 충돌했다는 증거가 점점 더 많이 수집되었다. 전 세계 100여 군데에서 지질학자들은 백악기 말에 해당하는 점토층을 발견했고 이 안에서 어김없이 이리듐이 발견됐다. 그리고 운석이 충돌할 때 생기는 것과 같은 무지막지한 압력에서만 형성될 수 있는 석영 파편이 문제의 점토층에서 발견되기도 했다.

그러나 앨버레즈 부자는 10년이 넘도록 운석의 충돌이 남긴 구덩이를 발견하지 못했다. 운석이 바다로 떨어졌고 그 후 오랜 세월이 지나면서 바다 바닥이 퇴적물에 덮였을 수도 있고, 대륙판의 이동에 따라 구덩이가 맨틀 속으로 사라졌을 수도 있고, 화산이 폭발해서 충돌의 흔적을 덮어버렸을 가능성도 있었다. 그러나 두 사람은 계속 범행 현장을 찾으러 다녔다. 이들 부자가 계속 구덩이를 찾아 헤맨 것은 자신들의 가설을 비판하는 사람들이 다른 이론들을 들고 나왔기 때문이다. 어떤 사람들은 2억 5,000만 년 전에 일어난 페름기 말 대량 멸종의 강력한 범인으로 지목되는 화산이 백악기 말 대량 멸종에서도 역시 용의자라고 주장했다. 페름기 말에 시베리아를 뒤덮었던 용암이 백악기 말에는 인도를 뒤덮었으리라는 가설이었다. 화산 폭발로 인해 지구 속 깊이 갇혀 있던 이리듐이 밖으로 나왔고, 또한 화산 폭발로 인해 위에서 말한 석영 결정이 생길 수 있는 압력이 생성될 수 있었다는 주장이다.

지질학자들은 계속해서 운석공을 찾아봤고 마침내 1985년에 첫 단서가 잡혔다. KT 경계 시기의 지층으로 굵은 모래와 자갈이 섞인 기이한 층이 텍사스에서 발견되었다. 이곳의 굵은 모래와 자갈은 어딘가 남쪽에서 시작된 거대한 해일에 의해 밀려왔다고 생각할 수밖에 없었다. 그래서 과학자들은 뭔가 큰 충격이 거대한 파도를 일으켰다고 추측했다. 한편 아이티에서는 다른 그룹의 지질학자들이 공 모양으로 된 유리질의 덩어리가 들어 있는 KT 경계 시기의 암석을 발견했다. 이 덩어리들은 녹은 암석이 하늘로 솟구치며 빨리 식는 과정에서 생겼으리라고 짐작되었다. 충격의 순간 솟아오른 먼지와 수증기 등과는 달리 이 덩어리들은 워낙 무거워서 멀리 가지 못했다. 그래서 학자들은 문제의 구덩이가 아이티로부터 수백 킬로미터 이내에 있으리라고 결론지었다. 해일과 유리질의 덩어리를 합쳐서 더듬어보니 멕시코만 근처의 어딘가가 현장일 거라는 결론이 나왔다.

1950년대에 멕시코의 지질학자들은 백악기 말로 생각되는 거대한 원형의 흔적을 발견한 적이 있었다. 이 흔적은 유카탄반도 동쪽의 바닷속에 묻혀 있었다. 1950년대 이후 거의 잊혔던 이 흔적은 아이티와 텍사스에서의 발견으로 인해 다시 각광받았다. 이곳(근처의 마을 이름을 따서 칙술루브라고 부른다.)을 찾은 지질학자들은 땅속에 묻힌 거대한 암석이 중력장에 약간의 변화를 일으키는 것을 탐지하는 장비를 갖고 갔다. 여기서 학자들은 거대한 컴퍼스로 그려낸 듯한 2개의 동심원을 찾아냈다. 모든 상황으로 미루어보아 해저의 퇴적층 밑에 약 160킬로미터 폭의 운석공이 있는 것으로 보였다. 또 다른 팀은 문제의 부분에 구멍을 뚫어봤고 시추공에서 끌어낸 암석의 연대를 측정한 결과 6,500만 년이라는 결과가

진화

나왔다. 이것은 앨버레즈 부자가 이리듐을 측정해서 얻은 답과 아이티에서 발견된 유리질 덩어리의 나이와 일치했다.

1998년에 캘리포니아대학의 프랭크 카이트(Frank Kyte)라는 지질학자는 멕시코만에 충돌한 운석의 한 조각으로 짐작되는 것을 찾아냈다. 그는 태평양의 해저에 구멍을 뚫어 채취한 암석 표본을 분석하고 있었다. 그런데 이리듐과 높은 압력에서 형성된 석영으로 가득 찬 암갈색의 점토층(이 층은 KT 경계를 의미한다.)이 나왔다. 카이트는 이 층을 분석해 폭 2밀리미터 정도의 조그만 돌 하나를 찾아냈는데 그 화학조성은 지구상의 어떤 것과도 달랐지만 수많은 운석들과는 정확히 일치하는 것이었다. 카이트는 이 돌 조각이 거대한 운석의 파편이라고 생각했다. 이 파편은 칙술루브에 운석이 충돌할 때 튕겨 나와 유카탄반도 상공을 날아 성층권까지 올라갔다가 다시 내려와 태평양으로 떨어진 것이었다.

지질학자들이 6,500만 년 전 지구를 때린 운석의 윤곽을 잡아가고 있을 무렵 어떤 학자들은 이 사건이 지구상의 생명체에 미쳤을 영향을 알아보기 위한 단서를 찾고 있었다. 연구 결과 이들은 백악기 말 유카탄반도는 깊이가 채 100미터도 안 되는 얕은 바다였고 바닥은 황과 탄소가 많이 들어 있는 암석이었음을 알았다. 거대한 운석이 바다 위에 그늘을 드리우며 떨어지고 있을 무렵 덩치 큰 바다도롱뇽이 그 그늘 속을 헤엄치고 있었을지도 모른다. 운석은 초속 20∼70킬로미터의 속도로 대기권 안에 들어왔고 이때의 충격파로 인해 긴 불꽃을 꼬리처럼 끌고 내려왔을 것이다. 이 불꽃의 꼬리는 수천 킬로미터에 걸쳐 나무를 쓰러뜨렸다.

컴퓨터 모델에 따르면, 운석이 바다에 떨어진 순간 높이 300미터에 달하는 거대한 해일이 일어났을 것이다. 파도는 육지를 덮쳤고 물이 다시 바다로 빠지는 과정에서 숲 전체를 뿌리째 뽑아 500미터 깊이의 물속으

로 끌고 들어갔을 것이다. 운석은 바다에 떨어지고 나서 아주 짧은 시간
만에 바다 바닥에 닿았으며 그 순간 100세제곱킬로미터의 암석을 증발
시켜버렸다. 또한 충격으로 인해 지구상 암석 덩어리들과 운석의 파편
들이 성층권을 뚫고 올라가 100킬로미터 높이까지 치솟았다. 역사상 기
록된 어떤 지진보다 1,000배나 강력한 지진이 온 지구를 휩쓸었다. 대서
양의 해저를 조사하던 학자들은 멕시코만에서 북쪽으로 멀리 떨어진 캐
나다 동쪽 끝의 노바스코샤주 동부 해안선이 무너져 내려 바다를 향해
1,200킬로미터나 흘러간 것을 발견했다. 동시에 불덩어리가 충돌 구덩이
에서 솟아나와 수백 킬로미터씩 퍼져갔다. 검은 하늘을 배경으로 수천
개의 바위덩이가 마치 유성처럼 하늘을 가로지르며 날아가 여기저기 떨
어졌고 떨어지는 곳마다 산불이 일어났을 것이다.

온 세계가 타올랐고 연기가 태양을 가렸다. 어두운 기간이 길어지자
육지의 식물과 바다의 식물성 플랑크톤이 죽었고 이들을 기초로 해서 만
들어진 생태계가 무너졌다. 몇 달 뒤 연기는 사라졌지만 세상은 여전히
춥고 어두웠다. 충격으로 인해 유카탄반도 부근 해저 암석층의 황화물이
증발했고, 이것은 얼마 후 대기 중의 산소와 결합해 이산화황 입자를 무
수히 만들어냈다. 이 이산화황 구름은 지구로 들어오는 햇빛을 반사하면
서 수십 년간이나 떠 있었을 것이다. 그러나 이 유황 안개가 걷힌 다음에
도 지구는 또 다른 고통에 시달려야 했는데 그것은 온난화였다. 석회석
속에 있던 탄소는 충돌과 동시에 대기 중의 산소와 결합해 온실 기체인
이산화탄소가 되었다. 또한 바다에 떨어진 운석은 엄청난 양의 물을 증
발시켰는데 수증기는 더욱 강력한 온실 기체이기도 하다.

열, 추위, 불을 필두로 한 수많은 재앙이 일어나 지구상의 모든 생물종
중 3분의 2가 사라졌다. 앨버레즈 부자는 백악기 말 대량 멸종의 범인 하

진화

나를 찾아냈지만 페름기 말 대량 멸종에서와 마찬가지로 범인은 다양한 무기를 썼던 것이다.

포유류가 주역이 되다

충돌로 생긴 먼지와 구름이 걷히자 백악기도 끝났다. 공룡들은 사라졌다. 숲을 거의 통째로 삼켜 거대한 근육과 뼈로 된 몸을 만들던 목이 긴 초식공룡은 티라노사우루스 렉스를 비롯한 육식공룡과 함께 멸종했다. 바다 파충류와 껍데기가 나선 모양으로 된 암모나이트도 바다에서 없어졌다. 수천 년이 지난 후 바다의 플랑크톤이 되살아났고 육지에서는 식물이 다시 생겨났다. 그러나 신생대 제3기 초에 생태계는 단순한 생물은 많았지만 고등한 생물은 드문 구조였다.

이번에도 대량 멸종으로 인해 새로운 종이 번성할 길이 열렸다. 공룡의 시대는 가고 포유류의 시대가 왔다. 피터 워드는 이렇게 말한다. "공룡이 없어짐에 따라 포유류가 과거에는 차지하지 못했던 생태계의 틈새를 차지하게 되어 새로운 진화의 길이 열렸다. 대량 멸종으로 인해 공룡이 사라지자 무수한 종류의 포유류가 활발한 진화를 시작했다. 이런 의미에서 이것은 좋은 일이다. 대량 멸종이 없었으면 인간도 없었을 테니 말이다."

포유류도 백악기 말 멸종 기간 중 다른 생물들과 마찬가지로 큰 피해를 입었고, 포유류 종의 3분의 2 정도가 사라졌다. 그러나 여기서 살아남은 포유류는 지구의 지배권을 획득했다. 대량 멸종으로부터 1,500만 년도 되기 전에 이들은 오늘날 존재하는 20여 종의 태반동물로 진화했고, 오늘날에는 멸종한 종류들도 많이 생겨났다. 처음에 이 새로운 포유류는 몸집이 작았다. 오늘날의 미국너구리만 한 유제류가 낮은 곳에 있는 이파리들을 따먹었고, 아마 족제비만 한 포식자들에게 잡아먹혔을 것이다. 그러나 그로부터 수백만 년 만에 이들은 과거에 은신하고 있던 생태계의 틈새에서 뛰쳐나와 공룡들이 차지하고 있던 자리로 들어섰다. 덩치 큰 코뿔소와 코끼리의 친척들이 관목과 키가 큰 나무의 이파리를 먹었다. 오늘날의 고양이와 개의 조상들이 초식동물을 잡아먹거나, 시체를 뜯어 먹고 뼈까지 부숴 먹는 청소부가 되기도 했다. 영장류는 나무 사이를 뛰어다니며 색채 인식력을 이용해 잘 익은 과일을 찾아냈다. 박쥐들은 나무에서 사는 뾰족뒤쥐로부터 수백 가지의 날아다니는 종으로 진화해, 일부는 과일을 먹고 일부는 초음파를 이용해 곤충과 개구리를 먹었다. 고래와 오늘날의 듀공 및 매너티의 조상들이 바다를 차지했다.

지난 6,500만 년 동안 포유류는 육지를 지배하는 척추동물의 위치를 지켰지만 이 과정에서 진화상 여러 가지 충격이 있기도 했다. 오늘날의 기후는 제3기가 시작되던 시기의 기후와는 판이하게 다르다. 6,500만~5,500만 년 전에 화산 폭발로 인해 이산화탄소가 많이 생겨남에 따라 지구가 점점 더워져 북극권에서도 야자나무가 자랄 수 있었고 캐나다는 오늘날의 코스타리카와 비슷한 모습이었다. 오늘날 미국의 와이오밍주에 해당하는 지역에서는 여우원숭이와 비슷한 영장류가 정글의 나무 사이를 뛰어다니고 있었다.

그러나 그 후로 지구는 계속 식어갔다. 지난 5,000만 년간 지구의 평균 기온은 계속 떨어졌다. 잠깐씩 기온이 올라가는 기간도 가끔은 있었지만 말이다. 이렇게 된 데는 히말라야산맥이 한몫을 한 것으로 보인다. 인도 아대륙이 아시아와 충돌하자 충돌 부분이 접히면서 거대한 산맥이 솟아올랐다. 이렇게 해서 생긴 산비탈에는 대기 중의 이산화탄소를 씻어내는

빗물이 떨어졌다. 이산화탄소는 석회암과 화학반응을 일으켜 탄산칼슘을 형성했고 이는 강물을 따라 바다에 유입돼 해저에 묻혔다. 히말라야 산맥이 워낙 많은 양의 이산화탄소를 흡수해버렸기 때문에 기후는 점차 추워졌다. 동시에 충돌 결과 히말라야산맥 북쪽에 티베트고원이 융기했다. 이 거대한 고원이 남아시아 전체의 기후 패턴을 바꾸기 시작했다. 고원을 통과하는 공기는 더워져서 위로 올라가고 빈자리를 채우기 위해 습기를 머금은 바닷바람이 들어왔다. 이로 인해 인도와 방글라데시에 장마가 생기기 시작했고, 그 결과 히말라야에는 비가 더 많이 내렸다. 그러자 이산화탄소가 흡수되는 속도는 더욱 빨라졌고 지구의 온실효과는 계속 약해졌다.

변화는 바다에서도 일어났다. 백악기에 남극대륙은 오늘날보다 훨씬 북쪽에 있었고 따라서 매우 따뜻했기 때문에 해안에는 나무가 무성했고 공룡도 많았다. 그런데 나중에 남극대륙은 오스트레일리아로부터 떨어져 나와 남쪽으로 내려가기 시작했고 점점 고립되어 결국에는 남극에 도달했다. 남극대륙에는 만년설이 쌓였고 이로 인해 햇빛이 반사되어 대기의 온도가 내려갔다.

겨울이 점점 더 추워짐에 따라 북아메리카대륙의 열대우림은 사라지기 시작했다. 열대우림에 의존해 살던 영장류 같은 포유류도 드물어졌다. 정글은 오늘날 자라는 것과 비슷한 활엽수에게 자리를 내주기 시작했고 여기저기 관목림도 생겼다. 대기 중 이산화탄소 농도가 계속 떨어지자, 이산화탄소를 좀 더 효율적으로 흡수할 수 있는 식물이 진화했다. 새로운 식물로는 풀이 있는데 약 800만 년 전에 처음으로 거대한 풀밭이 생겼다.

풀은 질긴 섬유소로 가득 차 있고 여기저기 유리 같은 실리카(silica)가

박혀 있어서 지구가 따뜻하던 시절에 흔하던 연한 과일과 이파리보다 먹기가 훨씬 힘들었다. 말을 비롯한 일부 포유류는 치관이 높아서 풀을 갈아낼 수 있었기 때문에 풀을 주식으로 살 수 있었다. 소와 낙타의 조상들도 소화기의 구조를 바꿔 장내세균이 질긴 풀을 분해할 수 있게 했기 때문에 역시 살아남을 수 있었다. 그러나 많은 종류의 포유류가 기후가 추워짐에 따라 변하는 식생에 적응하지 못하고 종말을 맞았다.

일부 포유류는 지리적인 이유로 멸종했다. 700만 년 전에 북아메리카와 남아메리카는 바다에 의해 분리돼 있었는데 대륙판이 이동함에 따라 점차 하나로 합쳐졌다. 처음에는 두 대륙 사이에 섬이 생겼다가 300만 년 전에 파나마지협이 생겨 둘이 연결됐다. 그러자 양쪽에 있던 포유류는 서로 반대쪽의 땅으로 퍼져나가 과거에는 볼 수 없던 종과 경쟁하게 되었다.

남아메리카대륙은 6,000만 년 동안이나 다른 대륙과 분리되어 있었는데 그로 인해 다른 곳에서는 볼 수 없는 독특한 생태계가 생겨나 있었다. 먹이사슬의 맨 위에 있는 포식자들은 코요테만 한 크기의 오포섬과 날지는 못하지만 빨리 달리는 덩치 큰 새들이었다. 두 대륙이 연결되자 오포섬, 땅늘보, 원숭이, 아르마딜로 같은 포유류가 북쪽으로 이동했다. 그러나 북쪽에서 남쪽으로 이동한 포유류가 더 번성했다. 남아메리카에서 올라간 오포섬은 다른 유대류 식육동물과 함께 멸종했고, 개와 고양이가 이들의 자리를 차지했다. 남아메리카의 유제류는 말과 사슴에게 자리를 양보해야 했다.

노바체크는 이렇게 말한다. "백악기 말 대량 멸종 이후 6,500만 년에 걸친 포유류의 역사에서 가장 큰 특징은 침략이다. 수많은 포유류가 한 대륙에서 다른 대륙으로 이동했다. 대륙을 건너 진군하는 군대와 똑같다

진화

고 생각하면 된다. 어떤 포유류는 새로운 대륙에 도착해서 매우 번성했고 곧 지배권을 차지했다. 그런데 왜 침략이 이런 식으로 일어났는지 우리는 알지 못한다. 다만 침략하는 경향이 있는 동물들은 좀 더 이동성이 강하거나, 아니면 환경 변화에 더 잘 적응하거나, 아니면 일종의 경쟁 우위를 갖고 있었는지도 모른다."

남아메리카대륙과 북아메리카대륙 사이에서 대규모의 거래가 진행될 때쯤 지구의 기후 패턴은 새롭게 변하고 있었다. 양극의 빙하가 남북으로 뻗어갔다가 후퇴하기를 반복하는 식의 빙하기가 시작된 것이다. 이렇게 얼음층이 늘었다 줄었다 하는 것은 아마 지구의 공전궤도 변화 때문이 아닌가 생각된다. 지구는 10만 년을 주기로 태양에서 멀어졌다 가까워졌다 한다. 그리고 기울어진 자전축은 회전하는 팽이의 꼭대기처럼 2만 6,000년마다 원을 그린다. 그리고 4만 1,000년마다 자전축의 기울기도 21도와 25도 사이에서 변한다.(오늘날은 23.5도이다.) 이런 주기들에 따라 지구로 들어오는 햇빛의 양이 달라진다.

케임브리지대학의 고해양학자인 니컬러스 새클턴(Nicholas Shackleton)은 옛날 남극대륙의 얼음과 해저의 진흙 속에 남겨진 이런 기후변화의 흔적을 조사했다. 이 결과 그는 햇빛이 적어졌을 때 대기 중 이산화탄소의 양도 줄어들었음을 발견했다. 학자들은 아직도 왜 햇빛의 양이 이산화탄소의 양에 영향을 끼치는지 분명히 알지 못한다. 다만 일조량이 줄어들면 식물과 플랑크톤이 성장하는 방식이 달라질 수 있다. 어느 쪽이든 이산화탄소의 양이 줄어들면 지구는 식는다. 매년 여름 양극의 얼음이 녹는 양이 줄어들어 빙하가 확장되는 것이다. 결국 빙하는 수천 킬로미터씩이나 적도지역으로 내려왔다가 예를 들어 대기 중에 이산화탄소가 많아지는 등의 변화가 생기면 다시 극지방으로 후퇴한다. 빙하가 후

퇴함에 따라 숲이 다시 확장된다. 우리는 이렇게 살기 좋은 간빙기를 지나고 있고 이번 간빙기는 1만 1,000년 전에 시작되어 앞으로도 수천 년 더 계속될 것으로 보인다.

인간이 들어오기 직전인 마지막 빙하기의 북아메리카의 모습은 덩치 큰 포유류로 들끓고 있었다. 송곳니가 칼처럼 생긴 고양이, 재규어, 치타, 곰, 짧은얼굴곰, 늑대 등의 육식동물이 초식동물을 잡아먹고 있었다. 초식동물로는 풀을 먹는 매머드, 숲과 늪지대를 어슬렁거리던 마스토돈뿐만 아니라 낙타, 말, 코뿔소, 땅늘보 등이 있었다. 북아메리카뿐만 아니라 세계 도처에서 생물종이 계속 늘어나고 있었다. 화석 연구 결과 지난 1억 년간 생물 종수는 계속 늘어난 것으로 보인다. 학자들은 이렇게 된 이유 중의 하나로 옛날 전 세계의 대륙이 한데 모여 있었던 초대륙인 판게아(Pangaea)가 여러 개의 작은 조각으로 갈라졌기 때문 아닌가 하고 생각하고 있다. 전 세계의 대륙들이 하나의 거대한 대륙으로 합쳐져 있었을 때는 동물과 식물이 이동하는 데 별 장애가 없었기 때문에 적응력이 강한 종이 특정 지역에 특화된 종의 영역으로 침입해 들어가 경쟁에서 이들을 이길 수 있었다. 그러나 판게아가 몇 개 지역으로 분리되자 더 많은 종이 살아남을 수 있는 고립된 서식지가 생겨났고, 해안선이 늘어나 해양 생물이 진화할 수 있는 길이 열렸다. 현생 인류가 진화한 10만 년 전쯤이 되자 지구상에는 과거 어느 때보다 많은 생물종이 살게 되었다. 이렇게 풍부한 유산을 탕진하는 것은 끔찍한 일이다.

인간에 의한 멸종

인간에 의한 대량 멸종의 서막은 약 5만 년 전에 올랐다. 그때까지만 해

진화

도 오스트레일리아는 몸무게가 1톤이나 되는 웜뱃(호주에 살았던 곰 비슷한 유대류—옮긴이), 키가 3미터나 되는 캥거루, 유대류 사자, 몸길이가 9미터에 달하는 도롱뇽 등 덩치 큰 동물들의 낙원이었다. 오스트레일리아에서는 화석이 별로 발견되지 않기 때문에 언제 대부분의 종이 멸종했는지 정확히 알기 어렵다. 그러나 몸무게가 거의 100킬로그램이나 되고 날지 못하는 새인 게니오니스(Genyornis)라는 종은 수천 개의 알껍데기를 남겼다. 그런데 이들의 알껍데기는 5만 년 전쯤 갑자기 사라졌다. 그리고 그때쯤 새로운 생물종이 오스트레일리아로 들어왔다. 그 생물은 바로 인간이었다.

이와 똑같은 사건, 그러니까 인간이 들어오고 큰 동물이 멸종하는 식의 사건은 전 세계적으로 몇 번이고 반복되었다. 아메리카대륙에서 가장 오래된 인간의 흔적은 칠레의 몬테베르데라는 곳에서 발견되었는데 약 1만 4,700년 전의 것이다. 고고학자들은 이보다 수천 년 앞선 흔적을 발견하기 위해 계속 조사 중이다. 당시의 인간들은 아마 남북 아메리카대륙을 배로 이동해 다녔을 것이다. 약 1만 2,000년 전 이전에는 알래스카에서 걸어서 남쪽으로 이동하기란 불가능했을 것이다. 왜냐하면 빙하가 길을 막고 있었기 때문이다. 빙하가 후퇴하자 새로운 문명이 북아메리카대륙으로 들어왔고 이들은 마스토돈을 쓰러뜨릴 수 있는 창을 갖고 왔다. 1만 1,000년 전쯤에 신대륙에서는 마스토돈, 거대한 땅늘보, 그 외 체중이 50킬로그램 이상 나가는 다른 모든 포유동물이 종적을 감추었다.

약 2,000년 전 동남아시아를 떠난 사람들이 마다가스카르의 해변에 도착했다. 이곳에서 그들은 몸무게가 450킬로그램 이상 되는 날지 못하는 새인 코끼리새와 고릴라 크기의 여우원숭이들을 볼 수 있었다. 그러나 이들은 인간과 겨우 수백 년밖에 함께 살지 못했다. 1300년대까지만 해도 뉴질랜드에는 11종의 모아새가 있었는데 이 새도 날지 못하는 새로, 체중은 코끼리새만 못했지만 키는 36미터로 코끼리새보다 컸다. 코끼리 새들과 마찬가지로 이들도 인간의 공격 앞에 겨우 수백 년을 버티다가 멸종하고 말았다.

큰 동물들이 갑자기 자취를 감춘 사건은 북아메리카에서 제일 먼저 일어났는데, 처음에 고생물학자들은 빙하기가 끝난 것이 원인이 되어 이들이 멸종했다고 생각했다. 그러니까 빙하기가 끝나 기후가 온화해지면서 북아메리카대륙의 숲과 초원에 변화가 생겼고, 여기에 의지하던 포유류는 갑작스러운 변화에 적응하지 못했다는 얘기다. 그러나 연구가 계속됨에 따라 기후변화와 멸종 사이의 관계는 우연 이상은 아닌 것으로 여겨지기 시작했다.

마지막 빙하기가 북아메리카대륙에 대해 그토록 큰 충격을 줬다면 앞선 빙하기들이 끝날 때도 비슷한 재앙이 찾아왔어야 했다. 그러나 지난 100만 년 동안 북아메리카대륙의 포유류가 멸종을 겪은 것은 상대적으로 드물었다. 두께가 1.6킬로미터나 되는 빙하가 10만 년마다 밀려왔다가 후퇴하는 일이 반복되었음에도 불구하고 포유동물들은 빙하로 인해 나무와 풀밭이 이동하는 것을 따라 자기들도 이동해서 삶을 이어갔다. 그리고 기후의 측면에서 볼 때 북아메리카에서 마지막 빙하기가 끝난 뒤의 기후가 앞선 빙하기들이 끝난 뒤의 기후와 별반 다를 것이 없었다. 기후변화설을 더욱 의심스럽게 만드는 것은 북아메리카대륙에서는 1만 2,000년 전에 포유류가 갑자기 멸종했는데 똑같이 대규모의 기후변화를 겪은 유럽, 아프리카, 아시아에서는 눈에 띨 만한 멸종이 일어나지 않았다는 사실이다.

마지막 빙하기가 끝났을 당시에 북아메리카대륙이 다른 곳과 달랐던 점은 인간이 도착했다는 사실이다. 오스트레일리아, 마다가스카르, 뉴질랜드 등지의 역사가 밝혀짐에 따라 학자들은 인간이 도착하고 나서 얼마 후 큰 포유류와 새들이 갑자기 멸종했다는 증거를 찾아내기 시작했다. 어떤 경우에는 마지막 빙하기가 끝나기 훨씬 전에, 어떤 경우에는 끝나고 훨씬 뒤에 멸종했다.

인간은 거의 순전히 창과 활만으로 이렇게 큰 동물들을 멸종시켰다. 인간의 조상들은 아프리카에서 사냥꾼이 된 후 조금씩 유럽과 아시아로 퍼져 나갔다. 수십만 년에 걸쳐 인간의 사냥감이 된 동물들은 무기를 가진 인간이라는 새로운 위협에 적응할 시간이 충분했다. 그러나 5만 년 전쯤 현생 인류는 빠른 속도로 과거의 인간이 발을 들인 적이 없는 대륙과 섬으로 퍼져나갔다. 오스트레일리아, 북아메리카 등지에 도착한 능숙한 사냥꾼들은 인간의 공격이라고는 전혀 받아본 적이 없는 동물들과 마주쳤다. 인간의 공격에 가장 취약했던 것은 번식을 빨리 하지 못하는 덩치 크고 동작이 느린 동물들이었을 것이다.

거대한 초식동물이 사라지자 대륙 전체의 풍경이 바뀌었을 것이다. 하버드대학에서 연구를 하고 있는 오스트레일리아의 동물학자 팀 플래너리(Tim Flannery)는 풀을 뜯어먹는 웜뱃과 캥거루가 멸종하자 이들이 먹어치우지 못한 풀이 숲 바닥에 고스란히 쌓였다고 본다. 마른 풀이 바닥에 쌓이자 불이 자주 붙었고, 과거에는 볼 수 없었던 대규모의 산불이 일어났다. 인간이 도착하기 전에 오스트레일리아에서는 남부소나무나 고사리나무 등이 번성했지만 이들은 불에 잘 견디지 못했다. 그래서 불에 대한 저항력이 강한 종인 유칼리나무 등에게 자리를 내주어야 했다. 이제 남부소나무나 고사리나무는 오스트레일리아 오지에서 극소수의 군락을 이루고 있을 뿐이다.

과거의 오스트레일리아의 열대우림은 스펀지처럼 수증기를 빨아들였기 때문에 오스트레일리아의 기후는 오늘날보다 훨씬 더 습했고 강과 호수가 많아 펠리컨, 가마우지 등의 새들이 살 수 있었다. 그러나 숲을 차지한 것은 물을 많이 품지 못하는 유칼리나무였고, 이로 인해 강과 호수는 말라버렸다. 사냥꾼들에게도 쫓기면서도 일단 멸종을 피한 초식동물들은 환경이 완전히 바뀌어 영양가가 낮은 유칼리나무나 관목 이파리를 먹을 수밖에 없는 처지로 내몰렸다. 살아남은 유대류는 빨리 달리는 빨간캥거루나 유칼리나무에 사는 코알라, 굴을 파고 숨을 수 있는 웜뱃 같은 것들뿐이었다. 플래너리에 의하면 인간과 함께 사는 데 적응하지 못한 종들은 멸망할 수밖에 없었다.

동굴 속에 기록된 역사

까마득한 옛날의 대량 멸종을 연구하는 고생물학자들은 멸망의 과정이 수천 년도 채 걸리지 않았다는 사실을 증명할 수 있으면 기뻐한다. 그러나 오늘날의 대량 멸종을 연구하는 학자들은 이 과정이 수천 년이 아니라 수십 년 혹은 몇 년이 될 수 있다고 생각한다. 정답을 얻기 위해서는 적절한 장소를 파보면 된다.

이 적절한 장소 중의 하나가 하와이에 있는 동굴이다. 뉴욕의 포드햄대학에서 고생태학을 연구하는 데이비드 버니(David Burney)는 1997년부터 하와이의 동굴들을 연구해왔다. 그의 연구팀은 몇 년 전부터 하와이제도 서쪽 끝에 있는 카우아이섬의 남쪽 해안을 뒤지고 있었다. 멸종한 생물의 화석과 흔적을 찾던 연구팀은 어느 날 현지인들이 '마하울레푸'라고 부르는 석회석 동굴의 좁은 입구를 발견했다. 그곳을 비집고 들어가니 종유석과 유석(流石)이 깔린 좁은 통로가 나타났다. 통로를 따라 15미터쯤 더 들어가니 햇빛이 비치고 나무가 있는 광장이 나타났다. 이곳은 과거에 동굴의 큰 통로였던 곳으로 수천 년 전에 천장이 무너져 내렸을 것이다. 15미터가 넘는 석벽 아래로 씨앗이 날아들어 싹을 틔웠고 그렇게 오랜 세월이 지나면서 자연스러운 지하 정원이 생겼다. 연구팀은 가져온 긴 금속관을 연결해 이곳 점토질 토양에 박았다. 그걸 다시 뽑았더니 속에 하와이 토종새인 검둥오리의 두개골 화석이 들어 있었다. 버니는 이곳을 더 깊이 파봐야겠다고 생각했다.

버니는 연약한 화석을 삽날로 부수지 않기 위해 주로 손으로 땅을 팠다. 어느 정도 파 들어가니 검은 이탄층이 나왔고, 좀 더 파 들어가니 지하수면이 나왔다. 그때부터 펌프로 계속 물을 퍼냈다. 하루의 작업을 마치고 펌프를 끄면 구멍은 몇 분 만에 물로 가득 차곤 했다. 버니는 여기서 퍼 올린 흙을 양동이에 담아 지상으로 가져갔다. 자원봉사자들이 어린이용 비닐 풀장에 체를 걸쳐놓고 양동이에 담긴 흙을 걸러냈다. 그러고 나서 과학자들이 체에 남은 화석을 분류하고 포장해 좀 더 상세한 연구를 할 수 있는 박물관이나 실험실로 보냈다. 버니는 또한 이곳의 흙 샘플도 가져가서 나중에 동굴 주변에 어떤 식물이 살았는지 알기 위해 포자나 꽃가루 등을 찾아봤다.

구멍은 이제 깊이 6미터, 폭 12미터 정도가 되었다. 구멍 바닥에서 찾아낸 식물 화석의 파편으로 연대를 측정한 결과 구멍은 1만 년 정도 된 것 같았다. 3,000년에 걸쳐 지하 수맥이 조금씩 동굴 바닥에 점토를 퇴적시켰다. 그러고 나서 7,000년 전쯤에 바닷물이 침입해 천장이 무너졌다. 비중이 큰 바닷물이 바닥을 완전히 채운 상태에서 얕은 민물 연못이 그 위에 형성되었다. 동식물이 동굴로 추락해 연못에 빠졌고 결국 바닥으로 가라앉았다. 동굴은 뼈를 보존하는 데 이상적이며 연못은 식물의 꽃가루를 보존하는 데 아주 좋다. 그러니 마하울레푸 동굴 안의 연못은 둘 다에 가장 이상적인 곳이다. 버니가 판 구멍은 1만 년에 걸친 하와이의 역사를 종합적으로 보여주며, 이런 곳은 과거에 누구도 찾지 못했다. 그는 이곳을 "타임머신"이라고 불렀다. 이곳은 또한 인간이 어떻게 대량 멸종을 일으킬 수 있는가를 생생하게 보여줬다.

버니가 구멍 바닥에서 찾아낸 동식물의 화석은 대부분 하와이에만 있는 것들이었다. 하와이는 가장 가까운 대륙으로부터 3,700킬로미터나 떨어져 있기 때문에 생명체가 하와이로 간다는 것은 쉬운 일이 아니다. 껍질이 딱딱한 씨 같으면 해류를 타고 하와이의 해변까지 흘러올 수 있었을 것이다. 길을 잃은 새나 박쥐가 하와이제도의 어디엔가 둥지를 틀기도 했고 철새들은 남쪽이나 북쪽으로 이동하면서 하와이를 쉼터로 이용했다. 가끔 이들의 발에 묻은 진흙에 달팽이의 알이나 곰팡이의 포자가 따라와서 하와이에 정착하기도 했다.

구멍 바닥에서 버니가 찾아낸 꽃가루와 씨앗은 야자나무, 미모사 같은 관목, 양치식물이 빽빽이 들어선 해안의 숲에서 온 것이었다. 이 숲에 처음 도착한 동물들은 포식자와도 마주치지 않았고 경쟁자도 별로 없어서 이 많은 먹거리를 자기들끼리 차지할 수 있었다. 갈라파고스섬의 핀치나 빅토리아호수의 시클리드가 다양한 종으로 발전한 것처럼 하와이의 생명들도 다양한 발전을 이뤘다. 약 3,000만 년 전 한두 종의 초파리가 이곳에 정착했고 그때부터 진화를 거듭해 1,000여 종으로 불어났으며, 이런 종은 세계 어디에서도 찾아볼 수 없다. 20여 종의 달팽이가 하와이로 흘러들어와 700여 종으로 번성했다. 아마 이 달팽이들은 숲을 기어 다니던 육지 게들의 먹이가 되었을 텐데, 이들 또한 동굴 바닥에서 발

진화

견됐다.

동물들, 특히 새들은 하와이제도에 있는 생태계의 모든 틈새를 활용할 수 있도록 진화했다. 세계 거의 대부분 지역의 부엉이들은 땅에 있는 설치류를 비롯한 작은 생물을 사냥한다. 그런데 버니는 매처럼 날아가는 새를 잡도록 진화한 부엉이의 해골을 발견했다. 300만 년 전에 굴뚝새 한 마리가 북아메리카에서 하와이로 날아왔고 그 후 100여 종의 꿀먹이 새로 진화했다. 버니는 거대한 부리로 하와이의 어떤 다른 동물들도 깰 수 없었던 씨를 깨던 꿀먹이새의 해골도 발견했다. 이위(iiwi)라는 새는 안약을 넣는 점안기처럼 정교하게 생긴 굽은 부리로 꽃에서 꿀을 빨아먹었다.

카우아이섬은 500만 년 전 화산 폭발에 의해서 생겨났다. 그 무렵 몇 종류의 새가 날개를 가졌지만 날지 못하는, 그러니까 돼지나 염소 같은 모습으로 진화했다. 버니는 이렇게 설명한다. 하와이제도의 오리와 거위는 완전히 육상 동물로 탈바꿈할 기회가 있었다. 그들은 보통의 오리나 거위보다 훨씬 덩치가 커졌다. 날지도 않아도 됐다. 사실 풀을 뜯어먹기 시작하면서 날 필요도 없어졌다. 하와이제도에 살다가 멸종한 오리와 거위 중에는 어떤 의미에서 염소와 돼지로 탈바꿈했다고 볼 만한 것도 있다. 오리는 날개가 퇴화했고 칠면조만큼 크기가 커졌고 거북 같은 입으로 풀을 뜯어먹었다. 거위도 날개가 없어지고 오늘날 캐나다거위보다 2배 정도 몸집이 커졌다. 어떤 물새들은 부리 주변에 이빨 같은 돌기가 생겨 양치식물을 뜯어먹을 수 있었다.

구멍 바닥에서 버니는 45종의 새와 14종의 달팽이를 비롯해 박쥐와 게 등을 발견했다. 구멍 바닥에서 위로 올라감에 따라, 즉 시간의 흐름을 따라 이동하면서 버니는 가끔 자연재해도 일어났음을 발견했다. 이를테면 바닷물이 침입한 적이 있는데 이는 숭어의 뼈로 알 수 있다. 이런 경우를 제외한다면 카우아이의 토종새, 달팽이, 게, 야자나무, 미모사 등의 종은 계속 시간을 따라가면서 화석을 남기고 있었다. 특히 달팽이가 많았는데 진흙 1리터당 1,000개 이상의 등껍데기가 발견되었다. 수천 년에 걸쳐 화석의 기록은 대략 균일했다.

그런데 약 900년 전 새로운 화석이 출현했다. 그 주인공은 쥐였다. 쥐들은 약 1,000년 전 하와이제도로 이주해온 폴리네시아 사람들을 따라왔다. 그로부터 수백 년간은 기록이 희미한데 그 이유는 1500년경 해일이 몰아닥쳐 그동안 퇴적된 진흙을 쓸어간 바람에 수백 년간의 화석 기록도 함께 사라졌기 때문이다. 해일은 이렇게 해서 역사의 한 부분을 앗아갔지만 인간이 만든 도구를 실어다 줌으로써 이를 보상하기도 했다. 버니는 뼈로 만든 낚싯바늘과 하와이 사람들이 낚싯바늘을 갈기 위해 썼던 성게의 척추 등을 발견했다. 그는 또한 유리처럼 매끄러운 현무암 원판도 찾아냈는데 이 판은 물에 적시면 거울로 쓸 수 있었다. 그리고 문신을 새길 때 쓰는 바늘과 카누를 저을 때 쓰는 노의 파편, 무늬를 그려 넣은 조롱박 등도 있었다. 새로운 식물의 흔적도 처음으로 이 층에서 발견되었는데 이를테면 얌과 코코넛 등 폴리네시아 사람들이 가져온 것들이 있다. 그들을 따라온 닭, 개, 돼지의 뼈도 발견됐다.

바로 이쯤에서 구멍 속의 토착 생물종이 사라지기 시작한다. 한때 그토록 많던 토종 달팽이가 줄어들기 시작했다. 야자나무를 비롯한 나무들의 꽃가루는 더 이상 발견되지 않았다. 육지 게도 감소했다. 풀을 먹는 큰 새들도 자취를 감췄다. 긴다리부엉이는 사라지고 새로 들어온 쥐를 먹으며 번성한 짧은귀부엉이가 득세했다.

1778년, 쿡 선장은 하와이제도에 발을 디딘 최초의 유럽 사람이 되었는데 그가 상륙한 지점은 마하울레푸에서 겨우 몇 킬로미터밖에 떨어지지 않은 곳이었다. 섬의 왕에게 쿡 선장은 염소 한 쌍을 선물했다. 버니는 구멍에서 이 염소들의 후손과 유럽에서 들어온 말, 양 등의 뼈를 발견했다. 식물로는 자바플럼이라는 과일과 메스키트라는 콩과식물이 발견되었다. 1800년대 후반에 동굴을 둘러싼 땅에 방목되던 가축의 뼈도 발견되었다. 덩치 큰 수수두꺼비와 늑대달팽이와 같이 해충을 퇴치할 용도로 20세기에 들여온 동물들도 많은 화석을 남겼다.

쿡 선장이 도착한 이후 층에서 발견된 토착 생물종은 소수였다. 쿡 선장 도착 이전 층에서는 14종의 달팽이 등껍데기가 수천 개씩 발견되었다. 그러나 맨 위 1미터 내에는 달팽이 뼈가 하나도 없었다. 또한 새들의 뼈로는 이동하는 바다 철새들의 뼈만이 오늘날까지도 동굴 주변에 있을 뿐이다. 구멍 깊은 쪽에 화석을 남긴 다른 종의 새들은 아직 하와이에 살고 있기는 하지만 깊은 산속의 숲에서나 명맥을 유지하고 있다. 마찬가지로 과거에 숲을 이뤘던 식물들도 멸종하거나 조그만 군락으로만 존재할 뿐이다. 수천 년 동안 구멍에서 계속 발견되던 미모사 비슷한 관목은 카홀라웨섬의 바위 하나에서만 찾을 수 있다. 현재까지 존재하는 관목은 두 가지뿐이다.

버니가 발견한 구멍이 알려주는 사실은 분명하다. 인간이 오면서 기존의 생태계가 파괴된 것이다.

가속되는 멸종

마하울레푸에서의 멸종은 오직 한 가지 이유, 즉 인간 때문에 발생했다. 그러나 과거의 대량 멸종에서처럼 그로 인해 큰 피해가 발생할 수 있다.

버니는 동굴에서 모든 파괴적 효과가 작용하는 것을 볼 수 있었다. 인간이 마하울레푸 근처의 종들을 멸종시킨 두 가지 방법은 사냥과 서식지 파괴였다.

이런 파괴의 양상은 여러 단계를 거쳐 드러난다. 카우아이섬에서 제일 먼저 모습을 감춘 동물들은 가장 사냥에 취약한 부류들이었다. 버니는 이렇게 말한다. "이들은 동작이 느렸거나, 먹거리로 특히 가치가 있었던 것들이었다. 덩치가 크고 날지 못하는 오리는 바비큐 감으로 적격이었을 테니까 말이다. 그리고 특히 이들이 취약했던 이유는 항상 지상에 머물렀기 때문이다. 이들은 알도 지상에 낳았고, 과거에는 쥐처럼 지상을 기어 다니는 포식자도 없었다. 그런데 쥐, 돼지 같은 것들이 이들의 알을 먹어버렸던 것이다."

카우아이의 날지 못하는 새들은 아마 마다가스카르의 코끼리새나 북아메리카의 매머드새와 같은 운명을 맞이했을 것이다. 인간에 의한 신속한 멸종 말이다. 카우아이 사람들은 가장 사냥하기 쉬운 것들을 멸종시키고 나자 좀 더 작은 생물, 예를 들어 육지의 게 등에 눈을 돌렸을 것이다. 버니의 구멍이 이런 비극을 생생히 증명하고 있다. 인간이 들어온 이후 육지 게의 화석은 크기가 작아지고 희귀해졌다. 아마 사냥꾼들이 점점 더 어린 게를 잡아먹었기 때문이었을 것이다. 번식하기에 충분한 새끼 게가 남지 않자 게는 멸종의 길을 걸을 수밖에 없었다.

마하울레푸에서 일어난 멸종의 단계는 전 세계적인 멸종의 단계와 일치한다. 오늘날까지도 지나친 사냥은 전 세계적으로 야생동물의 위협이 되고 있다. 중앙아프리카의 열대우림에서는 사냥꾼들이 침팬지를 비롯한 영장류를 죽여서 나무를 베는 벌목꾼들에게 식량으로 제공한다. 그리고 미얀마의 가장 깊숙한 오지에서는 겨우 몇 년 전에 존재가 확인된 희귀한 종의 사슴이 마구 사냥되고 있다. 사냥꾼들은 고기를 먹기 위해서 이 사슴을 죽이는 것이 아니라 중국 상인들을 대상으로 사슴고기와 소금을 맞바꾸기 위해 사냥을 한다.

두 번째 단계의 멸종, 그러니까 서식지 파괴에 의한 멸종은 마하울레푸에서는 좀 더 느린 속도로 다가왔다. 카우아이섬에서 인구가 늘어나자 사람들은 경작지와 가축을 방목할 땅을 확보하기 위해 벌채를 했다. 금속으로 된 도끼가 없었기 때문에 초기의 정착민들은 나무를 빨리 벨 수가 없었다. 아마도 이들은 나무둥치를 졸라매거나 뿌리에 독약을 뿌려 나무를 죽였을 것이다. 이렇게 숲을 없앤 후 사람들은 타로나 고구마를 경작했다. 카우아이섬에 유럽인들이 들어오자 파괴는 더욱 빨리 진행되었다. 1840년대가 되자 플랜테이션 농장 소유주들은 대대적으로 벌목을 시작했다. 백단이라는 나무는 향을 피우기 위해 벴고 나머지는 가축을 방목하거나 파인애플, 사탕수수를 심기 위해 벌목됐다.

세계 각지에서 비슷한 속도로 서식지 파괴가 진행되고 있었다. 약 1만년 전부터 멕시코, 중국, 아프리카, 근동의 여러 문명권들은 동식물을 길들이기 시작했다. 농업은 지속적으로 일정량의 식량을 제공하기 때문에 농부와 목동은 수렵채집인보다 더 조밀하게 모여 살 수 있었다. 더 많은 입을 먹여 살리려면 더 많은 땅이 필요할 수밖에 없었다. 소, 양, 염소를 먹이기 위해서는 목장을 만들어야만 했다. 옥수수, 쌀, 밀을 경작하려면 숲과 목초지를 대대적으로 없애고 경작지로 만들어야 했다. 다윈이 성장한 영국의 경작지들이 옛날부터 경작지였던 것은 아니었다. 과거에는 숲으로 덮여 있던 지역을 사람들이 벌목했고, 그 후 수세기가 지나자 숲은 여기저기 섬 같은 형태로밖에 남지 않았다. 숲에서만 살 수 있는 동물들은 이제 섬 속에 갇힌 신세가 되었다. 소의 가장 가까운 친척인 오록스

(aurochs)는 폴란드에서 사냥 금지 조치로 보호를 받으면서 몇 군데 숲에서 1600년대까지 살아남았으나 그 후엔 멸종했다.

인구가 늘어나고 더 성능이 좋은 쟁기와 톱이 지난 몇 세기 동안 발명되면서 야생동물의 서식지는 급속도로 사라졌다. 인구가 늘면서 사람들은 숲이 지속 가능한 수준에서 공급할 수 있는 양보다 훨씬 더 많은 장작과 목재를 필요로 했다. 기술의 발달로 사람들은 더 쉽게 숲속에 길을 만들었고 이 길을 통해 나무를 실어 날랐다. 그 결과 지구상의 모든 종들 중 3분의 2 정도가 사는 것으로 추산되는 세계 열대우림의 절반이 2000년까지 벌목되거나 불타버렸다.

인간이 숲을 개간하면서 동식물이 멸종했다. 어떤 경우, 예를 들어 댐이 건설되는 바람에 하류의 물이 말라 물고기가 멸종하는 것 같은 경우는 분명히 눈에 보인다. 그러나 어떤 서식지가 완전히 파괴되지 않아도 생물종은 멸종할 수 있다. 서식지를 파괴하지 않고 여러 개의 조각으로 나누기만 해도 멸종이 일어날 수 있다. 이렇게 여러 개로 나뉜 조각은 섬처럼 되며, 크라카타우 같은 섬에 얼마나 많은 종이 살 수 있는가를 예측할 때 적용되는 법칙이 여기에도 적용될 수 있다.

여러 개로 분할된 숲의 한 조각은 그 크기에 비례해 일정 수의 종만을 먹여 살릴 수 있다. 숲이 여러 조각으로 갈라졌는데, 어느 한 조각에 우연히 그 크기에 걸맞지 않을 정도로 생물종이 많다면 넘쳐나는 종은 멸종할 수밖에 없다. 어떤 종이 모든 조각에서 다 사라지면 그것은 멸종에 해당한다.

이렇게 숲이 조각나면 활동 범위가 좁은 종들이 특히 타격을 받는다. 예를 들어 벌목업자들이 산맥을 따라 숲을 거의 벌채해버렸다고 하자. 그럼 산맥에 있는 어떤 특정한 산의 한 사면에 살고 있는 도롱뇽에게는 숲이 세 조각밖에 남지 않은 반면, 산맥 전체에 분포하는 도롱뇽에게는 100개 정도의 숲 조각이 남았을 수 있다. 따라서 더 널리 퍼져 있는 도롱뇽이 활동 범위가 좁은 도롱뇽보다 살아남을 가능성이 더 크다. 그리고 활동 범위가 넓은 도롱뇽이 조각들 사이를 이동할 수 있다면 과거의 활동 영역을 회복할 수도 있다. 반면에 산의 특정 지역에서만 사는 도롱뇽은 멸종할 것이다.

미국 동부에 서식하는 명금류(songbird)는 활동 범위가 넓기 때문에 숲이 조각이 나도 살아남을 수 있었다. 유럽인들이 미국에 들어오기 전에 200여 종에 달하던 명금류 대부분은 활동 범위가 미국 동부 바깥에까지 뻗어 있었다. 20세기가 되자 미국 동부의 숲은 95퍼센트가 잘려나갔다. 그러나 벌목이 하루아침에 이뤄진 것은 아니었다. 숲을 파괴하는 인간의 활동은 미국 북동부에서 시작해 파도처럼 번져나갔다. 오하이오의 숲이 사라지기 시작할 때쯤 뉴잉글랜드의 숲은 회복되고 있었다. 어떤 특정한 시기에 숲이 어디에 있든 새들은 살아남을 장소를 찾아냈다. 20세기에 들어서서 미국 동부의 사람들은 대부분 농업을 포기했고 이에 따라 숲이 되살아났으며 활동 범위가 넓은 새들이 돌아왔다.

그러나 활동 범위가 미국 동부에만 한정돼 있었던 28개의 종은 그렇게 운이 좋지 못했다. 이들은 다른 새들보다 활동 범위가 좁았기 때문에 생존 가능성이 더 낮았다. 이들의 서식지가 몇 개의 조각으로 갈리면서 서식지는 더 줄어들었고, 그로 인해 멸종 가능성은 높아졌다. 그중 나그네비둘기, 바크만휘파람새, 흰부리딱따구리, 캐롤라이나잉꼬 등 4종은 멸종했다.

캐롤라이나잉꼬와 같은 길을 걷는 동식물은 오늘날 많이 있다. 활동 범위가 좁은 이들 서식지는 경작 또는 벌목으로 파괴되거나 갈라졌다.

아직 멸종되지 않은 것들도 있지만 이들이 자취를 감추는 것은 시간문제이다. 컬럼비아대학의 생물학자인 스튜어트 핌(Stuart Pimm)이 이끄는 팀은 멸종을 향해 가고 있는 종의 개체수가 감소하는 시간을 재봤다. 핌의 연구팀은 새들의 종이 아주 다양하다고 알려진 케냐의 서부를 조사해봤다. 지난 100년간 이곳에서는 경작과 벌목이 대대적으로 진행되어 새들의 서식지가 여러 개의 조그만 파편으로 갈라졌다. 연구팀은 지난 50년간의 항공사진을 분석해 숲이 언제 조각나기 시작했는지 조사했다. 그러고 나서 박물관에 전시된 새들의 박제를 조사해 당초에 얼마나 많은 종이 이곳에 있었는지 알아봤다.(곤충의 경우 전체 종 가운데 일부만이 알려져 있는 반면, 새들은 눈에 쉽게 띄기 때문에 조류학자들은 지구상에 존재하는 것으로 추산되는 1만여 종의 새들 중 거의 대부분을 알고 있다.) 이어서 핌은 실제로 숲의 각 조각을 찾아 가서 현재 조각 하나하나에 어떤 종들이 살고 있는지 관찰했다.

연구팀은 어떤 조각이 오래될수록 새들의 종의 다양성이 예측과 대략 일치한다는 사실을 발견했다. 생긴 지 얼마 안 되는 조각에는 아직도 남아도는 종들이 살고 있었는데 이것은 멸종이 많이 진행되지 않아 평형상태에 아직 도달하지 못했기 때문이다. 오래된 조각과 새로운 조각을 비교한 결과, 연구팀은 멸종이 마치 방사성 동위원소의 붕괴와 비슷한 방법으로 진행됨을 알아냈다. 즉 멸종에도 반감기가 있는데 일정 시간이 지나면 그 조각 안에 있는 종의 50퍼센트가 사라진다는 얘기다. 남은 절반의 절반은 그다음 반감기가 지나면 사라지고, 이후에도 이런 식으로 멸종이 계속 진행된다. 케냐에서 핌이 관찰한 새들의 반감기는 대략 50년이었는데 이 수치는 핌의 동료 학자인 토머스 브룩스(Thomas Brooks)가 동남아시아의 새들을 관찰해서 얻은 결과와 일치한다. 달리 말해, 벌목과 경작으로 인해 세계의 숲에 가해진 피해를 제대로 파악하려면 앞으로 수십 년이 더 지나야 한다는 얘기다.

이방의 침입자들

마하울레푸에서 인간은 숲을 파괴하고 동물을 사냥하는 것 말고도 또 한 가지 방법으로 멸종을 불러왔다. 쥐, 닭, 개, 염소 같은 새로운 종을 들여온 것이다. 이들을 생물학적 침입자라고 부르는데, 이 침입자들은 오늘날 지구상에서 가장 강력한 멸종의 주역이 되어가고 있다. 사냥이나 벌목과는 달리 생물학적 침입은 회복이 거의 불가능하다. 벌목을 그만두면 시간이 감에 따라 나무가 다시 자란다. 그러나 일단 생물학적인 침입자가 새로운 서식지에 성공적으로 정착하고 나면 이들을 제거하는 것은 보통 불가능하다.

생물학적 침입은 생명의 역사에서 전혀 새로운 것이 아니다. 300만 년 전에 북아메리카에서 남아메리카로 이동한 동물들은 생물학적 침입자로, 그때까지 고립돼 살던 동물들을 공격해 다수를 멸종시켰다. 다윈이 보여준 것처럼 생물학적 침입은 다른 동물의 알이나 다른 동물의 씨가 새의 발에 묻어서 수천 킬로미터를 이동해 발생할 수도 있다. 그러나 인간이 나타나기 전까지 생물학적 침입은 드문 일이었다. 두 대륙이 충돌하려면 수백만 년이 걸린다. 동식물이 바다를 건너거나 알이나 씨가 새의 발에 붙어 히치하이킹을 하는 일도 쉽지 않다. 고생물학자들의 추산에 따르면 인간이 나타나기 전까지 하와이에는 평균 3만 5,000년마다 하나의 새로운 종이 도착했다. 그리고 이들은 새, 박쥐, 작은 무척추동물 등이었다. 그러니까 개가 새의 발에 매달려 하와이까지 날아올 수는 없었다는 얘기다.

그런데 폴리네시아 사람들이 카우아이로 들어오면서 많은 동물이 따라 들어왔다. 쥐들은 하와이에 정착해 새들의 알과 달팽이를 먹어치웠다. 폴리네시아 사람들이 가축으로 기르던 닭과 돼지는 어린 나무를 뿌리째 뽑거나 씨를 먹어치웠으며 이 과정에서 아마 인간보다 더 큰 피해를 숲에 끼쳤을 것이다. 숲속에서만 살 수 있었던 새들과 달팽이들은 인간의 거주지를 피해 깊은 곳으로 들어가야 했다.

백인들이 이주하자 새로운 종들은 더욱 빨리 하와이로 들어오기 시작했다. 전 세계를 상대로 무역을 벌이던 유럽인들은 이런저런 종을 배에 싣고 세계 각지로 옮겨놓았다. 그중 일부는 쿡 선장이 선물한 염소처럼 의도적인 것이었지만 대부분은 인간의 의지와 상관이 없었다. 1826년에 포경선이 말라리아모기를 하와이로 가져왔는데 말라리아 병원체는 하와이의 새들에게 치명적이었다. 난폭한 돼지들은 여기저기에 구덩이를 파놓았고 이곳에 고인 물에서 말라리아모기가 번성해 토종 새들을 물기 시작했다. 아마 이로 인해 많은 새들이 죽었을 것이다. 오늘날 다수의 종들은 차가운 공기 때문에 모기가 살 수 없는 높은 고도에서만 서식하고 있다.

지난 200년간 생물학적 침입은 하와이뿐 아니라 전 세계에서 일어났으며 그 속도도 점점 빨라졌다. 범선이 기선과 비행기로 대체되면서 많은 동식물과 미생물이 먼 거리의 대륙 사이를 오갈 수 있었다. 체서피크 만으로 들어오는 배를 연구하는 과학자들은 밸러스트 탱크(배의 균형을 유지하기 위해 배 바닥에 바닷물을 넣다 뺐다 하는 공간―옮긴이)에 든 물 1,000리터마다 게, 물고기, 다른 수백 가지 동물이 2,000여 마리나 들어 있음을 알아냈다. 그리고 매년 1억 톤의 바닷물이 밸러스트 탱크에 실려 미국으로 들어온다. 곤충과 씨는 곡물과 목재를 타고 유입된다. 미국에만 해도 5만 종의 외래종이 존재하며 그 수는 급속히 늘어나고 있다. 1850년과 1960년 사이에 샌프란시스코만에는 매년 한 종꼴로 새로운 침입자가 들어왔다. 1960년 이후부터는 석 달에 한 번이 되었다. 하와이에서는 매년 10여 종의 곤충과 무척추동물이 정착한다.

물론 외래종 중에서 정착에 성공하는 것은 극소수에 불과하다. 생존력이 강한 동식물이라면 불안정한 환경에서도 살아남아 번성할 수 있기 때문에 인간이 지배하는 서식지에서도 잘 버틴다. 밖에서 들어온 포식자들도 번성하는 경우가 있는데 왜냐하면 포식자들은 여러 가지 다른 동물을 먹을 수 있기 때문이다. 예를 들어 2차 대전 전까지 괌에는 뱀이 없었다. 그러나 미군이 군 장비를 섬으로 옮기는 과정에서 갈색나무뱀이 장비에 섞여 수송기를 타고 들어왔다. 괌에 도착한 뱀들은 눈에 띄는 작은 동물을 닥치는 대로 잡아먹었다. 그 결과 괌의 토착 조류 13종 중 3종만 오늘날 남게 되었다. 토착 도롱뇽도 12종에서 3종으로 줄었다.

원산지에서는 이런저런 제약 때문에 크게 번성하지 못하던 종이 이런 제약이 없는 곳으로 이주하면 번성하는 경우도 있다. 1935년에 오스트레일리아 사람들은 사탕수수딱정벌레를 퇴치하기 위해 수수두꺼비를 들여왔다. 그 후 이들은 오스트레일리아 북부에서 매년 30킬로미터의 속도로 영역을 넓혀가기 시작했다. 이들은 오스트레일리아의 시골 지역을 뒤덮었으며 개체수 밀도가 원산지의 10배에 달했다. 이 두꺼비는 원산지인 남아메리카보다 오스트레일리아에서 더욱 번성하는 것으로 보였는데 이는 번성을 제한하는 요인이 없어졌기 때문이다. 오스트레일리아에서는 두꺼비를 잡아먹으려는 포식자들이 두꺼비 등의 분비선에서 나오는 독 때문에 죽었다. 반면 남아메리카의 포식자들은 해독제를 갖고 있었다. 게다가 두꺼비의 개체수를 일정 수준으로 묶어두던 바이러스와 기타 병원체들이 오스트레일리아에는 없었다. 수수두꺼비가 이렇게 엄청나게 증식했어도 딱정벌레만 잡아먹었으면 참을 만했을 텐데 이들은 딱정벌레에게는 전혀 관심을 보이지 않았다. 오히려 두꺼비들은 희귀한 유대류나 도롱뇽 등 입에 넣을 수 있는 것이면 닥치는 대로 잡아먹었다.

외래종은 침입한 곳의 생태계를 지배하는 규칙을 바꿔 번성하기도 한다. 예를 들어 하와이는 산불이 별로 나지 않는 특이한 곳이다. 산불이 나려면 벼락이 떨어져야 하고 벼락이 떨어지려면 번개가 쳐야 하며, 천둥번개가 치는 비구름이 일어나려면 큰 육지가 있어야 한다. 육지가 데워지고 대기가 소용돌이치며 비구름이 형성되기 때문이다. 다른 대륙에서 산불은 삶의 일부이며 동식물은 이로부터 자신을 보호하는 방법을 진화시켰다. 그러나 하와이는 큰 바다에 둘러싸인 섬들로 이뤄져 있기 때문에 번개가 치는 일이 별로 없고 따라서 이곳의 동식물은 산불에 단련돼 있지 않다.

1960년대에 산불이 난 땅에 잘 적응하는 식물 두 가지가 하와이로 들어왔다. 하나는 부시비어드그래스(bush beard-grass)라는 중앙아메리카산 식물이고, 하나는 아프리카에서 온 당밀풀이다. 이들의 마른 잎과 줄기가 숲 바닥에 쌓이면 좋은 불쏘시개가 된다. 사람이 담뱃불을 버리거나 모닥불을 피우면 산불이 쉽게 일어난다. 불로 인해 토착 식물은 모두 타버리고, 외래 식물이 그을린 땅을 차지했다. 외래 식물이 번성하면서 불은 더욱 규모가 커졌다. 하와이 일부 지역에서는 산불이 한 번 나면 외래 식물이 들어오기 전보다 1,000배나 넓은 숲이 타버린다. 이런 지옥에서 토착 식물이 영토를 회복할 가능성은 없다.

어떤 경우에는 다수의 외래종이 한꺼번에 들어와 기존 생태계의 저항을 무력화시키기도 한다. 미국의 오대호 지역이 좋은 예이다. 1900년 이전에 오대호로 들어오던 배들은 대부분 돌, 모래, 진흙 등을 바닥짐으로 썼는데, 그 안에는 동물이나 식물이 별로 들어 있지 않았다. 20세기 초가 되자 선박의 바닥짐은 바닷물로 바뀌었고 1959년에 세인트로렌스 수로가 열려 대형 선박의 출입이 가능해지자 외국 배들이 정기적으로 외래종을 오대호에 쏟아 놓기 시작했다.

오대호로 들어오는 배는 세계 각국에서 오지만 여기서 가장 번성한 외래종은 흑해와 카스피해에서 온 것들이었다. 흑해와 카스피해의 동물들은 돌발 사태에 잘 적응돼 있다. 지난 수천 년 동안 흑해와 카스피해의 수면은 200미터 이상 오르락내리락했고 물도 짠물과 민물 사이를 오락가락했다. 이곳의 동물들은 엄청난 변화에 맞춰 진화했기 때문에 여러 가지 조건에서 생존할 수 있고, 배 밑바닥에 실려 유럽에서 북아메리카까지의 긴 여행을 견딜 수 있을 만큼 강인했다. 그들은 오대호의 민물 속에서 급속히 번식했다.

1980년대 중반에 얼룩말홍합이라는 조그만 조개가 러시아로부터 세인트클레어호수로 흘러 들어왔다. 얼룩말홍합은 끈적끈적한 실을 분비해서 단단한 표면이면 어디든 붙었고, 물을 빨아들였다 내뱉으며 플랑크톤을 걸러 먹었다. 번식도 빨라서 댐, 취수관, 강바닥 등을 메우기도 했다. 껍질은 뾰족해서 수영하는 사람들이 발을 다치기 일쑤이다.

얼룩말홍합은 오대호 전체와 주변 수계로 퍼져나갔고 가는 곳마다 토착 생태계를 혼란시켰다. 이들은 희귀종인 토착 홍합의 껍데기에 붙어 홍합이 껍데기를 열 수 없게 해서 결국 죽게 만들었다. 보통 토착 홍합은 얼룩말홍합이 호수나 강에 들어오고 나서 4~8년 만에 자취를 감췄다. 이들이 플랑크톤을 워낙 잘 걸러내는 바람에 똑같이 플랑크톤을 먹고 사는 작은 갑각류가 굶어 죽고, 이들에 의존하는 물고기 역시 굶어 죽었다.

얼룩말홍합이 길을 열자 흑해와 카스피해에서 온 다른 침입자들은 더 쉽게 오대호에 정착할 수 있었다. 유럽에서 얼룩말홍합의 포식자인 둥근망둥이는 1990년에 오대호 지역에서 처음 발견됐다. 얼룩말홍합의 배설물을 먹고사는 에키노감마루스(Echinogammarus)라는 학명의 갑각류는 1995년에 오대호에 들어온 후로 20배나 늘어나 토착 갑각류를 밀어냈다. 유럽에서 둥근망둥이 새끼들은 에키노감마루스를 아주 좋아한다. 그래서 외래종 물고기인 둥근망둥이는 더욱 빨리 불어났다. 히드로충(蟲)이라는 외래 동물은 얼룩말홍합이 들어오기 수십 년 전에 오대호에 들어와 있었는데 처음에는 그리 번성하지 못했다. 얼룩말홍합의 유생을 잡아먹는 히드로충은 이후 오대호에 얼룩말홍합이 나타나자 엄청나게 불어나 얼룩말홍합이 차지하고 있는 층을 덮었다. 얼룩말홍합이 플랑크톤을 먹기 위해 호수의 물을 걸러낼수록 물이 맑아져서 햇빛이 많이 들어와 수초들은 더 잘 자랐다. 이 수초들은 얼룩말홍합이 들러붙을 수 있는 표면을 제공했다. 달리 말해 얼룩말홍합은 수초가 자라는 것을 도와줘서 스스로의 세력을 불리는 것이다. 이제 오대호에는 몇 가지 외래종이 사는 정도가 아니라 완전히 새로운 생태계가 만들어지고 있다.

오늘날과 같은 속도로 생물학적 침입이 진행되면 이는 서식지 파괴와 맞먹을 정도로 생물종 다양성을 위협하는 요인이 되리라고 과학자들은 우려한다. 어떤 섬은 토착 생물이 거의 자취를 감출 위기에 놓여 있다. 모리셔스섬의 토착 생물종은 765종에서 685종으로 줄어든 반면 730종의 외래종이 정착했다. 미국에서 멸종 위기에 놓인 종의 절반은 생물학적 침입자들 때문에 절박한 상황에 처해 있다.

생명의 역사에서 오늘날과 같은 수준의 생물학적 침입은 유례가 없었다. 갑작스러운 재앙으로 열대우림이나 산호초가 사라진 적은 있지만 이렇게 많은 종이 이렇게 세계 각 지역으로 널리 퍼진 시대는 없었다. 생물학적 침입은 대량 멸종을 가속하는 데서 그치지 않을 수도 있다. 이들로 인해 자연은 인간이 사라지고 한참 뒤까지도 변화된 상태로 남아 있을지 모른다.

멸종의 미래

사냥, 서식지 파괴, 생물학적 침입 등으로 인간은 많은 종을 멸종시켰고 더욱 많은 종을 멸종 위기로 몰아가고 있다. 그러면 오늘날의 멸종 위기는 얼마나 심각하며 앞으로 얼마나 더 심각해질까? 이것은 정말 어려운 문제이다. 마하울레푸는 특정 지역에 대해 인간이 부린 횡포가 차곡차곡 기록된 독특한 예이다. 그러나 지난 5만 년간 전 지구 차원에서 어느 정도의 멸종이 일어났는지를 알기는 매우 어렵다. 더욱 어려운 점은 현재 존재하는 생물 종수도 정확히 모른다는 것이다. 전망은 쉽지 않다. 우리는 지난 6억 년 동안 가장 규모가 컸던 대량 멸종 사건들과 맞먹는 정도의 파괴의 시대로 들어가고 있는 것처럼 보인다.

매년 몇몇 동물학자들과 식물학자들이 1만 개 정도의 새로운 종을 발표한다. 현재까지 과학자들은 150만여 종을 확인했으며, 얼마나 많은 미발견 종들이 남아 있는지는 모르지만 새로운 종이 발견되는 속도로 보면 지구상에 생물종은 700만 개 정도(1,400만까지 올라가기도 한다.)로 추정된다. 그러니 지구상에 있는 종들 중 적어도 5분의 4는 아직 발견되지 않았다. 그리고 현재의 추세대로라면 지구상의 모든 종을 다 발견하는 데 앞으로 500년이 더 걸릴 것이다. 그러나 많은 종들은 발견되기도 전에 멸종할 것이다. 어떤 종의 존재조차 모르는데 그 종의 마지막 개체가 언제 죽었는지를 어떻게 안단 말인가?

스튜어트 핌은 생물종의 전체 숫자를 모르는 상태에서 현재의 멸종 위기를 가늠하는 방법을 제시했다. 그러니까 멸종의 양적 숫자보다는 멸종의 비율을 추정해보자는 것이다. 그는 가장 조사가 잘된 동물들에 대한 멸종 기록 자료를 수집했다. 새, 홍합, 나비, 포유류 등 여러 동물이 포함된 이 자료에서 그는 똑같은 멸종의 비율을 발견했다. 그러니까 연간 100만 종당 100개 종 정도가 멸종한다. 여러 가지 다른 종들이 이렇게 같은 속도로 멸종해가고 있다면 이를 모든 동식물의 평균 멸종 속도로 봐도 좋을 것이다.

그리고 이 속도는 화석의 기록으로 추정해낸 정상적인 멸종의 속도보다 훨씬 빠르다. 대량 멸종의 시기를 제외하면 정상적인 멸종은 연간 100만 종당 0.1~1종이다. 달리 말하면 생물종은 인간이 출현한 후 과거보다 100배에서 1,000배 더 빨리 사라지고 있다.

핌의 계산에 따르면 멸종 속도는 앞으로 더욱 빨라질 것이다. 모든 종의 3분의 2 정도는 열대우림에 살고 있다. 그리고 열대우림의 절반 정도는 이제 사라졌고 10년마다 100만 제곱킬로미터씩 파괴되고 있다. 그나마 남아 있는 숲도 화전과 벌채로 조각난 것이 많다. 대대적인 보호 조치를 취하지 않으면 남아 있는 열대우림의 5퍼센트에 불과한 특별 보호 구역을 제외한 열대우림이 모두 사라질 것이다. 그리고 그때까지는 50년밖에 남지 않았다. 이 시나리오에 반감기 공식을 대입하면 멸종의 속도는 지금의 10배까지도 올라갈 수 있다. 핌의 추측에 따르면 반세기도 되지 않아 전 세계 생물종의 절반이 사라질 것이다.

핌의 계산은 그 자체로 매우 음울하지만 그나마 앞으로 다가올 멸종을 과소평가하고 있는지도 모른다. 왜냐하면 열대우림의 파괴만 계산에 넣었기 때문이다. 오늘날 전 세계를 돌아다니는 항공기와 선박을 생각하면 생물학적 침입이 더 많은 멸종을 불러오고 이를 가속할 것이다. 또한 대기의 변화로 인해 더 많은 종이 사라질 것이다.

지난 200년간 인간은 지속적으로 이산화탄소를 비롯한 온실 기체를 대기 중에 배출해왔다. 이들로 인해 열이 지구에 갇혀 기온이 상승한다. 오늘날 지구는 1860년보다 평균적으로 0.5도 더 따뜻하다. 태양의 변화, 해류의 자연적인 변화, 대기의 변화 등이 기온을 상승시켰을 수도 있지만 대부분의 학자들은 인간이 배출한 온실 기체가 주범이라는 데 의견을 모은다.

지금 과학자들은 앞으로 수십 년간 기후가 어떤 모습일지 예측하는 데 노력을 기울이고 있다. 그 답은 인간이 얼마나 많은 연료를 태우는가에 따라 달라질 수 있다. 중국은 팽창하는 경제를 언제까지 계속 석탄으로 지탱할 것인가? 전기 자동차는 과연 널리 보급될 것인가? 게다가 지구가 기온 상승에 대해 어떤 반응을 보일지 모르기 때문에 답을 내기는 더욱 어려워진다. 해류의 흐름이 갑자기 바뀌어 갇혀 있던 열이 빠져나올 수도 있다. 북반구의 숲이 여분의 이산화탄소를 모두 흡수해 나무라는 형태로 이를 가둘 수도 있다. 아니면 아마존강 유역이 사바나로 변할 수도 있다. 극지방의 영구동토가 녹아 메탄가스가 방출될 수도 있다. 이런 가능성을 열거하는 것만으로도 책 한 권은 나올 테지만 전문가들의 예측에 따르면 2100년까지 지구 기온은 1.4~5.8도 상승할 것이며 특히 고위도 지방이 더워질 것이라고 한다.

온난화로 생명이 변화하는 조짐은 이미 나타나고 있다. 북반구에서 식물이 성장하는 계절은 1981년보다 일주일 빨리 시작된다. 대기 중에 이산화탄소가 많기 때문에 성장 속도도 더 빠르다. 북아메리카와 유럽에서 큰 키 나무의 숲은 산 중턱을 향해 올라가고 있다. 북아메리카와 유럽에 사는 35종의 토착 나비에 대한 연구 결과가 1999년에 발표됐는데, 이에 따르면 나비들의 63퍼센트가 지난 100년간 활동 영역을 북쪽으로 확장했다. 심지어 진드기까지도 겨울이 따뜻해지자 북쪽으로 세력을 확장하고 있다.

빙하기의 북아메리카대륙을 생각하면 이런 현상은 별로 놀랍지 않다. 빙하가 전진과 후퇴를 반복함에 따라 생태계도 남쪽과 북쪽으로 오고 갔다. 따뜻한 기간이 길어지면 숲 전체가 북쪽으로 확장됐다. 미국 농무부는 컴퓨터 모델링을 이용해 기후가 계속 따뜻해질 경우 미국의 동식물에 어떤 일이 일어나는지 알아본 적이 있다. 그 결과 뉴잉글랜드의 침엽수와 경목은 캐나다까지 확장되는 반면 중서부의 참나무숲과 히코리숲은 남쪽으로부터 올라오는 소나무숲에 밀려 줄어드는 것으로 나왔다. 서부에서는 기둥 모양의 거대한 사구아로(Saguaro) 선인장이 미국 남서부의 사막을 떠나 계속 북진해 워싱턴주에 이를 것이다.

그러나 변화는 이런 식의 자리바꿈 정도로 끝나지 않을 것이다. 고위도지방이나 고산지대 같은 추운 곳에서 사는 동식물은 활동 영역을 옮겨갈 곳이 없어진다. 바닷물이 따뜻해지는 것에 매우 취약한 산호초는 스스로 뿌리를 뽑아 북쪽의 추운 바다로 이동할 수도 없다. 따라서 지구온난화가 가속되면 앞으로 20년 안에 전 세계의 산호초 대부분이 파괴될지도 모른다.

지도상으로는 남쪽이나 북쪽으로 활동 영역을 옮길 여지가 충분한 종들도 생존이 녹록치 않을 것이다. 왜냐하면 이들이 옮겨갈 만한 지역들은 이미 경작지나 도시가 되었기 때문이다. 현재 멸종 위기에 처한 동식물이 사는 지역을 보호 구역으로 만들어줄 땅도 확보하기 어려운 데 수십 년 후에 이들이 옮겨갈 지역을 미리 보존하는 것은 더욱 어렵다. 그러나 이렇게 하지 않으면 이들은 진화의 낭떠러지로 곧장 향할 것이다.

인간의 운명

이런 예측이 옳다면 앞으로 수백 년간 또 한 번의 대량 멸종이 일어날 것이고 생물종의 반 이상이 사라질 것이다. 인간은 생물종이 최고로 다양해졌을 때 지구를 물려받았으므로, 그중 절반을 잃는다면 절대적인 숫자로 보아 사상 최대 규모의 멸종이 될 것이다.

몇몇 측면에서 이번 멸종은 과거의 멸종과는 다를 것이다. 운석은 궤도를 바꿀 수 없지만 인간은 바꿀 수 있다. 멸종의 규모는 앞으로 100년간 인간이 어떻게 하느냐에 달려 있다. 서식지가 급속도로 파괴됨과 동시에 조각나고 있는 상황에서 생태학자들은 어떻게 하면 최소한의 노력으로 최대한 다양한 생물을 보호할 것인가에 초점을 맞추고 있다. 생물종은 전 세계에 균일하게 분포하고 있지 않으며 심지어 열대지방에서도 마찬가지이다. 마다가스카르, 필리핀, 브라질의 대서양 연안 우림 등 몇몇 지역은 '생물 다양성의 보고'이다. 이런 지역 25군데가 식물종의 44퍼센트, 척추동물종의 35퍼센트를 품고 있다. 이들은 또한 지구 육지 면적의 1.4퍼센트만을 차지할 뿐이다. 이들은 보호하지 않으면 금방 사라질 것이다. 이런 지역들은 평균적으로 당초 면적의 88퍼센트가 이미 파괴됐으며 그곳의 인구는 급속히 늘어나고 있다. 그 어느 때보다도 즉각적인 조치가 필요하다.

멸종 속도가 가속되면 지구는 몇 세기 안에 생물종이 균일한 곳으로 변해버릴 것이다. 활동 범위가 좁은 종들 대부분이 멸종하는 반면, 소수의 강인한 종은 번성할 것이다. 세계 농업의 90퍼센트 이상이 20종의 식물과 6종의 동물에 의존하고 있다. 인구가 늘수록 이런 동식물들도 번성할 것이다. 침입자는 계속 퍼져나갈 것이다. 예를 들어 얼룩말홍합은 수로를 따라 이리저리 옮겨 다니며 수년 내에 미국 전역에 퍼질 것으로 보인다. 숲을 비롯한 서식지의 파괴로 대부분의 토착 생물종이 피해를 입겠지만 그중 일부는 번성할 것이다. 남아메리카의 숲에는 웅덩이처럼 잠시 존재하다 사라지는 물에 알을 낳을 수 있는 개구리가 있으며, 늑대거미는 풀에다 집을 짓기도 한다. 오늘날 물부추와 석송류 풀이 과거에 열대우림이던 지역에서 자라고 있는데, 이는 2억 5,000만 년 전 상황과 똑같다.

워드는 이렇게 말한다. "인간이 멸종하지 않고 존재하는 한 매번 대량 멸종이 일어난 후에 목격할 수 있었던 생물종의 대폭발은 결코 일어나지 않을 것이다. 인간들이 미래까지 계속 존재하면 생물종의 다양성은 지극히 낮은 수준에 머물 것이다. 내가 보기에 이것은 비극이다."

인간 자신도 대량 멸종을 피하지 못할 수 있다. 우리는 습지에서 걸러진 물에 의존하며, 작물을 꽃가루받이할 때는 벌에 의존하고, 토양을 만들어내는 데는 식물에 의존한다. 그리고 이런 동식물은 건강한 생태계에 의존해서 생명을 유지한다. 생물학자들은 작은 풀밭 같은 단순한 생태계의 다양성을 바꾸는 실험을 해봤다. 생물 종수가 줄어들자 생태계는 가뭄을 비롯한 재앙에 더 취약해졌다. 인간은 스스로가 의존하고 있는 빈곤한 생태계가 무너지면 살아남지 못할 수도 있다. 물론 인간은 지구에서 가장 총명한 종이기 때문에 그런 대재앙을 뛰어넘어 살아남을 방법을 찾아낼지도 모른다.

진화

과거의 대량 멸종 이후에는 생명은 되살아났고 오히려 더욱 번성했다. 이번 대량 멸종에서 지구가 어떻게 회복되는가는 부분적으로 인간의 운명에 달려 있다. 인간이 시작한 지구온난화는 가장 심각한 멸종의 원인으로 작용할 수도 있지만 영원히 계속되지는 않을 것이다. 매장된 석탄과 석유에 한계(11조 톤 정도)가 있기 때문이다. 펜실베이니아주립대학의 기후학자 제임스 캐스팅(James Kasting)은 이 정도의 석탄과 석유를 다 태우면 대기 중의 이산화탄소 농도가 오늘날의 3배 정도 증가해 기온이 3~10도 오를 것이라고 추정한다. 11조 톤의 연료를 다 태우는 데는 수백 년이면 충분하다. 그러나 산업혁명 이전 수준으로 이산화탄소 농도를 낮추려면 수십만 년이 걸릴 것이다.

이산화탄소 농도가 낮아지고 인간이 사라진 뒤에도 인간이 세상 구석구석에 뿌린 생물학적 침입자들은 계속 번식하며 주변 생태계를 지배할 것이다. 이들은 계속해서 다른 종의 동식물이 진화하는 것을 방해할 것이다.

마하울레푸 동굴을 연구했던 데이비드 버니는 이렇게 말한다. "진화는 새로운 국면에 접어들었다. 완전히 새로운 일들이 일어나고 있으며, 이는 인간이 진화의 과정에 영향을 끼친 결과 생긴 것이다. 이것은 실로 무서운 일이기도 한데, 왜냐하면 인간이 진화를 막다른 골목으로 끌고 가고 있고 자연은 이런 상태를 다뤄본 적이 없기 때문이다. 어떤 종의 생물이 비행기에 올라 단번에 지구의 반대편 끝으로 가거나, 과거에는 생각지도 못하던 방식으로 생물종들이 공존하는 등의 일이 일어나는 것이다. 이 새로운 국면이 어떻게 전개되고 어떻게 끝날지는 아무도 모른다."

8장

공진화
생명의 그물 짜기

멸종 위기에 처한 종을 보호해야 하는 이유는 많이 있지만, 그중 하나는 이들을 통해 진화의 힘이 어떻게 작용하는지 알 수 있기 때문이다. 급속도로 줄어가는 마다가스카르의 숲에 이런 종 하나가 생존을 위해 몸부림치고 있다. 이것은 안그라이쿰 세스퀴페달레(Angraecum sesquipedale)라는 특별한 종의 난이었다. 흰색을 띤 이 꽃의 꽃잎 중 하나는 40센티미터 깊이의 좁고 긴 구멍을 이루고 있으며 이 구멍 바닥에는 몇 방울의 달콤한 꿀이 모여 있다.

왜 이렇게 좁고 깊은 꿀의 저장소가 필요할까? 어떤 진화의 힘이 이것을 만들었을까? 가만히 기다려보면 이 꽃을 찾는 날개 달린 생물이 답을 알려준다. 어떤 나방 하나가 이 난에게 날아와서는 꽃 위의 공중에서 정지한다. 그러면 태엽스프링 모양으로 말려 있던 나방의 혀가 혈액으로 가득 차 그 압력으로 앞으로 쑥 뻗어 나온다. 이 혀는 나방의 몸길이보다 훨씬 긴 40센티미터까지 늘어난다. 그리고 나서 이 혀를 즙이 있는 구멍 바닥까지 밀어 넣는다. 즙을 빨아올리기 위해 나방은 얼굴을 꽃에 파묻는데 이 과정에서 머리를 꽃가루에 문지르게 된다. 즙을 다 마신 나방은 다시 혀를 말아 들이고 머리엔 꽃가루를 잔뜩 묻힌 채 다른 난을 찾아 나선다. 머리에 묻은 꽃가루는 다음 난의 암술에 가서 문질러지고 여기서 수정이 이뤄진다.

어떤 2개의 종이 이렇게 서로 긴밀히 연결돼 있다는 사실이 믿기 어려울지도 모르지만 자연에는 이런 식으로 묶인 쌍이 아주 많다. 꽃들과 꽃가루를 옮기는 곤충들처럼 이익을 주고받는 쌍도 있고 포식자와 피식자처럼 적대 관계에 있는 쌍도 있다. 생명의 대부분은 이런 식으로 상호작용하는 종들의 그물로 얽혀 있으며, 짝지은 종들은 마치 열쇠와 자물쇠처럼 서로 잘 들어맞는다.

난과 나방 같은 파트너들이 처음부터 오늘날과 같이 짝지어져 존재해온 것은 아니다. 이들은 점진적인 진화를 통해 조금씩 서로 친해졌고 오늘날까지도 그 진화를 계속하고 있다. 예를 들어 식물은 매 세대마다 곤충에 대한 방어 시스템을 갖춰가고, 곤충은 곤충대로 식물의 방어 시스템을 극복하는 방법을 진화시킨다.

오늘날 과학자들은 한 종의 진화가 다른 종의 진화를 촉진하는 것, 즉 공진화(共進化)로 알려진 현상이 생명을 형성하는 가장 강한 힘 중의 하나임을 깨닫고 있다. 공진화는 가끔 앞서 말한 나방의 40센티미터짜리 혀 같은 놀라운 모습을 만들어내기도 한다. 공진화는 생물종 다양성의 원천이기도 해서, 파트너들 사이의 상호작용을 통한 공진화가 수백만 개의 새로운 종을 낳는다. 공진화는 인간이 무시하고 있는 사실이기도 하다. 우리가 의지하고 있는 모든 식물은 긴밀한 파트너와 공진화하고 있으며 이들은 상호 간의 삶을 지탱해주거나 아니면 삶을 파괴한다. 어쨌든 이런 공진화의 춤을 인간이 마음대로 바꾸면 엄청난 대가를 치러야 할지도 모른다.

암술과 수술

다윈은 1830년대에 식물의 양성생식이라는 미스터리를 연구하다가 공진화라는 개념에 착안했다. 보통의 꽃은 암수의 생식기관을 모두 갖고 있다. 수술의 끝에는 꽃가루가 묻어 있고 이 꽃가루가 암술에 닿아 씨를 수정시킨다. 그런데 어떤 식물이 다른 식물과 수정을 하려고 뿌리를 스스로 뽑아 파트너를 찾아다닐 수는 없다. 그러니까 어떤 꽃의 꽃가루가 다른 꽃의 씨에 수정이 되어야 하며, 수정은 아무데나 가서 이뤄지는 것이 아니라 반드시 같은 종의 꽃에서 이뤄져야 한다.

어떤 식물은 꽃가루를 바람에 날려 보내는 것으로 충분하다. 그러나 다윈은 몇 가지 식물이 곤충을 이용해 꽃가루를 퍼뜨린다는 사실을 발견했다. 그는 벌들이 강낭콩 꽃으로 날아와 달콤한 꿀을 먹는 장면을 관찰했다. 꽃잎에 내려앉은 벌은 어김없이 등을 수술에 문질러서 꽃가루를 묻혔다. 그리고 나서 벌은 다른 꽃으로 날아가 그 꽃의 암술에 등에 묻힌 꽃가루를 묻혀줬다. 다윈은 꽃들이 꿀을 대가로 주고 벌을 이용해 수정을 한다는 사실을 알았다.

다른 과학자들 같으면 이렇게 놀라운 발견을 한 것에 그냥 만족했을 것이다. 그러나 다윈은 자연을 있는 그대로 아는 데 결코 만족하지 않았다. 그는 자연의 역사를 풀어낼 단서를 원했다. 꽃과 그 꽃을 수정시키는 곤충을 관찰하면서 그는 진화가 매우 복잡한 과정을 거쳤으리라는 사실을 깨달았다. 여기서 다윈은 어떤 종이 중력 또는 물의 점성 같은 물리적 조건에 적응하는 것을 이야기한 것이 아니라 2개의 종이 상호 간에 적응하고 있는 것을 이야기한 것이다. 중력의 힘은 변하지 않지만 어떤 종의 생물은 세대가 바뀔 때마다 변할 수 있다.

『종의 기원』에서 다윈은 공진화가 어떻게 두 가지 종의 모습을 형성하는지 보여주는 예를 제시했다. 붉은토끼풀는 보통 땅벌이 수정을 시켜준다. 그런데 어느 날 땅벌이 멸종했다고 하자. 붉은토끼풀에게 새로운 파트너가 생겨 꽃가루받이를 계속해주지 않으면 토끼풀은 번식을 할 수 없고 따라서 멸종할 것이다.

그런데 꿀벌이 문제를 해결해줄 수 있다. 보통 꿀벌은 땅벌과는 다른 종류의 토끼풀을 수정시킨다. 그러나 몇몇 꿀벌이 이제 사장될 수도 있는 붉은토끼풀의 꿀을 채집할 수도 있다. 땅벌만큼 혀가 길지 않은 꿀벌은 처음에 꿀을 먹는 데 어려움을 겪고 땅벌만큼 많이 먹지 못할 것이다. 그런데 다른 꿀벌보다 혀가 긴 꿀벌은 새로 만난 토끼풀의 꿀을 마음껏 즐길 수 있고 따라서 자연선택은 꿀벌의 혀를 조금씩 길게 만들 것이다.

반면에 토끼풀도 새로 사귄 곤충에게 적응해나갈 수 있다. 그러니까 꿀이 좀 더 얕은 곳에 있어서 꿀벌이 접근하기 쉽게 생긴 토끼풀은 꽃가루를 퍼뜨린다는 선물을 받는다. 이렇게 해서 토끼풀과 꿀벌은 서로에게 맞추며 진화를 계속한다.

다윈은 이렇게 썼다. "이를 통해 꽃과 벌이 동시에 변하든 아니면 하나가 먼저 변하고 다른 하나가 나중에 달라지든 서로에게 가장 적합한 모습으로 적응한다는 사실을 알 수 있다. 결국 상호 간에 조금이라도 더 이익이 되는 구조로 변한 개체가 계속 보존되어 상호 적응이 이뤄진다."

『종의 기원』 저술을 끝낸 지 얼마 안 되어 다윈은 꽃과 곤충이 서로 얼마나 깊이 영향을 끼칠 수 있는지 발견했다. 그는 다운하우스 주변의 벌판에서 땅바닥에 쭈그려 앉아 토착종 난을 관찰하거나 열대지방에서 가져와 온실에 넣어둔 외래종을 연구했다. 다윈의 시대에 대부분의 사람들에게 난 같은 식물은 순전히 인간의 눈을 즐겁게 하려고 신이 고안한 것으로 보였다. 그러나 다윈은 난의 모습이 단순히 아름다움을 위한 아름다움이 아니라 번식에 곤충을 이용하기 위한 정교한 장치임을 알아봤다.

정비사가 자동차를 분해하듯 다윈은 난의 각 부분이 어떻게 힘을 합쳐 일하는지 연구했다. 다윈을 특히 감탄시킨 종은 남아메리카 원산의 카타세툼 사카툼(Catasetum saccatum)이라는 난이었다. 이 난은 꽃가루를 탄력 있는 줄기 끝에 달린 원판 위에 묻혀 놓는다. 평소에 이 줄기는 뒤로 접혀져 있어 원판은 꽃 안으로 들어가 있다. 원판은 이 상태에서 마치 쏠 준비가 된 활처럼 기다리고 있다. 곤충이 이 난에 다가와 꿀을 빨아먹으려면 수평으로 뻗은 얕은 컵 모양의 꽃잎에 앉아야만 한다. 그리고 꿀이 숨겨져 있는 곳에 다가가려면 곤충은 꽃잎을 가로질러 걸어가면서 머리 위에 늘어진 안테나를 건드릴 수밖에 없다. 이 안테나는 탄력 있는 줄기에 연결돼 있어 곤충의 몸에 닿으면 방아쇠처럼 당겨져 줄기가 펴지고 원판에 묻어 있던 꽃가루가 곤충의 등에 쏟아진다.

다윈은 또한 안테나를 움직이는 것이 꽃가루를 덜어내는 유일한 방법임도 알았다. 이 난은 다윈에게 기차로 배달됐는데, 오는 동안 기차에서 흔들렸을 텐데도 꽃가루는 전혀 터지지 않았다. 다윈은 가느다란 막대기로 난 이곳저곳을 찔러봤지만 아무 반응이 없었다. 나중에 그는 이렇게 썼다. "3종의 난 15송이에 대해 똑같은 실험을 해봤지만 꽃의 어느 부분을 어느 정도의 힘으로 찔러봐도 아무 반응이 없었고, 오직 안테나를 건드렸을 때만 꽃가루가 튕겨 나왔다." 여기서 다윈은 난이 벌과 함께 진화

진화

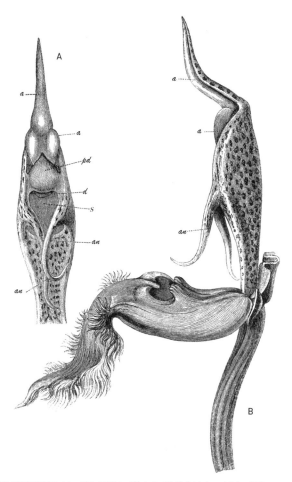

그림 7. 카타세툼 사타쿰의 구조. 이 그림은 1862년 다윈이 출간한 책에 실린 그림이다. 다윈은 꽃가루받이를 시켜주는 곤충이 꽃잎 위에서 꿀을 향해 움직일 때 안테나 같은 돌기(an)를 건드린다는 것을 발견했다. 이 안테나는 방아쇠 역할을 해서 곤충과 접촉하면 꽃가루가 달린 원판(pd)을 방출해 곤충 등에 꽃가루를 묻힌다. ©Wellcome Collection

했음을 알았다.

다윈은 긴 제목의 책에서 난을 비롯한 여러 가지 종의 생물에 대해서 썼다. 이 책의 제목은 『영국과 외국의 난이 곤충을 이용해 수정을 하기 위해 갖춘 여러 가지 장치들과 이종교배의 장점에 관하여(The Various

Contrivances by Which British and Foreign Orchids Are Fertilized by Insects, and on the Good Effects of Intercrossing)』이다. 『종의 기원』처럼 이 책도 진화를 다뤘지만『종의 기원』보다는 좀 더 우회적으로 진화를 이야기하고 있다. 이 책에서 다윈은 독자에게 난 하나하나를 소개하면서 얼마나 정교한 방식으로 이들이 수정을 하는지 보여준다. 『종의 기원』에서 따개비가 고도로 진화한 갑각류임을 보여준 것처럼 이 책에서 그는 난이 고도로 진화한 꽃임을 보여줬다. 진화의 힘은 보통의 꽃을 잡아 늘이거나 비틀거나 변화시켜 활 같은 장치를 만들어 꽃가루를 퍼뜨릴 수 있게 만들어준 것이다.

다윈은 공진화가 난의 모습을 만들었다는 데 워낙 자신이 있었기 때문에 이 책에서 한 가지 과감한 예측을 했다. 마다가스카르에서 탐험가들은 이미 40센티미터나 되는 긴 관을 가진 안그라이쿰 세스퀴페달레를 발견했다. 다윈은 마다가스카르에 이 꽃과 어울리는 긴 혀를 가진 곤충이 존재할 것이라고 예측했다. 그는 책에서 이 난의 꿀은 "관의 길이에 걸맞은 긴 혀를 가진 곤충만이 마지막 한 방울까지 빨아먹을 수 있을 것이다."라고 썼다.

다윈은 이런 곤충이 발견되기를 희망했지만 수십 년이 지나도록 아무 소식이 들리지 않았다. 1903년에 곤충학자들은 그 곤충의 존재를 확인했고 다윈의 예측(prediction)을 기리는 의미에서 'praedicta'라는 말을 써서 크산토판 모르가니 프라이딕타(Xanthopan morgani praedicta)라는 이름을 붙였다. 오늘날에는 관이 긴 꽃의 꿀을 빨아먹을 수 있도록 혀가 긴 나방과 파리가 여러 종 존재한다는 사실이 알려져 있다. 이들은 마다가스카르뿐만 아니라 브라질과 남아메리카에도 있다. 아주 독특한 예측이 한 번이라도 확인된다면 그 사람은 운 좋은 과학자이다.

공진화의 그물

공진화는 식물에만 국한해서 보더라도 다윈이 상상한 것보다 훨씬 더 강하고 널리 퍼져 있다. 오늘날 과학자들은 29만 종에 달하는 현화식물 대부분이 동물에 의존해서 꽃가루를 퍼뜨린다는 사실을 알고 있다. 바람이나 물로 꽃가루를 전파하는 종은 2만 종 정도다. 어떤 종은 꿀 대신 수지나 기름을 제공해서 곤충이 집을 지을 수 있도록 해준다. 어떤 곤충은 토마토를 비롯한 몇 가지 식물의 꽃가루를 직접 먹는다. 이런 식물은 꽃가루를 식탁용 소금통 같은 곳에 넣어두는데, 곤충이 꽃잎에 내려앉아 일정한 주파수로 날개를 비비면 꽃가루통이 여기에 반응해서 꽃가루를 뿌린다. 곤충이 꽃가루를 실컷 먹는 과정에서 온몸에 꽃가루가 묻는다.

꽃의 수정을 도와주는 동물은 대부분 곤충이지만 1,200여 종의 척추동물(대부분 새와 박쥐)들도 여기 참여한다. 곤충처럼 이들도 자신이 수정을 시켜주는 식물의 진화에 영향을 끼쳤다. 새들에 의존하는 꽃들은 밝은 빨간색 꽃잎으로 새들을 유인한다.(곤충들은 빨간색에 대해서 색맹이다.) 향기가 좋은 난과는 달리 새에 의존하는 꽃들은 향기가 없다. 왜냐하면 새들은 후각이 발달하지 못했기 때문이다. 이들은 새의 길고 뻣뻣한 부리에 어울리는 길고 널찍한 관 속에 꿀을 보관한다. 반면에 박쥐에 의존하는 식물은 야행성인 박쥐의 습성에 맞춰 밤에 개화한다. 박쥐가 쉽게 찾을 수 있도록 이런 꽃들은 컵 같은 모양으로 진화했다. 이런 구조는 박쥐가 내는 초음파가 한곳에 집중되도록 잘 반사시킨다. 이 소리에 이끌려 박쥐는 꽃으로 다가온다.

인간이 경작하는 식물의 꽃도 야생식물과 똑같은 방법으로 곤충이나 동물에 의존한다. 이들이 없다면 사과 과수원에서는 사과가 나지 않을 것이며 옥수수 이삭도 생기지 않을 것이다. 그리고 식물은 야생이든 인간이 경작하는 것이든 다른 공진화의 파트너에 의지해서 삶을 이어간다. 식물은 광합성으로 이산화탄소와 수증기를 유기 탄소로 변화시키지만 흙으로부터 질소, 인 등의 영양소를 뽑아내는 일은 잘하지 못한다. 그러나 다행히도 여러 가지 식물의 뿌리는 온갖 종류의 곰팡이로 뒤덮여 있어서 이들이 식물에게 필요한 영양소를 제공한다.

곰팡이는 토양을 분해하는 효소를 생산하며, 이렇게 해서 흙으로부터 인을 비롯한 화학물질을 뽑아내 식물에게 공급한다. 그 대가로 곰팡이는 식물이 광합성을 통해 만든 유기 탄소를 가져간다. 식물이 곰팡이에게 치르는 값은 만만치 않다. 보통 나무 한 그루가 만들어내는 유기 탄소의 15퍼센트를 줘야 한다. 그러나 이 정도면 비싸지 않다. 곰팡이가 없으면 많은 식물이 제대로 자라지 못한다. 어떤 종류의 곰팡이는 선충류를 비롯한 식물의 적을 죽이고, 심지어 식물이 가뭄이나 기타 재앙에 더 잘 견디도록 해준다. 곰팡이는 또한 식물에서 얻은 유기 탄소를 저장해두었다가 자기들끼리 만든 그물을 통해 주고받기도 한다. 곰팡이 그물에 연결돼 있는 나무 한 그루가 탄소가 부족해지면 곰팡이는 이 나무의 뿌리에 탄소를 공급해준다. 숲, 초원, 풀밭은 홀로 서 있는 나무나 풀의 집합체가 아니다. 이들은 거대한 공진화의 그물 위로 솟아 있는 빙산의 일각일 뿐이다.

생화학전

공진화는 서로 이익이 되는 친구들을 만들어낼 수도 있지만 서로 다른 종들을 적으로 진화시키기도 한다. 예를 들어 포식자의 지속적인 위협

진화

앞에서 동물은 더 빨리 달릴 수 있는 다리, 더 튼튼한 갑각, 더 뛰어난 위장술을 발달시킨다. 이에 대항해 포식자들도 더 빠른 다리, 더 강한 턱, 더 날카로운 시각을 진화시킨다. 그러니까 포식자와 피식자는 생물학적인 군비경쟁에 빠져 계속해서 적응해가며, 한쪽이 적응하면 다른 한쪽이 진화해서 이를 압도함으로써 또다시 반대 상황을 만드는 식으로 계속 엎치락뒤치락한다.

이런 군비경쟁은 단순한 힘이나 속도의 형태로 나타날 수도 있지만 정교한 화학전 형태를 띠기도 한다. 이런 싸움의 현장을 생생하게 볼 수 있는 곳 중 하나가 미국 북서부 태평양 연안의 습지와 숲이다. 이곳에는 몸길이가 20센티미터쯤 되고 피부가 우툴두툴하며 배는 밝은 오렌지색의 양서류인 영원(蠑蚖)이 살고 있다. 공격을 당하면 영원은 배를 드러내는데 이때 포식자는 경고를 알아차리고 물러서야 한다. 만약 영원을 잡아먹으면 포식자는 거의 확실히 죽는다. 왜냐하면 영원은 신경을 마비시키는 강한 독을 갖고 있어서 한 마리의 독이 17명의 성인이나 2만 5,000마리의 쥐를 죽일 수 있다.

영원의 독 일부만으로도 대부분의 포식자를 죽일 수 있다면 지나친 것 아닌가 하는 생각이 든다. 그러나 이런 맹독을 가진 영원을 잡아먹을 수 있는 포식자가 있다. 유타대학의 에드먼드 브로디 2세(Edmund Brodie Jr.)와 그의 아들인 인디애나대학의 생물학자 에드먼드 3세는 가터얼룩뱀 중 한 종이 이런 영원을 잡아먹어도 죽지 않는다는 사실을 발견했다. 알고 보니 이 뱀은 영원의 독에 대한 선천적 저항력이 있었다.

가터얼룩뱀의 다른 종들을 비롯한 포식자들이 영원을 잡아먹으면 독이 신경세포의 표면에 있는 신경 통로를 차단하기 때문에 치명적인 마비가 일어난다. 그러나 앞서 말한 특별한 종의 가터얼룩뱀은 영원의 독에 의해 완전히 차단되지 않는 신경 통로를 진화시켰다. 그래서 이 뱀은 영원을 잡아먹으면 몇 시간 동안 꼼짝 못할 수는 있지만 결국 회복된다. 이 가터얼룩뱀의 위협 때문에 영원은 더욱 강한 독을 진화시켰고 이에 따라 뱀은 더욱 강한 방어 시스템을 구축했다.

뱀과 영원 사이의 군비경쟁은 같은 종의 모든 개체에 있어, 그리고 모든 지역에 있어 보편적으로 일어나는 것이 아니다. 진화의 힘은 그런 식으로 작용하지 않는다. 경쟁의 양상은 각 지역에 있는 집단마다 다르다. 예를 들어 샌프란시스코만과 오리건주 북부 해안에서 공진화는 최대 속도로 진행되는 것처럼 보인다. 그래서 독이 강한 영원과 저항력이 강한 뱀이 공존하고 있다. 그러나 똑같은 지역이라도 공진화가 빨리 진행되는 곳이 있으면 그 반대인 곳도 있다. 예를 들어 워싱턴주의 올림픽반도에 사는 영원 일부는 거의 아무런 독도 분비하지 않고 이들을 잡아먹는 뱀들도 거의 아무런 저항력을 갖고 있지 않다.

브로디 부자는 두 지역의 특수한 환경이 공진화의 속도를 결정짓는다고 본다. 맹독성 영원에 대한 저항력을 진화시키려면 대가를 치러야 한다. 저항력이 강할수록 뱀이 기는 속도가 느려지기 때문이다. 그러니까 저항력과 속도 사이에 어떤 거래 관계가 있는 셈인데 브로디 부자가 그 배경을 다 알아내지는 못했지만 어쨌든 저항력이 있는 뱀은 속도 때문에 새들을 비롯한 다른 포식자에게 공격당하기 쉽다. 따라서 둘 사이의 공진화가 느린 곳은 가터얼룩뱀이 다른 포식자로부터 심한 공격을 받는 지역일 수 있다. 반면에 빠른 곳은 가터얼룩뱀이 다른 먹이가 별로 없어서 어쩔 수 없이 영원에 의존해야 하는 곳인지도 모른다. 이렇게 빠른 지역과 느린 지역이 있는 이유가 무엇이든, 독을 만드는 유전자와 저항력을 형성하는 유전자는 일정한 지역의 영원과 가터얼룩뱀에게 모두 전달된다. 가끔 느린 지역에서는 군비경쟁이 중단되지만 빠른 지역에서는 양쪽 다 공진화로 인해 극단적인 경쟁으로 치닫기도 한다.

딱정벌레 대 식물: 3억 년에 걸친 경쟁

적들 사이의 공진화는 맹독과 방어 시스템만을 만들어내는 것은 아니다. 이런 싸움은 생물종 다양성 자체를 가능하게 하는 힘인지도 모른다.

1964년에 생태학자 폴 얼리히(Paul Ehrlich)와 피터 레이븐(Peter Raven)은 이런 점에서 공진화가 심오한 영향을 미칠 수 있다는 주장을 처음 내놓았다. 두 사람은 꽃가루받이로 번식하는 식물이 일부 곤충과 친한 관계에 있지만 다른 많은 곤충과 전면전을 벌이고 있음을 지적했다. 곤충은 잎을 갉아먹고 나무에 구멍을 뚫는가 하면 과일을 먹기도 하는 등 여러 방법으로 식물을 공격한다. 곤충들이 잎을 먹어치우면 식물의 광합성이 방해를 받는다. 뿌리를 갉아먹으면 물과 영양소를 공급받지 못한다. 식물을 너무 많이 뜯어먹거나 갉아먹으면 결국 죽을 수도 있다. 곤충이 식물의 씨만 먹는다고 해도 이는 식물의 번식을 제한하는 결과를 가져온다.

식물들은 배고픈 곤충들을 밀어내기 위해 물리적, 화학적 방어 시스템을 발달시켰다. 서양감탕나무는 잎 둘레에 날카로운 가시가 있어 벌레들이 갉아먹을 수 없다.(이 가시를 잘라내면 벌레들이 금방 나뭇잎을 다 먹어버릴 것이다.) 어떤 식물은 독을 만들어서 곤충을 물리친다. 또 어떤 식물은 잎과 줄기에 그물 같은 관이 있어서 이 속에 끈적끈적한 수지나 고무질의 수액을 채워둔다. 벌레가 잎을 씹다가 관을 터뜨리면 끈끈한 수지나 수액이 쏟아져 나와서 벌레의 몸을 흠뻑 적셔 호박이나 생고무 덩어리처럼 만든다. 어떤 식물은 도움을 청해서 스스로를 지키기도 한다. 애벌레가 잎을 갉아먹으면 이 식물은 기생말벌을 끌어들이는 화학물질을 분비한다. 냄새에 끌려온 말벌은 애벌레의 몸속에 유충을 낳고 결국 유충이 안에서부터 벌레를 파괴한다.

얼리히와 레이븐은 벌레를 물리치는 능력을 개발한 종류의 식물은 왕성하게 성장하고 지배 영역을 넓혀갔으리라고 생각한다. 이렇게 되면 멸종의 위험은 줄어드는 반면 새로운 종으로 가지를 쳐나갈 가능성은 커진다. 시간이 지남에 따라 이들의 후손은 벌레를 물리치지 못한 다른 식물의 후손보다 더 다양해진다.

벌레들의 입장에서는 이렇게 해서 태어난 새로운 식물이 마치 바다에서 솟아난 새 대륙처럼 탐험하기 안성맞춤의 장소가 된다. 그러나 이곳을 탐험하려면 식물이 갖고 있는 방어 시스템을 극복할 방법을 개발해야 한다. 이런 방법을 개발해낸 곤충은 이 식물을 점령할 것이고, 다른 곤충들과의 경쟁이 없기 때문에 크게 번성하고 다양해질 것이다. 이렇게 방어벽을 세우고, 방어벽을 뚫고, 다시 방어벽을 만드는 식으로 진행되는 공진화를 통해 어떤 식물과 곤충은 다양하고 다른 식물과 곤충은 그렇지 못한 이유를 알아낼지도 모른다.

얼리히와 레이븐의 가설은 그럴듯하지만 시험해보기가 힘들었다. 과학자들은 지난 3억 년을 재현해서 식물과 그 천적인 곤충이 어떻게 공진화했는지 관찰할 방법이 없었다. 그런데 1990년대 초에 브라이언 패럴 (Brian Farrell)이라는 하버드대학의 곤충학자가 식물과 곤충의 종 다양성을 이용해서 이 두 사람의 가설을 시험해볼 방법을 생각해냈다.

첫 번째 시험에서 패럴은 새로운 방어 시스템을 진화시키면 실제로 식물종이 크게 다양해지는지 실험해보기로 했다. 우선 그는 수지나 고무질 수액을 이용하는 식물을 실험 대상으로 골랐다. 패럴은 이 방어 시스템이 16가지 혈통에서 각각 독립적으로 진화했음을 발견했다. 그는 각 혈통마다 종의 수를 센 후, 이들과 진화적으로 관계가 있지만 수지관을 갖지 않은 혈통의 종수를 비교했다. 16개 중 13개에서 수지관이 있는 혈통이 없는 혈통보다 종이 훨씬 다양했다. 은행나무와 침엽수는 같은 조상에서 나왔지만 수지관이 없는 은행나무는 종이 하나뿐인 반면 이런 관을 발달시킨 침엽수는 소나무부터 주목에 이르기까지 559종에 달한다. 데이지와 민들레는 관을 만드는 식물인 국화목에 속하는데, 국화목에는 2만 2,000종이 있다. 국화목의 가까운 친척 중 하나인 칼리케라케아이(Calyceraceae) 집단에는 60종이 있을 뿐이다. 방어 시스템을 진화시킨 식물은 얼리히와 레이븐의 예측대로 적을 효과적으로 격퇴하면서 진화했던 것이다.

패럴은 계속해서 새로운 종류의 식물을 정복하는 데 성공한 곤충은 종이 급격히 다양해진다는 두 번째 가설을 실험해봤다. 그는 연구 대상으로 특히 종이 다양한 곤충인 딱정벌레를 골랐다. 생물학자인 홀데인(J. B. S. Haldane)은 이렇게 말하곤 했다. "생물학이 창조주의 본질에 대해 가르쳐준 것이 있다면 그것은 창조주가 딱정벌레에 대해 특별한 애착이 있다는 사실이다." 사실 곤충은 동물 중 가장 종이 다양한 편이지만, 특히 딱정벌레는 곤충 중에서도 가장 다양한 종으로 이제까지 알려진 것만 33만 종에 이른다. 패럴은 딱정벌레가 왜 이렇게 다양해졌는지 알아보기로 했다.

그는 먼저 딱정벌레의 진화 계통도를 그려봤다. 그 결과 그는 딱정벌레가 처음부터 식물을 먹었던 것은 아님을 알았다. 태초의 딱정벌레는 곰팡이나 더 작은 곤충을 잡아먹었다. 바구미 같은 종은 오늘날까지도 조상들의 삶의 방식을 그대로 따르고 있다. 약 2억 3,000만 년 전에 딱정벌레의 가지가 하나 갈라져 나왔고 이들이 처음으로 식물을 먹기 시작했다. 그리고 당시에는 우리가 잘 아는 생물들 대부분이 아직 진화하기 전이었다. 예를 들어 현화식물은 전혀 없었다. 그러므로 최초의 식물을 먹는 딱정벌레들은 이미 있던 식물, 즉 겉씨식물을 먹었다. 겉씨식물을 먹는 딱정벌레들은 곰팡이와 곤충에 매달려 있던 친척들보다 훨씬 더 다양한 종으로 번성했다.

약 1억 2,000만 년 전 현화식물이 등장했고 겉씨식물보다 훨씬 더 많은 종으로 분화했다. 이들이 번성하면서 다섯 종류의 딱정벌레들이 겉씨식물에서 현화식물로 넘어오는 데 성공했다. 패럴은 현화식물로 넘어온 다섯 종류의 딱정벌레들이 모두 겉씨식물에 매달려 있던 친척들보다 훨씬 더 다양해졌음을 발견했다. 어떤 경우에는 현화식물로 넘어온 쪽의 종수가 1,000배를 넘기도 했다. 얼리히와 레이븐의 예측처럼 새로운 딱정벌레들은 식물을 먹고 사는 새로운 방법을 찾아낸 것이다. 겉씨식물에 의존하는 딱정벌레들은 솔방울 같은 겉씨식물의 씨에 해당하는 부분을 먹는다. 그러나 현화식물로 넘어간 딱정벌레들은 나무껍질, 잎, 뿌리 등 다양한 부분을 먹는 종들로 분화했다.

다른 곤충에 대해 이렇게 세밀한 연구를 한 사람은 아직 없지만, 아마 같은 패턴이 적용될 수 있을 것이다. 현화식물과의 공진화가 성공의 열쇠였던 것이다. 모든 훌륭한 연구가 그렇듯이 패럴의 연구 결과도 새로운 의문을 낳았다. 왜 이렇게 현화식물이 많아졌을까? 여기서도 답의 일부는 공진화에서 찾을 수 있을 것이다. 곤충이 현화식물을 먹는 새로운 방법을 개발했으므로 식물들은 이를 격퇴해야 한다는 엄청난 압력에 시달렸을 것이다. 동시에 꿀벌 같은 곤충은 현화식물이 꽃가루를 퍼뜨리는 데 도움을 주는 친구 관계로 공진화했다. 현화식물은 벌이 꽃가루를 퍼뜨려주는 바람에 멸종의 위험을 극복했고 더 많은 종으로 분화할 수 있었다. 과학자들은 이런 식으로 다양성이 다양성을 낳는다는 사실을 발견했다.

인간과 벌레의 싸움

딱정벌레를 비롯한 일부 곤충들은 수억 년 동안 자신들의 먹이인 식물과 함께 진화해왔다. 그런데 지난 수천 년간 인간이 경작을 시작하면서 곤충을 퇴치할 필요가 생김에 따라 이들의 공진화 과정에 갑작스러운 변화가 찾아왔다. 대부분의 경우 인간은 공진화를 염두에 두지 않고 그저 해충을 제거하는 데만 관심을 갖기 때문에 부작용이 생기는 경우가 상당히 많다. 곤충이 살충제에 대해 재빨리 저항력을 갖추는 것 역시 공진화의 가장 생생한 예 중 하나이다.

인간은 약 1만 년 전부터 경작을 시작했다. 당시의 사람들은 렌즈콩이나 불구르(bulgur) 같은 작물의 씨를 들판에 뿌렸고 곤충들은 야생식물을 먹듯 이들을 먹었다. 처음에 인간은 곤충의 공격 앞에서 신에게 비는 것 외에 아무것도 할 수 없었다. 사람들은 곤충을 법정으로 끌고 가기도 했다. 1478년에 스위스의 베른 주변에서 딱정벌레가 기승을 부리자 베른 시장은 변호사를 임명하고 종교재판소에 소송을 걸어 딱정벌레를 처벌할 것을 청했다. 고소장에서 변호사는 딱정벌레가 극성을 부려 영원하신 하느님께 피해를 끼치고 있다고 썼다. 딱정벌레 측의 변호사도 임명되어 원고와 피고는 법정에서 논쟁을 벌였다. 양쪽의 진술을 모두 들은 주교는 딱정벌레를 악의 화신으로 규정하고 농부들의 손을 들어줬다. 주교는 이렇게 선고했다. "그들에게 저주를 내리노라. 그리고 성부 성자 성령의 이름으로 이들을 파문하며, 모든 밭, 땅, 농장, 씨, 과일, 작물로부터 떠날 것을 명하노라."

그러나 딱정벌레들은 떠나지 않았다. 이들은 종전대로 계속 과일을 갉아먹었다. 그러자 딱정벌레들이 사실은 악마가 아니라 농부들이 지은 죄에 대해 신이 내린 벌이라는 해석이 나왔다. 딱정벌레로 황폐해진 들에서 얻은 보잘것없는 수확에서 십일조를 떼어 교회에 바치자 딱정벌레들이 사라졌다. 하지만 수확이 끝나 먹이가 사라지자 딱정벌레의 개체수가 자연적으로 격감했다고 보는 편이 옳을 것이다.

법정으로 가도, 신에게 호소해도 소용이 없자 농부들은 독약에 의지하기 시작했다. 수메르인은 이미 4,500년 전 황을 작물에 뿌렸다. 고대 로마에서는 역청과 그리스(grease)가 널리 쓰였다. 옛날 농부들도 이런저런 식물의 성분을 이용해서 곤충을 퇴치할 수 있다는 사실을 알고 있었다. 그리스인들은 씨를 뿌리기 전에 오이 추출물에 담가두었다. 1600년대에 유럽인들은 담배에서 추출한 화학물질을 쓰기 시작했는데 이것은 과거의 어떤 것보다도 훨씬 강력했다. 1807년에는 아르메니아 데이지라는 식물을 이용한 살충제가 개발됐는데, 이는 오늘날에도 쓰인다.

유럽인들은 더 강력한 살충제를 개발함과 거의 동시에 유럽과 식민지에 거대한 농장을 건설하고 있었다. 곤충들의 입장에서 보면 이것은 누군가가 커다란 잔칫상을 차려준 것과 같았다. 해충들이 세계 각국에서 급속도로 번져나갔다. 그러자 농부들은 청산가리, 비소, 안티모니, 아연 등이 들어 있는 더욱 강력한 살충제를 쓰기 시작했고 구리와 석회를 섞은 혼합물인 패리스그린(paris green)이라는 살충제도 개발했다. 비행기와 스프레이 장치가 등장하자 농부들은 농장 전체를 살충제로 덮을 수 있었다. 1934년에 미국 농부들은 1만 3,500톤의 황, 3,150톤의 비소 살충제, 1,800톤의 패리스그린을 농토에 뿌렸다.

1870년경 과일을 먹는 조그만 벌레가 중국에서 들어온 묘목에 섞여 캘리포니아주에 있는 산호세로 들어왔다. '배깍지진디'라고 하는 이 벌레는 미국과 캐나다 전역에 급속히 퍼지면서 과수원의 나무들을 죽였다. 농부들은 황과 석회를 섞은 약을 과수원에 뿌리는 것이 가장 좋은 방법임을 알아냈다. 나무에 이 약을 뿌리고 나서 몇 주 지나니 배깍지진디는 모두 없어졌다.

그러나 20세기에 들어서면서 농부들은 황과 석회를 섞은 것이 더 이상 잘 듣지 않는다는 사실을 알았다. 소수의 배깍지진디가 살아남아 다시 옛날처럼 번성했다. 워싱턴주에 있는 클라크스턴의 과수원 주인들은 살충제 제조업체들이 약에 물을 타서 효과가 떨어졌다고 생각했다. 그래서 이들은 직접 공장을 짓고 농약을 만들어서 나무에 듬뿍 뿌렸다. 하지만 이 곤충은 계속 걷잡을 수 없이 불어났다. 액설 레너드 멜랜더(Axel Leonard Melander)라는 곤충학자는 나무들을 들여다본 결과 살충제 스프레이가 두껍게 말라붙은 층 아래 배깍지진디가 멀쩡히 살아 있는 것을 목격했다.

멜랜더는 살충제에 물을 탄 것이 문제가 아니라는 생각이 들기 시작했다. 1912년에 그는 워싱턴주 이곳저곳에서 살충제 스프레이가 얼마나 효과가 있는지 비교한 적이 있엇다. 예키마와 서니사이드에서는 황과 석회 혼합물이 배깍지진디를 한 마리도 남기지 않고 다 죽였지만 클라크스턴에서는 4~13퍼센트가 살아남았다. 반면에 클라크스턴의 배깍지진디들은 연료유로 만든 다른 살충제로 박멸이 가능했다. 워싱턴주 다른 지역에 서식하는 다른 해충들도 이 연료유 살충제로 박멸할 수 있었다. 달리 말하면 클라크스턴의 배깍지진디는 황-석회 혼합물에 저항력을 갖고 있다는 얘기다.

멜랜더는 그 이유가 궁금했다. 그는 벌레 한 마리 한 마리는 비소 같은 독을 조금만 먹어도 내성을 키울 수 있음을 알고 있었다. 그러나 딴 곳의 배깍지진디는 너무나 빨리 증식했기 때문에 어떤 배깍지진디도 황-석회 화합물을 한 번 이상 맞은 적이 없고 따라서 내성을 기를 여유가 없었다.

그때 멜랜더에게 아이디어가 하나 떠올랐다. 아마 돌연변이 때문에 배깍지진디 몇 마리가 황-석회 혼합물에 내성을 갖게 되었을 것이다. 농부가 나무에 약을 뿌려도 이렇게 내성을 가진 개체들은 살아남았을 것이고, 저항력을 갖지 않은 개체라도 치명적인 양을 맞지 않았으면 역시 살아남았을 것이다. 이렇게 생존자들끼리 번식을 했고 세대가 계속 바뀌면서 저항력을 가진 유전자가 더욱 흔해졌을 것이다. 살아남은 개체의 비례에 따라 나무들은 내성이 있는 배깍지진디 또는 내성이 없는 배깍지진디로 덮였을 것이다. 클라크스턴 농부들은 미국 북서부의 어느 지역에서보다 황-석회 혼합물을 오래 그리고 많이 사용했다. 이 과정에서 농부들은 내성이 강한 배깍지진디의 진화를 촉진했을 것이다.

멜랜더는 이 연구 결과를 1914년에 발표했지만 아무도 그의 이야기에 주의를 기울이지 않았다. 사람들은 모두 더욱 강력한 살충제 개발에 골몰했다. 1939년에 스위스 화학자인 파울 뮐러(Paul Müller)가 염소와 탄화수소의 화합물로 이제까지의 어떤 살충제보다도 효과가 뛰어난 살충제를 개발했다. DDT로 명명된 이 약은 만병통치약과도 같았다. 값도 싸고 제조하기도 쉬운 DDT는 여러 가지 곤충에 효과가 있었을 뿐 아니라 화학적으로도 안정적이어서 몇 년씩 보관할 수 있었다. 소량으로도 사용할 수 있었고 인간에게는 어떤 건강상의 위험도 없는 것처럼 보였다. 1941~1976년에 450만 톤의 DDT가 생산됐는데 이 정도면 오늘날 전 세계 사람들 각각에게 500그램씩 나눠줄 수 있는 양이다. DDT가 워낙 강력하고 저렴해서 농부들은 고인 물을 빼거나 병충해에 견디는 작물을 개발하는 것 같은 전통적인 병충해 방제 작업을 중단했다.

DDT를 비롯해 이와 유사한 살충제 때문에 사람들은 해충을 단순히 퇴치하는 것이 아니라 완전히 뿌리 뽑을 수 있다는 환상에 사로잡혔다. 그리고 병충해를 예방하기보다 살충제를 뿌리는 것을 더 당연한 일로 여기기 시작했다. 한편 공중보건 관계자들은 말라리아 같은 병을 옮기는 모기를 DDT로 퇴치할 수 있음을 발견했다. 록펠러대학의 폴 러셀(Paul Russell)은 1955년에 출판된 저서 『말라리아의 정복(Man's Mastery of Malaria)』에서 이렇게 썼다. "역사상 처음으로 세계 여러 나라들은 발전 정도에 관계없이, 그 나라의 기후가 어떻든 경제적인 방법으로 말라리아를 완전히 뿌리 뽑을 수 있다."

DDT는 물론 많은 사람의 생명과 작물을 살려냈지만 사용 초기에 일부 과학자들은 그 부작용을 이미 간파하고 있었다. 1946년에 스웨덴 과학자들은 DDT로 죽일 수 없는 파리를 발견했다. 몇 년 후 다른 나라의 파리들도 내성을 갖게 되었으며 다른 종들도 곧 뒤를 이었다. 멜랜더의 경고는 현실이 되어가고 있었다. 1992년이 되자 500개 이상의 종이 DDT에 대한 내성을 개발했으며 그 숫자는 계속 늘고 있다. DDT가 듣지 않기 시작하자 농부들은 처음에는 DDT를 더 많이 뿌렸다. 이렇게 해도 소용이 없자 이들은 말라티온 같은 새로운 살충제를 쓰기 시작했다. 이것도 듣지 않자 사람들은 새로운 살충제를 찾아 나섰다.

결국 DDT를 비롯한 독성물질로 해충을 박멸하려는 노력은 참담한 실패로 끝났다. 현재 미국에서는 해마다 200만 톤 이상의 살충제가 쓰인다. 새로 개발된 살충제는 과거의 살충제보다 100배 이상 독성이 강함에

도 불구하고 미국인들은 1945년보다 20배나 많은 살충제를 뿌려댄다. 그런데도 벌레가 먹어치우는 작물의 비율은 7퍼센트에서 13퍼센트로 증가했는데 이는 주로 곤충들이 개발한 내성 때문이다.

DDT의 실패는 계획에 없던 진화 실험이라고 할 수 있다. 1964년에 얼리히와 레이븐이 지적한 것처럼 식물은 수억 년에 걸쳐 자연산 살충제를 만들어왔으며 곤충은 공진화를 통해 이에 대한 내성을 키워왔다. 지난 수천 년간 벌레들은 먹이가 되는 식물에 인간이 뿌린 독과 마주쳤으며, 이들은 평소 해오던 일을 했다. 문제를 극복하는 방법을 진화시킨 것이다. 이제 공진화는 인간의 시대로 들어섰다.

살충제를 경작지에 뿌리면 처음에는 대부분의 벌레가 죽는다. 그러나 치명적인 양을 먹지 않은 개체 일부는 살아남는다. 그리고 살충제로부터 개체를 보호해주는 돌연변이 유전자를 가진 극소수의 개체도 살아남는다. 이런 식의 돌연변이는 그 종이 존재하는 기간 동안 가끔 나타나는 것이지만 대부분의 경우에는 벌레에게 불이익을 준다. 그리고 돌연변이를 일으킨 개체가 경쟁에서 지면 이 돌연변이는 사라진다. 그래도 돌연변이는 늘 나타나며 이런 돌연변이 대부분은 경쟁에서 밀려나곤 한다. 전체적으로 볼 때 돌연변이를 일으킨 유전자와 이를 가진 개체들은 어떤 시점에도 항상 있게 마련이다. 그런데 살충제가 등장하자 돌연변이를 일으킨 개체가 갑자기 생존에 더 적합한 상태가 되었다.

돌연변이를 일으킨 개체들이 살충제에 저항하는 방법은 여러 가지가 있다. 예를 들어 몸의 표피가 더 두꺼워져서 살충제로부터 몸을 보호해줄 수도 있고, 살충제 분자를 분해하는 돌연변이 단백질이 만들어질 수도 있다. 그리고 살충제가 덮치기 전에 이를 미리 알아차리고 치명적인 양이 투여되기 전에 날아가버릴 수도 있다.

농약이 살포된 뒤 살아남은 벌레들은 경쟁이 없는 환경에서 살 수 있다. 식물을 먹어치울 경쟁자도 별로 없고 개체수가 너무 불어나지 않게 해주는 천적도 없으므로 이들은 마구 증식한다. 이들 상호 간의 교배 또는 이들과 내성이 없는 개체들 간의 교배를 통해 돌연변이 유전자는 급속히 퍼진다. 그러나 농부들이 농약을 충분히 많이 뿌린다면 내성이 없는 개체들은 거의 완전히 박멸될 수 있다.

하지만 살충제는 공진화에 비하면 서툰 수단일 뿐이다. 식물과 곤충은 한 세대에서 다음 세대로 넘어가면서 서로에 대해 효과적인 공격 무기를 개발한다. 그러나 화학자들이 새로운 살충제를 개발하려면 몇 년씩 걸리고, 이들이 연구를 진행하는 중에도 내성을 가진 곤충은 농작물에 큰 해를 끼친다. 이런 곤충들 때문에 농부들은 새로운 살충제를 사기 위해 돈을 더 써야 한다. 식물이 만들어내는 자연적인 방어 시스템과 달리 살충제는 유기물에서 새로운 토양을 만드는 데 반드시 필요한 땅속 생물인 지렁이 같은 것도 죽인다. 어떤 살충제는 꿀벌을 비롯해서 꽃가루를 옮겨주는 곤충도 죽인다. 그리고 몇 년씩 잔류하기도 하고, 수천 킬로미터씩 이동하기도 하며, 농장에서 일하다 중독된 사람들을 죽이기도 한다. 찬반이 엇갈리고는 있지만 살충제를 흡입하는 것이 몇 종류의 암과 관계있다는 암울한 증거도 나타나고 있다.

농학자들은 유전적으로 변형된 작물을 살충제 위기에 대한 대안으로 제시했다. 세균에서 얻은 유전자가 들어 있는 작물들이 오늘날 800만 헥타르에 달하는 땅에서 경작되고 있는데, 그 유전자는 식물 스스로 살충제를 만들 수 있게 해준다. 이 유전자는 땅속에서 살면서 나비와 나방을 공격하는 바킬루스 투링기엔시스(Bacillus thuringiensis, 약어로 Bt)라는 세균에서 왔다. 숙주에게 기생하기 위해 이 세균은 방금 이야기한 유전자를 이용해 곤충의 내장을 파괴하는 단백질을 만들어낸다. 이 세균은 1960년대부터 배양됐으며 사람들은 이 단백질을 농장에서 숲에 이르기까지 모든 곳에 뿌린다. 이 단백질은 포유류에게 피해를 입히지 않으며 햇빛 속에서 쉽게 분해된다. 생화학자들은 Bt라고 불리는 이 유전자를 면화, 옥수수, 감자 같은 작물에 삽입했고 이제 이들은 조직 안에서 Bt를 만들 수 있었다. 이런 식물을 공격하는 곤충은 Bt를 먹고 죽는다.

미국 환경청은 Bt를 만들어내는 작물이 다시 한 번 공진화의 희생물이 되지 않기를 바라고 있다. Bt를 만들어내는 종의 면화만 심으면 이곳에 사는 곤충들은 똑같은 독성을 가진 물질을 만들어내는 면화만 마주칠 것이기 때문에 결국 내성을 발달시킬 것이다. 그래서 환경청은 Bt를 만들어내지 않는 보통 면화를 20퍼센트 심도록 의무화하고 있다. 이 20퍼센트는 내성이 없는 곤충들이 살아남을 수 있는 피난처가 될 것이고, 이들은 내성이 있는 것들과 교미해 결국 내성이 있는 유전자가 너무 많이 퍼지지 않도록 해줄 것이라는 얘기다.

이 계획이 실현되려면 농부들의 협조가 필요하다. 즉 작물의 일부를 곤충의 피난처로 희생시켜야 하는 것이다. 그러나 살충제의 고통스러운 기억을 갖고 있는 농부들은 모두 Bt 작물만 재배하려 들 것이다. Bt 작물이 장기적으로 성공을 거두면 이는 공진화를 우리가 제대로 이해한 덕분이라고 할 수 있다. 그러나 내성을 갖춘 개체들이 나온다면 농부들은 새로운 독성물질을 만들어내는 새로운 유전자 변형 식물을 심어야 할 것이다. 달리 말해 옛날에 살충제에 쓰던 돈을 유전자 변형 작물에 써야 한다는 얘기다.

공진화는 곤충과 싸우는 다른 방법을 제시해주기도 한다. 만약에 넓은 경작지가 오직 한 가지의 작물로 뒤덮여 있지 않다면 곤충들은 피해

진화

를 덜 끼칠지도 모른다. 여러 가지 작물을 섞어 심으면 특정한 작물을 공격하는 곤충이 대재난을 일으킬 만큼 개체수를 충분히 늘리지 못하기 때문이다. 소비자들도 한몫할 수 있다. 사람들은 보통 과일을 살 때 벌레가 먹은 것은 집어 들지 않는다. 과수원 주인들은 이 사실을 알고 있기 때문에 완벽한 제품을 만들려고 대량의 살충제를 쓴다. 사실 벌레 먹은 과일도 안전에는 아무 지장이 없다. 소비자들이 약간 흠집이 있는 과일도 기꺼이 산다면 농부들은 살충제를 훨씬 덜 쓸 것이다. 그 결과 곤충들에게 살충제의 내성을 길러주는 진화의 힘은 덜 작용할 것이다.

개미: 최초의 농부

인간들은 농업을 발명했다는 사실에 대해 자부심을 가질지 모르지만 인간이 최초의 농부는 아니다. 어떤 종의 개미는 5,000만 년 전에 버섯을 재배하는 농부가 되었는데 이는 공진화의 가장 뛰어난 예 중 하나이다. 이들은 오늘날까지 농사를 아주 잘 짓고 있으며 인간이 겪는 해충 문제도 거의 겪고 있지 않다. 따라서 개미로부터 많은 것을 배울 수 있다.

곰팡이를 키우는 개미는 전 세계의 열대우림에 분포돼 있다. 공동체에서 덩치 큰 개미들이 매일 굴 밖으로 나가 나무나 덤불을 찾아간다. 이들은 식물의 줄기에 기어 올라가 잎을 뜯어내서 녹색의 긴 행렬을 이루며 굴로 돌아온다.(이렇게 나뭇잎을 잘라 쓰는 개미들을 잎꾼개미leaf-cutter ant라고 부른다.—옮긴이) 큰 개미들은 좀 더 작은 개미들에게 잎을 넘기고 이들은 잎을 더 작은 조각으로 찢는다. 그러면 더 작은 개미들이 잎을 씹어서 더 작은 조각으로 만들고, 이 작업은 잎이 반죽같이 될 때까지 계속된다. 그리고 나서 개미들은 이 반죽을 굴 안에 있는 이끼 밭에 비료처럼 덮어준다. 그러면 곰팡이가 잎의 질긴 조직을 분해하면서 성장하고 개미들은 나중에 곰팡이에서 영양소가 가장 많은 부분을 먹는다.(곰팡이를 키우는 개미의 모든 종이 잎을 비료로 쓰는 것은 아니다. 숲의 땅바닥을 뒤져 떨어진 꽃잎이나 씨앗 같은 유기물을 비료로 쓰는 종도 많다.)

잎꾼개미 집에 사는 곰팡이는 개미에게 완전히 의존적이다. 독립생활을 하는 곰팡이는 포자로 가득 찬 버섯을 키워 이 포자를 바람에 날려 보내 자손을 퍼뜨린다. 그런데 개미굴 속의 곰팡이는 버섯을 싹 틔울 능력을 잃었다. 이 곰팡이는 개미굴에 완전히 갇혀 있으며 젊은 여왕개미가 곰팡이 약간을 입에 물고 새로운 왕국을 건설하러 떠날 때에만 개미굴 밖으로 나갈 수 있다.

잎꾼개미는 곰팡이를 돌봐주고 엄청난 이익을 얻는다. 개미는 식물 조직을 소화시키지 못하기 때문에 대부분의 개미 종들은 주변에 널려 있는 식물의 잎을 먹지 못한다. 그러나 잎꾼개미는 곰팡이에게 잎을 분해하는 어려운 일을 시킨다. 그리고 곰팡이 덕분에 잎꾼개미는 열대우림에서 가장 강력한 존재 중의 하나가 되어 어떤 지역에서는 매년 새로 자라는 잎의 5분의 1을 먹어치우기도 한다.

이렇게 놀라운 상호 의존 관계가 어떻게 진화했는지를 알아보기 위해 과학자들은 둘 사이의 진화적 관계를 연구하기 시작했다. 곰팡이를 경작하는 200여 종의 개미들은 모두 서로 가까운 친척이며 그중에는 곰팡이 농사를 짓지 않는 종이 없다. 따라서 생물학자들은 이 여러 종의 개미들이 처음 농업을 발명한 하나의 조상에서 나왔을 것이라고 오랫동안 생각했다. 이 조상이 농업 기술을 후손들에게 계속 물려줬을 것이다. 그리고 새로운 종의 개미가 태어나면 곰팡이도 새로운 종에 맞춰 진화했을 것이다. 이것이 사실이라면 곰팡이의 계통수는 개미의 계통수와 서로 거울에 비친 모습처럼 딱 들어맞을 것이다.

그러나 사실은 이와는 달랐다. 1990년대 초부터 텍사스주립대학의 울리치 뮬러(Ulrich Mueller)와 스미스소니언연구소의 테드 슐츠(Ted Schultz)는 전 세계의 정글을 돌아다니며 잎꾼개미와 그들의 곰팡이를 수집했다. 실험실에서 이들은 동료들과 함께 개미와 곰팡이의 유전자 서열을 해독해서 이들의 진화적 관계를 추적해봤다. 그런데 개미는 처음에 단 한 가지의 곰팡이만 경작한 것이 아니었다. 뮬러와 슐츠는 개미들이 적어도 6번에 걸쳐 서로 다른 곰팡이들을 길들여왔음을 발견했다. 이렇게 계통이 여섯 가지에 이르자 곰팡이들은 자신을 경작하는 개미들이 새로운 종으로 진화해감에 따라 가지를 쳐서 새로운 종으로 진화해갔다. 그러나 대부분의 경우 개미 집단들은 곰팡이의 종을 서로 교환했다.

이제 뮬러는 어떻게 이런 결과가 일어났는지 연구하고 있다. 그는 이렇게 말한다. "한 가지 가능한 시나리오는 세균이 침입해 곰팡이를 모두 죽이는 것이다. 이렇게 되면 개미들은 다른 개미굴로 들어가 곰팡이를 훔쳐오거나 아니면 잠시 공동 생활을 할 것이다. 그러나 가끔 이들은 다른 개미굴에 쳐들어가서 원주인을 멸망시키고 곰팡이 밭을 차지하기도 했다."

뮬러의 작업 덕분에 개미들은 과거 어느 때보다 더 인간 농부들과 비슷해 보인다. 중국, 아프리카, 멕시코, 중동에 살던 인류의 조상들이 수백만 가지의 야생동식물 중에서 극히 일부만 길들인 것처럼 개미들도 마찬가지로 수십만 종의 곰팡이 중에서 몇 가지만 선택했다. 문명권이 서로 만나면 사람들은 개미가 곰팡이 포자를 교환하듯 농작물을 교환하기도 했다. 인간과 개미의 유일한 차이는 개미가 인간보다 훨씬 앞선 5,000만 년 전에 농업을 시작했다는 사실이다.

잎꾼개미들은 인간 농부처럼 병충해와 싸워야 했다. 개미의 경우 몇 가지 종의 곰팡이가 농작물 곰팡이에 기생했을 수 있다. 기생 곰팡이의 포자가 개미굴로 들어와 며칠 만에 농토를 모두 망쳐버릴 수도 있었다는 얘기다.

그러나 텍사스대학에서 뮬러와 함께 연구하는 캐머런 커리(Cameron Currie)는 개미들이 기생 곰팡이를 퇴치하기 위해 일종의 살균제를 쓴다는 사실을 발견했다. 개미의 몸에는 스트렙토마이세스(Streptomyces)라고 하는 세균의 분말이 얇은 층으로 덮여 있다. 이 세균은 기생 곰팡이를 죽이면서 농작물 곰팡이의 성장을 촉진하는 화학물질을 내놓는다. 커리의 연구 대상이 된 잎꾼개미 22종은 모두 저마다 한 가지씩의 스트렙토마이세스 변종을 갖고 있었다.

커리가 연구한 모든 종의 곰팡이 농부 개미가 스트렙토마이세스를 갖고 있는 것으로 볼 때 5,000만 년 전에 처음으로 곰팡이 농업을 시작한 개미들도 이를 갖고 있었을 수도 있다. 그리고 지난 5,000만 년 동안 기생 곰팡이는 이 살균제에 대해 이렇다 할 저항력을 진화시키지 못했다. 어떻게 이런 일이 일어날 수 있는가? 인간은 겨우 수십 년도 안 지나서 내성이 강한 곤충을 그토록 많이 만들었는데 말이다. 커리의 연구팀은 이제 이 문제를 막 파헤치기 시작했는데 이들의 가설은 이렇다. 인간이 살충제를 쓸 때는 특정한 성분 하나를 추출해서 이것으로 약을 만들어 곤충에게 뿌린다. 그러나 스트렙토마이세스는 그 자체가 살아 있는 유기체로, 기생 곰팡이가 어떤 내성을 개발하면 이에 대응해 새로운 살균 능력을 진화시킬 수 있다. 개미는 공진화의 법칙을 스스로에게 유리하게 활용했지만 인간은 공진화의 법칙을 적으로 돌려버린 것이다.

진화

홀로 남은 과부들

공진화를 통해 두 종이 하나로 묶일 수 있지만 양쪽 중 한 종이 멸종하면 다른 한 종이 홀로 남는다. 홀로 남은 종은 살아남으려고 몸부림치는데 가끔 이 몸부림이 지나쳐서 결국 남은 종도 멸종하기도 한다.

펜실베이니아대학의 생태학자인 대니얼 잰젠(Daniel Janzen)은 코스타리카의 숲에서 연구를 하고 있는데, 신대륙의 나무 몇 가지가 빙하기가 끝난 뒤부터 진화상 짝을 잃고 일종의 과부가 되었다고 주장했다. 많은 종류의 식물들은 열매를 키워 씨를 퍼뜨린다. 열매 또는 과일은 과육이 달콤하기 때문에 동물을 끌어들이고, 과일 속에 든 씨는 단단한 껍질에 싸여 있도록 진화했기 때문에 동물의 소화기관을 무사히 통과할 수 있다. 결국 씨는 동물의 몸에 실려 원래의 나무가 있던 곳에서 멀리 떨어진 장소로 이동해 배설물과 함께 무사히 밖으로 나온다.

나무로부터 멀리 떨어진 씨는 생존 가능성이 더 커진다. 나무에서 곧장 밑으로 떨어지는 씨는 나무 주변을 어정거리는 딱정벌레의 먹이가 되기 십상이다. 그리고 땅에 떨어진 씨가 싹을 틔운다 해도 나무가 드리운 그늘 속에서 자라기는 쉽지 않다. 그리고 씨를 멀리 퍼뜨리는 것은 멸종을 방지하는 대비책도 된다. 폭풍이 불어 어떤 지역의 나무가 모두 뿌리째 뽑히더라도 몇 킬로미터 떨어진 곳에 있는 후손은 무사할 수도 있기 때문이다.

난이 특정한 곤충에게 적응한 것처럼 과일로 씨를 퍼뜨리는 식물들도 특정한 동물들을 유인하기 좋도록 진화했다. 껍질이 밝은 색으로 된 과일은 새들의 눈에 잘 띈다. 박쥐나 기타 시력이 약한 야행성 동물에 의존하는 과일은 향이 풍부하다. 그러나 잰젠이 지적한 바와 같이 어떤 과일은 현존하는 어떤 동물도 씨를 퍼뜨리기 어렵게 생겼다. 잰젠이 연구를 하고 있는 코스타리카에서는 박쥐, 다람쥐, 새, 맥(獏) 같은 동물들이 씨를 퍼뜨려준다. 그런데 그중 어떤 동물도 카시아 그란디스(Cassia grandis)라는 나무의 열매는 먹지 못한다. 이 나무에는 길이가 거의 30센티미터 정도 되는 과일이 열리는데 껍질은 나무처럼 딱딱하고 섬유질의 펄프 속에 들어 있는 씨는 버찌만큼이나 크다. 코스타리카에서 카시아 열매를 먹을 수 있는 동물은 없기 때문에 카시아 열매는 그저 나무에 매달려 있으며 딱정벌레들이 구멍을 뚫고 들어가 대부분의 씨를 망쳐버린다.

카시아의 열매를 비롯해 신대륙에 있는 많은 식물의 열매는 너무 크고 딱딱하거나 섬유질이 많아 현존하는 동물들이 먹지 못하지만 이들은 덩치가 큰 땅늘보, 낙타, 말 등 1만 2,000년 전쯤 멸종한 대형 포유류에게는 안성맞춤의 먹이였을 것이다. 이 동물들은 카시아의 열매를 먹을 수 있을 만큼 입이 컸고, 이빨도 튼튼해서 나무질의 열매 껍질을 깰 수 있었다. 잰젠에 따르면 수백만 년 동안 이 큰 열매가 열리는 나무는 큰 동물들과 공진화해왔다. 다른 식물들이 새나 박쥐에 의존한 반면 이들은 덩치 큰 종류에 의존했다는 얘기다.

구대륙의 큰 포유류는 몇 가지 식물과 아직도 이런 관계를 유지하고 있다. 예를 들어 수마트라코뿔소는 망고를 실컷 먹고는 거대한 씨를 배설물과 함께 내놓는다. 코스타리카에 있는 큰 열매들은 껍질이 단단하고 내용물이 섬유질이라 새 같은 작은 동물이 먹을 수는 없지만 땅늘보 같으면 쉽게 먹을 수 있었을 것이다. 나무 밑을 어슬렁거리던 땅늘보는 땅바닥에 떨어진 과일을 집어 들어 냄새를 맡아보고는 익은 것을 골라 한입에 집어넣었을 것이고 큰 어금니로 껍질을 깨뜨렸을 것이다. 땅늘보가 느긋하게 과육을 씹는 사이에 보통 표면이 기름으로 코팅된 씨는 어금니를 피해 땅늘보의 소화기관으로 미끄러져 내려갔을 것이다. 그리고 땅늘보가 몇 킬로미터쯤 이동한 뒤 대량의 배설물과 함께 씨를 내놓으면 얼마 후 싹이 튼다.

플라이스토세에는 코스타리카와 같은 숲이 세계 이곳저곳에 많이 있었을 것이다. 과일은 신대륙 전체에 걸쳐 덩치 큰 포유류와 공진화하고 있었을 것이다. 잰젠은 아보카도와 파파야 같은 식물도 같은 방법으로 과부가 되었을 것이라고 추측한다. 덩치 큰 포유류가 사라지자 이들은 심각한 타격을 입었다. 물론 맥이나 씨를 먹는 설치류 같은 좀 더 작은 동물들이 여전히 씨를 퍼뜨려줬겠지만 예전처럼 멀리 퍼지지는 못했을 것이고, 그나마 대부분의 씨는 쥐나 곤충이 먹어버렸을 것이다. 이렇게 되자 죽어가는 나무를 대체할 어린나무가 자라지 않아 많은 나무가 희귀종이 되어버렸다.

에스파냐 사람들은 신대륙에 들어오면서 말과 가축을 들여왔는데 이로 인해 플라이스토세의 번영을 조금이나마 되찾은 종들도 있다. 이 큰 동물들은 진화의 과부가 되어버린 과일을 즐겨 먹는다. 코스타리카에는 히카로(jicaro)라는 과일이 있는데 껍질이 너무 단단해서 사람들은 이것으로 바가지를 만들기도 한다. 잰젠은 코스타리카에 오늘날 존재하는 동물 중 오직 말만이 히카로의 껍질을 깰 수 있을 정도로 큰 입과 강한 턱을 가졌다는 사실을 발견했다. 말들은 히카로를 즐겨 먹으며, 말의 배 속에 들어간 씨는 소화기관을 무사히 통과해 배설물과 함께 밖으로 나온다. 에스파냐 사람들이 코스타리카로 말을 가져오기 전까지 히카로의 유전자는 딱딱한 껍질로 된 감옥 속에 갇혀 있었다. 물론 신대륙에 발을 디딘 말과 가축은 연약한 토양을 짓밟고 풀을 마구 뜯어먹는 등 파괴적인 영향을 끼쳤지만 히카로 같은 식물에 대해서는 빙하시대의 영광을 일부나마 되돌려주기도 했다.

신대륙에서 큰 포유류가 멸종하자 오랫동안 이들에 의존하던 나무들이 씨를 퍼뜨릴 수 없었다. 유럽에서 들어온 가축이 약간의 도움을 준 것을 제외하면 이 과부가 된 식물들은 지난 1만 2,000년 동안 생존 지역이 계속 축소됐다고 잰젠은 주장한다. 오늘날 멸종의 속도가 빨라짐에 따라 인간이 새로운 과부들을 양산하는 건지도 모른다.

그리고 인간이 경작하는 작물도 과부가 될 수 있다. 농업은 꽃가루를 전달해주는 곤충에 의존하는데 인간은 이런 곤충을 지난 수백 년간 마구 박해했다. 유럽인들이 북아메리카에 도착하기 전에는 벌, 말벌, 파리 등 수만 종의 꽃가루받이 곤충들이 있었다. 그런데 유럽인들은 꿀벌을 가져와 양봉을 시작했다. 꿀벌은 토종벌들과 한정된 꿀을 두고 경쟁할 수밖에 없었고 이들은 인간이 관리하는 벌집에 살고 있었기 때문에 꿀이 지속적으로 공급될 수 있어서 토종벌들보다 경쟁력이 강했다. 버몬트대학의 베른트 하인리히(Bernd Heinrich)는 사람이 키우는 꿀벌 집단 하나가 토종 땅벌 군집 100개를 파괴 할 수 있다는 계산 결과를 내놓았다. 실제로 수많은 토종 꽃가루받이 곤충이 멸종했고 살아남은 것들 중 다수가 멸종 위기에 처했다.

요즘은 꿀벌마저도 줄어들고 있다. 살충제가 이들을 무차별 학살하고 있으며 기생 진드기가 최근 미국으로 들어와 꿀벌을 떼죽음으로 몰아넣고 있기 때문이다. 1947년에 양봉되는 벌의 개체수는 590만 마리 정도였는데 1995년이 되자 절반 이하인 260만 마리가 되었다. 야생 꿀벌은 거의 완전히 사라졌다. 꿀벌이 사라지면 토종벌에 의지해서 농작물의 꽃가루받이를 해야 하는데 토종벌도 더 이상 찾아볼 수 없을지 모른다.

인간이 진화에서 최후의 승리자이고, 우월한 지능을 이용해 스스로의 노력으로 지구를 차지했다고 가장하기는 쉽다. 그러나 우리가 어떤 성공을 거두었든 우리가 오늘날 누리는 것은 인간과 식물, 동물, 곰팡이, 원충, 세균 등 우리와 함께 공진화해온 것들과의 균형을 통해서 얻은 것이다. 인간은 이제까지 존재한 종 중 가장 공진화에 많이 의지한 종이고, 다른 어떤 종보다도 생명의 그물에 많이 의존하고 있다.

9장

의사 다윈

진화의학 시대의 질병

알렉산더 비벨리치는 절도죄로 3년형을 언도받고 1993년에 러시아 중부에 있는 톰스크 교도소에 수감됐다. 복역한 지 2년이 지나자 그는 기침을 하며 가래를 뱉기 시작했고 열도 났다. 의사는 비벨리치의 왼쪽 폐에서 조그만 이상을 발견했고 결핵으로 진단을 내렸다. 아마 동료 죄수가 기침을 하며 뿌린 침방울을 비벨리치가 들이마신 바람에 감염된 것 같았다. 그는 이렇게 말했다. "내가 걸릴 줄은 꿈에도 몰랐어요. 의사 얘기를 처음에는 믿지 않았죠." 그러나 병이 깊어지자 그는 믿을 수밖에 없었다.

결핵은 원래 고치기 쉬운 병이다. 러트거스대학의 셀먼 왁스먼(Selman Waksmann)이 결핵균을 죽이는 단백질을 발견한 지도 벌써 60년이 되었다. 당시 세균을 죽이는 항생제가 속속 개발되고 있었는데, 왁스먼이 개발한 약도 그중 하나였다. 이들은 워낙 세균을 효과적으로 박멸했기 때문에 당시 의학자들은 수십 년만 있으면 결핵 같은 전염병은 완전히 뿌

진화

리 뽑을 수 있으리라고 생각했다.

그러나 결핵균은 비벨리치를 쉽게 놓아주지 않았다. 의사들은 그가 출감하던 해인 1996년까지 몇 달 동안 그에게 계속해서 항생제를 투여했다. 1998년에 비벨리치는 또다시 절도죄를 저질러 교도소로 돌아왔다. 교도소 밖에 있는 동안 그는 결핵 치료를 전혀 받지 않았다. 엑스선 촬영 결과 의사들은 자유의 몸으로 있는 동안 병이 더 깊어졌음을 알았다. 결핵균은 이제 왼쪽 폐뿐 아니라 오른쪽 폐까지도 흠집투성이로 만들어버렸다. 의사들은 비벨리치에게 다시 항생제를 투여하기 시작했지만 얼마 지나지 않아 시험해보니 약이 듣지 않는다는 사실을 깨달았다. 한때 기적의 약으로 불리던 것들이 비벨리치에게는 아무 소용이 없어진 것이다.

의사들은 비벨리치에게 새로운 항생제, 그러니까 러시아에서는 구하기도 힘든 더 강력하고 값비싼 약을 투여하기로 결정했다. 그러자 몇 달 동안 의사들은 그의 건강을 회복시킬 수 있었다. 그러나 시간이 가면서 이 약들도 무용지물임이 드러났다. 2000년 7월이 되자 비벨리치를 담당한 의사들은 그의 폐에서 병든 부분을 수술로 제거할 것을 검토하기 시작했다. 수술을 하고 투약을 계속하는데도 결핵의 진행이 멈추지 않으면 그는 아마 죽을 것이었다.

러시아에서 비벨리치 같은 사람은 한둘이 아니다. 항생제에 대해 내성이 있는 결핵균의 변종들이 러시아의 비위생적인 교도소에서 생겨났고, 오늘날 10만 명 정도의 죄수들이 적어도 한 가지 항생제에 내성이 있는 결핵균을 갖고 있다. 비벨리치처럼 이들도 대부분 사소한 범죄를 저지른 사람들이며 복역 기간도 짧다. 그러나 결핵 때문에 이 짧은 복역 기간이 그들에게는 사형선고가 되기도 한다.

비벨리치는 공진화의 어두운 면의 희생자이다. 어두운 면이란 바로 기생생물이 숙주에게 무시무시할 정도로 빨리 적응한다는 것이다. 난이벌에 적응하듯이, 그리고 과일나무가 씨를 퍼뜨려주는 동물에 적응하듯이 병원체도 계속 진화해 새로운 형태가 되며, 그 결과 숙주의 방어 시스템을 무력화시키는 방법을 끊임없이 찾아낸다. 수많은 살충제가 해충을 죽일 능력을 잃은 것처럼 의약품도 돌연변이를 계속하는 병원체 앞에서 힘을 잃고 있다. 의약품에 내성을 가진 결핵균을 비롯해 여러 가지 병균이 진화해 전 세계에서 수천 명의 사람을 죽이고 있다. 앞으로 이들은 수백만 명을 죽일 수도 있다.

진화를 좀 더 잘 이해한다면 의학자들은 질병과 싸울 더 좋은 방법을 찾아낼 수도 있을 것이다. 질병이 진화한 역사, 그러니까 어떤 병원체가 어떻게 해서 처음으로 인간을 숙주로 삼았는지, 그리고 인간은 여기에 대한 대응책을 어떻게 진화시켜 왔는지를 더듬어보면 해결책이 나올 수도 있다. 또 어떤 경우에 과학자들은 공진화의 힘을 이용해서 병원체를 통제할 수도 있다.

병균의 승리

생명이 있는 곳에는 기생생물이 있게 마련이다. 바닷물 4리터에는 약 100억 개의 바이러스가 들어 있다. 1년 중 11개월을 땅 속에 묻혀 있는 사막두꺼비의 방광 속에서 사는 편충도 있고, 북극해의 어둡고 추운 바다를 헤엄치는 그린란드상어의 눈 속에서만 살 수 있는 기생 갑각류도 있다.

인간은 기생생물을 무시해버리고 싶어하지만 이들은 진화의 측면에서 보면 대단한 성공 사례에 해당한다. 이들은 이런저런 형태로 수십억 년을 살아왔다. 심지어 생물학자들은 RNA로 만들어진 일부 바이러스가 생명이 DNA에 기초해 만들어지기 전의 RNA 세계에서 태어난 바이러스의 후손이 아닌가 생각하기도 한다. 기생생물이 지구상에 이렇게 많은 것을 보면 이들은 이곳에서 행복한 생활을 하고 있는 모양이다. 바이러스뿐만 아니라 많은 종류의 세균, 원충, 곰팡이, 수초, 식물, 동물 들이 기생의 길을 택했다. 어떤 계산에 따르면 생물 5종 중 4종은 기생생물이라고 할 정도이다.

기생생물과 이들의 숙주는 기본적으로 나뭇잎을 갉아먹는 딱정벌레와 다를 것이 없다. 살아남기 위해 기생생물은 숙주를 갉아먹어야 하며 숙주는 스스로를 방어해야만 한다. 서로 상충하는 이해관계 때문에 치열한 공진화의 싸움이 시작된다. 어떤 식으로든 숙주가 기생생물을 물리치도록 적응하면 자연선택은 이런 개체를 환영할 것이다. 예를 들어 어떤 쐐기벌레는 항문의 근육을 이용해 배설물을 총알처럼 멀리 쏘아 보낸다. 이렇게 해야 배설물의 냄새를 맡고 모여드는 기생 말벌을 피할 수 있기 때문이다. 침팬지는 내장에 기생충이 생기면 역한 냄새가 나는 구충제 식물을 찾아 나선다. 강력한 기생생물이 덮치면 어떤 숙주들은 어려운 상황에서도 할 수 있는 건 다하려고 몸부림친다. 예를 들어 소노라산맥에 사는 초파리 수컷은 흡혈 진드기에게 공격을 당하면 마구 교미를 해서 죽기 전에 최대한 유전자를 많이 퍼뜨리려고 노력한다.

기생생물은 숙주의 방어 시스템을 깨뜨릴 방법을 개발한다. 기생생물은 일단 숙주의 몸으로 들어가면 면역세포의 공격을 피해야 한다. 면역세포는 침입자에게 독을 뿌리거나, 세포막의 통로를 차단해서 질식시키거나, 침입자를 통째로 집어삼킨다. 그래서 침입자들은 위장술이나 속임수를 써서 살아남는다. 이들은 인체가 만들어내는 단백질과 똑같은 단백질을 정교하게 만들어내 이 가면을 쓰고 침입하기도 한다. 어떤 것들은 인체 성분의 흉내를 내서 감시원의 눈을 속이고 세포로 잠입한다. 또 어떤 기생생물은 면역계가 침입을 온몸에 알리는 경보 시스템을 차단한다. 심지어 특별한 신호를 보내서 면역세포를 자살로 유인하는 것들도 있다. 그러나 기생생물이 면역계를 피하는 방법을 개발하는 것과 보조를 맞춰 숙주도 기생생물을 죽이는 방법을 진화시키기 때문에 이들의 싸움은 계속된다.

만병통치약의 종말

기생생물과 숙주 사이의 공진화는 역사의 안개 속으로 사라져버린 것이 아니다. 이는 오늘날도 계속되고 있다. 그리고 인간은 숙주와 기생생물의 공진화 실험실에서 가장 최근에 실험대에 오른 종 중 하나다. 인간은 항생제를 이용해서 인공적으로 세균에 대한 방어 능력을 개선하려고 했는데, 이제 인간이 이 군비경쟁에서 패할 위험이 있음이 명백해졌다.

셸먼 왁스먼과 그의 연구팀이 처음 항생제를 개발했을 때 많은 사람들은 전염병과의 전쟁에서 인간이 최후에 승리를 거두었다고 믿었다. 그러나 어떤 학자들은 처음부터 진화의 힘이 이런 기적을 무력화시킬 것이라고 경고했다. 1928년에 페니실린을 발견한 영국의 미생물학자 알렉산더 플레밍(Alexander Fleming)도 그중 하나였다. 그는 처음에 세균을 소량의 페니실린으로 처리해보고, 이어서 페니실린의 양을 조금씩 늘렸다. 각 단계마다 약의 파괴력에 견디는 세균이 점점 늘어났고, 얼마 지나지 않아 배양접시는 보통의 페니실린으로 죽일 수 없는 세균으로 가득 찼다.

2차 대전 중 미국은 페니실린을 엄중히 감시했고 환자가 아주 심각한 상태일 때만 민간인 의사들에게 조금씩 나눠줬다. 그러나 전쟁이 끝나자 제약회사들이 페니실린을 팔기 시작했고 심지어 주사 대신 복용할 수 있는 알약까지 개발했다. 플레밍은 의사들이 약을 무분별하게 처방할 것을 두려워했는데, 사람들은 한 술 더 떠서 페니실린을 사서 마음대로 먹기 시작했다.

문외한이 자가 처방을 할 때 가장 위험한 것은 투여량을 너무 적게 잡음으로써 병균을 제거하기는커녕 페니실린에 저항하는 법만 가르쳐주는 것이다. 이어서 페니실린에 저항력이 있는 개체들이 태어나고 이들은 다른 사람에게로 전염되며, 이것이 또 다른 사람에게 전염되어 결국 페니실린으로는 살릴 수 없는 폐렴이나 패혈증에 걸리는 사람이 나타난다. 이럴 경우 페니실린을 남용할 생각이 없었던 사람도 결국 페니실린에 저항하는 세균에 감염되어 목숨을 잃은 사람에 대해 윤리적인 책임이 생긴다. 그러나 나는 이런 상황을 피할 수 있으리라고 본다.

미생물학자들은 세균이 곤충보다 공진화에 훨씬 더 뛰어나서 스스로의 유전자 구성을 놀라운 속도로 변화시킬 수 있음을 알았다. 세균은 한 시간에도 몇 번씩 분열할 수 있기 때문에 빨리 돌연변이를 일으킬 수 있으며 따라서 항생제에 대항하는 특성을 재빨리 개발할 수 있다. 돌연변이를 통해 약의 성분을 파괴하는 단백질을 만들어낼 수도 있다. 내성이 있는 세균은 세포막에 펌프를 갖고 있어서 항생제가 들어오면 이것을 신속히 퍼낼 수 있다. 정상적인 상태라면 자연선택은 이런 돌연변이 개체들을 반기지 않는다. 그러나 항생제와의 싸움에 직면하면 돌연변이를 일으킨 개체들의 후손이 번성한다.

곤충들과 달리 세균은 부모뿐만 아니라 주변의 다른 세균에게서도 내성 유전자를 얻을 수 있다. 세균들은 고리 모양의 DNA를 서로 주고받을 수 있으며 죽은 세균의 DNA 일부를 끄집어내 자기 DNA와 통합할 수 있다. 그래서 항생제에 저항력이 있는 세균은 저항력에 관계된 유전자를 후손뿐만 아니라 완전히 다른 종의 세균에게도 전할 수 있다.

21세기의 러시아 교도소는 미생물 진화를 관찰하는 데 완벽한 실험실이다. 소련이 몰락한 후 범죄는 급증하자 러시아 법원은 점점 더 많은 사람을 교도소로 보내고 있다. 현재 러시아에서는 100만 명 정도가 수감 중이다. 그러나 교도소의 상황은 열악하기 그지없다. 수감자들은 하루에 몇 센트에 해당하는 식량밖에 공급받지 못하며, 그 결과 영양실조에 시달려 감염도 쉽게 된다. 거기다가 거실만 한 크기의 공간에 수십 명의 죄수가 한꺼번에 수용된다. 결핵 환자들은 기침을 통해 같은 방 안에 있는 사람들을 쉽게 감염시키며 결핵균은 하나의 숙주에서 다른 숙주로 쉽게 건너뛰면서 마구 증식하고 돌연변이를 일으킬 수 있다.

결핵균은 상당히 끈질긴 병원체로, 몇 달에 걸친 긴 기간 동안 항생제를 투여해야만 파괴할 수 있다. 환자가 처방대로 약을 다 먹지 않으면 결핵균은 오래 살아남아 내성이 있는 변종을 번식시킬 수 있다. 러시아의 교도소는 완치될 때까지 항생제를 투여하지도 않을 뿐만 아니라 약을 준다 해도 환자가 그것을 제대로 먹는지 점검하지도 않는다. 굶주린 데다 약까지 제대로 먹지 못하는 사람들은 항생제 내성 세균의 좋은 표적이 될 수밖에 없다.

항생제 내성 결핵균에 감염된 사람을 치료하려면 수천 달러씩 하는 비싼 약을 써야만 한다. 의약품 구입에 쓸 예산이 턱없이 부족하기 때문에 러시아의 교도소들은 이 병원균이 번성하는 것을 방치할 수밖에 없다. 교도소의 의사들은 환자를 치료할 수 있다는 환상 따위는 갖지 않는다. 이들은 환자의 대부분이 교도소 문을 나선 뒤에도 여전히 전염성이 있으리라는 사실을 알고 있다. 죄수들은 내성 결핵균을 몸에 지니고 고향으로 돌아가 다른 사람들을 감염시킨다. 병든 죄수들을 석방해서 사회로 돌려보내면서 러시아 정부는 1990년과 1996년 사이에 결핵 감염률을 5배로 늘렸다. 결핵은 러시아의 젊은 남성 사망률을 상승시키는 주요 원인이 되었다.

뉴욕의 공중보건연구소에서 일하는 전염병학자 배리 크라이스워스(Barry Kreisworth)는 이렇게 말한다. "러시아 교도소에 있는 변종 결핵균들은 언젠가 미국으로 들어올 것이다." 사실 크라이스워스는 톰스크 교도소에서 진화한 몇 가지 변종을 뉴욕에 들어온 이민자에게서 이미 발견했다.

공중보건연구소를 비롯한 관계 기관들은 러시아와 기타 여러 나라에서 내성 결핵균이 퍼지는 것을 막기 위해 가장 강력한 항생제를 투여하는 공격적인 방법을 쓰고 있다. 즉 내성 결핵균이 새로운 형태로 진화하기 전에 이들을 파괴하려는 것이다. 그러나 이런 도박은 매우 위험하다. 결핵균이 계속 진화하면 통제가 불가능한 형태의 균이 나올 수 있고, 이 균은 현재 알려진 모든 항생제에 대해 내성을 가질 것이다.

항생제의 위기는 러시아뿐만 아니라 전 세계에서 마찬가지다. 거의 모든 항생제에 내성이 있는 새로운 종의 대장균, 연쇄상구균 등이 속속 발견되고 있다. 임질은 위험하지는 않고 단지 성가신 병이었으나 이제 생명을 위협할 수 있는 질병이 됐다. 동남아시아에서 발견되는 임균 중 98퍼센트는 페니실린에 내성을 갖고 있다. 런던에서 의사들은 강력한 항생제인 반코마이신에 의존해야 살 수 있을 정도까지 진화한 장구균 변종을 찾아냈다.

20여 년을 느긋하게 버티던 제약업계는 이제야 새로운 항생제를 찾아 나섰다. 그러나 차세대 항생제가 시장에 나오려면 몇 년을 더 기다려야 하며, 나오더라도 언제까지 효력이 지속될지는 아무도 모른다. 새로운 항생제가 나올 때까지 인류는 아마 의학의 역사가 뒷걸음질하는 끔찍한 광경을 볼지도 모른다. 어떤 방법으로도 통제할 수 없는 '슈퍼 박테리아' 의 감염 위협 때문에 수술은 전쟁만큼이나 위험한 것이 될 수도 있다.

항생제의 내성을 연구하는 전문가들은 전 세계적인 조치를 요구하고 있다. 내성 세균의 위협을 줄이는 방법은 이들의 진화를 촉진하는 행동 을 중단하는 것이다. 항생제는 1940년대에 만병통치약의 후광과 함께 등 장했고 사람들은 아직도 항생제가 모든 병을 고칠 수 있다고 생각한다. 그 결과 항생제는 실제로 필요한 것보다 훨씬 더 자주 처방된다.(예를 들 어 많은 사람들이 항생제가 바이러스를 죽일 수 있다고 생각하지만, 사실 항생제는 세 균만 공격할 수 있다.) 그 결과 미국에서만 매년 1만 1,000톤에 해당하는 항 생제가 처방되는데, 그중 3분의 1에서 절반은 부적절하거나 아니면 전혀 불필요한 것이다.

의사도 처방을 신중하게 해야 하지만 환자도 결핵균이 내성을 만들어 내지 못하도록 완치될 때까지 성실히 항생제를 먹어야 한다. 소비자들은 내성 세균의 진화를 촉진하는 항생제 비누와 스프레이의 사용을 자제해 야 한다. 마찬가지로 개발도상국에서 처방 없이 살 수 있는 싸구려 항생 제도 유통을 중단해야 한다.

이뿐만 아니라 과학자들은 미국 농부들이 매년 가축들에게 먹이는 무 려 9,000톤의 항생제에 대해서도 우려하고 있다. 축산업자들은 병을 치 료하기 위해서가 아니라 애당초 병에 걸리지 않게 하려고 소, 닭 등의 가

진화

축에게 지속적으로 항생제를 먹인다. 그리고 축산업자들은 이유는 아직 알 수 없지만 항생제를 먹은 가축이 빨리 자란다는 사실을 발견했다. 가축에게 항생제를 계속 투여한 결과 살모넬라를 비롯한 여러 가지 세균들 중 내성을 가진 변종이 생겼고 이들은 사람에게도 피해를 입힌다. 1994년에 미국 식품의약청은 캄필로박터 제주니(Campylobacter jejuni)라는 대장균의 감염을 방지하기 위해 닭에게 퀴놀론이라는 항생제를 투여할 것을 승인했다. 그 후 퀴놀론 내성 캄필로박터는 사람에게서도 증식되면서 그 비율이 17퍼센트까지 증가했다.

세균들은 기이하고도 새로운 시대를 살고 있다. 세균이 지구에서 살아온 긴 역사 중 어떤 때도 이렇게 많은 화학물질이 그들을 공격하기 위해 쓰인 적은 없었다. 항생제에 내성을 가진 유전자는 과거에는 세균에게 짐이었지만 오늘날에는 성공의 열쇠가 되었다. 인류는 살아남으려면 이 해괴한 시대에 종지부를 찍어야 한다.

에이즈: 매일매일 진화하는 바이러스

진화로 인해 온 인류에게 위협이 되는 기생생물은 세균만이 아니다. 지난 수십 년 동안 HIV, 즉 에이즈를 일으키는 바이러스가 전 세계적인 전염병의 병원체로 자리 잡았다.

HIV 같은 바이러스는 매우 특이하다. 이들은 세균이나 인간의 기준으로 볼 때 생물이라고 볼 수 없다. 왜냐하면 먹이에서 에너지를 얻고 부산물을 배설하는 식의 대사 작용을 하지 않기 때문이다. 이들은 그저 단백질 껍질 속에 들어 있는 DNA 또는 RNA의 모임일 뿐이다. 그런데 이들이 세포 속으로 들어가면 자신의 유전물질로 숙주의 단백질 제조 공장을 접수해서 지휘한다. 그래서 숙주 세포가 새로운 바이러스들을 만들어주고, 이들은 시간이 지나면 세포를 터뜨리고 튀어나와 새로운 세포를 찾아 나선다.

바이러스는 나름대로 숙주와의 공진화 과정에서 세균만큼이나 냉혹하게 숙주를 파괴한다. 이들은 세균처럼 유전자를 교환하는 메커니즘은 갖고 있지 않지만 엄청나게 빠른 진화 속도가 이런 단점을 보충하고도 남는다. 인간 DNA의 염기쌍은 30억 개나 되지만 HIV의 경우는 9,000개에 불과하다. 그러나 바이러스 하나가 사람의 백혈구에 침입하면 마구 증식해 24시간 내에 수십억 개로 불어난다.

바이러스가 분열을 시작함과 거의 동시에 인간의 면역계는 공격받은 백혈구를 알아보고 이를 파괴해 그 속의 바이러스도 죽인다. 그러나 면역계가 매일 수십억의 HIV를 죽일 수 있어도 HIV는 이런 공격을 몇 년씩 버텨낼 수 있다. HIV가 이렇게 장수하는 비결은 진화 능력에 있다. HIV가 유전자를 복제할 때 쓰는 효소는 품질이 매우 나빠서 매번 유전자를 복제할 때마다 한두 번의 실수를 한다. 그 결과 쏟아져 나오는 무수한 변종들 중 몇 개는 면역계가 잘 알아보지 못한다. HIV가 워낙 빨리 증식하기 때문에 이런 변종 바이러스는 숙주의 몸에서 지배적인 종으로 군림한다. 면역계가 이들을 알아보고 공격을 시작하기까지는 약간의 시간이 걸리는데, 정작 공격을 시작할 때가 되면 바이러스는 벌써 새로운 변종을 진화시켜 또다시 면역계를 속인다.

바이러스와 숙주는 몇 년씩 평형을 유지하면서 개체수가 폭발적으로 증가하다 줄어들다 하는 주기를 반복한다. 그래서 에이즈 검사를 해보지 않고는 자신의 몸속에서 면역계와 바이러스가 공진화의 전쟁을 벌이고 있다는 사실을 알 길이 없다. HIV가 면역계를 파괴해 다른 병원체들이 사람의 몸에 침입하기 시작해야 바이러스는 그 정체를 드러낸다.

HIV가 스스로를 복제할 때 쓰는 효소의 작용을 방해하는 약이 있고, 이 약이 에이즈의 진행을 느리게 할 수는 있다. 그러나 에이즈 퇴치약이 나온 지 겨우 몇 년밖에 되지 않았는데도 에이즈 바이러스의 변이 속도로 인해 이미 이 약들은 무용지물이 될 위기에 처해 있다. 에이즈 바이러스는 면역계가 이들의 진화에 맞춰 개발한 최신 무기를 무력화시킬 능력을 갖고 있을 뿐만 아니라 약이 듣지 않는 형태로 변이를 일으킬 능력도 갖고 있다. 돌연변이는 한두 번만 일어나도 약을 무용지물로 만들 수 있다. 그러니까 투약을 해도 몇 주만 지나면 환자 몸속의 HIV는 치료 전 수준으로 되돌아갈 수 있다는 얘기다.

다른 약을 투여하면 내성이 있는 바이러스의 대부분을 죽일 수 있지만 살아남은 것들 중에서 새로운 변종이 발생해서 새로운 약에 대항한다. 그래서 의사들은 환자들에게 여러 가지 약을 한꺼번에 준다. 바이러스는 한두 번쯤 돌연변이를 일으켜 한 가지 약에 저항하도록 진화할 수는 있지만 여러 개의 약을 동시에 빠져나가기는 훨씬 어렵기 때문이다. 그러나 이렇게 여러 가지 약의 세례를 받아도 끝까지 살아남아 심지어 여러 가지 약에 대한 내성을 갖춘 HIV가 등장하고 있다.

에이즈의 근원을 찾아서

여러 가지 약의 혼합 처방이 진정으로 효과적인 에이즈 치료책인지는 아직 아무도 알지 못한다. 현재로서는 기껏해야 이 방법이 바이러스가 마구 늘어나는 것을 막아줄 뿐이다. 그러나 이 방법도 연간 수만 달러의 비용이 들기 때문에 에이즈 환자의 절대 다수는 이를 감당하지 못한다. 새로운 치료책을 찾기 위해 어떤 학자들은 에이즈 바이러스의 근원을 캐고 있다. 에이즈 바이러스의 역사 속에 해결책이 숨어 있을지도 모른다.

에이즈가 처음에 독립된 질병으로 인정됐을 때 학자들은 이 병원체가 어디서 왔는지 몰랐다. 1980년대 초에 미국의 동성애자 남성들이 기이한 병에 걸리기 시작했는데 건강한 면역계를 가진 사람이라면 이를 쉽게 이겨낼 수 있었다. 그러다가 이들의 면역계가 무너지기 시작했고 얼마 후 프랑스와 미국의 학자들은 HIV가 범인이라는 것을 알아냈다. 에이즈 바이러스는 위험하지만 생명력이 매우 약했다. 감기 바이러스는 공기를 통해 멀리 날아갈 수도 있고 사람의 손가락이나 입술 끝에 붙어 있을 수도 있다. 그러나 HIV는 성관계, 주삿바늘 돌려쓰기, 오염된 혈액의 수혈 등을 통해야만 한 숙주의 혈액 속에서 다른 숙주의 혈액 속으로 건너갈 수가 있다.

1980년대 말이 되자 학자들은 이 병이 전 세계로 퍼졌음을 알아차렸다. 그러나 에이즈는 다른 유행병과 전혀 달랐다. 1300년대에 흑사병이 창궐할 때 이 병에 걸린 유럽인들은 보통 며칠 안에 죽었다. 하지만 HIV가 사람에게 해를 입히기 시작하는 데는 10~15년이 걸린다. 이렇게 가면을 쓴 채 천천히 작업을 하기 때문에 HIV는 1980년대 내내 소리 없이 퍼져나가 자신이 보균자임을 전혀 알지 못하는 사람으로부터 다른 사람에게로 몰래 옮겨갔다. 2000년이 되자 에이즈 환자 수는 3,600만 명으로 늘어났으며 이미 2,180만 명이 에이즈로 목숨을 잃었다. 사하라사막 이남의 아프리카 사람들이 가장 큰 피해를 입었는데 현재 이 지역의 환자 수는 2,530만 명에 이른다.

그러면 HIV는 어디서 왔을까? 에이즈가 전염병으로 확인된 1980년대 이전의 자료는 거의 찾아볼 수가 없다. 가장 오래된 HIV 샘플은 1959년

자이르에서 발병한 환자의 혈액에서 뽑은 것이다. 그러나 과학자들은 오늘날의 HIV가 갖고 있는 유전정보를 분석해서 시간을 거슬러 올라가 HIV의 진화 계통도를 그려낼 수 있다.

HIV는 렌티바이러스(lentivirus, 'lentos'는 라틴어로 '느리다'는 뜻이다.)로 알려진, 번식 속도가 느린 바이러스에 속한다. 고양이는 야생고양이든 집고양이든 그 나름의 면역결핍바이러스를 갖고 있고 소도 마찬가지이다. 여기서 한 가지 중요한 것은 영장류도 면역결핍바이러스(SIV)를 갖고 있는데, 이것이 HIV와 닮은꼴이란 거다. 그러나 인간과 달리 대부분의 영장류는 SIV에 감염되어도 결코 발병하지 않는 것으로 보인다. 과거에 이 바이러스는 HIV가 인간에게 치명적인 것만큼이나 그들에게 치명적이었을 수도 있다. 그러나 자연선택으로 인해 SIV에 저항력을 가진 개체만이 살아남았을 것이다.

과학자들은 SIV가 영장류로부터 인간에게 몇 번에 걸쳐 옮겨온 결과 HIV가 전염되기 시작했다는 증거를 찾았다. HIV에는 여러 가지 변종이 있는데 세계 각국에서 흔히 볼 수 있는 HIV-1, 서아프리카에만 국한된 HIV-2 등이 있다. 1989년에 조지타운대학의 바이러스학자인 바네사 허쉬(Vanessa Hirsch)와 그의 팀은 HIV-2가 HIV-1보다 서아프리카에 서식하는 원숭이인 수티 망가베이(sooty mangabey)의 SIV에 더 가깝다는 사실을 발견했다. 마찬가지로 수티 망가베이의 SIV는 다른 원숭이의 SIV보다 HIV-2에 더 가까웠다. 수티 망가베이는 서아프리카에서는 애완용으로 기르기도 하고 식용으로 사냥되기도 한다. 허쉬는 사람들이 이 원숭이의 발톱에 할퀴어서 상처가 났을 때 이를 통해 원숭이의 피에 감염되는 과정에서 HIV-2가 탄생했을 것이라고도 추측한다.

HIV-1이 훨씬 더 흔하지만 1999년이 되어서야 HIV-1의 역사가 분명히 드러났다. 앨라배마대학의 비어트리스 한(Beatrice Hahn)과 그의 팀은 침팬지의 SIV가 HIV에 가장 가까운 친척임을 밝혀냈다. 그리고 HIV-1 과 가장 비슷한 바이러스는 모두 침팬지의 아종인 판 트로글로디테스 트 로글로디테스(Pan troglodytes troglodytes)로부터 나왔음을 알아냈다. 이 침팬지는 가봉, 카메룬과 그 주변의 서아프리카 지역에서 산다. 이 침팬 지 아종 하나로부터 HIV-1의 변종이 적어도 3번에 걸쳐 진화해 나왔다 고 한은 결론지었다.

한과 그녀의 연구팀은 HIV의 탄생 과정을 퍼즐 맞추듯 찾아가고 있 다. 그녀의 이론은 물론 가설에 불과하지만 이를 뒷받침해주는 증거가 계속 나오고 있다. 망가베이와 침팬지의 조상들은 HIV의 조상 바이러스 를 수십만 년씩 갖고 있었다. 사냥꾼들은 원숭이와 침팬지를 사냥해서 도살하는 과정에서 가끔 HIV에 노출됐을 것이다. 그러나 HIV의 조상은 인간 체내에서의 삶에 적응해 있지 않기 때문에 인간에게로 옮겨가서 살아남을 가능성이 별로 없었다. 어떤 사냥꾼의 몸속에서 이 바이러스가 생존에 성공한다 해도 널리 퍼지지는 못했다. 이 바이러스가 사냥꾼의 몸속에 들어가는 것도 희귀한 일이었거니와 사냥꾼들 자신이 바깥세상 과 별로 접촉이 없이 외딴 마을에서 살았기 때문이다. 그래서 HIV는 다 른 사람들에게 전염되지 않은 채 숙주와 함께 죽는 경우가 많았다.

그런데 20세기에 서아프리카에서 일어난 대대적인 변화로 인해 HIV 가 본격적으로 무대에 등장했다. 서아프리카에 도시들이 들어서기 시작 하면서 철도가 내륙까지 부설됐고, 벌목꾼은 숲으로 더 깊이 들어갔으 며, 많은 사람들이 플랜테이션 농장에서 일했다. 이에 따라 숲에서 사냥 한 고기의 수요가 늘어났고 이와 함께 사냥꾼과 영장류의 피가 접촉할 기회도 많아졌다. 사람들이 버스와 기차를 타고 시골에서 도시로 이동하면서 HIV는 외딴 마을에 갇혀 있던 신세에서 벗어나 수많은 숙주들을 만나게 되었다.

서아프리카 적도 지방에 사는 사람들이 갖고 있는 HIV는 다른 지역에 비해 종이 훨씬 다양한데, 한에 따르면 이 지역에서 바이러스가 영장류로부터 인간에게 직접 옮겨온 일이 여러 번 있었기 때문이라고 한다. HIV-2는 망가베이로부터 인간에게 6번이나 옮겨왔고, HIV-1은 판 트로글로디테스 트로글로디테스로부터 적어도 3번에 걸쳐 인간에게로 옮겨왔다. 그러나 이 이동의 결과는 대부분 실패였다. HIV-2의 6종 가운데 2개의 변종만이 인간에게 정착했으며, 반면에 전 세계에 창궐하는 에이즈는 주로 HIV-1의 한 가지 변종 때문이다. 서아프리카가 점점 세계의 다른 지역과의 접촉이 긴밀해지면서 HIV는 유럽, 미국, 기타 지역으로 퍼져나갔다.

이 가설은 좀 더 많은 실험을 거쳐야 한다. 한의 HIV 계통수는 6종의 침팬지로부터 나온 바이러스만을 대상으로 하고 있다. 더 많은 데이터가 쌓이면 아마 이 계통수의 가지를 다시 그려야 할지도 모른다. 그러나 야생 침팬지로부터 야생 바이러스를 찾는 일은 결코 쉬운 일이 아니며, 심지어는 하루가 다르게 어려워지고 있다. 왜냐하면 에이즈 창궐의 원인이 되었을지도 모르는 침팬지 고기 거래로 인해 판 트로글로디테스 트로글로디테스가 급속히 사라지고 있기 때문이다. 멸종 위기에 놓인 이 침팬지들 안에 에이즈 역사책의 첫 장이 숨어 있을지도 모른다. 이들은 이제까지 알려진 바이러스들 중 HIV-1과 가장 가까운 친척에 감염돼 있지만 이 바이러스들의 증식을 막을 수 있는 면역계를 갖고 있다. 이 침팬지의 바이러스는 HIV와 워낙 가까운 친척이기 때문에 이들이 진화시킨 면역계를 연구하면 인간의 에이즈를 치료할 열쇠를 얻을 수 있을지도 모른다. 그러나 이 침팬지들이 멸종하면 그 열쇠도 함께 사라져버린다.

미국 국립암연구소의 바이러스학자인 스티븐 오브라이언(Stephen O' Brien)은 이렇게 말한다. "우리의 병원은 에이즈처럼 치료가 불가능한 전염병 환자들로 가득 차 있다. 물론 동물들도 똑같은 병에 걸렸겠지만 불행히도 동물들에게는 응급실이 없다. 동물이 가진 무기라고는 자연선택뿐이다. 이 동물들의 유전체를 분석해서 이들이 어떻게 치명적인 바이러스의 공격에 대항했는지를 알면 인간을 위한 치료책을 찾는 일에 한 걸음 더 다가가게 될 것이다."

흑사병이 구세주?

오브라이언은 다른 방법으로 HIV에 대항할 무기를 찾기 위해 진화를 연구하고 있다. 인간은 병원체의 공격에 대응해 진화해왔고, 이런 적응의 결과 일부 사람들은 오늘날 HIV에 저항력이 생겼을 수도 있다.

1985년부터 오브라이언은 동성애자나 주삿바늘을 함께 쓰는 마약 사용자 등 HIV 감염 위험이 높은 사람들을 대상으로 혈액 샘플을 채취해왔다. 그는 이들의 DNA를 분석해 HIV에 감염된 사람과 그렇지 않은 사람의 유전자를 비교해봤다. 그는 이 작업을 통해 인간을 HIV로부터 보호하는 돌연변이를 찾기를 바랐다.

1만 개 이상의 샘플을 수집한 1990년대 중반쯤 오브라이언의 팀은 지치기 시작했다. 그는 이렇게 말했다. "우리는 맥이 빠지기 시작했다. 수백 개의 유전자를 하나하나 분석했지만 모두 똑같은 답이 나왔다. 아무 변화가 없었다." 그러나 1996년에 드디어 변화가 생겼다. 그해에 몇몇 연구팀이 에이즈 바이러스가 백혈구 안으로 들어가려면 백혈구 표면에 있는 CCR5라는 수용체를 열어야 한다는 사실을 발견했다. 오브라이언의 팀은 다시 샘플로 돌아가서 CCR5를 만드는 유전자에 발생한 돌연변이를 탐색해봤다.

그 결과에 오브라이언은 매우 놀랐다. CCR5의 돌연변이를 발견한 것이다. 어떤 사람의 CCR5 유전자에는 32개의 염기쌍이 없었다. 이 돌연변이는 CCR5 유전자가 백혈구 세포막에 정상적인 단백질 수용체를 만들어내지 못하게 한다. 그 결과 돌연변이를 일으킨 CCR5 유전자 2개를 갖고 있는 사람은 세포 표면에 CCR5 수용체가 없었다. 1개의 돌연변이 CCR5 유전자를 가진 사람은 보통 사람보다 수용체 수가 적었다. 오브라이언은 이 돌연변이와 에이즈 감염 사이에 긴밀한 관계가 있음을 발견했다. 돌연변이를 일으킨 CCR5 유전자 2개를 갖는 사람은 거의 HIV에 감염되지 않았다. 오브라이언은 이렇게 말했다. "연구를 시작하고 나서 처음으로 올린 성과였다. 그리고 아주 큰 성과이기도 했다."

CCR5 수용체가 없으면 HIV가 백혈구로 들어갈 문이 벽돌로 막힌 것과 마찬가지가 된다. 그 결과 2개의 돌연변이 CCR5 유전자를 갖고 있는 사람은 에이즈 바이러스에 반복적으로 노출되어도 여기에 완전히 저항할 수 있다. 돌연변이 유전자 하나를 가진 사람은 보통 사람보다 CCR5 수용체가 적다. 이들은 HIV 바이러스에 감염될 수는 있지만 이 돌연변이로 인해 에이즈가 제대로 발병하는 것이 2~3년 늦춰진다.

오브라이언의 팀은 또한 CCR5 유전자에 돌연변이가 일어난 사람들을 보고 놀랐다. 유럽에서는 이 돌연변이가 상당히 흔해서 총인구의 20퍼센트 정도가 하나 혹은 2개의 유전자를 갖고 있었다. 가장 많이 발견된 곳은 스웨덴이며 남유럽으로 내려갈수록 이런 사람의 수가 줄었다. 그리스에서는 소수만이 이 돌연변이를 갖고 있었으며 중앙아시아로 가면 그 수가 더욱 줄었다. 그 외 지역에서는 CCR5 돌연변이 유전자를 가진 사람을 전혀 찾을 수 없었다.

CCR5 돌연변이 유전자가 유럽에서 흔한 것은 이 유전자가 어떤 이유로든 유럽인들에게 매우 소중한 것이어서 자연선택에 의해 돌연변이를 가진 자들이 더 많이 살아남았기 때문이라고 밖에는 설명할 수가 없다. 오브라이언은 이렇게 말했다. "대단한 자연선택의 압력이 작용했음에 틀림없다. 그리고 이와 관련해 우리가 생각할 수 있는 것은 단 한 가지, 즉 수백만까지는 아니더라도 수만 내지 수십만 명을 죽인 전염병이 창궐했고, 자연선택은 이 상황에서 CCR5 돌연변이를 가진 사람들의 손을 들어줬다는 거다."

오브라이언은 그 질병이 약 700년 전에 유럽을 강타했을 것이라고 생각한다. 그는 CCR5 유전자를 둘러싸고 있는 DNA를 분석해서 돌연변이의 나이를 산출해냈다. 처음 돌연변이가 생기고 나서 계속 변종이 발생했고, 오브라이언은 이 변화 과정을 추적해서 언제쯤 이 유전자가 처음으로 나타났는지 더듬어봤다. 그 결과 700년 전 무엇인가가 유럽 사람들에게 대대적인 자연선택을 강요하고 있었다. 그것은 바로 흑사병이었다.

1347~1350년에 유럽 인구의 4분의 1 이상을 죽인 흑사병은 유럽에서 오랫동안 정기적으로 발생하던 페스트가 또 한 번 유행한 것에 불과하다. 다만 규모가 엄청나게 컸을 뿐이다. 그리고 이 시기의 흑사병은 마치 살충제가 곤충에게 작용하듯 인간에게 작용했다. 무슨 뜻인가 하면, 살아남는 데 도움을 주는 돌연변이는 어떤 것이든 그 돌연변이를 가진 개체의 생명을 구했고 따라서 세대를 거듭하며 점점 널리 퍼졌다. 오브라이언은 CCR5 돌연변이가 이렇게 운 좋은 사례 중 하나였을 뿐이며 매번 페스트가 유행할 때마다 CCR5 돌연변이를 가진 사람의 수는 늘어났을

것이라고 본다.

페스트는 예르시니아 페스티스(Yersinia pestis)라는 세균이 옮기는데, 이 세균은 쥐의 몸속에서 살다가 벼룩을 통해 인간에게 전염된다. HIV 처럼 이 세균도 백혈구와 결합한다. 그러나 이 세균은 세포 속으로 침투하는 것이 아니라 세포 속으로 독성물질을 주입해 면역계를 무력화시킴으로써 세균이 아무 저항 없이 증식할 환경을 만들어준다. 예르시니아 페스티스가 어떻게 백혈구와 결합하는지는 정확히 알려져 있지 않다. 오브라이언의 팀은 이 부분도 연구 중이다. 오브라이언의 가설이 옳다면 예르시니아는 CCR5 수용체를 통해서 독성물질을 주입해야 한다. CCR5 수용체가 없는 유럽 사람들은 흑사병이 돌던 때에 살아남았을 거라고 오브라이언은 추측한다. 오늘날 그들의 후손 중 일부가 HIV에 대해 저항력을 갖게 되었다.

CCR5 돌연변이가 흑사병에 대해 저항력을 가진다면 이는 놀라운 적응의 사례가 될 것이다. 흑사병으로 인한 무자비한 자연선택의 결과 일부 유럽인들은 똑같이 CCR5 수용체에 의지하는 무서운 바이러스로부터 보호받게 되었기 때문이다. 에이즈가 유럽이나 미국보다 아프리카나 동남아시아에서 더욱 맹위를 떨치는 이유 중에는 아마 이들 지역이 진화의 배경이 서로 다른 것도 있을 것이다. 오브라이언은 궁극적으로 CCR5 돌연변이의 이점을 에이즈 치료에 활용할 수 있기를 기대하고 있다. 의학자들이 보통의 CCR5 수용체를 차단하는 약을 개발한다면 별 위험한 부작용 없이 에이즈에 대한 면역성을 줄 수 있을 것이다.

오브라이언이나 비어트리스 한 같은 학자들의 연구 결과 에이즈 치료약이 개발된다 해도 앞으로 새로운 질병이 계속해서 인류를 괴롭힐 것이다. 에이즈는 9가지의 영장류 렌티바이러스가 인간에게로 옮겨오면서 퍼지기 시작했다. 이것 말고도 24가지의 영장류 렌티바이러스가 알려져 있는데 이들은 모두 HIV와 친척 관계이며 언제라도 인간에게 옮겨올 수 있다. 빈부의 격차가 심하고 비행기를 타고 대륙 사이를 자유로이 왕래할 수 있으며 바늘을 돌려쓰는 마약 중독자들이 존재하는 현대 사회는 이 렌티바이러스들에게 문이 활짝 열려 있다.

병원체 길들이기

워낙 많은 질병이 발생하다 보니 의사들은 병원체를 퇴치하기 위한 새로운 방법을 끊임없이 시도하곤 한다. 그중 하나가 병균 길들이기이다. 병을 일으키는 기생생물은 숙주의 몸에 들어가면 선택을 해야 한다. 첫 번째 길은 사람의 몸속에서 마구 증식해서 숙주의 조직을 갉아먹고 독성물질을 계속 분비해 숙주를 죽음으로 이끄는 것이다. 이 과정에서 개체수를 수조 개까지 불릴 수는 있지만 이로 인해 숙주가 다른 사람에게 병균을 전염시키기 전에 죽어버리면 병원체도 숙주와 함께 몰살된다. 반면에 다른 길로는 좀 더 점진적인 방법을 택해서 숙주가 감염된 사실도 알아차리지 못할 정도로 천천히 번식하는 방법도 있다. 그렇게 되면 음식이나 피부 접촉으로 전염될 가능성이 커지는데 왜냐하면 이 경우 숙주가 오래 살아 있어서 병균을 퍼뜨릴 기회가 많아지기 때문이다. 그런데 이 병원체가 좀 더 공격적이고 번식이 빠른 변종과 공존한다면, 경쟁에서 패해서 멸종할 수도 있다.

애머스트대학의 생물학자인 폴 이월드(Paul Ewald)는 여러 가지 병원체가 어떻게 이 양날의 칼을 다루는지 관찰하고 있다. 일반적으로 이동성이 있는 숙주의 기생에서 쉽게 전염되는 바이러스는 큰 피해를 입히지 않는다. 감기를 일으키는 리노바이러스(rhinovirus)는 재채기나 피부 접촉만으로도 전염되기 때문에 건강한 숙주에 의존할 수밖에 없다. 숙주가 건강해야 다른 사람들과 어울리고 이에 따라 전염될 수 있기 때문이다. 이월드는 이렇게 말한다. "그러므로 리노바이러스가 이제까지 알려진 바이러스 중 가장 덜 무서운 쪽에 속한다는 사실은 놀라운 일이 아니다. 사실 리노바이러스 때문에 죽었다고 알려진 사람은 아직 없다. 그러나 인간에게 병을 일으키는 모든 병균이 이런 것은 아니다. 대부분의 병균은 그렇지 않다."

반면에 병원체가 전염되는 데 숙주의 건강에 그다지 의존하지 않는 종류라면 오히려 우리에게 치명적일 수 있다. 예를 들어 말라리아는 모기를 통해 전염되는데 환자에게 고열을 발생시키고 병석에 누워 꼼짝 못하게 만든다.

그러나 모든 병원체가 이 규칙을 따르는 것은 아니라고 이월드는 지적한다. 예를 들어 천연두는 모기 같은 매개체를 필요로 하지 않지만 알려진 질병 중에서 가장 치명적인 것에 속한다. 천연두의 병원체는 감기 바이러스와는 달리 숙주의 몸 밖에서 10년 동안이나 생존할 수 있기 때문에 느긋하게 다음 숙주를 기다릴 수 있다. 이렇게 해서 새로운 숙주의 몸속에 들어가면 미친 듯이 번식해서 숙주를 죽이고 그다음 숙주가 나타날 때까지 기다린다.

모든 병원체는 환경에 대응해 끊임없이 진화하고 있고, 환경이 번식에 적합하거나 부적합하게 변하면 그에 적응한다고 이월드는 예측했다. 그는 콜레라를 비롯한 몇 가지 질병을 대상으로 자신의 예측을 실험해봤다. 콜레라는 독성물질을 분비해 숙주에게 설사를 일으키고 이를 통해 몸 밖으로 나간다. 그러면 다른 사람이 화장실 등에서 콜레라균과 접촉하고 그 후 음식을 다루면 또 다른 사람이 전염된다. 또한 콜레라는 하수가 식수원을 오염시키면 발생할 수 있다. 앞의 방법은 사람에게서 사람으로 접촉을 통해 옮겨가는 방법이고, 두 번째 방법은 급수가 비위생적일 경우에 창궐하는 방법이다. 이월드의 이론에 따르면 콜레라는 식수가 오염된 곳에서 더욱 치명적인 변종으로 진화할 수 있다.

1991년에 남아메리카에서 콜레라가 퍼졌을 때 이월드는 바로 이 사실을 확인할 수 있었다. 그는 이렇게 말한다. "페루에 콜레라가 발생했고 그로부터 약 2년 후 중남미 전체에 퍼졌다. 그러나 위생적인 급수가 시행되는 나라에서는 치명도가 떨어졌다." 깨끗한 물을 공급하는 칠레에서 콜레라는 좀 덜 치명적인 변종으로 진화했다. 그러나 급수의 위생 상태가 나쁜 에콰도르에서는 더욱 위험한 변종으로 발전했다.

이월드는 병을 완전히 퇴치하는 대신 길들이는 쪽이 더 나을 수도 있다고 주장한다. 인간이 천적을 길들인 것은 이번이 처음이 아니다. 이월드는 이렇게 말한다. "인류의 역사를 통틀어 늑대는 인간에게 해를 끼쳐왔다. 그러나 우리는 늑대로부터 진화한 개와 함께 살고 있다. 개는 우리에게 해를 끼치지 않고 오히려 도움을 준다. 아마 병원체에 대해서도 같은 일을 할 수 있으리라고 생각한다."

기생생물을 '가축'으로 만드는 것은 생각처럼 어려운 일이 아니다. 말라리아를 일으키는 플라스모디움(Plasmodium)이라는 병원체를 길들이려면 창문에 방충망을 치기만 하면 된다. 그러면 모기가 하룻밤에 물어뜯을 수 있는 사람의 수는 줄어들고, 그 결과 감염률이 떨어진다. 숙주를 빨리 죽이는 플라스모디움의 변종은 방충망으로 인해 진화상의 불이익을 받게 된다. 왜냐하면 그다음 사람을 감염시키기도 전에 숙주가 죽어버리기 때문이다. 이런 상황이면 덜 치명적인 변종이 치명적인 변종과의 경쟁에서 승리할 것이고 따라서 말라리아로 죽는 사람이 줄어들 것이다.

질병에 관한 한 진화는 수천 년에 걸쳐 인간에게 피해를 입혀왔다. 이제 이 진화의 힘을 역이용할 때가 되었다.

10장

애정의 논리학

양성의 진화

생명은 파트너끼리의 춤이다. 감기 바이러스와 코를 훌쩍이는 환자, 난과 꽃가루받이 곤충, 가터얼룩뱀과 독이 있는 영원 같은 파트너들 말이다. 그러나 여기에 남녀 혹은 암수를 넣지 않는다면 생명의 춤 파트너 명단은 미완성이 될 것이다. 동물종의 대부분에 있어서 양성 사이의 춤은 존재의 기반이다.

성은 이렇게 중요하지만 놀랍도록 풀기 어려운 퍼즐이기도 하다. 왜 수공작에게는 그토록 아름다운 꼬리가 있는데 암공작에게는 없을까? 오스트레일리아의 붉은등거미 수컷은 왜 교미가 끝나면 암거미의 독이빨 앞에 몸을 던져 그녀의 먹이가 될까? 왜 개미굴에서는 수천 수만 마리의 생식 능력이 없는 암컷 일개미가 생식 능력이 있는 여왕개미 한 마리에게 봉사할까? 왜 수컷들이 만드는 정자는 크기가 작고 쉴 새 없이 움직이는 반면 암컷들의 난자는 크기가 크고 움직이지 않을까? 애당초 암수는 왜 있는 걸까?

답은 진화에서 찾을 수 있다. 오늘날 생물학자들은 양성도 결국 진화를 위한 적응의 결과라고 생각한다. 유성생식을 하는 종이 무성생식을 하는 종보다 경쟁 우위에 있도록 해준다는 얘기다. 그러나 성이 암컷과 수컷 모두에게 이익을 준다고는 해도, 양성 상호 간에는 이해관계가 상충하기도 한다. 수컷에게 가장 좋은 번식 전략이 암컷에게도 가장 좋은 번식 전략인 것은 아니다. 무수한 세대를 거치면서 이런 모순들이 동물의 신체 구조부터 행동에 이르기까지 많은 것들을 형성해왔다. 이 모순은 암수가 교미를 했다고 해서 끝나는 것이 아니다. 자궁 속에서, 그리고 가족 안에서도 싸움은 계속되며 그 결과 동물의 사회가 형성된다.

진화생물학자들은 양성 간의 갈등을 이해하고 나서야 비로소 공작의 꼬리, 생식 능력이 없는 개미, 자살하는 거미의 수컷에 대한 의문을 해결할 수 있었다. 그리고 동물이 어떻게 성을 통해 진화됐는지를 알게 되자 자연스럽게 골치 아픈 질문이 하나 떠올랐다. 인간의 마음속에도 성에 의한 진화 압력이 형성한 부분이 있는가?

왜 양성인가?

대부분의 사람들은 인간이 왜 성관계를 갖는가에 대해 의문조차 갖지 않는다. 인간은 아이를 갖기 위해, 또는 성행위가 즐겁기 때문에, 또는 두 가지 모두를 위해 성행위를 한다. 그러나 양성이 존재하지 않는 상태에서 번식하는 생물들도 많다. 세균들과 원충들은 파트너의 도움 없이 제 몸을 간단히 둘로 갈라 번식한다. 무성생식을 하는 동물 역시 흔치는 않지만 없는 것이 아니다. 예를 들어 미국 서부에 서식하는 채찍꼬리도롱

농의 어떤 종에는 수컷이 없다. 암컷 하나가 다른 암컷의 등에 올라타거나, 목을 물어뜯거나, 다른 암컷의 몸을 둥그렇게 도넛처럼 둘러싸는 등 다른 도롱뇽 수컷이 교미를 할 때 하는 것과 비슷한 행동을 한다. 파충류 학자들은 다른 암컷이 올라타는 바람에 암컷이 배란을 하는 것이라고 추측만 하고 있다. 그러나 배란을 한 암컷은 수정을 위해 정자를 필요로 하지 않는다. 난자는 저절로 분열을 시작해서 배아로 성장한다. 이 배아가 발생을 시작하면 임신한 도롱뇽은 앞서 수컷 흉내를 내줬던 도롱뇽에게 같은 동작을 해준다. 이렇게 해서 임신한 도롱뇽들은 모두 암컷만 낳는데, 각각의 암컷은 어미와 똑같다.

성은 불필요할 뿐만 아니라 진화 경쟁에서 개체와 종을 패배로 이끄는 것이어야 마땅하다. 우선 양성생식은 비효율적이다. 처녀생식을 하는 도롱뇽의 경우 도롱뇽 하나하나가 모두 새끼를 낳을 수 있다. 그러나 양성생식을 하는 집단에서는 개체수의 절반만이 새끼를 낳을 수 있다. 양성생식을 하는 종과 처녀생식을 하는 종이 같은 지역에 산다면 처녀생식을 하는 집단은 개체수가 급격히 불어날 것이므로 양성생식을 하는 집단을 간단히 압도해버릴 것이다. 그리고 양성생식을 하려면 다른 대가도 치러야 한다. 수컷들은 암컷을 차지하기 위해 서로 들이받거나 엄청난 에너지를 소모하면서 노래를 해야 하고, 동시에 포식자에게 공격당할 위험까지도 감수해야 한다. 몬터레이수족관 부설 연구소의 로버트 브리젠훅(Robert Vrijenhoek)은 "양성생식의 대가는 엄청나다."라고 말한다.

어떤 기준으로 보든 유성생식으로 진화하는 동물의 집단은 무성생식 집단과의 경쟁에서 패하는 것이 정상이다. 그런데도 세상을 지배하는 것은 유성생식을 하는 동물들이다. 공작새의 꼬리가 퇴화할 기미는 전혀 보이지 않는다. 붉은등거미의 수컷은 조상들이 그랬듯 교미가 끝나면 암

3부

진화의 춤

컷의 입 속으로 몸을 던진다. 척추동물은 극히 일부인 1퍼센트만이 채찍꼬리도롱뇽처럼 무성생식을 한다.

여러 가지 약점에도 불구하고 유성생식이 번성하는 이유는 무엇일까? 과학자들은 최근 놀라운 가설에 대한 증거를 속속 수집하고 있다. 유성생식이 기생생물을 퇴치하는 데 효과적이라는 것이 그 가설이다. 기생생물은 숙주에게 심각한 타격을 주며, 따라서 숙주가 이들의 공격을 피할 수 있도록 적응할 수만 있다면 그 방법이 무엇이든 대성공을 거두게 된다. 1970년대에 생물학자들은 기생생물과 숙주 간의 공진화에 대한 단순한 수학 모델을 만들었는데 이 모델에 따르면 공진화는 죽음을 향해 가는 회전목마처럼 제자리에서 맴돈다.

처녀생식을 하는 물고기들이 어떤 연못에 살고 있다고 하자. 각각의 물고기는 어미와 똑같은 복사판이지만 그렇다고 해서 모든 물고기들이 서로 다 똑같은 것은 아니다. 어떤 물고기 한 마리가 돌연변이를 일으키고 그 돌연변이가 자손에게 전달될 수 있기 때문이다. 이렇게 돌연변이를 통해 물고기에 어떤 변종이 생기고 그 변종은 다른 변종들과는 구별된다.

이제 치명적인 기생생물이 연못에 침입했다고 하자. 기생생물은 퍼져나가면서 변이를 일으키고 그 나름대로 여러 가지 변종을 만든다. 이 변종들 일부가 어떤 변종의 물고기를 공격하는 데 아주 적절한 특징을 갖고 있다고 하자. 그러면 가장 개체수가 많은 물고기의 변종을 공격할 수 있는 변종이 가장 많은 숙주를 가지며 따라서 가장 번영하는 종이 된다. 숙주의 개체수가 적은 다른 변종들은 열세에 놓일 것이다.

그러나 번영 속에 이미 멸망의 씨앗이 숨어 있다. 이들은 어떤 변종의 물고기(물고기 A라고 하자.) 속에서 워낙 많이 증식해서, 물고기가 증식하는 것보다 더 빠른 속도로 물고기 개체들을 죽인다. 그러면 물고기 A의 개체수는 급격히 줄어들 것이며, 이 물고기들이 사라져감에 따라 그 속에 살던 기생생물들도 새로운 숙주를 찾기가 어렵게 된다. 이렇게 되면 기생생물의 수도 격감한다.

물고기 A가 사라지면 개체수가 더 적은 종의 물고기들이 유리한 입장에 선다. 기생생물에 시달리지 않는 이들의 개체수는 급격히 늘어난다. 그렇게 해서 결국 또 다른 종의 물고기가 가장 흔해진다. 이를 물고기 B라 하자. 이렇게 되면 또 물고기 B를 공격하는 데 가장 적합한 성질을 가진 기생생물이 나타난다. 기생생물은 마구 번식하면서 물고기 B를 공격한다. 그러면 물고기 B가 사라지고 얼마 후 물고기 C가 득세하고 이어서 물고기 D가 등장하는 순으로 계속된다.

생물학자들은 이런 식의 진화를 '레드 퀸(붉은 여왕) 가설'이라고 부른다. 이 이름은 루이스 캐럴의 『이상한 나라의 앨리스』에 등장하는 인물에서 따온 것이다. 앨리스는 계속 달리지만 제자리에서 벗어날 수 없다. 그때 레드 퀸이 이렇게 말한다. "여기서는 제자리에 있기 위해 계속 달려야 한다." 숙주와 기생생물은 엄청나게 진화하지만 그렇다고 해서 숙주든 기생생물이든 장기적으로 변화가 일어나는 것이 아니다. 그들의 진화는 마치 그 자리에서 맴도는 것처럼 보인다.

1980년대 초에 옥스퍼드대학의 생물학자인 윌리엄 해밀턴(William Hamilton)은 양성의 분화가 레드 퀸 상황에 갇혀 있는 동물들에게 좀 더 이익이 될 수 있다고 주장했다. 왜냐하면 양성으로 진화할 경우 기생생물이 숙주에게 적응하기가 더 어려워지기 때문이다. 유성생식을 하는 동물은 어미의 복사판이 아니고 부모 양쪽의 유전자가 결합된 산물이다. 이렇게 태어난 개체는 단순히 양친 유전자의 혼합물만은 아니다. 세포가 분열

진화

해 정자나 난자를 만들 때, 각 쌍의 염색체는 서로를 둘러싸며 유전자를 교환한다. 유성생식 덕분에 수컷의 유전자와 암컷의 유전자는 서로 무수한 방법으로 결합해 후손에게서 수십억 가지의 조합으로 나타난다.

이렇기 때문에 유성생식을 하는 물고기는 특정한 변종으로 진화할 필요가 없다. 변종 유전자가 연못 안에 있는 모든 물고기 개체 속에 균일하게 퍼지고 다른 물고기들의 유전자와도 서로 섞이기 때문이다. 어떤 물고기가 특정한 기생생물에 대해 저항력을 잃었다고 해도 이 물고기의 유전자 역시 기생생물에 효과적으로 대항하는 물고기의 유전자와 나란히 DNA 속에 저장된다. 왜냐하면 이런 쓸모없는 유전자라 해도 나중에 새로운 기생생물의 종이 공격해 오면 효과적인 방어 수단으로 작용할 수 있기 때문이다. 그런 때가 오면 다시 한 번 이 유전자들은 연못 속의 물고기들 사이에 널리 퍼질 것이다. 물론 기생생물은 유성생식을 하는 물고기에 대해서도 여전히 공격을 가할 수 있다. 하지만 그렇다고 해서 무성생식을 하는 물고기들처럼 개체수가 크게 불었다 크게 줄었다 하는 식의 순환을 강요하지는 못할 것이다.

더구나 무성생식 물고기의 유전자는 기생생물에게 끌려다니며 번영과 쇠퇴를 거듭하는 과정에서 열악해질 가능성이 크다. 예를 들어 특정 유전자에 결함을 가진 물고기들과 그렇지 않은 물고기들이 한 집단을 이루고 산다고 하자. 이 물고기 집단에게 개체수를 격감시키는 재앙이 일어날 때마다 유전자에 결함이 없는 물고기도 같이 죽을 것이다. 이런 일이 거듭되면 완벽한 유전자는 점점 더 희귀해진다. 이렇게 계속해서 재앙이 거듭되고 나면 결함이 없는 유전자는 완전히 사라질 수 있다.

이렇듯 좋은 유전자가 연못 속의 물고기로부터 자취를 감추고 나면 되돌아오기를 기대하기는 어렵다. 진화의 힘이 결함 있는 유전자를 수리하는 유일한 방법은 돌연변이를 통해 문제의 부분을 바꾸는 것이다. 그러나 돌연변이는 유전자 서열의 특정 부분을 선택적으로 공격하는 것이 아니라 무작위로 유전자에 영향을 미친다. 그렇기 때문에 돌연변이가 유전자에 이익을 주기보다는 피해를 입힐 가능성이 훨씬 더 크다. 무성생식을 하는 물고기들에게 있어 레드 퀸 현상은 시간이 감에 따라 결함 있는 유전자를 증가시킨다. 그러나 유성생식을 하는 물고기는 세대가 바뀔 때마다 유전자를 혼합하므로 결함 없는 유전자가 영원히 사라지는 일은 있을 수 없다. 그래서 그들의 DNA는 전체적으로 품질이 높은 상태를 계속 유지하면서도 심지어 무성생식을 하는 물고기보다 더 생존에 적합하게 변화해갈 수 있다. 이들이 가진 좋은 유전자 덕분에 유성생식을 하는 물고기들은 체력이 더 좋을 수도 있고 똑같은 먹이를 먹어도 더 많은 에너지를 얻을지도 모른다. 물론 번식 속도는 느리지만 기생생물에 대한 저항력이 더 강하다는 사실 때문에 무성생식을 하는 물고기보다 진화상의 우위를 점할 수 있다.

그러나 어쨌든 이것은 가설이었고 아무리 이론상의 모델이 그럴듯하게 보여도 검증이 필요했다. 1970년대에 브리젠훅은 멕시코의 연못과 냇물에서 사는 톱미노(얕은 물에 사는 송사리과 물고기—옮긴이)를 관찰해서 답을 얻어냈다. 톱미노들은 가끔 가까운 친척 관계에 있는 종과 교미해 유전자가 두 벌이 아니라 세 벌 있는 잡종을 탄생시켰다. 잡종들은 항상 암컷이었으며 교미가 아닌 무성생식을 통해 번식했다. 이들의 난자가 발달을 시작하려면 수컷 물고기의 정자가 필요했지만, 수컷의 유전자가 실제로 난자에 진입하지는 않았다.

브리젠훅 연구팀은 몇 군데의 연못과 냇물에서 톱미노를 연구했는데 매번 다른 방법으로 레드 퀸 가설을 확인할 수 있었다. 톱미노 중에는 홉

충에 감염된 것들이 있었고, 흡충은 톱미노의 살 속에 검은 포낭을 형성하고 있었다. 어떤 연못에서 연구팀은 이 잡종 물고기들이 유성생식을 하는 물고기들보다 포낭을 훨씬 더 많이 갖고 있음을 발견했다. 다시 말해서 무성생식을 하는 물고기가 유성생식을 하는 것들보다 기생생물에 더 취약했다는 뜻인데, 이는 기생생물이 무성생식을 하는 물고기들의 면역계에 더 빨리 적응했기 때문이다. 두 번째 연못에서는 이 잡종 톱미노의 두 가지 변종이 살고 있었는데 개체수가 많은 쪽이 더 많이 감염돼 있었다. 이는 레드 퀸 가설이 예측한 대로이다.

세 번째 연못의 톱미노들은 처음에는 레드 퀸 가설과 상충하는 것처럼 보였다. 유성생식을 하는 물고기가 무성생식을 하는 잡종보다 기생충에 더 취약한 것처럼 보였기 때문이다. 그러나 좀 더 자세히 들여다본 결과 연구팀은 레드 퀸 가설을 더욱 확고하게 확인할 수 있었다. 이 연못은 몇 년 전 가뭄으로 완전히 말라버렸고 물이 다시 채워지자 아주 적은 수의 물고기만이 이곳을 다시 차지했다. 그 결과 유성생식을 하는 물고기들은 고도의 근친교배를 할 수밖에 없었고 따라서 유성생식의 이점인 유전자의 다양성을 얻을 수 없었다. 연구팀은 유성생식을 하는 톱미노들을 이 연못에 집어넣어 DNA를 다양화시켰다. 그로부터 2년 후 유성생식을 하는 물고기들은 기생생물에 대해 면역성이 생겼고, 무성생식을 하는 종들만이 기생생물의 공격을 받았다.

정자와 난자

유성생식의 이점 때문에 생명은 동물, 식물, 수초, 기타 진핵생물의 여러 종류에 대해 무수하게 유성생식 실험을 했을 것이다. 그리하여 최초의 유성생식 동물들은 아마도 성세포(생식체라고 부른다.)를 바닷물 속에 뿌렸을 것이고, 이들은 알아서 서로를 찾아갔을 것이다. 이런 식으로 여러 생물종이 저마다 독립적인 방법으로 양성을 진화시켰다. 그런데 대부분의 생식체들은 한 가지 공통점이 있다. 난자는 크고 움직이지 않으며, 정자는 작고 헤엄을 잘 친다는 사실이다. 난자와 결합한 정자는 핵 속에 있는 DNA만 내놓는다. 반면에 미토콘드리아를 비롯한 세포 안의 소기관들은 입장이 금지된다.

이 방식은 워낙 효과가 좋기 때문에 널리 퍼졌다. 조지아공과대학의 생물학자인 데이비드 듀젠베리(David Dusenbery)는 서로를 찾아 헤매는 생식체의 수학적 모델을 만들어봤다. 이 모델에서 듀젠베리는 암수의 생식체가 모두 움직이지 않는 것들과 크기가 같은 것들, 크기가 다른 것들 등 여러 가지를 설정했다. 듀젠베리는 생식체들이 밤에 깊은 숲속에서 길을 잃은 두 사람과도 비슷하다는 사실을 알았다. 양쪽이 모두 돌아다니면 서로를 찾기가 더 힘들어진다. 한쪽이 가만히 있으면서 계속 신호를 보내 다른 쪽이 찾아오게 만드는 편이 낫다.

사람의 경우는 소리를 질러 신호를 보내겠지만 생식체의 경우에는 강력한 냄새를 풍기는 호르몬인 페로몬이 신호를 전달한다. 생식체가 페로몬을 더 많이 분비한다는 건 더 큰 소리를 내는 것과 같다. 듀젠베리는 생식체의 크기가 클수록 더 많은 페로몬이 나와서 신호 전달 범위가 넓어진다는 사실도 알아냈다. 물론 페로몬을 내보내서 상대를 유인하는 것은 난자의 경우이고, 그 반대는 아니다.

또한 한 사람보다는 여러 사람이 숲 전체에 흩어져서 찾아다니는 편이 성공할 확률이 더 높다. 즉 여러 개의 정자를 내보내는 것이 접촉 확률을 높인다. 듀젠베리에 의하면 진화의 힘은 난자를 더 크게 만들고 정자를 더 많이 만드는 돌연변이를 선호했을 것이다. 이렇게 되면 번식을 성공시키는 데 힘을 덜 들여도 된다. 왜냐하면 생식체들이 서로를 더 잘 찾을 것이기 때문이다. 덜 효율적인 종이 번식을 할 수 없는 환경에서도 이런 종들은 살아남을 수 있었을 것이다.

크기가 더 커진 난자는 페로몬을 더 잘 퍼뜨릴 수 있었을 뿐 아니라, 수정된 후 세포분열 시 필요한 에너지를 더 여유 있게 비축할 수 있었다. 난자가 에너지를 많이 갖고 있을수록 정자는 적은 에너지만을 갖고 와도 된다. 따라서 정자의 크기는 더 작아지고 숫자는 많아질 수 있었다. 이렇게 되면 수정의 확률도 높아진다. 이처럼 자연선택은 남보다 더 많은 에너지를 비축할 수 있는 난자의 손을 들어줬다. 시간이 감에 따라 정자는 유전자를 실어 나르는 역할에만 국한되도록 진화했고 난자는 크고 에너지가 풍부한 세포로 발달했다.

이렇게 큰 난자와 작은 정자라는 공식이 성립하자 양성 사이에 엄청난 불균형이 생겼다. 사람의 경우 남자 하나가 평생 동안 전 지구상의 모든 여성을 여러 번 임신시키고도 남을 만한 정자를 생산하는 데 비해 여성은 한 달에 한 번만 배란을 했다. 또한 다른 포유류처럼 아기를 몇 달씩 자궁에 품어야 하는 일이 여성의 몫으로 돌아갔고, 태어난 뒤에도 젖을 먹이는 일이 맡겨졌다. 매번 출산을 할 때마다 여성은 부작용으로 인한 죽음의 위험을 감수해야 하며 수유로 인해 수만 칼로리의 에너지를 소비해야 한다. 그러니까 남성의 엄청난 생식 능력은 여성의 생식 능력이라는 좁은 병목을 통과해야 한다.

어떤 종의 수컷 하나가 그 종의 모든 암컷의 난자를 수정시킬 수 있지만 동일한 능력과 의사를 가진 수컷들이 무수하게 존재한다는 점을 간과해서는 안 된다. 이런 갈등은 어떤 종들에서는 종종 수컷들 사이의 싸움으로 번지기도 한다. 싸움의 종류는 종과 그 종이 속해 있는 생태에 따라 달라진다. 북방코쟁이바다표범은 수십 마리의 암컷을 혼자 차지하기 위해 핏방울과 거품을 일으키며 900킬로그램이나 되는 몸을 서로 부딪친다. 극지의 툰드라에 사는 사향소 수컷들은 뿔을 무기로 싸움을 하는데 열 마리 중 한 마리는 두개골이 파열돼 죽는다. 심지어 딱정벌레와 파리의 수컷도 제 나름의 뿔을 갖고 있어서 암컷을 차지하기 위해 싸움을 벌인다.

암컷의 선택

수컷끼리의 경쟁은 19세기 자연사학자들 사이에서 잘 알려져 있었으며 다윈도 이를 잘 알고 있었다. 수컷 사이의 경쟁은 다윈의 진화 이론에 별 문제 없이 잘 들어맞았다. 수컷들이 암컷을 차지하기 위해 싸운다면 이긴 수컷이 더 많은 암컷과 교미를 할 것이다. 약간 두개골이 두꺼운 쪽이 유리하다면 그다음 세대의 수컷은 두꺼운 두개골을 갖고 태어날 것이다. 혹이 2개라면 머리로 들이받는 싸움에서 더 유리할 것이고 이에 따라 혹이 뿔로 진화했을 수도 있다.

그러나 다윈은 싸움이 진행되는 동안 암컷은 무엇을 하고 있는지가 궁금했다. 암컷들은 싸움의 승리자가 자신을 소유하기까지 얌전히 기다리고 있었을까? 수동적인 암컷의 모습은 빅토리아 시대 남성들에게는 그럴듯하게 들렸을지 모르나 다윈은 여기에 문제가 있음을 간파했다. 모든 암컷이 그저 수동적이기만 하다면, 수컷들이 결투를 벌이지 않는 종의 행동은 어떻게 설명할 수 있을까?

공작의 눈부신 꼬리를 생각해보자. 다윈은 공작의 꼬리 깃털을 볼 때

진화

마다 골치가 아프다고 말한 적이 있다. 수공작만이 갖고 있는 화사한 부채 모양의 꼬리는 공작에게 꼭 필요한 것이 아니다. 암공작은 화려한 꼬리 없이도 얼마든지 잘산다. 그렇다고 수컷이 이 꼬리로 다른 수컷을 때려눕혀 굴복시킬 수도 없다. 오히려 꼬리는 무게 때문에 공작에게 짐이 되며, 이를테면 여우의 공격을 피할 때 방해가 되기도 한다. 그러나 이런 단점에도 불구하고 수컷들은 매년 깃털을 다 떨어뜨리고 새로운 깃털로 갈아입는다.

영국 뉴캐슬대학의 생물학자인 매리언 피트리(Marion Petrie)는 이렇게 말한다. "다윈은 공작 때문에 골머리를 앓았다. 왜냐하면 공작은 자연선택에 의한 진화라는 그의 이론을 거스르는 것으로 보였기 때문이다. 다윈은 이것 때문에 많이 고민했으며 몇 년을 연구한 뒤에야 왜 수공작에게 멋진 꼬리가 생겼는지를 설명할 수 있었다. 그리고 그는 꼬리를 만들어냈으리라고 짐작되는 과정에 특별한 이름을 붙였는데, 그것은 성선택(sexual selection)이다."

번식기가 되면 수공작들은 '렉'이라는 구애 장소에 모여 울음소리로 암컷들을 부른다. 암컷이 시야에 들어오자마자 수컷은 꼬리를 활짝 펼쳐 흔든다. 다윈은 암공작이 꼬리의 모양으로 수공작을 선택한다고 생각했다. 암컷들은 일정한 종류의 꼬리에 마음이 끌리며, 이런 꼬리를 가진 수컷을 선택한다. 암컷의 선택이 아름다움을 기준으로 한 것인지 아니면 다른 바람직한 특징에 기초한 것인지에 대해 다윈은 언급하지 않았다. 어느 쪽이든 여러 수컷으로부터 하나를 선택하는 암컷의 행동은 마치 비둘기를 키우는 사람이 특정한 비둘기를 고르는 것과도 같다. 비둘기 사육자들은 야생 상태에서라면 자연선택이 외면했을 특징을 선호한다. 예를 들어 공작비둘기는 꼬리가 아름답기 때문에 사육자의 눈을 즐겁게 한다. 꼬리가 화려한 공작도 암공작의 마음에 든다. 각 세대마다 좀 더 멋진 꼬리를 가진 수컷이 암컷의 선택을 받아 번식에 성공할 확률이 높다. 시간이 감에 따라 암컷의 선택으로 인해 오늘날의 공작 꼬리 같은 화사한 꼬리가 생겼으리라고 다윈은 생각했다.

다윈이 명명한 '성선택'은 학계에서 별로 환영받지 못했다. 앨프리드 월리스는 자연선택만으로 충분하다고 생각했다. 새의 암컷이 보통 볼품이 없는 것은 주로 둥지에서 시간을 보내는 데다, 둥지 안에서는 보호색으로 적의 눈을 피해야 하기 때문이라고 그는 주장했다. 원래 모든 새들은 암수를 불문하고 아름다운 깃털을 갖고 있었겠지만 보호색이 덜 필요한 수컷들은 생명을 지키기 위해 깃털을 점점 초라한 방향으로 변화시키는 자연선택의 힘에 영향을 받지 않았다고 주장했다. 수십 년에 걸쳐 대부분의 생물학자들은 암컷이 성의 문제에 있어서 결정권을 갖고 있지 않다고 생각했다. 과학자들이 암컷에게 선택 능력이 있는지 알아보는 실험을 시작한 것은 겨우 20년 전이다. 그런데 암컷이 발언권이 매우 강하다는 사실이 드러나고 있다. 수공작의 꼬리를 진화시키는 추진력이 될 정도로 강하다는 얘기다.

예를 들어 피트리는 암공작이 수공작에 대해 분명한 판단 기준을 갖고 있음을 보여줬다. 그녀는 이렇게 말한다. "여러 마리의 수컷 중 선택을 할 수 있는 상황이라면 대부분의 암컷은 한 마리의 수컷에게 다가가며, 이 수컷은 무리 중에서 암컷들과 가장 많이 교미한다." 그리고 피트리는 암컷들이 꼬리 모양에 따라 수컷을 선택한다는 사실도 밝혀냈다. 공작의 꼬리에는 눈(眼) 같은 무늬가 있는데 이 눈이 적은 쪽보다 많은 쪽이 암공작에게 매력적으로 비친다는 얘기다. 보통 수공작은 150개 정도의 눈 무늬가 있다. 그중 몇 개만 떼어내도 수공작의 인기가 크게 떨어진다는 사실을 피트리는 알 수 있었다. 눈 무늬가 130개 이하인 수공작은 거의 선택되지 않았다.

다른 종들에서도 암컷이 배우자 선택에 강한 발언권을 갖고 있다는 사실을 보여준 생물학자들이 많다. 암탉은 크고 색이 밝은 볏이 달린 수탉을 좋아한다. 칼 모양의 꼬리를 가진 검상꼬리송사리 암컷은 꼬리가 긴 수컷을 좋아한다. 귀뚜라미 암컷은 가장 복잡한 소리로 노래하는 수컷을 선택한다. 이런 특성은 유전되기 때문에 성선택은 이들의 진화에 원동력이 되어왔다. 그리고 긴 꼬리, 밝은 색, 큰 소리 등은 수컷들에게 큰 부담이 되므로 여기에는 분명히 한계가 있다. 짝짓기를 위해 희생하는 부분이 너무 많아지지 않도록 자연선택이 이들의 진화에 한계를 그었으리라는 얘기다.

다윈은 성선택에 관한 한 가지 근본적 질문에 대해서는 다소 회피하는 태도를 보였다. 근본적인 질문이란 이것이다. 왜 암컷은 특정한 꼬리나 볏을 좋아하는가? 여기에 대해 다윈은 암컷이 멋진 꼬리나 탐스러운 볏에 매력을 느끼기 때문이라고만 대답했다. 1930년에 로널드 피셔는 다윈의 생각을 좀 더 발전시켜 이렇게 말했다. "암컷이 긴 꼬리에 매력을 느낀다면 꼬리가 짧은 수컷은 배우자를 찾기 어려울 것이다. 꼬리가 긴 수컷을 택하는 암컷은 꼬리가 긴 아들을 낳을 것이며 따라서 그녀의 수컷 자손은 배우자를 더 잘 찾게 될 것이다." 다시 말해 엄마는 아들이 섹시하게 보이기를 원한다는 얘기다.

그러나 오늘날에는 암컷이 아무렇게나 수컷을 택하지 않는다고 믿는 과학자들이 늘고 있다. 암컷은 수컷의 전시품 이면에 자리한 유전적 잠재력에 이끌린다.

암컷은 수컷보다 유전자를 다음 세대에 전할 수 있는 기회가 적기 때문에 진화는 이들이 배우자 선택에서 훨씬 더 신중하도록 만들어놓았다. 암컷이 자손에 관해 걱정하는 것 중 하나는 기생생물이다. 암컷이 질병에 강한 유전자를 갖고 있어도 저항력이 약한 수컷과 교미하면 자신의 유전적 특성이 다음 세대에서 희석된다.

동물의 암컷은 구애자의 유전자를 실험실로 보내 분석할 수는 없지만 수컷의 모양이나 행동거지를 보고 얼마나 튼튼한지를 짐작할 수는 있다. 큰 소리로 노래하거나 밝은 깃털을 갖출 능력이 있는 수컷은 병원체와 싸울 능력이 충분히 강하기 때문에 외모에 에너지를 돌릴 여력이 있는 것이다. 각 종의 수컷이 어떤 방법으로 암컷의 마음을 사로잡는가는 그 종 자체의 특성에 달려 있다. 영장류는 포유류 중에서 유일하게 색채 지각이 좋은 종류이며, 따라서 영장류의 일부 종들은 밝은 빨강이나 파랑을 써서 자신의 능력을 과시한다. 그러나 과시의 대상이 누구이든 여기에는 희생이 따른다. 가짜 능력을 과시해서 암컷을 유인한다고 해도 이들의 자손은 아버지로부터 좋은 유전자를 물려받지 못할 것이므로, 결국 이런 유전자는 망각 속으로 사라진다.

수탉의 볏은 공작의 꼬리처럼 무게 때문에 짐이 되지는 않는다. 그럼에도 탐스러운 볏은 큰 희생의 산물이다. 볏은 테스토스테론이 있어야 성장한다. 그러나 테스토스테론은 수탉의 면역계를 약화시킨다. 그러니까 볏을 키우려면 수탉은 병에 걸릴 위험이 더 커짐을 무릅써야 한다. 그러므로 진정으로 강한 수탉만이 큰 볏을 키우고도 면역계를 제대로 유지할 수 있다.

또 한 가지 수컷이 과시하는 부분은 균형이다. 배아는 발달하면서 이런저런 스트레스에 시달린다. 이를테면 어미가 임신 중 잘 먹지 못했을 수 있는데 이럴 경우 배아는 제대로 성장하지 못한다. 어떤 동물은 이런

스트레스를 이기고 건강하게 자라도록 유전적으로 설계돼 있기도 하다. 그러나 그렇지 않은 동물의 경우 발달 과정에서 스트레스가 많으면 배아의 성장은 불균형해진다. 예를 들어 이들은 생식 능력이 없거나 병에 잘 걸리게 된다. 배우자를 찾는 암컷은 이런 결함을 가진 수컷을 피하는 편이 좋다.

발달 과정에서 발생한 이상은 동물 몸의 외관상 균형에 영향을 미친다. 대부분의 경우 동물의 몸은 좌우가 거울에 비친 것처럼 대칭이다. 복잡한 작용을 통해 왼쪽 몸을 정교하게 만들어낸 유전자는 오른쪽 몸에 대해서도 정확히 똑같은 작업을 해줘야 한다. 그런데 어떤 이유로든 발달 과정에서 장애가 생기면 엄격한 좌우대칭이 되지 않는다. 영양 같으면 좌우의 뿔 길이가 달라질 수 있다. 공작이라면 꼬리의 왼쪽 깃털과 오른쪽 깃털에 있는 눈 모양의 무늬 수가 달라진다. 좌우대칭은 건강의 징표다.

이제 학자들은 암컷이 수컷의 이런저런 자랑거리, 이를테면 꼬리 깃털이나 볏 같은 것을 이용해서 수컷이 유전적으로 얼마나 강한지 판단한다는 주장을 실험해보고 있으며 이 주장이 옳다는 증거가 속속 발견되고 있다. 귀뚜라미 암컷은 노래를 부르면서 다른 수컷들과는 달리 특이한 소리를 삽입하는 귀뚜라미 수컷을 선호하며, 노래를 얼마나 오래하는가는 병원체에 대해 얼마나 저항력이 강한지 판단하는 믿음직한 척도이기도 하다. 제비의 암컷은 꼬리가 길고 균형이 잘 잡힌 수컷을 선호하는데 길이와 균형은 둘 다 건강의 믿을 만한 척도이다. 피트리는 꼬리가 더 큰 공작이 작은 공작보다 생존 가능성이 크며, 이런 생존 능력은 자손에게 전달된다는 사실을 보여줬다.

진화상의 가설을 실험하는 가장 좋은 방법 중 하나는 예외를 찾아내서 원칙을 증명하는 것이다. 모든 동물종의 수컷이 선택권을 가진 암컷을 차지하려고 경쟁하는 것은 아니다. 어떤 종에서는 성의 역할이 부분적으로 뒤집혀 있다. 실고기의 암컷은 수컷의 몸에 있는 주머니에 알을 낳는데, 이 때문에 사실상 수컷이 임신한 상태가 된다. 수컷은 몇 주 동안 알을 품고 다니면서 자신의 혈액으로부터 산소와 영양소를 공급한다. 실고기의 암컷 한 마리는 두 마리의 수컷이 품고 다니기에 충분한 양의 알을 낳을 수 있고, 따라서 한정된 수의 수컷을 두고 암컷들끼리 치열하게 경쟁을 한다. 그 결과 암컷이 아닌 수컷 실고기가 선택권을 갖는데 이들은 작고 평범한 암컷보다 크고 몸 색깔이 화려한 쪽을 좋아한다.

동물은 배우자를 고를 때 의식적인 결정을 하는 것이 아니다. 암공작은 수공작 꼬리에 있는 무늬를 세보고는 "겨우 130개야? 안되겠군, 다음 선수!" 하는 식으로 생각하지는 않는다는 얘기다. 아마 암공작들은 수공작의 현란한 꼬리를 보는 순간 일련의 복잡한 생화학적 반응을 일으키고 이에 따라 배우자를 고를 것이다. 이는 다른 종의 암컷에서도 대부분 마찬가지이다. 이들은 본능에 입각해 결정을 내리지만 결국 매우 정교한 생존 전략을 구사하고 있는 것이다.

정자들의 전쟁

어떤 수컷이 암컷의 주의를 끌고 교미하는 데 성공했다고 해도 자동적으로 아빠가 되는 것은 아니다. 수컷의 정자는 암컷의 생식기관 속을 몸부림치며 통과해서 난자를 만나 수정시켜야 한다. 그리고 많은 경우 암컷의 생식기관 내에는 이 수컷의 정자만 있는 것이 아니다. 이 수컷의 정자는 암컷이 교미한 다른 수컷들의 정자와 경쟁해야 한다.

진화

암컷이 애써서 수컷을 골라놓고는 다른 수컷과 교미한다면 이상하게 보일 것이다. 그러나 성에 관한 한 간단한 것은 없다. 가끔 어떤 암컷이 수컷 하나를 골라놓았어도 덩치 큰 수컷이 암컷을 움켜쥐고 강제로 교미를 할 수도 있다. 어떤 경우에는 암컷이 수컷을 골라 교미를 했는데 더 나은 수컷을 만나 역시 그 수컷과도 교미할 수 있다. 예를 들어 암탉은 우두머리 수탉과 교미하는 것을 선호하지만 가끔 서열이 낮은 수컷이 우두머리한데 혼이 나기 전에 암컷과 교미하는 데 성공하기도 한다. 그러나 암컷들은 이를 좋아하지 않는다. 서열이 낮은 수컷이 암컷과 교미하면 암컷은 이 수컷의 정자를 쏟아낸다. 이렇게 하면 우두머리 수컷과 교미했을 때 그의 정자가 암컷의 난자를 수정시켜 더 강한 새끼를 낳을 확률이 높아진다.

난잡함은 동물 세계에 널리 퍼져 있고 이제까지 과학자들이 암수가 서로에게 충실하다고 믿고 있던 많은 종들도 마찬가지이다. 새의 여러 종들 중 90퍼센트는 일부일처제를 유지하는데 수컷 한 마리와 암컷 한 마리가 한 해 혹은 평생을 같이 살면서 둥지도 같이 짓고 새끼도 같이 키운다. 그런데 여기서 일부일처제는 생존의 문제이다. 부모가 다 보호하고 돌봐주지 않으면 새끼들은 성숙할 때까지 살 수가 없다. 그러나 1980년대에 조류학자들이 새끼들의 DNA를 분석한 결과 여러 종의 새들에게서 새끼들이 아비의 유전자를 갖지 않은 경우를 발견했다. 대부분의 종에서 새끼들의 몇 퍼센트는 사생아였고 어떤 종에서는 그 비율이 무려 55퍼센트나 되었다.

일부일처제를 유지하는 새들의 암컷은 아무렇게나 바람을 피우는 것이 아니다. 예를 들어 암제비는 꼬리 깃털의 길이를 보고 수컷을 선택한다. 그래서 꼬리가 짧은 수컷과 함께 사는 암컷은 꼬리가 긴 수컷과 함께 사는 암컷보다 바람을 피울 확률이 높다. 번식기에 암컷은 수컷을 고를 시간이 한정돼 있기 때문에 마음에 꼭 드는 파트너를 고를 때까지 무작정 기다릴 수는 없다. 그러나 자신을 찾아오는 좀 더 마음에 드는 수컷과 교미함으로써 이런 단점을 해결할 수 있다. 그리고 꼬리가 긴 수컷과 바람을 피운 암컷은 자신들의 새끼를 꼬리가 짧은, 그러니까 아버지가 아닌 다른 수컷의 도움을 받아 키운다.

그러므로 수컷은 암컷을 유혹하기 위해 온갖 노력을 기울였는데도 자신의 정자가 암컷의 난자를 수정시키리라는 보장이 없다는 문제에 부딪힌다. 암컷은 이미 다른 수컷의 정자를 받았거나 아니면 나중에 다른 수컷과 교미할 수도 있다. 따라서 많은 종의 수컷들은 자궁 속에서 경쟁하는 방법을 진화시켰다.

한 가지 방법은 정자를 많이 만드는 것이다. 어떤 암컷의 몸속에 들어 있는 여러 수컷의 정자들은 마치 복권과도 같다. 복권은 많이 살수록 당첨 확률이 높아진다. 예를 들어 영장류의 어떤 종은 고환의 크기가 암컷이 상대하는 파트너의 수에 비례한다. 그러니까 암컷이 상대하는 수컷이 많아 경쟁이 치열할수록 수컷은 더 많은 정자를 생산한다는 얘기다.

비열하기는 하나 당첨 확률을 높이는 또 한 가지 방법은 다른 참가자들의 복권을 찢어버리는 것이다. 초파리의 수컷은 정액에 독성이 있어서 먼저 암컷과 교미한 다른 수컷의 정자를 무력화시킨다. 검은날개실잠자리 수컷은 음경 비슷한 기관이 돌기로 덮여 있다. 수컷은 암컷의 몸속에 정액을 주입하기 전에 이 돌기를 수세미처럼 이용해 다른 수컷의 정자를 걷어낸다. 이렇게 하면 다른 수컷의 정자를 90~100퍼센트 제거할 수 있어서 자신의 정자가 난자를 수정시킬 확률이 대폭 높아진다. 하드로테미스 데펙타(Hadrothemis defecta)라는 잠자리의 수컷은 음경과 비슷한 기관에 팽창하는 뿔이 달려 있는데, 이것으로 다른 수컷의 정자를 암컷의 몸 깊이 있는 다른 곳으로 치워버리고 자신의 정자를 주입한다.

수컷이 복권에 당첨되는 또 한 가지 방법은 다른 수컷들이 애당초 복권을 사지 못하게 하는 것이다. 초파리 수컷의 정자에는 독이 있을 뿐만 아니라 암컷의 성욕을 감퇴시키는 화학물질도 들어 있다. 그래서 일단 교미를 한 암컷은 교미에 흥미를 잃게 되어 다른 수컷의 정자를 받아들일 가능성이 줄어든다. 또 다른 예로 시에라돔거미 암컷은 거미집에 수컷을 유인하는 페로몬을 발라놓는데, 암컷을 발견한 수컷은 거미줄을 파괴해서 다른 수컷들이 이 암컷을 찾기 어렵게 만든다.

어떤 종의 수컷에게 있어서 자신의 정자가 수정될 확률을 높이는 가장 좋은 방법은 자살이다. 오스트레일리아 붉은등거미의 수컷은 교미 후 자신을 희생한다. 수컷은 암컷이 지어놓은 거미집의 줄을 잡아당기면서 구애를 시작하고 가끔 몇 시간씩 지속되기도 하는 일종의 사랑의 노래를 보낸다. 암컷이 수컷을 쫓아내지 않거나, 이미 암컷과 함께 있던 다른 수컷이 쫓아내지 않으면 수컷은 암컷에게 접근한다. 암컷은 수컷의 체중의 100배나 되는 거대한 몸집으로 수컷을 압도한다. 이런 상황이면 수컷이 죽는 건 시간문제다. 친척인 검은과부거미가 그러하듯 암컷의 공격은 치명적이다.

수컷 붉은등거미는 암컷의 배 위로 올라간다. 그리고 머리 위에서 솟아난 긴 기관을 암컷을 향해 뻗는다. 촉수로 알려진 이 기관은 아주 작은 권투 장갑과 비슷하게 생겼다. 장갑 끝에는 코일처럼 감긴 관이 있어서, 이 관이 암컷의 몸 안으로 들어간다. 그러면 수컷은 촉수를 통해 정자를 암컷의 몸속으로 주입하기 시작한다. 그러다가 수컷은 갑자기 촉수를 지렛대 삼아 암컷의 배로부터 몸을 일으켜 뒤로 벌렁 누운 자세로 암컷의 이빨 위에 내려앉는다. 암컷은 수컷의 배를 씹기 시작하면서 독을 몸속으로 흘려 넣는데, 이 때문에 수컷의 내장은 곤죽이 된다. 암컷이 천천히 먹는 동안 수컷은 정액을 끊임없이 주입한다. 몇 분 후 수컷은 암컷으로부터 떨어져 나온다. 그리고 암컷으로부터 몇 센티미터쯤 떨어진 곳으로 물러나 10분 정도 기운을 차린다. 내장이 녹아내리고 있는데도 수컷은 다시 한 번 암컷에게 다가가 또 하나의 촉수를 꽂아 넣고 정자를 주입한 후 또 한 번 몸을 뒤집어 내려온다. 암컷은 다시 수컷을 먹기 시작하고, 수컷의 몸속 더 깊은 곳으로 이빨을 집어넣는다. 교미는 30분 정도 걸린다. 그때쯤이면 수컷은 거의 죽은 상태이며, 수컷이 두 번째 촉수를 빼내고 나면 암컷은 수컷 주위에 그물을 친다. 이제는 달아날 방법이 없다. 암컷은 몇 분간 수컷을 더 파먹는데, 결국은 해골만 남는다.

토론토대학의 생물학자인 메이디안 앤드레이드(Maydianne Andrade)는 붉은등거미의 자살이 과연 진화상의 적응인지 연구를 했다. 그 결과 모든 붉은등거미의 수컷이 잡아먹히지는 않는다는 사실을 발견했다. 배고픈 암컷만이 수컷을 잡아먹으며, 그 결과 수컷의 3분의 1 정도는 교미 후에도 살아남는다. 이 차이에 입각해서 앤드레이드는 자신을 희생하는 수컷이 어느 정도의 성공을 거두는지 측정해봤다.

붉은등거미는 암컷이 교미의 시간을 결정하는 것으로 보였다. 암컷이 수컷을 잡아먹지 않을 때는 교미 시간이 평균 11분 정도였다. 그러나 암컷이 수컷을 잡아먹을 때는 25분 정도가 걸렸다. 암컷이 수컷의 몸을 파먹는 동안 수컷의 촉수는 계속해서 암컷에게 정자를 주입했다. 자신의 몸을 먹이로 바쳐 수컷은 교미 시간을 늘릴 수 있는 것이다. 그 결과 잡아먹히는 수컷은 살아남는 수컷보다 더 많은 정자를 주입해 2배의 난자를 수정시킬 수 있다. 그리고 수컷을 잡아먹은 암컷은 그다음에 나타난 수컷을 쫓아버리는 경향이 있었다. 아마 정자 또는 먹이로 배가 부르기 때문일 것이다. 어느 쪽이든 다른 수컷이 암컷의 몸에 정자를 주입해 경쟁을 할 가능성이 줄어들게 되므로 죽은 수컷은 더 많은 난자를 수정시킬 수 있게 된다.

이런 이익은 붉은등거미 수컷에게는 생명보다도 더 소중한 것으로 보인다. 수컷은 여러 번의 교미가 거의 불가능하다. 왜냐하면 수명이 짧은데다 정자를 주입하는 촉수가 교미 도중 부러져서 더 이상의 성관계를 할 수 없기 때문이다. 그렇기 때문에 수컷들은 평생에 한 번 있는 기회를 제대로 활용해야 한다.

성을 둘러싼 화학전

생식에 성공하려는 싸움은 끝없이 계속되며 이런 싸움이 일어나지 않는 세대는 없다. 이 싸움의 현장을 잡기는 어렵지만 실험을 잘 구성하면 몇 장면씩을 엿볼 수 있다. 샌타바버라에 있는 캘리포니아대학의 생물학자 윌리엄 라이스(William Rice)는 수컷 초파리가 자신의 정자를 다른 정자와의 경쟁에서 이기도록 하기 위해 구사하는 화학 전술을 연구했다.

수컷 초파리의 정액은 다른 수컷의 정자를 마비시키고 암컷의 성욕을 감퇴시킬 뿐만 아니라 암컷이 알을 낳는 시기를 앞당긴다. 교미 후 짧은 시간 안에 알을 낳으면 그사이에 암컷이 다른 수컷과 교미할 가능성은 줄어든다. 이를 위해 수컷이 사용하는 화학물질은 암컷에게 독이 된다. 그렇다고 금방 죽지는 않지만 교미를 많이 할수록 암컷의 수명이 짧아진다. 수컷 초파리에게는 암컷이 빨리 죽는 것이 아무 상관이 없다. 초파리의 수컷은 새끼를 돌보지 않으므로 그의 유일한 관심은 자신의 정자로 수정된 알을 더 많이 만들어내는 것이다.

초파리가 이용하는 화학 전술은 농부들이 쓰는 살충제와 똑같은 효과를 낸다. 살충제가 해충들에게 내성을 키워주는 것과 마찬가지로 초파리 암컷도 정액 속에 든 독을 중화시키는 방법을 개발한다. 이렇게 암컷의 방어 시스템이 진화해감에 따라 수컷 초파리의 정액은 더욱 독성이 강해진다.

1996년에 라이스는 이들 사이의 군비경쟁을 실험해봤다. 라이스는 초파리를 대량으로 길렀고 초파리가 가진 유전적 특징을 이용해 유전자를 조작해 어떤 세대의 초파리 후손이 모두 수컷이 되게 함과 동시에 그 아비의 유전자만을 물려받도록 했다. 이렇게 복제된 수컷들은 라이스가 키우던 다른 집단의 암컷들과 교미했고, 그다음 세대의 수컷들이 태어났다. 다른 곳에서 키워져서 이 수컷들과 교미한 암컷들은 수컷들의 화학 전술을 전혀 몰랐고 따라서 방어 시스템을 구축할 여유가 없었다. 반면 독성이 강한 정액을 만들어내는 이 수컷들은 암컷들을 더욱 효과적으로 통제할 수 있었고 자기 새끼를 더 많이 만들 수 있었다. 41세대 후의 수컷들은 '슈퍼' 수컷이 되어 조상들보다 더 자주 교미했고 더 성공적으로 수정시켰다. 그러나 이들의 성공으로 암컷들은 값비싼 대가를 치렀다. 수컷의 정액이 점점 독해지면서 암컷은 점점 더 빨리 죽게 됐다.

라이스는 이번에는 암수를 억지로 휴전시켜 군비경쟁을 멈춰봤다. 1999년에 그는 초파리 암수를 한 쌍씩 일부일처제로 키웠다. 수컷들은 다른 수컷과 경쟁하지 않고 라이스가 정해준 암컷하고만 교미했다. 이들의 알이 부화하자 라이스는 이들에게 다시 한 번 일부일처제 시스템을 적용했다. 이런 환경에서 수컷은 경쟁이 없기 때문에 정액 속의 독성물질이 아무런 이익도 가져다주지 않는다. 수컷들이 독을 포기하자 암컷들도 방어 시스템을 갖는 것이 무의미해졌다. 47세대가 지나자 일부일처제 수컷의 독은 눈에 띄게 약해졌고 암컷의 방어도 느슨해졌다.

일부일처제 초파리는 좀 더 평온한 삶을 즐겼지만 이는 인위적인 것이었다. 자연 상태에서 이들은 휴전할 방법을 찾지 못했을 것이다. 여전히 다른 수컷의 정자를 죽일 수 있는 수컷이 자신의 유전자를 좀 더 잘 퍼뜨리고 있었을 것이다. 그리고 수컷의 독으로부터 자신을 잘 지키는 암컷도 번성했을 것이다. 진화는 실험실에서 벌어지는 이런저런 실험을 예측하지 못했기 때문에 자연 상태에서 초파리의 사랑은 그야말로 눈먼 사랑일 수밖에 없다.

자궁 속 줄다리기

교미가 끝나고 난자가 수정되어도 어미와 아비는 성공의 확률을 높이기 위해 다양한 전술을 구사한다. 인간 같은 포유동물의 경우 수정란은 자궁에 착상되어 태반을 만들기 시작한다. 태반은 어머니의 몸에 혈관을 연결해 혈액과 영양소를 끌어온다. 성장하는 태아는 엄청난 양의 에너지를 필요로 하므로 어머니의 양분을 위험할 정도로 소진시킬 수 있다. 태아가 너무 빨리 자라면 어머니는 큰 피해를 입을 수 있으며, 앞으로의 임신 기간 중 생명까지도 위협받을 수 있다. 그래서 진화의 힘은 아기가 지나치게 빨리 자라는 것을 막을 능력이 있는 어머니들을 선호할 수밖에 없다.

그러나 아버지들의 입장은 다르다. 빨리 자라는 건강한 아기는 아버지에게 반가운 존재이다. 아기가 빨리 자란다고 해서 자신의 건강이나 자손을 퍼뜨릴 능력이 위협받는 건 아니기 때문이다.

하버드대학의 생물학자인 데이비드 헤이그(David Haig)는 부모의 상충하는 이해관계가 아기가 받는 유전자에 의해 해결된다고 주장했다. 어머니로부터 물려받은 유전자는 아버지에게서 온 유전자와 다른 일을 한다. 예를 들어 IGF2(인슐린유사성장인자-2)라는 유전자를 보자. 이 유전자가 만들어내는 단백질은 태아를 자극해 어머니로부터 좀 더 많은 양분을 끌어들인다. 임신한 쥐로 실험을 한 결과 어미로부터 받은 IGF2 유전자는 잠자고 있는데 아비로부터 받은 것은 활동을 하고 있었다. 한편 쥐는 IGF2 단백질을 파괴하는 단백질을 생성해내는 다른 유전자도 갖고 있었다. 어미로부터 받은 IGF2 파괴 유전자는 활동을 하고 있는 반면 아비로부터 받은 같은 유전자는 차단돼 있었다.

달리 말해 아비의 유전자는 쥐의 배아를 빨리 자라게 만드는 반면 어미의 것은 성장을 늦추려고 했다. 아비에게서 온 이 유전자를 차단하거나 어미에게서 온 같은 유전자를 차단해보면 그 효과를 알 수 있다. 아비쪽에서 온 IGF2를 차단하면 쥐는 정상적인 체중의 60퍼센트 정도로 태어난다. 그러나 어미에게서 온 IGF2 파괴 유전자를 차단하면 쥐는 보통보다 20퍼센트 무거운 상태로 태어난다. 헤이그의 말이 옳다면 우리는 결국 부모의 상충하는 이해관계가 서로 타협한 산물인 것이다.

어머니의 투자

그러나 아비의 영향력은 여기까지다. 어미는 아비의 간섭을 받지 않고 자신의 몸속에 있는 태아의 운명을 결정할 수 있는 방법이 몇 가지 있다. 어미는 아비가 얼마나 바람직한 수컷인가에 따라 난자에 대해 적절한 양의 에너지를 투자한다. 예를 들어 참오리 암컷은 서열이 높은 수컷이 아

진화

비가 될 때는 큰 알을, 낮은 쪽이 아비가 될 때는 작은 알을 낳는다.

어떤 종은 어미가 태어나는 새끼의 암수를 결정하기도 한다. 이 분야에서 가장 뛰어난 종은 세이셸휘파람새이다. 인도양의 세이셸제도에 사는 이 새는 암수 한 쌍이 함께 살며 각 쌍은 자기 고유의 영역을 갖고 있다. 그러나 넓이가 30헥타르에 불과한 커즌섬에는 새로 태어난 휘파람새가 자신의 영역을 확보할 수 있다는 보장이 없다. 그래서 암컷들은 성숙해져도 짝을 찾지 않고 부모와 함께 둥지에 산다. 이들은 둥지를 짓고, 영역을 보호하고, 알을 부화하고, 새로 태어난 새끼들을 돌보는 등 부모를 돕는다. 세이셸휘파람새 암컷은 먹을 것이 풍부하기만 하면 부모에게는 도움이 된다. 그러나 먹을 것이 많지 않은 열악한 환경에서 삶을 영위하는 휘파람새 가족에서는 딸들이 도움이 아니라 짐이 된다.

1997년 당시 네덜란드의 흐로닝언대학에서 연구하고 있던 얀 콤되르 (Jan Komdeur)는 좋은 환경과 열악한 환경에서 사는 새들이 낳은 알을 비교해봤다. 좋은 환경에서는 수컷 한 마리당 암컷 여섯 마리가 태어났다. 그러나 열악한 환경에서는 수컷 세 마리당 암컷 한 마리가 태어났을 뿐이다.

콤되르는 이런 성비가 유전자에 의해 결정되는 것이 아님을 발견했다. 휘파람새들은 사실 수컷과 암컷을 각각 몇 마리씩 둘 것인지 결정할 수 있다. 콤되르는 다음과 같은 실험으로 이를 증명했다. 그는 커즌섬에 있는 휘파람새 몇 쌍을 휘파람새가 없는 다른 섬 두 군데로 옮겨봤다. 옮겨진 새들은 커즌섬의 열악한 환경에서 살면서 주로 수컷을 낳던 암컷이었다. 풍요로운 섬에 살기 시작하자 이들은 주로 암컷을 낳기 시작했다.

이런 현상의 진화론적 배경은 분명하다. 먹이가 부족하면 수컷을 많이 낳는 것이 좋다. 이들은 암컷과 자신의 영역을 찾아 일찌감치 둥지를 떠나고 뒤에 남은 부모는 열악한 환경에서 그나마 구할 수 있는 먹이로 더 어린 새끼들을 키울 수 있기 때문이다.(수컷들은 새로운 영역을 확보하지 못하고 죽을 수도 있지만 이런 위험은 감수할 만하다.) 먹이가 풍부하면 암컷들은 부모에게 좋은 도우미가 되고 따라서 휘파람새의 어미는 성비를 이에 맞춰 조절한다. 휘파람새가 어떻게 아들과 딸을 결정하는지는 아직 알려지지 않았지만 이들이 환경에 따라 선택을 한다는 사실은 명백하다.

다원적 가족생활

동물은 태어나면 대가족 속에서 살거나 아니면 고아가 된다. 하루살이는 알이 부화될 때쯤이면 부모가 모두 죽는다. 흑곰은 암컷이 한 해 동안 새끼를 돌보며, 수컷은 아무 도움도 주지 않는다. 제비의 수컷은 새끼가 날 수 있을 때까지 암컷만큼이나 열심히 먹이를 물어다 새끼를 먹인다. 코끼리는 형제, 자매 삼촌, 숙모, 할머니 등과 함께 씨족을 이루며 수십 마리씩 함께 산다.

　새끼를 키우는 것은 어떤 종의 성공에 있어서 배우자를 찾는 것만큼이나 중요하다. 왕쇠똥구리 수컷이 수천 마리의 암컷과 교미를 한다 해도 새끼들이 부화한 지 일주일 만에 다 죽어버린다면, 진화의 측면에서 볼 때 그의 노력은 모두 수포로 돌아간 것이다. 부모가 협력해 아이를 키우는 종은 많다. 그러나 암수의 이해관계가 상충하기 때문에 가족의 유대가 흔들릴 때도 있다. 다른 수컷의 새끼를 키우는 수컷은 자신의 유전자를 전달할 가능성이 더 적다. 따라서 어떤 종의 수컷은 바람을 피우는 배우자에 대해 좀 더 약은 수를 쓴다. 레스터대학의 앤드루 딕슨(Andrew Dixon)은 검은머리쑥새가 새끼를 얼마나 잘 보호하고 먹이는지를 관찰했다. 쑥새 한 가족의 DNA를 분석해 혈연관계를 알아본 결과 딕슨은 어떤 둥지에서 자신의 유전자를 물려받은 새끼의 수가 적을수록 수컷이 둥지로 먹이를 물어오는 일을 게을리한다는 사실을 발견했다.

그러나 쥐부터 랑구르원숭이, 돌고래에 이르기까지 수컷은 자신의 유전자를 물려받지 않은 새끼를 단순히 방치할 뿐 아니라 종종 죽이기도 한다. 이런 끔찍한 행동은 사자에서 특히 잘 연구돼 있다. 사자의 집단은 열 마리 정도의 암사자와 최고 네 마리까지의 수사자, 그리고 새끼들로 이뤄져 있다. 새끼들 중 수컷이 성숙하면 어른 수사자들이 이들을 무리에서 쫓아낸다. 추방자들은 함께 모여 수컷이 약해 보이는 사자 무리를 찾아 나선다. 이런 무리가 발견되면 수컷들은 공격하기 시작하고, 원래 있던 수컷들이 싸움에 져서 달아나면 젊은 수컷들은 무리를 차지한다. 이때 새끼들은 큰 위험에 놓인다. 무리를 접수한 수컷들이 물어 죽이기 때문이다. 태어난 지 1년 이내에 죽는 사자 새끼 네 마리 중 한 마리는 수사자에게 살해된다.

인간의 눈에는 잔인하게 보이는 이 행동도 진화의 힘이 작용하는 것이라고 많은 동물학자들은 주장한다. 사자 집단을 차지하는 수컷의 궁극적인 목적은 자신의 새끼를 낳는 것이다. 새끼를 키우는 암사자는 교미에 관심이 없으므로 무리 안에 새끼가 있다는 사실은 수사자가 교미를 할 때까지 몇 달을 더 기다려야 한다는 뜻이 된다. 자기 자신도 1~2년 안에 더 강한 수컷에게 당할 수 있고, 자기 자신의 새끼들이 너무 어릴 때 이런 일을 당하면 다 죽을 수 있는 상황에서 사자는 의붓아버지로 남의 새끼를 키울 시간이 없다.

암사자들은 새끼를 살리기 위해 최선을 다한다. 낯선 수사자의 포효 소리가 들리면 이들은 일어나서 으르렁거리며 한데 모여 싸울 자세를 취한다. 새끼를 지키는 암사자의 수가 많을수록 새끼가 살아남을 가능성은 커진다. 아마 이 때문에 암사자들이 무리를 지어 사는 것인지도 모른다.

그러나 암사자들이 항상 싸움에 이기는 것은 아니며 새로 온 수컷들이 무리를 차지하면 자신의 새끼를 낳으려고 한다. 수사자에게 새끼가 물려 죽은 암사자는 곧 발정한다. 그러면 무리의 우두머리 사자가 발정한 암사자와 하루에 거의 100번 정도 교미를 하며, 이렇게 하루이틀 지나고 나면 완전히 지쳐버린다. 그러고 나면 서열이 아래인 수사자들이 다시 이 암사자와 며칠간 교미를 한다. 따라서 4개월 후에 태어난 새끼의 아빠가 누구인지는 알 길이 없다. 아마 이것 때문에 수사자들이 자기 무리 안에 있는 새끼를 죽이지 않는 것으로 보인다. 새끼를 죽이면 그것이 자기 새끼일 가능성이 항상 있으니 말이다. 자기 새끼를 죽이는 것은 진화의 법칙에 어긋난다.

1970년대에 이렇게 새끼를 죽이는 동물들의 이야기가 알려지자 많은 학자들은 고개를 갸우뚱했다. 학자들은 이렇게 잔혹한 수컷들이 있다니, 이들이 과연 제정신인가 의심했다. 게다가 누가 자기 새끼고 누가 자기 새끼가 아닌지 동물들이 어떻게 안단 말인가. 그러나 더 많은 예들이 속속 나타나기 시작했다. 코넬대학의 조류학자인 스티븐 엠렌(Stephen Emlen)은 영아 살해 가설을 시험할 좋은 방법을 찾아냈다. 1987년에 그는 파나마에 사는 도요새 일종인 자카나(jacana)를 연구하고 있었는데 이들은 실고기처럼 암수의 역할이 바뀐 종이다. 자카나의 수컷은 알을 부화시키고 새끼를 키우는 반면 암컷들은 영토를 돌아다니며 수컷들과 교미를 하고 침입자 암컷들을 격퇴하는 역할을 맡고 있다. 가끔은 침입자가 원래 있던 암컷 자카나를 몰아내고 수컷들을 차지하기도 한다.

무리를 차지한 수사자가 남의 새끼를 죽여서 얻는 이익이 있다면, 다른 암컷을 몰아내고 수컷들을 차지한 자카나의 암컷도 새끼들을 죽이면 얻는 이익이 있으리라고 엠렌은 생각했다. 실험을 위해 엠렌은 수컷들이 새끼들을 돌보고 있는 둥지들의 여주인인 암컷 두 마리를 쏘아 떨어뜨리기로 했다. 어느 날 밤 그는 둥지 하나의 주인인 암컷을 쏘아 죽였다. 다음날 아침이 되자 다른 암컷이 이곳을 찾아와 새끼들을 쪼아서 땅으로 던져 버리고 있었다. 자카나 수컷은 꼼짝도 않고 지켜보고만 있었다. 몇 시간 후 이 암컷은 수컷에게 교미를 요구했고 수컷은 이에 따랐다. 다음날 밤 엠렌은 다른 둥지의 암컷 한 마리를 다시 쏴 죽였는데 다음날 보니 똑같은 폭력 사태가 벌어지고 있었다.

엠렌은 이렇게 말한다. "개체가 자신의 유전자를 다음 세대에 남기는 것이 중요하다면 이런 행동은 참혹하긴 하지만 말이 된다."

유전자의 이익을 위하여

새끼를 죽이는 사자, 바람을 피우는 제비, 성별을 조절하는 휘파람새 등을 보면 동물의 생활은 성적 이기주의로 가득 찬 것이 아닌가 하는 생각이 든다. 하지만 동시에 진화의 힘은 성을 둘러싼 투쟁을 완전히 포기한 동물들도 많이 만들어냈다.

윌리엄 해밀턴은 이런 모순, 특히 꿀벌을 비롯한 사회적 곤충에 흥미를 가졌다. 벌통에는 여왕벌이 한 마리 있고 몇 마리의 수벌이 있으며 2만~4만 마리 정도의 일벌들이 있다. 일벌은 암컷이지만 생식 능력이 없으며 평생을 꿀을 모으거나 벌통 안을 정돈하거나 여왕벌이 낳은 유충을 먹여 살리는 데 바친다. 이들은 공격자로부터 벌통을 보호하며 방어 과정에서 목숨을 잃는다. 진화의 과정에서 보면 이는 집단 자살처럼 보인다.

그러나 꿀벌 및 이들의 친척 곤충들은 특이한 유전적 구조를 갖고 있어서 일벌들은 사실상 장기적으로 볼 때 자신의 유전자에게 유리하게 행동한다는 것이 해밀턴의 생각이다. 여왕벌이 수컷을 낳는 방법은 암컷을 낳는 방법과 확연히 다르다. 수컷들은 수정되지 않은 알에서 태어나며 이때 알은 정자 없이 분열을 시작해서 성충으로 자란다. 수벌은 아버지에 해당하는 수컷으로부터 받은 DNA가 없기 때문에 유전자 한 벌만 갖고 있을 뿐이다. 반면에 여왕벌은 자신을 따르는 많은 수벌 중 한 마리와 교미하고 멘델의 법칙에 따라 두 벌의 유전자를 가진 암컷들이 태어난다.

이렇게 해서 태어난 자매 일벌들은 인간의 자매보다도 그 관계가 더 긴밀하다. 인간의 자매들은 아버지의 유전자 두 벌 중 한 벌, 그리고 어머니의 유전자 두 벌 중의 한 벌을 물려받는다. 특정한 유전자를 물려받을 확률이 50퍼센트이기 때문에 인간의 자매들은 평균적으로 전체 유전자의 절반 정도를 공유한다. 그러나 자매 벌들은 아버지로부터 똑같은 유전자만을 물려받는다. 왜냐하면 수벌은 유전자가 한 벌밖에 없기 때문이다. 이것이 여왕벌의 DNA와 결합하는 것이므로 자매 벌들은 평균적으로 전체 유전자의 4분의 3 정도를 공통으로 갖고 있다. 만약에 일벌이 교미를 통해 자손을 낳을 수 있다면 이 일벌은 후손과 유전자를 절반만 공유하게 된다. 그러므로 일벌은 후손들보다 자매들과 유전적으로 더 긴밀한 관계에 있다.

이런 상황에서 일벌이 번식을 포기하고 벌통 전체의 복지를 위해 노동하는 것은 놀랄 일이 아니라고 해밀턴은 주장한다. 이들이 돌보는 유충은 일벌이 교미를 해서 얻을 수 있는 후손보다 훨씬 더 자신과 긴밀한 관계에 있다.

이런 과정을 통해 해밀턴은 다윈의 시대부터 생물학자들의 골칫거리였던 이타주의의 모순에 타개책을 제시했다. 진화가 생존과 번식을 위한 개체들 사이의 경쟁으로 정의된다면 남을 돕는 일은 별로 의미가 없다. 어떤 학자들은 그래서 아마 동물들이 희생정신을 발휘하는 것은 종 전체, 또는 적어도 특정 집단의 이익을 위한 것이라고 짐작했다. 그러나 이런 식의 이타주의는 역사를 통해 유전자가 퍼져나간 모습과 일치하지 않는다.

　해밀턴은 유전자의 입장에서 이타주의의 문제를 들여다봤다. 이타주의는 이타주의를 실천하는 개체에게는 이익이 되지 않을지 모르지만 아마 그 개체의 유전자를 퍼뜨리는 데는 좋은 방법일지도 모른다. 이타주의를 통해 어떤 동물은 생존에 더 적합해지지만 그것이 반드시 그 동물의 번식 기회가 늘어난다는 뜻은 아니다. 해밀턴은 이타주의가 갖는 간접적 이익을 '포괄 적합도(inclusive fitness)'라고 불렀다.

　해밀턴의 생각은 아주 잘 증명됐다. 일벌들은 후손보다 자매끼리 더 긴밀하게 연결돼 있을 뿐만 아니라 남자 형제들과의 관계보다 자기들끼리의 관계가 더 긴밀하다. 왜냐하면 수벌들은 아버지로부터 유전자를 물려받지 못하기 때문에 일벌과 수벌은 어머니의 유전자만을 공유하는데 그것도 절반밖에는 공유하지 못한다. 그러므로 자매끼리는 75퍼센트를 공유하지만 남매끼리는 25퍼센트밖에 공유하지 못한다. 달리 말해 일벌은 수벌보다 다른 일벌과 3배나 더 가깝다는 얘기다. 이런 차이는 벌통 안의 일벌과 수벌들의 개체수 비율에도 반영된다. 사회적인 곤충의 집단을 보면 많은 경우에 암수의 비가 3 대 1이다. 이 비율을 결정하는 것은 여왕이 아니라 일벌들 또는 일개미들이다. 이들은 암컷 유충보다 수컷 유충을 더 소홀히 다룬다.

그러나 3 대 1 비율이 성립하는 것은 여왕벌이 단 한 마리의 수벌과 교미해 같은 유전자를 물려받은 일벌만을 낳을 경우에 한한다. 여왕벌이 다른 수벌과도 교미해서 알을 낳을 경우 아버지의 유전자를 공유하지 않는 2개의 자매 집단이 생긴다. 핀란드의 곤충학자 리셀로테 순드스트룀(Liselotte Sundström)은 곰매미의 집단들 중 여왕개미가 한 번만 교미한 경우와 여러 번 교미한 경우를 관찰했다. 여왕개미가 한 번 교미한 경우 유충의 암수 비율은 3 대 1로 유지됐다. 그러나 복수로 교미했을 경우는 비율이 1 대 1에 가까웠다. 아버지가 다른 자매들 간의 관계는 그들과 형제들과의 관계보다 더 긴밀할 것이 없었으므로 이들에게는 암컷을 특별히 선호해야 할 이유가 없었던 것이다.

마음 착한 공작

해밀턴의 이론은 개미집뿐만 아니라 새나 포유류의 가족생활을 이해하는 데도 도움을 준다. 매리언 피트리는 공작을 연구하면서 꼬리뿐만 아니라 구애 습관에도 관심을 가졌다. 왜 수공작들은 한데 모여서 암컷들에게 자태를 뽐내는 것일까? 깃털이 볼품없는 수컷들은 말할 필요도 없이 화려한 수컷들에게 밀려날 텐데 말이다. 그렇게 비교당해 밀려나지 않도록 각자 암컷을 찾는 것이 더 낫지 않을까?

영국에는 휩스네이드 동물원이 있는데, 이곳에서는 200여 마리의 공작이 마음대로 거닐고 있다. 1991년 피트리는 그중 8마리의 수공작을 골라 150킬로미터 이상 떨어진 농장으로 보내 각각 한 마리씩 따로 가두고 각 우리마다 네 마리의 암공작을 들여보냈다. 그리고 매일 공작의 알을 수거해서 인큐베이터를 이용해 부화시켰다. 이렇게 해서 태어난 새끼

진화

들의 다리에 고리를 매어 표시를 하고는, 8개의 독립된 우리에서 태어난 새끼들을 모두 한데 섞었다. 그로부터 1년 후 그는 96마리의 젊은 수공작(8마리의 아버지로부터 한 마리당 12마리의 새끼가 나왔다.)을 동물원으로 데려왔다.

수공작은 태어난 지 4년이 되면 자신의 꼬리 깃털을 과시할 장소를 찾는다. 1997년에 피트리는 데리고 돌아온 수공작들이 구애 장소에 모인 모습을 관찰했다. 그녀는 다리에 매단 고리와 기록을 비교해서 누가 누구의 아들인지를 분별할 수 있었다. 그러자 친형제들과 이복형제들은 혈연관계가 없는 남들보다 더 가까이 모이는 경향을 발견하고 피트리는 놀랐다. 어떤 공작의 바로 옆에 서 있는 공작이 그 공작의 친척일 확률은 완전히 남일 확률의 5배나 되었다. 물론 이들은 부모에 대해 아는 바가 전혀 없었고 형제끼리도 알 기회가 없었는데 어쨌든 동물원에서 자신의 형제를 알아본 것이다.

가족의 측면에서 보면 공작의 이런 태도는 이해가 된다. 공작은 친형제와 많은 유전자를 공유하고 있기 때문에 형제가 번식에 성공하면 그들의 공유 유전자가 다음 세대로 전달된다. 그러니까 어떤 공작에게는 스스로 암컷을 찾아 나서는 것보다 형제가 배우자를 찾도록 도와주는 것이 더 나을 수도 있다. 어떤 암컷이 형제들 중 누구와 교미하든 간에 공통의 유전자는 살아남으니까 말이다.

포괄 적합도 이론을 이용하면 자연에서 가장 복잡한 드라마도 이해할 수 있다. 예를 들어 케냐에 사는 흰목벌잡이새는 겉보기에 이상적인 공동체를 이루며 살고 있다. 300마리에 이르는 거대한 집단을 이루기도 하는 이 새들은 진흙 벽에 굴을 파서 만든 둥지에 사는데, 둥지가 워낙 다닥다닥 붙어 있어 빽빽한 아파트처럼 보인다. 처음에 조류학자들은 이들이 평화로운 일부일처제 속에서 산다고 생각했다. 새끼들은 어느 정도 커도 둥지에 머물면서 부모가 더 어린 새끼들을 키우는 것을 도우며, 가끔은 이웃집 새들을 돕기도 한다.

1970년대에 엠렌은 이들이 얼마나 이타적인지 관찰하기 시작했다. 엠렌의 팀은 거의 똑같은 새들이 둥지 사이를 날아다니거나 먹이를 찾아 멀리 떠났다가 한참 만에 돌아오는 모습을 몇 년에 걸쳐 관찰했다. 연구팀은 여러 가족의 계통도를 그려서 DNA 검사로 이를 확인했다. 그 결과 연구팀은 평화로운 이타주의적 공동체로 보이던 이 새들이 사실은 복잡한 수수께끼의 덩어리임을 발견했다.

엠렌은 이 새들이 단순히 한 쌍의 부부를 축으로 하는 핵가족이 아님을 발견했다. 이들은 부모, 조부모, 삼촌, 이모, 고모, 사촌, 조카 등이 섞인 최대 17마리에 이르는 대가족을 이루고 산다. 이런 대가족은 서로 인접한 몇 개의 둥지에 나뉘어 있으며 친척들은 서로 자주 왕래한다. 포식자가 어떤 둥지의 새끼들을 죽이면, 이들을 돌보던 큰아들은 옆 둥지로 옮겨가 다른 새끼들을 돌본다. 큰아들은 삼촌이나 누나의 집을 도와주지 혈연관계가 없는 집을 도와주지는 않는다. 친척들은 이 아들과 유전자를 공유하고 있기 때문에 친동생을 돌볼 수가 없게 된 그가 가까운 친척집 아이들을 돌보는 것은 당연하다. 그리고 연구팀은 이런 도우미가 있고 없는 것이 어떤 둥지 속의 가족이 번성하는 데 큰 영향을 미친다는 것을 알았다. 도우미가 하나 있으면 둥지의 가족은 2배로 빨리 불어난다.

이 새들은 가족 단위로 음모를 꾸미며 살고 있다. 암컷은 혈연관계가 없는 남의 집을 방문하지만 육아를 돕기 위해 가는 것이 아니라 자기의 알을 그곳에 낳으러 간다. 집 주인이 그 알을 자기 것으로 착각하면 부화한 새끼를 열심히 키울 것이고, 남은 힘으로 이 암컷은 자기 둥지에서 더 많은 새끼를 키울 수 있다. 그래서 이미 새가 알을 낳은 때부터 부화되기까지의 기간 동안 가족들은 침입자에 신경을 곤두세운다. 그런데 엠렌은 딸들도 자기 친엄마의 둥지에 가서 알을 낳으려 한다는 사실을 발견했다. 엠렌은 또한 아직도 가족과 살면서 수컷과 짝을 이루지 못한 젊은 암컷들이 알을 낳는다는 사실에 놀랐다. 그러나 그는 딸들이 가끔 둥지를 떠나 몇 킬로미터씩 날아가 다른 집단의 수컷들과 어울린다는 사실도 알아냈다.

부모들도 음모를 꾸민다. 수컷 중 하나가 둥지를 떠나 암컷과 보금자리를 차리면 아비 새가 이곳을 수없이 찾아가 아들이 가정생활을 꾸릴 수 없게 만든다. 그러면 아들은 부모의 집으로 돌아와 동생들을 키우는 일을 계속하는 경우도 많다. 낙원처럼 보이는 이곳도 사실은 포괄 적합도가 소용돌이치는 큰 연못이었다.

침팬지들의 성적 역학 관계

엠렌을 비롯한 학자들은 많은 동물 집단에서 나타나는 이타주의의 사례를 파헤쳤다. 오늘날 학자들은 혈연관계가 없는 남을 돕는 동물종이 극소수에 불과하다고 본다. 흡혈박쥐가 그 예이다. 매일 밤 이들은 피를 빨 대상을 찾아 나선다. 피를 빨지 못한 박쥐는 동굴로 돌아와 그날 밤 포식한 다른(친척이 아닌) 박쥐에게 가서 피를 구걸한다. 러트거스대학의 인류학자인 로버트 트리버스(Robert Trivers)는 이것을 '상호 이타주의'라고 이름 붙였다. 그의 주장에 따르면 진화의 힘은 상호 이타주의의 손을 들어주기도 한다. 왜냐하면 남남인 두 동물이 서로를 도우면 이기적으로 행동할 때보다 궁극적으로 생존 가능성을 높일 수 있기 때문이다. 흡혈박쥐는 신진대사가 빠르기 때문에 2~3일 정도만 피를 먹지 못해도 끔찍한 굶주림을 겪는다. 친척이 아닌 박쥐에게 피를 주는 것은 희생이지만 동시에 보험이기도 하다.

상호 이타주의는 뇌가 큰 종에서 특히 잘 발달할 수 있다. 각각의 개체를 알아보고 누가 나에게 잘해줬는지, 누가 나를 이용해 먹었는지를 기억할 능력이 있다면, 이런 정보를 나중에 유용하게 쓸 수 있다. 그러므로 친척이 아닌 남을 도와주는 동물의 가장 좋은 예가 우리의 가장 가까운 친척인 침팬지와 보노보에게서 나타나는 것은 놀랄 일이 아니다. 침팬지는 남을 돕기도 하고, 잘해주기도 하며 가끔 희생하기도 한다. 이들은 협동해 다이커라는 영양이나 콜로부스원숭이를 사냥해서 고기를 나눠 먹기도 한다. 상호 이타주의를 이용해 침팬지들은 사회적 권리를 얻기도 한다. 예를 들어 서열이 낮은 두 침팬지가 힘을 합쳐 우두머리 수컷을 몰아내기도 한다. 그러나 침팬지는 아무렇게나 도와주지 않는다. 이들은 누구를 도와줬는지 기억했다가, 자기 덕을 본 침팬지가 배신을 하면 더 이상 도와주지 않거나 심지어 응징하기도 한다.

침팬지 사회에서 수컷은 상호 이타주의의 혜택을 입는 반면 암컷은 그렇지 못하다. 수컷들은 평생을 자기가 태어난 집단과 함께 보내는 반면 암컷들은 성숙하면 집단을 떠나기 때문이다. 일단 다른 집단에 들어가면 암컷은 새끼를 키우느라 새로운 무리의 침팬지들과 장기적인 관계를 맺을 수 없다. 젖먹이 새끼가 딸린 암컷은 과일을 찾아 뛰어다니는 다른 침팬지들과 보조를 맞추지 못한다. 침팬지 새끼는 보통 길면 4년까지 어미에게 매달려 있기 때문에 침팬지 암컷은 성숙한 뒤의 생애 중 70퍼센트를 집단에서 떨어져서 지낸다.

이 때문에 수컷들이 모든 권력을 갖는다. 이들은 다른 수컷과 유대를 맺고, 서로 도우며 조직의 위계질서를 밟아 올라간다. 수컷들은 또한 서로 협력해 부족한 먹이를 보충하기도 한다. 침팬지들은 주로 과일을 먹기 때문에 익은 과일을 찾기 위해 멀리 돌아다녀야 한다. 부족한 먹이를 보충하기 위해 수컷들은 함께 사냥을 해서 고기를 나눠 먹기도 하고, 떼를 지어 소수의 침팬지 무리를 공격해 과일나무를 뺏기도 한다.

반면에 연대를 이룰 수도 없고 상호 이타주의의 혜택도 얻지 못하는 암컷들은 수컷들 같은 힘이 없다. 침팬지 집단이 먹이를 찾아내면 암컷들은 수컷들이 실컷 먹을 때까지 기다릴 수밖에 없다. 수컷은 암컷에게 폭력을 휘두르기도 한다. 수컷은 암컷을 때려 성관계를 강요하기도 하며 아기가 딸린 암컷이 나타나면 수컷들이 달려들어 새끼를 죽인다. 하버드 대학에서 영장류를 연구하는 리처드 랭엄(Richard Wrangham)은 이렇게 말한다. "침팬지 사회는 끔찍하게 가부장적이며 참혹하도록 잔인하다."

다른 종의 생물처럼 침팬지 암컷도 그냥 당하지만은 않는다. 이들은 새끼를 지키고 좋은 배우자를 찾기 위해 나름대로의 노력을 한다. 다른 원숭이에 비해 침팬지 암컷은 성적으로 성숙하기까지 오래 걸린다. 어떤 학자들은 이것이 새끼를 데리고 어떤 집단에 들어갔을 때 새끼가 살해당할 가능성을 줄이는 전략이라고 보기도 한다.

침팬지 암컷이 성적으로 성숙하면 성을 이용해 새끼를 보호한다. 발정을 하면 암컷 침팬지의 성기는 부어오르고 분홍색이 된다. 그리고 이 침팬지는 집단 안의 모든 수컷들에게 추파를 던진다. 서열이 높은 수컷들이 가장 관계를 많이 갖지만 암컷들이 다른 수컷들과 교미하는 것을 막지는 못한다. 평균적으로 침팬지 암컷은 13마리의 수컷과 138회의 관계를 가진 후 한 마리의 새끼를 낳는다. 그러나 암컷의 부풀어 오른 성기는 속임수이다. 왜냐하면 임신이 가능한 기간은 매우 짧기 때문이다. 그러므로 성관계의 90퍼센트는 임신으로 연결되지 못한다. 암사자의 경우처럼 침팬지 암컷도 여러 수컷과 교미를 해서 태어난 새끼가 누구의 새끼인지 알 수 없게 함으로써 수컷들의 영아 살해 본능으로부터 새끼를 지키려는 것 같다.

싸움 대신 사랑

양성 간의 갈등은 침팬지 수컷이 암컷에게 휘두르는 폭력으로 나타나기도 하지만 항상 그런 것은 아니다. 조건만 적절하면 원숭이들은 조용한 생활양식을 유지한다. 여기서는 성이 단지 유전자 전달 수단일 뿐 아니라 평화를 지키는 수단이기도 한다.

이렇게 평화로운 삶을 누리는 원숭이가 보노보다. 보노보는 침팬지보다 훨씬 늦게 학계에 알려졌다. 과학자들은 겨우 70년 전에야 보노보와 침팬지가 서로 다르다는 사실을 알아냈다. 1929년에 독일의 한 해부학자가 벨기에의 박물관에서 소년기 침팬지의 두개골을 연구하다가 결국 이것이 다른 종의 성체 해골임을 알아냈다. 콩고 공화국을 흐르는 자이르강 남쪽에 사는 보노보는 보통의 침팬지보다 덩치가 작고 더 날씬하며 다리는 길고 어깨가 좁다. 보노보의 입술은 불그스름하며 귀는 작고 검다. 얼굴은 침팬지보다 평평하고 길며 검은 머리 한가운데에 가르마가 선명하다.

침팬지와 보노보의 차이는 신체 구조에서 그치지 않는다. 2차 대전 중 연합군은 헬라브룬이라는 독일의 도시를 폭격한 적이 있었다. 이곳 동물원에 있던 침팬지들은 엄청난 폭음에도 끄덕하지 않았다. 하지만 근처의 다른 동물원에 있던 보노보들은 모두 공포에 질려 죽었다. 그로부터 몇 년이 지나 독일 영장류학자 둘이 보노보를 관찰한 후 보노보의 성생활이 침팬지와 크게 다르다는 사실을 발견했다. 침팬지는 개와 비슷한 자세로 교미하지만 보노보는 사람과 비슷한 자세로 교미했다. 얼굴을 마주보고 성관계를 갖는 영장류는 인간과 보노보뿐이다.

이 두 사람의 연구 결과는 당시 학자들의 주목을 받지 못했다. 그러다 1970년이 되어서야 과학자들이 보노보와 침팬지 사이의 현저한 차이를 다시 발견했다. 침팬지와 마찬가지로 보노보 수컷은 자신이 태어난 집단에 눌러 살지만 암컷은 성숙하면 집단을 떠나 다른 집단으로 가야 한다. 그러나 새로운 집단의 보노보 수컷은 침팬지처럼 떼를 지어 암컷의 새끼를 죽이거나 성관계를 강요하지 않는다. 보노보 사회는 암컷이 지배한다. 바나나 한 뭉치를 이들에게 던져 주면 암컷들이 먼저 먹고 수컷들이 차례를 기다린다. 수컷이 암컷을 공격하려고 하면 성난 암컷들이 떼를 지어 이 수컷을 덮쳐 땅바닥에 누른 뒤 한 마리가 고환을 아프게 물어준다. 보노보 수컷들은 제 나름의 위계질서 속에서 살지만, 서열이 높은 암컷의 아들들이 윗자리를 차지한다. 그리고 보노보 수컷들은 거의 모여 다니지 않는다.

새로운 집단에 들어가는 보노보의 암컷 앞에는 영원한 성의 향연이 기다리고 있다. 침팬지 암컷은 성숙한 뒤 사는 기간의 5퍼센트만 성기가 부풀어 오르는 데 반해 보노보의 암컷은 이 기간이 50퍼센트에 달한다. 보노보의 암컷은 일찍 성관계를 갖기 시작한다. 어린 보노보들은 임신을 할 수 있기 훨씬 전부터 교미를 시도한다. 그리고 보노보는 동성 간에도 성관계를 시도한다. 젊은 수컷들은 음경으로 칼싸움도 하며 서로에게 구강성교도 해준다. 암컷들은 절정에 달할 때까지 서로 성기를 마찰한다.

보노보에게 있어서 성은 단순한 번식의 도구이거나 성난 수컷들로부터 새끼를 보호하는 수단에 그치지 않는다. 성은 사회적인 도구이다. 집단에 새로 들어온 암컷은 다른 암컷에게 다가가 성적 만족을 주면서 무리에 자연스럽게 녹아든다. 이렇게 새 암컷은 기존 암컷과 연대를 이루고 이런 연대가 늘어나면서 이 암컷은 자연스럽게 공동체의 중심 세력을 향해 간다.

성은 또한 사회적 갈등을 해소하는 역할도 한다. 보노보들은 과일나무나 흰개미집 같은 먹이를 발견하면 흥분해서 소리를 지른다. 그러나 침팬지들처럼 먹이를 놓고 싸우는 대신 이들은 성관계를 갖는다. 어떤 수컷이 자신이 좋아하는 암컷에게 접근하는 수컷을 질투심 때문에 쫓아버리는 경우가 있다. 나중에 이 두 수컷은 서로 만나 음낭을 비비며 화해한다. 이들은 성을 통해 경쟁심이 전면전으로 불붙는 것을 방지한다. 에모리대학의 영장류학자인 프란스 드 발(Frans de Waal)은 『보노보(Bonobo)』에서 이렇게 썼다. "침팬지는 성의 문제를 힘으로 해결한다. 그러나 보노보는 힘의 문제를 성으로 해결한다."

침팬지와 보노보는 200만 년 전 또는 300만 년 전에 공통 조상으로부터 갈라졌다고 영장류학자들은 주장한다. 리처드 랭엄과 그의 동료들은 이들의 서식지가 달라 서로 다른 길을 갔을 거라고 본다. 보노보는 연중 안정적으로 과일을 찾을 수 있는 습한 정글에 사는 반면 침팬지는 보통 나무가 듬성듬성한 숲에서 산다. 그리고 보노보는 과일이 떨어져도 정글에 흔히 널려 있는 어린잎을 따먹으면 된다. 먹이가 풍부하므로 보노보는 침팬지처럼 빨리 움직일 필요가 없다. 새끼가 딸린 보노보 암컷도 무리와 보조를 맞출 수 있다. 집단 구성원 모두에게 먹이가 충분히 돌아갈 수 있으므로 암컷들은 서로 경쟁하지 않고 좋은 유대 관계를 이룬다. 암컷 보노보들은 서로 협력해서 수컷들을 다스릴 수도 있다. 그래서 보노

진화

보 사회에서는 새끼를 죽이는 일이 없다. 수컷들은 자기 집단 안에서 싸우지 않으며 다른 집단과 싸우는 일도 없다. 보노보 집단은 서로 마주치면 싸우지 않고 성관계를 갖는다.

랭엄은 이렇게 말한다. "먹이를 구하는 조건의 작은 차이가 엄청난 성 행동의 차이를 가져온 것으로 보인다."

보노보 암컷에게 있어 이런 사회 구조는 분명히 이점이 있다. 이들은 침팬지보다 몇 년 앞서 임신하기 시작하며 따라서 더 많은 새끼를 낳을 수 있다. 학자들은 침팬지 암컷이 영아 살해의 위협과 싸워야 하므로 이런 차이가 생기는 것이 아닌가 하고 생각한다. 반면 보노보 암컷은 사회 구조 덕분에 이런 걱정을 할 필요가 없다.

연대, 배신, 속임수, 신뢰, 질투, 간음, 모성애, 자살로 이어지는 사랑 등 이 모든 것은 매우 인간과 비슷하게 들린다. 생물학자들이 새들의 이혼이나 쥐들의 간통을 이야기할 때는 이혼과 간통이라는 단어에 항상 눈에 보이지 않는 따옴표가 있다고 생각해야 한다. 즉 인간의 이혼과 간통과는 다르다. 그럼에도 인간 역시 동물이다. 수컷은 수많은 정자를 갖고 있고 암컷은 소수의 난자를 내놓는 동물이라는 얘기다. 그리고 우리의 조상도 실고기나 자카나처럼 진화의 힘에 이끌려 살아왔다. 포괄 적합도, 상호 이타주의, 양성 간의 갈등 같은 것들이 우리의 행동, 심지어 우리의 사고와도 관계가 있을까?

생물학자들로 가득 찬 술집에서 이 질문을 던져보라. 학자들은 즉시 이 질문에 대한 대답을 놓고 술잔을 던지며 대판 싸움을 벌일 것이다. 인간은 왜 까다로운 주제인가? 이 복잡한 문제를 이해하려면 먼저 인간이 어디서 왔는지 알아야 한다.

4부

진화 속에서의 인류의 위치와
인류 속에서의 진화의 위치

11장

수다 떠는 원숭이

인간 진화의 사회적 뿌리

인간이 다른 무수한 생물종과 가장 눈에 띄게 차이가 나는 점은 뭔가를 만든다는 사실이다. 외계인 탐험가가 우주 비글호를 타고 지구 밖 수십만 킬로미터 떨어진 곳을 지나면서 지구를 바라본다고 하자. 그는 수많은 인공위성, 우주정거장, 지구 주위를 도는 우주 쓰레기를 목격할 것이고, 만리장성부터 밤하늘에 빛을 던지는 수많은 도시에 이르기까지 인간이 지구 표면에 남긴 흔적을 발견할 것이고, 전화, 만화영화, 기타 수많은 통신용 무선전파가 우주 공간에 퍼져나가는 걸 포착할 것이다.

  기술은 인간의 중요한 특징이지만 그것이 전부는 아니다. 다른 동물과 달리 인간은 극도로 사회적인 종이다. 인간은 국가, 동맹, 민족, 클럽, 동아리, 조합, 연맹, 연합, 비밀결사 등으로 짜인 관계의 그물 속에서 살고 있다. 외계인 탐험가가 인간의 사회적 특징까지 파악하기는 어렵겠지만, 이렇게 보이지 않는 관계의 그물은 인간이 만든 고속도로나 도시 못

신화

지않게 인간의 본성에 있어 중요하다.

　인간이라는 종의 진화 과정을 더듬어보려면 우리는 앞서 말한 외계인 탐험가와 똑같은 어려움에 빠진다. 우리 조상이 남긴 기술의 흔적은 눈에 보인다. 만져볼 수도 있다. 무려 250만 년 전에 인류는 이미 돌을 쪼아 날이 선 물건을 만들어 동물의 고기를 잘랐다. 150만 년 전이 되자 강력한 돌도끼가 등장했는데 이것으로는 고기를 잘랐을 뿐만 아니라 막대기 같은 도구를 뾰족하게 다듬기도 했다. 40만 년 전이 되자 최초의 창이 등장했고, 오늘날에 가까워지면서 기술의 흔적은 더 많이 발견된다. 40억 년에 달하는 지구 생명의 역사 속에서 기술의 흔적을 남긴 동물은 인간 이외에는 없다. 그러나 100만 년 전의 손도끼를 만져볼 수는 있어도 이 도끼를 만든 사람의 사회나, 그 속에서 그가 겪었을 일 등은 만져볼 수가 없다.

　인간의 사회적 진화를 알아보기는 힘들지만, 과학자들은 사회를 만든 것이 인간이 오늘날의 지위를 확보하는 데 중요한 역할을 했다고 보고 있다. 아마 가장 중요한 요소였는지도 모른다. 침팬지와 비슷했던 우리의 조상들은 침팬지와 비슷한 사회를 이루고 살았겠지만, 500만 년 전쯤 다른 유인원과 갈라진 인간 집단은 동아프리카의 사바나에서 새로운 주거지를 찾아냈고, 이곳에서 이들의 사회적 삶은 훨씬 더 복잡해졌다. 인간의 특징인 큰 뇌, 지능, 언어 능력, 도구를 만드는 능력 등은 사회가 탄생한 결과 진화한 것일 수도 있다. 동시에 배우자를 둘러싼 경쟁과 자손을 만들려는 투쟁은 현대인의 마음에 흔적을 남겼을 것이고, 여기서 사랑, 질투 등 모든 감정이 형성됐는지도 모른다.

다윈이 생각한 인류 진화

다윈은 자연선택 이론을 정립해가는 과정에서 인간은 어떻게 진화했는지 궁금해졌다. 당시에는 100만 년 된 손도끼 등이 발견되기 전이었다. 사실 1850년대 후반에 가서야 고인류 화석이라고 할 만한 것이 발견되기 시작했다. 그는 가끔 자신의 생각을 노트에 적었지만 감히 발표하지는 못했다. 다윈이 『종의 기원』을 출판하기 2년 전인 1857년에 월리스는 편지를 보내 다윈이 저서에서 인간의 기원을 다룰 것인지 물었다. 다윈은 이 문제가 자연사학자에게 가장 중요하고도 흥미로운 과제임을 인정하지만, 워낙 편견에 둘러싸여 있는 터라 전혀 다루지 않을 생각이라고 답했다.

그는 순전히 전략적인 이유에서 이 주제를 피했다. 인간도 다른 동물들처럼 진화한 것이 틀림없다고 다윈은 생각했다. 그러나 다윈은 많은 사람들의 의견을 들어보기를 원했고 따라서 자신의 이론을 깊이 탐구하지 않았다. 그러나 다윈이 아무리 『종의 기원』을 쓰면서 인간의 문제를 조심스럽게 피해 갔어도 독자들은 다윈의 이론 체계 속에서 인간을 어디다 집어넣어야 할지 궁금했다. 게다가 탐험가들이 아프리카에서 침팬지와 고릴라를 잡아오는 바람에 의문을 해결할 필요가 더 절실해졌다. 헉슬리를 비롯한 생물학자들은 침팬지와 고릴라를 관찰한 후 이들이 오랑우탄보다 더욱 인간에 가까운 종임을 알아냈다. 1860년에 다윈은 월리스에게 편지를 보내서 인간에 대한 글을 쓰겠다고 말했다.

다윈이 이 글을 완성하는 데는 11년이 걸렸다. 이 과정에서 그는 『종의 기원』 개정판과 난(蘭)에 대한 책, 동물의 가축화와 식물의 경작에 관한 책에 발목을 잡혀 꼼짝할 수가 없었다. 가끔 그는 몇 달씩 앓아누웠다.

그 와중에도 인간의 진화에 대해 이야기해야 한다는 압력은 거세지기만 했다. 말하고, 추리하고, 사랑하고, 탐구할 능력이 있는 놀라운 인간이 어떻게 자연선택만으로 태어날 수 있단 말인가? 결국 윌리스조차 손을 들었다. 그는 인간의 뇌가 필요 이상으로 뛰어나다고 결론지었다. 그러니까 원숭이보다 조금 앞선 지능만으로도 얼마든지 살아남을 수 있었다는 얘기다. 그렇기 때문에 인간의 탄생은 신의 작품이라고 그는 결론을 내렸다.

다윈은 여기에 찬성하지 않았고 1871년에 『인간의 유래와 성(性)의 선택(The Descent of Man and Selection in Relation to Sex)』이라는 책에서 드디어 인간의 진화에 대한 자신의 견해를 밝혔다. 이 책은 상당히 뒤죽박죽이었다. 다윈은 성선택 이론을 소개하기 위해 책의 상당 부분을 할애했는데 그는 성선택 때문에 인종 간 차이가 생겼다고 믿었다.(이 부분에서 다윈은 쓸모없는 이야기도 좀 했다.) 인간의 진화를 다루기로 한 책에서 다윈은 성선택이 동물계에서 어떻게 이뤄지는지 상세히 설명하는 데 수백 쪽을 소비했다. 하지만 그는 결국 인간이 원숭이로부터 오늘날의 모습으로 진화했음을 암시하는 증거도 제시했다.

다윈이 『인간의 유래』를 쓸 때쯤엔 인간의 과거에 대한 자료가 겨우 나오기 시작했고, 그마저도 대부분이 애매모호한 것들이었다. 1856년에 독일의 네안더 계곡에서 한 광부가 해골 조각을 캐냈는데, 이 뼈의 주인은 네안데르탈인(호모 네안데르탈렌시스)이라고 명명됐다. 네안데르탈인의 눈썹뼈는 매우 크고 낮았으며 이 때문에 별도의 종이 아닌가 하는 의문도 제기됐다. 헉슬리 같은 사람은 인간의 극단적인 변종이라고 주장하기도 했다. 또 어떤 과학자들은 영국과 프랑스에서 화석이 아니라 부싯돌이나 돌로 만든 도구를 멸종된 하이에나의 화석과 함께 발굴하기도 했다. 이 유물들은 인류가 매우 오래됐음을 알려주기는 했지만 그 이상은 알 길이 없었다.

화석과 도구가 인간의 진화에 대해 알려주는 것이 거의 없었기 때문에 다윈은 인간을 큰 유인원에 비교했다. 몸의 각 부분에 상응하는 뼈들을 비교해보면 인간과 유인원은 거의 똑같다. 인간의 태아는 성장하면서 고릴라나 침팬지의 태아와 거의 똑같은 단계를 겪는다. 나중에 가서 아이들 셋은 서로 갈라지기 시작해서 다른 모습이 된다. 이렇게 비슷한 것으로 보아 인간과 유인원은 까마득한 옛날에 같은 조상에서 나온 것으로 보인다고 다윈은 주장했다. 인간의 조상은 유인원에서 갈라져 나온 뒤 나름의 독자적인 길을 걸어 오늘날의 독특한 성질을 갖추었다는 얘기다. 인간이 고릴라와 침팬지와 워낙 비슷한 데다가 이들이 모두 아프리카에 살고 있기 때문에 다윈은 아프리카가 인류의 고향이라고 짐작했다. "인류의 조상은 다른 곳보다는 아프리카대륙에 살았을 가능성이 더 크다." 라고 그는 말했다.

1871년에 다윈의 독자들은 그가 근거 없는 얘기를 한다고 생각했을지도 모른다. 그러나 130년이 지난 지금 그의 주장을 뒷받침할 증거는 얼마든지 있다. 학자들은 인간과 아프리카 유인원의 유전자가 신체 구조만큼이나 비슷하다는 놀라운 사실을 밝혀냈다. 1999년에 세계 각국에서 학자들이 모여 이제까지의 유전자 연구 결과를 바탕으로 인간의 진화 계통도를 그렸다. 여기서 인간은 침팬지 여러 계통들 사이에 한 자리를 차지하고 있다. 그러니까 유전학적으로 말하면 우리는 사실상 침팬지의 아종이다.

우리의 유전자가 변이를 일으키는 비율을 측정해 과학자들은 침팬지와 인간이 500만 년 전쯤 서로 갈라졌다고 보고 있다. 다윈의 시대 이래 고인류학자들은 인간의 화석뿐만 아니라 10여 가지의 인간 비슷한 종(오늘날 유인원을 제외한 인류 계통의 영장류 조상을 호미닌hominin이라고 부른다.)의 화석도 발굴해냈다. 이 모든 화석을 종합해 보면 인간의 진화 과정에는 5번의 큰 변화가 있었음을 알 수 있다. 약 500만 년 전에 시작된 첫 번째 변화로 인해 우리의 조상들은 조금씩 아프리카의 사바나로 나오기 시작했다. 두 번째는 250만 년 전쯤 석기를 발명한 것이고, 세 번째는 100만 년 전쯤 그때까지 쓰던 조악한 석기가 거대한 손도끼로 발전한 것이다. 50만 년 전의 네 번째 변화는 불을 다룰 줄 알게 됨과 동시에 창을 비롯한 도구를 더 잘 만들 수 있게 된 것이다. 마지막 5만 년 전쯤부터 인간은 진정한 현생 인류의 정신이 담긴 흔적을 남기기 시작했다. 동굴벽화, 조각된 장신구, 정교한 무기, 죽은 이의 매장 등이 그것이다.

가장 오래되고 침팬지와 비슷한 호미닌 화석은 1990년대 초 에티오피아에서 발굴됐다. 여기서 학자들은 440만 년 전으로 추정되는 이빨, 두개골의 파편, 팔뼈의 일부 등을 찾아냈다. 화석은 원숭이와 비슷했으나 침팬지보다는 인간에 더 가까운 특징을 갖고 있었다. 예를 들어 입을 다물면 윗니와 아랫니가 인간처럼 맞물렸다. 척추는 인간의 척추처럼 두개골 아래쪽에 연결돼 있다.(침팬지를 비롯한 원숭이의 척추는 머리 뒤쪽에서 두개골과 연결 된다.) 그러나 동시에 이 화석은 분명한 침팬지의 특성도 갖추고 있었다. 예를 들어 침팬지처럼 얇은 에나멜질에 싸인 거대한 송곳니가 달려 있었다. 그리고 고기나 질긴 식물성 먹이를 많이 먹지는 못했을 것이다. 아마 오늘날의 침팬지들처럼 부드러운 과일이나 연한 잎만을 먹었을 것이다.

이렇게 서로 다른 특징이 이상한 방식으로 섞인 예를 우리는 본 적이 있다. 걷는 고래, 다리와 발가락이 달린 물고기, 척추동물의 뇌의 흔적이 보이기 시작하는 무척추동물 등이 그것이다. 에티오피아에서 발견된 아르디피테쿠스 라미두스는 인간과 침팬지 사이의 잃어버린 고리가 아니라 인간의 조상이 속한 가지와 침팬지의 가지가 서로 갈라진 분기점 근처에 자리 잡고 있다.

아르디피테쿠스 라미두스는 알려진 호미닌 화석 중 가장 오래됐지만 과학자들은 300만 년이 훨씬 더 된 다른 호미닌 종도 몇 가지 찾아냈다. 이들은 모두 동아프리카에서 발견됐다. 케냐에 있는 투르카나호수 근처에서 고인류학자인 미브 리키(Maeve Leakey)는 420만 년 된 호미닌 화석을 찾아냈고 이것을 오스트랄로피테쿠스 아나멘시스(Australopithecus anamensis)라고 명명했다. 에티오피아, 케냐, 탄자니아에서는 몇 개의 연구팀이 300만 년에서 390만 년 된 오스트랄로피테쿠스 아파렌시스 (Australopithecus afarensis)의 화석을 발견했다.(이 종은 미국의 고인류학자 도널드 조핸슨이 발견한 거의 완벽한 골격 화석인 루시Lucy로 인해 호미닌 중 가장 유명해졌다.)

호미닌들은 혼란스러운 시기를 살았다. 기온이 떨어짐에 따라 사하라 사막 남쪽의 거대한 정글이 변해 숲이 여기저기 자리 잡았고 나무가 드문드문 서 있는 초지로 바뀌기도 했다. 침팬지와 호미닌은 이런 변화에 대해 아주 다른 방식으로 적응한 것 같다. 침팬지들은 아프리카 중부 및 서부에 있는 빽빽한 숲에 계속 매달렸다. 그러나 호미닌은 나무가 드문드문한 동아프리카의 서식지에 적응하기 시작했다.

기온이 내려감에 따라 호미닌의 몸에도 변화가 왔다. 발가락은 점점 손가락과 달라졌다. 다리는 더 길어졌다. 머리와 등은 똑바로 세워졌다. 인디애나대학의 케빈 헌트(Kevin Hunt)는 호미닌이 새로운 먹이로 옮겨갔기 때문에 이런 변화가 생겼다고 생각한다. 호미닌은 오늘날의 침팬지

진화

처럼 정글의 나무에 올라가 먹이를 구했을 것이다. 그러나 숲이 점점 듬성듬성해지자 호미닌은 낮은 나뭇가지에 매달린 과일을 따먹기 시작했다고 헌트는 생각한다. 두 다리로 서서 호미닌은 한 손으로 가지를 붙잡고 다른 손으로는 과일을 땄을 것이다. 이렇게 되자 호미닌이 걷는 방식도 달라졌다. 호미닌은 오늘날의 침팬지처럼 손가락관절로 체중을 지탱하며 네 발로 천천히 걸었을 것이다. 그러나 다리가 길어지자 이들은 손을 짚지 않고 두 발로만 움직이기 시작했을 것이다.

직립보행은 호미닌이 겪은 가장 큰 변화 중 하나지만, 호미닌들은 오늘날의 우리처럼 걷지 못했을 것이다. 사람은 보통 시속 4킬로미터 정도로 걷는다. 다리가 짧은 호미닌이 이 정도의 속도를 내려면 뛰어야 했을 것이다. 그래서 천천히 걸을 수밖에 없었기 때문에 이들이 하루에 걸을 수 있는 거리도 한정돼 있었다. 호미닌은 한 나무에서 다른 나무로 옮겨다니면서 가장 낮은 가지에 있는 과일을 땄을 것이고 긴 팔과 구부러진 손가락으로 가지를 붙잡으며 나무에 올라가기도 했을 것이다.(이들을 가끔 검치호랑이를 비롯한 포식자를 피하기 위해 나무에 기어 올라갔을 것이다.)

수백만 년이 지나면서 호미닌은 더 멀리 퍼져나갔다. 새로운 호미닌 종이 생겼고 이들의 화석은 북쪽으로는 차드에서 남쪽으로는 남아프리카까지 발견된다. 250만 년 전이 되자 완전히 새로운 것이 호미닌 화석과 함께 발굴되기 시작했다. 그것이 바로 석기다.

호미닌은 돌을 서로 부딪쳐 깨진 부분의 예리한 모서리를 이용했다. 이 과정에서 날이 달린 석기를 개발했고 이것으로 먹이를 자르거나 갈았다. 호미닌 말고도 도구를 만들어 쓰는 유인원들이 있다. 오랑우탄은 나뭇가지를 꺾어 잔가지를 훑어낸 후 꿀을 찍어 먹거나 나무속의 흰개미집을 쑤시는 데 쓴다. 침팬지는 이보다 한 걸음 더 나아가 나무 막대기로 여기저기를 찔러보기도 한다. 돌 위에 견과류를 놓고 마치 대장장이가 망치질을 하듯 다른 돌로 깨뜨려 알맹이를 먹기도 한다. 침팬지들은 나뭇잎을 스펀지처럼 이용해 물을 빨아들이거나, 비올 때 우산으로 쓰거나, 진흙 바닥에서 깔개로 쓰기도 한다. 그러나 250만 년 전 호미닌이 발명한 석기는 다른 유인원들이 도저히 흉내 낼 수 없는 것이었다.

1990년대 초에 인디애나대학의 니컬러스 토스(Nicholas Toth)는 침팬지의 한계를 실험으로 보여줬다. 그는 칸지라는 이름의 영리한 보노보에게 석기 만들기를 가르치려고 했다. 몇 달 동안 칸지는 돌과 씨름했지만 아무런 진전도 보여주지 못했다. 우선 보노보의 엄지손가락이 인간이나 다른 호미닌처럼 움직임의 범위가 넓지 못한 것이 문제였다. 그래서 칸지는 돌의 모양이 제대로 나올 수 있도록 정확히 때릴 수가 없었다. 그러나 또 한 가지 문제는 칸지의 뇌로는 돌끼리 부딪혀서 좋은 모양이 나오도록 깨는 데 필요한 여러 가지 변수를 다 다룰 수가 없었다. 이를테면 힘을 어느 정도나 줘야 하는지, 돌의 어디를 때려야 하는지 등을 제대로 판단할 수가 없었던 것이다. 그러나 우리 조상은 250만 년 전에 이 모든 것을 알고 있었다.

직립보행처럼 석기를 만드는 능력도 기후변화와 관계가 있는지 모른다. 300만~200만 년 전에 동아프리카와 남아프리카는 과거보다 훨씬 건조해졌고 과거에 숲이었던 곳이 초지로 바뀐 경우가 많았다. 호미닌은 덥고 햇볕이 사정없이 내리쬐는 지역에서 적응하기 위해 더욱 곧추선 자세를 진화시켰을지도 모른다. 똑바로 서 있으면 열대의 태양이 몸에 내리쬐는 면적이 적어지고 바람에 몸을 식히기도 더 좋다. 새로운 서식지에 잘 적응하는 영양과 가젤은 사바나 전역으로 퍼져나갔고 가끔 살을 찢거나 뼈에서 발라낸 흔적이 보이는 이들의 화석이 발견되기도 한다.

진화

호미닌은 아마 이들을 쫓아 사바나 전역으로 퍼졌을 것이고, 사자 같은 포식자가 먹고 남긴 고기를 먹거나 아니면 포식자를 위협해서 고기를 빼 앗기도 했을 것이다.

가장 오래된 석기가 선을 보일 때쯤 아프리카엔 적어도 4종의 호미닌 이 살았다. 도구를 최초로 만들었을 가능성이 가장 높은 집단은 우리와 같은 호모(Homo)속이다. 가장 오래된 호모속 화석은 250만 년 된 것도 있는데 이는 가장 오래된 석기가 발굴되는 시기와 대략 일치한다. 이들 은 몇 가지 점에서 다른 호미닌들과 크게 달랐다. 엄지손가락을 반대쪽 으로 펼 수 있었고 뇌가 훨씬 컸다. 두개골 용적을 측정한 결과 초기 호 모속의 뇌는 몸 크기를 감안해 비교하더라도 다른 호미닌의 뇌보다 50퍼 센트 더 컸다.

석기를 쓰면서 호미닌은 하이에나 같은 턱이나 사자 같은 발톱이 없 어도 고기를 훨씬 더 많이 먹을 수 있었다. 수십만 년이 지나 호미닌의 뇌는 침팬지의 뇌보다 2배 커졌고 다리는 길어졌으며 키는 180센티미터 에 달하기도 했다. 나무에 기어오른 흔적은 이제 사라졌다. 호모 에르가 스테르(Homo ergaster)는 인간이라고 부를 수 있는 최초의 종이었다. 현 생 인류처럼 방랑벽이 있었던 이들은 얼마 지나지 않아 아프리카를 완전 히 떠났다. 170만 년 전이 되자 호모 에르가스테르는 카스피해 근처, 그 러니까 오늘날의 조지아까지 이동했고 이곳에 화석과 도구를 남겼다.

그러나 이들이 쓴 도구, 즉 호미닌들이 최소 80만 년간 써온 조악한 석 기는 종말을 맞이하고 있었다. 아프리카에 남아 있던 호미닌들은 150만 년 전 또 한 번의 기술 혁신을 일으켜서 손도끼를 발명했다. 손도끼를 만 드는 데는 훨씬 더 많은 기술이 필요했다. 돌의 양쪽을 깨서 더욱 예리한 날을 만들어야 했기 때문이다. 손도끼를 만든 호미닌들은 자를 수 있는 모서리를 만들기 위해 돌을 아무렇게나 부딪친 게 아니었다. 이들은 손도끼를 마음속에 그리며 작업을 했다.

손도끼를 비롯한 새로운 석기가 등장하자 아프리카의 호미닌들은 '굶주린 뇌'를 채울 수 있었다. 뇌 조직은 정지해 있는 근육보다 22배나 많은 에너지를 소비하는데, 이제 뇌가 아주 커진 호미닌은 많은 열량이 필요했다. 호미닌들은 새로운 석기를 이용해서 가죽이 질기고 몸집이 큰 동물을 잡아 더 많은 고기를 먹었을 것이다. 그러나 오늘날의 수렵채집인을 관찰해보면 호미닌이 고기만 먹고산 것 같지는 않다.

오늘날 수렵채집인은 독화살 같은 정교한 무기가 있음에도 불구하고 가족을 먹이기에 충분할 만큼 동물을 잡지 못한다. 유타대학의 인류학자인 크리스틴 호크스(Kristen Hawkes)는 동아프리카의 사바나에 사는 하드자족의 식이 습관을 연구했다. 하드자족은 가끔 가젤이나 큰 동물을 잡아먹지만 그보다는 주로 식물의 뿌리나 줄기에 의존한다. 호크스는 150만 년 전의 초기 호모속 여성들이 새로운 석기를 이용해서 막대기를 만들어 나무뿌리를 파먹었을 것이라고 주장했다.

새로운 석기를 발명하고 나서 얼마 후부터 호미닌은 떼를 지어 아프리카 밖으로 이동하기 시작했다. 100만 년 전부터 호미닌은 석기를 만드는 기술을 갖고 아시아와 유럽으로 퍼져나갔다. 80만 년 전이 되자 호미닌은 서쪽으로는 에스파냐로부터 동쪽으로는 인도네시아까지 유라시아 대륙에 퍼져나갔다. 그러나 이들은 북위 50도, 그러니까 영국의 남쪽 끝까지밖에는 가지 못했다. 그로부터 수십만 년이 지나서야 이들은 더 북쪽으로 올라갈 수 있었다. 호크스가 지적한 것처럼 북위 50도 위로는 날이 너무 추워서 여러 가지 덩이줄기가 자라지 못하기 때문이다. 식량을 확보할 수가 없었으므로 호미닌의 진군은 여기서 멈춰야 했다.

진화

도구와 협동

도구가 없었다면 호미닌은 그렇게 멀리 퍼져나가지 못했을 것이다. 그러나 애당초 호미닌이 석기를 만들게 한 진화의 힘은 무엇이었을까? 진화 과정 전체에 걸쳐 호미닌의 뇌는 불규칙한 속도로 커져갔다. 뇌가 점점 커지고 복잡해지자 호미닌은 도구를 만든다는 과제를 소화할 수 있었을 것이다. 그래도 한 가지 의문이 남는다. 어떻게 해서 뇌가 커졌을까?

아마 다른 유인원들과 원숭이들의 사회적 생활양식에서 그 뿌리를 찾을 수 있을 것이다. 다른 동물과 달리 영장류는 무리를 짓거나 동맹을 맺거나 집단 속의 위계를 세우는 등의 사회적 행동을 보인다. 영장류는 자연적 환경의 변화보다도 사회적 환경의 변화를 더욱 민감하게 느낀다. 예를 들어 긴꼬리원숭이는 비단뱀을 무서워하지만 방금 비단뱀이 지나간 자국을 알아보지 못한다. 반면 이들은 자기가 속한 무리의 계보와 전통은 잘 기억하고 있다. 긴꼬리원숭이 두 마리가 싸우면 친척들은 이 사실을 기억하고 있다가 며칠 후 상대방의 구성원을 괴롭힌다.

어떤 경우에 영장류는 가끔 속이기도 한다. 스코틀랜드에 있는 세인트앤드루스대학의 앤드루 위튼(Andrew Whiten)은 폴이라는 이름을 가진 어린 차크마개코원숭이가 멜이라는 암컷 어른 원숭이에게 살금살금 다가가는 모습을 보았다. 멜은 맛있는 식물 구근을 먹으려고 땅을 파고 있었다. 주변을 둘러보고 다른 원숭이가 없음을 확인한 폴은 갑자기 소리를 지르기 시작했고 몇 초도 되지 않아 폴의 어미가 달려왔다. 멜이 자기 아들을 괴롭히고 있다고 생각한 어미는 멜을 절벽으로 밀어버렸다. 그러자 폴은 멜이 파고 있던 구근을 차지했다.

인간 외의 영장류 중 가장 교활하고 영악한 것들은 우리의 가장 가까운 친척인 유인원들이다. 위튼은 이렇게 말한다. "이 유인원들은 마키아벨리의 책을 읽은 모양이다. 이들은 사회의 위계를 밟아 올라가는 데 매우 관심이 있고 이를 위해 적절한 상대와 친분을 쌓는다. 그러나 기회만 있으면 마치 마키아벨리의 조언이라도 들은 듯 친구를 속이고 함정에 빠뜨린다."

신경과학자들은 한때 뛰어난 사회적 지능은 그 자체로는 별것 아니라고 생각했다. 이들은 뇌가 범용 컴퓨터와 같아서 사회적, 신체적, 기타 어떤 식의 문제와 마주쳐도 같은 전략으로 이를 해결한다고 생각했다. 그러나 우리의 뇌는 이런 식으로 작동하지 않는다는 증거가 나타나고 있다. 오히려 뇌는 특정한 과제를 해결하는 각각의 모듈이 여러 개 모인 것으로 보인다.

모듈이 어떻게 작동하는지 알려면 그림 8을 보면 된다. 이 그림은 물론 한쪽 부분이 잘려나간 원 3개로 되어 있지만 우리는 이것을 삼각형으로 인식한다. 왜냐하면 시각을 관장하는 뇌의 부분에는 물체의 가장자리를 인식하는 것을 담당하는 모듈이 있기 때문이다. 이 모듈은 주변부가 완전히 보이지 않아도 보이는 것으로 인식하고 처리한다. 따라서 우리의 뇌는 이 원의 모형을 무작위적인 선의 집합으로 인식하기보다 물체의 가장자리로 알아보는 것이다. 눈에서 뇌로 전달된 신호는 저마다 역할이 다른 영상처리 모듈들을 통과하고, 처리가 끝나면 뇌는 들어온 정보를 통합해 3차원 영상으로 재현한다.

이런 모듈은 학습하는 것이 아니다. 이것은 태아일 때부터 형성되기 시작해 눈을 사용함에 따라 성숙해간다. 많은 생물학자들은 이것도 코끼리의 코 또는 새의 부리처럼 자연선택에 의한 적응의 산물이라고 생각한다. 우리의 조상들이 항시 직면했던 문제를 해결하기 위해 진화했다

진화

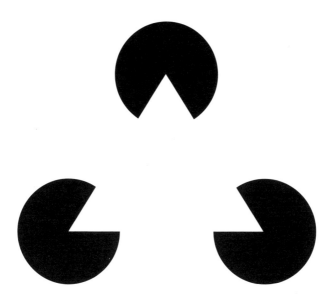

그림 8. 인간 뇌의 인지 모듈. 인간의 뇌에는 여러 가지 인지 과제들을 수행하는 모듈이 많이 있다. 예를 들어 윗부분에서 빠진 부분을 채우는 모듈이 있다. 이 그림을 삼각형으로 인식한다는 사실은 이렇듯 가장자리를 해결하는 모듈이 있음을 보여준다.

는 얘기다. 시각 모듈은 아마 우리의 먼 조상들이 좋아하는 과일을 알아보거나 나무 사이를 돌아다닐 때 필요했기 때문에 진화했는지도 모른다. 1초에 60번씩 새로운 사진을 계속 찍어 영상을 만들기보다는 모듈을 써서 정말로 중요한 정보만 추출하는 방법을 쓰기로 한 것이다.

시각 정보를 처리하는 모듈이 따로 있듯이 사회적 관계를 맺으며 살아가기 위한 다른 모듈도 있을 것이다. 케임브리지대학의 심리학자인 사이먼 배런코언(Simon Baron-Cohen)은 뇌 기능에 이상이 있는 사람들을 연구해 이런 사회적 지능 모듈의 윤곽을 추적해봤다. 그중에는 윌리엄스증후군이라는 병에 걸린 사람도 있었다. 이들은 보통 지능지수(IQ)가 50~70 정도로 낮으며 좌우도 잘 구분하지 못하고 간단한 계산도 하지 못한다. 그런데 윌리엄스증후군 환자들은 탁월한 음악가거나 독서광인 경우가 있다. 이들은 사람에 대해 관심이 많으며 다른 사람에게 공감하기도 잘 한다.

윌리엄스증후군 환자들의 사회적 지능을 알아보기 위해 배런코언은 한 가지 실험을 하나 고안했다. 그는 잡지를 뒤져 특별히 표정이 풍부한 얼굴 사진들을 골라 그중에서 눈 부분만 모았다. 그러고는 윌리엄스증후군 환자들에게 이것을 보여주며 눈만 갖고 사진 속의 인물이 가진 느낌을 말해 보라고 했다. 윌리엄스증후군 환자들이 내놓은 답은 대부분의 정상적인 성인들이 내놓은 답과 별로 다르지 않았다. 그러니까 윌리엄스증후군이 있는 사람들은 뇌에 손상을 입었는지 모르지만 이 병이 사람의 영혼을 들여다보는 능력까지 망가뜨린 것은 아니라는 얘기다.

배런코언은 같은 시험을 자폐아들에게 실시해 정반대의 결과를 얻었다. 자폐증이라고 해서 반드시 지능이 낮은 것은 아니다. 드물기는 하지만 자폐증 환자는 머리가 아주 좋을 수 있다. 그러나 이들은 사회의 규범을 잘 익히지 못하며 다른 사람들이 어떻게 생각하고 어떻게 느끼는지를 이해하지 못한다. 자폐증 환자들에게 눈 사진을 보여주자 이들은 사진의 주인이 어떤 마음 상태에 있는지 거의 알아내지 못했다. 이들은 뇌에 이상이 있어서 다른 사람의 입장에 서서 볼 능력이 없어진 것이다.

배런코언의 연구 결과는 사회적 지능을 관장하는 모듈의 모습을 어렴풋이나마 보여준다. 자폐증 환자의 경우처럼 사회적 지능 모듈이 파괴됐다 해도 다른 부분의 지능은 문제가 없을 수 있다. 윌리엄스증후군 환자들은 뇌 손상으로 인해 다른 지능은 피해를 입었지만 사회적 지능만은 그대로 유지하고 있다.

사회적 지능의 진화는 영장류 일반의 진화는 말할 것도 없고 인류의 발달에서 가장 중요한 요소 중 하나였을 것이다. 영장류의 뇌의 무게가 그 증거이다. 리버풀대학의 심리학자인 로빈 던바(Robin Dunbar)는 뇌의 크기, 그중에서도 뇌의 가장 겉에 있으며 수준 높은 사고를 담당하는 신피질의 무게를 비교해봤다. 레무르원숭이 같은 영장류는 몸 크기에 비해서 신피질이 상대적으로 작았고 개코원숭이나 침팬지 같은 영장류는 신피질이 컸다. 여기서 던바는 한 가지 놀라운 패턴을 발견했다. 영장류의 신피질 크기는 그 영장류가 만드는 집단의 크기와 밀접한 관계가 있었다. 그러니까 집단의 구성원이 많을수록 신피질이 크다는 얘기다.

그래서 던바는 영장류가 큰 집단을 이루고 살면 살수록 더 큰 사회적 지능이 필요하다는 결론을 내렸다. 이 집단 속의 개체들은 누가 내게 잘해줬는지 또는 피해를 입혔는지, 그리고 누가 나의 친척이고 친구인지를 기억할 필요가 있었기 때문에 이런 능력을 개발했을 것이다. 따라서 그 종에서는 더 크고 더욱 강력한 신피질을 만들어내는 돌연변이가 선호됐을 것이다. 왜냐하면 신피질이 커야 사회적 지능이 높아지기 때문이다. 놀랄 일도 아니지만 신피질이 더욱 큰 영장류는 작은 영장류보다 속임수도 잘 쓴다.

인간이 영장류와 같은 법칙을 따른다면(우리도 영장류이니 당연히 그렇겠지만) 사회적 지능의 진화는 인간이 특별히 큰 뇌를 발달시키는 데 있어 중요한 역할을 했을 것이다.

마음 이론의 진화

호미닌은 체형, 서식지, 심지어 뇌의 크기까지 침팬지와 매우 비슷했다. 이들의 사회적 생활도 침팬지와 비슷해서 아마도 오늘날의 침팬지와 비슷한 사회적 지능 정도를 필요로 했을 것이다. 이를 연구하기 위해 과학자들은 침팬지들이 다른 침팬지를 얼마나 이해하는지 알아보는 실험을 했다. 침팬지의 마키아벨리적인 태도는 다른 침팬지도 자기와 똑같은 마음을 갖고 있다는 것을 이해하는 능력에서 나오는 것인가? 이들도 이른 바 심리학자들이 말하는 '마음 이론(theory of mind)'을 갖는가?

과학자들은 침팬지가 가장 기본적인 마음 이론밖에는 갖고 있지 못한다고 생각한다. 예를 들어 침팬지는 다른 침팬지가 무엇을 볼 수 있는지, 그리고 무엇을 볼 수 없는지를 안다. 하버드대학의 영장류학자인 브라이언 헤어(Brian Hare)와 그의 연구팀은 서열이 높은 침팬지와 낮은 침팬지를 대상으로 하는 일련의 실험을 통해 이를 보여줬다. 먹이를 둘러싸고 싸움이 벌어지면 항상 서열이 높은 쪽이 이긴다. 실험에서 헤어는 양쪽 끝에 문이 달린 우리를 준비하고 서열이 높은 침팬지와 낮은 침팬지를 양쪽에서 동시에 들여보냈다. 우리 안에는 과일이 2개 있는데 서열이 낮은 침팬지는 높은 침팬지가 둘 중 하나밖에 볼 수 없다는 사실을 알고 있다. 왜냐하면 또 하나의 과일은 PVC파이프로 가려 보이지 않게 해놓았기 때문이다. 이 사실을 아는 서열 낮은 침팬지는 항상 가려져 있는 과일만을 집어 들었다. 그렇게 해서 그 침팬지는 양쪽이 다 볼 수 있는 과일을 두고 서열 높은 침팬지와의 충돌을 피했다.

하버드대학의 영장류학자 리처드 랭엄은 이렇게 말한다. "침팬지도 기초적이나마 마음 이론을 갖고 있다는 증거가 속속 나타나고 있다. 따라서 어떤 침팬지는 다른 침팬지가 무엇을 볼 수 있고 없는지에 따라 자신의 전략을 결정한다는 사실이 밝혀졌다. 우리가 아는 한 인간과 침팬지 외에는 이렇게 할 수 있는 종이 없다."

그러나 침팬지는 완전히 다른 침팬지의 입장에 설 능력이 있는 것 같지는 않다. 사우스웨스턴루이지애나대학의 영장류학자인 대니얼 포비

진화

넬리(Daniel Povinelli)는 침팬지와 두 살 된 어린아이의 사회적 지능을 비교하는 실험을 해봤다. 그는 한 사람은 눈을 가리고 다른 사람은 입에 재갈을 물린 뒤 어린아이와 침팬지에게 먹을 것을 달라는 시늉을 하도록 했다. 어린이들은 눈을 가린 사람이 자신들의 시늉을 볼 수 없음을 알고 재갈을 물린 사람에게 신호를 보냈다. 그러나 침팬지들은 두 사람 모두에게 신호를 보냈다.

헤어의 실험은 침팬지가 시각의 기본적인 것들을 이해하고 있음을 보여준다. 예를 들어 장애물이 있으면 볼 수 없다는 것은 안다. 그러나 포비넬리의 실험은 침팬지가 시각 전부를 이해하고 있지는 못함을 보여준다. 그러니까 눈으로 들어오는 영상을 처리하는 '마음'이 있다는 사실까지는 침팬지가 모른다는 얘기다.

이런 실험 결과를 보면 침팬지와 인간의 공통 조상은 아마 다른 개체들도 자기처럼 마음이 있고 자기처럼 생각할 수 있다는 사실을 알지 못했을 것이다. 달리 말해 이들은 마음 이론을 갖고 있지 않았던 것이다. 인간의 조상인 호미닌은 아마 500만 년 전쯤 침팬지로부터 갈라져 나온 뒤에야 마음 이론을 발달시킬 수 있었을 것이다.

앤드루 위튼과 로빈 던바도 호미닌들이 빽빽한 정글로부터 나무가 듬성듬성한 수풀로, 결국에는 사바나까지 나오는 과정에서 조금씩 마음 이론을 진화시켰다고 주장한다. 사바나로 나오면서 호미닌은 사자나 표범처럼 덩치가 크고 무서운 포식자들과 마주치기 시작했을 것이다. 하지만 사바나에는 위험을 피해 뛰어 올라갈 나무가 별로 없었다. 그래서 호미닌은 조상보다 더 많은 개체가 모여 집단을 이룰 수밖에 없었다. 무리가 커지면 사회적 지능이 더 잘 발달할 수 있고, 이는 또한 더 큰 뇌를 필요로 한다. 이 과정에서 호미닌은 남의 마음을 읽을 줄 아는 능력을 진화시

컸다. 다른 호미닌의 눈 속을 들여다보고 그들은 다른 호미닌이 무엇을 볼 수 있는지 없는지 뿐만 아니라 그가 무슨 생각을 하는지도 알아낼 수 있게 된 것이다. 이어서 이들은 신체 언어를 이해하고 과거에 다른 사람들이 나에게 한 행동도 기억할 수 있게 되었다. 이 과정에서 호미닌은 서로를 속이거나 동맹을 맺거나 남의 행동을 추적하는 일을 더 잘하게 되었다.

위튼은 사회적 진화가 일단 시작되자 걷잡을 수 없이 진행됐을 것이라고 생각한다. 더 뛰어난 마음 이론을 갖고 태어난 호미닌 개체는 집단 구성원들을 더 잘 속일 수 있었을 것이고 번식에 성공할 확률도 더 높았을 것이다. 위튼은 이렇게 말한다. "이렇게 되자 진화의 힘은 거짓말을 알아내는 능력을 모든 개체들이 개발하는 쪽으로 작용하기 시작했다. 그리고 거짓말을 알아낼 수 있다는 것은 다른 사람의 마음속에서 어떤 일이 일어나는지를 더 잘 알 수 있다는 뜻이다."

이렇게 해서 호미닌의 진화는 사회적 지능의 성장이 뇌의 확대를 불러오고 뇌가 커지면서 사회적 지능이 진화하는 식으로 발달했을 것이다. 궁극적으로 이 과정은 호미닌 사회 자체를 바꿔놓았다. 서열이 낮은 개체도 매우 영리했기 때문에 우두머리 수컷은 구성원들에게 위계질서에 복종할 것을 강요하기가 어려워졌다. 이에 따라 호미닌의 사회는 침팬지 식의 서열 사회에서 좀 더 평등한 구조로 바뀌었다. 각 개인은 저마다 마음 이론을 이용해서 다른 개인의 생각을 알 수 있었고 이에 따라 아무도 조직원들을 속여 이들을 지배할 수 없었다.

호미닌은 평등한 사회 속에서 살기 시작한 뒤에야 진정한 수렵채집 생활의 이익을 누리게 되었다고 주장한다. 남자들은 의심의 노예가 되지 않고도 여자들과 어린이들을 남기고 함께 계획을 짜서 사냥을 하러 나갈

생겼을지 알 수 있을 것이라고 주장하기까지 한다. 그러나 반대자들은 인간의 행동이 진화의 굴레에서 벗어났다고 주장한다. 그렇기 때문에 현생 인류의 감정이나 관습을 100만 년 전의 아프리카 사바나에서 일어난 적응의 결과라고 주장하는 것은 과학적 근거가 없다는 얘기다. 이 논쟁은 단순히 선천과 후천 논쟁이 아니다. 이 논쟁은 인간의 과거를 어떻게 이해할 것인가라는 문제의 핵심을 다루는 논쟁이다.

하버드대학의 에드워드 윌슨은 1975년에 출간한 유명한 책『사회생물학(Sociobiology)』을 통해 이 논쟁에 본격적으로 불을 붙였다. 이 책은 주로 동물의 사회적 삶을 이해하기 위해 과학자들이 진화 이론을 적용해서 성공을 거둔 내용을 다루고 있다. 처음에는 진화상의 역설처럼 보이던 것이 자세히 보니 그럴 만하다는 얘기다. 번식 능력이 없는 일개미는 자신과 유전자를 가장 많이 공유한 자매에 해당하는 알들을 열심히 부화시킨다. 수사자는 암사자 무리를 접수하면 새끼들을 죽이고 암사자들을 발정시켜 자신의 새끼를 낳게 한다.

윌슨은 이 책의 마지막 장 첫머리에서 이렇게 쓰고 있다. "이제 인간을 생각해보자. 마치 지구상의 사회적 동물 목록을 완성하는 단계에 온 외계 생물학자처럼 말이다." 인간은 큰 집단을 이루고 사는 영장류이다. 인간은 상호 이타주의와 먹이를 나눠 먹는 일을 실행하던 호미닌으로부터 진화했다. 초기의 인간은 서로 속이고 협잡도 했지만 그만큼 서로 돕고 혜택을 주고받기도 했다. 초기 인간 사회에서 남녀는 역할이 분명히 구분되어 남성은 사냥을 하고 여성은 육아와 식물 채집을 담당했다. 윌슨은 성선택이 진화의 원동력이었을 것이라고 본다. 그는 이렇게 썼다. "성선택으로 인해 공격성이 통제되고 옛날의 지배 관계가 복잡한 사회적 관계로 바뀌어 갔다. 젊은 남성들은 성욕과 공격성을 통제하고 자신

진화

이 지도자가 될 때까지 기다리면서 조직에 어울리는 것이 이롭다는 것을 깨달았다."

월슨은 심리학을 진화생물학으로 대치하며 큰 반향을 일으켰다. 이 책은 베스트셀러가 돼서 《뉴욕 타임스》의 1면을 장식하기도 했다. 《뉴욕 타임스》는 기사에서 "인간의 행동이 인간의 손 또는 뇌의 크기처럼 진화의 산물일지도 모른다."라고 썼다. 그러나 이 책의 반대 여론도 들끓었다. 반대자들은 대부분 학계의 좌파들이었는데 이들은 월슨이 과학을 이용해서 현 상황, 즉 현대 사회의 모든 불평등을 정당화하려고 한다고 비난했다. 반대자들은 월슨이 발표를 하는 학회장으로 난입해 반대 구호를 외치기도 하고 심지어 그에게 물을 끼얹기도 했다.

좀 더 신중한 반대자들은 월슨이 제시한 전형에 인간이 꼭 들어맞지는 않는다고 주장했다. 포괄 적합도 이론으로 일개미가 여왕이 낳은 알을 부화시키고 새끼를 돌보는 것을 설명할 수는 있지만 인간의 다양한 가족 형태를 설명할 수는 없다는 얘기다. 수단에 사는 누어족을 보자. 이들은 불임 여성을 남성처럼 취급해 다른 남성이 임신시킨 여성과 불임 여성이 결혼해서 살도록 한다. 이렇게 해서 결혼한 여성이 낳은 아이는 불임 여성의 아이로 취급된다. 이런 가족은 문화적 전통으로 인해 형성된 것이지 유전자의 명령으로 만들어진 것이 아니다.

오늘날에도 많은 인류학자들이 월슨의 저서에 대해 이런 반론을 펴고 있다. 그러나 1980년대로 들어서자 반대자들은 자신들이 수집한 데이터가 월슨의 주장과 일치하기도 한다는 사실을 발견했다. 이런 사람들 중에는 크리스틴 호크스가 있었다. 인류학자로 발걸음을 내딛자마자 그는 뉴기니의 고산지대에 사는 비누마리엔족과 생활하며 인척 관계가 이 사람들의 행동에 어떤 영향을 미치는지 관찰했다. 그는 비누마리엔족이 친척을 분류할 때 쓰는 기준을 연구했으며 이 친척들이 서로 어떻게 돕는지 들여다봤다. 이곳에서의 연구를 끝내고 미국으로 들어온 뒤에 호크스는 진화가 인간의 문화에 영향을 미칠 가능성에 대해 진지하게 생각하기 시작했고, 비누마리엔족에 대해 수집한 데이터를 사회생물학을 실험하는 데 써보기로 했다.

월슨의 주장이 옳다면 비누마리엔족은 인척 관계가 가깝고 먼 것에 따라 분명한 차이를 둬야 한다. 결국 포괄 적합도를 강화하려면 사촌보다는 친형제를 도와줘야 한다는 얘기다. 그러나 호크스는 비누마리엔족의 언어에 사회생물학적 구분이 없다는 것을 발견했다. 이를테면 서양에서는 사촌이라고 불러야 할 사람들을 비누마리엔족은 형제라고 불렀다.(서양사회에도 이런 언어상의 문제가 있기는 마찬가지이다. 영어로 'uncle'이라는 단어가 부모의 형제를 의미할 때는 이들은 나와 유전자를 평균적으로 4분의 1을 공유하고 있지만 '고모나 이모의 남편'이라는 뜻으로 쓰이면 나와는 혈연관계가 전혀 없게 된다.)

비누마리엔족은 친척 관계가 가깝고 먼 것을 구분하지 않는다는 점에서 호크스가 사회생물학에 반대되는 증거를 찾은 것처럼 보이기도 한다. 그러나 한 꺼풀 벗겨보면 여기서도 포괄 적합도가 작용하고 있음을 알 수 있었다. 비누마리엔족은 저마다 작은 땅을 갖고 있어서 여기서 돼지를 키우거나 고구마 같은 작물을 재배했다. 그래서 다른 사람의 돼지나 고구마를 돌봐주면 나 자신의 돼지나 고구마를 돌볼 시간이 그만큼 줄어든다. 친척에 대해 사촌이라는 단어를 쓰든 형제라는 단어를 쓰든 상관없이 비누마리엔족은 유전적으로 먼 쪽 사람들보다 가까운 쪽 사람들의 밭에서 더 많은 시간을 보낸다는 사실을 호크스는 발견했다.

1980년대가 되자 몇몇 인류학자들은 사회생물학에 관대해지기 시작

진화

했고 사회생물학도 한 발 물러서는 모습을 보였다. 사회생물학 옹호자들은 유전자가 인간의 행동을 결정한다는 주장을 더 이상 하지 않게 되었다. 대신 이들은 동물이 교미나 새끼 사육에 있어 무의식적으로 판단을 내리는 과정을 유전자가 어떻게 통제하는지 보여줬다. 스티븐 엠렌은 이런 적응 전략을 '판단 규칙'이라고 명명했는데, 동물은 서로 다른 상황 속에서 이 규칙에 따라 서로 다른 방법으로 대응한다.

엠렌은 케냐에서 자신이 발견한 벌잡이새들 사이에서 이 규칙이 얼마나 복잡하게 작용하는지 보여줬다. 젊은 암컷은 생식 능력이 생긴 첫해에 교미를 시작할 수도 있고, 새끼를 키우는 이웃집을 도와줄 수도 있으며, 아니면 아무것도 안 하고 번식기를 넘길 수도 있다. 그런데 짝이 없고 서열이 높은 수컷이 젊은 암컷에게 구애하면 그녀는 거의 매번 집을 떠나 다른 곳으로 수컷을 따라가 보금자리를 꾸민다. 이런 경향은 수컷에게 도우미가 많아서 태어난 새끼들을 잘 돌볼 수 있을 경우 더욱 두드러진다. 그러나 그녀에게 구애하는 수컷들이 모두 젊고 서열이 낮은 수컷들이면 젊은 암컷은 이들의 구애를 거절한다. 젊은 수컷들에게는 도우미가 거의 없을 뿐만 아니라 어린 형제들을 돌보게 하려고 아버지가 끊임없이 못살게 굴기 때문이다.

엠렌은 아무것도 생각할 수 없는 아주 작은 뇌를 가진 새에게서도 진화의 힘은 이렇게 미묘하고도 복잡한 반응을 일으킨다는 사실을 보여줬다. 그렇다면 호미닌에게서도 똑같이 복잡하고 무의식적인 판단 규칙이 진화했으리라고 생각하지 못할 이유는 없다.

차세대 사회생물학자들도 아프리카의 사바나에서 인류의 조상에게 작용했을 진화의 힘에 초점을 맞추기 시작했다. 인류의 조상은 100만 년 이상 아프리카 초지에서 소규모의 수렵채집인 집단을 이루며 같은 삶의 방식을 유지했다. 이들은 동물을 사냥하거나 죽은 고기를 석기로 잘라먹었고 그밖에 땅속줄기를 파내거나 다른 식물을 채집해서 삶을 이어갔다. 이들은 모두 똑같은 조건에서 배우자를 찾고 아이를 키워야 했다. 시간이 가면서 이들의 몸과 마음은 이런 생활양식에 적응했다. 예를 들어 인류의 조상은 사바나에서의 생활에 적합한 마음의 모듈을 진화시켰을 것이다. 이들은 각 모듈을 스위스칼 속에 있는 여러 가지 도구처럼 사용해 각각의 상황에 따라 이를 적용했을 것이다.

오늘날의 사회생물학자들은 인류가 이제 사바나에서 생활하지는 않지만 진화론적으로 이를 아직 잊어버린 것은 아니라고 본다. 산업혁명이 일어난 지는 200년밖에 지나지 않았고 인간이 수렵채집에서 농업으로 옮겨온 것도 겨우 수천 년에 지나지 않는다. 이 정도면 호미닌에서 이제까지 인간이 진화해온 기간의 1퍼센트의 몇 분의 1밖에 되지 않는다. 오늘날 우리의 삶은 과거와 매우 다르지만 자연선택이 인간의 심리에 영향을 끼칠 만한 시간은 아직 지나지 않았다는 얘기다.

이런 관점에서 보면 왜 인간이 어떤 정신적 과제는 잘 해결하고 다른 것은 그렇지 못한지 이해하는 데 도움이 된다. 진화심리학이라고 부르는 이 분야를 개척한 사람은 레다 코스미데스(Leda Cosmides)와 존 투비(John Tooby) 부부로, 이들은 각각 캘리포니아대학의 심리학자와 인류학자이다. 두 사람은 이런 접근 방법을 이용해 특정 심리학 실험 결과들을 해석했다. 이 실험은 옛날부터 있었던 심리학 실험(웨이슨 테스트)을 업데이트한 것이다. 누군가가 내 앞에 넉 장의 카드를 놓는다고 상상해보자. 이 카드에는 Z, 3, E, 4가 각각 쓰여 있다. 그리고 각 카드의 뒷면에도 숫자나 문자가 있고, 모음이 쓰여 있는 카드의 뒷면에는 항상 짝수가 쓰여 있다는 법칙이 있다고 하자. 이 법칙의 성립 여부를 알려면 위에 말한 넉

진화

장의 카드 중 어떤 카드들을 뒤집어봐야 하는가?

답은 E와 3이다.(4는 볼 필요가 없다. 왜냐하면 뒷면에 자음이 있다 해도 법칙이 깨지는 것은 아니기 때문이다.) 일반적으로 웨이슨 테스트의 성적은 매우 나쁘다. 그러나 코스미데스는 같은 문제를 사회적 배경을 깔아 바꾸면 올바른 대답을 하는 사람의 수가 크게 늘어난다는 사실을 알았다. 이제 다시 한 번 어떤 사람이 넉 장의 카드를 내 앞에 놓는다고 생각해보자. 각 카드에는 18, 콜라, 25, 샴페인이라고 쓰여 있다. 이 카드들에는 어떤 바에서 음료를 마신 사람들의 나이와 그들이 주문한 음료의 이름이 쓰여 있다. 그러면 21세 이하인 사람이 알코올음료를 마셔서 법을 어겼는지 여부를 확인하려면 위의 카드 넉 장 중 어떤 카드를 뒤집어보면 될까?

정답은 18과 샴페인이다. 이 문제는 앞서 이야기한 웨이슨 테스트와 똑같은 논리적 구조로 되어 있음에도 불구하고 문제를 이렇게 내면 사람들은 대부분 정답을 맞힌다. 인간이 사회적인 복잡성을 따라가는 기술이 뛰어나기 때문에 이런 식의 문제를 잘 맞히는 거라고 코스미데스와 투비는 주장한다. 우리 조상들은 거짓말쟁이를 가려내는 모듈을 진화시켰다. 왜냐하면 수렵채집인의 무리는 서로 고기, 도구 등 소중한 것들을 나눠야 했는데 속임수로 이익을 차지하려는 사람을 가려낼 능력이 있다면 그것은 집단 모두의 이익이 되기 때문이다.

진화생물학자들은 우리의 조상이 이성과 어린이에 대한 행동을 관장하는 강력한 모듈도 개발했을 것이라고 주장한다. 결국 번식의 성공 여부는 바로 여기에 달려 있으니까 말이다. 이 점에서 우리는 다른 동물과 다를 것이 없다. 암공작은 진화의 결과 주어진 능력으로 수공작을 선택하지만, 그렇다고 해서 어떤 수공작을 선택했을 때의 손익을 머릿속으로 계산해보지는 않는다. 대신 암공작이 보고 냄새 맡고 경험하는 것들이 암공작의 머릿속 어딘가에서 방아쇠를 당긴다. 사람도 마찬가지로 유전적 이익에 관한 냉정하고 합리적인 계산에 따라 사랑에 빠지지는 않는다. 그러나 진화생물학자들은 사랑, 성욕, 질투 같은 감정은 뇌 속에서 일어난 적응의 결과로 생긴다고 주장한다.

예를 들어 사람들은 이성의 어떤 점이 매력적이라고 느낄까? 결국 이것이 배우자를 고르는 첫 번째 단계이다. 많은 경우 동물들은 좌우대칭을 선호하는 경향이 강한데 왜냐하면 이것이 믿을 만한 건강의 징표이기 때문일 것이다. 인간에게서도 이것은 좋은 척도가 될 수 있다. 멕시코 대학의 데이비드 웨인포스(David Waynforth)는 중앙아메리카의 작은 나라인 벨리즈 남성들의 얼굴 좌우대칭을 측정한 결과 대칭이 아닌 정도가 심할수록 심각한 질병에 걸리는 경향이 있음을 발견했다.

얼굴이 균형을 이뤘는가, 균형이 조금 깨졌는가 하는 것은 아주 미묘하기 때문에 의식적으로 인식하기는 어렵지만 균형은 분명히 어떤 사람이 다른 사람의 매력을 판단하는데 영향을 미친다. 세인트앤드루스대학의 데이비드 페릿(David Perrett)은 컴퓨터를 써서 사람의 얼굴 사진을 수정해 같은 사람의 얼굴을 더 대칭에 가깝게 하거나 비대칭이 되게 하는 변화를 주었다. 그리고 나서 그는 실험 대상자들에게 원래 얼굴 사진을 보여주고 수정된 사진들을 여러 장 보여준 후 각 사진에 대해 매력 등급을 매기라고 했다. 그 결과 실험 대상자들은 불균형한 얼굴보다 균형 잡힌 얼굴에 더 점수를 많이 주는 경향을 보였다.

플라이스토세에 살던 우리의 조상들이 배우자를 선택하는 기준은 얼굴만이 아니었을 것이다. 소녀들은 사춘기에 달하면 임신이 가능해졌다는 몇몇 증거를 나타낸다. 우선 엉덩이가 커지는데 이는 임신 중 에너지원으로 쓰일 지방이 축적되고 있다는 뜻이다. 가임기 여성의 허리둘레는 엉덩이둘레의 67~80퍼센트이다. 남성, 어린이, 폐경기 이후의 여성은 대부분 이 값이 80~95퍼센트이다. 그러니까 이 값이 작다는 건 그만큼 젊고 건강하고 임신이 가능하다는 뜻이다.

인간은 이 비례를 매우 예민하게 감지하는 것으로 보인다. 텍사스대학의 심리학자인 데벤드라 싱(Devendra Singh)은 여러 문화권 및 연령층의 남성들과 여성들에게 허리와 엉덩이의 비례가 서로 다른 여성들의 사진을 보여줬다. 그 결과 60~70퍼센트가 가장 매력적인 것으로 조사됐다. 여성의 외모에 대한 취향이 시대에 따라 바뀌긴 하지만 이 비례만은 그렇지 않은 것으로 보인다. 싱은 《플레이보이》 모델이나 미인 대회 우승자들이 해가 감에 따라 계속 날씬해져도 허리와 엉덩이의 비례는 변하지 않았음을 발견했다. 이렇게 변치 않는 취향은 이미 100만 년 전에 남성이 아이를 낳을 가능성이 가장 높은 배우자를 선택하면서 만들어진 것으로 보인다.

동화와는 다른 결말

동물의 암컷과 수컷은 어쩔 수 없이 이해관계가 상충하는 부분이 있다. 이론상 수컷은 평생 동안 수천 마리의 후손을 만들 수 있는 반면, 암컷은 만들 수 있는 후손의 수가 훨씬 적을 뿐만 아니라 하나하나에 대해 좀 더 많은 에너지를 필요로 한다. 플라이스토세를 살아가던 인류 조상들도 같은 갈등을 겪었을 것이다. 남성은 아이 때문에 별 노력을 하지 않아도 되는 반면, 여성은 피할 수 없는 짐을 져야 했을 것이다. 먼저 9개월간 임신을 해야 하고, 임신 도중 여러 부작용 때문에 죽을 위험을 감수해야 하며, 아기를 키우며 수십만 칼로리의 에너지를 추가로 소비해야 한다.

이런 갈등의 결과 남성과 여성은 배우자를 찾는 기준이 서로 달라졌다. 그 경향은 오늘날까지도 계속되고 있다. 텍사스대학의 심리학자인 데이비드 버스(David Buss)는 하와이부터 나이지리아까지 37개 문명권에 사는 수천 명의 남성과 여성을 대상으로 장기 조사를 벌였다. 그 과정에서 버스는 데이트를 하거나 결혼을 하는 데 있어서 가장 중요한 특징의 순위를 질문했다. 일반적으로 여성은 자신보다 나이가 많은 남성을 선호하고 남성은 더 젊은 여성을 선호하는 경향이 있었다. 남성은 여성보다 신체적인 매력을 더 중시한 반면 여성은 수입을 더 중시했다. 버스는 이렇게 각 문화권이 공통점을 갖는 이유는 플라이스토세의 조상들이 이런 특징을 진화시키고 적응시켰기 때문이라고 주장한다. 여성은 자기가 낳은 아이를 보살피는 데 도움을 줄 남자에게 끌리는 데 비해 남성은 임신할 수 있는 건강한 배우자를 찾는다는 얘기다.

연구 결과 이제까지 사람들이 그러리라고 짐작하던 일이 사실로 나타났는데 그것은 여성보다 남성이 훨씬 더 성관계를 갖고 싶어한다는 사실이다. 남성은 평생 여성보다 4배나 많은 섹스 파트너가 있었으면 좋겠다는 의견을 피력한다. 남성은 여성보다 2배나 성적인 환상이 많다. 남성은 새로운 파트너와 성관계를 갖기까지 시간이 훨씬 더 짧게 걸리며 생전 처음 보는 사람과 성관계를 갖는 일에도 여성보다 훨씬 더 적극적이다.

플라이스토세 여성들이 신중하게 배우자를 선택했다고 해서 그녀들이 한눈을 전혀 팔지 않았다는 뜻은 아니다. 앞선 장에서 본 것처럼 동물의 세계는 파트너를 속이는 암컷들로 가득하다. 예를 들어 일부일처제로 살아가는 새의 암컷들은 가끔 다른 수컷들과 교미하며 이 암컷과 함께 사는 수컷은 남의 새끼를 키워야 한다. 파트너를 속이는 암컷 새는 파트너가 둥지를 버릴 위험을 감수해야 하지만 그만한 보상도 있다. 왜냐

진화

하면 배우자보다 더 나은 유전자를 가진 수컷을 만날 수도 있기 때문이다. 플라이스토세의 여성들은 이와 비슷한 규칙을 진화시켜나갔던 것으로 보이며 오늘날의 여성들은 이런 특성도 물려받았다.

세인트앤드루스대학의 이언 펜턴보크(Ian Penton-Voak)는 여성들이 매력 있다고 생각하는 남성들의 얼굴에 대해 조사해봤다. 컴퓨터를 써서 그는 남성의 '여성화된 얼굴'과 '남성화된 얼굴'을 만들어서 여성들에게 보여줬다. 그 결과 배란기의 여성은 남성다운 얼굴을 선호하는 것으로 나타났다. 여기서 남성다운 얼굴이란 눈썹뼈, 턱뼈, 광대뼈 등이 강해 보이고 튀어나와 있어서 전체적으로 강인한 인상을 주는 얼굴을 말한다. 이런 모습은 그 남성이 좋은 유전자를 갖고 있다는 것을 광고하는 수단으로, 마치 공작의 꼬리와 같은 역할을 하는지도 모른다. 이런 특징은 테스토스테론에 의해 만들어지는데 테스토스테론은 남성의 면역계를 억압한다. 그렇기 때문에 남성다운 얼굴을 갖는다는 것은 많은 대가를 치러야 한다는 뜻이며 이렇게 해서 남성다운 얼굴을 가진 사람은 면역계가 강할 것임에 틀림없다.

펜턴보크는 여성이 임신하기 가장 쉬운 시기에 남성다운 남성에게 끌리는 것은 더 좋은 유전자를 얻기에 유리하도록 정해진 결과인지도 모른다고 주장한다. 배란기의 여성은 이런 남성과 관계를 가질 가능성이 더 높지만 나머지 기간에는 자신이 아이를 키우는 것을 도와줄 남성에게 더 관심을 가진다.

이렇게 상충하는 양성 간의 이해관계가 우리 조상들의 진화를 추진해온 힘이었다면 인간이 가진 몇 가지 추악한 감정은 사실 유용한 적응의 결과였을 수도 있다. 버스는 질투도 병리적 현상이 아니라 이런 메커니즘의 결과라고 본다. 파트너가 자신을 속이는지 아닌지를 분명히 알 수 있는 방법은 없다. 남성은 여성이 배란을 하는지조차 모른다. 여성은 다른 영장류와 달리 배란기에 성기가 부풀어 오르지도 않는다. 이렇게 모든 것이 분명치 않은 상황에서 질투는 진화론적으로 많은 의미를 갖는다고 버스는 주장한다. 뇌 속에는 '질투 모듈'이 있어서 순수하게 논리적으로 생각하면 근거가 없다고 생각되는 배신의 조그마한 징후에도 예민하게 반응한다. 예를 들어 "이 향수 냄새는 맡아본 적이 없는데?"라는 생각이 드는 것이다. 이런 징후가 쌓여서 일정한 선을 넘으면 질투 모듈이 작동해 위협을 제거하거나 더 이상 손해를 보지 않게 해준다.

버스는 몇 가지 실험과 조사에서 얻은 결과를 자신의 이론에 대한 증거로 제시하고 있다. 실험 대상 남성 이마에 전극을 연결하고 그의 연인 또는 배우자가 배신을 한다고 생각해보라고 하면 남성이 느끼는 스트레스를 측정할 수 있다. 남성은 파트너가 다른 남성에게 호감을 갖는 것보다 그녀가 다른 남성과 성관계를 갖는다는 생각을 할 때 더 스트레스를 많이 받는다.(성적인 배신에 대해 생각할 때 남성의 맥박은 1분당 평소보다 5번 더 뛰는 데 이는 커피 석 잔을 마셨을 때와 비슷하다.)

반면에 여성은 이와는 반대되는 반응을 보이는 경향이 있어서 정서적으로 버림받는다고 느낄 때 더 큰 스트레스를 받는다. 조사 결과 미국뿐만 아니라 유럽, 한국, 일본에서도 비슷한 패턴이 관찰됐다. 이 결과를 놓고 버스는 다음과 같이 결론지었다. 즉 남성에게 있어서 성적인 배신은 종족 번식에 더 큰 위협이 된다. 여성에게 있어서 정서적인 배신은 남성이 자신을 버리고 더 이상 아이를 돌보지 않을 것이라는 두려움을 일으킨다.

버스가 옳다면 전통적인 심리학보다는 진화심리학이 질투의 문제를 해결하는 데 더 큰 도움을 줄지도 모른다. 심리 치료사들은 보통 질투를 부자연스러운 것으로 취급하며, 자신감을 길러 이를 없애버리거나 아니면 배우자가 자신을 속인다는 생각에 대해 무감각해지도록 유도한다. 물론 버스가 질투의 추악한 측면, 즉 아내에 대한 구타나 여성에 대한 스토킹 등을 옹호하는 건 아니다. 다만 그는 질투를 단순히 없애버릴 수 있다고 가정하는 것이 무의미하다고 주장할 뿐이다. 오히려 그는 질투를 이용해 상호 간의 관계를 파괴하는 대신 강화할 수 있다고 주장한다. 즉 질투의 감정이 존재한다는 것은 어떤 두 사람이 자신들의 관계를 당연한 것으로 생각하는 것을 막아준다는 얘기다.

우리 조상들이 적응한 결과 만들어진 질투는 우리를 불행으로 몰고 가는 것이 아니라고 버스를 비롯한 진화생물학자들은 주장한다. 현실을 인정하고 이에 적절히 대처하면 된다는 얘기다. 예를 들어 오늘날 우리 사회는 계부나 계모가 의붓자식을 마치 친자식처럼 대할 것을 요구한다. 그러나 진화심리학자들에게 이는 현실성이 없는 요구다. 이들은 부모가 엄청난 희생을 쏟으며 자식을 기르는 것은 유전자를 존속시키기 위한 적응의 결과라고 주장한다. 따라서 진화심리학에 따르면 계부나 계모는 자신이 낳지 않은 아이들에 대해 친부모처럼 강한 애착을 갖기 어렵다.

이런 가설을 뒷받침하는 으스스한 통계가 있다. 계부모와 의붓자식 사이에 갈등이 일어나면 걷잡을 수 없어지는 경우가 많다. 왜냐하면 상호 간 긴장과 갈등을 완화시킬 생물학적 끈이 없기 때문이다. 그렇기 때문에 의붓자식에게 있어서 아동 학대가 가장 흔하게 나타난다. 그리고 친부모보다 계부모에게 살해당할 가능성이 40~100배 정도 높다. 계부모가 본질적으로 나쁜 사람들은 아니다. 다만 그들은 친부모와 같은 수준의 인내심과 관용을 갖지 못할 뿐이다. 진화심리학자들은 바로 이 부분에서 문제 해결의 실마리를 찾을 수 있다고 본다. 계부, 계모는 행복한

가정을 이루려면 친부모는 극복할 필요가 없는 몇 가지 장애를 극복해야
한다는 사실을 알아야 한다는 것이다.

과학인가 비과학인가

신세대 사회생물학자들도 비판을 받기는 마찬가지이다. 비판자들 중에
는 진화생물학자들도 있다. 이들은 사회생물학자들이 자신들의 데이터
를 이용해서 결론을 끌어내는 데만 집착한다고 주장하며 어떤 경우에는
진화의 힘이 실제로 어떻게 작용하는지도 모른다고 지적하기도 한다.

예를 들어 2000년에 출간돼 논란을 불러일으킨 책 『강간의 자연사(A
Natural History of Rape)』를 보자. 이 책에서 랜디 손힐(Randy Thornhill)과
크레이그 파머(Craig Palmer)라는 두 생물학자가 강간이 적응의 한 형태
라고 주장한다. 그러니까 여성과 접촉해 번식을 성공시키는 데 이것 외
에는 별다른 수단이 없는 남성들의 적응 방식이라는 얘기다. 성행위를
강제하는 것은 인간의 전유물이 아니다. 포유류, 조류, 곤충, 기타 동물
의 몇 가지 종에서 이런 사례가 발견된다. 손힐은 강간이 전갈파리의 정
상적인 교미 전략 중 일부임을 보여줬다. 전갈파리 수컷들은 이들이 좋
아하는 곤충의 시체들을 모아 놓고 다른 수컷들이 여기 접근하지 못하게
해서 암컷들을 유혹한다. 어떤 수컷들은 나뭇잎에 타액을 묻혀서 암컷이
먹으러 오길 기다린다. 어떤 수컷은 그냥 암컷을 붙잡고 강제로 교미를
해버린다.

손힐은 가장 덩치가 큰 전갈파리들이 죽은 곤충을 모아 놓고 암컷을
유인하며 여기 끌리는 암컷이 가장 많다는 것을 밝혀냈다. 중간 크기의
수컷들은 타액으로 유인하는 전략을 쓰는데 이때 모이는 암컷들은 수가

좀 적다. 가장 덩치가 작은 수컷들은 암컷을 그냥 공격한다. 그러나 이들은 상황에 따라 여러 가지 전략을 적절히 사용한다. 제일 덩치가 큰 수컷들이 사라지고 나면 중간 크기의 수컷들이 곤충을 끌어모으고 작은 것들이 침으로 유인하기 시작한다.

손힐과 파머는 인간의 조상들도 다른 수단이 모두 통하지 않을 경우에 대비해 강간을 성의 전략 중 하나로 채택했을 것이라고 주장한다. 이들은 강간 피해자들이 임신 확률이 가장 높은 연령층임을 지적하면서 강간범이 무의식적으로 가장 중요하게 생각하는 것은 번식이라고 지적한다. 가임기의 강간 피해자는 그렇지 않은 연령층의 강간 피해자보다 더심하게 저항하는데, 강간을 당했을 경우 번식의 측면에서 잃을 것이 많기 때문이라고 그들은 주장한다. 두 사람은 또한 조사 결과 가임기 여성이 그렇지 않은 여성보다 강간으로 인한 정신적 피해를 더 크게 입는다고 주장한다. 그러니까 이들은 정상적인 유혹의 과정을 거쳐 배우자를 선택할 능력을 빼앗겼다는 사실에 슬퍼한다는 것이다.

이 책이 출간되자 《네이처》에 치열한 반박문이 실렸다. 시카고대학의 제리 코인(Jerry Coyne)과 하버드대학의 앤드루 베리(Andrew Berry)라는 두 진화생물학자가 이 책이 제시한 증거를 조목조목 반박했다. 11세 이하의 소녀들, 그러니까 임신하기에 너무 어린 소녀들은 총인구의 15퍼센트밖에 차지하지 않지만 1992년도에 조사된 강간 희생자의 29퍼센트를 차지한다고 이들은 지적한다. 책의 가설대로라면 29퍼센트는 너무 높은 수치인 것이다. 손힐과 파머는 이 수치가 이렇게 높은 이유가 미국 소녀들의 초경 연령이 과거보다 빨라져서 "12세 미만의 여성들도 성적 매력을 갖게 되었기 때문"이라고 답한다. 그러나 코인과 베리는 여기에 동의하지 않고 이렇게 반박한다. "저자들이 결국 이렇게 설득력 없는 항변을 늘어놓기 때문에 우리는 이들의 가설을 지탱하는 데이터가 잘못돼 있다는 데 눈을 돌릴 수밖에 없다."

그리고 가임기 여성이 더 세차게 반항한다는 사실도 진화와는 아무런 상관이 없다는 것이다. 이들은 어린 소녀나 나이 많은 여성보다 힘이 세다. 코인과 베리는 계속해서 이렇게 썼다. "반대편의 주장보다 설득력이 떨어지는데도 불구하고 저자들은 어떤 현상에 대한 자신들의 주장에 집착해서 그들의 본색을 드러내고 있다. 『강간의 자연사』는 과학이 아니라 단순한 주장에 불과하다. 사회생물학이 처음부터 그랬던 것처럼 손힐과 파머가 제시한 증거 역시 실험이 불가능한 그렇다더라 수준의 주장일 뿐이다."

코인과 베리는 1902년 러디어드 키플링이 어린이를 위해 쓴 책에 대해 언급한다. 이 책은 표범의 점, 낙타의 혹, 코뿔소의 피부가 어떻게 해서 생겼는지 설명하고 있다. 코인과 베리처럼 대부분의 생물학자들도 진화심리학에 대해 거부감을 갖고 있다. 적응이라는 과정이 어떻게 전개됐는지에 대해 이야기를 만들어내기는 쉽지만 그 배후에 있는 자연의 진정한 모습을 찾아내기는 어렵다는 사실을 이들은 알고 있다.

적응을 올바르게 연구하기 위해 생물학자들은 필요한 모든 수단을 동원하며 생각해낼 수 있는 모든 반박에 대해 시험해본다. 또한 실제로 실험을 해볼 수 있으면 그렇게 한다. 예를 들어 어떤 적응 현상, 그러니까 꽃이 깊은 관 안에 꿀을 숨겨놓고 있는 것 같은 현상이 여러 가지 종에서 발견되면 과학자들은 이들의 진화 계통도를 그려보고 적응이 어떻게 진행됐는지를 각 종마다 추적한다.

인간의 뇌는 꽃보다 훨씬 복잡하고, 진화 과정을 연구해볼 만한 수단도 많지 않다. 침팬지를 비롯한 다른 유인원이 500만 년 전의 인간 모습을 어렴풋하게나마 보여줄 수는 있지만 그때 이후 인간은 유인원으로부터 갈라져 독자적인 길을 걸어왔다. 그러니까 100명의 호모 에렉투스(Homo erectus)를 울타리 친 곳에 가두어놓고 누가 누구에게 매력을 느끼는지 실험을 해볼 수는 없다는 얘기다.

반면에 진화심리학자들은 실험보다는 조사 결과에 더 많이 의지한다. 그러나 이들의 조사 대상은 대개가 백인이고 여유 있는 가정 출신인 수십 명의 미국 대학생들인 경우가 많다. 이런 집단이 보편적인 인간의 상황을 알려주리라고 기대하기는 어렵다. 어떤 진화심리학자들은 이런 문제점에 착안해서 다른 나라에서 조사를 실시하기도 한다. 그러나 이 경우에도 이들은 보편적인 결론을 향해 성급히 달려가는 경향이 있다. 데이비드 버스는 자신의 저서 『오셀로를 닮은 남자 헤라를 닮은 여자(The Dangerous Passion)』에서 이렇게 말한다. "미국인들과 독일인들은 성행위가 수반되는 사랑에 대해 남성과 여성의 욕구가 큰 차이를 보인다는 점에서 대체로 비슷한 성향을 띤다. 욕구는 문화적 차이를 초월한다." 하지만 뉴기니의 비누마리엔족이나 아프리카의 피그미족과 비교하면, 미국인과 독일인 사이의 차이는 대단한 것이 아니다.

인간의 행동은 문화에 의해 만들어지고 변화할 수 있으며 이런 행동이 유전에 기반을 둔 것이라 할지라도 적응과 아무런 상관이 없을 수 있다. 윌슨의 저서가 나온 이래 사회생물학을 꾸준히 비판해온 스티븐 제이 굴드가 주로 문제 삼는 점이 바로 이것이다. 코인과 베리가 지적한 것처럼 굴드도 진화심리학자들이 함정에 빠지고 있다고 지적하는데, 이 함정은 모든 생물학자들이 조심해야 할 함정이다. 어떤 현상을 적응이라고 설명하는 데만 너무 매달리면 그것이 적응이 아니라 단순한 탈적응이라는 사실을 간과할 수 있다고 굴드는 경고한다. '탈적응'이란 기존의 기능을 새로운 환경에 맞춰 이용하는 것을 말한다. 새들은 오늘날 깃털을 날아다니는 데 쓰지만 깃털은 날 수 없던 공룡에게 처음 생겼다. 이들은 아마도 체온을 보호하거나 암컷 앞에서 자랑하기 위해 깃털을 사용했을지도 모른다.

굴드는 적응이라고 생각되는 여러 가지 현상이 아무런 기능 없이 그냥 생긴 것일 수도 있다고 주장한다. 1979년 발표한 유명한 논문에서 굴드와 하버드대학의 생물학자인 리처드 르원틴(Richard Lewontin)은 베네치아에 있는 성마르코 대성당의 천장 돔을 예로 든다. 이 돔은 직각으로 교차하는 4개의 아치 위에 올라앉아 있다. 아치의 꼭대기가 원형이기 때문에 4개 아치가 맞닿는 부분마다 역삼각형의 공간이 생겼다. 돔이 건설

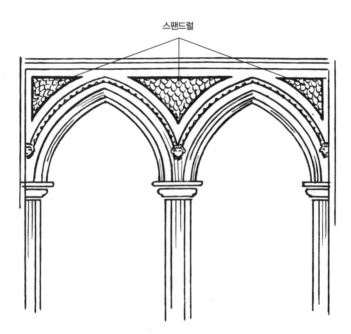

그림 9. 적응주의 비판과 스팬드럴. 스팬드럴은 건물의 전체적인 설계에 의한 부산물에 지나지 않는다는 점에 착안해, 사회생물학 비판자들은 인간 두뇌의 많은 측면도 자연선택의 직접적인 결과가 아니라 진화의 부산물일 수 있다고 말한다.

되고 나서 300년이 지나서야 사람들은 이 삼각형의 공간에 모자이크 장식을 할 생각을 했다. 이 삼각형의 공간은 스팬드럴(spandrel) 또는 펜덴티브(pendentive)라고 불린다.

당초에 이 돔을 설계한 건축가들이 모자이크 장식을 할 삼각형 공간을 만들기 위해 스팬드럴을 설계했다는 주장은 우스꽝스러울 것이다. 이 삼각형의 공간이 뭔가 목적을 갖고 만들어졌다는 주장 자체가 우스꽝스럽다는 얘기다. 4개의 아치 위에 돔을 세우면 스팬드럴은 저절로 생긴다. 나중에 스팬드럴을 다른 용도로 쓸 수는 있지만 그 용도는 당초의 기본 설계와는 아무 상관이 없다.

진화에도 스팬드럴이 있다고 굴드와 르원틴은 주장한다. 간단한 예로 달팽이의 등껍데기를 보자. 모든 달팽이의 등껍데기는 하나의 축을 중심으로 성장하므로 가운데 빈 공간이 생긴다. 어떤 종의 달팽이들은 이 공간을 미네랄로 채우기도 하지만 대부분의 경우 이 공간은 비어 있다. 또 어떤 종은 이 공간을 알을 품는 공간으로 쓰기도 한다. 이야기 지어내기를 좋아하는 생물학자가 있다면 그는 아마 이 공간이 알을 품기 위해 달팽이가 적응한 결과라고 할 것이고, 이 공간이 껍데기 한가운데 자리 잡고 있다는 사실을 지적하면서 뛰어난 설계라고 감탄할 것이다. 그러나 사실 이 공간은 적응과는 상관이 없다. 그저 기하학적인 형상의 문제일 뿐이다.

굴드는 진화심리학자들이 인간 뇌 속에 있는 스팬드럴을 적응의 결과로 오해하고 있다고 지적한다. 굴드는 인간이 아프리카의 사바나에 적응하는 과정에서 뇌가 점점 더 커졌다는 주장은 흔쾌히 받아들인다. 그러나 뇌가 이렇게 커지고 기능이 복잡해졌기 때문에 인류 조상은 들소를 어떻게 잡을지 아니면 언제 식물의 줄기가 익었는지 알아낼 수 있었다. 그리고 인간의 뇌는 읽고 쓰고 비행기를 조종하는 데 적합하도록 변할 수 있었다. 그러나 이런 특정한 능력이 우리 뇌 속에 마치 하드웨어처럼 고정된 형태로 들어앉아 있는 것은 아니다. 굴드는 이렇게 말한다. "인간의 뇌 속에는 분명 인간 본성에 필요하고 인간이 스스로를 이해하는 데 필수적인 스팬드럴이 넘쳐나고 있다. 하지만 이것은 적응의 결과가 아니다. 이것은 진화심리학의 잣대를 벗어나는 문제다."

진화심리학 논쟁은 가까운 시일 내에 끝날 것 같지 않다. 왜냐하면 진화심리학은 인간 본질의 핵심을, 그리고 자연선택의 효과가 인간 본질에 얼마나 큰 영향을 끼칠 수 있는지를 다루고 있기 때문이다. 그러나 이것은 가끔 악의에 찬 것일 수 있다. 진화심리학자들은 가끔 자기들을 비판하는 사람들이 순진한 이상주의자라고 넌지시 말하고, 비판자들은 진화심리학자들이 골수 보수주의자로 자본주의와 성차별주의가 인간의 뇌에 아로새겨져 있다고 주장하는 사람들이라고 공격한다. 이런 비방은 초점을 벗어나 있을 뿐만 아니라 많은 경우 완전히 잘못돼 있다. 상호 이타주의를 처음으로 주창한 로버트 트리버스는 보수주의자가 아니다. 그는 자신을 진보주의자로 소개하면서 자신의 연구 결과가 평등과 정의의 생물학적 기반으로 쓰일 수 있어서 기쁘다고 말한다. 인류학자인 세라 블래퍼 허디(Sarah Blaffer Hrdy)는 동물 사회에서의 영아 살해가 어떤 의미를 갖는지 처음 밝힌 사람인데 자신의 사회심리학 연구 성과를 바탕으로 진화의 페미니즘적 전망을 제시했다. 그는 여성이 한때 수줍고 수동적인 존재라고 인식됐으나 사실은 진화의 광장에 적극적으로 참여하는 존재라고 주장한다.

어렵기는 하지만 진화심리학을 다룰 때는 과학인가 비과학인가에 초점을 맞추는 것이 중요하다. 결국 과학적 증거가 있느냐 없느냐에 따라 수 있었다. 마찬가지로 여자들은 자기들끼리 덩이줄기를 비롯해 먹을 수 있는 식물들을 함께 찾아다녔다. 호미닌은 이렇게 도구와 협동을 통해 사바나에서 새로운 생태계의 틈새를 창조했다.

위튼은 이렇게 말한다. "마음 이론이 있기 때문에 우리는 타인의 마음을 깊이 헤아릴 수 있고 따라서 숭고한 존재가 될 수 있었다. 그러나 동시에 인간은 지구상의 어떤 종보다도 더 야비해질 수 있었다."

플라이스토세의 인간

호미닌은 100만 년이 넘는 기간 동안 아프리카 사바나에서 다른 동물이 먹다 버린 고기를 먹거나 사냥을 하거나 식물을 채집하며 살았다. 그러는 동안에 처음으로 도구를 쓸 수 있었고 처음으로 복잡한 사회를 이뤘으며 마음 이론을 이용해 다른 호미닌을 이해할 수 있었다.

이때도 자연선택은 어떤 행동이나 능력을 선호했을 것이다. 자연선택이 선호한 것 중에는 기본적인 생존 기술, 예를 들면 석기를 만들거나 아니면 멀리서 사냥감을 알아보는 뛰어난 시력 등이 있었을 것이다. 그리고 짝을 찾기에 적합한 행동도 있었을 것이다. 공작의 화려한 꼬리나 남의 새끼를 죽이는 사자를 만들어낸 것 같은 진화의 힘이 아마 플라이스토세의 인류에게도 작용하고 있었을 것이다.

성과 가족이라는 요소가 호미닌의 행동을 결정짓는 요소였다면 아직도 인류는 이 법칙을 따르고 있을까? 진화와 관련된 의문 중 이렇게 많은 논란과 분노, 원한의 원인이 된 것도 거의 없을 것이다. 우리가 아직도 여기에 지배되고 있다고 주장하는 과학자들도 많다. 심지어 이들은 이를 상세히 분석해서 당초에 어떤 필요에 의해 인간에게 이런 특징이 그 이론의 생사가 결정되기 때문이다.

언어를 향하여

단조로운 호미닌의 삶은 빙하로 인해 50만 년 전부터 변하기 시작했다. 그 시기에 인간들이 남긴 도구를 보면 변화의 흔적을 볼 수 있다. 돌 하나를 깨서 도끼 하나를 만드는 대신 인간은 큰 돌 하나에서 얇은 조각들을 떼어내 날이 날린 도구를 몇 개씩 만드는 방법을 터득했다. 70만 년 전에 케냐에서 만들어진 손도끼는 같은 시기에 중국이나 유럽에서 만들어진 손도끼와 별로 달라 보이지 않는다. 그러나 50만 년 전부터 이른바 '지역적인 스타일'이 나타나기 시작했다. 새로운 기술은 점점 더 널리 퍼졌다. 인간들은 투창 같은 모습의 창을 만들 수 있었고 불을 더 안정적으로 쓰게 되었다. 과거에도 그랬듯 새로운 도구를 발명한 것과 뇌가 커지는 것은 관계가 있었다. 그로부터 40만 년 동안 인간의 뇌는 빠른 속도로 커져서 10만 년 전에 오늘날의 크기에 이르렀다.

로빈 던바가 영장류의 뇌를 연구한 결과에 따르면 이렇게 뇌가 커진 것은 인간이 점점 더 큰 사회적 집단을 이뤘기 때문인 것으로 보인다. 두개골 화석의 크기로 판단할 때 던바는 300만 년 전에 살았던 오스트랄로피테쿠스 아파렌시스 같은 호미닌의 경우 55명 정도가 한 집단을 이뤘을 것으로 추정한다. 200만 년 전의 각 호모 종은 대략 80명 규모의 무리를 이뤘던 것으로 보인다. 100만 년 전이 되자 호모 에렉투스의 집단 크기는 100명을 넘어섰고, 10만 년 전 인간의 뇌가 오늘날과 같은 신피질 크기에 도달했을 때 그 크기는 150명까지 늘어난 것 같다.

인간 대뇌의 신피질 평균 크기는 그때 이후로 변하지 않았고 던바는

150명이 사회적 집단의 상한이라는 증거를 여러 군데에서 찾아내고 있다. 뉴기니의 수렵채집인 집단도 평균 150명이다. 공동체를 이뤄 농사를 짓고 살아가는 원리주의 기독교 집단인 후터파는 단위 농장의 인원수를 150명으로 제한하고 있으며 인원이 넘치면 새로운 농장을 만든다. 전 세계적으로 육군 중대 하나의 병력은 평균 150명이다. 던바는 이렇게 말한다. "각 개인이 잘 알고 친하게 지내는 사람의 수는 평균 150명 정도인 것으로 보인다. 우리는 어떻게 하면 그들의 마음을 움직일 수 있는지 안다. 그리고 그들이 어떻게 살아왔는지, 우리와 그들의 관계가 어떤지 안다."

호미닌 집단이 커지면서 관계도 더욱 복잡해졌다. 그리고 집단 크기가 일정한 규모를 넘어서자 과거에 영장류가 서로 관계를 유지하던 방법은 더 이상 효과가 없어졌다고 던바는 주장한다. 영장류끼리 서로 애정을 표시하는 가장 중요한 방법 중 하나는 서로를 돌봐주는 것이다. 서로 보살펴주면 이를 잡을 수 있고 다른 피부 기생충을 제거할 수 있을 뿐만 아니라 기분이 좋아진다. 영장류는 돌봐주기를 일종의 사회적 화폐로 이용하는 셈이다. 그러나 돌봐주기는 시간이 많이 걸리며 집단의 크기가 커질수록 서로 돌봐주는 데 시간을 더 많이 쓰게 된다. 예를 들어 겔라다개코원숭이는 평균 110마리 정도가 에티오피아의 사바나에 사는데 낮 시간의 20퍼센트 정도를 서로 돌봐주는 데 쓴다.

호미닌 뇌의 크기로 미루어볼 때 이들의 집단 크기는 10만 년 전쯤 150명에 도달했던 것으로 보인다. 여기에 이르자 돌봐주기는 별 소용이 없어졌다. 던바는 이렇게 말한다. "하루에 돌봐주기를 할 수 있는 시간은 한계가 있다. 150명의 집단 구성원이 영장류처럼 서로 돌봐주기를 한다면 우리는 낮 시간의 40~45퍼센트를 여기에 할애해야 할 것이다. 물

진화

론 돌봐주기를 하면 서로 친해지고 기분이 좋아지기 때문에 이런 활동은 바람직하긴 하지만 현실성이 없다. 사바나에서 먹이를 구하기 위해 돌아 다니려면 그럴 시간이 없다."

그래서 호미닌은 더 나은 수단이 필요해졌다. 던바는 이 수단이 언어 였다고 생각한다.

언어의 기원을 연구하는 것은 진화생물학에서 가장 벅찬 과제에 속한 다. 언어는 석기처럼 흔적이 남지 않기 때문에 직접적인 기원을 찾을 수 가 없다. 1960년대 이전까지 대부분의 언어학자들은 언어가 엄밀한 의미 에서 진화의 소산이라고 생각조차 안 했다. 이들은 인간이 어느 시점엔 가 춤이나 카누를 발명한 것처럼 언어를 문화적인 작품으로 발명해냈을 거라고 생각해왔다. 이런 생각이 나온 이유는 뇌가 어떻게 언어를 만들 어내는가에 대한 언어학자들의 생각 때문이다. 이들은 뇌가 범용 컴퓨터 라고 가정했기 때문에, 아기들이 귀에 들려온 단어의 의미를 뇌를 써서 알아내는 것으로 언어를 배운다고 생각했다.

그러나 MIT의 언어학자인 노암 촘스키(Noam Chomsky)는 반대되는 주장을 폈다. 아기는 이미 뇌 속에 문법의 기본 법칙이 아로새겨진 상태 에서 태어난다는 것이다. 그렇지 않다면 어떻게 지구상의 모든 언어가 주어와 동사 등 몇 가지 문법적 패턴을 공유할 수 있단 말인가. 그렇지 않다면 어떻게 아기가 태어난 지 3년 만에 그 복잡한 언어를 터득할 수 있단 말인가. 역사상의 날짜들이 물리적 연관성이 없듯이 단어들도 그 자체만으로는 물리적 연관성이 없다. 그러나 세 살 먹은 어린이는 펠로 폰네소스 전쟁의 전개 과정을 기억할 수는 없어도 언어는 잘 구사한다. 어린이들은 단어 하나하나를 배울 뿐만 아니라 귀에 들려오는 단어들을 이용해서 문법을 스스로 찾아낸다. 이런 점을 볼 때 인간은 언어를 배울 준비가 된 상태에서 태어나는 것이라고 촘스키는 주장했다.

1960년대 이후의 연구 결과로 판단할 때 인간의 뇌에는 가장자리를 보완하는 모듈이나 사회적 지능을 담당하는 모듈과 마찬가지로 특별한 언어 모듈이 있는 것으로 보인다. 인간의 뇌는 이 모듈을 이용해서 문법, 문장의 구조, 의미 등 언어의 복잡한 규칙을 저장한다는 얘기다. 어린이들이 말을 배우는 과정에서 실수하는 것을 보면 어떻게 이 언어 모듈이 작동하는지를 볼 수 있다. 예를 들어 불규칙 복수나 불규칙 과거형을 가진 영어 동사에도 어린이들은 실제로는 존재하지 않는 규칙 변화를 적용한다. 어린이들은 머릿속에 문법의 규칙을 만들 능력은 있지만 불규칙의 경우 이런 규칙을 무시하고 암기한 대로 하는 능력은 아직 개발되지 않은 것이다.

뇌 손상으로 언어 능력의 전부 또는 일부를 잃은 사람들을 연구해서 학자들은 더 많은 증거를 찾아냈다. 어떤 사람들은 이름이나 동물명 같은 것을 기억하지 못한다. 영국 과학자들은 육분의(六分儀), 켄타우루스, 크누트 대왕 등의 명사는 많이 알면서 동사는 '가지다(have)', '만들다(make)', '있다(be)' 밖에 모르는 영국인을 연구한 적이 있다. 이런 사람들은 뇌의 다른 부분은 정상인데 특정한 언어 모듈이 손상된 경우이다.

물론 세 살배기 아기 입에서 셰익스피어가 줄줄 쏟아져 나올 수는 없다. 뇌가 발달함에 따라 어린이들은 좀 더 많은 단어를 들어야 하고, 이 어휘가 어린이들이 갖고 있던 문법의 규칙과 합쳐져 언어 능력이 발달하는 것이다. 그러나 어린이의 '언어 본능'(MIT의 언어학자인 스티븐 핑커Steven Pinker가 만들어낸 말이다.)은 워낙 강해서 어린이들은 자기들만의 언어를 만들기도 한다. 1986년에 서던메인대학의 언어학자인 주디 케글(Judy Kegl)은 어린이들이 언어를 만드는 과정을 지켜볼 기회를 얻었다.

진화

1986년에 케글은 니카라과에 있는 농학교를 찾아갔다. 니카라과 정부는 1980년대 초부터 농학교를 몇 군데 세웠지만 별 효과를 보지 못하고 있었다. 어린이들은 집에서 부모와의 의사소통에 쓰는 기본적인 손짓 몇 개만 갖고 학교로 갔다. 선생들은 이들에게 제대로 된 수화를 가르치지 않고 '손가락 스펠링', 그러니까 알파벳을 특정 손 모양으로 표시하는 방법을 가르쳤다. 손가락 스펠링은 학생들이 대화에 사용하도록 고안된 것이었지만 학생들은 선생들이 무엇을 가르치려는지 이해하지 못했기 때문에 완전히 실패로 끝났다.

선생들은 아이들이 자신과는 의사소통을 잘 못하면서도 그들끼리는 아무 문제없이 의사소통을 하는 것을 발견했다. 이들은 각자 자기 집에서 배워온 어설픈 손짓을 더 이상 쓰지 않았으며 선생들은 이해할 수 없는 새로운 시스템을 개발해서 썼다. 선생들은 상황을 파악하기 위해 케글의 도움을 청한 것이다.

중학교에 다니는 십대들은 모든 학생들이 갖고 있는 엉성한 손짓을 이리저리 짜 맞춘 혼성어를 쓰고 있음을 케글은 발견했다. 그러나 초등학교에 다니는 어린이들은 훨씬 더 정교한 시스템을 쓰고 있었다. 이 어린이들이 진짜 수화와 비슷한 속도로 일관성 있게 손을 번개같이 움직이며 의사소통을 하는 것을 보고 케글은 놀랐다. 그리고 이들의 수화는 완벽한 문법을 갖추고 있었다. 나이가 어린 학생일수록 더 능숙했다. 이들이 수화를 어떻게 구성하고 사용하는지만 봐도 뭔가가 있다는 사실을 금방 알 수 있었다. 새로운 언어가 탄생하는 장면이 펼쳐지고 있는 것이 틀림없었다.

처음 몇 년 동안 케글은 아이들에게 손동작의 뜻을 물어보기도 하고 가끔은 아이들이 긴 이야기를 손으로 하는 것을 구경만 하기도 하면서 그들의 언어를 해독하려고 노력했다. 1990년에 케글은 아이들과 함께 만화를 보면서 만화 이야기를 해보라고 했다. 이 만화가 그녀의 로제타석이 되었다.

케글은 어린이들의 수화가 보기 좋고 영리하며 연상이 잘된다는 것을 알 수 있었다. 중학생들이 쓰는 혼성어에서 '말하다'라는 단어는 네 손가락과 엄지손가락을 입 앞에서 펼쳤다 오므리는 것이었다. 초등학생들은 이를 한층 더 발전시켜 말하는 사람의 입 앞에서 손가락을 펼쳤다가 듣는 사람의 입 앞에서 손가락을 오므리는 동작으로 바꿨다. 초등학생들은 전치사를 동사처럼 쓰는 방법도 개발해냈다. 영어라면 "The cup is on the table.(탁자 위에 컵이 있다.)"이라고 할 것을 니카라과의 수화에서는 "Table cup ons.(탁자 컵 위에.)"라는 식으로 이야기한다. 영어가 모국어인 사람에게는 이상하게 들리겠지만 이 같은 어순은 예를 들어 나바호족의 언어에서는 일상적인 형태다.

니카라과에 온 이래 케글은 청각장애자들과 함께 일하면서 이들이 쓰는 단어를 모은 사전을 만들고 있는데 현재까지 1,600개 이상의 단어가 모였다. 동시에 그녀는 이 수화의 원천을 설명하는 이론을 정립했다. 어린이들은 집에서 배운 단순한 손짓만 아는 채로 학교에 온다. 이들은 손짓들을 한데 합쳐 공통의 묶음을 만들고 이를 좀 더 발전시켜 중학생들이 쓰는 것과 같은 혼성어를 만든다. 그런데 나이가 더 어린 학생들은 뇌가 언어를 배울 준비가 갖춰진 상태에서 학교에 들어오고 우선 좀 더 나이 많은 학생들의 손짓을 배운 후 이를 토대로 문법을 만들어낸다. 이 어린이들이 갑자기 하나의 언어를 만들어내는데, 이 언어는 처음부터 다른 어떤 음성언어만큼이나 복잡하고 완벽했다. 그리고 이렇게 진정한 언어가 만들어진 다음부터는 새로운 것을 경험함에 따라 새로운 단어들이 계

진화

속 생겼다.

케글은 이렇게 말한다. "상황은 이렇다. 우선 이런저런 손짓들이 한데 모여 점점 많고 다양해진다. 그러나 이런 손짓의 단순한 묶음에서 제대로 된 수화로 뛰어넘는 과정을 우리는 볼 수 없다. 왜냐하면 문법이 어린이의 머릿속에 있기 때문이다."

문법이 진정으로 어린이의 마음속에 있다면, 달리 말해 여러 문법 규칙이 우리의 머릿속에 원래부터 새겨져 있는 것이라면, 분명 진화가 이 새김의 과정에서 어떤 역할을 했을 것이다. 그러나 여기서 한 가지 어려운 질문이 나온다. 어떻게 자연선택의 힘이 그 복잡한 언어를 만들어냈을까? 언어가 처음 생기던 시절로 타임머신을 타고 가볼 수는 없지만 과학자들은 최근에 컴퓨터 모델링을 통해 언어의 진화를 설명할 수 있는 실마리를 찾아내기 시작했다. 이들은 다리나 눈이 점진적으로 진화해온 것처럼 언어도 단계적으로 발전해왔음을 발견했다.

프린스턴대학에 있는 첨단과학연구소의 마틴 노왁(Martin Nowak)과 그의 연구팀은 몇 가지 합리적인 가설에 입각해 언어의 진화에 관한 수학적 모델을 고안했다. 첫째, 돌연변이로 인해 어떤 동물이 의사소통을 좀 더 분명하게 할 능력이 생겼다면 이 개체가 번식에 성공할 확률은 더욱 높아진다. 예를 들어 긴꼬리원숭이는 새, 뱀, 기타 위협을 동료들에게 알리는 특별한 소리를 낸다. 동료의 소리를 듣고 이것이 어떤 종류의 위협을 알리는 소리인지 가려낼 수 있고 없고는 생사가 걸린 문제다. 어떤 긴꼬리원숭이가 뱀 경고를 새 경고로 잘못 알아들었다면 이 원숭이는 재빨리 땅으로 뛰어 내려갈 것이고 밑에서 기다리고 있던 비단구렁이의 밥이 될 것이다. 둘째로 노왁은 풍부한 어휘는 진화의 측면에서 장점이 될 수 있다(제대로 의사소통이 될 수만 있으면)고 가정했다. 새 경고와 뱀 경고를 모두 알아들을 수 있는 원숭이는 둘 중 하나밖에 알아듣지 못하는 원숭이보다 살아남을 가능성이 높다.

이 모델에서 노왁은 각 개체에게 긴꼬리원숭이와 비슷한 단순한 의사소통 시스템을 주었다. 이들의 어휘는 몇 개의 소리로 구성돼 있고 각각의 소리는 현실 세계의 어떤 특정 사물에 해당한다. 개체들이 번식을 계속해감에 따라 후손들 사이에 돌연변이가 생겨 말하는 방법이 달라진다. 돌연변이 중의 일부는 어떤 개체가 조상들보다 더욱 큰 어휘력을 갖게 했다. 노왁의 모델에서 어휘가 더 많은 개체들은 번식에 성공할 확률이 더 높았다.

노왁은 자신의 모델이 계속해서 똑같은 결과를 내놓는 것을 보았다. 처음에 개체들은 몇 개의 서로 다른 소리로만 의사소통을 했다. 그런데 새로운 소리가 몇 가지 추가되면서 이들의 언어는 조금씩 복잡해졌다. 그리고 이들의 어휘가 증가하면서 새로운 소리를 기존의 소리와 구분하기가 어려워졌다. 소리가 비슷할수록 혼동하기도 쉬웠다.

소리가 더 많은 것이 진화상의 이점을 가져다줄 수도 있지만 혼동되기 쉬우므로 이익과 손해는 서로 상쇄된다. 매번 실험을 할 때마다 시뮬레이션 속의 어휘는 일정 수준까지 늘어났다가 증가세가 정지했다. 이 결과를 통해 인간을 제외한 모든 동물들이 왜 몇 가지의 소리만으로 신호를 주고받는지 알 수 있을지도 모른다. 아마 너무 많아지면 혼동이 야기되며 동물들은 혼동을 극복할 방법을 모르기 때문일 것이다.

그러나 우리 조상들이 이런 함정을 피해갈 방법을 찾아냈다면 어떨까? 이런 가능성을 실험해보기 위해 노왁은 모델을 수정했다. 몇몇 개체로 하여금 단순한 소리를 일련의 모음, 그러니까 단어로 만들 수 있게 했다. 그리고 나서 단어를 구사할 능력이 있는 그룹과 단순한 소리만을 내

진화

는 그룹을 경쟁시켰다. 그 결과 개체들이 서로 전달할 메시지가 몇 개에 불과하면 소리만으로도 의사소통을 할 수 있었다. 그러나 환경이 복잡해져 메시지의 양이 많아지면 단어를 쓰는 쪽이 결국에는 이겼다. 이런 개체들은 단순한 소리 몇 가지를 결합해 단어를 만들어서 비슷한 소리들 사이에 일어나는 혼동을 피해갔다.

그러나 노왁은 단어를 쓰는 데도 한계가 있음을 발견했다. 단어가 살아남으려면 사용돼야 한다. 사람들이 단어를 잊어버리면 이 단어는 망각 속으로 사라진다. 오늘날은 책이나 비디오테이프로 인해 옛날 단어들을 접할 수 있지만 호미닌이 살던 시절에는 머릿속에 보관된 음성언어만 존재했다. 뇌의 기억 능력에는 한계가 있으므로 호미닌이 사용한 단어의 수도 뇌 용량을 따라갈 수밖에 없었다. 따라서 낡은 단어를 잊어야 새 단어를 만들 수 있었다.

노왁은 이 한계를 연구해보기 위해 모델을 한 번 더 수정했다. 어떤 개념을 표현하기 위해 단어 하나만으로 표현하는 대신 어떤 개체들은 이제 몇 개의 단어를 연결해서 사건을 설명할 수 있었다. 그러니까 수정된 모델에서는 행동을 나타내는 단어도 있고, 이런 행동에 관련된 사람이나 사물을 가리키는 단어도 있고, 이들 사이의 관계를 뜻하는 단어도 있었다. 달리 말해 노왁은 이 모델에 문맥을 부여한 것이다. 문맥이 생기면 수백 개의 단어를 적절히 결합해서 수백만 가지의 의미를 만들 수 있다. 그러나 말하는 사람이 주의를 기울이지 않으면 문맥으로 인해 혼란이 발생할 수도 있다. 예를 들어 신문의 헤드라인에 "Dewey defeats Truman(듀이가 트루먼을 이기다.)"이라고 쓰는 것과 "Truman defeats Dewey(트루먼이 듀이를 이기다.)"라고 쓰는 것은 단어는 같지만 의미는 반대다.(1948년 미국 대통령 선거에서 도전자인 공화당의 토머스 듀이가 현직 대통령인해리 트루먼을 이긴다는 여론조사 결과로 인해 'Dewey defeats Truman.'이라는 제목을 뽑은 신문이 있었는데 결과는 트루먼의 승리였다는 유명한 사건—옮긴이)

노왁의 연구팀은 문맥이 있는 모델과 단어만으로 의사소통을 하는 모델을 비교해봤다. 그랬더니 문맥이 있는 것이 항상 좋은 것은 아니라는 결과가 나왔다. 의사소통의 대상이 되는 사건이 소수일 경우에는 문맥이 없는 쪽이 있는 쪽보다 더 효과적이었다. 그러나 복잡성이 일정 수준을 넘어서면 문맥이 있는 쪽이 더 좋은 결과를 가져왔다. 여러 가지 일이 발생하고 많은 사람이나 동물이 여기에 관련돼 있으면 문장으로 말하는 쪽이 이긴다는 얘기다.

노왁의 모델들은 단순하지만 그들은 언어가 어떻게 단순한 신호의 묶음으로부터 진화해 나올 수 있는지를 보여준다. 니카라과의 수화를 발명한 어린이들은 아마 신호에서 단어로, 단어에서 문맥으로 옮겨가는 언어의 진화 과정을 재현한 건지도 모른다. 노왁의 연구 결과는 또한 다른 동물들은 아직도 뛰어넘지 못한 의사소통의 장벽을 우리 조상들이 어떻게 뛰어넘을 수 있었는지를 시사해주기도 한다. 우리 조상들의 생활양식이 복잡해졌고 따라서 자신의 의사를 표현할 좀 더 복잡한 방식이 필요해졌을 수도 있다.

생활양식이 복잡해진 원인으로 가장 그럴듯한 것은 던바를 비롯한 다른 학자들이 보여준 것처럼 호미닌 사회가 진화한 것이다. 그러나 100만 년 전의 호미닌은 뭔가 하고 싶은 말이 있더라도 성대 구조가 아직 말을 하는 데 적합하지 못했을 수도 있다. 현대인은 말을 하는 데 필요한 독특한 신체 구조를 가졌으며, 어떤 살아 있는 포유류도 이런 구조를 갖고 있지 않다. 침팬지를 포함해 다른 포유류는 목의 높은 곳에 후두가 있다. 이들은 먹거나 마실 때도 숨을 쉴 수가 있는데 이는 후두와 인두가 분리

진화

돼 있기 때문이다. 그렇게 되면 후두와 입 사이의 성도(聲道)가 아주 짧아진다. 그 결과 혀를 자유자재로 움직여서 복잡한 소리를 만들어내기가 어렵다.

아마 진화의 과정 중 어느 시점에선가 후두가 밑으로 내려가 오늘날과 같은 모습이 되었을 것이다. 그러나 여기에는 위험이 따른다. 왜냐하면 음식물이 기도로 들어가 숨이 막히기 쉽기 때문이다. 그럼에도 혀가 움직일 수 있는 여지가 많아져서 음성언어를 만들어내는 데 필요한 다양한 소리를 낼 수 있게 된다.

그렇다고 해서 성대가 생기기 전에는 언어가 시작되지 않았다고 볼 수는 없다. 호미닌들은 손으로 신호를 주고받았을 것이다. 그리고 250만 년 전 호미닌이 만든 도구로 미루어보아 이미 호미닌의 손은 정교하게 움직일 수 있었던 것으로 보인다. 이들은 이런 신호를 단순한 소리들과 몸의 동작들을 결합해 언어의 원형을 만들었을지도 모른다. 그리고 이런 시스템이 정착되자 좀 더 정교한 언어를 구사할 수 있도록 진화의 힘이 작동해 뇌는 커지고 목의 구조는 오늘날의 인간과 비슷해졌을 것이다.

언어 진화의 과정을 정확히 알 수는 없다. 왜냐하면 화석에 남은 흔적이 거의 없기 때문이다. 후두는 약한 연골로 이뤄져 있어 쉽게 부패한다. 물론 후두는 설골(舌骨)이라고 불리는 C자 모양의 가느다란 뼈에 매달려 있지만 오랜 시간이 지나면 이 설골 역시 파괴된다. 그래서 학자들은 호미닌의 유골에서 좀 덜 직접적인 단서에 매달렸다. 이를테면 이들은 성도의 길이를 계산할 수 있을까 해서 두개골 아래쪽의 각도를 재보기도 했다. 또 어떤 학자들은 혀의 움직임을 관장하는 신경이 두개골로 들어가는 구멍의 폭을 측정해봤다. 또 어떤 사람들은 두개골 안쪽에 뇌가 남긴 자국을 관찰해서 언어와 관련된 뇌 영역을 찾아봤다. 방금 이야기한 각 경우마다 학자들은 언어의 시발점을 보여주는 단서를 찾았다고 주장했다. 그러나 회의론자들은 이 가운데 어떤 것도 언어의 존재를 증명할 수 있는 믿을 만한 증거가 되지 못함을 보여줬다.

증거는 별로 없이 이론만 무성한 상황에서 언제 언어가 오늘날과 같은 모습을 갖추었는지에 대해 학자들의 의견이 갈리는 것은 당연하다. 예를 들어 런던 유니버시티칼리지의 레슬리 아이엘로(Leslie Aiello)는 50만 년 전에 뇌의 크기가 급속도로 커지기 시작하면서 언어가 출현했을 것이라고 본다. 반면 로빈 던바는 언어의 역사가 15만 년밖에는 되지 않았으리라고 본다. 그가 이렇게 주장하는 근거는 이때쯤 호미닌의 그룹은 너무 크기가 커져서 서로 돌봐주기가 불가능해졌다는 것이다. 그래서 과거처럼 서로 돌봐주는 것 같은 원시적인 방법 대신 언어를 사용해서 의사소통을 해야만 대규모 집단을 유지할 수 있었으리라는 얘기다.

예를 들어 언어가 있으면 다른 사람들이 무엇을 하는지 아니면 이들이 나에 대해서 무슨 얘기를 하는지를 짐작할 수 있다. 그리고 말로 다른 사람들을 움직일 수 있고 대규모 사회에서 나의 위치를 지킬 수 있다. 오늘날도 언어는 주로 뒷담화용으로 쓰인다. 던바는 기차나 카페에서 사람들의 이야기를 엿들어봤는데 어디서든 대화의 3분의 2 정도는 다른 사람의 이야기임을 발견했다. 그래서 던바는 언어가 돌봐주기의 다른 수단이라고 주장한다.

또 어떤 학자들은 던바가 제시한 15만 년도 너무 많이 잡은 거라고 주장한다. 그들은 제대로 된 언어는 5만 년 전이 되어서야 나타났다고 말한다. 인간은 자기 자신과 주변의 세계를 과거의 조상들은 상상하지 못했던 방법으로 이해하기 시작했고, 이렇게 사고력이 괄목할 만하게 발전한 것이 화석에 드러나기 시작한 것은 5만 년쯤 전이라는 얘기다. 이때

가 되어서야 현대적 정신이라고 할 만한 것이 생겼고, 언어가 그 탄생에
핵심적인 역할을 했을 것이다.

12장

5만 년 전의 삶

현대인의 새벽

1994년 12월 18일 오후에 장마리 쇼베(Jean-Marie Chauvet)는 프랑스 남동부의 아르데슈 지방에서 두 명의 친구와 함께 동굴을 찾고 있었다. 아르데슈에는 동굴들이 널려 있는데, 이곳에서 자란 쇼베는 12세 때부터 이 동굴들을 들락거렸다. 1988년에 그는 자신처럼 동굴 전문가인 크리스티앙 일레르(Christian Hillaire), 엘리에트 브뤼넬 데샹(Eliette Brunel Deschamps)과 함께 이 지역을 체계적으로 탐사하기 시작했다. 그로부터 6년간 이들은 여러 동굴을 발견했는데 그중 12개에 벽화가 있었다. 12월 18일은 추웠기 때문에 쇼베 팀은 계곡 입구의 양지바른 쪽을 먼저 뒤져보기로 했다. 그곳은 특별히 외진 장소는 아니었다. 목동들이 양떼를 몰고 오거나 아마 동굴 탐험가들이 여러 번 찾아오기도 했을 것이다. 뭔가 특별한 것이 있었다면 벌써 옛날에 알려졌으리라는 얘기다.

쇼베와 그의 팀은 참나무와 회양목 사이로 난 오솔길을 따라 전진하

진화

다가 절벽을 만났는데, 그곳에는 구멍이 하나 있었다. 구멍은 그들이 허리를 구부리고 들어가야 할 만큼 좁았으며 얼마 가지 않아 몇 미터 길이의 내리막 통로가 나왔다. 막다른 골목일 수도 있었지만 통로 안쪽 끝의 자갈더미로부터 약간의 바람이 새어 나오는 것 같았다.

셋은 교대로 엎드려 통로를 막은 돌들을 치웠다. 결국 길이 뚫렸고 일행 중에서 몸집이 제일 작았던 대상이 3미터 정도 이 통로를 따라 전진했다. 통로 끝에서 그는 열린 공간과 마주쳤다. 손전등을 비춰보니 거대한 공터가 나왔고 바닥은 그의 위치로부터 9미터 아래에 있었다.

이들은 바닥으로 사다리를 내려 어둠 속을 향해 들어갔다. 불빛이 스칠 때마다 종유석과 석순이 송곳니처럼 빛났다. 해파리 같은 덩굴손이 방해석 기둥을 휘감고 있었다. 셋은 계속 깊이 들어갔다. 매머드 한 마리가 갑자기 불빛 속으로 뛰어들었다. 이어서 코뿔소 한 마리와 사자 세 마리가 그 뒤를 따랐다. 동굴벽 전체에 동물 그림이 그려져 있었는데 어떤 동물은 혼자였고 어떤 것은 큰 무리를 이루고 있었다. 말, 부엉이, 염소, 곰, 순록, 들소 등이 늘어선 사이사이에 사람 손의 윤곽과 알 수 없는 빨간 점들이 그려져 있었다. 이들은 동굴벽화를 많이 보았지만 이런 대규모의 벽화는 본 적이 없었다. 이 동굴벽에는 400여 마리의 동물이 그려져 있었다.

발견자의 이름을 따라 쇼베 동굴로 명명된 이곳은 벽화 자체 말고도 매우 중요한 사항이 또 하나 있었다. 탄소-14 측정을 통해 연대를 계산해본 결과 벽화는 적어도 3만 2,000년 전의 것으로 추정됐다. 그렇다면 이것은 세계에서 가장 오래된 그림이 된다.

생명의 역사는 이런 의미 있는 시점과 연결돼 있다. 그 시점은 알파인 스키의 활강 코스에 박힌 폴들과도 같다. 생명 진화에 관한 어떤 이론이 성립하려면 폴 안의 제 코스를 따라서 내려와야 한다. 그린란드 남서쪽에 있는 암석은 이미 38억 5,000만 년 전에 지구상에 생명이 존재했음을 보여준다. 남아프리카의 카루사막에 있는 암석은 2억 5,000만 년 전에 거의 모든 생물종이 멸종했음을 알려준다. 쇼베 동굴벽화는 생명의 역사에서 이들만큼이나 획기적인 사건을 보여준다. 이 시점에서 우리의 조상들은 예술, 상징, 복잡한 도구, 문화 등 우리를 다른 동물과 구별시켜 주고 인간으로 만들어주는 세계로 도약했던 것이다.

쇼베 동굴을 비롯해서 이와 비슷한 시기의 유물을 살펴보면 이런 도약이 갑자기 이뤄졌고 그 기간도 길었음을 엿볼 수 있다. 나중에 인류로 진화한 영장류 계통은 우리와 가장 가까운 친척인 침팬지로부터 약 500만 년 전에 갈라져 나왔다. 이 새로운 종류는 불규칙하게 진화를 계속하면서 많은 가지를 쳤는데, 그중 하나만 살아남고 나머지는 모두 멸종했다. 뼈의 모양이나 유전자 서열로 판단할 때 생물학적으로 현생 인류는 약 20만 ~10만 년 전에 아프리카에서 진화한 것으로 추정된다. 그로부터 수만 년동안 이들은 고기를 자르기 위해 만든 석기 말고는 별 흔적을 남기지 않았다. 이들이 아프리카를 떠난 것은 겨우 5만 년 전쯤의 일이며, 그로부터 수천 년 만에 구대륙에 있는 다른 모든 인간 종을 밀어냈다. 아프리카에서 새로 온 이 사람들은 모양만 우리와 비슷했던 것이 아니라 행동까지도 비슷했다. 이들은 조상들이 만든 것보다 훨씬 더 정교한 도구를 만들어 썼다. 돌뿐만 아니라 상아, 조개껍데기, 뼈와 같은 새로운 재료를 써서 자루가 달린 창, 투창기, 옷을 만드는 데 필요한 바늘, 송곳, 그물 등을 만들었다. 또한 이들은 집을 짓기도 했고, 보석으로 몸을 장식했으며, 조각을 만들었고, 동굴이나 절벽에 그림을 남기기도 했다.

진화 과정에서 가장 큰 변화, 이를테면 생명의 탄생이나 캄브리아기

생물종의 대폭발 같은 것은 수억 년 혹은 수십억 년 전에 일어난 사건들이다. 이와 비교해서 인간의 변화는 바로 어제의 일이다. 그러나 의미심장하기는 마찬가지이다. 현생 인류는 지구를 지배하는 생물종이 되었고 지구상 거의 어느 곳에서나 살 수 있다. 인류가 워낙 눈부신 성공을 거두는 바람에 다른 종들은 멸종 위기에 직면했다. 그리고 인류는 다른 생물종의 진화를 위협하고 있는지도 모르지만 또 다른 형태의 진화, 즉 문명의 진화를 창조해냈다.

최초의 현생 인류

과거의 과학자들은 현생 인류의 탄생에 대해 오늘날과 다른 견해를 갖고 있었다. 새로운 견해가 제시된 지는 사실상 20년밖에 되지 않는다. 이전에 과학자들은 현생 인류의 진화가 100만 년 전쯤 시작됐다고 보았다. 당시 호모 에렉투스라는 한 종이 아시아, 아프리카, 오스트레일리아에 걸쳐 살고 있었다. 호모 에렉투스는 수만 킬로미터에 이르는 지역에 흩어져 살았지만 각 집단은 이웃 집단과 어느 정도는 교류를 유지하고 있었다. 이렇게 흩어져 있는 집단들 사이의 남녀가 결합하면서 호모 에렉투스의 유전자는 전 세계로 퍼져나갔다. 하지만 그 어떤 집단도 새로운 종으로 진화해나갈 만큼 완전히 고립돼 있지는 않았으며, 다만 지역에 따라 현지의 기후 조건에 적응한 결과 서로 다른 외모를 갖게 되었다. 예를 들어 유럽에 살던 호모 에렉투스는 혹독한 빙하기와 싸워야 했기 때문에 땅딸막하고 탄탄한 체형에다가 크고 이마가 낮은 두개골을 갖게 되었는데, 과학자들은 이들이 오늘날 네안데르탈인이라고 불리는 사람들이라고 생각했다. 반면 아시아의 열대지방에서 살던 호모 에렉투스는 키가 컸고 날씬했다. 이런 차이가 있긴 해도 이들이 모두 함께 진화해서 오늘날의 모습을 갖추었다고 과거의 과학자들은 생각했다.

네안데르탈인 화석은 유럽과 근동에서 발견되는데, 그들이 살았던 시기는 20만~3만 년 전으로 추정된다. 당초에 과학자들은 네안데르탈인들이 현대 유럽인으로 진화했고 그 과정에서 도구도 발전해갔다고 생각했다. 네안데르탈인이 쓰던 구식 석기나 창 대신에 크로마뇽인(현생 인류 중 하나)으로 알려진 초기 유럽인들은 여러 가지 재료로 만든 정교한 도구를 만들어 썼다. 예를 들어 사슴이나 동물의 뿔로 만든 낚싯바늘, 분리할 수 있는 손잡이가 달린 투창기 등이 그것이다. 크로마뇽인은 복잡한 의식 절차에 따라 죽은 이를 매장했으며 목걸이를 비롯한 장신구를 착용했다. 아시아나 아프리카에서 발견되는 인간 진화의 기록을 담은 화석은 유럽에서보다 좀 불규칙하게 발견되지만 학자들은 호모 에렉투스가 아시아, 아프리카, 유럽에서 모두 현생 인류로 진화해갔고 새로운 기술을 동시에 개발했다고 믿었다.

그러나 1970년대가 되자 몇몇 고인류학자들이 인간 진화에 대해 획기적으로 새로운 시각을 제시했다. 이들은 네안데르탈인과 아시아의 호모 에렉투스가 서로 다른 종이며, 둘 다 호모 사피엔스의 조상이 아니라고 주장했다.

예를 들어 런던 자연사박물관의 고인류학자인 크리스토퍼 스트린저(Christopher Stringer)는 크로마뇽인 화석이 네안데르탈인보다는 약간 더 오래된 아프리카인 화석과 비슷하다는 사실을 발견했다. 이를 토대로 스트린저는 현대 유럽인이 네안데르탈인이 아니라 아프리카에서 온 사람들의 후손이라는 설을 내놓았다. 3만 년 전에 살던 네안데르탈인은 현대 유럽인으로 진화한 것이 아니라 멸종했다고 그는 주장했다.

진화

스트링저가 두개골 화석을 비교하는 데 몰두하는 동안 캘리포니아대학의 유전학자인 앨런 윌슨(Allan Wilson)은 생화학을 이용해 인간의 역사를 재구성하고 있었다. 인간의 미토콘드리아(세포 속의 에너지 공장으로 자체 DNA를 갖고 있다.) DNA 분석을 시작한 것이다. 핵 속에 있는 유전자 대신 미토콘드리아의 DNA를 택한 것은 미토콘드리아 DNA가 한 세대에서 다음 세대로 별 변화 없이 전달되기 때문이다. 대부분의 다른 유전자들은 부모의 것이 서로 섞이지만 미토콘드리아 유전자는 어머니에게서만 온다.(정자가 자신의 미토콘드리아를 난자 안으로 들여보내지 못하기 때문이다.) 어머니의 미토콘드리아 DNA와 아이의 것이 서로 달라지는 것은 유전자의 돌연변이가 일어날 때뿐이다. 여러 세대를 거치면서 돌연변의 결과가 축적되는 모양을 관찰하면 미토콘드리아 DNA를 이용해서 여러 가지 계보를 구분할 수 있을 것이다.

윌슨의 연구팀은 세계 각국 사람들의 미토콘드리아 샘플을 분석해서, 서로 비슷한 것들끼리 그룹 지어 유전자 서열을 관찰했다. 이 과정에서 오늘날 살아 있는 인류의 진화 계통도를 그릴 수 있었다. 윌슨은 오늘날의 아프리카 사람들에 해당하는 가지들이 모두 나무둥치 속으로 가장 깊이 뻗어 있음을 발견했다. 이 계통도는 현생 인류의 공통 조상들이 살던 고향이 아프리카임을 시사하고 있다.

윌슨이 200만 년 전, 그러니까 어떤 호미닌도 아직 아프리카를 떠나기 전에 아프리카에 살았던 어떤 호모 종에 대해 이런 이야기를 했다면 대부분의 고인류학자들이 그의 말을 믿었을지도 모른다. 그러나 윌슨은 인간의 유전자에 대해 완전히 새로운 사실을 발견했다. 일단 진화 계통도가 완성되자 윌슨의 연구팀은 현생 인류의 공통 조상이 언제쯤 살았는지 계산해봤다. 이들은 미토콘드리아의 DNA가 돌연변이를 일으키는 비율을 측정한 다음 유전자에 기록된 변이를 관찰해 각 계통마다 얼마나 많은 돌연변이가 일어났는지 판단했다. 그 결과 연구팀은 최초의 현생 인류가 약 20만 년 전에 출현한 것으로 추정했다.

'미토콘드리아 이브'라고 명명된 이 공통의 조상은 오래되긴 했지만 호모 사피엔스가 여러 지역에서 동시에 나왔다고 주장하는 과학자들의 눈에는 그리 오래지 않은 것으로 보였다. 윌슨 팀의 연구 결과가 옳다면 유럽의 네안데르탈인이나 아시아의 호모 에렉투스는 현생 인류에게 아무런 유전자도 제공하지 않은 것이 된다. 그러나 윌슨의 계통도는 스트린저에게 엄청난 도움이 되었다.

스트린저와 윌슨을 비롯한 몇몇 과학자들은 현생 인류에 관한 시나리오를 만들고 이것에 '아프리카 기원설'이라고 이름을 붙였다. 호모속은 아프리카를 떠나 퍼져나가면서 상호 교배가 되지 않는 몇 개의 서로 다른 종으로 진화했다고 이들은 주장한다. 호모 에렉투스는 아시아 대부분의 지역에 걸쳐 살았고 네안데르탈인은 유럽과 근동지역에 퍼져 있었다. 그러는 동안 호모 사피엔스는 아프리카의 호미닌들 사이에서 별도의 진화 과정을 밟고 있었다. 어느 시점엔가 호모 사피엔스는 아시아와 유럽으로 퍼져나가기 시작했다. 쇼베 동굴의 벽화들처럼 5만 년 전 이후의 화석 기록으로 보이는 장신구, 무기, 옷, 기타 인공물은 모두 호모 사피엔스의 작품이다. 호모 사피엔스가 호모 에렉투스 또는 네안데르탈인 등이 살던 지역으로 들어가자 이들은 사라졌다.

아프리카 기원설은 발표되자마자 심한 공격을 받았지만 아시아, 유럽, 아프리카에서 최근 발견된 화석들이 이 가설에 힘을 실어주고 있다. 고인류학자들이 이스라엘에서 발견한 네안데르탈인 화석은 현생 인류와 3만 년간 공존한 것으로 확인됐다. 하지만 네안데르탈인이 자취를 감

진화

출 때까지 이 두 집단이 서로 교류한 흔적은 없었다. 아시아에서는 호모 사피엔스가 최초의 화석을 남긴 훨씬 뒤까지 호모 에렉투스가 존재했다. 몇 가지 화석에 의하면 호모 에렉투스는 3만 년 전까지도 자바에 살았던 것으로 추정된다.

아프리카에서 나온 증거들도 이들 주장을 뒷받침하고 있다. 스탠퍼드 대학의 리처드 클라인(Richard Klein)은 이렇게 말한다. "10만 년 전의 유럽에는 네안데르탈인만 있었다. 같은 시기에 아프리카에는 외모가 현생 인류와 매우 비슷한 인간들이 살고 있었다."

월슨의 연구 결과를 분석한 유전학자들은 대부분 아프리카 기원설을 확인했다. 어떤 유전자를 대상으로 인간 진화의 계통도를 그려봐도 아프리카 사람들은 계속해서 뿌리에서 가장 가까운 가지를 차지했다. 현재 미토콘드리아 유전자 분석 결과는 인류의 공통 조상이 17만 년 전 아프리카에 살았다고 이야기한다. 1990년대 말에 유전학자로 구성된 어떤 연구팀이 인간의 Y염색체(남성을 결정하는 염색체)를 비교해본 결과, 현생 인류의 역사는 5만 년밖에 되지 않는 결론이 나왔다. 물론 모든 연구 결과에는 수만 년의 오차가 있을 수 있기 때문에 몇만 년쯤 차이가 난다고 해서 반드시 서로 상충한다고 말할 수는 없다.

정확한 시점을 찾기 위해 연구를 계속해야 하겠지만 여러 가지 서로 다른 학설 사이에는 한 가지 공통점이 있다. 현생 인류는 매우 젊은 종이라는 것이다.

네안데르탈인의 DNA

현생 인류가 젊은 종이라는 사실에 대해 좀 더 많은 증거가 필요하다면 네안데르탈인의 유전자에서 이를 찾을 수 있다. 1995년에 독일 정부는 뮌헨대학의 화석 DNA 전문가인 스반테 페보(Svante Pääbo) 교수에게 네안데르탈인 화석 연구를 의뢰했다. 연구 목적은 1856년에 처음 발견된 네안데르탈인 화석이 아직도 DNA를 갖고 있는지 확인하는 것이었다. 유전자는 원래 파괴되기 쉽기 때문에 처음에 망설이던 교수는 결국 이를 수락했다. 페보 교수와 그의 제자인 마티아스 크링스(Matthias Krings)는 네안데르탈인 화석의 위쪽 팔뼈에서 작은 샘플을 떼어내 단백질의 기본 구성 요소인 아미노산을 찾아봤다. 놀랍게도 약간의 아미노산이 발견됐다. 이어서 그들은 유전자 찾기 작업에 들어갔다. 아미노산이 아직도 살아 있다면 DNA도 살아 있을지 모른다.

이것은 어려운 작업이었다. 왜냐하면 먼지 한 톨이 잘못 들어가도 샘플이 살아 있는 인간의 DNA에 오염되기 때문이다. 그래서 크링스는 뼈의 표면을 표백한 뒤 멸균실에 분석 장비를 설치했다. 오염의 우려가 전혀 없음을 확인한 후에야 크링스는 샘플을 갈아서 특수한 화학약품 처리를 통해 DNA 파편을 찾아봤다.

컴퓨터 화면에 뜬 결과를 보고 크링스는 가슴이 두근거렸다. 인간의 DNA와 비슷하지만 똑같지 않은 379개의 DNA 염기 서열이 나타난 것이다. 그러나 이들은 성급히 샴페인을 터뜨리는 대신 또 하나의 샘플로 분석을 진행 중이던 펜실베이니아주립대학의 마크 스톤킹(Mark Stoneking) 연구팀의 결과가 나오기까지 기다리기로 했다. 스톤킹도 똑같은 서열을 발견했다.

페보의 팀은 네안데르탈인의 DNA를 거의 1,000개의 인간 DNA 염기 서열 및 침팬지의 염기 서열과 비교해 진화 계통도를 그려봤다. 여기서 유럽인과 아프리카인은 같은 가지에 매달려 있는 반면 네안데르탈인은 완전히 다른 가지를 차지했다. 네안데르탈인과 호모 사피엔스의 유전자 사이에 존재하는 차이의 수를 기준으로 크링스와 그의 동료들은 현생 인류와 네안데르탈인의 공통 조상이 60만 년 전까지 거슬러 올라간다고 추정했다. 공통의 조상은 아마 아프리카에 살았을 것이다. 이들의 후손 중 한 가지가 유럽으로 옮겨가 네안데르탈인이 되었다. 아프리카에 남은 가지는 진화를 계속해 현생 인류가 되었다.

1997년에 페보의 팀이 연구 결과를 발표하자 과연 그렇게 작은 네안데르탈인 DNA 파편만으로 계통도에서 이들의 정확한 위치를 제대로 잡을 수 있었을까 하는 회의론이 나왔다. 그러나 그로부터 2000년까지 3년 사이에 네안데르탈인 DNA 두 가지가 더 분석됐다. 페보의 팀은 크로아티아에서 발굴된 4만 2,000년 전의 화석 샘플을 분석했고 또 다른 팀은 캅카스산에서 발굴된 2만 9,000년 전의 화석 샘플을 연구했다. 두 팀이 찾아낸 DNA 염기 서열은 페보가 처음 찾아낸 서열과 매우 비슷했다. 이 세 서열은 오늘날 살아 있는 인간의 유전자보다는 자기들끼리 훨씬 많이 닮아 있었다. 이 샘플들은 거리상으로 수백 킬로미터 떨어져 있고 시간상으로도 수천 년 차이가 나는 화석에서 추출된 것이다. 이들이 우연히 닮아 있을 확률은 거의 0에 가깝다.

네안데르탈인의 DNA에서 나온 증거는 이들이 멸종했다는 가설을 뒷받침해주고 있다. 그러나 화석을 살펴보면 이들이 쉽게 멸종할 정도로 연약한 종은 아니었음을 알 수 있다. 이들은 강인하고 재주 있는 종으로 유럽의 빙하기를 견뎌낼 정도로 생명력이 강했다. 이들은 올림픽 경기에 쓰이는 투창만큼이나 균형 잡힌 창을 만들 수 있었고, 이것으로 말을 비롯한 여러 가지 큰 포유동물을 사냥했다. 이들은 워낙 사냥에 뛰어났기 때문에 거의 전적으로 육식에 의존했다. 이라크에 있는 샤니다르 동굴에서 출토된 화석을 보면 네안데르탈인들이 병자를 돌봤다는 것도 알 수 있다. 이 화석의 주인은 머리와 몸에 심한 상처를 입었는데도 몇 년을 더 살았다.

마찬가지로 호모 에렉투스도 온실 안의 화초는 아니었다. 이들은 오늘날 중국 북부의 척박한 토양으로부터 인도네시아의 밀림에 이르기까지 다양한 환경에 퍼져 있었으며 여기서 100만 년 이상을 살았다. 그런데도 이들은 모두 사라졌고 호모 사피엔스만 남았다. 어떤 차이가 있었기에 호모 사피엔스는 살아남았을까?

뛰어난 정신적 능력

5만 년 전의 현생 인류와, 같은 시기의 호모 에렉투스 및 네안데르탈인 사이에서 가장 두드러진 차이는 이들이 남긴 도구와 물건에서 볼 수 있다. 아시아에 살던 호모 에렉투스의 기술은 손도끼 수준을 넘지 못한 것으로 보인다. 네안데르탈인은 창과 날이 선 석기를 만들 수 있었지만 그 정도가 고작이었다.

반면 현생 인류는 고도의 기술을 필요로 하는 도구를 많이 발명했고, 새로운 것을 발명해내는 속도도 매우 빨랐다. 현생 인류는 끝에 사슴뿔을 단 창을 만들었는데 사슴뿔은 가벼우면서도 견고한 재료로, 물속에 몇 시간씩 담가두었다가 잘 갈아야만 뾰족하게 만들 수 있다. 이들은 또한 창을 어깨 뒤로 뺐다가 더 멀리 던질 수 있는 투창기도 발명했다. 나무로 만든 칼로 사냥감에게 덤벼들었던 네안데르탈인보다 현생 인류는 더 많은 동물을 잡을 수 있었고 사냥의 과정도 덜 위험했다.

현생 인류의 발명품 중에는 사냥처럼 현실적인 목적으로 쓰이지 않

진화

은 것들도 있었다. 예를 들어 터키의 동굴에서 과학자들은 적어도 4만 3,000년 전에 달팽이 등껍데기와 새의 발톱으로 만든 목걸이를 발견했다. 처음부터 현생 인류는 장신구를 착용했다. 아마 이 장신구들은 같은 종족임을 표시하거나 아니면 조직 내 서열을 나타내는 데 쓰였을 것이다.

뉴욕대학의 랜들 화이트(Randall White)는 이렇게 말한다. "사람들은 장신구를 만드는 데 아주 많은 시간을 소비했다. 장신구는 지위와 역할을 보여주는 것으로 이들의 삶에서 매우 중요했다. 뭔가를 몸에 걸치고 있으면 다른 사람들은 그것만 보고도 착용자의 사회적 위치를 알 수 있었다."

당시의 사람들이 남긴 공예품을 보면 이들의 인간관과 세계관이 크게 변했음을 알 수 있다. 그리고 이런 변화로 인해 이들은 다른 종에 대해 경쟁 우위를 가질 수 있었을 것이다. 클라인은 이렇게 말한다. "5만 년 전에 무슨 일이 일어났다. 장소는 아프리카였다. 외견상 현대인과 비슷하던 이들은 행동까지 비슷해져갔다. 이들은 새로운 물건을 만들었고 새로운 수렵채집 방식을 개발했으며 이에 따라 더 많은 인구를 먹여 살릴 수 있었다."

현재로서는 이런 변화의 원인을 단지 추측만 할 수 있을 따름이다. 어떤 사람들은 이런 '창의력 혁명'이 순전히 문화의 문제라고 보았다. 신체 구조가 현대인과 비슷한 인간들은 아프리카에서 아마 인구 폭발을 겪었을 것이고, 이로 인해 이들의 사회는 어떤 한계선을 넘었을 것이다. 그 결과 사람들은 새로운 도구와 예술을 발명했다. 화이트는 이렇게 말한다. "크로마뇽인은 달에라도 갈 수 있을 만큼 지능이 발달해 있었다. 그렇게 하지 않은 이유는 그런 사회적 환경에 있지 않았기 때문이다. 달에 가야겠다는 생각이 들 만한 자극이 없었던 것이다."

그러나 스탠퍼드대학의 고인류학자인 리처드 클라인은 이런 생각에 심각한 의문을 제기한다. 인간이 쇼베 동굴의 벽화를 그리거나 더 뛰어난 창을 만들 잠재력을 갖고 있었다면 왜 그런 힘이 수십만 년 후에나 현실로 나타났는가? 그리고 도구의 혁명이 순전히 문화적인 것이라면 왜 현생 인류와 수만 년을 공존한 네안데르탈인은 오늘날 서로 다른 문화가 서로 교류하듯이 현생 인류의 도구와 예술을 받아들이지 못했는가? 클라인은 또한 현생 인류의 조상이 인구 폭발 때문에 갑자기 생활양식을 바꾼 것은 아니리라고 지적한다. 오늘날 살아 있는 인간의 DNA가 갖고 있는 다양성을 이용해 유전학자들은 최초의 현생 인류가 몇 명으로 시작했는지를 추정할 수 있는데 어떤 연구 결과를 봐도 이 숫자가 그리 크지는 않다. 지구상의 모든 인간은 아마 수천 명의 아프리카인으로부터 나왔을 것이다. 클라인은 이렇게 말한다. "현생 인류는 아프리카 인구가 상대적으로 적을 때 출현한 것으로 보인다."

소규모 집단이라면 문화적 변화가 일어날 가능성은 별로 없지만 진화에는 적합할 수 있다는 사실을 생물학자들은 오래전부터 알고 있었다. 개체수가 적으면 돌연변이가 더 빨리 퍼져 형질이 더 빨리 바뀐다. 이 사실에 입각에서 클라인은 생물학적인 이유로 현생 인류의 문이 열렸다고 추측한다. 5만 년 전쯤 아프리카에서 인간의 뇌를 관장하는 유전자에 돌연변이가 생겼고 그 결과 당시 다른 어떤 인간도 갖지 못했던 능력인 예술과 기술의 능력이 호모 사피엔스에게 생겼다는 얘기다. 클라인은 이렇게 말한다. "내가 보기에는 뇌의 변화가 시발점이다."

뇌 변화로 인해 인간은 조상들의 덜미를 잡고 있던 정신의 한계를 깨뜨릴 수 있었는지도 모른다. 이제 인간은 동물을 단순한 먹이로 보지 않고 뼈와 뿔로 도구를 만들 수 있는 대상으로 보기 시작했다. 현생 인류는 모든 동물에 대해 똑같은 무기를 휘두르는 대신 물고기, 염소, 붉은사슴 등 사냥감에 따라 특화된 무기를 발명하기 시작했다. 레딩대학의 고고학자인 스티븐 미던(Stephen Mithen)이 '유동적 지능'이라고 명명한 새로운 정신은 자연과 인간 자신에 대해 추상적으로 생각할 수 있는 능력을 주었고, 이에 따라 인간은 자연을 그림이나 조각 같은 상징적인 형태로 표현할 수 있었다.

현생 인류 이전에도 언어가 있었을 수는 있지만 완전한 모습을 갖춘 언어도 유동적 지능의 소산인지도 모른다. 클라인은 이렇게 말한다. "아마 5만 년 전에 사람들은 말을 더 빨리, 더 잘 알아듣게 하는 능력이 생겼고 이에 따라 서로의 생각을 더 잘 파악하게 되었을 것이다. 그리고 언어를 이용해서 이전의 인간들은 할 수 없었던 방법으로 새로운 정보나 기술을 전파시켰을 것이다."

새로운 기술은 너무 복잡해서 시범을 보여주는 것만으로는 학습할 수가 없었다. 러시아에서 사람들은 매머드의 엄니를 끓여 죽은 사람과 함께 매장했다. 표현 능력이 부족한 네안데르탈인은 이런 일을 할 수 없었을 것이다. 현생 인류는 새로운 발명을 다른 사람에게 설명해줬기 때문에 새로운 아이디어가 빨리 전파될 수 있었을 것이다. 현생 인류는 또한 돌, 상아 등의 재료를 수백 킬로미터씩 운반해 와서 도구를 만들었을 것이다. 인간 집단들은 언어를 이용해 의사소통을 함으로써 자신에게 필요한 것을 물물교환으로 얻었을 것이다. 현생 인류가 사회적 지위 또는 신성함을 상징하는 장신구나 예술품을 만들 수 있었던 것도 언어를 통해서였을 것이다.

아직도 학자들은 새로운 문화와 새로운 두뇌로 무장한 현생 인류가 왜 아프리카를 떠나 호모 에렉투스 및 네안데르탈인과 마주치기 시작했는지 정확히 알지 못한다. 이들은 대규모 전쟁을 벌였을까? 아니면 에스파냐인들이 아스텍인들에게 천연두를 전염시킨 것처럼 유럽과 아시아에 치명적인 질병을 퍼뜨렸을까? 아니면 많은 학자들이 짐작하는 것처럼 현생 인류는 뇌가 더 뛰어났기 때문에 경쟁에서 이겼던 것일까? 클라인은 이렇게 말한다. "현생 인류가 유럽에서 네안데르탈인을 몰아낼 수 있었던 주요 이유는 이들의 생활양식이 훨씬 정교했기 때문이다. 특히 이들은 수렵채집에 더 뛰어났다."

현생 인류는 물물교환을 할 줄 알았고, 다툼이 죽음을 부르는 싸움으로 번지기 전에 말로 해결할 줄도 알았다. 이들은 무기를 비롯한 다른 도구를 발명해서 먹이를 구했고 옷을 지어 입었으며, 다른 종의 인간들 같으면 목숨을 잃었을 끔찍한 가뭄과 혹독한 추위에도 살아남았다. 화석 증거에 따르면 이들은 네안데르탈인보다 인구 밀도가 높았던 것으로 추정된다. 네안데르탈인들은 아마 산속으로 밀려나 소규모 집단으로 갈라져 명맥을 유지하다 결국 족내혼과 자연재해로 사라졌을 것이다.

물론 모든 현생 인류가 유럽으로 간 것은 아니다. 아시아 쪽으로 뻗어나간 집단들은 처음에는 주로 해안을 따라갔을 것이다. 홍해 연안을 따라 발견되는 유물을 보면 아프리카인들이 벌써 1만 2,000년 전에 해변에 살면서 조개를 잡아먹었음을 알 수 있다. 이들의 후예들이 이런 방법으로 아라비아반도와 인도의 해변에 정착했고 결국 인도네시아까지 뻗어나갔다고 생각하는 것은 어렵지 않다. 이 골치 아픈 침입자들이 들어오자 호모 에렉투스는 자신들의 영토를 내주고 내륙의 정글로 후퇴했을 수도 있다. 결국 이들은 소규모 집단으로 심하게 고립된 나머지 3만 년 전쯤에 멸종했을 것이다. 현생 인류 중 일부는 강을 따라 아시아의 내륙으로 들어갔고 나머지는 배를 타고 아직 호미닌이 발을 디딘 적 없는 뉴기니와 오스트레일리아로 향했다. 1만 2,000년 전이 되자 현생 인류는 아시아로부터 신대륙으로 뻗어나가 칠레의 남쪽 끝까지 다다랐다. 진화의 시간으로 보면 눈 깜짝할 새 남극대륙을 제외한 전 세계의 주요 대륙이 호모 사피엔스의 무대가 된 것이다. 과거에 침팬지의 조그만 아종으로 숲에서 쫓겨난 무리들이 세계의 지배자로 떠올랐다.

비(非)자연선택

진화의 힘은 5만 년 전 문화 혁명의 길을 열었지만 그 후 인간의 문화는 매우 강력해져서 주객이 전도되기에 이르렀다. 이제 문화가 생물학적 진화의 방향에 영향을 미칠 수 있게 됐다. 유전자의 생존 적합도는 자연선택의 방향을 결정하지만 인간의 발명이 적합도 자체를 바꿀 수 있다. 과학자들은 문화의 발자취를 심지어 DNA에서도 찾아내고 있다.

예를 들어 문화와 유전자의 공진화로 인해 어떤 사람들은 우유를 마시게 되었다. 포유류에게 이것은 괴이한 능력이다. 젖의 주성분 중 하나는 유당(乳糖)인데 이를 흡수하기 위해 포유동물의 소화기관에서는 락타아제라는 유당 분해 효소가 분비된다. 보통 포유동물은 수유 기간 중에만 락타아제가 분비되며, 성장해감에 따라 분비가 멈춘다. 성숙한 포유동물은 더 이상 젖을 소화할 필요가 없기 때문에 락타아제를 분비하는 것은 쓸데없는 일이 된다.

다른 포유동물과 마찬가지로 인간도 대부분 성장하면서 락타아제를 분비하지 않게 된다. 이들에게 신선한 우유는 부담이 된다. 왜냐하면 유당이 분해되어 소화되지 않고 소화기관에 축적되면서 세균의 좋은 먹이가 되기 때문이다. 세균에게서 나오는 폐기물로 인해 장에 가스가 차고 설사를 하게 된다.(치즈와 요구르트에는 유당이 덜 들어 있기 때문에 소화시키기가 더 쉽다.)

그러나 미국인의 절반을 포함해 일부 사람들은 DNA에 돌연변이가 일어나 락타아제 분비를 멈추는 스위치가 꺼져 있다. 그래서 성장한 후에도 락타아제가 분비되고 우유를 먹어도 아무 지장이 없다. 1만 년 전쯤에 소가 가축화되자 이런 능력은 널리 퍼졌다. 목축에 의존해서 살아가는 사람들, 예를 들어 북유럽이나 사하라사막 남쪽 언저리에 사는 종족들에게 있어 모유를 뗀 후에도 우유를 마실 능력이 있는 것은 장점으로 작용했을 것이다. 성인이 되어서도 계속 락타아제를 분비하게 해주는 돌연변이가 종족 전체에 퍼져나 갔다. 그러나 오스트레일리아 원주민이나 아메리카 원주민처럼 가축에 의존한 적이 전혀 없는 사람들에게는 우유를 마실 수 있게 해주는 유전자가 아무런 이익이 되지 않았고 따라서 널리 퍼지지도 않았다.

역사의 전 과정을 통해 인간은 새로운 음식을 먹기 시작했을 뿐만 아니라 여러 가지 질병에 시달려야 했다. 열대지방에 자리 잡은 사람들은 모기로 인해 말라리아와 싸워야 했다. 말라리아가 창궐하는 지역에서는 다른 곳에 없거나 희귀한 혈액 질환이 흔하다. 예를 들어 아프리카와 지중해 지역 사람들의 후손은 겸상적혈구빈혈증이라는 병에 시달린다. 이들의 적혈구에는 폐로부터 산소를 실어 나르는 분자인 헤모글로빈에 결함이 있다. 적혈구에 산소가 부족해지면 헤모글로빈이 수축되어 혈구가 둥근 도넛 모양에서 낫과 같은 모양으로 바뀐다. 이런 적혈구는 가느다란 혈관에 들러붙어 위험한 혈전을 만들거나 심지어 혈관을 파열시키기도 한다. 이런 적혈구들이 비장을 통과할 때 백혈구는 이들이 결함이 있

진화

음을 감지하고 파괴해버린다. 혈전이 생기는 데다 적혈구를 계속 잃으면 뼈가 부패하거나 망막이 이탈할 수 있다. 결국 이 병에 걸린 사람은 죽기도 한다.

사하라사막 이남의 아프리카에서 매년 15만 명 정도의 아기가 이 병을 갖고 태어나며 소년기까지 살아남는 아기는 극소수이다. 겸상적혈구빈혈증을 갖고 태어나려면 부모로부터 하나씩 한 쌍의 돌연변이 헤모글로빈 유전자를 물려받아야 한다. 이들보다 훨씬 많은 사람들은 결함 있는 유전자를 하나만 갖고 태어난다. 하나만 있으면 헤모글로빈이 약간의 결함만 보인다. 그러나 이 병에 걸린 사람은 거의 대부분이 어려서 죽기 때문에 이들은 유전자를 전달할 여유가 없고 따라서 이 병은 매우 희귀해야 옳다.

그러나 겸상적혈구 유전자가 살아남은 이유는 사람을 죽이기도 하지만 살리기도 하기 때문이다. 가장 악성의 말라리아를 일으키는 병원체인 플라스모디움 팔시파룸(Plasmodium falciparum)은 적혈구를 공격해서 헤모글로빈을 먹어치운다. 이 병에 걸리면 고열이 나며, 공격당한 적혈구가 엉겨서 치명적인 혈전을 만든다. 병균이 헤모글로빈을 삼켜버리면 적혈구는 산소를 잃는다. 그런데 피해를 입은 적혈구가 결함 있는 헤모글로빈을 갖고 있으면 산소를 빼앗김에 따라 수축해서 초승달 모양의 관이 된다. 이렇게 되면 더 이상 다른 적혈구와 엉기지 않게 되고 따라서 위험한 혈전이 생기지 않는다. 그리고 이렇게 변형된 겸상적혈구는 그 안에 들어 있는 병원체와 함께 비장에서 파괴된다.

그래서 겸상적혈구 유전자가 있는 사람들은 말라리아에 걸려도 살 수 있다. 자연선택으로 인해 이 유전자를 2개 가진 사람은 죽지만 하나만 가진 사람은 살아남아 아이를 낳을 수 있으므로 이 유전자가 후대에 계속 전달된다.

겸상적혈구 유전자는 농업의 전파를 보여준다. 농업을 시작하기 전까지는 말라리아가 오늘날처럼 끔찍한 재앙은 아니었을 것이다. 예를 들어 5,000년 전에 사하라사막 이남은 대부분 숲으로 덮여 있었다. 아프리카 숲의 바닥에는 모기가 별로 없었을 뿐 아니라 있던 것들도 새, 원숭이, 뱀 등 동물의 피를 빠는 것이었다. 그러다가 경작을 하는 인간들이 조금씩 숲을 농토로 바꿨다. 숲이 없어지면서 노출된 땅에는 웅덩이가 생겨나 아노펠레스 감비아이(Anopheles gambiae)라는 모기가 번식하기에 안성맞춤인 곳이 된다. 인간의 피를 빠는 이 모기는 농업이 시작되기 전에는 드물었다. 들판에서 일을 하고 마을에서 잠을 자는 농부들은 이 모기의 희생물이 되었고 모기들은 말라리아 병원균을 이 사람 저 사람에게 옮기고 다녔다. 말라리아가 흔해지자 방어 시스템이 진화하기 시작했다. 달리 말해 겸상적혈구빈혈증은 농업에 대해 인류가 지불한 대가 중 하나이다.

문화가 자연선택을 새로운 방향으로 돌려놓기도 하지만 전체적으로 보면 문화로 인해 인간의 진화 속도가 크게 떨어지고 있는지도 모른다. 과거에 생식을 방해했던 유전자는 더 이상 위협이 되지 않는다. 예를 들어 미국에서는 1만 명 중 1명이 페닐케톤뇨증(phenylketonuria)이라는 유전자 결함을 갖고 태어난다. 이런 사람은 페닐알라닌이라는 아미노산을 분해하지 못한다. 이 병이 있는 어린이가 음식을 먹으면 혈액 속의 페닐알라닌 농도가 높아져 성장기의 뇌를 손상시키고 지적장애를 유발한다. 그래서 페닐케톤뇨증을 일으키는 돌연변이가 있는 사람은 생존 적합도가 떨어진다. 그러나 이제 이 증상이 있는 어린이의 부모는 의학적인 방법으로 아이를 살릴 수 있다. 페닐알라닌 함량이 적은 음식을 먹으면 아이는 정상적인 뇌를 갖고 성장할 수 있다. 의학을 비롯한 과학기술의 발달 덕분에 우리는 살아남는 유전자와 무대에서 사라지는 유전자 사이에 존재하던 현저한 차이를 좁혀놓아 자연선택이 변화를 일으키는 것을 방해하고 있다.

앞으로 문화적 진화는 생물학적 진화의 속도를 더욱 늦출지도 모른다. 자연선택은 승리하는 유전자와 패배하는 유전자 사이에 큰 차이가 있을 때 가장 빨리 작용한다. 이런 차이로 인해 어떤 개체는 자손이 전혀 없고 어떤 개체는 많은 자손을 얻는다. 오늘날 전 세계의 모든 사람들은 더 높은 수준의 식생활, 건강, 소득을 누리고 있기 때문에 아이를 적게 낳는다. 생식에 있어서 승자와 패자 사이의 차이가 줄어들수록 자연선택의 힘은 약해진다.

진화에 대한 또 하나의 방해 요소는 유전체 그 자체이다. 지구상의 모든 인간은 17만~6만 년 전에 아프리카에 살았던 소규모 집단의 후손이다. 규모가 작았으므로 유전자도 다양하지 못했고 몇만 년이라는 짧은 시간 사이에 크게 더 다양해질 수도 없었다. 코트디부아르의 타이 숲에 사는 침팬지는 인류 전체보다도 유전자가 더 다양하다. 인간들에게도 가끔씩 이런저런 소집단 속에서 돌연변이가 몇 가지씩 일어났고 어떤 곳에서는 자연선택의 힘에 실려 돌연변이가 널리 퍼지기도 했다. 예를 들어 우유를 마시거나 말라리아와 싸우는 것이 중요한 곳들에서 그랬다는 얘기다. 그러나 동시에 유전자는 사람들끼리 서로 접촉하면서 퍼져나가고 섞인다. 결국 인간의 역사는 무엇보다도 섞임의 역사이다.

스탠퍼드대학의 루이지 카발리스포르차(Luigi Cavalli-Sforza)는 이탈리아에서 과거 문명의 발자취를 유전적으로 더듬어봤다. 그리스인들은 이탈리아 본토와 시칠리아 섬 동부에, 페니키아인들과 카르타고인들은 시칠리아 서부에, 켈트인들은 이탈리아 북부에 각각 유전자의 족적을 남겼다. 로마에 복속된 리구리아인의 흔적도 제노바 근처에서 발견됐다. 토스카나에서는 2,500년 전에 멸망한 에트루리아인들의 유전자가 발견되기도 했다. 안코나 근처에서는 3,000년에 사라져간 오스카-움브리아-사벨리 문명의 유전자 집단이 발견되기도 했다. 이런 유전자들은 범선이나 말이 유일한 교통수단이던 시절에 사람들이 이탈리아로 건너와 토착민들의 유전자와 섞인 것이다. 교통수단이 발달하면서 섞임은 더욱 가속됐다. 유럽인들은 아프리카의 노예를 끌고 신대륙으로 갔고, 그 결과세 대륙의 유전자가 섞이기 시작했다. 오늘날은 사람들이 비행기를 타고돌아다니므로 전 세계에 걸친 유전자의 흐름은 더욱 빨라졌다. 이렇게DNA가 혼합된 바닷속에서 인간의 새로운 종이 탄생할 만큼 충분히 격리된 지역이 있을 수 없다. 15종에 달하던 거대한 호미닌의 계통도는 당분간 호모 사피엔스 하나로 줄어든 채로 남아 있을 것이다. 그나마 그 하나속에서도 자연선택이 어떤 변화를 일으킬 여지는 계속 줄어들고 있다.

인간의 손에 의한 진화

인간의 생물학적 진화가 계속 진행되든 아니면 멈추든 간에, 새로운 종류의 진화가 시작됐다. 문화 자체가 진화하는 것이다. 언어, 비행기, 음악, 수학, 요리, 심지어 모자 패션 등도 진화한다. 인간이 만들어낸 것들이 시간에 따라 변화하는 모습은 생물학적 진화를 섬뜩한 방식으로 반영한다. 언어는 마치 동물의 종처럼 가지를 쳐나간다. 방언은 최초의 언어로부터 멀어질수록 그 언어와 더욱 달라진다. 과학자들은 호미닌의 진화과정을 보여주는 계통도를 그릴 때와 같은 방법으로 언어 진화의 계통도를 그릴 수 있다.

생물학적 진화에서 볼 수 있는 공통점 중 하나는 탈적응인데, 이것은 물고기의 다리로 육지를 걷는 것처럼 기존의 신체 구조가 새로운 기능을 수행하는 것을 말한다. 스티븐 제이 굴드는 기술이 진화함에 따라 같은 일이 일어난다고 지적한다. 예를 들어 케냐의 나이로비에 있는 시장에서는 자동차 타이어로 만든 샌들을 살 수 있다. 굴드는 이렇게 썼다. "타이어로 매우 좋은 샌들을 만들 수 있다. 그러나 제3세계에 신발을 공급하기 위해 타이어 회사들이 제품을 만들었다고 주장할 사람은 없다. 질긴 샌들을 만들 수 있는 것은 자동차 타이어의 잠재력이 활용된 것으로 이런 샌들을 만들었다는 것은 타이어의 기능을 영리하게 바꾼 것이다."

생물학적 진화와 문화적 진화는 워낙 비슷해서 과학자들은 같은 원칙이 이들 모두에 작용하는 것이 아닌가 생각하고 있다. 1976년에 출간된 『이기적 유전자(The Selfish Gene)』에서 리처드 도킨스(Richard Dawkins)는 우리의 사고가 유전자와 비슷한 특성을 갖고 있다고 지적한다. 예를 들어 노래는 우리의 머릿속에 암호로 입력된 정보로 다른 사람에게 이 노래를 들려주면 같은 방법으로 암호화돼 입력된다. 이것은 마치 재채기를 해서 감기 바이러스를 옮겨주는 것과도 같다. 도킨스는 이렇게 바이러스 같은 정보의 덩어리를 '밈(meme)'이라고 불렀다. 유전자의 흥망을 지배하는 법칙은 밈의 흥망에도 적용될 수 있다. 어떤 유전자는 다른 유전자보다 더 많이 퍼져나간다. 눈의 빛수용세포에 결함을 만드는 유전자는 건강한 유전자보다 잘 퍼져나가지 못한다. 마찬가지로 어떤 밈은 다른 것들보다 더 잘 퍼져나가고 돌연변이로 인해 밈은 과거에 없던 경쟁 우위를 가질 수도 있다.

어떤 밈이 다른 밈보다 지적으로 뛰어나야만 널리 퍼지는 것은 아니다. 그저 많이 복제되기만 하면 된다. 도킨스가 즐겨 드는 비유는 '행운의 편지'인데 이 편지를 받은 사람이 다른 사람들에게도 이를 보내면 행운이 온다는 편지이다. 행운의 편지를 받았다고 해서 복권에 당첨되거나 암이 치유되지는 않는다. 행운의 편지는 다만 인간을 조작해서 전 세계를 돌아다닐 뿐이다. 오늘날 인터넷은 외설스러운 농담과 누드 사진으로 넘쳐나는데, 웹 사용자들이 원하기 때문에 또는 단지 지루함을 때우고 싶어 하기 때문에 그것들이 한 컴퓨터에서 다른 컴퓨터로 이리저리 옮겨 다닌다.

그러나 문화에는 바이러스처럼 진화하지 않는 부분도 많다. 사람들이 기존의 생각에 약간의 돌연변이를 일으켜서 이것을 온 세계로 퍼뜨리는 것은 아니다. 인간은 심사숙고해서 여러 가지 생각을 모아 새로운 아이디어를 내놓기도 한다. 밈은 DNA가 한 세대에서 다음 세대로 염기 하나하나가 복제돼 전달되듯 한 사람의 뇌에서 다른 사람의 뇌로 직접 건너뛰는 것이 아니다. 사람들은 다른 사람의 행동을 관찰하고 이를 흉내 내려고 하며 그리하는 데 성공하기도 하고 실패하기도 한다.

어떤 면에서 문화적 진화는 다윈의 자연선택을 따르기보다는 라마르크의 용불용(用不用)에 부합하는 것 같다. 라마르크는 기린이 목을 자꾸 위로 늘여 결국 길어지고 이런 특성이 자손에게 전달된다고 생각했다. 아버지는 아들에게 칼 만드는 법을 가르칠 수 있지만 아들은 자신의 경험을 통해 쇠를 다루는 더 좋은 방법을 찾아낼 수도 있다. 그러면 그는 더 좋은 칼 제조법을 자신의 아들에게 전수할 수 있다.

유전자는 한 세대가 다음 세대로 자신을 복제해주기를 얌전히 기다리지만은 않는다는 사실이 이제 점점 분명해지고 있다. 유전자는 바이러스가 유전자를 새로운 종으로 실어가거나 어떤 생명체가 다른 생명체를 심

진화

키거나 하는 과정을 통해 생명의 계통수 속을 이리저리 돌아다녀왔다. 마찬가지로 한 가지 문화는 다른 문화 속으로 뛰어들어 새로운 것을 낳기도 한다. 마르코 폴로가 유럽에 화약을 가지고 간 것이나 아프리카 노예들이 미국에 전혀 새로운 음악을 소개한 것이 좋은 예이다. 내가 지금 현재 쓰고 있는 영어 단어들은 초서(Chaucer, 『캔터베리 이야기』로 대표되는 14세기 영국 시인—옮긴이) 시대 영어의 직계 후손이 아니다. 그때부터 지금까지 영어에는 세계 각 언어에서 수많은 단어들이 들어왔다.

우리는 문화 속에서 공생 관계를 이루면서 산다. 쟁기라는 개념은 그것을 생각하는 사람이 존재할 때만 살아남는다. 쟁기가 없다면 대부분의 인간은 굶주렸을 것이다. 대부분의 경우 기술적 발명은 인간의 신체가 연장된 것이었다. 이를테면 사냥꾼은 손톱이나 어금니를 쓰지 않고도 창을 던져 고라니를 잡는다. 풍차 방아는 사람의 치아보다 씨나 곡물을 훨씬 더 잘 갈 수 있다. 책은 인간의 뇌가 확대된 것으로 어떤 인간이 가진 지식보다 훨씬 더 많은 지식을 전달한다.

그런데 1940년대에 인간은 새로운 형태의 문화와 마주쳤다. 바로 컴퓨터였다. 컴퓨터는 책보다 더 강력한 인간 뇌의 확장이었다. 컴퓨터는 책보다 더 밀도 높게 정보를 저장한다. 책꽂이를 가득 채운 옥스퍼드 영어사전과, 같은 정보를 담고 있는 CD 한 장을 비교해보라. 게다가 컴퓨터는 최초로 인간의 뇌와 같은 기본적 방법으로 정보를 처리한다. 인식하고, 분석하고, 계획한다는 얘기다. 물론 컴퓨터 자체는 아무것도 할 수 없다. 마치 세포가 DNA 지시를 받아야 하듯 컴퓨터는 프로그램 언어의 지휘를 받아야 한다.

1950년대에는 전 세계에 단지 1메가바이트짜리 램 하나만이 존재했다. 오늘날은 값싼 데스크톱 컴퓨터 하나에도 50메가바이트의 램이 장착되며, 게다가 이 컴퓨터는 외딴 섬처럼 홀로 떨어져 있는 것이 아니다. 1970년대에 전 세계의 컴퓨터는 마치 곰팡이가 실로 짜놓은 듯한 그물인 월드와이드웹으로 연결되기 시작했다. 웹은 컴퓨터뿐만 아니라 자동차, 금전등록기, 텔레비전 등을 포함한 여러 가지 도구를 연결해 전 세계를 뒤덮고 있다. 인간은 세계 차원의 두뇌에 둘러싸여 있다. 이 뇌는 우리 자신의 뇌로부터 정보를 끌어내며, 곰팡이의 그물에 의존하는 거대한 지적인 숲이기도 하다.

컴퓨터는 우리가 시키는 일을 성실히 수행한다. 컴퓨터는 토성의 고리 주위를 돌며 추진력을 얻는 우주선의 항로를 잡아주기도 한다. 컴퓨터는 당뇨병 환자의 몸 안에서 인슐린 농도가 오르내리는 것을 추적하기도 한다. 그러나 컴퓨터의 전 세계적인 네트워크가 아주 복잡해지면 컴퓨터는 아마 저절로 우리의 지능, 심지어 우리의 의식과 같은 어떤 것을 갖출지도 모른다. 인공 생명과 진화 컴퓨팅을 연구하는 사람들은 컴퓨터가 인간의 지능과는 다른 지능을 진화시킬 수 있다고 추측한다. 컴퓨터가 제 나름의 방법으로 문제를 해결할 수 있게 된다면 컴퓨터는 인간의 두뇌로는 이해할 수 없는 새로운 해결책을 진화시키는 것이 된다. 전 세계를 덮고 있는 컴퓨터의 네트워크가 어떻게 진화해갈지는 아무도 모른다. 시간이 가고 나면 문화는 우리에게 친숙한 이방인, 우리와 공생 관계에 있는 두뇌가 될지도 모른다. 인간이 쇼베 동굴의 벽에 그린 사자들이 춤을 추게 되는 것이다.

진화

13장

신에 관하여

엘리자베스 스튜빙은 미국 일리노이주에 있는 휘턴대학의 3학년생이다. 이 학교의 모토는 "그리스도와 그의 왕국을 위하여"이다. 스튜빙은 독실한 기독교인이며 신앙의 깊은 샘으로부터 솟아나는 힘을 느끼며 산다. 그녀는 이렇게 말한다. "인생의 방향을 설정하는 데 있어서 세계관은 매우 중요하다고 생각해요. 저는 의사가 되어 사람들을 돕고 싶습니다. 물론 저와 같은 세계관이 없으면 의사가 되지 못한다는 뜻은 아니에요. 하지만 제가 하느님에게 봉사하고 하느님이 원하는 일을 하려고 하면 저의 세계는 엄청나게 커지지요. 그리고 일을 하는 데 있어 하느님께서 함께 하신다는 생각은 많은 위안이 됩니다."

스튜빙은 악의 존재나 선량한 사람들이 받는 고통 등 골치 아픈 문제에 대한 의문도 많다. 스튜빙의 말이다. "사람들이 왜 고통을 받는지 알기는 정말 어렵고 여기에 대해 생각도 많이 해봤어요. 교수들에게 가서 어려운 질문도 많이 했지만 교수들이라고 다 아는 것은 아니더군요. 그러나 저는 교수들의 이야기를 듣는 것을 좋아합니다. 왜냐하면 그분들은 저보다 훨씬 오래전부터 이 길을 걸어왔기 때문이지요."

스튜빙은 잠비아에서 태어나 자랐고 고등학교 때 미국으로 건너갔다. 그녀는 이렇게 말한다. "우리 가족은 도시에서 떨어진 숲에서 살았는데, 카멜레온, 여우원숭이, 뱀 등 별별 동물이 다 있는 자연에 둘러싸여 있었어요." 휘턴대학에서 그녀는 생물학 강의를 듣고 있으며 교수들은 진화론을 강의한다. "장담할 수는 없지만 진화론은 다른 어떤 이론보다도 여러 증거들과 잘 들어맞는 것 같습니다." 스튜빙의 말이다.

스튜빙은 그녀의 학교 친구들 중 일부는 진화론 강의에 반발하고 있고 심지어 어떤 부모는 이 때문에 아이들을 학교에 보내지 않으려 하는 것을 알고 있다. 그녀는 이렇게 말한다. "진화론 강의가 지적인 활동이라면 그 이론 중 일부가 나의 신앙과 일치하지 않는다고 해서 거부할 필요는 없다고 생각해요."

그러나 스튜빙에게도 의문은 여전히 남아 있다. 진화론은 그녀의 신앙에 대해 어떤 의미가 있는가? 한편으로는 기독교인이 되기 위해 진화론을 거부할 필요는 없다고 그녀는 생각한다. "과정으로서의 진화론에는 문제가 없다고 봅니다. 증거가 많으니까 말이에요. 하지만 진화론이 신을 배제한다고 주장하는 것은 지나치다고 봐요. 하느님이 창조를 통해 섭리하신다는 것이 무슨 문제죠? 우리는 하느님이 오늘날 사물의 변화를 통해 섭리하신다고 말하곤 합니다. 그렇다면 과거에 그리 못할 이유가 없지 않은가요?"

스튜빙은 이 두 가지가 상충한다고 주장하는 사람들이 있음을 안다. "진화론에 입각해서 인간이 오늘날 여기까지 온 데는 자연선택 이외에

진화

아무런 다른 영향도 없었다고 주장한다면 우리가 인간이라는 사실이 갖는 의미에 문제가 생기지요."

궁극적으로 진화론에 관한 그녀의 의문은 다음과 같이 요약된다. "모든 것에 자연적인 원인이 있다면 신의 자리는 어디인가?" 그녀는 이 의문과 한동안 씨름해왔다.

이 문제로 고민하는 사람은 그녀뿐이 아니다. 『종의 기원』이 출간된 이래 사람들은 진화론과 관련해 인생의 의미, 나아가 생명 일반의 의미를 생각해왔다. 인간은 생물학적 우연의 소산인가 아니면 우주의 필요에 따른 산물인가? 어떤 사람들은 스튜빙의 의문을 해결하려면 진화의 증거를 모두 거부해야 한다고 생각한다. 1860년에 윌버포스 주교가 그랬듯 말이다. 그리고 오늘날 다윈의 진화론에 대해 강력한 반대 세력이 있는 곳이 있다. 이곳은 다윈이 전혀 발을 디뎌본 적이 없는 미국이다.

다윈과 미국의 만남

다윈은 미국에 가본 적이 없지만 그의 친구인 애서 그레이(Asa Gray)가 다윈의 이론을 미국에 소개했다. 그레이는 《애틀랜틱 먼슬리》라는 잡지에 『종의 기원』에 대한 평을 실으면서 미국인들은 생물학적 의미에 대한 답을 얻기 위해 창세기를 문자 그대로 해석하는 것에 더 이상 의존하지 말아야 한다고 주장했다. 이미 당시에도 물리학자들은 신이 천지를 창조했다는 단순한 얘기에 만족하지 못했다. 이들은 태양계가 어떻게 먼지 구름으로부터 생성됐는지를 알아가고 있었다. 그레이는 이렇게 썼다. "이런 시대정신은 생물종에 대한 낡은 생각을 더 이상 그대로 받아들이지 않을 것이다."

19세기 말이 되자 대부분의 미국 과학자들은 유럽 과학자들처럼 진화론을 받아들였다. 물론 일부 미국 과학자들은 자연선택 이론의 몇 가지 부분에 대해 의심을 버리지 않았지만 말이다. 역사상의 기록으로 판단할 때 다윈의 저술을 읽었다고 해서 종교를 포기한 과학자가 나온 것 같지는 않다. 그 자신도 독실한 기독교인이었던 그레이는 자연선택의 과정을 신이 이끌어주는 것이라고 주장했다.

　진화론이 미국에 처음 소개됐을 때 개신교 지도자들은 적의를 품기도 했지만 이를 드러내지는 않았다. 진화론에 대해 의문을 제기하는 과학자들이 있는 이상 이들은 옆에서 구경하는 것으로 만족했다. 그러나 19세기 말에 과학적 의문이 수그러들자 개신교 지도자들이 입을 열기 시작했다. 이들은 진화론이 잘못돼 있을 뿐만 아니라 위험하다고 생각했다. 신이 자신의 모습을 따라 인간을 창조했다고 믿어야만 윤리성의 근거가 유지된다. 진화론은 인간을 단순한 동물의 지위로 끌어내리는 것처럼 보였다. 인간이 자연선택의 산물에 불과하다면 우리가 어떻게 신의 특별한 피조물이란 말인가? 신의 특별한 피조물이 아니라면 성서를 믿어야 할 이유는 무엇인가?

　이들의 윤리적 반격은 과학적 반격을 무색하게 할 정도였다. 19세기 말에 대부분의 미국 개신교도들은 성서를 거의 문자 그대로 믿었지만 지구가 수천 년 전의 어떤 시점에 6일에 걸쳐 창조됐다고 생각하는 사람은 거의 없었다. 어떤 사람들은 창세기의 맨 첫 부분, 그러니까 태초에 하느님이 천지를 창조했다는 부분이 아주 긴 시간을 의미하며 이 기간 중 물질, 생명, 심지어 화석 같은 것들이 창조됐다고 믿기도 했다. 그 후 하느님은 태초에 만든 세계를 파괴했고 새로운 낙원을 창조했는데, 어셔 주교의 계산에 따르면 이때가 기원전 4004년이다. 이 과정에서 하느님은 새로운 동식물을 비롯한 생명체들을 6일 만에 창조했다. 이런 우주론이라면 우주와 지구의 오래된 나이와 잘 어울리며, 태초의 '시작' 이래 존재했다가 멸종한 동물이나 지금은 사라진 과거 지형의 문제에도 완벽하게 들어맞는다.

어떤 사람들은 창세기의 '하루'는 24시간이 아니라 그냥 시적인 표현이라고 주장하기도 했다. 이들은 '6일'이 6번에 걸친 엄청나게 긴 시간으로, 이 기간에 하느님이 세상과 생명체를 창조했다고 얘기했다. 기나긴 생명의 역사를 가진 오래된 지구는 이들에게는 아무런 위협이 되지 않았다. 세상이 얼마나 오래됐든 간에 중요한 것은 진화가 아니라 하느님이 생명, 특히 인간을 창조했다는 것이라고 이들은 주장했다.

19세기 말이 되어서도 진화론은 보수적인 미국 기독교인들에게 별로 위협적인 것이 아니었으며 몇몇 미국 대학 과학자들의 편견 정도로 인식됐다. 그러나 1920년대가 되자 진화론 논쟁은 본격적인 국면으로 접어들었다.

진화론을 둘러싼 싸움

이런 변화가 일어난 이유 중 하나는 공립학교의 등장이다. 1890년에 공립학교를 다니는 미국 아동의 수는 20만 명에 불과했는데 1920년이 되자 200만 명으로 늘어났다. 이들의 생물 교과서에는 진화론이 실려 있었고 편찬자들은 진화론을 유전자의 돌연변이와 자연선택의 과정이라고 설명했다. 진화론의 반대자들에게 이 교과서는 어린이들의 마음에 무신론을 주입하는 것처럼 보였다.

갈등이 일어난 또 한 가지 이유는 미국과 유럽에서 생긴 문화적 변화에 대한 진화론의 역할이다. 1차 대전은 유례없는 대학살극이었고 일부 독일인들은 이런 참극을 진화론으로 설명하려고 했다. 이들은 당시 영향력 있던 독일의 생물학자 에른스트 헤켈(Ernst Haeckel)의 주장을 이용했다. 헤켈은 인간이 모든 진화의 정점에 있으며 더욱 높은 위치를 향해 진화해나간다고 주장했다. 자신의 저서 『창조의 역사(History of Creation)』에서 헤켈은 이렇게 썼다. "우리는 인류의 조상인 하등동물을 까마득히 앞섰고, 따라서 앞으로도 전 인류는 영광스러운 진보를 계속해서 결국 더욱 정신적으로 완성된 상태를 향해 나아갈 것이다."

또한 헤켈은 어떤 인종이 다른 인종보다 더 진보가 빠르다고 생각했다. 그는 인간을 12개 인종으로 나누어 서열을 매겼다. 아프리카와 뉴기니의 여러 인종들이 밑바닥에 있었고 꼭대기에는 유럽인이 있었는데 그는 이 유럽인들을 호모 메디테라네우스(Homo mediterraneus)라고 명명했다. 호모 메디테라네우스 중에서도 헤켈의 동포인 독일인들이 가장 꼭대기에 있었다. 그는 이렇게 썼다. "북서유럽과 북아메리카에 있는 게르만족은 오늘날 문명의 네트워크를 전 세계에 펼치고 있으며 한층 높은 정신문화의 새로운 시대를 여는 주춧돌을 놓고 있다. 조만간 다른 모든 인종들은 존재의 투쟁 과정을 통해 호모 메디테라네우스에게 완전히 굴복할 것이다."

인류의 운명에 대한 헤켈의 이런 전망을 바탕으로 그가 일원론이라고 부른 종교 사상이 탄생했다. '일원론 연맹(Monist League)'이라고 불린 그의 추종자들은 진화의 다음 단계를 실현하기 위해 독일이 세계의 지도자가 되어야 하며 독일인들은 정치적인 이유에서가 아니라 진화론적 운명을 실현하기 위해 1차 대전에 참전해야 한다고 촉구했다.

한편 영국과 미국에서는 진화론이 자유방임적 자본주의를 옹호하는 수단으로 왜곡됐다. 영국의 철학자 허버트 스펜서(Herbert Spencer)는 다윈의 자연선택과 라마르크의 진화 이론이 뒤섞인 자기 나름의 이론에 따라 자유 시장에서의 경쟁이 인간의 지능을 진화시켜줄 것이라고 주장했다. 그는 이 과정에서 고통이 따를 것임을 시인했다. 스펜서는 아일랜드의 기근이 "멸종의 고속도로"를 달려가는 사람들의 예라고 생각했다. 그러나 이런 고통은 유용하다고 판명될 것이다. 왜냐하면 이를 통해 인류는 도덕적으로 더욱 완벽해질 것이기 때문이다.

세계 각국에서 스펜서의 추종자들이 생겨났고 그중에는 산업혁명 시기에 착취로 큰 부자가 된 사람들도 있었다. 앤드루 카네기(Andrew Carnegie)는 스펜서를 "위대한 스승"이라고 불렀다. 스펜서의 추종자들은 그의 생각을 체계화해 '사회진화론(Social Darwinism)'을 탄생시켰고 이들은 19세기 말의 참혹한 빈부격차가 불평등이 아니라 단순한 생물학적 결과라고 주장했다. 저명한 사회진화론자이며 예일대학의 사회학자인 윌리엄 그레이엄 섬너(William Graham Sumner)는 이렇게 말했다. "백만장자는 자연선택의 산물이다. 자연선택은 수많은 사람 중에서 일정한 일을 수행할 능력이 있는 사람을 골라낸다."

사회진화론은 일원론만큼이나 과학적 근거가 없다. 사회진화론은 자연선택을 생물학 속의 올바른 자리에서 끌어내 사회적 환경으로 집어넣음과 동시에 다윈의 이론을 라마르크의 이론과 뒤섞어버렸다. 그러나 사회진화론은 비과학적임에도 불구하고 각국 정부가 자국민의 진화를 통제하는 근거로 쓰이기도 했다. 20세기 초에 미국을 비롯한 몇몇 나라들은 정신박약자를 비롯해 뒤떨어졌다고 판단되는 모든 사람들에게 불임 수술을 강제해 이들이 다른 국민의 유전자를 '오염'시키지 못하게 했다.

미국 공립고등학교 교과서들 중 일부는 이런 관행을 바람직한 것으로 설명했다. 1914년에 출간된 『공공 생물학(A Civic Biology)』이라는 책에서 저자는 유전적 이유 때문에 범죄 성향을 갖게 된 것으로 생각되는(물론 잘못된 생각이다.) 가족에 대해 기술했다. "이런 사람들이 동물이라면 우리는 이런 동물이 번식하지 못하도록 죽여버릴 것이다. 인간에게는 이것이 허용되지 않지만 이런 사람들의 남녀를 서로 격리해 결혼할 수 없게 하면 이렇게 열악하고 바람직하지 못한 종족이 계속 태어나는 걸 막을 수 있다."

20세기 초의 혼란 속에서 원리주의가 탄생하기도 했다. 원리주의자들은 초기의 개신교 신앙으로 돌아갈 것을 주장하는 사람들로, 이들의 주장 속에는 공립학교에서 진화론 강의를 금지해야 한다는 것도 있었다. 원리주의자들의 진화론 투쟁을 이끈 사람은 윌리엄 제닝스 브라이언(William Jennings Bryan)이라는 정치가였다. 브라이언은 정치적으로 저명한 인물이었기 때문에(그는 민주당의 대통령 후보로 3번이나 지명됐고 윌슨 대통령 시절에는 국무장관도 지냈다.) 그의 반진화론 투쟁은 전 미국의 관심을 끌었다.

브라이언은 아무런 과학적 근거도 없이 진화론을 적대시했다. 같은 시대의 많은 원리주의자들처럼 브라이언도 구약성서의 6일은 144시간이 아니라 비유적인 것이라고 믿었다. 심지어 브라이언은 동식물이 과거의 종으로부터 진화해 나왔으리라는 생각에도 반대하지 않았다. 그는 진화론이 인간의 영혼에 영향을 미친다고 자신이 생각한 부분에 대해서만 문제를 제기했다. 브라이언은 이렇게 말했다. "내가 다윈의 이론에 반대하는 이유는 이렇다. 만일 까마득한 옛날부터 어떠한 영성도 인간의 삶에 영향을 미치지 않았고 여러 나라들의 운명을 형성하는 데 관여하지 않았다는 이론을 받아들여야 한다면, 하느님이 일상생활 속에 함께 하신

진화

다는 생각을 사람들이 잃을까봐 두렵기 때문이다. 반대하는 이유는 또 있다. 다윈의 이론은 인간이 증오의 법칙에 따라 오늘날의 높은 수준에 도달했다고 이야기한다. 여기서 증오의 법칙이란 강자가 약자를 죽여버리는 냉혹한 법칙을 말한다."

잔혹성, 빈곤, 인종차별주의 등을 정당화할 때 이용된 사회진화론이나 일원론에 대해 브라이언이 이렇게 말했다면 상당히 옳은 얘기가 되었을 것이다. 그러나 브라이언이 진화론에 반대하는 두 가지 이유는 모두 『종의 기원』을 오해한 데다가 라마르크의 사이비 과학을 일부 받아들인 결과일 뿐이었다. 브라이언은 이런 차이를 인식하지 못했고 오히려 다윈을 원수로 여겼다. 이 과정에서 그는 혼란의 씨앗을 뿌렸고, 이 씨앗에서 움튼 식물은 미국에서 아직도 번성하고 있다.

스코프스 '원숭이' 재판

1922년에 브라이언은 켄터키주의 침례교 선교위원회가 공립학교에서 진화론 강의를 금지하는 주법 입법을 촉구하는 결의안을 통과시켰음을 알았다. 브라이언은 이를 매우 환영했고 켄터키주 전역을 돌아다니며 이를 옹호하는 연설과 활동을 했다. 켄터키주 하원은 1표 차로 이 결의안을 부결시켰다. 그때 브라이언과 그를 따르는 창조론자들은 이 운동을 미국 남부의 다른 주까지 확산시켰고 1925년에 테네시주는 미국에서 처음으로 입법을 통해 이런 주장을 받아들인 주가 됐다.

미국민권연합(ACLU)은 교사들의 표현의 자유를 침해한다는 이유로 이 법에 반대했다. 이들은 이 법을 위반하는 테네시주의 교사는 누구든 보호하겠다고 발표하고 법률 폐기 운동을 시작했다. 이들은 패소할 것이 분명한 소송으로 사람들의 주의를 끈 뒤 이 법이 헌법에 위반된다는 사실을 들어 이에 불복하기로 계획을 짰다. 항소심에서 승소하면 법안은 무효가 된다.

테네시주의 조용한 도시 데이턴의 지도급 인사 몇 명이 이 계획의 이야기를 들었다. 이들은 양쪽 중 어느 쪽에 특별히 찬성하는 것은 아니었지만 소송을 통해 유명해질 수 있으리라는 점에 의견을 모았다. 이들은 동네 카페에서 축구부 감독인 젊은 교사 존 스코프스(John Scopes)를 만났다. 스코프스는 원래 물리 교사지만 대체 교사로 인간 진화에 관한 부분도 가르친다고 말했다. 시 지도자들은 스코프스에게 시범 케이스로 법정에 서지 않겠냐고 물었고 잠시 생각한 후 스코프스는 이에 기꺼이 응했다. 그에 대한 체포 영장이 발부됐고 그는 카페를 떠나 테니스를 치러 갔다.

민권연합은 스코프스가 유죄로 벌금형을 받을 것을 알고 있었고 즉시 항소할 준비를 갖추었다. 그러나 그렇게 되지는 않았다. 당시 테네시주에 있던 브라이언은 데이턴으로 가서 검찰을 지원하겠다고 발표해 이미 유명해진 재판을 더욱 유명하게 만들었다. 한편 민권연합은 클래런스 대로우(Clarence Darrow)라는 변호사로부터 거절할 수 없는 제안을 받았다. 대로우는 1924년 어떤 소년을 재미로 죽인 네이선 레오폴드와 리처드 로브 등 두 명의 대학생을 변호해 전국적으로 유명해져 있었다. 대로우는 두 대학생이 유죄이긴 하지만 처형해서는 안 된다고 판사를 설득했다. 이들의 살인은 냉혹한 동기에 의한 것이 아니라 '병든 두뇌'의 산물이라는 것이었다.

브라이언은 인간 본성에 대한 이런 물질주의적 시각을 멸시했다. 그리고 널리 알려진 불가지론자인 대로우도 브라이언을 떠버리 장사꾼 정

진화

도로 생각하고 있었다. 대로우는 민권연합에 전보를 쳐서 변론을 자처했고 같은 전보를 보도진에게도 보냈다. 기자들이 민권연합의 수락 여부를 기다리는 상황에서 민권연합은 대로우의 제안을 받아들일 수밖에 없었다. 그 순간 이 사건은 민권연합의 손에서 완전히 벗어났다.

생각이 극과 극인 두 명의 유명 인사가 격돌하는 이 재판은 미국 전역에서 관심을 끌었고 라디오가 많이 보급된 시절이라 많은 사람이 진행 과정을 청취할 수 있었다. 스코프스 '원숭이' 재판으로 알려진 이 재판은 한 편의 드라마였다.(이것은 「바람의 상속자(Inherit the Wind)」라는 희곡으로, 나중에는 영화로도 만들어졌다.) 대로우는 심지어 브라이언을 증언대에 세워 창조론의 모순을 지적하며 마구 몰아세웠다. 대로우는 결국 브라이언이 6일간의 창조론을 문자 그대로 믿지 않는다는 것을 시인하게 했으며 성서는 진화론을 포함하는 여러 가지 다른 해석이 가능하다는 사실을 보여줬다. 그러나 다음날 판사는 브라이언의 증언을 기각했다. 대로우는 스코프스에 대해 재빠르게 유죄 판결을 요구했다. 그는 이미 항소심을 생각하고 있었다.

대로우는 보통 스코프스 재판의 승리자로 생각되고 있지만 사실은 그의 승리와 함께 진화론이 상처를 입었다. 배심원은 스코프스가 유죄라고 평결했고 판사는 100달러의 벌금형을 선고했다. 대로우는 테네시주 대법원에 항소했고 1년 후 판결이 뒤집혔지만 민권연합이 원하는 대로 위헌이라서 이런 결과가 나온 게 아니었다. 하급심에서 판사는 스코프스에 대한 벌금형을 결정했는데, 테네시주의 법상 50달러 이상의 벌금은 배심원만이 정하도록 규정하고 있다. 이런 절차상 하자 때문에 테네시 대법원은 하급심 판결을 파기했다. 판사는 이 해괴한 사건의 수명을 연장해서 얻을 것은 아무것도 없다고 말했다.

대로우는 사건 자체보다는 멋진 연설을 하는 데 더 신경을 쓰고 있었던 것으로 보인다. 왜냐하면 당초에 그는 하급심에서 판사의 벌금형에 이의를 제기하지 않았고 이에 따라 민권연합은 공립학교에서 진화론 강의를 금지한 것에 대해 반론할 기회를 잃었다. 사실 테네시주의 반진화론 법은 그로부터 40여 년간 존속했다. 그리고 1920년대 말이 되자 브라이언의 동지들은 미시시피, 아칸소, 플로리다, 오클라호마 등에서 비슷한 법을 통과시켰다.

'창조과학'의 등장

1940~1950년대에 미국은 진화생물학의 중심지가 되었다. 미국은 테오도시우스 도브잔스키, 에른스트 마이어, 조지 심슨 등 현대적 종합론의 지도자들을 배출했다. 미국의 고생물학, 유전학, 동물학은 전 세계의 부러움을 샀다. 그러나 이런 업적이 박물관이나 대학의 생물학과를 벗어나 일반 대중에게 알려진 일은 거의 없었다. 왜냐하면 창조론자들이 교과서 출판업자들에게 압력을 넣어 진화론에 대한 언급을 모두 삭제했기 때문이다. 일감이 떨어질 것을 두려워한 출판업계는 이들의 요구에 응했다.

1960년대에 들어 이런 경향은 달라지기 시작했는데 1957년에 소련이 스푸트니크호를 발사한 것도 영향을 미쳤다. 소련 과학의 승리로 인해 진화론 교육을 비롯한 미국의 과학 교육에 비상이 걸렸다. 교과서에는 다시 진화론이 실리기 시작했고 1967년이 되자 테네시주 의회까지 스코프스를 체포했던 법을 폐기했다.

한편 수전 에퍼슨(Susan Epperson)이라는 젊은 생물 교사가 아칸소주에서 스코프스와 비슷한 소송을 겪고 있었다. 에퍼슨은 반진화론법이 공립학교에서의 종교 교육으로 이어진다는 이유로 반기를 들었다. 아칸소 주 대법원은 이 법이 주 정부의 유효한 행정권 행사라며 소를 기각했다. 드디어 민권연합은 42년 전에 놓친 기회를 다시 한 번 잡았다. 이들은 1968년 에퍼슨 사건을 미국 연방대법원으로 가져갔고 대법원은 아칸소 주의 반진화론법을 무효화시켰다. 판결문에서 에이브 포터스 판사는 이 법이 종교적 주장을 옹호하기 위해 "공공 교육에서 특정한 이론을 배제하려는 시도"라고 말했다.

역설적으로 이 판결은 창조론자들에게 지금까지 유효한 새로운 전략을 안겨줬다. 진화론 반대자들은 진화론이 부도덕하다는 단순한 주장을 버리고 창조론이 생명의 탄생을 설명하는 과학적 대안이라고 주장하기 시작했다. 이 '창조과학'을 교과서에서 몰아내려는 사람은 공공 교육에서 특정한 이론을 배제하려는 사람이라고 이들은 반격했다. 이어서 이들은 공립학교에서 두 가지를 다 가르쳐서 학생들 스스로 판단하게 해야 한다고 요구했다.

창조과학의 최초 선언문이라고 할 수 있는 저서는 1961년에 출간된 『창세기의 홍수(Genesis Flood)』로, 헨리 모리스(Herny Morris)라는 수력 엔지니어가 썼다. 모리스는 성서를 문자 그대로 해석한 옛날의 창조론을 부활시켰다. 그는 지구가 실제로 6일 만에 창조됐으며 나이는 수천 살밖에 되지 않고 지구상의 모든 지질학적 변화와 화석은 노아의 홍수 때 생긴 거라고 주장했다. 모리스는 방사성 동위원소 붕괴에 따른 연대 측정 기술 같은 새로운 증거가 결함이 있거나 왜곡됐거나 아니면 믿을 수 없는 것이라고 주장했다. 그리고 그는 성서 속의 사건에 대한 과학적 설명이라는 것을 내놓았다. 예를 들어 아담은 오늘날의 인간보다 지적으로 완벽했기 때문에 하루 만에 모든 동물의 이름을 지을 수 있었다는 식이었다. 1972년에 모리스는 창조과학연구소를 세웠다. 이 연구소는 오늘날까지도 책, 잡지, 비디오 등을 만들고 웹사이트도 운영하고 있다.

모리스에게 영향을 받은 창조론자들은 진화론에 대한 반대에 과학의 껍데기를 씌웠다. 그중 '고지구(Old-Earth) 창조론자'라고 불리는 사람들은 우주가 130억 년 되었고 지구는 45억 년 되었다는 것을 받아들이기는 하지만 오직 인간만은 최근에 신이 창조했다고 주장한다. 놀랄 일도 아니지만 이 두 파의 창조론자들은 서로를 멸시한다. 고지구 창조론자들은 모리스의 홍수지질학 옹호자들이 지질학과 천문학의 사실을 무시한다고 공격한다. 홍수지질학 세력은 고지구 창조론자들이 하느님의 말씀을 외면하면서 진화론과 무신론의 수렁으로 조금씩 빠져들고 있다고 비난한다. 창조론자들은 물론 다윈에게 반대하지만 자체 내에서 의견이 통일돼 있지 않다.

과학성의 검증

창조과학 운동가들은 아칸소주를 설득해 과학 수업에서 창조론과 진화론에 똑같은 시간을 할애하게 하는 법령을 제정하도록 했다. 그러나 법원은 창조론자들의 이런 움직임에 동요하지 않았다. 1982년에 이 법령과 관련해 지방법원에서 소송이 제기되자 윌리엄 오버턴(William Overton) 판사는 이 법령이 수정헌법 제1조에 위배된다는 이유로 무효라고 판결했다. 오버턴 판사는 창조과학은 전혀 과학이 아니며 오히려 공립학교에서 종교를 전파하려는 시도로 봤다.

과학은 우리 주변의 세계에서 관찰되는 것에 대해 자연에 입각한 설명을 하려는 노력이다. 과학에서 핵심이 되는 것은 이론의 정립이다. 일상에서 이론이라는 단어는 어떤 느낌이나 추측을 포함하기도 하지만 과학에서 이 단어는 훨씬 분명한 의미로 쓰인다. 이론은 우주의 어떤 측면에 대한 다양한 생각을 포괄적으로 모아놓은 것이다. 세균 이론은 이런 저런 질병이 생명체에 의해 발병한다고 주장하는 이론이다. 뉴턴의 만유인력 이론은 우주 안의 모든 물체가 다른 물체 하나하나에 대해 *끄*는 힘을 갖는다는 주장이다.

이론의 옳고 그름을 직접적으로 증명할 수는 없다. 대신 이론은 가설을 통해 이론이 특정한 경우에 적용됐을 때 나올 수 있는 실험 가능한 예측을 제시한다. 가설이 성립하고, 이 가설에 따라 세계를 움직이는 법칙에 관한 새로운 사실을 발견하고, 서로 다른 방법으로 접근해도 같은 결과가 나오면 이 이론은 '성립'한다. 그러나 과학적 지식은 항상 더 추가적인 실험을 거치며 이 과정에서 더 깊은 수준의 여러 가지 사실이 밝혀질 수 있다. 뉴턴의 만유인력 이론은 올바르며, 이 이론에 따라 탐사선을 다른 행성에 보낼 수 있다. 그러나 뉴턴의 이론은 좀 더 광범위한 이론, 즉 아인슈타인의 상대성 이론에 포괄된다는 사실도 나중에 밝혀졌다. 아인슈타인은 중력이 공간을 구부러뜨린다고 생각했다. 멀리 있는 별에서 나온 빛은 태양 주변에서 구부러져서 지구로 들어온다는 가설도 그의 이론으로부터 나왔다. 아인슈타인의 가설은 1919년에 일어난 일식에서 확인됐다. 물리학자들은 우주가 어떻게 움직이는지에 대한 이론을 정립하려고 노력 중이며, 상대성 이론을 비롯한 여러 가지 이론, 이를테면 양자물리학 이론 등을 이 이론 속에 포함시키려 하고 있다.

과학의 예측 능력 덕분에 우리는 우리의 감각으로는 알 수 없는 여러 가지 자연현상을 인식할 수 있다. 아무도 지구의 핵을 본 적이 없지만 지질학자들은 핵이 만들어내는 자기장을 측정하거나 핵을 통과하는 지진

파의 변화 등을 통해 지구의 한가운데에 철심이 들어 있음을 안다. 블랙홀을 볼 수는 없지만 상대성 이론은 일부 별이 수축할 때 블랙홀이 생성될 뿐만 아니라 블랙홀이 어떤 흔적, 그러니까 블랙홀로 빨려 들어가는 물질이 방사하는 엑스선 등의 흔적을 남긴다는 사실을 예측했다. 오늘날 천문학자들은 이런 방사선의 존재를 밝히고 있다.

진화의 힘이 작용하는 모습도 대부분 눈에는 보이지 않지만 인식마저 할 수 없는 것은 아니다. 2억 년 전에 살아본 사람은 아무도 없지만 지질학적 증거를 통해 당시 동물들이 오늘날과 여러 면에서 비슷한 기후 조건에서 살고 있었음을 알 수 있다. 살아 있는 동물들도 진화하며, 옛날에 멸종한 동물들도 그랬을 것이다. 생명의 역사를 그대로 복원할 수는 없지만, 과거의 생명체들이 남긴 흔적을 보면 과거 40억 년간의 생명 현상을 대략 짐작할 수는 있다.

1982년의 판결에서 오버턴 판사는 창조론이 과학의 요구에 부응하지 못함을 깨달았다. 과학자들은 자연이 어떻게 움직이는가에 대해 설명을 내놓으며, 이런 설명은 실험 가능한 결과를 내포하고 있다. 창조론자들의 설명으로부터 도출되는 결과도 역시 실험해볼 수 있지만, 이는 실패로 돌아간다. 예를 들어 헨리 모리스는 오늘날의 인구 증가율에 근거해 호모 사피엔스의 역사가 수천 년밖에 되지 않는다고 주장했다. 그는 오늘날의 지구 인구로부터 역산해 지구상에 사람이 단둘(아마도 아담과 이브)밖에 없던 시절부터 지금까지의 시간을 계산해봤다. 그러고는 "인구 통계에 입각해 계산한 결과 인류의 역사는 6,300년 정도일 가능성이 가장 높다."라고 결론지었다.

모리스의 주장은 몇 가지 결과를 수반한다. 우선 이에 따라 역사상의 어떤 시점에 지구 인구는 얼마나 되었나를 계산할 수 있다. 예를 들어 역사상의 자료로 볼 때 이집트의 피라미드는 4,500년 전에 만들어진 것이 분명하다. 모리스의 방식에 따라 당시의 지구 총인구를 계산하면 600명이 된다. 4,500년 전에 이집트 이외의 지역에도 사람이 살았으므로, 600명이 모두 이집트에 몰려 있었을 수는 없다. 이집트의 면적은 지구 전체 육지 면적의 1퍼센트에 불과하므로, 인구가 아마 6명뿐이었는지도 모른다. 모리스의 말대로 호모 사피엔스의 역사가 6,300년에 불과하다면 우리는 10명도 채 안 되는 사람들이 피라미드를 만들었다고 생각할 수밖에 없다.

창조론의 입장을 옹호하기 위해 창조론자들은 과학자들로부터 증거를 얻지만, 큰 그림은 무시한 채 유리한 것만 선택한다. 예를 들어 창조론자들은 캄브리아기의 생물종 대폭발이 신의 섭리에 따라 일어났다고 주장한다. 『창조론 옹호(A Case for Creation)』라는 책에서 웨인 프레어(Wayne Frair)와 퍼시벌 데이비스(Percival Davis)는 이렇게 말한다. "지질 시대의 어떤 시점, 그러니까 캄브리아기라고 널리 불리는 시기에 해당하는 지층에서는 그 이전의 지층에서 사실상 볼 수 없는 많은 생물종 화석이 발견된다. 순전히 과학적인 입장에서만 봐도 이 시기에 뭔가 대사건이 벌어졌음을 알 수 있다. 캄브리아기에 이렇게 갑작스러운 변화가 일어난 것은 신의 창조 활동의 결과라고 보는 것이 타당하다."

이 창조론자들은 중요한 사실 몇 가지를 빠뜨리고 있다. 화석은 캄브리아기로부터 30억 년 이상 전부터 나타나며, 고생물학자들은 5억 7,500만 년 된 다세포생물의 화석도 발견한 바 있다. 그중 일부는 그로부터 4,000만 년 뒤에 일어난 캄브리아기 대폭발 기간 중 출현한 생물과 친척 관계임이 분명해 보이는 것들도 있다. 지질학적 시간으로 보면 대폭발의 지속 기간은 짧았지만 그래도 1,000만 년 정도가 걸렸다. 그리고 여러 가지 동물의 배아 발생 과정으로 판단할 때 소수의 조그만 유전적 변화로 인해 매우 다양한 모습의 동물들이 대폭발 기간 중 탄생했음을 알 수 있다.

창조론의 근거 중 대부분은 전혀 이를 지탱하는 근거라고 할 수 없으며, 단지 진화생물학의 궤변에 불과한 것도 많다. 예를 들어 다수의 창조론자들은 어떤 종 안에서 진화가 소규모로 일어날 수 있음을 인정한다. 세균은 내성이 생길 수 있고 굴뚝새의 부리는 길이가 달라질 수 있다. 그러나 창조론자들은 이런 소규모의 진화가 대규모의 진화, 이를테면 완전히 새로운 모습을 가진 동물의 출현으로 이어질 수는 없다고 주장한다. 예를 들어 이들은 어떤 동물의 모습이 완전히 달라지는 과정을 본 사람은 아무도 없고 당초의 동물과 달라진 동물 사이를 이어주는 중간 동물의 화석도 발견된 적이 없다고 말한다.

『종의 기원』에서 다윈은 화석이 만들어지는 경우가 얼마나 드문지, 그리고 서로 다른 시대에 속하는 화석 사이의 시간 차이가 얼마나 큰지에 대해 이야기하고 있다. 화석이 드문데도 불구하고 고생물학자들은 창조론자들이 존재할 수 없다고 주장하는 중간 형태의 동물을 많이 발견했다. 예를 들어 창조론자들은 걷는 고래의 화석이 없음을 즐겨 지적하곤 했다. 그러나 이는 고생물학자들이 고래의 발을 발굴하기 전의 일이다.

고생물학자들이 발굴한 걷는 고래들은 아마 살아 있는 고래의 직계 조상이라기보다는 옛 친척의 것이었으리라. 그럼에도 진화의 계통수에서 이들이 차지하는 자리를 보면 언제쯤 고래가 육지를 떠나 바다로 갔는지 알 수 있다. 고래는 살아 있는 동물로 이들과 가장 가까운 친척인 소나 하마와는 완전히 다르게 생겼고, 사실 어떻게 이들이 고래로 진화했는지 상상하기가 힘들 지경이다. 그러나 '중간 고래'들을 보면 어떻게

진화

모습이 조금씩 바뀌어갔는지 알 수 있다. 예를 들어 악어 같은 모습의 암 불로케투스는 짧은 다리를 수달처럼 뒤로 차서 헤엄을 쳤을 것이다. 반면 프로토케투스(Protocetus)는 다리가 더 짧고 엉덩이는 더 자유로이 움직일 수 있어서 꼬리로 더 강한 추진력을 냈을 것이다.

화석을 통해 볼 수 있는 다른 동물들의 변화와 마찬가지로 헤엄치는 고래도 수백만 년에 걸쳐 탄생했고, 그 속도는 이를테면 트리니다드의 구피 같은 동물의 진화보다 훨씬 느리다. 짧은 기간의 변화만으로 대규모 진화의 패턴을 예측할 수는 없지만, 소규모 진화의 존재를 인정하면 대규모 진화는 자연히 따라온다는 사실은 달라지지 않는다.

부활한 페일리

1982년 창조과학에 대해 오버턴 판사가 내린 판결로 인해 창조론자들은 다시 지혜를 짜내야 했다. 이들은 창조론을 다시 공립학교로 들여보낼 방안을 모색했다. 오늘날 이들은 창조론에서 신과 성서에 대한 언급을 모두 빼는 전략을 구사하고 있다.

이 새로운 창조론에는 '지적설계론'이라는 이름이 붙었다. 이 이론에 따르면 생명은 워낙 복잡해서 진화를 했을 수가 없다. 즉 생명은 누군가가 설계해서 만들었다는 얘기다. 그러면 누가 설계했느냐는 의문이 당연히 나온다. 지적설계론을 주장하는 사람들은 이 질문에 대한 답을 내놓지 않는다. 그러나 전통적인 창조론자들은 지적설계론이 공립학교의 문을 열 수 있는 강력한 무기라고 생각한다. 1989년에 어린이용으로 만든 지적설계론 교과서인 『판다와 인간(Of Pandas and People)』에 대해 창조론자 모임인 '창세기의 대답'은 이렇게 평했다. "공립학교 교과서로 출간된 이 탁월한 책에는 성서에 대한 언급은 없지만 진화론을 옹호하는 표준 교과서에서 찾아볼 수 있는 여러 증거에 대한 창조론적 해석이 들어 있다."

지적설계론 옹호자들은 스스로 과학의 최첨단에 서 있다고 자부한다. 중간 동물이 없다거나 지구의 나이가 얼마냐는 등의 낡은 공격 수단을 버리고 이들은 생화학과 유전학에서 무기를 끌어온다. 이들은 분자 수준의 생명 현상이 본질적으로 복잡하다고 주장한다. 예를 들어 상처 부위에서 피가 굳으려면 길고 복잡한 화학반응이 일어나야 한다. 그중 하나라도 빠지면 부상자는 출혈로 죽는다. 그러면 어떻게 진화의 힘이 단순한 화학반응의 조각들을 모아 이렇게 정교한 시스템을 만들 수 있단 말인가?

지적설계론이 친근하게 들리는 독자들도 있을 것이다. 이 말은 200여 년 전 윌리엄 페일리가 풀밭에 떨어진 시계를 예로 든 이야기의 현대판이다. 페일리는 전체를 작동시키는 데 반드시 필요한 부품들을 모두 모아 만든 복잡한 물건이 있다면, 그것은 틀림없이 설계된 것이라고 말했다. 페일리의 고민은 설계가 복잡하다고 해서 반드시 설계자가 있어야 하는 것은 아니라는 점이었다.

예를 들어 폐는 공기를 호흡하는 육상 척추동물이 나타나기 훨씬 전부터 물고기들 사이에서 진화한 것으로 보인다. 오늘날도 이를테면 아프리카의 다기목 물고기처럼 아직 공기를 호흡하는 원시적인 물고기가 있다. 폐는 이 물고기에게 도움이 되지만 반드시 필요한 것은 아니다. 왜냐하면 아가미를 통해 산소를 얻을 수 있기 때문이다. 그러나 다기어류는 가끔 폐로 호흡을 함으로써 심장에 산소를 더 많이 공급해 더 오래 헤엄칠 수 있다. 약 3억 6,000만 년 전에 공기를 호흡하는 물고기 한 종류가

진화

땅 위에서 조금씩 시간을 보내기 시작했다. 물 밖에서 보내는 시간이 길어짐에 따라 이들은 걸으면서 체중을 지탱하기 적합하도록 지느러미를 적응시켰다. 결국 이들의 아가미는 완전히 사라졌다. 수백만 년이 지나면서 이 사지동물의 조상은 완전히 폐에만 의존하게 되었고, 이런 과정은 화석을 통해 확인됐다.

복잡한 시스템(사지동물의 몸)은 신체의 한 부분(폐)을 떼버리면 살 수가 없다. 그러나 화석의 기록과 살아 있는 생물을 살펴보면 이런 시스템이 전혀 손을 댈 수 없도록 복잡한 것은 아니다. 진화의 힘은 폐가 있는 것이 유리하기 때문에 이것을 달아줬다. 시간이 흘러 추가된 장기가 필수적인 것이 되고 나면 떼어내는 건 불가능해진다.

진화의 힘은 복잡한 신체 구조를 만들어낼 수 있는 것처럼 복잡한 생화학반응도 만들어낼 수 있다. 최근에 과학자들은 두 가지 예로부터 매우 설득력 있는 가설을 끌어냈다. 하나는 얼어 죽지 않는 북극해의 물고기이고 또 하나는 혈액이 응고되는 것이다.

우선 얼어 죽지 않는 물고기를 보자. 노토테니오이드(notothenioid)라는 종의 물고기는 혈액 속에 동결 방지제가 들어 있어 극지의 바닷물 속에서도 살 수 있다. 이들의 간에서는 당으로 된 돌기가 달린 단백질이 분비되고 이 단백질이 미세한 얼음 결정 표면과 결합해 결정의 성장을 방해한다. 이 단백질로 인해 노토테니오이드는 북극해에서 번성하고 있다. 이 물고기는 이제까지 94종이 발견됐으며 새로운 종들이 매년 나타난다.

동결 방지제의 합성은 복잡한 과정이며, 이것이 없으면 노토테니오이드는 죽는다. 그러나 복잡하다고 해서 진화의 힘이 이것을 만들어내지 못하는 것은 아니다. 일리노이대학의 생화학자인 치힝 쳉(Chi-Hing C. Cheng)과 그의 연구팀은 동결 방지제 유전자가 어떻게 진화했는지 알려주는 단서를 찾아냈다. 이들은 동결 방지제 유전자가 간이 아닌 이자(췌장)에서 발현되는 또 하나의 유전자와 매우 닮았음을 발견했다. 이자에 있는 유전자는 소화관으로 투입되는 소화효소를 분비한다. 그런데 원래 동결 방지제 분자를 만들라는 명령어는 9개의 염기로 된 서열 안에 들어 있고, 유전자 하나에서 이 서열은 수십 번 반복된다.(반복을 통해 하나의 유전자가 대량의 동결 방지제를 만들 수 있다.) 쳉은 이 9개의 염기 서열이 이자에서 발현되는 유전자에도 들어 있음을 발견했다. 이 유전자가 동결 방지제를 만들지 않는 이유는 문제의 서열이 '정크(junk, 쓰레기) DNA'에 자리 잡고 있기 때문이다. 정크 DNA는 그 속의 서열이 단백질을 합성하기 전에 유전자로부터 편집되어 떨어져 나간다.

쳉은 동결 방지제 유전자와 소화효소 유전자 사이에는 이 밖에도 다른 유사점이 있음을 발견했다. 각 유전자의 앞에는 물품 라벨 같은 것이 붙어 있어서 세포에게 단백질을 품고 있지 말고 분비하라고 지시한다. 두 유전자의 라벨은 거의 완전히 일치했다. 각 유전자의 끝에는 RNA로 전사하는 작업을 중지시키는 명령어가 들어 있다. 이 부분에서도 2개의 유전자는 거의 일치했다.

이런 결과를 바탕으로 쳉은 동결 방지제 유전자가 어떻게 탄생했는지 생각해봤다. 까마득한 옛날에 소화효소 유전자가 잘못 복제됐다. 당초의 유전자는 계속 소화효소를 만들어내지만 복사본은 일련의 돌연변이 과정을 거쳤다. 9개의 염기로 된 서열은 정크 DNA로 분류돼 없어지는 것이 아니라 단백질을 합성하는 다른 곳으로 이동했다. 그 단백질이 바로 동결 방지제다. 나중에 돌연변이로 인해 이 9개의 염기 서열이 여러 번 복제됐고, 이에 따라 유전자는 동결 방지제를 더 많이 만들어낼 수 있었다. 그리고 유전자의 동결 방지제 부분이 커져감에 따라 소화효소를 만

진화

들던 당초의 부분은 떨어져 나갔다. 결국 당초 유전자에는 맨 앞의 물품 라벨과 맨 뒤의 전사 중지 명령만 남았다.

소화효소는 이자에서 만들어지기 때문에 쳉은 동결 방지제가 초기에는 이자에서도 만들어졌을 것이라고 본다. 이자는 소화효소를 분비해 소화관으로 보내어 음식물의 분해를 돕는다. 이 물고기는 찬물을 마시기 때문에 창자 속에 얼음이 생기기가 쉽다. 그 결과 내장 속에 들어 있는 동결 방지제는 찬물 속에서도 죽지 않고 살아남게 해줬을 것이다.

이어서 동결 방지제 유전자가 언제 어디서 활동해야 하는지 알려주는 신호체계도 진화했다. 동결 방지제 유전자는 이자 속에 있는 세포를 깨우는 대신에 간에서 활동하기 시작했다. 이자는 내장에만 효소를 보내는 반면 간은 효소를 혈액으로 방출할 수 있다. 혈액을 채운 동결 방지제는 물고기의 몸 전체를 얼음으로부터 보호할 수 있었고 따라서 더 낮은 온도에서도 물고기가 버틸 수 있게 해줬다.

1999년에 쳉의 연구팀은 자신들의 가설을 확인해주는 놀라운 증거를 발견했다. '키메라' 유전자가 발견된 것이다. 남극에 사는 물고기의 DNA에서 동결 방지제 명령어와 소화효소 명령어를 모두 갖춘 유전자가 발견되었다. 이것이 바로 소화효소 유전자로부터 진정한 동결 방지제 유전자로 가는 길목에 있는 과도기의 유전자였다.

혈액 응고의 역사

노토테니오이드의 동결 방지제는 매우 놀랍다. 어떤 사람들은 아마 이것이 지적설계의 산물이라고 말하고 싶을지도 모른다. 이 동결 방지제는 유전자의 복제에 이은 돌연변이가 조금씩 작용해서 만들어진 것으로 보인다. 이러한 종류의 돌연변이를 통해 진화의 힘은 더 큰 일을 할 수 있다. 즉 우리의 생명이 걸려 있는 물질의 시스템 전체를 만들어내는 것이 그 일이다.

혈액 응고에 작용하는 물질을 생각해보자. 사람이 건강할 때 이 물질(응고인자)은 아무 일도 하지 않으면서 그냥 혈액 속을 돌아다닌다. 그러나 칼에 손을 베여 혈관이 터지고, 거기서 나온 피가 주변의 조직과 섞이기 시작하면 응고인자는 활동을 시작한다. 조직 속의 단백질 중 몇 가지가 응고인자 한 가지와 반응해 이를 활성화시킨다. 그러면 이제 이 응고인자는 연쇄반응을 일으킬 수 있다. 이 인자가 또 한 가지의 응고인자를 잡아 이를 활성화시키고, 그러면 이 인자가 다시 다음 것을 활성화시킨다. 이렇게 일련의 연쇄반응이 일어난 끝에 마지막으로 연락을 받은 응고인자는 섬유소원이라는 분자를 분해해 끈적끈적한 물질을 만들고 이것이 엉겨 출혈이 멈춘다. 응고 시스템은 복잡하다는 것이 강점이다. 하나의 응고인자가 다음 단계에서 몇 개의 인자를 활성화시키고 세 번째 단계에서는 더 많은 것들이 활성화된다. 하나의 응고인자로 시작된 작업으로 인해 수백만 개의 섬유소원 분자가 활성화된다.

의심할 여지없이 이는 상처에서의 출혈을 막는 놀라운 시스템이다. 그리고 이 시스템은 모든 부분이 참여해야 효력을 발휘한다. 응고인자 중 한 가지라도 없으면 혈우병 환자가 되며 따라서 살짝 긁힌 상처로도 죽을 수 있다. 그러나 이렇게 정교하게 만들어졌다고 해서 이것이 반드시 지적설계의 산물이라는 뜻은 아니다.

지난 30년간 캘리포니아대학 샌디에이고 분교의 러셀 둘리틀(Russell Doolittle)은 척추동물의 혈액 응고 시스템이 진화한 과정에 대한 가설을 실험해왔다. 응고인자가 다른 응고인자들의 시동을 걸 수 있다는 사실은 특별한 것이 아니다. 단백질을 활성화시켜 여러 가지 작업을 수행하게 만드는 효소는 모든 동물에게 다 있다. 이런 효소들 중 하나가 모든 응고 인자들의 공통 조상일 수도 있다.

응고인자가 전혀 없는 초기의 척추동물을 상상해보자. 이를 상상하는 일은 어렵지 않다. 왜냐하면 지렁이나 불가사리 같은 동물은 응고인자가 없기 때문이다. 그렇다고 이들이 상처 때문에 죽지는 않는다. 혈류 속에 있는 이들의 세포가 끈적끈적해져서 엉성한 응고 덩어리를 만들기 때문이다. 이제 단백질을 분해하는 효소가 복제된다고 상상해보자. 이 효소의 복제본은 혈액 속에서만 만들어지는 단순한 응고인자로 진화했다. 이 응고인자는 상처가 나면 활성화되어 혈액 속의 단백질을 분해하고 그중 일부가 끈적끈적해졌을 것이다. 과거보다 지혈 능력이 우수한 응고 덩어리가 생겼을 거라는 얘기다. 이렇게 생겨난 응고인자가 복제되면 연쇄반응은 길이가 2배가 되고 더욱 민감해진다. 또 하나의 응고인자가 합류하면 한층 더 민감해진다. 응고의 전 과정은 이런 방식으로 조금씩 진화했을 것이다.

둘리틀은 이 가설을 실험해봤고 매번 이를 뒷받침하는 증거를 발견했다. 응고인자는 서로 매우 비슷하며 모두 한 가지의 소화효소와 친척 관계에 있었다. 둘리틀은 섬유소원, 즉 응고인자로 인해 끈적끈적한 덩어리로 변하는 단백질이 원래는 다른 역할을 하던 무척추동물의 단백질의 후손일 것이라고 예측했다. 둘리틀은 우리와 가까운 무척추동물의 섬유소원 중 인간의 섬유소원과 사촌 지간인 것을 찾다가 해삼에서 이것을 발견했다. 물론 해삼은 인간의 혈액처럼 응고의 연쇄반응을 일으키지는 않지만 몸속에 섬유소원과 비슷한 단백질이 들어 있다.

이런 가설을 실험하는 것은 쉽지 않았다. 동결 방지제 유전자를 찾기 위해 과학자들은 빙산이 떠다니는 바다에서 그물로 고기를 잡아야 했다. 마찬가지로 혈액 응고와 관련된 실험실 연구도 30년이 걸렸다. 그것은 콜레스테롤이나 콜라겐, 기타 지구상의 생명체가 만들어내는 수십만 가지의 분자들이 어떻게 진화해왔는지 설명해주지 못한다. 지적설계론 옹호자들은 과학자들이 생화학적 진화에 대해 거의 아는 바가 없다는 사실을 가지고 야단법석을 떤다. 여기에 근거해 이들은 이런 분자들이 너무 복잡해서 진화로는 설명할 수 없고, 따라서 지적설계론이 옳다고 주장한다. 그러나 생화학적 진화에 대해 인간이 무지하다는 사실은 DNA가 발견된 지 50년이 지났어도 아직 생명의 역사에 대해서 알아내야 할 것이 많음을 보여줄 뿐이다.

실험을 거부하는 이론

지적설계론에서 진화론에 대한 공격을 빼버리고 나면 과학은 별로 남지 않는다. 화석으로부터 돌연변이의 발생률, 종들 상호 간의 유사점과 차이점 등 진화론을 떠받치는 모든 증거를 지적설계론으로 어떻게 반박한단 말인가? 말(馬)의 진화, 새의 비행, 아니면 캄브리아기 대폭발 등의 과정에서 정확히 어느 시점에 설계자가 개입했는가? 그리고 설계자는 무엇을 했는가? 이런 주장을 어떻게 실험해볼 수 있는가? 지적설계론에 입각한 예측의 결과 중요한 발견이 이뤄진 사례는 무엇인가? 이 의문들에 대한 답을 찾노라면 모순, 실험해볼 수 없는 주장, 아니면 가장 많은 경우 침묵에 부딪힌다.

1996년에 마이클 베히(Michael Behe)는 『다윈의 블랙박스(Darwin's Black Box)』라는 저서에서 지적설계 옹호론을 폈다. 리하이대학의 생화학자인 베히는 몇 가지 복잡한 생화학 과정을 예로 들면서 이런 과정이 진화했을 리가 없다고 주장했다. 그러나 그는 동시에 "소규모 범위에서는 다윈의 이론이 승리를 거두었다."라고 말하기도 했다. 달리 말하면 지적설계의 세계에서도 진화는 실제로 일어난다는 얘기다. 핀치의 부리 크기는 변화한다. HIV는 새로운 숙주에게 적응한다. 다른 곳에서 미국으로 들어온 새들은 새로운 그룹으로 다양해진다. 그러나 이런 작은 변화들이 모여 생명의 복잡성을 만드는 것은 아니라고 그는 주장한다.

하지만 실제로는 작은 변화들이 모여 큰 결과를 낳는다는 점에서 지적설계론은 문제가 있다. 돌연변이는 동물과 기타 유기체의 몸 안에 누적된다. 작은 변화가 충분히 누적되면 그 집단은 별도의 종으로 진화한다. 과학자들은 유전자의 차이를 관찰해서 각 종 사이의 관계를 알아낼 수 있다. 소규모의 진화를 인정한다면 베히는 생명의 나무 전체도 받아들일 수밖에 없다.(생명의 나무에 따르면 인간은 침팬지의 가까운 친척이다. 자신의 조상이 원숭이였다는 것이 달갑지 않은 창조론자들은 지적설계론이 이 점을 인정하고 있음을 알아야 한다.) 그리고 베히는 화석의 기록이나 방사성 동위원소 연대 측정법을 거부하지 않으므로, 생명의 나무가 지난 40억 년간 계속 가지를 쳐왔다는 사실을 인정하는 것 같다.

그렇다면 진화가 멈추고 설계가 시작되는 곳은 어디일까? 알기 어렵다. 5억 년 전에 지적설계자가 나와서 초기의 척추동물들에게 혈액 응고의 연쇄반응을 심었을까? 1억 5,000만 년 전에 포유류가 복잡한 물질들을 진화시켜 어미의 자궁에 태반이 들어서고 이를 이용해 어미의 면역계가 태아를 공격하는 것을 방지하는 시스템이 생겨났을 때도 설계자의 손길이 닿았을까? 아니면 밀크위드(유액을 분비하는 식물—옮긴이)가 곤충을 퇴치하기 위해 새로운 독을 개발할 때마다 설계자가 관여했을까? 베히는 여기에 대해 아무 말도 하지 않는다.

심지어 베히는 어떤 물질은 설계된 것 같지 않다는 사실도 시인한다. 적혈구 속에서 산소를 운반하는 물질인 헤모글로빈은 근육 속에 산소를 저장하는 물질인 미오글로빈과 놀랍도록 구조가 비슷하다. 그래서 베히는 헤모글로빈이 지적설계의 좋은 예가 아니라고 말한다. "헤모글로빈의 작용은 미오글로빈의 작용을 조금 변화시키면 얻을 수 있다."라고 그는 썼다. 그러나 베히의 주장대로라면 미오글로빈은 "환원이 불가능할 만큼 복잡하게 만들어져 있는" 물질이어야 한다. 왜냐하면 그는 미오글로빈이 진화했을 거라고 믿지 않기 때문이다.

자신의 주장을 진화론과 뒤섞은 지적설계론자들은 실험 가능한 가설을 내놓을 수 없다. 어떤 물질이 환원이 불가능하도록 복잡하다는 주장이 나왔는데 그 물질이 유전자의 복제 등 이런저런 방법으로 진화했으리라는 증거가 나타난다면, 우리는 이 물질이 진화의 산물이라고 규정하고 논의를 원점으로 돌릴 수 있다. 베히 자신도 이런 식으로 지적설계를 원점으로 돌려 생명의 역사가 막 시작된 시점까지 끌고 간다. 여기서 그는 지구 최초의 세포가 모두 복잡한 유전자의 네트워크를 갖추고 설계, 제작됐고 이를 바탕으로 여러 가지 유기체가 탄생했다고 추측한다. 여러 가지 유기체들이 일정한 유전자는 계속 사용하고 나머지는 쓰지 않았다는 얘기다.

그러나 로체스터대학의 생물학자인 앨런 오어(H. Allen Orr)는 이렇게 말한다. "베히의 생각대로라면 분자의 진화를 설명할 수 없는 부분이 너무 많아져 어디서 시작해야 할지 알 수 없다." 일부 유전자가 시간이 감에 따라 쓰이지 않은 것은 사실이다. 예를 들어 어떤 유전자가 복제되고, 그 사본 중 하나가 돌연변이를 일으켜 결국 단백질을 만들지 못하게 될 수도 있다. 이렇게 쓸모없는 유전자를 '유사 유전자'라고 한다. 그러나 우리의 유사 유전자는 실제로 활동하는 유전자와 닮았다고 오언는 지적한다. 베히의 말이 옳다면 인간 DNA 속의 유사 유전자는 다른 모든 종의 활성 유전자와 비슷해야 한다. 왜 인간의 몸속에는 방울뱀의 독이나 꽃잎을 만드는 유사 유전자가 없는가? 왜 우리는 유독 침팬지와 그렇게 많은 유사 유전자를 공유하고 있는가?

진화는 직접적인 설명을 내놓는다. 우리의 조상이 꽃이나 방울뱀으로부터 갈라져 나온 다음에야 유사 유전자가 진화하기 시작했다는 것이다. 반면 지적설계론은 침묵하는 유전자는 원래 침묵하도록 설계돼 있기 때문에 그럴 뿐이라고 주장한다. 창조론의 옛날 버전에서처럼 지적설계에도 설계자가 있는데, 이 설계자도 결국 긴 과정을 지나 '생명은 진화했다.'는 생각으로 우리를 이끌고 간다.

지적설계론은 실패작이다. 왜냐하면 과학의 핵심적인 요소를 포기하기 때문이다. 도킨스는 이렇게 말한다. "뭔가 복잡한 존재가 지능을 갖고 우주를 설계했다고 간단히 생각해버린다면 우리는 과거를 팔아 없애는 것이 된다. 이렇게 하면 우리가 설명해보려고 몸부림치는 바로 그 대상의 존재를 단순히 인정해버리게 된다는 얘기다. 자연선택에 의한 진화론의 장점은 간단한 것으로부터 시작해서 조금씩 복잡한 것, 예를 들어 뇌처럼 뭔가를 설계할 수 있을 정도로 충분히 복잡한 것으로 나아간다는 데 있다. 처음부터 설계자를 상정해버리면 태초에 어떤 시작을 부정해버리는 것과 같다. 그렇다면 아무것도 설명할 수 없게 된다."

과학의 한계

설득력 있는 과학적 근거를 제시할 수 없게 됨에 따라 지적설계론자들과 옛날의 창조론을 신봉하는 사람들은 말장난을 시작했다. 예를 들어 이들은 진화론이 자연론의 한 종파에서 갈라져 나온 사상이라고 주장한다. 여기서 자연론은 신이 우주에서 아무런 역할도 하지 않으며 다만 자연적 원인에 의해 모든 사건이 일어난다고 믿는 생각이다. 법률학 교수이며 유명한 창조론자인 필립 존슨(Phillip Johnson)은 이렇게 썼다. "진화론자들은 이기주의의 신화와 신을 깎아내리려는 열망에 집착해왔다." 진화생물학자들은 초자연적인 힘이 세상에 영향을 미쳐왔음을 고려하지 않으며, 진화론의 약점에도 등을 돌리고 있다고 존슨은 주장했다.

그러나 화학, 물리학, 진화생물학 등 과학은 일정한 법칙에 따라 움직이는 세계만을 설명할 수 있을 뿐이다. 예를 들어 양성자의 질량을 신이 매일 바꾼다면 물리학자들은 원자의 움직임에 대해 아무런 예측도 할 수 없을 것이다. 과학적 방법론은 어떤 사건이 반드시 자연적 원인에 따라 일어난다고 주장하지 않는다. 다만 자연적인 원인만이 과학적으로 이해될 수 있다고 이야기할 뿐이다. 과학적 방법론은 매우 강력하지만 과학의 범위 밖에 있는 것들에 대해서는 침묵할 수밖에 없다. 그러므로 초자연적인 힘은 그 본질상 자연의 법칙보다 위에 있으며 과학의 범주를 벗어난다.

존슨을 비롯한 창조론자들은 진화생물학을 집중 공격하고 있지만 사실상 이들은 과학의 모든 분야를 공격하는 것이나 마찬가지다. 내성이 있는 결핵균을 연구하는 미생물학자는 혹시 신이 이런 세균을 만들었는지 조사하지 않는다. 태초에 구름이 응축하고 우리의 태양계가 탄생하는 일련의 과정을 연구하는 천체물리학자는 왼쪽에 구름을 그리고 오른쪽에는 질서 있게 정렬한 태양계를 그린 뒤 가운데 큰 사각형을 그려 놓고는 "여기서 기적이 일어났다."라고 쓰지는 않는다. 태풍의 진로를 제대로 예측하지 못한 기상학자는 신의 뜻이 태풍을 예상 진로에서 밀어냈다고 주장하지 않는다.

과학은 자연의 이해할 수 없는 부분을 신의 뜻으로 간단히 돌려버릴 수 없다. 그렇다면 그것은 과학이 아니다. 시카고대학의 유전학자인 제리 코인은 다음과 같이 말한다. "과학사의 교훈이 있다면 그것은 우리가 모르는 것을 '신'이라고 규정해서는 아무것도 얻지 못한다는 점이다."

어떤 형태로든 창조과학은 과학자들이 생명의 역사를 연구하는 데 영향을 끼치지 못한다. 고생물학자들은 인간, 고래, 기타 동물들이 어떻게 출현했는지 알려주는 화석을 계속 발견하고 있다. 발생학자들은 배아를 만드는 유전자의 작용을 관찰해서 어떻게 캄브리아기의 대폭발이 일어났는지 연구하고 있다. 화학자들은 지구상의 생명이 언제 출현했는지에 대한 단서가 되는 방사성 동위원소 물질을 계속 발견하고 있다. 바이러스학자들은 HIV 같은 바이러스가 숙주를 속이기 위해 구사하는 전략을 알아내고 있다. 이들 모두에게 있어서 연구의 근거가 되는 것은 창조론이 아니라 진화생물학이다.

그러나 과학적으로는 실패했음에도 불구하고 창조론을 믿는 사람들은 여전히 미국 공립학교의 과학 교육 시스템에 영향력을 행사하려고 끊임없이 노력한다. 대부분의 경우 대중은 이들의 노력을 모르고 지나치지만 1999년 캔자스주에서 일어난 사건 하나로 인해 창조론은 다시 전 미국 언론의 헤드라인을 장식했다.

캔자스의 창조론

캔자스주의 고등학생들은 캔자스주 교육심의회가 승인한 기준에 따라 실시되는 시험을 치른다. 1998년에 심의회는 과학자들과 과학교사들로 구성된 위원회에게 기준의 개정을 의뢰했다. 위원회는 1995년 미국 국립과학연구원이 마련한 기준에 따라 작업을 수행했고, 이 과정에서 미국 과학진흥협회를 비롯한 주요 과학 기관의 자문을 얻었다. 1999년 5월에 위원회는 천문학으로부터 생태학에 이르는 다양한 분야의 과학자들이 의견의 일치를 보인 최신 학설에 따라 작성된 기준을 심의회에 제출했다. 다른 무엇보다도 이 기준은 학생들이 진화론의 기초, 그러니까 생물이 어떻게 주변 환경에 적응해가며 생물학자들이 진화론으로 어떻게 생명의 다양성을 설명하고 있는지 등을 이해하도록 만들어졌다.

위원회가 기준을 제출한 후 이상한 일이 벌어졌다. 심의회 위원 중 한 사람이 별도의 기준을 들고 나왔는데, 나중에 알고 보니 이것은 미주리주에 있는 창조론 단체가 작성한 것이었다. 기준을 작성한 위원회는 이것을 받아들이기를 거부했지만 그래도 교육심의회의 보수적인 위원들의 우려를 기준에 반영하는 데는 동의했다. 심의회는 이 기준에 다양한 관점을 수용한다는 언급이 있어야 한다고 주장했고, 위원회는 이에 따라 이를 삽입했다. 그러자 심의회는 소규모의 진화와 대규모의 진화를 설명할 것을 요구했고, 이에 따라 위원회는 한 세대로부터 다음 세대로의 변화(소진화)가 어떻게 대진화라는 이름에 걸맞는 대규모의 패턴과 여러 가지 작용, 이를테면 새로운 모습이라든가 멸종 속도의 변화 등을 낳는지 설명했다. 그러자 심의회는 위원회에게 대진화에 대해 그 이상 이야기하지 말라고 요구했고 위원회는 이를 거부했다.

8월에 개최된 심의회에서 위원회는 입장을 분명히 하기로 했다. 위원회는 심의회에게 자신들이 만든 기준을 받아들이든지 거부하든지를 투표로 결정하자고 요구했다. 그러자 심의회는 갑자기 위원회가 만든 기준을 다른 버전으로 바꿔버렸다. 언뜻 보면 새로운 기준은 위원회가 제출한 기준과 같아 보였지만 자세히 보면 진화에 대한 설명 대부분이 삭제돼 있었다. 그나마 남은 대목에서 자연선택은 "기존의 유전암호에 새로운 정보를 더해주지 않는 과정"으로 가르쳐야 하는 것처럼 나와 있었다. 이 기준에 따르면 캔자스주에서 치르는 시험은 진화를 비롯해 판구조론, 지구의 나이, 대폭발 같은 것을 물을 수 없다. 심의회는 새로운 기준을 6대 4로 가결했다.

당초 위원회가 작성한 부분을 삭제하고 잘못된 부분을 추가해, 심의회는 캔자스주의 과학 교육을 창조론에 완벽히 들어맞도록 바꿀 참이었다. "자연선택은 기존의 유전암호에 새로운 정보를 추가하지 않는다."라는 문장을 생각해보자. 그런데 유전자의 중복 같은 돌연변이는 자연선택과 결합해 항상 새로운 유전정보를 만들어낸다. 기준 속에 이렇게 잘못된 이야기를 삽입해 심의회는 창조론의 "소진화는 옳고 대진화는 그르다."라는 주장을 뒷받침하고 있었다.

지구과학 분야도 창조론에 맞춰졌다. 심의회는 오늘날 지구과학의 기초가 되는 판구조론을 이해해야 한다는 요구 사항도 삭제했다. 대신 이들은 "이탈리아의 에트나 화산이나 워싱턴주의 세인트헬렌스 화산처럼 몇 개의 암석층이 짧은 시간 동안에 생성됐다."라고 가르치도록 했다. 지층이 수천 년 만에 생성됐다는 홍수지질학의 주장을 채택한 것이다.

학교에서 창조론을 가르치기 위해 캔자스주 교육심의회는 학생들에게 과학의 기본적 성질을 가르치려는 위원회의 시도를 봉쇄했다. 수정된 기준에서 이론은 더 이상 "잘 입증된 설명"이 아니라 단순한 "설명", 즉 추측에 불과하게 되었다. 과학은 더 이상 "주변의 세계에서 우리가 관찰한 바에 대해 자연적인 설명을 찾으려는 인간의 활동"이 아니라 "논리적 설명을 찾으려는 활동"으로 탈바꿈했다. 이렇게 해서 심의회는 과학자들이 초자연적인 힘을 찾아낼 수도 있음을 암시했다.

심의회의 결정은 곧 언론의 귀에 들어갔고, 캔자스주 교육심의회는 갑자기 뉴스의 전면으로 떠올랐다. 주지사 빌 그레이브스는 심의회의 결정이 어처구니없다고 했고 캔자스주 안에 있는 모든 대학의 총장들이 이 표결을 비난했다. 표결에서 창조론적 기준에 찬성표를 던진 심의회 위원들은 갑자기 전 미국의 언론에게 포위당했고 그저 자신들은 올바른 과학을 옹호하기 위해 행동했다고 주장했다. 그러나 이 과정에서 이들은 자신들의 무지를 더욱 드러냈다. "개처럼 생긴 동물이 돌고래 같은 생물로 변했다는 증거는 어디 있으며 소가 고래로 바뀌었다는 증거는 어디 있는가?"라고 심의회 위원장인 린다 홀러웨이는 NBC 기자에게 물었다. 그녀는 다리가 달린 고래의 화석에 대해 몰랐던 것이 분명하다.

일반 대중도 왜곡된 기준에 반발했다. 이들의 운동은 시간이 갈수록 힘을 얻었고, 2000년에 치러진 교육심의회 위원 선거에서 창조론 진영은 참패했다. 홀러웨이와 또 한 명의 위원이 중도파 공화당측 인사에게 패했고 또 한 사람은 사직했으며 이 자리는 다른 중도파 공화당 인사로 채워졌다. 2001년 2월에 심의회는 마침내 당초의 위원회가 작성한, 진화론의 설명이 제대로 들어간 기준을 승인했다.

창조론자들은 캔자스에서 패했지만 미국 전역에서 정치적 투쟁을 벌이고 있다. 2000년 5월에 지적설계론자들은 미국 의회 의사당에서 보수적인 의원들의 환영을 받으며 자신의 견해를 피력할 기회를 가졌다. 오클라호마주 의회는 생물학 교과서에 우주를 신이 창조했다는 대목이 반드시 들어가야 한다는 법을 통과시켰다. 엘라배마주의 생물학 교과서는 진화론이 사실이 아니라 논란의 소지가 있는 이론일 뿐이라는 경고로 도배돼 있다. 2001년 봄에 루이지애나주 의회에는 주 정부가 잘못된 정보, 예를 들어 방사성 동위원소 연대 측정 결과 같은 것을 배포하지 못하도록 하는 법안이 상정됐다.

교사들이 교단에서 진화론을 가르치지 못하게 하는 데는 이런 법령들뿐만 아니라 위협도 동원된다. 일부 학부모와의 논쟁과 대립을 피하기 위해 고등학교 생물 교사들은 진화론 강의를 꺼리기도 한다. 미국의 국립과학교육센터 이사인 유지니 스콧(Eugenie Scott)은 이렇게 말한다. "과학 교사 회의에서 교사들과 이야기를 해보면 교장이 '금년에는 선거가 있으니 진화론을 가르치지 말라.'고 했다고 한다. 그러니까 새로 선출될 교육심의회와 마찰을 일으키지 않겠다는 뜻이다. 이것은 미친 짓이다. 이래서야 어떻게 일관된 커리큘럼을 유지하겠는가?"

진화론을 외면한 대가

이런 논쟁의 결과로 얻는 것은 새로운 세대의 창조론자들이 아니라 진화론을 모르는 새로운 세대의 학생들이다. 이것은 바람직하지 못하다. 그 이유는 진화론이 지난 200년 동안 이뤄진 가장 위대한 과학적 업적에 속하기 때문만은 아니다. 졸업 후 학생들이 택하는 수많은 직업 중에는 진화론을 제대로 이해해야 하는 것들이 많다.

예를 들어 석유나 광물을 탐사하려면 생명의 역사를 알아야 한다. 40억 년에 걸쳐 생물종은 진화했고, 새로운 종이 태어났으며, 어떤 종은 멸종하기도 했다. 이들의 화석은 당시 이들이 살아 있을 때 형성된 암석층의 이름표 역할을 한다. 석유가 많이 들어 있는 암석층에서 특정한 플랑크톤의 화석이 나타났다면 같은 플랑크톤이 발견되는 다른 곳의 암석층도 석유를 품고 있을 가능성이 커진다.

진화는 생명공학에서 더욱 중요하다. 왜냐하면 이 분야는 생명을 다루는 일인데, 생명은 진화하기 때문이다. 세균이 우연히 여러 가지 항생제에 대해 내성을 갖게 되지는 않는다. 이런 내성은 자연선택의 법칙에 따라 약물에 가장 잘 저항하는 유전자를 가진 세균만이 번성한 결과다. 진화를 이해하지 못하면 새로운 약을 만들거나 투약 방법을 올바르게 결정하기 어렵다.

백신에 대해서도 마찬가지이다. 미생물은 진화하면서 유전적으로 서로 다른 개체군을 만들고 그로부터 이들의 계통수에 새로운 가지가 생겨난다. 예를 들어 에이즈 백신은 특정 변종에는 효과가 있을지도 모르지만 인척 관계가 먼 것(그리고 더 흔한 것일 수도 있다.)에는 듣지 않을 수도 있다. 진화 과정을 추적하면 질병이 어디에서 왔는지도 알 수 있고(에이즈의 경우 침팬지일 가능성이 가장 높다.) 이를 바탕으로 치료법을 개발할 수도 있다.

거시적 차원의 진화는 사업에도 중요할 수 있다. 오늘날 생명공학에서 가장 중요한 사업 중의 하나는 유전자 서열을 밝히는 작업이다. 이것은 인간뿐만 아니라 세균, 원충, 곤충 등의 생명체가 가진 유전암호를 해독하는 일이다. 사람들이 여기에 거액을 투자하는 이유는 큰 이익을 기대할 수 있기 때문이다. 과학자들은 초파리 유전자를 많이 연구하는데 그 까닭은 그것이 인간의 유전자와 매우 비슷하기 때문이다. 초파리에 관한 실험은 언젠가 수명을 연장하는 약 같은 의학의 기적을 이뤄낼지도 모른다. 그러나 과학자들은 먼저 왜 그런 유사성이 진화했는지 알아야

진화

한다. 달리 말해 의학은 캄브리아기 대폭발에 뿌리를 두고 있다.

세월이 감에 따라 여러 생물종이 어떻게 한데 합쳐지는지 아는 것도 중요하다. 말라리아를 보자. 매년 200만 명의 생명을 앗아가는 말라리아는 최신 의학마저도 비웃고 있다. 최근의 과학자들은 말라리아의 병원체가 조류(藻類)의 유전자를 갖고 있음을 발견했다. 아마 약 10억 년 전에 말라리아 병원체의 조상이 어떤 종의 조류를 삼켰을 것이다. 이것을 소화시키는 대신 병원체는 조류를 공생 관계의 파트너로 만들었고 그 결과 조류의 유전자 일부가 오늘날까지 남았다. 이 발견은 말라리아 퇴치의 실마리가 될 수도 있다. 말라리아 병원체가 조류와 비슷한 성질을 갖고 있다면 식물을 죽이는 화학물질로 병원체를 죽일 수 있을지도 모른다. 진화 연구의 배경이 없다면 과학자들은 제초제로 말라리아 병원체를 죽일 생각을 결코 하지 못했을 것이다.

생명공학은 계속해서 급속도로 발전해갈 것이고 이 과정에서 진화라는 핵심적인 원칙에 의존할 것이다. 그리고 생명공학은 진화를 이해할 필요가 없다고 생각하고 이를 외면하는 사람들을 기다려주지 않을 것이다.

신을 믿는 진화론자

1920년대에 윌리엄 제닝스 브라이언이 진화론과의 전쟁을 시작한 것은 분명한 과학적 반대 의견 때문이라기보다는 온 세상이 다윈에게로 넘어간다는 생각이 불쾌했기 때문이었다. 브라이언에게 있어서 진화는 "인간을 자신의 모습을 따라 창조한 신이 만든 도덕적 우주"라는 개념을 위협하는 것이었다. 이렇게 되자 남은 것이라고는 목적 없이 주도권을 잡으려는 무자비한 투쟁뿐이었다.

브라이언은 진화생물학을 당대의 사회운동 몇 가지와 혼동했는지도 모르지만 한 가지 근본적이고도 중요한 질문을 제기했고, 이 의문은 진화론을 떠받치는 모든 증거로도 덮을 수 없는 것이다. 진화의 힘에 의해 움직이고 자연선택이 설계자의 역할을 하는 세상에 신의 자리는 있는가?

신과 진화는 상호 배척하는 관계가 아니다. 진화는 과학적 현상이며 관찰과 예측이 가능하므로 과학자들은 이를 연구할 수 있다. 그러나 화석이 발굴됐다고 해서 신의 존재 또는 우주의 차원 높은 목적 같은 것이 부정되는 것도 아니다. 이것은 과학의 영역 밖에 있다. 애서 그레이는 이 상황에 대해 진화론이 종교적 믿음이라는 주장은 "나의 신앙이 식물학이라고 말하는 것과도 비슷하게 보인다."라고 아주 적절하게 표현했다.

성결교도로서 그레이가 『종의 기원』을 소개한 이래 미국에는 신앙을 가진 진화론자의 오랜 전통이 있다. 그레이는 다윈에 대해 이렇게 말한 적이 있다. 진화론은 "유신론적으로도 또는 무신론적으로도 이해할 수 있다. 물론 나는 후자의 경우가 잘못된 것이고 이상하다고 생각한다." 캔자스주 교육심의회가 1999년에 고등학교 교육에서 진화론을 빼버리려고 했을 때 비판의 선봉에 선 사람들 중에는 성결교도이면서 캔자스주립대학의 지질학자인 키스 밀러(Keith Miller)가 있었다. 밀러는 "신은 모든 것을 창조했고, 신의 지속적인 의지 없이는 어떤 것도 존재하지 못한다."라고 주장한다. 그러나 그는 진화론의 증거도 인정한다. "신이 진화의 메커니즘을 이용하고 섭리로 이를 통제해 동식물을 창조했다면 인간의 진화론적 기원에 대해 반대할 이유가 없다고 본다."

브라운대학의 생화학자이며 가톨릭교도인 케네스 밀러(Kenneth Miller, 키스 밀러와는 관계없다.)는 진화론에 신을 위한 자리가 많다고 생각한다.

1999년에 출간된 저서 『다윈의 하느님을 찾아서(Finding Darwin's God)』에서 그는 진화를 가능하게 하는 돌연변이는 양자 수준에서 일어나고, 따라서 우리는 어떤 돌연변이가 일어날지 아닐지를 완전히 확정적으로 알 수 없다고 지적한다. 우주선(宇宙線)이 세포 안에 있는 핵으로 파고들어가 DNA와 충돌하면 그로 인해 염기 중 하나가 변하거나 변하지 않을 수 있다. 밀러는 이렇게 말한다. "진화의 역사는 아주 작은 범위, 그러니까 원자보다 작은 입자의 양자 상태에서 진행될 수 있다." 즉 양자물리학의 불확실성 덕분에 신이 돌연변이에 개입해서 진화에 영향을 미친다고 해도 그 효과는 과학적으로 파악할 수 없다는 얘기다.

그러나 신이 실제로 진화에 영향을 미친다 해도 이는 신이 삶의 과정 하나하나에 관여함을 의미하는 건 아니다. 인간의 역사에는 우리가 완전히 이해할 수 없는 전체적인 목적이 있을지도 모르지만 많은 그리스도인들도 역사가 우연에 의해서 영향을 받는다는 사실을 오랫동안 받아들였다고 케네스 밀러는 지적한다. 자연도 이와 다를 것이 없다고 그는 주장한다. 그리고 우연 덕분에 생명 자체도 진화할 수 있다. 밀러는 이렇게 말한다. "진화의 과정을 관장하는 신은 무능하고 수동적인 관찰자가 아니다. 오히려 신은 자신의 권능으로 풍요로운 세상을 만들었고 이 속에서 지속적인 창조의 과정은 물질 그 자체와 하나로 얽혀 있다."

밀러는 진화에는 어떤 운명이 포함돼 있고 우리도 그중 일부가 아닌가 하고 생각한다. "언젠가는 창조주도 자신이 찾아온 것을 정확히 얻을 것이다. 그것은 우리와 같은 피조물로서 신을 알고 사랑하는 존재일 것이며, 천국을 알고 별을 꿈꾸는 존재일 것이다. 동시에 그 존재는 신이 창조한 지구를 생명으로 넘치게 만든 진화의 놀라운 과정을 깨닫는 존재일 것이다."

신은 우주를 창조했고 이 우주가 자연의 법칙을 따르도록 만들었기 때문에 우리는 그 법칙에 따라 신의 피조물을 이해할 수 있다. 그러나 우연의 덕분으로 우리는 그리스도교가 요구하는 자유도 갖고 있다. 밀러는 이렇게 썼다. "신은 자신의 피조물에서 한 걸음 물러나 있는데 이는 피조물을 포기한 것이 아니라 그가 창조한 인간들에게 진정한 자유를 주기 위함이다. 신은 인간을 자유롭게 하는 도구로 진화를 이용했다."

사회생물학의 대가 에드워드 윌슨은 신에 대해 아주 다른 견해를 내놓는다. 그는 미국 남부의 침례교 가정에서 자랐고 14세에 세례 받을 것을 스스로 선택했다. 플로리다의 펜서콜라에 있는 침례교 교회에서 목사는 그를 물통에 넣고는 "마치 춤을 추듯 그의 몸을 앞뒤로 흔들어 온몸과 머리까지 물에 푹 잠기게 했다."라고 그는 회상했다.

침례교 교리는 윌슨에게 깊은 영향을 미쳤지만 이는 정신적이라기보다는 오히려 물질적인 측면에서의 영향이었다. 그는 모든 것, 그러니까 세상 자체가 오직 물질적이기만 한가를 생각하기 시작했다. "그런데 순간 뭔가 한구석이 깨지는 느낌이었다. 나는 정교하고 완벽한 구형의 보석을 손에 들고 있었는데 어떤 각도로 빛에 비춰보니 크게 금이 가 있었다는 얘기다."

윌슨은 그가 "생물학적 신"이라고 명명한 신을 포기했다. 이 신은 유기체의 진화에 관여하고 인간의 삶에 관여하는 신이다. 이제 그는 이신론(理神論) 쪽으로 기울고 있다. 이신론은 신이 우주를 창조했지만 그 후에 관리도 했다고 믿지는 않는 생각이다. 그러나 윌슨은 신이 돌보지 않는 세상에 산다고 해서 실망하지는 않는다.

진정한 진화의 서사시는 한 편의 시이며 본질적으로 어떤 종교적 서사시

만큼이나 고매한 것이다. 과학이 발견한 물질적 현실은 모든 종교의 천문학이 발견한 것을 다 합친 것보다도 더욱 내용이 풍부하고 장엄하다. 인간은 서구의 종교가 상상한 것의 수천 배에 달하는 시간 동안 역사를 꾸준히 이어왔다. 인간의 역사에 대한 연구 성과는 도덕적으로 매우 중요한 새로운 지평을 열었다. 그것을 바탕으로 우리는 호모 사피엔스가 몇몇 인종과 종족을 합친 것을 훨씬 뛰어넘는 어떤 것임을 깨달았다. 인류는 하나의 유전자군을 이루고 있는데, 각 개인의 유전자는 여기서 퍼온 것이며 이 유전자는 다음 세대에게 녹아 들어간다. 이 과정에서 하나의 종으로서의 인간은 전승과 공동의 미래를 통해 영원히 통합될 것이다. 사실에 입각한 이런 개념들로부터 새로운 불멸성을 끌어낼 수도 있고 새로운 신화를 창조할 수도 있다.

성결교도, 가톨릭교도, 이신론자인 이 세 명의 과학자들이 모든 과학자를 대표하는 것은 아니며 일반 대중을 대표하는 것은 더더욱 아니다. 과학은 세계를 설명하고 가설을 만들어내는 이론을 찾아내는 작업이다. 이 가설은 증거를 통해 시험해볼 수 있다. 우주가 실제로 어떤 의미를 갖는지를 생각해보는 것은 우리 모두, 그러니까 과학자와 일반인, 그리스도인, 유태인, 이슬람교도, 불교도, 신앙인, 불가지론자, 무신론자 등 모든 사람의 과제이다.

다윈의 침묵

일부 독자들은 책 말미에 가서 왜 온갖 의견이 난무하는가 하고 불편해할지도 모르겠다. 아마 단 하나의 확고한 진실로 인도해주는 편이 더 바람직하다고 생각할지도 모른다. 그러나 이 책이 지금 모습처럼 끝나는 것이야말로 다윈이 원하는 바였을 것이다.

다윈은 성인이 된 이후 죽을 때까지 영성의 문제와 씨름했지만 이런 갈등을 내면에만 꾹 눌러놓고 있었다. 22세에 비글호를 타고 세계 일주를 마칠 때까지 그는 독실한 성공회 신자였다. 라이엘의 저서를 읽고 남아메리카의 지질학적 변화를 눈으로 본 후 그는 창세기를 문자 그대로 해석하는 것을 의심하기 시작했다. 항해 중 과학자로 거듭난 다윈은 기적에 대해서도 회의하게 되었다. 그럼에도 다윈은 피츠로이 선장이 주관하는 예배에 매주 참석했고 뭍에 내렸을 때는 교회를 반드시 찾아봤다. 남아프리카에서 다윈과 피츠로이는 태평양에서 활동 중이던 선교사들에게 찬사를 보내는 편지를 쓰기도 했다. 영국으로 돌아온 다윈은 교구 사제가 되려는 꿈을 버린 뒤였지만 그렇다고 무신론자도 결코 아니었다.

영국으로 돌아온 후 다윈은 비밀 노트를 쓰기 시작했는데, 이 노트에서 그는 자연선택에 의한 진화의 모든 가능성을 모색했다. 얼마나 이단적인가는 상관이 없었다. 눈이나 날개가 설계자의 도움 없이 진화할 수 있었다면 행동이 그렇지 못할 이유는 무엇인가? 그리고 종교는 행동의 한 모습에 불과한 것 아닌가? 모든 사회는 제 나름의 종교를 갖고 있고 이 종교들 간의 유사성은 가끔 놀라울 정도이다. 아마 종교는 인류의 조상들 사이에서 진화했을 것이다. 다윈은 진화를 이렇게 정의했다. "본능과 결합된 신앙."

그러나 이런 생각은 사고의 실험에 지나지 않았고 다윈을 본업에서 가끔씩 빗나가게 한 추측에 불과했다. 그의 본업은 진화가 어떻게 오늘날의 세상을 만들어냈는지 알아내는 것이었다. 이 기간 동안 다윈은 심각한 정신적 위기를 겪었으나 과학이 그 이유는 아니었다.

진화

39세가 되던 해 다윈은 아버지 로버트가 수개월에 걸쳐 천천히 죽어가는 과정을 지켜봐야 했다. 그는 아버지가 종교에 대해 회의를 품고 있었음을 알았고 따라서 아버지의 사후에 어떤 일이 일어날지를 생각하게 되었다. 당시 다윈은 콜리지가 쓴 『반성을 위한 조언(Aids to Reflection)』을 읽고 있었는데 이는 그리스도교의 본질에 대한 저술이었다. 이 책에서 콜리지는 신앙이 없는 사람들은 신의 분노로 고통받아야 한다고 썼다.

로버트 다윈은 1848년 11월 사망했다. 찰스의 평생에 걸쳐 아버지는 변함없는 사랑, 재정적 지원, 현실적인 조언을 준 사람이었다. 그렇다면 이제 다윈은 신앙에 회의를 품었던 아버지가 영원한 지옥의 고통을 받을 것이라고 생각해야 할까? 그렇다면 다윈의 형인 에라스무스와 그의 절친한 친구들을 비롯해 수많은 사람들이 똑같이 지옥의 고통을 겪어야 할 것이었다. 이것이 그리스도교의 본질이라면 다윈은 왜 이런 잔혹한 교리를 진실로 받아들여야 하는지 의심할 수밖에 없었다.

아버지가 세상을 떠나고 얼마 후 다윈은 건강이 나빠지기 시작했다. 그는 자주 토했고 장에 가스가 차는 일이 많았다. 그는 빅토리아 시대에 유행하던 치료법인 수치요법(水治療法, hydropathy)에 의존했다. 이는 환자를 찬물로 샤워를 시켰다가 뜨거운 물에 목욕을 시킨 후 젖은 수건으로 몸을 싸놓는 방법이었다. 치료 과정 중에는 피부를 문지르는 것도 있었는데 이 때문에 그는 자신의 몸이 "바다가재처럼 되었다."라고 아내에게 편지를 써 보내기도 했다. 그는 건강이 회복됐고 아내가 다시 임신했다는 소식을 듣자 더욱 기운이 솟았다. 1850년 11월에 아내는 여덟 번째 아이인 레너드를 낳았다. 그러나 그로부터 몇 달 후 죽음의 그림자가 다시 한 번 다운하우스에 드리울 터였다.

1849년 다윈의 세 딸인 헨리에타, 엘리자베스, 앤이 성홍열에 걸렸다.

헨리에타와 엘리자베스는 회복됐으나 아홉 살짜리 앤은 그렇지 못했다. 앤은 다윈이 특별히 사랑하는 딸이었고 항상 아버지의 목에 팔을 두르고는 입을 맞추곤 했다. 1850년 내내 앤의 건강은 회복되지 않았다. 가끔 토하는 아이를 보고 다윈은 "슬프게도 내 몹쓸 위장을 닮은 것 같다."며 걱정했다. 모든 자연을 형성하는 힘이라고 다윈이 생각한 유전이 이제 딸의 목숨을 갉아먹고 있었다.

1851년 봄, 앤의 증상이 악화되자 다윈은 자신이 수치요법을 받은 적이 있는 맬번으로 앤을 데려가 가족 주치의와 간호사에게 맡겼다. 그러나 얼마 후 앤은 고열에 시달리기 시작했고 다윈은 혼자서 맬번으로 달려갔다. 아내 에마는 또다시 임신을 해서 출산 예정일이 몇 주밖에 남지 않은 터라 같이 갈 수가 없었다.

맬번에 있는 앤의 방에 들어선 다윈은 소파에 몸을 던졌다. 아픈 딸의 모습도 모습이려니와 장뇌와 암모니아 냄새는 에든버러의대 시절의 끔찍한 기억을 되살려냈다. 당시 다윈은 어린이들이 마취도 없이 수술을 받는 장면을 보았다. 부활절 기간의 일주일 동안 앤이 기력을 잃어 가며 녹색의 위액을 토해내는 장면을 보았다. 그는 고통에 차서 에마에게 이렇게 편지를 보냈다. "가끔 의사 선생님이 나을 수 있다고 하지만 선생님도 확신이 없는 게 눈에 보인다오. 너무 괴롭구려."

1851년 4월 23일 앤이 죽었다. 찰스는 에마에게 이렇게 썼다. "신의 축복이 앤과 함께 하기를. 우린 서로 더욱 사랑해야겠구려."

아버지 로버트가 세상을 떠났을 때 다윈은 그저 멍멍할 따름이었다. 그러나 다운하우스로 돌아온 다윈은 이번에는 욥처럼 분노에 찬 슬픔을 느꼈다. "우리 집안의 기쁨과 노년의 위안이 사라졌다."라고 그는 썼다. 다윈은 앤을 "작은 천사"라고 불렀지만 천사라는 단어는 그에게 아무런

진화

위안도 주지 못했다. 그는 앤의 영혼이 그녀가 억울하게 죽은 후까지 살아남아 천국에서 지내리라는 것을 믿을 수가 없었다. 이때, 그러니까 자연선택을 발견한 지 13년 만에 다윈은 그리스도교를 버렸다. 오랜 세월이 지난 뒤 손자들에게 남겨줄 자서전에서 그는 이렇게 썼다. "평생 그런 것은 아니지만 대부분의 경우 (늙어가면서 더욱 그런데) 불가지론이 내 마음의 상태를 가장 잘 나타내준다고 생각된다."

다윈은 자신의 불가지론을 광고하지는 않았다. 다만 그의 자서전과 편지를 면밀히 분석한 학자들이 앤이 죽은 후 그의 신앙에 어떤 변화가 생겼는지를 살필 수 있었을 뿐이다. 예를 들어 다윈은 미국의 《인덱스》라는 잡지에 추천 도서를 써주기도 했다. 이 잡지는 스스로 "자유로운 종교"라고 명명한 신앙관을 표방하는 잡지로서, 여기서 자유로운 종교란 "인간 본위의 영성으로, 오직 이 속에서만 개인이 영신적으로 완벽해질 수 있고 어떤 민족이 영신적으로 하나가 될 수 있다."라고 이 잡지는 주장했다.

그러나 《인덱스》가 다윈에게 논문을 써줄 것을 부탁했을 때 그는 거절했다. "나는 대중에게 이야기할 수 있을 정도로 종교에 대해 깊이 생각했다고 느끼지는 않습니다."라고 잡지사에 회신했다. 다윈은 이제 스스로가 전통적인 그리스도교인이 아니라는 것을 알고 있었지만 그렇다고 해서 영혼에 대한 견해까지 버린 것은 아니었다. 1860년에 친구 애서 그레이에게 보낸 편지에서 다윈은 이렇게 썼다. "나는 모든 것(좋은 것이든 나쁜 것이든 세부까지)이 설계자의 법칙에 따라 만들어진 후 우연에 따라 돌아간다고 생각하는 경향이 있네. 하지만 이 생각은 전혀 만족스럽지 못하네. 이 주제 자체가 인간의 지성으로 해결하기에는 너무나 심오한 것 같네. 마치 개가 뉴턴의 마음을 헤아리려고 하는 것처럼 말일세."

헤켈을 비롯한 과학자들이 진화론을 이용해 전통적인 종교를 전복시키려고 하는 동안 다윈은 입을 다물고 있었다. 개인적으로 그는 사회진화론이 자신의 연구 성과를 왜곡하는 것이 불만스러웠다. 라이엘에게 보낸 편지에서 그는 비꼬는 투로 이렇게 썼다. "맨체스터 신문에 풍자 기사가 실렸습니다. 그러니까 내가 증명했던 것은 '강자는 옳다'는 것이었고, 따라서 나폴레옹은 옳고 속임수를 쓰는 모든 장사꾼은 옳다는 거지요." 그럼에도 다윈은 자신의 신앙관을 공표하지 않기로 했다. 그러기에는 너무 내성적이었던 것이다.

침묵을 지키고 있었음에도 불구하고 말년에 다윈은 종교관 때문에 자주 괴롭힘을 당했다. "전 유럽의 바보들 중 절반이 나에게 어리석은 질문을 던진다."며 그는 불평했다. 어떤 편지는 그의 가장 내면적인 고뇌를 건드리는 것도 있었다. 모르는 사람들에게는 그레이에게 보낸 편지보다 훨씬 짧게 응답했다. 어떤 특파원에게는『종의 기원』을 쓸 때 자신의 신앙은 수도원장만큼이나 강했다고 짤막하게 대꾸했다. 어떤 사람에게는 애서 그레이를 예로 들면서 "열렬한 신앙인이면서 진화론자가 되는 것"은 얼마든지 가능하다고 대답했다.

그러나 생을 마칠 때까지 다윈은 종교에 관한 책을 내지 않았다. 어떤 과학자들은 진화와 그리스도교가 완벽히 조화를 이루고 있다고도 했고 헉슬리 같은 사람은 불가지론을 내세워 성직자들을 괴롭히기도 했지만 다윈은 결코 여기에 뛰어들려고 하지 않았다. 그가 실제로 신앙을 가졌느냐 아니냐는 "다른 사람들과는 전혀 관계가 없고 자기 자신에게만 관계가 있다."라고 다윈은 말했다.

앤이 죽은 후 다윈과 에마는 다윈의 신앙심에 대해 거의 이야기하지 않았지만 해가 갈수록 다윈은 심신 양면으로 아내에게 더 의지했다.

71세가 되었을 때 그는 결혼 직후 아내가 그에게 보낸 편지를 꺼내서 읽어봤다. 거기서 에마는 그리스도가 다윈을 위해 무슨 일을 했는지 생각해보라고 썼다. 편지 맨 끝에 그는 이렇게 썼다. "내가 죽고 나면 내가 이 편지에 여러 번 입 맞추고 이 편지 때문에 울기도 했음을 알아주시오."

2년 후 다운하우스에서 다윈은 아내의 품에 쓰러졌다. 그로부터 6주 동안 에마는 하느님을 소리쳐 부르며 피를 토하고는 의식을 잃어가는 남편을 돌봤다. 1882년 4월 19일에 다윈은 운명했다.

에마는 다윈을 지방 교회의 묘지에 매장하려 했으나 헉슬리를 비롯한 과학자들은 국장을 해야 한다고 생각했다. 다윈이 과학자로 첫 발을 내디뎠을 당시 '과학자'라는 단어는 있지도 않았다. 자연사학은 곤충채집 정도로 치부됐다. 50년이 지난 후 과학자들은 사회 지도자가 되어 생명의 본질을 더욱 깊이 들여다보는 일을 수행했다. 웨스트민스터 사원은 왕이나 고위 성직자의 전유물은 아니다. 탐험가 데이비드 리빙스턴, 증기기관을 발명한 제임스 와트도 이곳에 매장됐다. 식민지와 공업이 영국을 위대하게 만들었지만 다윈도 그러했다고 사람들은 입을 모았다.

며칠 후 웨스트민스터 사원은 문상객으로 가득 찼고 다윈의 관은 교회 중앙으로 옮겨졌다. 성가대가 잠언에 곡을 붙인 성가를 불렀다.

지혜를 찾으면 얼마나 행복하랴! 슬기를 얻으면 얼마나 행복하랴! 지혜는 붉은 산호보다도 값진 것, 네가 가진 어느 것도 그만큼 값지지는 못하다. 그 오른손에서 장수를 받고 그 왼손에서 부귀영화를 받는다. 지혜의 길은 즐겁고 슬기의 길은 기쁘다.

다윈은 뉴턴이 묻힌 곳 가까이에 안장됐다. 이제 그의 신앙관은 영원히 들어볼 수 없게 됐다. 그는 자신이 베일을 벗긴 세계에 우리를 남겨두고 갔다. 이 세계는 오래된 것으로, 인간이라는 종은 아기에 지나지 않는다. 유전자의 강물이 이리저리 얽히며 우리 주변을, 그리고 우리를 지나 흐르고 있고, 강의 흐름은 운석, 빙하, 융기하는 산, 확장되는 바다에 의해 바뀌기도 한다. 『종의 기원』을 쓸 때 다윈은 독자들에게 "생명의 장엄한 광경"을 보여주겠다고 했다. 오늘날 생명은 다윈이 약속한 것보다 훨씬 더 장엄한 모습을 보여주고 있다. 다윈은 이 놀라운 세계로의 탐험을 시작했으며 이제 우리는 다윈 없이 더 깊이 들어가야 한다.

감사의 말

이 책은 WGBH/NOVA 과학부와 클리어 블루스카이 제작사가 공동으로 추진한 〈진화〉 프로젝트의 한 부분이다. 이 프로젝트에는 7부작 텔레비전 시리즈, 웹사이트, 멀티미디어 라이브러리, 교육 프로그램 등이 포함돼 있다. 이런 대규모 프로젝트에 여러 명의 뛰어난 사람들과 동참하게 된 것은 큰 기쁨이고 영광이다. 클리어 블루스카이 제작사의 폴 앨런과 조디 패튼에게 고맙다는 말을 전하고 싶다. 이들은 〈진화〉 프로젝트에 비전을 불어넣어주고 지원을 아끼지 않았다. WGBH/NOVA 과학부의 폴라 앱셀은 이 프로젝트의 진행을 이끌어줬다. 그리고 이 세 사람은 나를 여기 합류시킨 사람들이기도 하다.

TV 시리즈의 프로듀서인 리처드 허턴도 빼놓을 수 없다. 그는 진화라는 어려운 분야를 잘 소화해서 7부작을 만들어냈으며, 이 과정에서 수십명의 과학자들로부터 자문을 얻었고 전 세계를 돌아다니며 제작진을 지휘했을 뿐만 아니라, KT 경계의 대량 멸종이나 찰스 다윈의 가족생활에서 세부적인 부분에 대해 나와 이야기를 나눌 시간도 항상 내줬다. 그의 리더십과 지적 능력에 찬사를 보낸다. 텔레비전 시리즈의 골격을 세우기 위해 허턴은 NOVA의 책임 편집자 스티븐 라이언스, 과학 시리즈 편집자 조 레바인, 협력 프로듀서 티나 응구옌 등과 함께했다. 특히 레바인은 이메일을 통해 많은 도움을 줬고 티나는 아주 구석진 정보까지도 끝까지 찾아내는 작업을 도와줬다.

WGBH의 출판 담당인 캐럴라인 촌시에게도 고마움을 표한다. 이 책을 쓰는 과정에서 그녀는 비공식 편집자, 외교관, 지지자 등 다양한 역할을 했는데 이 모든 것에 대해 고맙게 생각한다. 수천 장의 사진을 들여다보고 가장 적절한 것들을 골라내 이 책을 멋지게 만들어준 토니 그린버그에게도 고마움을 전한다. WGBH의 벳시 그로번 사장, WGBH의 저작권 대리인인 도 쿠버, 그리고 WGBH의 프로듀서인 리사 미로위츠, 매니저 캐런 캐럴 베넷, 과학부 책임자 드니즈 드라고, 시리즈 프로듀서 캐리 라시, 제작 담당자 세실리아 켈리 등 모든 사람에게도 고마움을 표한다. 이들은 이 프로젝트의 진행을 위해 헌신적으로 일했다. 클리어 블루 스카이 제작사에서는 에릭 로빈슨 사장, 제작 책임자 보니 벤저민패리스, 홍보 및 마케팅 책임자 제이슨 헝크, 프로듀서 패멀라 로즌스타인 등 여러분께 감사를 보낸다. 이들은 편집 과정에서 조언과 검토를 해줬다.

각 에피소드를 담당한 프로듀서들은 분주한 일정 가운데서도 나와 여러 가지를 협의했고 내 책의 여러 부분을 검토해주기도 했다. 이들은 책임 프로듀서 데이비드 에스파, 드라마 프로듀서 린다 가몬, '다윈의 위험한 생각' 편을 담당한 프로듀서 수전 루이스, '지구 생명체의 대변화' 편의 프로듀서 조엘 올리커와 공동 프로듀서 크리스 슈미트, '대멸종' 편의 리처드 허턴과 케이트 처칠, '적자생존' 편의 게일 월럼슨과 질 샤인펠드, '생명의 진화와 성의 역사' 편의 노엘 버트너와 롭 위틀시, '인간 정신의 출현' 편의 존 헤민웨이와 미셸 니콜라슨, '진화론과 신의 존재' 편의 빌 저지와 제이미 스토비 등이다. 이분들에게도 고마움을 표한다.

이 책은 과학 도서이므로, 이 책이 햇빛을 보는 데 도움을 준 과학자들에게도 깊은 사의를 표한다. 〈진화〉 프로젝트의 자문단으로 텔레비전 시리즈와 이 책에 협조를 아끼지 않은 찰스 아쾌드로, 윌리엄 캘빈, 샤론 에머슨, 제인 구달, 세라 블래퍼 허디, 돈 조핸슨, 메리클레어 킹, 켄 밀러, 스티븐 핑커, 유지니 스콧, 데이비드 웨이크 등 많은 분들께도 감사를 드린다. 특히 조언과 협력뿐만 아니라 이 책의 서문까지 써준 스티븐 제이 굴드에게 감사드린다.

텔레비전 시리즈와 이 책에 등장한 모든 과학자들에게도 고마움을 표한다. 또한 자신들의 연구 결과를 기꺼이 설명해주고 이 책의 초고를 검토해준 많은 분들께 감사를 드린다. 이들은 크리스 아다미, 메이디안 앤드레이드, 코니 발로우, 우터 블리커, 에드먼드 브로디 2세와 3세, 데이비드 버니, 조지프 케인, 숀 캐럴, 스티브 케이스, 크리스 쳉드브리스, 로버트 코위, 칼라 단토니오, 로빈 던바, 데이비드 듀젠베리, 스티븐 엠렌, 더글러스 어윈, 브라이언 패럴, 존 플린, 비어트리스 한, 크리스틴 호크스, 니컬러스 홀랜드, 데이비드 이노우에, 크리스틴 제니스, 케네스 가네시로, 주디 케글, 리처드 클라인, 앤드루 놀, 서스턴 라칼리, 로라 랜드웨버, 스튜어트 레비, 마이클 린치, 액셀 마이어, 케네스 밀러, 스티븐 모즈시스, 앤더스 몰러, 울리치 뮬러, 마틴 노왁, 스티븐 오브라이언, 모린 올리리, 노먼 페이스, 나이팸 페이틀, 매리언 피트리, 스튜어트 핌, 데이비드 레즈닉, 마크 리들리, 돌프 슐루터, 쿠르트 슈벵크, 유지니 스콧, 존

톰슨, 프란스 드 발, 피터 워드, 앤드루 위튼, 브래드 윌리엄슨, 마크 윈스턴 등이다. 이 책의 원고를 모두 읽으면서 아마 빨간펜 한 다스 정도를 썼을 케빈 패디언에게도 특별히 고마움을 전한다.

하퍼콜린스 출판사에서 내 책을 담당한 게일 윈스턴은 텔레비전 시리즈와 병행해서 만들어진 원고를 한 권의 어엿한 책으로 만들어냈다. 이에 대해 고마움을 표하며 나의 저작권 대리인인 에릭 시모노프에게도 감사를 전한다.

그리고 마지막으로 아내 그레이스에게 가장 깊은 고마움을 표한다. 아내는 이 책을 쓰느라 바쁜 한 해 동안 내가 균형을 잃지 않도록 도와줬다.

2018년 개정판
옮긴이의 말

번역가든 저술가든 글을 다루는 사람들, 그중에서도 오래 이 일에 종사해서 여러 권의 책을 낸 사람들에게는 이른바 "회심의 역작"이라는 저서 또는 번역서가 있다. 30여 년에 걸쳐 번역과 번역 교육에 종사해오면서 50권 정도의 역서를 출간한 내게는 이 『진화』가 그런 책 중 하나다. 번역을 시작하기 전에 물론 한 번 통독을 했지만 내용을 다 기억할 수 있는 것이 아니므로 번역 진행 과정에서 칼 짐머가 무슨 얘기 보따리를 풀어놓을지가 궁금해 부지런히 번역했던 것이 떠오른다.

내가 몇 년 전에 번역한 책 중 『지식의 반감기』라는 책이 있다. 여기서 저자는 과학 전문지에 실린 논문 중 상당 부분이 일정 시간 경과 후 후속 논문에 의해 반박되며, 학문 분야에 따라 기존 논문의 절반이 반박되는 데 걸리는 시간이 서로 다름을 통계적으로 보여주고 있다. 우리가 절대적 진리라고 믿는 과학적 주장이 사실은 절대적이 아닌 것도 많다. 따라서 시간의 시험을 이겨낸 이론만이 생명력을 갖는데, 진화론이야말로 뉴턴 역학 및 상대성 이론과 함께 시간의 강을 건너온 이론이다. 이 책의 개정판이 나왔다는 것은 이런 이론 중 하나인 진화론을 워낙 잘 설명한 책이라 10여 년의 세월을 건너뛰어 다시 한 번 독자들의 주의를 환기하는 것이 바람직하다는 판단이 있었기 때문인데, 이런 판단이 칼 짐머가 쓴 원서의 우수성을 증명한다.

다윈의 진화론이 위대한 것은 생명의 변화를 지배하는 법칙을 제시했기 때문이다. 법칙을 알면 자연현상의 현재를 기반으로 과거와 미래를 어렴풋이나마 볼 수 있는 눈이 열린다. 개정판에 새롭게 추가된 칼 짐머의 들어가는 글은 이러한 눈을 갖춘 과학자들이 DNA 연구와 화석의 발견을 매개로 하여 생명, 특히 우리가 가장 관심을 갖고 있는 인류의 과거에 대해 새로운 사실을 알아가는 모습을 설명하는 데 상당 부분을 할애하고 있다. 본문에서는 모든 생물종을 관통하는 생물 형태의 청사진(저자는 여기서 "도구 상자"라는 표현을 썼다.)에 관한 최근 연구 성과가 추가된 것이 보인다.

또한 칼 짐머의 들어가는 글 맨 앞에서는 세상의 급격한 변화를 잠시 언급하고 있다. 이 한국어 번역서 초판이 출간된 것이 2004년이니 그로부터 생각해도 14년이란 세월이 흘렀고, 그사이에 한국 사회도 많은 변화를 겪었다. 미적 감각도 물론 예외가 아니다. 책에 관해서 보면, 어떤 활자가 눈에 잘 들어오고 어떤 판형이 편안하며 어떤 식의 편집이 읽기 좋은가에 대한 독자들의 시각이 달라졌다. 이런 점에서 오늘날 독자들의 심미안을 최대한 반영하여 읽기에도 편하고 외관도 보기 좋은 책을 만드느라 노고를 아끼지 않은 웅진지식하우스 편집부 여러분에게 감사를 드린다.

진화

옮긴이의 말

지구는 태양계에 속하는 작은 행성이다. 저자에 의하면(일반적으로 받아들여지는 이야기이기도 하지만) 38억 년 전쯤 이 행성에 생명이 출현했다. 출현 과정에 대해서는 이론이 분분하지만 어쨌든 이 생명은 발전에 발전을 거듭하여 오늘날에 이르렀다. 이렇게 생물계가 이룬 발전을 진화라고 부른다. 그리고 이 책은 38억 년이 넘는 진화의 과정을 다루고 있다. 그렇다고 해서 까마득한 옛날부터 시작해서 진화를 시간적으로 더듬으며 기술한 생물학 교과서는 결코 아니다. 저자는 우선 다윈의 시대와 바로 앞 시대 유럽의 자연사 연구 흐름을 소개한다. 진화론의 등장 배경을 설명하기 위해서다. 그리고 나서 생명 탄생을 다룬 후 대량 멸종, 공진화, 양성 생식 등의 사건과 현상을 통해 진화의 본질을 펼쳐 보인다. 독자 여러분도 마찬가지겠지만 나 또한 이 책을 읽으며 "아하, 이런 거였구나." 하는 혼잣말을 여러 번 했다.

병원체와 면역세포의 진화 경쟁은 전쟁 영화의 한 장면이다. 면역세포를 속이고 진화에서도 앞서가는 에이즈 바이러스 같은 병원체 이야기, 항생제에 내성을 갖게 된 세균, 진화의 힘을 빌려 살충제를 이겨내는 해충의 이야기 등은 귀신 이야기보다도 더 무섭다. 한 쌍의 동물종과 식물종이 서로 도우며 사는 모습, 예를 들어 망고나무와 코뿔소(망고 열매를 먹고 씨를 퍼뜨려주는)의 이야기는 만화영화의 한 장면처럼 정겹다. 그러다가 인간이 등장해서 사냥으로 동물 쪽을 멸종시키면 이 식물은 과부가 되어 번식을 제대로 못 하게 된다. 만화영화가 비극으로 끝나버리는 것이다.

하늘에서 날벼락이 떨어진 적도 있다. 중생대 말의 어느 날, 거대한 운석(또는 혜성)이 지구와 충돌, 엄청난 양의 진흙이 하늘로 솟구치면서 먼지가 해를 가려 기온이 급강하하는 바람에 공룡들이 모두 죽었다. 흙먼지가 가라앉은 다음에는 온난화 때문에 지구가 찜통이 되었다. 기후격변으로 많은 생물종이 자취를 감추었다. 그러나 이 사건으로 파충류의 시대가 마감되고 포유류의 시대가 열렸고, 결국 포유류는 6,000만 년 이상의 긴 세월 동안 진화에 진화를 거듭하여 인류를 탄생시켰다. 운석이 충돌하지 않았다면 지구는 아직도 공룡 세상일지도 모른다. 포유류는 물론 존재하기는 했겠지만 결코 덩치가 커지지 못했을 것이고, 호기심으로 생명의 다채로운 과거사를 들춰내는 인류 역시 존재하지 않았을 것이다.

이 모든 사건과 현상의 배후에는 진화의 추진력이 존재한다. 진화의 힘은 변화하는 환경의 압력 속에서 생물종을 "살아남는" 쪽으로 이끌어간다. 그렇다고 강한 자만 살아남는 것은 아니다. 덩치가 크고 힘이 세면 에너지 소비도 많기 때문에 혹독하고 열악한 환경에서는 오히려 불리할 수 있다. 살아남는 자는 그저 환경에 가장 잘 적응한 자일 뿐이다. 여기서 살아남는 '자'는 각 개체 하나하나라기보다는 공통의 특징을 갖춘 개체의 집단인 종을 말한다.

저자는 찰스 다윈이라는 사람의 이야기로 책을 시작한다. 우여곡절 끝에 비글호라는 배를 얻어 타게 된 이 영국 청년은 여행의 과정에서 세상을 뒤집을 책의 바탕이 될 경험을 한다. 이 우여곡절이 없었으면 생물학, 기타 인접 과학, 심리학(심지어 신학까지도) 등은 오늘날과는 완전히 다른 상태에 머물고 있었을지도 모른다.

자신의 장래에 관해 아버지에게 당당하게 이야기할 용기조차 없던 소심한 사람이었던 다윈은 오늘날 생명으로 넘치는 지구의 모습이 사실은 자연선택이라는 힘이 작용한 결과이지 신의 의지가 구현된 것이 아니라는 생각을 감히 발표하지 못하고 마음속에 담고 있으면서 생명의 계통수라고 할 만한 것을 노트에 몰래 그려보았다. 다윈이 그린 계통수는 뿌리로부터 큰 가지, 거기서 작은 가지, 다시 더 잔가지로 갈라지는 교목의 모습이었다. 물론 오늘날의 과학자들은 계통수의 모습이 이런 큰 키 나무보다는 가지가 서로 복잡하게 얽힌 관목의 모습에 더 가깝다고 하지만 말이다.

이 교목의 작은 가지 중 가장 작은 가지의 끝부분에 인류가 자리 잡고 있다. 사실 38억 년에 걸친 생명의 역사에서 인류의 역사(300만 년이라고 치면)는 전체의 1,000분의 1 정도로, 38억 년을 24시간으로 압축하면 인간은 밤 11시 58분과 59분 사이에 출현한 것이 된다. 여기에 이르기까지 생명은 많은 갈림길을 거쳐왔다. 갈림길에 설 때마다 선택이 이루어졌고, 갈림길이 두 갈래로 갈라졌다고 가정하더라도(실제로 더 많았겠지만) 생명은 확률이 2분의 1인 선택을 끊임없이 해온 것이 된다. 원시 세균으로부터 몇 번의 갈림길을 지나 인류까지 왔을까? 분명히 알 수는 없다. 그러나 10번이라면 확률은 1,000분의 1 정도이고(이 정도도 대단하다.), 20번이라면 100만분의 1 정도, 100번이라면 1조분의 1을 1조로 나누고 다시 100만으로 나눈 정도의 숫자가 나온다.

이렇게 긴 여정을 지났는데도 태초의 유전자는 끈질기게 자신의 모습을 유지한다. 활유어라는 물고기는 척추동물의 조상인데 빛을 감지하는 부분이 빛이 들어오는 방향을 등지고 있다. 수억 년 전시물을 보는 기관의 밑그림이 이렇게 그려지자 척추동물은 오늘날까지도 비효율적인 눈을 갖게 되었다. 반면 무척추동물인 오징어는 거의 캄캄한 곳에서도 먹이의 움직임을 포착할 수 있다. 밑그림이 다르기 때문이다.

사실 지구상의 생물종은 무수한 가지치기를 거쳐 다양해지긴 했지만 여전히 같은 유전자를 공유하고 있기도 하다. 우리는 식물과도 많은 유전자를 공유하고 있다고 한다. 유인원과 인간, 그리고 인간 상호 간에는 말할 것도 없다. 특히 인간은 서로 매우 가깝다. 예를 들어 코트디부아르의 숲 한군데에 사는 침팬지의 유전자가 60억 인류 전체의 유전자보다 더 다양하다고 한다. 이렇다 보니 당장 인류가 멸망해도 파푸아뉴기니 오지에 사는 한 종족의 유전자만으로 온 인류의 유전자를 거의 다 복원해낼 수 있다는 연구 결과도 나온다. 학자들은 이렇게 된 이유가 인류가 최초에 1,000명 정도의 집단으로 시작했기 때문이라고 추정하고 있다. 이 집단은 침팬지나 기타 유인원과의 경쟁에서 패해서 먹이가 풍부한 숲에서 쫓겨나 동아프리카의 나무가 드문드문한 사바나의 땡볕 아래로 밀려난 것이 아닐까? 당시의 침팬지들은(실제로 침팬지가 밀어냈다면) 아마 자신들에게 패한 집단의 후손이 수백만 년 후 자신의 후손들을 마구 사냥하고 실험용으로 희생시킬 줄은 꿈에도 몰랐을 것이다.

인간에게 희생당하는 것은 침팬지뿐만이 아니다. 생물종이 사라지는 속도는 과거의 100배에서 1,000배까지 빨라졌다고 한다. 주로 인간의 활

진화

동 때문이며, 사실 새로운 대량 멸종으로 가고 있는 것이 아닌가 하는 우려도 있다. 온난화에 관해서는 시끄러울 정도로 말들도 많고 정보도 많아서(물론 잘못 알려진 것도 많지만) 일반인들도 웬만큼은 알고 있다. 그러나 이보다 더 큰 위기를 몰고 올 수 있는 멸종에 대한 경종 소리는 아직 그만큼 크지 않은 것 같다. 살충제 때문에 엉뚱하게 꽃가루를 옮기는 곤충이 멸종하면 농업은 하루아침에 무용지물이 될 수도 있는데 말이다.

이 책을 다 읽고 난 독자는 내가 그랬듯이 여러 가지 상념에 빠질 것이다. 그러나 가장 큰 깨달음은 생명이 모두 유전자를 통해 얽혀 있다는 사실이다 식물과 우리, 활유어와 우리는 유전자를 공유한다. 이 사실을 알면 세상이 갑자기 달라 보인다. "인간은 자연의 일부"라고 동서고금의 사상가들이 무수히 외쳐온 얘기에 갑자기 과학적 근거가 생기는 것이다. 일부인 정도가 아니고 모두 하나이기에 생명 전체가 소중하게 다가온다. 그리고 수억 년 후면 이렇게 유전자의 그물 속에서 함께 진화하던 '생명 공동체'가, 우리의 거처인 이 조그만 행성이 점점 뜨거워지는 태양 때문에 열탕 지옥이 되면서 모두 종말을 맞으리라는 것을 생각하면 더욱 그렇다.

참고 문헌

1장

Appel TA. *Cuvier-Geoffroy debate: French biology in the decades before Darwin*. New York: Oxford University Press, 1987.

Browne EJ. Charles Darwin: A biography. New York: Knopf, 1995.

Coleman WR. Georges Cuvier, *zoologist: A study in the history of evolution theory*. Cambridge, Mass.: Harvard University Press, 1964.

Darwin C. *Journal of researches into the natural history and geology of the countries visited during the voyage of H.M.S. 'Beagle' round the world, under the command of Capt. Fitz Roy, R.N.* London: Henry Colborn, 1839.

Desmond AJ, Moore JR. Darwin. London: Michael Joseph, 1991.

Koerner L. *Linnaeus: Nature and nation*. Cambridge, Mass.: Harvard University Press, 1999.

Lovejoy AO. *The great chain of being: A study of the history of an idea*. Cambridge, Mass.: Harvard University Press, 1936.

Lyell C. *Principles of geology; or, The modern changes of the earth and its inhabitants, considered as illustrative of geology*. London: John Murray, 1850.

Mayr E. *The growth of biological thought: Diversity, evolution, and inheritance*. Cambridge, Mass.: Belknap Press, 1982.

Paley W. *Natural theology; or, Evidences of the existence and attributes of the Deity*. London: Wilks and Taylor, 1802.

Rudwick MJS. *The great Devonian controversy: The shaping of scientific knowledge among gentlemanly specialists*. Chicago: University of Chicago Press, 1985.

———. *The meaning of fossils: Episodes in the history of palaeontology*. Chicago: University of Chicago Press, 1985.

Thomson KS. *HMS Beagle: The story of Darwin's ship*. New York: Norton, 1995.

2장

Bowler PJ. *The eclipse of Darwinism: Anti-Darwinian evolution theories in the decades around 1900*. Baltimore: Johns Hopkins University Press, 1983.

Browne EJ. *Charles Darwin: A biography*. New York: Knopf, 1995.

Chambers R. *Vestiges of the natural history of creation*. New York: Wiley/Putnam, 1845.

Darwin C. *Autobiography and selected letters.* New York: Dover, 1958.

——. *A monograph on the sub-class Cirripedia, with figures of all the species.* London: Ray Society, 1851.

——. *A monograph on the fossil Balanidae and Verrucidae of Great Britain.* London: Printed for the Palaeontographical Society, 1854.

——. *On the origin of species by means of natural selection, or The preservation of favored races in the struggle for life.* London: John Murray, 1859.

Desmond AJ. *Huxley: The devil's disciple.* New York: Penguin, 1994.

——. Moore JR. *Darwin.* London: Michael Joseph, 1991.

Jones S. *Darwin's ghost.* New York: HarperCollins, 2000.

Malthus TR. *An essay on the principle of population as it affects the future improvement of society.* London: J. Johnson, 1798.

Ospovat D. *The development of Darwin's theory: Natural history, natural theology, and natural selection, 1838–1859.* Cambridge: Cambridge University Press, 1981.

Rupke NA. *Richard Owen: Victorian naturalist.* New Haven, Conn.: Yale University Press, 1994.

3장

Bowring SA, Housh T. "The Earth's early evolution." *Science,* 1995, 269: 1535–1540.

Briggs DEG, Erwin DH, Collier FJ. *The fossils of the Burgess Shale.* Washington: Smithsonian Institution Press, 1994.

Brocks JJ, Logan GA, Buick R, Summons RE. "Archean molecular fossils and the early rise of eukaryotes." *Science,* 1999, 285: 1033–1036.

Budd CE, Jensen S. "A critical reappraisal of the fossil record of the bilaterian phyla." *Biological Reviews of the Cambrian Philosophical Society,* 2000, 75: 253–295.

Burchfield JO. *Lord Kelvin and the age of the Earth.* New York: Science History Publications, 1975.

Carroll RL. *Vertebrate paleontology and evolution.* New York: Freeman, 1988.

Dalrymple GB. *The age of the Earth.* Stanford, Calif.: Stanford University Press, 1991.

Fortey RA. *Life: A natural history of the first four billion years of life on Earth.* New York: Knopf, 1998.

Gould SJ. *Wonderful life: The Burgess Shale and the nature of history.* New York: Norton, 1989.

Knoll AH. "A new molecular window on early life." *Science,* 1999, 285: 1025–1026.

Lunine JI. *Earth: Evolution of a habitable world.* Cambridge: Cambridge University Press, 1999.

McPhee JA. *Annals of the former world.* New York: Farrar Straus & Giroux, 1998.

Prothero DR, Prothero DA. *Bringing fossils to life: An introduction to paleobiology.* New York: Mc-Graw-Hill, 1997.

Schopf JW. *Cradle of life: The discovery of Earth's earliest fossils.* Princeton, N.J.: Princeton University Press, 1999.

———. "Solution to Darwin's dilemma: Discovery of the missing Precambrian record of life." *Proceedings of the National Academy of Sciences*, 2000, 97: 6947–6953.

Xiao S, Zhang Y, Knoll AH. "Three-dimensional preservation of algae and animal embryos in a Neoproterozoic phosphorite." *Nature*, 1998, 391: 553–558.

Zimmer C. "Ancient continent opens window on the early earth." *Science*, 1999, 286: 2254–2256.

4장

Adami C. *Introduction to artificial life.* New York: Springer, 1998.

———. Ofria C, Collier TC. "Evolution of biological complexity." *Proceedings of the National Academy of Sciences*, 2000, 97: 4463–4468.

Adams MB. *The evolution of Theodosius Dobzhansky: Essays on his life and thought in Russia and America.* Princeton, NJ.: Princeton University Press, 1994.

Albertson RC, Markert JA, Danley PD, Kocher TD. "Phylogeny of a rapidly evolving clade: The cichlid fishes of Lake Malawi, East Africa." *Proceedings of the National Academy of Sciences*, 1999, 96: 5107–5110.

Bowler, PJ. *The Norton history of the environmental sciences.* New York: Norton, 1993.

Cook LM, Bishop JA. *Genetic consequences of man-made change.* London, England & Toronto: Academic Press, 1981.

Coyne JA, Orr HA. "The evolutionary genetics of speciation." *Philosophical Transactions of the Royal Society of London Series B: Biological Sciences*, 1998, 353: 287–305.

Dawkins R. *The blind watchmaker: Why evidence of evolution reveals a universe without design.* New York: Norton, 1996.

———. *The selfish gene.* New York: Oxford University Press, 1976.

Depew DJ, Weber BH. *Darwinism evolving: Systems dynamics and the genealogy of natural selection.* Cambridge, Mass.: MIT Press, 1995.

Dieckmann U, Doebeli M. "On the origin of species by sympatric speciation." *Nature*, 1999, 400: 354–357.

Dobzhansky TG. *Genetics and the origin of species.* New York: Columbia University Press, 1937.

Goldschmidt T. *Darwin's dreampond: Drama in Lake Victoria.* Cambridge, Mass.: MIT Press, 1996.

Grant PR, Grant BR. "Non-random fitness variation in two populations of Darwin's finches." *Proceedings of the Royal Society of London Series B,* 2000, 267: 131–138.

———. Royal Society (Great Britain). Discussion Meeting. *Evolution on islands.* Oxford & New York: Oxford University Press, 1998.

Harris RS, Kong Q, Maizels N. "Somatic hypermutation and the three R's: repair, replication and recombination." *Mutation Research,* 1999, 436: 157–178.

Henig RM. *The monk in the garden: How Gregor Mendel and his pea plants solved the mystery of inheritance.* Boston: Houghton Mifflin, 2000.

Howard DJ, Berlocher SH. *Endless forms: Species and speciation.* New York: Oxford University Press, 1998.

Huxley J. *Evolution, the modern synthesis.* New York & London: Harper & Brothers, 1942.

Janeway C. *Immunobiology: The immune system in health and disease.* New York: Garland, 1999.

Johnson TC, Kelts K, Odada E. "The Holocene history of Lake Victoria." *Ambio,* 2000, 29: 2–11.

Kondrashov AS, Kondrashov FA. "Interactions among quantitative traits in the course of sympatric speciation." *Nature,* 1999, 400: 351–354.

Koza JR. *Genetic programming III: Darwinian invention and problem solving.* San Francisco: Morgan Kaufmann, 1999.

Lenski RE, Ofria C, Collier TC, Adami C. "Genome complexity, robustness and genetic interactions in digital organisms." *Nature,* 1999, 400: 661–664.

Mayr E. *Systematics and the origin of species, from the viewpoint of a zoologist.* New York: Columbia University Press, 1942.

———. *The growth of biological thought: Diversity, evolution, and inheritance.* Cambridge, Mass.: Belknap Press, 1982.

Provine WB. *The origins of theoretical population genetics.* Chicago: University of Chicago Press, 1975.

Rensberger B. *Life itself: Exploring the realm of the living cell.* New York: Oxford University Press, 1996.

Reznick DN, Shaw FH, Rodd FH, Shaw RG. "Evaluation of the rate of evolution in natural populations of guppies (Poecilia reticulata)." *Science,* 1997, 275: 1934–1937.

Ridley M. *Evolution*. Cambridge, Mass.: Blackwell Science, 1998.

Sato A, Ohigin C, Figueroa F, Grant PR, Grant BR, Tichy H, et al. "Phylogeny of Darwin's finches as revealed by mtDNA sequences." *Proceedings of the National Academy of Sciences*, 1999, 96: 5101–5106.

Simpson GG. *Tempo and mode in evolution*. New York: Columbia University Press, 1984.

Stiassny M, Meyer A. "Cichlids of rift lakes." *Scientific American*, 1999, 280: 64–69.

Taubes G. "Evolving a conscious machine." *Discover*, June 1998, 73–79.

Wade MJ, Goodnight CJ. "Wright's shifting balance theory: An experimental study." *Science*, 1991, 253: 1015–1018.

Weiner J. *The beak of the finch: A story of evolution in our time*. New York: Knopf, 1994.

———. *Time, love, memory: A great biologist and his quest for the origins of behavior*. New York: Knopf, 1999.

5장

Andersson SG, Zomorodipour A, Andersson JO, Sicheritz-Ponten T, Alsmark UC, Podowski RM, et al. "The genome sequence of Rickettsia prowazekii and the origin of mitochondria." *Nature*, 1998; 396: 133–140.

Barns SM, Fundyga RE, Jeffries MW, Pace NR. "Remarkable archaeal diversity detected in a Yellowstone National Park hot spring environment." *Proceedings of the National Academy of Sciences*, 1994, 91: 1609–1613.

Cech TR. "The ribosome is a ribozyme." *Science*, 2000, 289: 878–879.

Doolittle WF. "Uprooting the tree of life." *Scientific American*, February 2000, 90–95.

Freeland SJ, Knight RD, Landweber LF. "Do proteins predate DNA?" *Science*, 1999, 286: 690–692.

Ganfornina MD, Sanchez D. "Generation of evolutionary novelty by functional shift." *Bioessays*, 1999, 21: 432–439.

Gee H. *In search of deep time: Beyond the fossil record to a new history of life*. New York: Free Press, 1999.

Gesteland RF, Cech T, Atkins JF. *The RNA world: The nature of modern RNA suggests a prebiotic RNA*. Cold Spring Harbor, N.Y.: Cold Spring Harbor Laboratory Press, 1999.

Holland PW. "Gene duplication: Past, present and future." *Seminars in Cellular and Developmental Biology*, 1999, 10: 541–547.

진화

Kerr RA. "Early life thrived despite earthly travails." *Science*, 1999, 284: 2111–2113.

Laudweber LF. "Testing ancient RNA-protein interactions." *Proceedings of the National Academy of Sciences*, 1999, 96: 11067–11078.

Lazcano A, Miller SL. "The origin and early evolution of life: prebiotic chemistry, the pre-RNA world, and time." *Cell*, 1996, 85: 793–798.

Levin BR, Bergstrom CT. "Bacteria are different: Observations, interpretations, speculations, and opinions about the mechanisms of adaptive evolution in prokaryotes." *Proceedings of the National Academy of Sciences*, 2000, 97: 6981–6985.

Margulis L. *Symbiotic planet: A new look at evolution.* New York: Basic Books, 1998.

Maynard Smith J, Szathmáry E. *The origins of life: From the birth of life to the origin of language.* Oxford & New York: Oxford University Press, 1999.

Mojzsis SJ, Arrhenius G, McKeegan KD, Harrison TM, Nutman AP, Friend CR. "Evidence for life on Earth before 3,800 million years ago." *Nature*, 1996, 384: 55–59.

Muller M, Martin W. "The genome of Rickettsia prowazekii and some thoughts on the origin of mitochondria and hydrogenosomes." *Bioessays*, 1999, 21: 377–381.

Pace NR. "A molecular view of microbial diversity and the biosphere." *Science*, 1997, 276: 734–740.

Sapp J. *Evolution by association: A history of symbiosis.* New York: Oxford University Press, 1994.

Wills C, Bada J. *The spark of life: Darwin and the primeval soup.* Cambridge, Mass.: Perseus Publishing, 2000.

Woese C. "The universal ancestor." *Proceedings of the National Academy of Sciences*, 1998, 95: 6854–6859.

6장

Allman JM. *Evolving brains.* New York: Scientific American Library/Freeman, 1999.

Arthur W. *The origin of animal body plans: A study in evolutionary developmental biology.* Cambridge, England & New York: Cambridge University Press, 1997.

Averof M, Patel NH. "Crustacean appendage evolution associated with changes in Hox gene expression." *Nature*, 1997, 388: 682–686.

Bateson W. *Materials for the study of variation treated with especial regard to discontinuity in the origin of species.* London: Macmillan, 1894.

Briggs DEG. Erwin DH, Collier FJ. *The fossils of the Burgess Shale.* Washington: Smithsonian Institution Press, 1994.

Budd GE, Jensen S. "A critical reappraisal of the fossil record of the bilaterian phyla." *Biological Reviews of the Cambrian Philosophical Society*, 2000, 75: 253–295.

Butterfield NJ. "Plankton ecology and the Proterozoic to Phanerozoic transition." *Paleobiology*, 1997, 23: 247–262.

Carroll RL. *Vertebrate paleontology and evolution*. New York: Freeman, 1988.

Conway Morris S. "The Cambrian 'explosion': Slow fuse or megatonnage?" *Proceedings of the National Academy of Sciences*, 2000, 97: 4426–4429.

——. *The crucible of creation: The Burgess Shale and the rise of animals*. Oxford & New York: Oxford University Press, 1998.

——. "Showdown on the Burgess Shale: The challenge." *Natural History*, December 1998: 48–55.

Eldredge N. *Time frames: The rethinking of Darwinian evolution and the theory of punctuated equilitria*. London: Heinemann, 1986.

Fortey RA. *Life: A natural history of the first four billion years of life on Earth*. New York: Knopf, 1998.

Ganfornina MD, Sanchez D. "Generation of evolutionary novelty by functional shift." *Bioessays*, 1999, 21: 432–439.

Gee H. *Before the backbone: Views on the origin of the vertebrates*. London; New York: Chapman & Hall, 1996.

——. *Shaking the tree: Readings from nature in the history of life*. Chicago: University of Chicago Press, 2000.

Gehring WJ. *Master control genes in development and evolution: The homeobox story*. New Haven, Conn.: Yale University Press, 1998.

Gerhart J, Kirschner M. *Cells, embryos, and evolution: Toward a cellular and developmental understanding of phenotypic variation and evolutionary adaptability*. Malden, Mass.: Blackwell Science, 1997.

Gould SJ. *Ontogeny and phylogeny*. Cambridge, Mass.: Belknap Press, 1977.

——. *Wonderful life: The Burgess Shale and the nature of history*. New York: Norton, 1989.

Hoffman PF, Kaufman AJ, Halverson GP, Schrag DP. "A neoproterozoic snowball earth." *Science*, 1998, 281: 1342–1346.

Holland LZ, Holland ND. "Chordate origins of the vertebrate central nervous system." *Current Opinion in Neurobiology*, 1999, 9: 596–602.

Keys DN, Lewis DL, Selegue JE, Pearson BJ, Goodrich LV, Johnson RL, et al. "Recruitment of a hedgehog regulatory circuit in butterfly eyespot evolution." *Science*, 1999, 283: 532–534.

Knoll AH, Carroll SB. "Early animal evolution: Emerging views from comparative biology and geology." *Science*, 1999, 284: 2129–2137.

Lundin LG. "Gene duplications in early metazoan evolution." *Seminars in Cellular and Developmental Biology*, 1999, 10: 523–530.

McNamara KJ. *Shapes of time: The evolution of growth and development*. Baltimore: Johns Hopkins University Press, 1997.

O'Leary M, Uhen M. "The time of origin of whales and the role of behavioral changes in the terrestrial-aquatic transition." *Paleobiology*, 1999, 25: 534–556.

Prothero DR, Prothero DA. Bringing fossils to life: An introduction to paleobiology. New York: McGraw-Hill, 1997.

Shankland M, Seaver EC. "Evolution of the bilaterian body plan: What have we learned from annelids?" *Proceedings of the National Academy of Sciences*, 2000, 97: 4434–4437.

Shubin N, Tabin C, Carroll S. "Fossils, genes and the evolution of animal limbs." *Nature*, 1997, 388: 639–648.

Sumida SS, Martin KLM. *Amniote origins: Completing the transition to land*. San Diego: Academic Press, 1997.

Williams GC. *The pony fish's glow: And other clues to plan and purpose in nature*. New York: Basic Books, 1997.

Zimmer C. *At the water's edge: Macroevolution and the transformation of life*. New York: Free Press, 1998.

———. "In search of vertebrate origins: Beyond brain and bone." Science, 2000, 287: 1576–1579.

7장

Bowring SA, Erwin DH, Isozaki Y. "The tempo of mass extinction and recovery: The end-Permian example." *Proceedings of the National Academy of Sciences*, 1999, 96: 8827–8828.

Burney DA. "Holocene lake sediments in the Maha'ulepu Caves of Kaua'i: Evidence for a diverse biotic assemblage from the Hawaiian lowlands and its transformation since human arrival." *Ecological Monographs*, in press.

Chapin FSr, Zavaleta ES, Eviner VT, Naylor RL, Vitousek PM, Reynolds HL, et al. "Consequences of changing biodiversity." *Nature*, 2000, 405: 234–242.

Cohen AN, Carlton JT. "Accelerating invasion rate in a highly invaded estuary." *Science*, 1998,

279: 555–558.

Daszak P, Cunningham AA, Hyatt AD. "Emerging infectious diseases of wildlife: Threats to biodiversity and human health." *Science*, 2000, 287: 443–449.

Dobson AP. *Conservation and biodiversity.* New York: Scientific American Library, 1996.

Drake F. *Global warming: The science of climate change.* New York: Oxford University Press, 2000.

Erwin DH. "After the end: Recovery from extinction." *Science*, 1998, 279: 1324–1325.

——. *The great Paleozoic crisis: Life and death in the Permian.* New York: Columbia University Press, 1993.

——. "Life's downs and ups." *Nature*, 2000, 404: 129–130.

Flannery TF. *The future eaters: An ecological history of the Australasian lands and people.* New York: George Brazilier, 1995.

Gaston KJ. "Global patterns in biodiversity." *Nature*, 2000, 405: 220–227.

Holdaway RN, Jacomb C. "Rapid extinction of the moas (Avs: Dinornithiformes): Model, test, and implications." *Science*, 2000, 287: 2250–2254.

Inouye DW, Barr B, Armitage KB, Inouye BD. "Climate change is affecting altitudinal migrants and hibernating species." *Proceedings of the National Academy of Sciences*, 2000, 97: 1630–1633.

Kaiser J. "Does biodiversity help fend off invaders?" *Science*, 2000, 288: 785–786.

Kasting JF. "Long-term effects of fossil fuel burning." *Consequences*, 1998, 4: 55–27.

Kemp TS. *Mammal-like reptiles and the origin of mammals.* London & New York: Academic Press, 1982.

Kirchner JW, Weil A. "Delayed biological recovery from extinctions throughout the fossil record." *Nature*, 2000, 404: 177–179.

Kyte F. "A meteorite from the Cretaceous/Tertiary boundary. *Nature*, 1998, 396: 237–239.

Lawton JH, May RM. *Extinction rates.* Oxford & New York: Oxford University Press, 1995.

MacPhee RDE. *Extinctions in near time: Causes, contexts, and consequences.* New York: Kluwer Academic/Plenum Publishers, 1999.

McCann KS. "The diversity-stability debate." *Nature*, 2000, 405: 228–233.

Miller GH, Magee JW, Johnson BJ, Fogel ML, Spooner NA, McCulloch MT, et al. "Pleistocene extinction of Genyornis newtoni: Human impact on Australian megafauna." *Science*, 1999, 283: 205–208.

Mooney HA, Hobbs RJ, eds. *Invasive species in a changing world.* Washington, D.C.: Island Press, 2000.

Myers N, Mittermeier RA, Mittermeier CG, da Fonseca GA, Kent J. "Biodiversity hotspots for conservation priorities." *Nature*, 2000, 403: 853–858.

National Research Council (U.S.). Board on Biology. *Nature and human society: The quest for a sustainable world.* Washington, D.C.: National Academy Press, 2000.

Norris RD, Firth J, Blusztajn JS, Ravizza C. "Mass failure of the North Atlantic margin triggered by the Cretaceous-Paleogene bolide impact." *Geology*, 2000, 28: 1119–1122.

Pimm S, Askins R. "Forest losses predict bird extinctions in eastern North America." *Proceedings of the National Academy of Sciences*, 1995, 92: 10871–10875.

——. Raven P. "Biodiversity: Extinction by numbers." *Nature*, 2000, 403: 843–845.

Powell JL. *Night comes to the Cretaceous: Dinosaur extinction and the transformation of modern geology.* New York: Freeman, 1998.

Prothero DR, Prothero DA. *Bringing fossils to life: An introduction to paleobiology.* New York: McGraw-Hill, 1997.

Purvis A, Hector A. "Getting the measure of biodiversity." *Nature*, 2000, 405: 212–219.

Quammen D. "Planet of weeds." *Harper's*, 1990, 297: 57–69.

——. *The song of the dodo: Island biogeography in an age of extinctions.* New York: Scribner, 1996.

Ricciardi A, MacIsaac HJ. "Recent mass invasion of the North American Great Lakes by Ponto-Caspian species." *Trends in Ecology and Evolution*, 2000, 15: 62–65.

Rosenzweig ML. *Species diversity in space and time.* Cambridge: Cambridge University Press, 1995.

Sala OE, Chapin FS, 3rd, Armesto JJ, Berlow E, Bloomfield J, Dirzo R, et al. "Global biodiversity scenarios for the year 2100.' *Science*, 2000, 287: 1770–1774.

Shackleton, NJ. "The 100,000-year ice-age cycle identified and found to lag temperature, carbon dioxide, and orbital eccentricity." *Science*, 2000, 289: 1897–1902.

Sheehan PM, David E. Fastovsky DE, Barreto C, Hoffmann RG. "Dinosaur abundance was not declining in a '3 m gap' at the top of the Hell Creek Formation, Montana and North Dakota." *Geology*, 2000, 28: 523–526.

Simberloff D. Schmitz DC, Brown TC. *Strangers in paradise: Impact and management of nonindigenous species in Florida.* Washington, D.C.: Island Press, 1997.

Smil V. *Cycles of life: Civilization and the biosphere.* New York: Scientific American Library/Freeman, 1997.

Stott PA, Tett SFB, Jones GS, Allen MR, Mitchell JFB, Jenkins GJ. "External control of 20th century temperature by natural and anthropogenic forcings." *Science*, 2000, 290: 2133–2137.

Thornton IWB. *Krakatau: The destruction and reassembly of an island ecosystem*. Cambridge, Mass.: Harvard University Press, 1996.

Van Driesche J, Van Driesche R. *Nature out of place: Biological invasions in the global age*. Washington, D.C.: Island Press, 2000.

Vitousek PM, D'Antonio CM, Loope LL, Westbrooks R. 'Biological invasions as global environmental change." *American Scientist*, 1996, 84: 468–479.

Ward PD. *The call of distant mammoths: Why the ice age mammals disappeared*. New York: Copernicus, 1997.

——. *The end of evolution: On mass extinctions and the preservation of biodiversity*. New York: Bantam Books, 1994.

——. Montgomery DR, Smith R. "Altered river morphology in South Africa related to the Permian-Triassic extinction." *Science*, 2000, 289: 1740–1743.

Wilson EO. *The diversity of life*. Cambridge, Mass.: Belknap Press, 1992.

8장

Barlow C. *The ghosts of evolution: Nonsensical fruits, missing partners, and other evolutionary anachronisms*. New York: Basic Books, 2001.

Brodie ED, III, Brodie ED, Jr. "Predator-prey arms races and dangerous prey." *Bioscience*, 1999, 49: 557–568.

Buchmann SL, Nabhan GP. *The forgotten pollinators*. Washington, D.C.: Island Press, 1996.

Currie CR, Mueller UG, Malloch D. "The agricultural pathology of ant fungus gardens." *Proceedings of the National Academy of Sciences*, 1999, 96: 7998–8002.

Darwin C. *On the various contrivances by which British and foreign orchids are fertilised by insects, and on the good effects of intercrossing*. London: John Murray, 1862.

DeMoraes CM, Lewis WJ, Pare PW, Alborn HT, Tumlinson JH. "Herbivore-infested plants selectively attract parasitoids." *Nature*, 1998, 393: 570–573.

Diamond J. "Ants, crops, and history." *Science*, 1998, 281: 1974–1975.

Ehrlich PR, Raven PH. "Butterflies and plants: A study in coevolution." *Evolution*, 1964, 18: 586–608.

Evans EP. *The criminal prosecution and capital punishment of animals*. London: Faber & Faber, 1987.

Farrell BD. "'Inordinate fondness' explained: Why are there so many beetles?" *Science*, 1998, 281:

진화

555–559.

Georghiou GP, Lagunes-Tejeda A. *The occurrence of resistance to pesticides in arthropods*. Rome: UN Food and Agriculture Organization, 1991.

Melander AL. "Can insects become resistant to sprays?" *Journal of Economic Entomology*, 1914, 7: 167–173.

Mueller UG, Rehner SA, Schultz TR. "The evolution of agriculture in ants." *Science*, 1998, 281: 2034–2038.

Murray DR. *Seed dispersal*. Sydney & Orlando: Academic Press, 1986.

National Research Council (U.S.). Committee on Strategies for the Management of Pesticide Resistant Pest Populations. *Pesticide resistance: Strategies and tactics for management*. Washington, D.C.: National Academy Press, 1986.

Pimentel D. *Techniques for reducing pesticide use: Economic and environmental benefits*. Chichester, England & New York: Wiley, 1997.

——. Lach L, Zuniga R, Morrison D. "Environmental and economic costs of nonindigenous species in the United States." *Bioscience*, 2000, 50: 53–65.

——. Lehman H. *The pesticide question: Environment, economics, and ethics*. New York: Chapman & Hall, 1993.

Sheets TJ, Pimentel D. *Pesticides: Contemporary roles in agriculture, health, and environment*. Clifton, N.J.: Humana Press, 1979.

Thompson JN. *The coevolutionary process*. Chicago: University of Chicago Press, 1994.

von Helversen D, von Helversen O. "Acoustic guide in bat-pollinated flower." *Nature*, 1999, 398: 759–760.

Winston ML. *Nature wars: People vs. pests*. Cambridge, Mass.: Harvard University Press, 1997.

9장

Carrington M, Kissner T, Gerrard B, Ivanov S, O'Brien SJ, Dean M. "Novel alleles of the chemokine-receptor gene CCR5." *American Journal of Human Genetics*, 1997, 61: 1261–1267.

Chadwick D, Goode J. *Antibiotic resistance: Origins, evolution, selection, and spread*. New York: Wiley, 1997.

Cohen J. "The hunt for the origin of AIDS." *Atlantic Monthly*, 2000, 286: 88–103.

Ewald P. *The evolution of infectious diseases*. Oxford: Oxford University Press, 1997.

Farmer P. "Social inequalities and emerging infectious diseases." *Emerging Infectious Diseases*,

1996, 2: 259–269.

Gao F, Bailes E, Robertson DL, Chen Y, Rodenburg CM, Michael SF, et al. 'Origin of HIV-1 in the chimpanzee Pan troglodytes troglodytes." *Nature*, 1999, 397: 436–441.

Garrett L. *Betrayal of trust: The global collapse of public health.* New York: Hyperion, 2000.

Hahn BH, Shaw GM, De Cock KM, Sharp PM. 'AIDS as a zoonosis: Scientific and public health implications." *Science*, 2000, 287: 607–614.

Lawrence JG, Debman H. "Molecular archaeology of the Escherichia coli genome." *Proceedings of the National Academy of Sciences*, 1998, 95: 9413–9417.

Levy SB. *The antibiotic paradox: How miracle drugs are destroying the miracle.* New York: Plenum Press, 1992.

──. "The challenge of antibiotic resistance." *Scientific American*, 1998, 278: 46–53.

Nesse RM, Williams GC. *Why we get sick: The new science of Darwinian medicine.* New York: Times Books, 1994.

Ploegh HL. "Viral strategies of immune evasion." *Science*, 1998, 280: 248–253.

Stearns SC. *Evolution in health and disease.* Oxford & New York: Oxford University Press, 1999.

Weiss RA, Wrangham RW. "From Pan to pandemic." *Nature*, 1999, 397: 385–386.

Witte W. "Medical consequences of antibiotic use in agriculture." *Science*, 1998, 279: 996–997

Zimmer C. *Parasite rex: Inside the bizarre world of nature's most dangerous creatures.* New York: Free Press, 2000.

10장

Alcock J. *Animal behavior: An evolutionary approach.* Sunderland, Mass.: Sinauer Associates, 1998.

Andersson MB. *Sexual selection.* Princeton, N.J.: Princeton University Press, 1994.

Andrade MCB. "Sexual selection for male sacrifice in the Australian redback spider." *Science*, 1996, 271: 70–72.

Birkhead TR. *Promiscuity: An evolutionary history of sperm competition.* Cambridge: Harvard University Press, 2000.

──. Møller AP. *Sperm competition and sexual selection.* San Diego & London: Academic Press, 1998.

Boesch C, Boesch-Achermann H. *The chimpanzees of the Taï Forest: Behavioural ecology and evolution.* Oxford & New York: Oxford University Press, 2000.

Cronin H. *The ant and the peacock: Altruism and sexual selection from Darwin to today.* New York:

Cambridge University Press, 1991.

Dawkins R. *The selfish gene*. New York: Oxford University Press, 1976.

Dusenbery DB. "Selection for high gamete encounter rates explains the success of male and female mating types." *Journal of Theoretical Biology*, 2000, 202: 5–SO.

Gould JL, Gould CG. *Sexual selection*. New York: Scientific American Library/Freeman, 1989.

Haig D. "Genetic conflicts in human pregnancy." *Quarterly Review of Biology*, 1993, 68: 495–532.

Hausfater G, Hrdy SB. *Infanticide: Comparative and evolutionary perspectives*. New York: Aldine, 1984.

Holland B, Rice WR. "Experimental removal of sexual selection reverses intersexual antagonistic coevolution and removes a reproductive load." *Proceedings of the National Academy of Sciences*, 1999, 96: 5083–5088.

Hrdy SB. *Mother nature: A history of mothers, infants, and natural selection*. New York: Pantheon Books, 1999.

Møller AP, Swaddle JP. *Asymmetry, developmental stability, and evolution*. Oxford: Oxford University Press, 1997.

Petrie M. "Improved growth and survival of offspring of peacocks with more elaborate trains." *Nature*, 1994, 371: 598–599.

——. Krupa A, Burke T. "Peacocks lek with relatives even in the absence of social and environmental cues." *Nature*, 1999, 401: 155–157.

Pizzari T, Birkhead TR. "Female feral fowl eject sperm of subdominant males." *Nature*, 2000, 405: 787–789.

Rice WR. "Sexually antagonistic male adaptation triggered by experimental arrest of female evolution." *Nature*, 1996, 381: 232–234.

Ridley M. *The Red Queen: Sex and the evolution of human nature*. New York: Penguin Books, 1995.

Waal FBMd. *Chimpanzee politics: Power and sex among apes*. Baltimore, Md. & London: Johns Hopkins University Press, 1998.

——. *Good natured: The origins of right and wrong in humans and other animals*. Cambridge, Mass.: Harvard University Press, 1996.

——. Lanting F. *Bonobo: The forgotten ape*. Berkeley, Calif.: University of California Press, 1997.

Welch AM, Semlitsch RD, Gerhardt HC. "Call duration as an indicator of genetic quality in male gray tree frogs." *Science*, 1998, 280: 1928–1930.

Wrangham RW. "Subtle, secret female chimpanzees." *Science*, 1997, 277: 774–775.

———. Peterson D. *Demonic males: Apes and the origins of human violence.* Boston: Houghton Mifflin, 1996.

11장

Allman JM. *Evolving brains.* New York: Scientific American Library/Freeman, 1999.

Barkow JH, Cosmides L, Tooby J. *The adapted mind: Evolutionary psychology and the generation of culture.* New York: Oxford University Press, 1992.

Baron-Cohen S, Tager-Flusberg H, Cohen DJ. *Understanding other minds: Perspectives from developmental cognitive neuroscience.* Oxford & New York: Oxford University Press, 2000.

Buss DM. *The dangerous passion: Why jealousy is as necessary as love and sex.* New York: Free Press, 2000.

———. *Evolutionary psychology: The new science of the mind.* Boston & London: Allyn & Bacon, 1999.

———. Haselton MG, Shackelford TK, Bleske AL, Wakefield JC. "Adaptations, exaptations, and spandrels." *American Psychologist,* 1998, 53: 533–548.

Cosmides L. "The logic of social exchange: Has natural selection shaped how humans reason? Studies with the Wason selection task." *Cognition,* 1989, 31: 187–276.

Coyne JA, Berry A. "Rape as an adaptation." *Nature,* 2000, 404: 121–122.

Cummins DD, Allen C. *The evolution of mind.* New York & Oxford: Oxford University Press, 1998.

Darwin C. *The descent of man and selection in relation to sex.* London: John Murray, 1871.

Deacon TW. *The symbolic species: The co-evolution of language and the brain.* New York & London: Norton, 1997.

Dunbar RIM. *Grooming, gossip and the evolution of language.* London: Faber & Faber, 1996.

Emlen ST. "An evolutionary theory of the family." *Proceedings of the National Academy of Sciences,* 1995, 92: 8092–8099.

Fitch WT. "The evolution of speech: A comparative review." *Trends in Cognitive Sciences,* 2000, 4: 258–267.

Gagneux P, Wills C, Gerloff U, Tautz D, Morin PA, Boescb C, et al. "Mitochondrial sequences show diverse evolutionary histories of African hominoids." *Proceedings of the National Academy of Sciences,* 1999, 96: 5077–5082.

Gould SJ. "The pleasures of pluralism." *New York Review of Books,* June 26, 1997, 46–52.

———. Lewontin RC. "The spandrels of San Marco and the Panglossian paradigm: A critique of the adaptationist programme." *Proceeding of the Royal Society of London Series B*, 1979, 205: 581–598.

Hare B, Call J, Agnetta B, Tomasello M. "Chimpanzees know what conspecifics do and do not see." *Animal Behaviour*, 2000, 59: 771–785.

Hauser M. *Wild minds: what animals really think.* New York: Henry Holt, 2000.

Holden C. "No last word on language origins." *Science*, 1998, 282: 1455–1459.

Hrdy SB. *Mother nature: A history of mothers, infants, and natural selection.* New York: Pantheon Books, 1999.

Johanson DC, Edgar B. *From Lucy to language.* New York: Simon & Schuster, 1996.

Kegl J. "The Nicaraguan sign language project: An overview." *Signpost*, 1994, 7: 24–31.

——. Senghas A, Coppola M. "Creation through contact: Sign language emergence and sign language change in Nicaragua." In: DeGraff M, ed., *Language contact and language change: The intersection of language acquisition, creole genesis, and diachronic syntax.* Cambridge, Mass.: MIT Press, 1999, pp. 179–237.

Klein RG. *The human career: Human biological and cultural origins.* Chicago: University of Chicago Press, 1999.

Miller GF. *The mating mind: How sexual choice shaped the evolution of human nature.* New York: Doubleday, 2000.

Nowak MA, Krakauer DC. "The evolution of language." *Proceedings of the National Academy of Sciences*, 1999, 96: 8028–8033.

——. Krakauer DC, Dress A. "An error limit for the evolution of language." *Proceedings of the Royal Society of London, Series B: Biological Sciences*, 1999, 266: 2131–2136.

O'Connell JF, Hawkes K, Blurton Jones NG. "Grandmothering and the evolution of Homo erectus." *Journal of Human Evolution*, 1999, 36: 461–485.

Osborne L. "A linguistic big bang." *New York Times Magazine*, October 24, 1999: 84–89.

Penton-Voak IS, Perrett DI, Castles DL, Kobayashi T, Burt DM, Murray LK, et al. "Menstrual cycle alters face preference.' *Nature*, 1999, 399: 741–742.

Perrett DI, Lee KJ, Penton-Voak I, Rowland D, Yoshikawa S, Burt DM, et al. "Effects of sexual dimorphism on facial attractiveness." *Nature*, 1998, 394: 884–887.

——. May KA, Yoshikawa S. "Facial shape and judgements of female attractiveness." *Nature*, 1994, 368: 239–242.

Pinker S. *How the mind works.* New York: Norton, 1997.

——. *The language instinct.* New York: Morrow, 1994.

Richmond BG, Strait DS. "Evidence that humans evolved from a knuckle-walking ancestor." *Nature*, 2000, 404: 382–386.

Sahlins MD. *The use and abuse of biology: An anthropological critique of sociobiology.* Ann Arbor: University of Michigan Press, 1976.

Scheib JE, Gangestad SW, Thornhill R. "Facial attractiveness, symmetry and cues of good genes." *Proceedings of the Royal Society of London Series B*, 1999, 266: 1913–1917.

Segerstråle UCO. *Defenders of the truth: The battle for science in the sociobiology debate and beyond.* New York: Oxford University Press, 2000.

Singh D. "Adaptive significance of female physical attractiveness: Role of waist-to-hip ratio." *Journal of Personality and Social Psychology*, 1993, 65: 293–307.

Tattersall I, Schwartz JH. *Extinct humans.* Boulder, Colo.: Westview Press, 2000.

Thornhill R, Gangestad SW. "Facial attractiveness." *Trends in Cognitive Sciences*, 1999, 3: 452–460.

——. Møller AP. "Developmental stability, disease and medicine." *Biological Reviews of the Cambridge Philosophical Society*, 1997, 72: 497–548.

——. Palmer C. *A natural history of rape: Biological bases of sexual coercion.* Cambridge, Mass.: MIT Press, 2000.

Waal FBMd. "The chimpanzee's service economy: Food for grooming." *Evolution and Human Behaviour*, 1997, 18: 375–386.

Wedekind C, Seebeck T, Bettens F, Paepke AJ. "MHC-dependent mate preferences in humans." *Proceedings of the Royal Society of London Series B*, 1995, 260: 245–249.

Whiten A. "Social complexity and social intelligence." In J Goode J, ed., *The nature of intelligence.* New York: Wiley, 2000, pp. 185–201.

——. Byrne RW. *Machiavellian intelligence II: Extensions and evaluations.* London & New York: Cambridge University Press, 1997.

——. Goodall J, McGrew WC, Nishida T, Reynolds V, Sugiyama Y, et al. "Cultures in chimpanzees." *Nature*, 1999, 399: 682–685.

Wilson EO. *Sociobiology: The new synthesis.* Cambridge, Mass.: Belknap Press, 1975.

Wright R. *The moral animal: Evolutionary psychology and everyday life.* New York: Pantheon Books, 1994.

진화

12장

Bertranpetit J. "Genome, diversity, and origins: The Y chromosome as a storyteller." *Proceedings of the National Academy of Sciences*, 2000, 97: 6927–6929.

Blackmore SJ. *The meme machine*. Oxford & New York: Oxford University Press, 1999.

Cavalli-Sforza LL. *Genes, peoples, and languages*. New York: North Point Press, 2000.

Chauvet J-M, Brunel Deschamps E, Hillaire C. *Dawn of art: The Chauvet Cave, the oldest known paintings in the world*. New York: Abrams, 1996.

Dyson G. *Darwin among the machines: The evolution of global intelligence*. Reading, Mass.: Addison-Wesley, 1997.

Ehrlich P. *Human natures*. Washington, D.C.: Island Press, 2000.

Holden C, Mace R. "Phylogenetic analysis of the evolution of lactose digestion in adults." *Human Biology*, 1997, 69: 605–628.

Klein RG. *The human career: Human biological and cultural origins*. Chicago: University of Chicago Press, 1999.

Krings M, Capellia C, Tschendtscher F, Geisert H, Meyer S, von Haeseler A, et al. "A view of Neandertal genetic diversity." *Nature Genetics*, 2000, 26: 144–146.

——. Geisert H, Schmitz RW, Krainitzki H, Pääbo S. "DNA sequence of the mitochondrial hypervariable region II from the neandertal type specimen." *Proceedings of the National Academy of Sciences*, 1999, 96: 5581–5585.

——. Stone A, Schmitz RW, Krainitzki H, Stoneking M, Pääbo S. "Neandertal DNA sequences and the origin of modern humans." *Cell*, 1997, 90: 19–30.

Lewontin RC. *Human diversity*. New York: Freeman, 1995.

Mithen SJ. *The prehistory of the mind: A search for the origins of art, religion and science*. London: Thames & Hudson, 1996.

Nemecek S. "Who were the first Americans?" *Scientific American*, 2000, 283: 80–87.

Ovchinnikov IV, Gotherstrom A, Romanova GP, Kharitonov VM, Liden K, Goodwin W. "Molecular analysis of Neanderthal DNA from the northern Caucasus." *Nature*, 2000, 404: 490–493.

Pääbo S. "Human evolution." *Trends in Cell Biology*, 1999, 9: 13–16.

——. "Neolithic genetic engineering." *Nature*, 1999, 398: 194–195.

Richards MP, Pettitt PB, Trinkaus E, Smith FH, Paunovic M, Karavanic I. "Neanderthal diet at Vindija and Neanderthal predation: The evidence from stable isotopes." *Proceedings of the National Academy of Sciences*, 2000, 97: 7663–7666.

Shen P, Wang F, Underhill PA, Franco C, Yang WH, Roxas A, et al. "Population genetic implications from sequence variation in four Y chromosome genes." *Proceedings of the National Academy of Sciences*, 2000, 97: 7354–7359.

Shreeve J. *The Neandertal enigma: Solving the mystery of modern human origins*. New York: Morrow, 1995.

Tattersall I. *Becoming human: Evolution and human uniqueness*. New York: Harcourt Brace, 1998.

Zimmer C. "After you, Eve." *Natural History*, March 2001, 32–35.

13장

Behe MJ. *Darwin's black box: The biochemical challenge to evolution*. New York: Free Press, 1996.

Cartmill, M. "Oppressed by evolution." *Discover*, March 1998, 78–83.

Chen L, DeVries AL, Cheng CH. "Evolution of antifreeze glycoprotein gene from a trypsinogen gene in Antarctic notothenioid fish." *Proceedings of the National Academy of Sciences*, 1997, 94: 3811–3816.

Cheng CH, Chen L. "Evolution of an antifreeze glycoprotein." *Nature*, 1999, 401, 443–444.

Darwin C. *Autobiography and selected letters*. New York: Dover Publications, 1958.

Dawkins R. *Unweaving the rainbow: Science, delusion, and the appetite for wonder*. Boston: Houghton Mifflin, 1998.

Dupree, A. H. *Asa Gray, 1810–1888*. Cambridge, Mass.: Harvard University Press, 1959.

Gasman, D. *The scientific origins of National Socialism: social Darwinism in Ernst Haeckel and the German Monist League*. New York: Elsevier, 1971.

Gould SJ. *Rocks of ages: Science and religion in the fullness of life*. New York: Ballantine, 1999.

———. "Non-overlapping Magisteria." *Skeptical Inquirer*, 1999, 23: 55–61.

Haeckel EHPA, Lankester ER. *The history of creation: or, The development of the earth and its inhabitants by the action of natural causes*. London: Henry S. King, 1876.

Larson EJ. *Summer for the gods: The Scopes trial and America's continuing debate over science and religion*. Cambridge, Mass.: Harvard University Press, 1998.

Miller KB. "Theological implications of an evolving creation." *Perspectives on Science and Christian Faith*, 1993, 45: 150–160.

Miller KR. *Finding Darwin's god: A scientist's search for common ground between God and evolution*. New York: Cliff Street Books, 1999.

Moore JR. "Of love and death: Why Darwin 'gave up Christianity.'" In JR Moore, ed., *History*,

진화

humanity, and evolution: Essays for John C. Greene. Cambridge, Mass.: Cambridge University Press, 1989, pp. 195–229.

National Academy of Sciences. *Science and creationism: A view from the National Academy of Sciences.* Washington, D.C.: National Academy Press, 1999.

Numbers RL. *The creationists.* New York: Knopf, 1992.

Orr HA. "Darwin v. intelligent design (again)." *Boston Review*, December 1996, 28–31.

Peel JDY. *Herbert Spencer: The evolution of a sociologist.* New York: Basic Books, 1971.

Pennock RT. *Tower of Babel: The evidence against the new creationism.* Cambridge, Mass.: MIT Press, 1999.

Wilson EO. "The biological basis of morality." *Atlantic Monthly*, 1998, 281: 53–70.

——. Hardwired for God. *Forbes ASAP.* Supplement, 1999: 132–134.

——. *Naturalist.* Washington, D.C.: Island Press, 1994.

——. "The two hypotheses of human meaning." *The Humanist*, 1999, 59: 30–31

옮긴이 이창희

서울대학교 불어불문학과를 졸업하고 파리 소르본대학 통역번역대학원에서 한-영-불 통역학 석사학위를 받았다. 옮긴 책으로는 『지식의 반감기』, 『사이언스 이즈 컬처』, 『다음 50년』, 『아인슈타인도 몰랐던 과학 이야기』, 『엔트로피』, 『21세기의 신과 과학 그리고 인간』, 『지구의 삶과 죽음』, 『태양의 아이들』 등이 있다. 현재 이화여자대학교 통역번역대학원 번역학과 교수로 재직 중이다.

진화 모든 것을 설명하는 생명의 언어

초판 1쇄 발행 2018년 9월 14일
초판 4쇄 발행 2020년 3월 13일

지은이 칼 짐머 **옮긴이** 이창희

발행인 이재진 **단행본사업본부장** 김정현
편집주간 신동해 **편집장** 김경림
책임편집 이민경 **디자인** 김은정
마케팅 이현은 장대익 **홍보** 박현아 최새롬 김지연
국제업무 김은정 **제작** 정석훈

브랜드 웅진지식하우스
주소 경기도 파주시 회동길 20
주문전화 02-3670-1595 **팩스** 031-949-0817
문의전화 031-956-7430(편집) 02-3670-1022(마케팅)

홈페이지 www.wjbooks.co.kr
페이스북 www.facebook.com/wjbook
포스트 post.naver.com/wj_booking

발행처 ㈜웅진씽크빅
출판신고 1980년 3월 29일 제406-2007-000046호

한국어판 출판권 ⓒ ㈜웅진씽크빅 2018
ISBN 978-89-01-22648-4 03470

웅진지식하우스는 ㈜웅진씽크빅 단행본사업본부의 브랜드입니다.
이 책의 한국어판 저작권은 EYA(Eric Yang Agency)를 통해 HarperCollins Publishers와
독점 계약한 ㈜웅진씽크빅에 있습니다.
저작권법에 의해 한국 내에서 보호를 받는 저작물이므로 무단 전재와 무단 복제를 금합니다.
이 책 내용의 전부 또는 일부를 이용하려면 반드시 저작권자와 ㈜웅진씽크빅의 서면 동의를 받아야 합니다.

* 이 도서의 국립중앙도서관 출판예정도서목록(CIP)은 서지정보유통지원시스템 홈페이지
  (http://seoji.nl.go.kr)와 국가자료공동목록시스템(http://www.nl.go.kr/kolisnet)에서
  이용하실 수 있습니다. (CIP2018027879)
* 책값은 뒤표지에 있습니다.
* 잘못된 책은 구입하신 곳에서 바꿔드립니다.

진화론에 보내는 세계적 석학들의 경의와 찬사

이 놀라운 행성 지구의 일원으로서 편안함을 느끼기 위해서라도 진화의
의미에 대해 제대로 이해할 필요가 있다.
— 제인 구달(영장류학자, 『인간의 그늘에서』 저자)

진화는 단순히 우리가 어디서 왔는가에 대한 이야기가 아니다. 이것은 생명
그 자체가 주인공인 위대한 서사시다.
— 케네스 밀러(진화생물학자, 『다윈의 하느님을 찾아서』 저자)

진화는 우리의 마음을 아주 만족스럽게 설명하는 데 꼭 필요하다.
— 스티븐 핑커(진화심리학자, 『우리 본성의 선한 천사』 저자)

다윈의 이론은 인간 자신의 의미와 본질에 대한 시각에 혁명을 일으켰다.
— 스티븐 제이 굴드(고생물학자, 『판다의 엄지』 저자)

진화론을 통해 과거와 현재와 미래의 모든 생명들이 맺고 있는 상호 관계에
대해 깊은 이해를 얻을 수 있다.
— 도널드 조핸슨(고인류학자, 『루시, 최초의 인류』 저자)

40억 년에 걸친 생명의 진화는 흥미진진하며 복선과 반전이 가득한 장엄한
드라마다.
— 매트 리들리(과학저술가, 『생명설계도, 게놈』, 『이타적 유전자』 저자)

이 책을 읽으면서 나는 커다란 기쁨을 느낀다. 진화론이 오늘날의 세계를
이해하는 데 이토록 유용하다니!
— 데이비드 보더니스(과학저술가, 『E=MC²』 저자)